KB206934

유전자
해킹
시대

THE GENETIC AGE

유전자 해킹 시대

생명의 설계도를 다시 쓰는 유전자 편집 혁명

매튜 콥 지음
제효영 옮김

상상스퀘어

박사과정 공동 지도교수셨던 셰필드대학교

유전학과 부교수 배리 버넷Barrie Burnet,

그리고 맨체스터대학교 동창이자

나처럼 곤충 유전학과 과학사를 모두 공부한

로저 우드Roger Wood에게 바칩니다.

차례

머리말

1970년대 초부터 지금까지 세계는 과학과 기술의 혁명 속에 살고 있다. 새로운 유전학 기술은 과학을 바꿔 놓았고, 우리는 생명의 모든 갈래를 더 깊이 통찰하는 한편 엄청나게 다양한 생물을 놀랄 만큼 정밀하게 탐구할 수 있게 되었다. 이러한 발견은 밭에서 생산한 식량부터 우리 몸을 치유하는 일에 이르기까지 광범위한 영향력을 가진 신생 기술의 탄생으로 이어졌다. 제약 산업 전체가 대대적인 변화를 맞이했고, 그 결과 막대한 부가 창출됐다. 그 한 가지 예로, 이제 인슐린은 유전자*가 조작된 미생물의 형태로 생산되고 있다.

그러나 인간의 꿈이 만들어 낸 유전공학은 인류 역사 전체에 악

* '유전자'의 정의는 수십 가지가 있다. 이 책에서는 '세포에서 단백질이 만들어지는 DNA 염기서열'로 정의한다. 유전자에서 만들어지는 RNA 분자는 다른 유전자의 활성을 바꾸는 기능을 수행하기도 한다.

몽도 불러왔다. 지난 50여 년간 새로운 유전학이 대중문화와 인류의 전반적인 사고방식에 남긴 영향을 보면, 세계대전 이후 수십 년 동안 원자력 기술에 쏟아진 희망과 불안의 양상이 똑같이 나타난다. 핵물리학은 히로시마와 나가사키에서 치솟은 새하얀 불길과 함께 순수성을 잃었다. 유전공학은 아직 핵물리학과 비슷한 운명에 처하진 않았지만, 그런 시도가 없었던 건 아니다. 역사는 감추었을지 몰라도 이 새로운 과학 역시 시작부터 이제껏 본 적 없는 섬뜩한 무기 생산에 쓰였다. 인류가 기술을 더 능숙하게 다룰수록, 그리고 그 기술을 전례 없이 대담하게 써보려는 욕구가 끝을 모르고 커질수록 악몽 또한 현실이 될 가능성이 커질 것이다.

새로운 발전이 이루어질 때마다 새로운 식품이나 의약품, 새로운 질병 치료법이 나올지 모른다는 전망도 따라 나온다. 그리고 전염병이나 유전자가 조작된 인간, 위험한 생물이 실수로 또는 의도적으로 방출될 때 벌어질 수 있는 사태에 대한 공포도 함께 제기된다. 유전자 변형 식물의 등장으로 농업 혁명이 일어날 것이라는 전망과 함께 생태계에 재앙이 찾아올 거라는 예측이 난무했지만 어느 쪽도 현실이 되진 않았다. 유전공학 기술이 보여 주는 꿈과 악몽은 이렇듯 반복되는 경향이 있다. 희망이 전부 실현되는 경우는 드물고, 최악의 공포가 현실이 된 적도 없다. 시간이 지나면 논란 자체가 시들해졌다가 몇 년 후에 새로운 발견이 나오고 새로운 활용 가능성이 생기면 같은 일이 되풀이된다.

지난 반세기 동안 이런 상황이 반복됐다. 유전공학이 익숙한 기술이 된 지금, 최근에 이루어진 세 가지 발전은 이 기술의 꿈과 악몽을 우리 의식 속에서 또다시 일깨우며 놀라운 기회와 재앙의 가능성을 동시에 떠올리게 한다.

- 2018년에 중국의 과학자 허젠쿠이He Jianqui가 크리스퍼* 유전자 편집 기술로 건강한 배아에 돌연변이를 일으키는 실험을 감행했다. 이로써 인류는 후대에 유전되는 인간 유전체 편집이라는 신세계에 들어섰다. 허젠쿠이의 실험으로 탄생한 세 명의 아이에게 앞으로 어떤 일이 생길지는 알 수 없다. 전 세계에서 격렬한 반발이 일었지만, 재발 방지 방안에 관한 합의는 이루어지지 않았다.
- 이제 인간은 유전자 드라이브**라는 기술로 생태계 전체를 바꿔 놓을 수 있게 되었다. 기본적으로 유전학적 연쇄반응이라고 할 수 있는 이 기술은 말라리아모기를 박멸할 수 있지만, 관련 분야의 과학자들은 생태계에 엄청난 피해가 생길 수 있다고 경고한다.
- 과학자들은 향후 발생할 수 있는 대유행병의 윤곽을 파악한

* CRISPR. 생물의 유전자를 편집하는 한 가지 방법. 크리스퍼는 세균에서 발견되는 '규칙적인 간격으로 분포하는 회문 구조의 짧은 반복서열(Clustered Regularly Interspaced Short Palindromic Repeats)'의 머리글자를 따서 이 서열의 기능이 분명하게 밝혀지기 전에 붙여진 이름이다. 명사로 쓰이지만 동사로 쓰이는 경우가 점차 늘고, 형용사로도 의미가 확장되어 쓰인다.

** 이배체 생물에서 생식 세포 계열 세포의 다른 염색체에 자체 복제되는 유전학적 구성단위. 이런 과정이 세대가 바뀌어도 반복되므로 개체군 내에서 해당 유전자의 발생 빈도가 기하급수적으로 늘어난다.

다는 좋은 의도로, 치명적인 병원체를 지금까지 등장한 어떤 종류보다 훨씬 위험한 변종으로 만들고 있다. 코로나19 대유행의 배경에 이런 연구가 있었던 건 아니지만, 의도치 않게 끔찍한 질병이 발생하는 사태로 이어질 가능성이 있다.

이 세 가지 이야기는 상상의 나래를 펼친 것도 아니고 얼토당토않은 예측도 아니다. 과학이 우리 앞에 펼쳐 놓은 현실이다.

내가 이 책을 쓰기로 결심한 이유는 이와 같은 현실을 접하며 느낀 나의 두려움을 탐구해 보고 싶어서다. 이 세 가지 발전에 관해 내가 우려하는 부분은 제각기 다르지만, 지금까지 여러 유전공학 기술이 새로 등장하고 활용되기 전 사람들이 드러냈던 우려와 상당 부분 비슷하다는 사실을 깨달았다. 과거에 제기된 그런 우려들은 대부분 너무 지나친 걱정으로 판명되거나, 세심한 규정과 엄격한 안전 관리 절차로 통제할 수 있다는 사실이 밝혀졌다. 나는 유전공학에서 가장 최근에 이루어진 발전이 그와 다른 새롭고 실질적인 위협인지, 아니면 과거에 반복됐듯이 기술에 거는 희망과 위험성에 관한 전망 모두가 부풀려진 것인지 알고 싶었다. 현시점까지 내 깊은 우려는 그대로 남아 있다. 우리가 새롭고 심각한 위협에 당면한 것은 분명한 사실이며, 앞으로 이 문제들에 세심하게 주의를 기울여 접근해야 할 것이다. 내가 지금까지 배운 한 가지 중요한 교훈은 이러한 발전이 무엇을 의미하고 우리가 어떻게 반응해야 하는지 이해하려면 어떻게 여기까지 발전해 온 과정을 알아야 한다는 것이다.

원자력의 역사는 사고로, 또는 고의로 재앙이 될 수도 있는 위험한 기술이 안전하게 사용될 수 있음을 보여 준다. 인류 문화를 견인함과 동시에 대중을 불안에 떨게 만든 원자력의 흥망성쇠를 살펴보면, 위험한 기술이 안전하게 쓰일 때 사람들에게 미치는 정서적인 영향력도 사라진다는 사실을 알 수 있다. 최근 몇 년간 유전공학 기술에도 같은 일이 벌어진 것 같다.

많은 기술이 대체로 비슷한 궤도를 따라 흘러가지만, 유전공학 기술에서만 볼 수 있는 독특하고 중요한 특징이 하나 있다. 새로운 기술이 등장한 직후에 과학자들이 그 기술의 잠재적인 위험성을 고려하여, 안전에 관한 우려가 해소될 때까지 그 기술과 관련된 연구를 일시적으로 중단한 적이 있다는 것이다.

유전학 외에는 다른 어떤 분야에서도 학자들이 새로운 발견이 초래할 결과가 두려워서 자발적으로 연구를 중단한 사례가 없다. 더욱 놀라운 사실은 유전학에서 이런 조치가 네 차례나 있었다는 것이다. 1971년, 1974년에 이어 비교적 최근인 2012년과 2019년에도 이와 같은 일이 있었다.

다른 분야에서도 이와 같은 선례가 있다. 1930년대에 핵 연쇄반응을 발견한 미국의 물리학자 레오 실라르드Leo Szilard는 기술의 세부 사항을 기밀로 유지해야 한다고 주장했다. 뒤이어 핵분열 기술이 발견되자 나치 독일이 이용하지 못하도록 논문에 핵심 정보 몇 가지를 빼고 발표하자고 동료들을 설득했다. 실라르드를 비롯해 맨해튼 프로젝트에 참여했던 일부 연구자들은 1945년 5월 독일이 항복한 후에도 핵폭탄 개발이 계속되자 반대한다는 뜻을 밝혔다. 하지만 실라르드의 반발은 묵살됐고, 그 결과 히로시마와 나가사키에서 끔찍한 일이 벌어졌다.

유전학자들은 잠재적 위협에 더욱 단호하게 대응했다. 1971년, 전혀 다른 종류의 미생물인 바이러스*와 세균**의 DNA를 하나로 혼합하는 실험이 처음으로 제안되자, 학자들은 이 연구가 잘못되면 암이 발생할 수도 있다는 두려움을 드러냈다. 이 실험의 위험성에 관한 비공개 논의가 이어졌고, 결국 연구에 참여한 몇몇 과학자는 일부 실험을 조용히 포기하기로 했다.*** 이후에 나온 새로운 발견으로 DNA 재조합 기술은 훨씬 간편해졌고, 2년 내에 전 세계 수십 개 연구소가 기술을 습득했다. 그러자 또다시 문제가 될 가능성이 있다는 우려가 제기됐다. 몇 년

* 일반 현미경으로는 보기 힘든 감염성 인자. 세포의 생화학적 기능을 가로채 세포 내에서 증식한다. 단백질 외피 안쪽에 DNA나 RNA 분자가 포함된 경우가 많다. 바이러스 핵산에는 더 많은 바이러스가 생성되도록 만드는 지시가 담겨 있다.

** 데옥시리보핵산의 줄임말. 당과 인산으로 된 기본 골격과 아데닌, 시토신, 구아닌, 티민(A, C, G, T) 네 가지 염기로 구성된 분자로, 이중 나선 구조를 이룬다. 모든 생물과 일부 바이러스의 유전물질이다.

*** 2017년 왓슨은 내게 인체 유전자에 특허를 내려는 시도에 반대한 건 자신의 인생에서 가장 중요한 일이었고, DNA 구조를 공동으로 밝혀낸 연구보다도 훨씬 더 의미 있는 일이었다고 이야기했다. 왓슨은 DNA의 이중 나선 구조는 자신이 아니라도 다른 누군가가 밝혀냈겠지만, 특허에 반대한 것은 미국 국립보건원NIH이 인체 유전자에 특허를 출원하지 않는다는 결정을 내리는 데 중요한 역할을 했다고 보았다. 그 일에 왜 그렇게 강력하게 대응했느냐고 묻자, 왓슨은 간단하게 대답했다. "저는 사회주의자예요." 내가 눈썹을 치켜올리자, 그는 덧붙였다. "저는 보편적인 교육과 보편적인 의료 보장이 필요하다고 믿는 사람입니다."

앞서 처음 제기된 우려와 차이가 있다면 이번에는 전 세계적으로 논란이 일었다는 것이다. 1974년 7월, 결국 DNA 재조합 관련 연구를 중단한다는 결정이 처음으로 공식 발표됐고, 약속은 과학자들이 이 사안에 관해 의견을 나눈 8개월여 동안 지켜졌다.

이러한 노력이 축적되어, 1975년 2월에는 미국 캘리포니아주 아실로마에서 회의가 개최됐다. 이 행사에 참석한 과학자들은 실험을 안전하게 수행할 방법에 관해 논의했지만, 자신들이 하려는 연구로 발생할 수 있는 사회적·정치적인 결과에 관한 논의는 거부했다. 아실로마 회의에서 제안된 관련 연구의 자율 규제 방안은 이후 수십 년간 과학이 책임감 있게 행동한 사례로 자주 거론됐다. 유전공학 기술의 잠재적 위험성을 심각하게 받아들이고 논의했으며, 연구자와 대중, 환경을 보호하려면 어떠한 실험 계획을 수립해야 하는지 철저히 따져 본 점, 안전조치가 마련되더라도 병원체를 다루는 실험은 특정 조건에서 극도로 위험해질 수 있음을 지적한 점 등은 아실로마 회의의 훌륭한 업적이다. 그러나 논의의 초점은 생물보안 문제에 쏠려 있었고, 안전기준을 수립하려는 유일한 목적은 연구 잠정 중단 결정을 해제하는 데 있었다.

아실로마 회의의 주최자들은 재조합 DNA 기술의 윤리적인 문제나 이 기술이 군사 용도로 사용될 가능성에 관한 논의는 회의 주제에서 전부 배제하기로 했다. 하지만 제외한 주제들은 지난 50년간 유전공학 기술의 발전과 응용에 줄기차게 따라붙은 정치적·사회적 쟁점들과 정확히 일치한다. 유전공학 기술이 상업적으로 이용될 가능성, 그리고 재조합 DNA 기술로 만들어진 새로운 생물무기가 얼마나 무서운 위협이 될 것인지에 관한 문제는 아실로마 회의가 열린 시점에도 활발히 제기됐지만 논의 주제에서 제외됐다. 회의에 참석한 소수의 특별한 참석자들만이 이런 내용을 알고 있었고, 상업적 이용 가능성이나 생물무기 개발 상황에 대해 아는 사람은 아무도 없었다. 만약 그때 이 두 가지 문제에 관해서도 공개적인 논의가 이루어지고 전 세계가 함께 고민했다면 그 이후에 벌어진 일들은 지금 우리가 아는 역사와 크게 달라졌을지도 모른다.

핵무기 연구처럼 논란이 된 다른 분야의 과학자들과 달리 분자유전학자들이 안전을 확보할 때까지 연구를 중단하는 이례적인 조치를 택한 데에는 자신들이 속한 분야에 존재론적인 위협이 될 수도 있다는 판단 때문이기도 하지만, 그 시기에 활동한 사람들과 논란이 일어난 시점도 그에 못지않은 영향을 준 것으로 보인다. 즉 연구 중단은 적절한 장소와 시점에, 적절한 과학자들이 유전공학 기술이라는 적절한 주제를 놓고 논의했기에 나온 결과였다.

아실로마 회의는 대격변의 해로 기억된 1968년의 사태들과 냉전이라는 틀 안에서 오랜 시간 지속된 전 세계적인 혼란, 사회적 불안감으로 과학에 관한 의구심이 증폭되고 과학의 역할에 의문이 제기되던 시기에 개최됐다. 아실로마 회의의 주최자 대다수가 대학 시절 군사 목적의 연구 활동에 참여하거나 미국이 베트남과 캄보디아에서 벌인 전쟁에 반대하며 시위를 벌인 경험이 있다는 점, 그리고 재조합 DNA 연구는 군대나 정부의 개입 없이 몇몇 연구자가 진행하던 일이라 자율성이 큰 편이었다는 점 등도 고려해야 한다.

유전공학 연구가 세 번째로 잠정 중단된 사례는 비교적 최근인 2012년이다. 위험성이 강한 조류인플루엔자 바이러스 H5N1*이 등장하자 향후 이 바이러스가 대유행병으로 확산될 가능성에 대비하여 바이러스 유전자를 조작하려는 연구가 시도됐고, 이에 과학자 수십 명이 그러한 연구의 위험성을 경고한 것이다. 아실로마 회의 때와 같이 8개월간 자율 중단 조치가 지속됐고, 그때와 비슷하게 새로운 안전 조치를 채택한 후 해제됐다. 문제의 바이러스가 사고로 유출되면 코로나19 사태와는 비교도 안 될 만큼 엄청난 대유행병이 발생할 수 있지만, 당시에 취해진 조치로 그러한 위험성은 분명히 줄어들었다. 그러나 전 세계가 의무적으로 따라야 하는 조치는 아니었다. 나라마다 생물보안 기준은 제각기 다르므로 향후 어떠한 재앙이 초래될지는 누구도 알 수 없다.

재조합 DNA 연구와 H5N1 연구의 유예** 조치는 널리 수용됐고, 잘 진행되고 있는지 확인하는 절차도 마련됐다. 그러나 가장 최근에 연구 유예의 필요성이 제기된, 후대에 유전될 수 있는 인간 유전자 편집 연구는 아직 결론이 나오지 않았다. 2015년, 전 세계 주요 연구자들과 과학계 단체들은 크리스퍼 기술로 사람의 배아를 편집하려는 시도는 무책임한 행위라고 선언했다. 하지만 연구를 중단해야 한다는 요구

* 고병원성 조류인플루엔자. 조류에서 자주 발생하나 사람에게로 종간 전파될 수 있으며, 인체에 전염되면 전염성과 병독성이 매우 강해진다.

** 특정 절차나 행위를 자발적으로 일시 금지하는 것. 1950년대에 대기 중에서 실시되는 핵무기 시험과 관련된 조치로 널리 쓰이기 시작했고, 이후 재조합 DNA 연구 분야에도 적용됐다.

는 없었다. 중단 없이 무책임함만을 지적한 연구자들, 단체들은 유전 가능성이 있는 인간 유전체* 편집에 그들의 표현대로라면 '신중한 방안'을 모색해야 한다고 이야기했다. 이후 2018년 11월에 허젠쿠이가 멀쩡한 세 명의 여아에게 앞으로 어떤 끔찍한 결과가 초래될지도 알 수 없는 실험을 실행한 사실이 알려지자 온 세상은 경악했다. 그로부터 몇 주 후인 2019년 초에 저명한 유전학자 여럿이 인간 유전자 편집 연구를 5년간 중단하자고 촉구했으나, 노벨상 수상자 등 이 분야의 대표적인 학자들을 포함한 다른 연구자들은 연구 유예 조치에 동의하지 않았다. 이번에는 합의가 이루어지지 않은 것이다. 엄청난 파장을 일으킨 '크리스퍼 베이비' 실험과 같은 일이 당장 내일 또다시 반복되지 않으리라고 누구도 보장할 수 없게 되었다.

이런 사례들은 과학과 기술의 역사에서 유전공학의 특이성을 보여 준다. 즉 유전공학은 사회적 책임의 문제, 그리고 과연 올바른 행위란 무엇인가에 관한 의식과 밀접하게 연관되어 있다. 그래서 이 책은 지난 반세기와 그 이전의 역사를 살펴보는 동시에 유전공학이라는 새로운 과학이 현재에 어떤 영향을 줄 수 있는지, 우리는 그 영향을 어떻게 통제해야 하고 어떻게 해야 재앙을 막을 수 있는지 집중적으로 다루고자 한다. 어떤 면에서 이 책은 유전공학의 과거와 현재, 미래에 관한 재판이며, 이 재판의 배심원은 여러분이다.

* 한 유기체가 가진 유전 가능성이 있는 DNA 염기서열 전체.

'유전공학'이라는 표현이 고리타분하다고 느끼는 독자도 있을 것이다. 그렇게 느끼는 이유는 이 기술에 붙여진 이름이 수십 년에 걸쳐 변화해 왔다는 점도 작용했으리라고 생각한다. 유전공학이라는 용어는 재조합 DNA, 유전자 바느질(많이 알려진 표현은 아니다), 유전자 클로닝, 유전자 스플라이싱, 유전자 변형에 이어 가장 최근에 등장한 유전자 편집까지 다양하게 바뀌었고, 과학자와 대중 양쪽에게 미묘하게 다른 의미를 전달한다. 때로는 새로 개발한 기술을 문제가 제기됐던 이전 기술보다 덜 위협적으로 느끼게 한다는 이유로 채택된 이름도 있다('유전자 편집'의 경우 확실히 단순하면서도 길들일 수 있는 기술처럼 느껴진다). 광범위한 분야를 포괄하는 명칭도 있는데, 예를 들어 '생명공학'*이나 '합성생물학'** 모두 기반이 되는 기술은 유전공학이지만 두 분야의 목표와 전망은 유전공학과 차이가 있다. 이렇듯 접근 방식은 다양하지만, 유전공학 기술의 공통점은 생물의 유전자에 인위적으로, 정밀하게 새로운 변화를 도입한다는 것이다.

1970년대에 유전자를 조작하는 새로운 능력이 생긴 후 발생한

* 미생물을 이용하는 생산 기술. 빵, 맥주, 와인 등을 만들 때 자연적으로 발생한 효모를 무의식적으로 활용한 것이 시작이었다. 지금은 광범위한 물질을 만들기 위해 유전자가 변형된 미생물을 산업적으로 활용하는 것을 의미한다.

** 포유동물 세포에 종양을 발생시키는 영장류 바이러스. 한때 암 연구에 많이 쓰였고, 이후 포유동물 세포에 재조합 DNA를 도입하는 운반체로 쓰였다.

핵심 결과 중 하나는 이 능력이 하나의 기술로 발전해서 실제로 활용되기 시작했다는 것이다. 그러자 이 기술을 적용해서 생겨난 새로운 생물을 실험실이 아닌 공장이나 들판에서 보게 될지 모른다는 두려움과 저항이 뒤따랐다. 유전공학의 역사에서 이 난제는 중요한 부분을 차지한다. 이러한 반발은 사람들이 과학을 대하는 태도 자체에 큰 영향을 주었을 뿐 아니라, 두려움을 가라앉히고 새로운 기술을 안전하게 활용하기 위한 목적의 규제 마련에도 도움이 됐다.

하지만 그런 조치가 마련된 후에도 서로 다른 생물들의 유전자를 섞는 기술이 생겼다는 사실에 계속해서 불안감을 느끼는 사람들이 많다. 1997년, 유전자 변형 작물에 대한 의구심은 전 세계적으로 점차 증폭되다가 폭발 직전에 이르렀다. 선구적인 분자생물학자 프랑수아 자코브François Jacob는 그해에 발표한 글에서, 인류의 집단정신을 자세히 들여다보면 이러한 사태의 근본적인 문제가 보인다고 설명했다.

> 재조합 DNA라는 개념은 수상하고 초자연적이라는 인상을 준다. 드러나지 않은 괴물이 주는 공포, 자연을 거스르고 두 생물을 하나로 합치는 행위라는 섬뜩함을 불러일으킨다.

유전공학이 가져올 결과에 불안감을 느끼는 건 단순히 그 결과물이 괴상해 보이기 때문만은 아니다(예를 들어 내가 연구에 쓰는 초파리는 해파리 유전자를 갖고 있는데, 이 해파리 유전자의 기능을 조절하는 건 효모에서 가져온 다른 유전자다). 사람들이 느끼는 불안감보다 훨씬 더 큰 문제는 다른 모든 기술과 마찬가지로 어떤 결과가 나올지 확실하게 알 수가 없다는 것이다. 이 두려움의 중심에는 유전공학 기술이 다음 세대로 전달되는 변화를 일으킬 수 있고, 그런 변화가 늘 의도한 대로만 흘러가지는 않는다는 사실이 있다.

이 책은 과학과 기술에 혁신이 일어난 과정, 즉 뛰어난 과학자들이 어떻게 이론을 세우고 실험을 설계했으며, 기술을 활용할 방안을 떠올렸는지, 그리고 세상은 그와 관련한 위험성을 어떻게 인식했으며, 어떤 대응이 이루어졌는지 이야기한다. 하지만 그게 전부는 아니다. 더 넓은 범위에서 그러한 발견이 문화와 정치, 경제의 역사에 어떤 영향을 주었는지, 그 결과 지금 우리가 사는 세상이 어떻게 만들어졌는지도 함께 살펴볼 것이다.

여기서는 특히 유전공학이 국제 사회로 퍼진 과정을 중요하게 다룬다. 유전공학 초창기에는 대체로 미국이 중심지였지만, 이제는 전 세계 모든 대륙이 유전공학과 이 과학의 응용 기술에 영향을 받고 있다. 따라서 지구상의 모든 대륙이 이 이야기에 등장한다. 지리적 변화와 관련하여 유전공학의 근본적인 변화가 일어나고, 앞으로 그 변화의 중요성이 더욱 커지리라 예상되는 곳은 바로 중국이다. 중국에서 이루어지는 연구의 영향력은 점차 증대되고 있다. 이는 중국의 경제력과 과학기술 능력의 성장 때문이기도 하지만, 중국 정부가 오래전부터 유전공학 기술의 활용 방안을 모색해 온 결과이기도 하다. 중국은 세계 최초로 GM 작물을 승인한 국가이고, 현재 가장 많은 유전자 치료법이 승인된 곳이다. 하지만 유전공학으로 발생할 수 있는 악몽 같은 결과에 취약한 건 중국도 마찬가지다. 중국 공산당 지도부 내에서도 GM 쌀이 가져올 결과에 관한 전망이 엇갈리며 이에 관한 논쟁이 공개적으로 진행되고 있다. 유전공학의 영향력은 이처럼 지구 전체에 흥분과 혼란을 일으킬 만큼 강력하다.

유전공학 기술의 역사를 되짚어 보면, 1960년대와 1970년대 초 미국의 반反문화부터 1980년대와 1990년대에 등장한 벼락부자, 탈규제가 중시되던 분위기, 그리고 소련의 붕괴와 냉전 종식, 21세기 전환기에 증폭됐던 세계화에 대한 거부감과 9·11 테러 이후 전 세계에 나타난 반응, 2020년 초에 등장한 비극적인 새로운 대유행병의 공포에 이르기까지 문화적·정치적으로 광범위한 변화와 늘 맞물려 있음을 알게 된다. 유전공학과 이 기술의 활용은 원자 기술이 전후 세계에 준 영향만큼이나 각 지역, 국가, 지구 전체에 정치적으로 중대한 영향을 끼치고, 인류의 미래를 빚어내는 동시에 위협하고 있다.

이 책에는 실험과 관련된 내용이 꽤 상세하게 나오지만, 유전공학 기술의 모든 측면을 학술적으로 세밀하게 분석하지는 않는다. 지난 반세기 동안 유전공학은 사실상 생물학의 모든 분야에 너무나 압도적인 영향을 주었으므로 이 영향을 파헤치다 보면 현대 생물학의 역사 전체를 다루게 된다. 이런 사실을 고려해서 체외 수정*, 줄기세포 생물학,

* 난자를 체외수정해서 얻은 배아를 모체에 이식하는 다양한 기술. 1977년에 로버트 에드워즈와 패트릭 스텝토, 장 퍼디가 처음 인체에 적용하는 데 성공했다. 이 첫 시도로 1978년 7월 영국 올드햄에서 루이스 브라운이 태어났다.

배아 연구, 생명공학 기술, 포유류 복제, 합성 생물학, 유전체학, DNA 염기 서열 분석, 트랜스휴머니즘 등 유전공학 등장 이후에 시작됐거나 유전공학과 동시에 생겨난 다양한 과학과 기술, 사회적 발전에 관해서는 자세히 설명하지 않았다. 그래서 이 책을 읽는 전문가들은 각자 선호하는 기술이나 실험, 좋아하는 연구자에 관한 내용이 빠졌음을 알게 될 텐데, 실망했다면 미안하지만 지면의 한계 때문에 어쩔 수 없었다. 나는 이 책에서 유전공학 기술의 역사에서 일어난 우여곡절이나 이 기술로 발생할 영향을 모두 다루지는 않는다. 대신 이 기술이 주로 어떻게 응용되었는지, 그리고 사람들에게 영감을 주고 자극을 주며 즐거움을 선사하는 창작자들에게 어떤 문화적 영향을 미쳤는지에 초점을 맞추었다.

그렇게 탄생한 창작물 중에는 이 분야의 오랜 참고 문헌인《프랑켄슈타인》의 자리를 대신할 수 있을 만큼 막강한 영향력을 발휘한 작품도 있다. 영화 〈쥬라기 공원〉과 셀 수 없이 많은 B급 영화들, 노벨상 수상 작가들이 쓴 창의적인 소설들, 투박한 스릴러물, 팝송, 만화책, 조각품, 개념예술에 이르기까지 수많은 작품에서 유전공학 기술이 가져올 악몽 같은 결과가 집중적으로 다루어졌다. 그리고 메리 셸리의 영향력 있는 소설만큼이나 몇 십 년간 일어난 과학적·기술적인 변화를 대하는 사람들의 태도에 큰 영향을 주었다. 유전공학의 역사에서 문화와 예술 분야의 창작물은 뉴스 매체와 TV, 라디오 방송만큼 큰 비중을 차지한다. 그만큼 시대별로 과학과 정치의 방향을 변화시키고 오랫동안 지속된 영향력을 발휘했기 때문이다. 문화와 예술의 영역까지 광범위하게 살펴보면 과학의 역사만 파고드는 것보다 훨씬 더 많은 것을 볼 수 있으리라 생각한다.

그렇다고 해도 이 책에서 다룰 유전공학의 역사에는 과학이 상당한 비중을 차지한다. 전문적인 내용은 최소한으로 줄이고 실험의 각 단계는 꼭 필요한 부분만 설명하려고 노력했으나, 유전학에 관한 기초적인 지식을 얻고 싶은 분들을 위해 아래 세 문단에 핵심 내용을 요약했다.

인간의 유전자는 '이중 나선' 구조로 잘 알려진, 두 가닥으로 된 DNA로 구성된다. DNA의 각 가닥은 염기*라고 하는 화학적인 구조가 한 줄로 연결되어 만들어진다. 염기는 네 가지이며, 이름의 첫 글자를 따서 각각 A, C, G, T로 불린다. 염기의 형태로 인해 DNA 두 가닥은 서로 상보적으로 결합한다. 즉 한쪽 가닥에 A가 있으면 다른 가닥의 같은 위치에는 A와 결합하는 T가 있고, 한쪽에 T가 있으면 다른 가닥에는 A가 있다. C와 G도 마찬가지다. 유전자는 저마다 고유한 염기서열로 구성된다. 일반적으로 각 유전자에는 단백질**(아미노산***이 한 줄로 이어진

* DNA나 RNA 구성단위인 뉴클레오티드의 일부, 즉 아데노신, 시토신, 구아닌, 티민 또는 우라실 분자. 다른 분자들과 결합해 뉴클레오티드를 이룬다.

** 아미노산 사슬로 이루어진 큰 분자. 형태가 매우 다양하며, 수많은 생물학적 기능을 수행한다.

*** 아미노기-NH2와 카르복실기-COOH가 포함된 작은 분자. 아미노산의 종류는 수백 가지지만 일반적으로 생물에는 20가지만 존재한다. 아미노산이 연결되면 단백질이 된다.

것)이 만들어지는 유전 암호*가 담겨 있고, 세포에서 유전자에 담긴 이 지시에 따라 단백질이 만들어진다. 유전자의 염기를 세 개씩 묶은 단위를 코돈이라고 하는데, 코돈 하나로 아미노산 하나가 만들어지고 이렇게 만들어진 여러 개의 아미노산이 연결되어 단백질이 된다. 단백질은 생물의 구조를 이루고(머리카락), 생리 기능에 변화를 일으키는 등(효소**나 호르몬) 셀 수 없이 다양한 기능을 수행한다.

특정 유전자가 활성화되면 세포에 있는 효소가 DNA의 이중 나선 구조를 풀고 그 유전자의 '전사'가 시작된다. 유전자가 있는 DNA 가닥을 주형으로 삼고 '메신저 RNAmRNA'***라는 분자가 만들어지는 과정을 전사라고 한다. RNA****도 DNA 가닥처럼 상보적인 염기서열로 구성되는데, 한 가지 다른 점이 있다면 RNA에는 T 염기가 U라는 다른 염기로 대체된다는 것이다. mRNA는 리보솜이라는 세포 내 소기관으로 가고, 그곳에서 mRNA에 담긴 유전 암호에 따라 단백질이 만들어진다. 리보솜에서는 특정 아미노산을 결정짓는 mRNA 상의 3개 염기서열, 즉 코돈을 '읽고' 각 코돈에 상응하는 아미노산을 연결한다. 필요한 아미

* DNA, RNA 코돈과 아미노산의 관계. 아미노산에 따라 여러 코돈에 암호화된 종류도 있고, 한두 가지 코돈에만 암호화된 종류도 있다.

** 특정한 화학 반응을 촉매하는(반응 속도를 높이는) 단백질 또는 RNA 분자.

*** 유전자의 상보적 복제물에 해당하는 분자로, 염색체에서 리보솜으로 옮겨진 후(진핵생물에서는 이를 위해 mRNA가 핵에서 세포질로 이동한다) 코돈 단위로 전달. RNA 분자가 결합한 다음 각 코돈에 맞는 아미노산이 부착된다.

**** 리보핵산의 줄임말. 당과 인산으로 된 기본 골격과 아데닌, 시토신, 구아닌, 우라실(A, C, G, U) 네 가지 염기로 구성된 나선형 분자다. 일부 바이러스의 유전물질이며, 모든 세포에서 광범위한 조절 기능을 수행한다.

노산은 '운반 RNAtRNA'라는 분자가 세포 내에서 찾아 리보솜으로 가져온다. 이렇게 아미노산이 하나하나 연결되면 단백질이 된다. 리보솜은 RNA와 단백질로 구성되고, 생물의 다른 모든 구성 요소와 마찬가지로 리보솜을 만들어 내는 유전 암호가 따로 존재한다. 어떤 유전자의 DNA로부터 만들어진 RNA나 단백질이 다른 유전자의 활성을 조절하는 용도로 쓰이기도 한다.

바이러스는 유전공학에서 핵심적인 기능을 담당해 왔다. 바이러스에는 단백질 외피가 있고, 그 외피 안에 DNA나 RNA가 감춰져 있다. 바이러스는 다른 생물에 기생해서 숨겨진 DNA나 RNA가 복제되도록 만든다(외피는 바이러스 DNA나 RNA의 유전 암호에 따라 만들어진다). 바이러스의 유일한 기능은 세포를 뚫고 들어가서 세포 내부 기관을 가로챈 다음 그 세포의 생화학적인 기능을 활용해 자기 DNA나 RNA가 복제되도록 만드는 것이다. 복제된 바이러스 DNA나 RNA는 새로운 바이러스가 된다. 지구상에는 무수한 종류의 바이러스가 존재하고 대부분 해롭지 않지만, 인체에 치명적인 종류도 있다. 과학자들이 바이러스가 다른 세포에 자기 DNA를 집어넣는 기능을 활용할 수 있게 된 것이 유전공학 혁명의 시초가 되었다. 바이러스를 변형시켜서 이미 많은 것이 밝혀진 세균의 DNA를 바이러스에 실어 포유동물 세포에 전달하는 것, 이를 통해 다세포생물의 감춰진 유전자 기능을 밝혀내는 것이 초기 연구의 궁극적인 목표였다.

이 책을 읽기 전에 알아 둘 정보는 이게 전부다.* 책을 다 읽고 나면 훨씬 더 많은 사실을 알게 될 것이다.

이 책은 유전공학이라는 과학의 변천사를 통해 과학과 정치, 윤리, 산업, 문화의 연관성을 설명한다. 그리고 지난 반세기 동안 세상의 변화와 함께 우리의 지식이 어떻게 발전해 왔는지 파헤쳐 보고, 그 변화가 일어난 초기부터 어떤 두려움과 저항이 생겨났는지도 살펴본다. 새로운 발견이 위험한 결과를 초래하거나, 불평등을 심화하거나, 그 외에 다른 방식으로 사회에 해가 될 수 있는 과학의 모든 세부 분야는 이 유전공학의 역사에서 교훈을 얻을 수 있다. 이 역사는 과학, 그리고 과학의 응용과 관련된 결정이 내려지는 첫 단계부터 대중이 그에 관한 정보를 충분히 알고 결정에 참여하는 것이 얼마나 중요한지 분명하게 보여준다.

이 같은 사회적 문제는 필요에 따라 선택적으로 고려할 사안도 아니고 학자들 손에 맡겨 둘 일도 아니다. 이는 모든 유전공학 실험에, 이 학문이 갓 형성된 시기부터 따라다닌 문제이고, 과학과 의학, 농업을 바꿔 놓은 이 혁신적인 기술의 정치적인 영향과도 관련이 있다. 내 좋은 친구인 과학 역사가 미셸 모랑쥬Michel Morange의 말처럼, 유전공학의 핵심은 분자생물학을 '관찰하는 과학에서 개입하고 행동하는 과학으로 바꾼 것'이므로, 유전공학의 사회적 문제는 유전학의 다른 세부 분야와

* 위에서 설명한 내용이 어떻게 발견됐는지 궁금하다면, 2015년에 나온 내 책 《생명의 위대한 비밀》을 추천한다.

는 다른 양상으로 나타난다. 가만히 관찰하기보다 개입하고 행동에 옮길 때, 이전까지 한 번도 존재한 적 없는 것을 만들 때는 의도치 않은 결과 또는 자신이 바라는 일이더라도 남들이 바라지 않는 결과가 나올 위험성을 고려해야 한다. 과학과 사회는 한데 얽혀 있으므로 이 문제는 정치적인 과제다.

유전공학의 창조적이고 인간의 개입을 염두에 둔 측면은 수백 년 전, 유전학이 시작되기도 훨씬 전에 예견됐다. 영국의 사상가 프랜시스 베이컨Sir Francis Bacon이 1626년에 세상을 떠난 후 그가 태평양 어딘가에 있는 벤살렘Bensalem이라는 가상의 섬을 배경으로 쓴《새로운 아틀란티스》라는 미완성 소설 원고가 발견됐다. 이 섬의 중요한 특징은 자연계의 모든 것을 탐구하는 학술원 '솔로몬 하우스'가 있다는 것이다. 이 학술원에서는 '인간 제국의 경계를 넓히는 것'을 목표로 지식을 발전시키는 수준을 넘어 지식의 응용과 통제 방안까지 개발한다는 내용이 나온다. 유전 현상이 아직 심오한 수수께끼로만 여겨지고 생물학적인 의미는 전혀 부여되지 않았던 그 시대에 베이컨의 소설 속 솔로몬 하우스에서는 식물과 동물을 원하는 대로 정확하게 조작하고, 서로 다른 종을 혼합해서 모두에게 이로운 새로운 생물을 만들어 낸다.

> 우리는 다양한 종의 혼합체를 만들고 다른 종끼리 교접하게 만들 방법을 발견했다. 이를 통해 새로운 종이 생기는데, 이 새로운 종도 생식 기능이 사라지지 않는다는 것이 일반적인 의견이다. 우리는 뱀과 벌레, 파리, 물고기, 이미 죽고 부패한 것으로부터 수많은 종을 만들어 냈다. 그중 일부는

짐승이나 새처럼 (사실상) 완전한 존재로 발달했다. 성별이 있고, 번식도 가능하다.[1]

지금은 쓰지 않는 낯선 영어로 쓰인 데다 세부적인 내용은 당연히 부족하지만, 베이컨이 묘사한 세상은 다름 아닌 지금 우리가 사는 세상이다. 이 글이 나오고 4세기 후, 인간에게는 베이컨이 상상한 내용과 정확히 일치하는, 자연을 다스리는 능력이 생겼다. 서로 다른 종의 특성이 섞인 새로운 존재는 신화에서 아주 오래전부터 다루어졌고, 반인반수 이야기는 여러 문화권에서 흔히 볼 수 있다. 하지만 베이컨은 인간이 생물의 특징을 활용하기 위해 고의로 혼합체를 만들어낼 것이라고 보았다. 이는 새로운 생각일 뿐만 아니라, 이후 여러 세기에 걸쳐 과학과 기술, 산업이 발달하면서 자연계를 대하는 인간의 태도가 바뀔 것임을 예고한 듯한 내용이라는 점에서 큰 의미가 있다. 그래서 이 책은 어떤 의미에서 베이컨의 상상이 실현된 과정을 다룬 책이라고도 볼 수 있다.

나는 여러분이 이 책에서 알게 되는 사실에 매료되고, 놀라고, 감동하고, 동시에 경각심을 갖게 되기를 바란다. 나도 몰랐다가 책을 쓰면서 알게 된 역사도 있는데, 그중에는 온몸이 굳어 버릴 만큼 오싹한 사실도 있다. 무엇보다 나는 여러분이 충분한 정보를 얻어야 한다고 생각한다. 최신 유전공학 기술의 활용에 관한 결정에는 이 지구에 사는 모두가 참여해야 한다. 과거와 현재를 알면 미래를 어떻게 통제해야 하는지 조금 더 확신하게 되거나, 적어도 향후 발생할지 모르는 피해를 제한할 수 있을 것이다. 이제 여러분도 알게 되겠지만 과학자들 손에만 맡겨 두기에는 너무나 중요한 문제다.

400년 전에 프랜시스 베이컨은 우리가 자연의 힘을 정복해서, 인간 제국의 경계가 넓어지길 꿈꾸었다. 유전공학은 이 꿈을 어느 정도 실현했다. 그러나 유전공학 기술은 중립적인 역할에 머무르지 않고 인간의 행동 방식을 바꾸었다. 독일의 철학가, 혁신가, 사업가이자 맨체스터 명예시민인 프리드리히 엥겔스Friedrich Engels는 1872년에 인간이 기술로 자연의 힘을 통제하면 어떤 결과가 생길지 탐구하고, 인간이 그러한 힘을 갖게 되면 진정한 전제주의가 생겨나 인간 스스로 그 대가를 치르게 될 것이라고 주장했다. 기술이 사회 체계에 영향을 끼치고, 인간을 특정한 방식으로 행동하게 만든다는 의미다. 그의 말을 유전공학에 적용해 보면 이 기술은 인간이 생명을 보는 관점에 영향을 주고 그 관점에 따라 어떤 생물은 기계 장치의 부품처럼 제어되고 행동을 예측하는 대상이 된다는 뜻이다. 문제는, 때때로 이 예측이 형편없이 빗나가거나, 인간이 적절히 제어하지 못하거나, 새로운 발견이 위험한 결과를 초래할 수도 있다는 것이다.

이미 발견한 것을 몰랐던 일로 되돌릴 수는 없다. 마찬가지로 우리가 이미 만들어 낸 것의 영향도 피할 수 없다. 우리가 지금 맞닥뜨린 잠재적인 위협은 직면하는 수밖에 없고, 맞서려면 그게 무슨 위협인지부터 알아야 한다. 프랜시스 베이컨은 '지식은 힘'이라는 말도 남겼다. 그게 이 책의 핵심이다.

2022년 3월, 맨체스터에서

1

전조

인류가 유전체를 바꾸기 시작한 건 수천 년 전부터였다. 아프리카에 초기 인류가 등장한 수십만 년 전부터 인간은 식량으로 삼은 동물과 식물의 유전자를 의도치 않게 바꾸었고, 이는 다른 포식 동물들의 영향과 마찬가지로 자연 선택의 동력으로 작용했다. 인간의 관심을 얻을 수 있는 방향으로 적응한 동식물도 있고, 매머드, 털코뿔소, 땅늘보 같은 거대 동물처럼 멸종한 동식물도 있다. 그러다 약 1만 년 전 농업이 서서히 발달하면서부터 인류는 동물과 식물을 체계적으로 길들이기 시작했다. 인간의 필요에 맞게 특정한 종류를 의도적으로 키우게 된 것이다.

결과는 엄청났다. 유전체 분석으로 현대의 말은 모두 지금으로부터 약 4000년 전 서유라시아 스텝 지대에서 소규모로 집단 사육된 동물의 후손이라는 사실이 밝혀졌다.[1] 튼튼하고 온순한 이 말들이 그 전에 인간이 길들인 다른 말들을 금세 대체한 것이다. 말의 유전체를 보면 이런 과정이 어떻게 일어났는지 알 수 있다. 인류의 조상들은 말의 행동과 생리적인 특징을 기준으로 알맞은 종류를 선별했다. 즉, 먼 거리를 타고 달릴 수 있는 얌전한 개체를 골랐다. 이런 과정의 바탕에는 눈에 보이지 않는 분자 유전학적인 변화가 있었는데, 이제는 그 내용도 모두 밝혀졌다. 심지어 인류는 직감적으로 공격적인 행동은 배제하고 협력과 관련된 다양한 성격은 선호하는 방식으로 수십만 년에 걸쳐 말을 길들였을 가능성도 있다. 농업이 발달한 후부터는 가장 단순한 형태의 생명공학 기술도 활용되기 시작했다. 원리는 몰라도 미생물의 활성화를 이용해서 빵, 치즈, 맥주, 와인을 만들고 각각의 용도에 가장 적합한 미생물을 무심코 선별했다.[2]

인류는 이러한 활동으로 통찰을 얻었다. 일단 농업이 시작된 후에는 동물의 교배와 식물의 수분에 관한 지식이 매우 중요해졌다. 전 세계적으로 인간이 생식의 원리를 이해하게 된 시기와 동식물을 길들이기 시작한 시기는 대략 일치한다. 즉 자연계에 관한 지식이 늘어난 것과 점점 더 세밀하게 자연을 통제하려는 인간의 시도는 서로 맞물려 있다.[3]

이처럼 인류가 생물의 유전자를 변화시킨 역사는 아주 먼 옛날로 거슬러 올라가지만, 이러한 능력에 질적으로 큰 변화가 일어난 건 1972년이었다. 멋모르고 하던 일이 정밀하고 계획적인 조작 기술로 바뀐 이 변화는 현재 실리콘밸리로 잘 알려진 미국 캘리포니아주 팔로알토의 스탠퍼드대학교에서 한 연구진이 발표한 결과로부터 시작됐다. 당시 마흔다섯이던 연구진의 리더 폴 버그Paul Berg는 SV40*이라는 포유류 바이러스를 구한 다음, 세균인 대장균의 DNA를 이 바이러스 DNA

에 집어넣었다. 이 연구는 잘 알려진 대장균의 유전물질을 바이러스에 실어서 포유동물에 주입하는 방식으로 진행되었다. 이를 통해 세균의 유전물질이 다세포생물에 어떻게 작용하는지 처음으로 밝히고자 했다. 이 기술이 점점 간소화되어 1년 뒤에는 사실상 어떤 유기체든 DNA를 융합할 수 있게 되었다. 재조합 DNA 기술은 안전하고 통제가 가능하다는 사실이 입증된 후부터 생명공학 산업이 폭발적으로 성장하는 토대가 되었다. 유전자 변형 작물과 유전자 치료가 개발되고, 생물학 전반의 과학적인 지식도 대폭 확장됐다. 최근에 큰 관심을 얻고 있는 크리스퍼 CRISPR라는 유전자 편집 기술도 여기서 나온 결과다.

이 같은 혁신이 이루어지는 동안 기술은 변화를 거듭했다. 버그가 사용한 유전공학 기술은 선구적이지만 원시적이었고 오늘날의 유전자 편집 기술과 세부적인 면에서 큰 차이가 있다. 그러나 지난 반세기 동안 등장한 모든 유전공학 기술에 담긴 관점과 기본적인 접근 방식은 1972년 스탠퍼드대학교 연구진이 개발한 이 기술에 뿌리를 두고 있다. 모든 혁신이 그렇듯 중대한 변화의 순간과 변화로 촉발된 사건들을 이해하려면 그 순간의 전후 상황을 모두 살펴봐야 한다. 혁신이 일어난 순간이 아니라 그 이전부터 시작해야 한다는 의미다. 변화가 현실이 되기 전에 앞으로 일어날 수 있는 일들의 윤곽을 제시한 건 소설이었다. 소설에서 그려진 일들이 과학으로 실현되기 수 세기 전부터 사상가들은 소

* 원숭이 바이러스 40. 포유동물 세포에 종양을 발생시키는 영장류 바이러스. 한때 암 연구에 많이 쓰였고, 이후 포유동물 세포에 재조합 DNA를 도입하는 운반체로 쓰였다.

설을 통해 미래의 발전 가능성과 위험성을 모두 탐구했다.

•———∘

과학의 위험성을 가장 강력하게 그린 소설은 단연 《프랑켄슈타인》일 것이다. 1816년 당시 십 대였던 메리 셸리Mary Shelley가 쓴 이 소설은 집필 후 2년 뒤에 출간됐다.[4] 《프랑켄슈타인》은 그리스 신화 속 인간에게 불을 주었다가 끔찍한 고통을 겪은 프로메테우스 신의 이야기(실제로 《프랑켄슈타인》의 부제는 '신新 프로메테우스'다), 유대교에서 전해 내려오는 골렘(인간이 만들어 낸 존재이며 만든 이가 시키는 대로 복종한다고 알려져 있다) 이야기, 독일의 파우스트와 그가 악마와 맺은 거래에 관한 이야기에서 영감을 받은 이야기다. 이 책은 인간이 지식을 얻는 새로운 방식인 과학의 잠재적 위험성, 특히 자연에 없는 것을 만들어 내는 과학의 본질이 얼마나 위험한지 경고했다고 평가받는다.

유전 현상의 메커니즘이 서서히 밝혀지기 시작한 19세기 말에는 여러 소설에서 이 새로운 지식이 집중적으로 다루어졌다. 허버트 조지 웰스H. G. Wells는 1896년에 발표한 《모로 박사의 섬》이라는 소설에서 현대 의학이 생체 해부로 여러 동물을 짜맞춘 기괴한 존재를 만들게 된다면 어떤 섬뜩한 상황이 벌어질지 묘사했다. 이어 8년 뒤에는 식품첨가물이 인간의 유전성을 바꾼다면 무슨 일이 일어날지 상상력을 발휘했다. 이제는 잊힌 웰스의 소설 《신의 음식The Food of the Gods》은 어린아이들과 농장에서 키우는 동물들이 '붐 푸드Boomfood'라는 물질을 먹고 몸집이 거대해지는 상황을 그린다. 더욱 놀라운 건 이처럼 몸이 거대해지는 성질이 후대에도 전달되어 사회적, 정치적으로 엄청난 파장을 일으킨다는 내용이다.《신의 음식》은 1865년에 처음 확립된 멘델의 유전 법칙이 재발견되고 3년 후에 나온 소설이다.

20세기는 유전학의 시대였다. 20세기 첫 수십 년은 우생학의 시대였는데, 이는 선택적인 번식으로 인간의 유전자를 의도적으로 조작하려는 욕망이 드러난 결과였다. 이런 생각은 실제로 널리 적용됐고 특히 미국과 스웨덴에서 두드러졌다. 이는 가난하거나 장애를 가진 사람들을 비롯해 '부적합'하다고 여겨진 사람들을 불임으로 만드는 방식에 주로 쓰였다. 우생학의 잔혹함은 선택적 번식이 체계적인 살인으로 변모한 나치 독일에서 절정에 달했다.[5] 우생학이 초래하는 결과를 보여준 가장 영향력 있는 소설은 1932년에 출간된 올더스 헉슬리Aldous Huxley의《멋진 신세계》다. 이 소설에서 인간은 '포드스냅 기법Podsnap's technique'과 '보카노프스키Bokanovsky'라는 기술을 적용한 인공 자궁에서 사육되고, 태어난 인간은 유전자에 따라 각자 사회에서 할 일이 결정된다. 헉슬리는 자신이 그려낸 이 디스토피아에 쓰인 유전공학 기술을 과학적으로 신빙성 있게 상상해서 묘사해야 했지만, 우생학의 결과는 애써 상상할 필요가 없었다. 당시 우생학은 정치적 성향과 상관없이 주변에서도 쉽게 볼 수 있을 만큼 사회에 만연했기 때문이다(사회주의자였던 웰스도 우생학을 지지한 여러 좌파 인사 중 하나였다).

홀로코스트의 잔혹함이 가시지 않은 전후 세계에서는 우생학의 기세가 한풀 꺾였지만, 유전물질에 관한 과학적인 관심은 점점 커져서

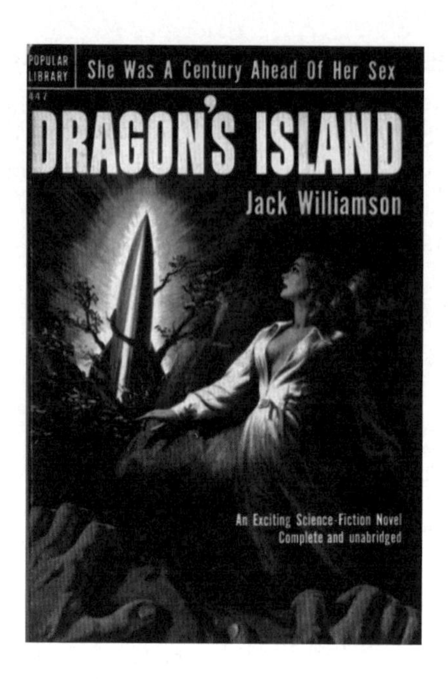

그림 1-1. 《용의 섬Dragon's Island》 문고판.

'그런 물질이 무엇을 할 수 있을까' 하는 생각이 소설에도 스며들기 시작했다. 통속적인 과학 소설을 쓰던 잭 윌리엄슨Jack Williamson은 1951년에 《용의 섬Dragon's Island》이라는 소설을 썼다. 다른 면에서는 딱히 인상적이지 않지만, 윌리엄슨은 이야기의 중심이 되는 가상의 과학기술에 유전공학이라는 이름을 붙이고 "돌연변이를 유도"해서 "새로운 종류나 새로운 종을 원하는 대로 만드는 과정"이라고 정의했다.[6] 이 소설에서는 유전공학 기술로 만들어진 '인간이 아닌' 존재가 등장하는데, 이 존재는 "초인간적인 괴물이며 사람들 사이에 숨어 살면서 인간을 정복할 때를 기다린다"고 묘사된다.[7] 소설 말미에는 등장인물들이 새로운 기술의 이

점을 널리 알리기 위해 회사를 설립하고 떼돈을 번다는, 마치 미래를 예견한 듯한 내용도 나온다.*

윌리엄슨의 소설이 명작은 아닐지 몰라도(극적인 제목이나 내용과 무관한 자극적인 표지 그림은 통속 소설의 전형적인 특징이다), 1944년 뉴욕 록펠러 연구소에서 오즈월드 에이버리Oswald Avery가 발견한 것의 과학적, 경제적 잠재성을 희미하게나마 감지한 듯하다. 에이버리는 폐렴균에 다른 미생물에서 추출한 물질을 넣으면 감염성이 사라지거나 사라졌던 감염성이 다시 생기기도 한다는 사실을 발견했다. 에이버리의 연구 결과가 발표되자 처음에는 새로운 물질과 접촉하면 세균에서 돌연변이가 일어나 변화가 생기고 이 과정에서 특정한 유전학적 변화가 일어날 가능성이 있다는 해석이 나왔다.[8] 이전까지 돌연변이는 X선이나 화학물질로 유도했는데 결과는 대체로 무작위였고, 수 세기 동안 농업의 근간이 된 선택적 육종은 시간이 오래 걸리는 데다 되는대로 이루어지는 방식이었으므로 그 해석이 사실이라면 획기적인 발견이 될 수도 있었다.

하지만 모두 틀린 해석이었다. 에이버리와 동료들이 발견한 건

* 윌리엄슨은 자신이 '유전공학'이라는 용어를 처음 만들어 냈다고 생각했지만, 1949년 학술지 〈사이언스Science〉에 실린 유전 상담 서비스와 우생학에 관한 글에 이미 사용됐다. 또한 유전공학이 현재와 더 비슷한 뜻으로 처음 쓰인 건 그보다 앞선 1934년이었다. 당시 니콜라이 티모페예프 레숍스키Nikolaj Timoféeff-Ressovky는 방사선으로 돌연변이를 유도하는 과정을 설명하면서 유전공학의 한 종류라고 언급했다. 2년 앞서 개최된 제6차 국제유전학회 회의에서는 '유전공학'이라는 제목의 강연이 있었고, 작물과 축산 동물의 선택적인 육종을 이 용어로 칭했다. 그러나 의도적으로, 원하는 방향대로 돌연변이를 유도하는 것을 유전공학이라고 부른 건 윌리엄슨이 최초였다. Stern, K. (1949), Science 110:201-8; Timoféeff-Ressovky, N. (1934), Biological Reviews 9:411-57; Crowe, J. (1992), 그림 1-1. 《용의 섬Dragon's Island》 문고판.

그보다 훨씬 근본적인 사실, 즉 유전물질의 본질이었다. 연구진은 서로 다른 균 사이에 옮겨진 물질을 '변형의 주성분'이라고 명명했는데, 놀랍게도 이 물질의 정체는 데옥시리보핵산, 즉 DNA였다. 이 연구가 진행되기 전까지 DNA는 유전자가 담겨 있는 염색체*에서 구조적인 기능만 한다고 여겨졌다. DNA는 일종의 골격이고, 유전자는 단백질로 구성된다는 것이 당시의 일반적인 생각이었다. 그러나 에이버리가 콜린 매클라우드Colin MacLeod, 매클린 매카티Maclyn McCarty 두 동료와 함께 심혈을 기울여서 연구를 연구를 진행한 결과, 적어도 세균의 유전자는 DNA로 구성되어 있다는 사실이 밝혀졌다. 이후 수십 년간 분자생물학의 새로운 발견들로 이어진 문이 활짝 열린 순간이었다. 이후 20세기 후반에 분자생물학은 위대하고 새로운 과학으로 자리매김했다.

1950년대에는 어떤 생물의 DNA를 다른 생물로 옮기거나 효소로 DNA 염기서열을 바꾸는 일이 공상과학 소설 속 상상에서 과학의 영역으로 넘어왔다. 1958년에 에드 테이텀Ed Tatum은 조지 비들George Beadle과 함께 유전자로부터 효소가 만들어질 수 있다는 사실을 밝힌 공로로 노벨 의학생리학상을 수상하고(DNA에 관한 에이버리의 1944년 논문을 읽고 미생물 유전학 연구를 시작한 조슈아 레더버그Joshua Lederberg도 공동 수상자였다), 같은 해 스톡홀름에서 열린 수상자 강연에 나섰다. 테이텀이 이 연설을 한 시점은 제임스 왓슨Jim Watson과 프랜시스 크릭Francis Crick이 로

* 유전자가 포함된 DNA와 여러 단백질로 이루어진 세포 구조. 원핵생물의 염색체는 대체로 원형이고 진핵생물의 염색체는 일반적으로 선형이다.

절린드 프랭클린Rosalind Franklin, 모리스 윌킨스Maurice Wilkins의 데이터를 이용해서 DNA가 이중 나선 구조라고 밝힌 지 5년이 조금 지났을 때였다. 그때까지도 DNA가 모든 생물의 유전물질이라는 생각은 검증이 필요한 가설 정도로만 여겨졌다. 에이버리의 발견이 널리 수용되는 데만 10년 이상이 걸렸고, 모든 유전자가 DNA로 이루어졌다는 사실도 확실하게 입증되지 않은 상황이었다. 과학자들은 세균과 바이러스에서는 DNA가 유전과 관련된 기능을 하리라고 합리적으로 확신했지만, 더 복잡한 생물도 그런지는 1960년대 말까지도 명확하게 밝혀지지 않았다.[9]

테이텀이 수상자 강연을 마무리하면서 자신의 '예상'이라고 제시한 400단어 분량의 내용을 보면, 마치 지금 우리가 사는 현재와 미래를 내다본 듯한 느낌이 든다.

> 어쩌면 우리 중 일부가 아직 살아 있는 동안, 단백질과 핵산의 분자 구조에 얽힌 생명의 암호가 해독될지도 모른다. 그렇게 된다면 생물공학이라고 부를 수 있는 과정을 통해 살아 있는 모든 생물이 향상될 수 있다.[10]

테이텀이 생각한 생물공학은 원하는 특성을 가진 DNA 분자를 합성하고 이를 생물에 주입하거나 인위적으로 조작한 바이러스를 통해 생물에 도입하는 기술이었다. 그는 유전적 결함을 치료하고 동식물의 생산성과 질병 저항성을 높이는 목적으로 이러한 기술이 쓰일 것이라고 주장했다. 더불어 생물의 선천적 특징과 후천적 특징이 어떻게 상호작용하는지 완전히 밝혀진다면 "중대한 사회학적 문제가 해결되고, 알

프레드 노벨Alfred Nobel이 꿈꾼, 인류가 형제가 되어 서로 신뢰하며 행복하게 살아가는 세상에 성큼 다가서는" 새로운 르네상스가 시작될 것이라고 예상했다.

과학이 나아갈 방향에 관한 테이텀의 예상은 놀라울 만큼 정확했지만, 알다시피 실상은 그가 생각한 유토피아와 거리가 멀다. 그도 미래를 예상한 다른 많은 이들처럼 과학적인 발견이 실제 현실에 적용할 때 발생하는 어려움을 과소평가했다. 새로운 발견이 현실에 적용되려면 신뢰할 수 있고 규모를 키울 수 있는 기술로 전환되어야 하고, 기술과 그 기술을 활용하는 방식이 문화적으로 수용되어야 한다. 그리고 이 수용도는 여러 불확실한 요인에 영향을 받을 수 있다. 실제로 테이텀의 강연 이후 몇 년 동안 일어난 정치적, 사회적 발전은 과학을 바라보는 전 세계의 관점을 크게 바꿔 놓았다. 그리고 이러한 변화의 바탕에는 1950년대 냉전 세계를 지배한 원자의 가능성에 관한 의구심이 깔려 있었다. 1960년대 말에는 비관적인 시선이 새로운 방향으로 고착되어, 얼마 후 시작된 유전학 혁명을 바라보는 사람들의 생각과 태도에 영향을 주었다.

•——○

1960년 1월, 〈타임스〉가 '올해의 인물들'[11]로 선정한 미국인 과학자들의 명단이 발표됐다. 대부분 물리학자였던 이 대표적인 과학자들 속에 분자 유전학자 두 명이 포함되었다. 바로 비들과 레더버그였다. 〈타임스〉는 분자생물학을 "기회가 반짝이는" 분야라고 추켜세우며 가까운 미래에 "현재 대부분 불치병인 유전 질환을 치료하고 바로잡을 수 있게 될 것"이라는 희망을 제시했다. 더불어 과학의 영향력이 "좋은 쪽으로나 나쁜 쪽으로 모두 정점"에 이르렀다고 평가했다.

그로부터 불과 12개월 만에 영향력의 균형이 나쁜 쪽으로 기울어진 듯한 일이 일어났다. 1961년 1월, 군인 출신인 아이젠하워가 후임자인 존 F. 케네디에게 대통령직을 넘기면서 미국 국민을 향해 군산 복합체의 영향력이 증대되고 있으며 이런 상황을 주시해야 한다고 경고한 것이다. 아이젠하워는 과학과 정부의 연계를 비판하면서, "공공 정책이 과학기술 분야 엘리트들 손에 좌우될" 가능성이 있다고 예측했다. 아이젠하워의 현명한 경고는 1962년 10월에 벌어진 쿠바 미사일 위기와 핵에 의한 전멸이 일어날 수 있다는 공포로 증폭됐다. 그 결과, 서구 사회 전반에서 과학을 향한 비관적인 시각이 서서히 자라나기 시작했다.[12]

이런 의심과 의혹은 근본적으로 핵무기의 위협에서 촉발됐다. 원자핵 융합 반응으로 전멸할 수 있다는 즉각적인 위협과 함께, 핵실험으로 발생하는 방사성 낙진이 암과 돌연변이를 대규모로 일으킬 위험성에 대한 인식이 점차 높아진 것이 핵심이었다. 1954년에는 미국이 비키니 환초에서 벌인 핵실험으로 예기치 못한 수준의 큰 낙진이 발생해 인근 섬과 일본 어선에 타고 있던 사람들 수백 명이 피해를 입어 물의를 빚었다. 네빌 슈트가 1957년에 발표한 후 영화로도 제작된 베스트셀러 소설 《해변에서》는 핵무기로 발생한 엄청난 양의 낙진이 지구 전역으로 퍼져 인류가 죽음에 이른다는 내용을 담고 있다. 1950년대 중반까지 실제로 대기권에서 진행되는 핵실험 횟수가 우려스러울 만큼 늘어나자(1958년까지 250건 이상) 대기권과 해저 핵실험을 금지해야 한다는 목소리가 거세졌다. 아이젠하워 대통령은 애초에 핵실험 '유예'를 지지했다. 핵무기와 관련하여 널리 사용되던 이 '유예'라는 표현은 이후 수십 년간 유전공학의 위험성을 둘러싼 논의에 여러 번 등장했다.

철의 장막 양쪽에서 벌어진 대대적인 정치 공작, 그리고 1962년에 이 문제에서 활약한 공로를 인정받아 노벨 평화상을 받은 화학자 라이너스 폴링Linus Pauling을 비롯한 시위대의 무수한 핵실험 반대 운동 끝에, 1963년 말 마침내 '부분적 핵실험 금지 조약'이 체결됐다. 하지만 방사성 낙진의 위협이 사라진 건 아니었다. 미국은 '보습 프로젝트'라는 이름으로 알래스카와 호주에 항구를 새로 지을 때나 대서양과 태평양을 바로 잇는 파나마 운하를 해수면 높이로 건설하기 위한 굴착 등에 핵무기를 평화로운 용도로 활용할 방안을 계속 모색했다(파나마 운하 공사의 경우 경로를 어떻게 잡느냐에 따라 적게는 185건에서 많게는 925건까지 핵폭발이 있을 것으로 예상됐다).[13] 맨해튼 프로젝트에 참여한 베테랑 학자이자 '수소 폭탄의 아버지'라 불리는 에드워드 텔러Edward Teller가 설계한 이 보습 프로젝트로 1957년부터 1973년까지 총 27회의 폭파 시험이 실시되어(이 프로젝트는 1975년에 마침내 철회됐다) 100미터 깊이의 구덩이가 여러 곳에 생기고 대기 중에는 대략 5킬로미터 범위까지 잔해가 발생했다. 보습 프로젝트는 애초에 현실성도 없고 바람직하지도 않은 데다 놀라울 만큼 엄청난 비용이 들어간, 오만한 계획이었다. 이 거창한 계획에 대중과 지역 당국 모두가 지하에서 폭발이 일어나도 낙진이 위험한 수준으로 발생할 수 있다는 우려를 드러내며 여러 차례 반대했는데, 이 우려는 사실로 판명됐다. 시험 지역 인근 도시와 농경지를 포함한 주변 환경에서 방사성 동위원소가 반복적으로 검출된 것이다. 프로젝트에 반대하는 여론은 더 광범위하게 퍼졌고, 이런 현실성 없는 계획을 정부가 계속 밀고 나갈 만한 근거는 더욱 약해졌다.

할리우드에서는 방사성 낙진에 대한 공포를 조악한 영화로 그려냈다. 1954년에 개봉한 〈뎀!Them!〉은 핵실험에서 발생한 방사능의 영향으로 몸길이가 2미터에 이르는 개미가 나타나 로스앤젤레스를 위험에 빠트리는 내용을 다룬 괴물 영화였다. 이 영화에서 한 과학자는 구식 무기로 이 괴물 개미들을 무찌른 후 다음과 같은 결론을 내린다. "인간이 핵 시대에 들어서면서 새로운 세상의 문이 열렸다. 우리가 이 신세계에서 무엇을 발견하게 될지는 아무도 예측할 수 없다." 대중의 상상 속에서 원자력의 힘과 유전자의 힘은 뒤엉키기 시작했다. 미디어는 이 문제에 특히 관심이 많은 젊은 세대를 겨냥했다. DNA가 방사능의 영향을 받아 초능력을 갖게 된 헐크를 비롯한 스파이더맨, 엑스맨 같은 마블 코믹스Marvel Comics의 핵심 캐릭터들도 1960년대 초에 등장했다.* 마찬가지로 1963년에 처음 방영된 BBC TV 공상과학 시리즈 〈닥터 후Doctor Who〉에 등장하는 대표적인 악역 캐릭터 달렉Daleks의 정체는 스카로Skaro라는 행성에서 100년간 이어진 핵전쟁으로 탄생한 돌연변이다.

핵폭탄 실험의 유예와 실험 금지 조약은 과학을 비롯한 권위에 대한 대중의 신뢰가 점차 약해지던 시기에 정치와 군사 지도자를 믿으라고 요구한 조치였다. 지식인들은 과학계의 주장을 과연 권위 있는 지식이라고 봐야 하는지 의구심을 갖기 시작했다. 1962년에 나온 토머스 쿤Thomas Kuhn의 책《과학 혁명의 구조The Structure of Scientific Revolutions》에도 이러한 분위기가 담겨 있다. 쿤은 과학적인 논쟁이 과학계 내부의 권력 투쟁이기도 하다는 사실을 파헤쳤는데, 저자 입장에서는 실망스럽게도, 일부 독자는 이 내용을 보고 진실의 의미는 상대적이며 결국 과학도 또 하나의 이야기일 뿐이라는 결론을 내렸다. 여기에다 임산부의 입덧을 가라앉히는 데 처방되던 탈리도마이드로 인해 수만 명의 아기가 기형아로 태어나는 일이 벌어지고, 그 여파로 화학물질이 의도치 않게 발생시킬 수 있는 영향에 대한 우려가 점점 커지자 그러한 인식은 더욱 공고해졌다. 화학물질의 부작용은 레이첼 카슨Rachel Carson의 예지력이 담긴 1962년의 저서《침묵의 봄》에서 다룬 핵심 주제이기도 했다. 이 책에서 카슨은 농약이 환경에 의도치 않은 영향을 줄 수 있는지 설명했다.

* 엑스맨의 기원에 관한 이야기가 바뀐 것은 이 책의 주제와 연관성이 있다. 즉 대중이 두려움을 느끼는 대상이 방사능에서 유전공학으로 바뀐 후 문화의 모든 수준에 어떤 영향을 끼쳤는가가 이 책의 주제 중 하나인데, 엑스맨의 이야기에도 이것이 반영되어 있다. 엑스맨이 처음 나왔을 때는 그가 돌연변이로 특별한 능력이 생겼고, 돌연변이가 일어난 원인은 방사능이라는 암시가 있었다. 특히 이 만화에 등장하는 '비스트The Beast'는 이 같은 연관성을 더욱 노골적으로 드러낸 캐릭터였다. 이후 방사능에 대한 공포가 잠잠해지고 유전학의 힘에 대한 우려가 커지자, 작가 폰 데니켄von Däniken 작품의 전형적인 특징인 외계의 존재가 '셀레스티얼Celestials'이라는 이름으로 마블의 이야기에도 추가됐다. 이와 함께 100만 년 전 셀레스티얼들이 지구를 찾아와 원시인을 대상으로 일련의 유전공학 실험을 진행했다는 내용이 엑스맨의 새로운 배경 이야기로 제시된다. 이 실험 중에 '탐사자 오네그Oneg the Prober'라 불리는 한 셀레스티얼의 실험으로 인간 혈통이 생겨났고, 이때 만들어진 인간에게는 돌연변이가 일어나면 초능력이 생기는 여러 개의 '잠복 유전자'가 있었다고 묘사된다.

스탠리 큐브릭Stanley Kubrick이 1964년에 만든 영화 〈닥터 스트레인지러브Doctor Strangelove〉에서는 기술의 불완전성, 기술로 인한 사고로 인류가 절멸할 가능성이 날카로운 블랙 유머가 가미된 이야기로 다루어졌다.

미국에서는 베트남이 처한 상황에 미국이 깊이 개입한 것이 정부에 대한 국민의 불신을 키운 주요 원인이었다.[14] 베트남에 네이팜, 에이전트 오렌지, 다이옥신 같은 화학무기가 쓰이고 있다는 사실이 알려지자, 정부가 지원하는 사업에 과학자가 연루되어 있다는 의혹이 더욱 굳어지고 널리 퍼졌다.[15*] 1950년대와 1960년대에는 화학과 미생물 연구로 발생할 수 있는 예상치 못한 결과를 다룬 소설이 많았다. 예를 들어 존 크리스토퍼John Christopher의 소설 《풀의 죽음The Death of Grass》에서는 농약이 어느 바이러스에 돌연변이를 일으켜 풀과 식물이 전부 죽고 지구 전체가 기근에 시달린다는 내용이 나온다. 영국에서는 포턴다운에 있는 미생물연구소에서 일어난 사고로 과학자가 림프절 페스트에 걸려 사망하자 생물무기에 대한 우려가 증대됐다.

실험실에서 생물무기가 유출될지 모른다는 두려움은 수많은 창작물의 소재가 되었다. 앨리스터 매클린Alistair MacLean이 1962년에 발표한 후 1965년에 블록버스터 영화로도 제작된 《사탄 버그The Satan Bug》도 그러한 예 중 하나다. 종말 이후의 세상을 상상한 소설 중 가장 큰 인기를 누렸던 존 윈덤John Wyndham의 《괴기식물 트리피트》에는 혼자 움직일 수

* 아이러니하게도 이러한 무기가 사용되고 있다는 사실을 폭로하는 데 결정적인 역할을 한 건 분자유전학 분야의 선구자인 매슈 메셀슨Matthew Meselson 같은 대표적인 과학자들이었다.

있고 독과 오일을 만들어 내는 트리피드라는 식물이 등장하는데, 주인공은 흉악한 줄무늬를 가진 이 식물이 구소련의 어느 생물 실험실에서 계획적으로 만들어졌으며 사고로 유출됐다고 추정한다.[16] 1963년에 나온 커트 보니것Kurt Vonnegut의 풍자 소설 《고양이 요람》은 군이 실온에서 어는 '아이스나인ice-nine'이라는 특수한 얼음을 개발하고, 이 물질이 어쩌다 유출되어 통제할 수 없을 만큼 빠른 속도로 퍼져서 지구상에 있는 모든 물이 영향을 받는 과정을 그린다.

토머스 핀천Thomas Pynchon의 소설 《브이.》와 《제49호 품목의 경매》, 영화 〈맨츄리안 캔디데이트The Manchurian Candidate〉(1962)에서는 과학으로 세상을 조종하려는 은밀한 세력이 존재할지 모른다는 두려움이 소재로 활용됐다. 특히 〈맨츄리안 캔디데이트〉는 1년 뒤 케네디 대통령이 암살된 후에 터져 나온 음모론의 밑밥이 되었다. 공상과학 소설가 프랭크 허버트Frank Herbert는 《듄Dune》을 발표하고 1년 뒤에 《멋진 신세계》에서 다루어진 주제에 새로운 의혹을 결합했는데, 불멸의 삶을 사는 엘리트 집단이 유전자 조작 기술로 모든 인류의 행동을 통제한다는 내용의 소설 《하이젠베르크의 눈The Eyes of Heisenberg》이 그것이다. 비문학 영역에서도 이와 같은 불안감이 다양하게 다루어졌다. 보습 프로젝트에 반대했던 핵심 인물이자 세포 생물학자인 배리 커머너Barry Commoner가 1966년에 발표한 저서 《과학과 생존Science and Survival》은 산업화와 기술 발달을 비판하는 한편 도시민들에게는 시골살이가 매력적이라고 착각하는 판타지가 있다고 지적했다. 커머너의 이러한 견해는 미국 환경보호 운동의 기반이 되었다. 바버라 워드Barbara Ward의 《우주선 지구Spaceship Earth》 등

이러한 불안감을 해소할 방안을 다룬 책들은 더 큰 성장이나 더 유능한 기술에서 답을 찾지 말고 사회가 기능하는 방식이 근본적으로 바뀌어야 한다고 주장했다. 시대는 변하고 있었다.

•——○

1960년대 말, 가까운 미래에 일어날 수 있는 불안한 전망을 다룬 책들이 하나 같이 극적인 제목을 달고 연이어 출간되었다. 그러면서 현대생물학에서 발생할 수 있는 때로는 섬뜩하기까지 한 영향에 관한 전 세계 대중의 관심이 더욱 뜨거워졌다. 수백만 부씩 팔린 이런 책들은 대중은 물론 과학계에도 영향을 미쳤다.[17]

1968년에 미국의 생물학자 폴 에를리히Paul Ehrlich가 쓴 《인구 폭탄The Population Bomb》은 서두부터 인구 과잉과 자원 부족으로 10년 안에 수억 명이 굶어 죽을지도 모른다는 섬뜩한 주장이 나온다. 몇 달 뒤에 나온 영국의 과학 저술가 G. 래트레이 테일러G. Rattray Taylor의 책 《생물학적 시간폭탄The Biological Time Bomb》은 체외 수정과 유전공학 등 생물학과 의학에서 곧 실현될 발전과 이러한 기술로 생명을 창조하게 될 가능성이 명확히 존재한다는 사실을 집중적으로 다루었다. 이 책에서 테일러는 머지않아 과학자들이 "이전까지 자연에 존재한 적 없는 다양한 조합의 특성을 가진 존재"를 만들게 될 것이며, 이를 위해 "인공적인 임신으로 완전히 새로운 생물이 생길 수도 있다"는 불길한 예측을 제시했다.[18] 그리고 암울한 결론을 내렸다.

인간은 이제 너무나 극단적인, 거의 신과 같은 힘을 갖게 되었다. (……) 이런 새로운 기술이 위험하다고 분명히 말할 수 있는 이유는, 어떤 결과가 발생할지 상세히 내다볼 수 없기 때문이다. 인간은 능력을 올바르게 쓰기보다 잘못 쓸 가능성이 훨씬 더 크다는 사실이 지나온 역사에서 이미 입증되었으므로 선한 목적으로 쓸 수 있다는 말이나 인간에게 유익한 기술이라는 사실은 별 의미가 없다.[19]

언론은《생물학적 시간폭탄》의 내용을 경각심을 담아 보도했다. 영국의 한 신문은 아래와 같은 의견을 밝혔다.

래트레이 테일러는 폭탄의 도식을 제시했다. 이 도식을 토대로 뇌관을 제거하고, 폭탄의 구성 요소를 신중하게 다루고, 우리의 생존을 위한 안전장치를 마련해야 한다. 온 세상을 불길에 휩싸이게 할 만한 일은 하지 않는 것도 또 다른 대안이다. 아직 그리 늦지 않았다. 지금 성냥갑을 쥐고 있는 손들에서 얼른 성냥을 빼앗아 책임감 있는 사람들, 정치적으로 독립적이고 통찰력 있는 사람들에게 건네야 한다.[20]

이같은 우려를 진지하게 받아들인 과학자들도 있었다. 1968년 10월, 프랜시스 크릭은 한 강연에서 래트레이 테일러의 책을 출발점으로 삼아 생물학의 미래를 조사한 결과를 밝혔다.[21] 크릭은 유전공학이 현실이 되려면 두 가지 핵심 단계, 즉 유전자를 원하는 대로 바꾸고 서로 다른 생물 간 유전자를 옮길 수 있어야 하는데, 이는 굉장히 어려운 일이지만 실현됐을 때 생길 수 있는 영향에 대처할 방안을 당장 마련해야 한다고 주장했다. "지금부터 이러한 문제를 생각해야만 합니다." 크릭은 청중을 향해 이렇게 말했다. "그러려면 우리 중 상당수는 완전히 새로운 관점을 가져야 합니다."

그보다 1년 전에는 1961년에 유전 암호를 해독하고 이 업적으로 노벨상을 받은 마셜 니런버그Marshall Nirenberg가 포유동물 세포의 DNA가 '재프로그래밍'될 것이라고 정확히 예견했다. 1960년대에 점차 확대된, 생명을 정보의 관점에서 보는 시각이 반영된 견해였다.

"나는 25년 내에 합성된 메시지를 세포에 담는 프로그래밍이 가능하리라고 본다. 노력이 따른다면 5년 내로 세균을 프로그래밍할 수 있을 것이다."[22] 니런버그는 인간이 윤리적·도덕적인 문제의 해결 방안을 찾기 전에 스스로 유전자를 조작하게 될 수도 있다고 우려하면서, 혹시라도 인간에게 그러한 능력이 생기더라도 사용하지 말아야 한다고 주장하며 유전학 실험의 중단을 제안했다. 다른 과학자들은 동의하지 않았다. 조슈아 레더버그는 니런버그의 주장에 대해, 개인이나 국가에 의해 실험이 금지된다면 과학과 의학 발전이 저해될 수밖에 없다는 견해를 밝혔다.[23] 이렇듯 유전공학이 현실의 영역으로 넘어오기도 전부터 의견은 엇갈렸다.

유전자를 조작할 수 있게 되리라는 전망에 환호한 사람들도 있었다. 제약회사 설Searle에서 일하던 두 영국인 과학자 브라이언 리처드Brian Richards와 노먼 케리Norman Carey는 아직 가설에 머물러 있던 유전자 조작이 가능해진다면 어떤 용도로 활용될지 예측한 기밀문서를 작성했다. 유전 질환과 암 치료, 장기 이식, 축산 동물과 농작물 개선 같은 제안이 포함됐고, 심지어 유전자 조작으로 바다와 우주 환경에서도 농업이 가능해진다는 전망도 있었다. 그러나 이러한 기술이 가져올 잠재적인 문제는 고려하지 않은 것 같았다.[24]

이 시기에 나온 대중매체와 과학 관련 보도의 내용은 대부분 유전자 조작 기술에 경계심을 가져야 한다는 분위기가 짙었지만, 그런 기술이 생긴다면 어떻게 대응해야 하는지에 관한 의견은 별로 없었다. 그나마도 국제연합이나 각국 정부, 또는 과학자들이 스스로 조치를 마련해야 한다는 내용이 대부분이었고, 대중의 폭넓은 참여가 필요하다는 인식은 전혀 없었다. 그 사이 실험실 바깥의 세상에서는 정치와 문화에 큰 변화가 일어나고 있었다. 이 변화는 과학에, 그리고 과학을 바라보는 대중의 시각 특히 젊은이들의 시각에 중대한 영향을 끼쳤다.

2

도구

1960년대 말에는 전 세계가 격동적인 사건들에 휩싸였다. 미국, 영국, 멕시코, 독일, 프랑스, 일본, 체코슬로바키아를 비롯한 곳곳에서 학생운동이 일어났다. 전 세계적으로 교육 수준이 급속히 높아진 시기였고, 권리를 지키려는 시민의 저항, 베트남전쟁의 영향과 함께 기술이 권력이 되는 사회에 대한 인식도 높아졌다. 곳곳에서 점거 농성과 시위가 벌어졌고, 1968년 5월에는 프랑스에서 1000만 명이 넘는 근로자가 참여한 사상 최대 규모의 파업이 일어났다. 사회와 문화의 기존 권력 구조에 반기를 드는 이러한 움직임 속에서 젊은 과학자들을 포함한 수백만 청년들이 급진적으로 변화했다.[1]

막 시작된 이 저항에는 기술에 대한 깊은 의혹이 깔려 있었다. 특히 산업계나 군과 연계된 기술이 그 대상이었다.[2] 미국의 기술력이 정점에 이른 성과로 여겨지는 아폴로 우주선의 달 착륙을 두고도 몇 년 뒤 많은 운동가의 비판이 이어진 것은 이런 분위기가 가장 선명하게 드러난 사례다.[3] 길 스콧 헤론Gil Scott-Heron이 1970년에 쓴 시 〈달에 간 백인 Whitey on the Moon〉*에도 이러한 분위기가 여실히 나타난다.

> 나는 병원비를 못 내.
>
> (근데 백인은 달에 갔네.)
>
> 10년 뒤에도 나는 돈을 갚고 있겠지.
>
> (백인은 달에 가 있는데.)
>
> 어젯밤에 집주인이 집세를 올렸어.
>
> (백인이 달에 갔으니까.)
>
> 뜨거운 물도 변기도 없고, 전등은 안 켜져.
>
> (하지만 백인은 달에 갔네.)

미국에서는 청년 과학자들이 '민중을 위한 과학'이라는 자유분방한 단체를 결성하고 군사 연구를 수행하던 대학 학과들을 상대로 시위를 벌였다. 이들이 주요 표적으로 삼은 곳 중 하나가 미국과학진흥회AAAS라는 고루한 조직이었다. 민중을 위한 과학은 1969년부터 1971년까지 AAAS 회의를 대체하기 위한 회의나 길거리 공연을 열며 AAAS를 수시로 방해했다. 마오쩌둥의 문화혁명에 나타나는 몇 가지 특징을 흉내 내기

* 원문 'Whitey'는 백인 주류 사회나 권력층을 풍자적으로 지칭하는 말로, 단순한 인종 표현이 아니라 구조적 불평등에 대한 비판적 의미를 담고 있다. -역주

도 했다. 민중을 위한 과학이 1970년에 제작한 전단에는 '이들이 우리를 가르치려고 여기 온 게 아니라 우리가 그 사람들을 가르치려고 여기에 왔다'는 주장이 담겼다. AAAS 회의 참석자들을 염두에 두고 한 말이었다.[4] 시위 세력 중에는 시험관에서 권력이 나온다고 믿는 사람들도 있었다.

1969년 3월 4일에는 매사추세츠 공과대학MIT의 과학자들, 학생들이 군·산업 복합체의 힘이 막강해지는 것에 반대하며 일일 연구 파업을 벌였다. MIT의 한 연구진은 성명을 내고, 핵무기 및 환경 오염에 따른 기후와 생태계 변화, 유전자 조작과 관련된 과학은 인류의 존재를 위협한다고 강조했다. MIT 주변 연구 기관들, 소속 학생들과 학자들이 참여한 MIT의 한 토론회에서는 1940년대에 핵 과학자들이 원자폭탄의 사용을 막지 못했다는 사실에서 어떤 교훈을 얻을 수 있는지 논의됐다.[5] 시위자들 사이에서는 그런 실수가 절대 반복되지 말아야 하며 이를 위해 과학자가 행동에 나서야 한다는 의견이 압도적이었다. 그러자 닉슨 정부에서 과학자문위원회를 이끈 리 두브리지Lee DuBridge는 연구자에게는 사회의 어떠한 통제도 받지 않고 무엇이든 원하는 연구를 수행할 권리가 있다고 주장했다. "해가 되거나 위험한" 연구는 정부가 제한할 수 있다고 인정했지만, 그게 두브리지가 하고자 하는 말의 근본적인 요점은 아니었다. 그는 "과학자는 진실을 밝혀내는 일이라면 어디서든 그 진실을 자유롭게 추구할 수 있어야 한다"고 주장했다.[6]

한편, 미국의 다른 곳에서는 스탠퍼드 출신 역사가 시어도어 로작Theodore Roszak이 큰 반향을 일으킨 저서 《저항 문화의 형성The Making of a Counter Culture》을 통해 과학의 본질에 이의를 제기했다. 로작은 젊은 세대가 과학과 기술에 반대하는 현실을 전하면서 과학이 객관적이라는 생각은 착각이라고 주장했다.[7] DNA 구조를 먼저 발견하기 위해 벌어진 경쟁 과정을 상세히 밝힌 제임스 왓슨의 베스트셀러《이중 나선》과 이처럼 과학에 반대하는 로작의 책이 당시 젊은 과학자들의 책장에 나란히 꽂혀 있던 것은 지금 생각하면 굉장히 모순적인 일이다.* 왓슨의 책에는 15년 전의 일들이 담겨 있었지만, 그때 찾아낸 돌파구의 결실은 그제야 나타나기 시작했다. 왓슨이 직접 쓴 문장들은 과학자들에 관한 묘사가 생생했고, 연구의 토대가 된 동기는 젊은 세대의 상상력을 사로잡았다. 여성을 멸시하는 태도, 특히 로절린드 프랭클린에 관한 왓슨의 설명에서 1950년대의 실상이 여실히 드러나기도 했지만, 분자생물학은《이중 나선》을 통해 현대적이고 매력적인 학문, 기존의 규칙을 깨는 흥미진진한 학문으로 알려졌다.

이처럼 세상을 뒤흔든 문화, 정치, 심리의 복잡하고 모순적인 변화는 유전학의 새로운 발견을 바라보는 시각에도 영향을 주었다. 유전학에 있어 중요한 해인 1968년 전후에 나온 두 가지 중대한 결과에 반응이 극명하게 엇갈린 것에서도 그러한 영향을 확인할 수 있다.

1967년 12월, 아서 콘버그Arthur Kornberg는 스탠퍼드, 캘리포니아 공과대학 동료들과 함께 시험관에서 바이러스 DNA를 합성하는 데 성공했다고 발표했다. 그리고 합성된 DNA도 기능을 발휘할 수 있다고 밝

* 내 책장도 그랬다. 나는 이 두 권의 책을 읽으면서 권력의 신기한 힘과 발견의 고유성을 느꼈다.

혔다. 합성된 바이러스 DNA 분자를 세균 세포에 도입하면 세균에 의해 바이러스가 복제되는데, 이 과정이 합성된 DNA에 담긴 분자 수준의 지시에 따라 이루어진다는 사실을 밝혀낸 것이다.[8] 콘버그는 이미 한 달 전에 리가아제라는 효소가 DNA 분자 두 개의 양쪽 끝을 이어 붙일 수 있다는(전문 용어로는 '접합'이라고 한다) 연구 결과를 공개했는데, 이것이 합성 DNA* 연구의 핵심 단계였다. DNA 조각을 합성하고, 여러 조각을 조합하고, 세포 안에서 기능하도록 만들 수 있음을 증명한 콘버그의 실험들은 유전공학이 현실에 더욱 가까워지는 데 필수 단계였다.[9]

연구진이 조심스럽게 준비한 기자 회견을 통해 이런 결과가 공개되자 전 세계는 엄청난 흥분에 휩싸였다. 당시 미국 국립보건원NIH 원장이던 제임스 섀넌James Shannon은 "시험관에서 생명의 한 형태를 창조한 일"이라는 자극적인 표현을 사용했다.[10] 존슨 대통령은 텍사스 출신다운 느릿한 말투로 격찬했다. "대단히 멋진 성취이며 (……) 여러분은 물론, 여러분의 아버지, 할아버지도 생전 들어본 적이 없을 일생일대의 중요한 일이다."[11] 과학자들은 이 새로운 발견에 담긴 다양한 의미를 강조했다. 한 세균학자는 "몇 년만 지나면 과학자들이 사람의 유전자 중 일부를 선택해서 유전물질을 대량으로 만든 다음 세포에 집어넣어 세포의 유전성을 바꿔 놓게 될 것"이라고 전망했다.[12] 콘버그가 발표한 논문의 공동 저자였던 로버트 신샤이머Robert Sinsheimer는 〈로스앤젤레스 타

* 실험실에서 만들어진 DNA. 이제는 합성 기계로도 만들어진다. 염기 200쌍 정도 길이의 합성 DNA를 만드는 것도 매우 까다롭다. 길이가 짧은 여러 조각으로 만든 다음 하나로 조합해서 합성하려는 전체 염기서열을 만든다.

임스〉 1면에 실린 기사에서 인류가 전에 없던 세포를 새로 만들게 되면 "두 번째 창세기"가 올 것이라고 언급했다. 조슈아 레더버그도 《브리태니커 백과사전 연감》에서 콘버그의 연구를 "생물학 역사상 가장 중요한 사건"이라고 칭송하며 "이 사건의 역사적 중요성에 관해서는 어떠한 이의도 제기할 수 없다"고 주장했다.[13]

1968년에 이처럼 세계를 뒤흔든 발견이 알려지고 2년 뒤, DNA를 통제한 또 다른 연구 결과가 발표됐다. 그런데 이번에는 전혀 다른 반응이 나왔다. 1969년 11월, 학술지 〈네이처〉에 하버드 의과대학의 젊은 연구자들이 쓴 논문이 실렸다. 당시 서른한 살이던 이 연구진의 리더 존 벡위스Jon Beckwith는 '민중을 위한 과학' 보스턴 지부 회원으로, 1969년 3월 4일에 벌어진 연구 파업에도 참여했다. 이제 막 박사 학위를 받은 스물여섯 살 제임스 샤피로James Shapiro도 연구진의 일원이었다. 이 젊디젊은 연구자들은 대장균에서 lac이라는 유전자를 분리하는 방법을 찾았다고 밝혔다. 대장균에서 젖당을 분해하는 효소가 암호화된 lac 유전자는 특정 환경에서만 활성화된다.[14] 즉 대장균이 배양되는 환경이 lac 유전자의 활성화와 효소 생산에 영향을 준다.

바이러스 중에서도 세균에 감염되는 종류를 박테리오파지* 또는 간단히 '파지'라고 하는데, 벡위스 연구진은 박테리오파지가 세균에 감염되는 과정에서 숙주인 세균의 유전체 일부가 바이러스 DNA에 섞이는 경우가 많다는 데 주목하고, 대장균에 박테리오파지를 반복적으로

* '파지'라고도 불린다. 세균을 공격하는 바이러스.

감염시켜 대장균의 DNA를 얻는 방식으로 대장균의 lac 유전자 전체를 가진 바이러스를 얻었다. 전례를 찾아보기 힘들 만큼 정교한 조작으로 거둔 결과였다. 벡위스가 밝힌 소감에도 벅찬 감정이 그대로 담겼다. "우리가 이런 일을 해냈다는 사실에 큰 기쁨을 느낀다. 유전자를 조작하는 것, 사실상 마음대로 조작하는 건 정말 흥미로운 일이다. 깨어 있는 모든 시간에 이 연구를 생각하고 계속 연구하고 싶은 유혹을 떨치기 힘들 정도다."[15]

기자 회견을 통해 이들의 결과가 공개되었지만, 2년 전 콘버그의 연구 결과가 발표될 때처럼 성과를 한껏 과장하거나 대단한 승리라며 자축하는 분위기는 전혀 없었다. 이 젊은 연구자들은 자신들의 발견에 잠재한 위험을 강조해서 국제 사회에 반감을 일으켰다. 벡위스는 기자들에게 이렇게 전했다.

> 저는 이 연구에 좋은 감정보다 나쁜 감정을 훨씬 더 많이 느낍니다. 희망보다는 두려움이 훨씬 더 큽니다. 이 연구로 유전공학의 가능성은 분명 더욱 커졌기 때문입니다.[16]

샤피로도 자신들이 발견한 방법은 "나쁜 결과를 초래할 수 있으며, 그것을 통제할 방법이 없다"고 밝혔다.[17] 몇 주 뒤에는 여름방학 기간에 벡위스의 연구에 참여했던 이 팀의 최연소 연구자 로런스 에론Lawrence Eron이 연구진이 우려한 끔찍한 전망을 구체적으로 공개했는데, 사실 이들의 연구와는 거리가 먼 내용이었다.

> 예를 들어, 미래에 언젠가는 불임 유전자가 포함된 바이러스를 상수도에 주입해서(……) 흑인이나 인디언의 대를 끊을 수도 있다. (……) 또는 먼 미래에 어떤 독재자가 이 기술을 사용해 행동이 온순해지고 자기 말에 복종하게 만드는 유전자를 사람들에게 주입해서 자기 뜻에 반하는 세력을 없애려고 할지도 모른다.[18]

벡위스는 곧 이런 말들이 오해를 일으킬 수 있으며 다소 미숙한 생각이었다고 인정했지만, 전 세계 언론에서 즉각 쏟아진 보도는 사람들의 공포심을 고조시켰다.[19]

런던의 〈이브닝스탠다드〉는 "유전자 '폭탄'을 향한 두려움이 커지고 있다"고 알렸고, 〈로스앤젤레스 타임스〉는 "인간이 시험관에서 만들어지는 섬뜩한 사태"가 벌어질 수 있다는 경고로 독자들이 기괴한 이미지를 떠올리도록 만들었다.[20] 〈타임스〉에는 다음과 같은, 분자생물학의 거대한 도약을 현대 물리학과 원자력의 관계에 비유한 평론이 실렸다.

> 생물학에서 원자폭탄에 상응하는 것이 등장할 가능성은 없을까? (……) 분자생물학도 핵물리학처럼 시험관에서 생산 공장에 이르는 과정이 불확실하며 길다. 지금은 경계심을 갖는 걸로 충분하다. 아직 속단하기는 이르다.[21]

몇 주 뒤 NBC 〈투데이Today〉 프로그램에 나온 샤피로와 벡위스의 인터뷰는 또 한번 세상을 흔들었다. 시청자들은 넥타이를 매지 않은 샤피로의 차림에 놀랐고, 자신의 연구 결과가 오용될 수 있다는 두려움이 너무 커서 과학자의 길을 그만둘 예정이라는 그의 발언에 또다시 충격을 받았다. 그는 한 신문과의 인터뷰에서 더욱 삐딱한 태도를 드러냈다.

> 내가 과학을 그만두는 이유는 이 나라를 움직이는 사람들이 자기들 목적에 맞게 과학을 이용하고 있기 때문이다. 지금 연구실에서 일하는 건 헛된 짓이다. 이 시점에 가장 쓸모 있게 사는 건 정치계와 맞서는 일이 아닐까 하는 생각이 든다.[22]

놀랍게도 〈사이언스〉에는 과학을 그만두고 정치 운동가가 되겠다는(생계는 유산으로 해결할 수 있다고 밝혔다) 샤피로의 선언을 매우 긍정적으로 평가한 기사가 실렸다. 미생물학자 살바도르 루리아Salvador Luria는 샤피로의 행보를 지지하며 "과학이 잘못 쓰이고 있음을 지적하는 샤피로 같은 과학자가 있다는 건 중요한 일"라고 밝혔다. 그러나 샤피로의 결단이 과학계의 손실이라고 생각하느냐는 질문에 루리아는 웃으며 이렇게 답했다. "지금도 과학자는 많으니까요……."[23]

두어 달 후, 벡위스는 이 연구로 미국 제약업체 일라이릴리가 주는 상을 받았다. 벡위스는 시상식에서도 "과학은 이 나라를 지배하는 사람들과 산업을 통치하는 사람들 손에서 전 세계 사람들을 착취하고 억압하는 용도로 쓰이고 있다"고 경고하며 기존의 관점을 고수했다. 미국 제약업계를 향해서도 막대한 이윤과 특허 조작, 의료계 종사자들과의 해로운 유착 관계를 비난했다. 그리고 상금으로 받은 140만 원은 급진적인 흑인 단체인 흑표당에 전액 기부하겠다는 말로 마지막 한 방을 날

렸다.[24]

〈네이처〉에는 벡위스 연구진의 발언에 대해, 대중이 "과학적인 발견이 낳을 결과를 암울하게 전망하는" 분위기가 커지는 건 당혹스러운 일이라는 의견을 경멸조로 밝힌 사설이 실렸다.[25] 한 달 후에 〈네이처〉 편집자 존 매독스John Maddox는 과학계가 결집해서 이런 "종말론자"들의 영향에서 벗어나야 하며, 독자들은 과학과 기술을 부정적인 시각으로 보는 "이단"을 물리쳐야 한다고 촉구했다.[26] 이 글에서 매독스는 다음과 같이 밝혔다. "유전공학에 관한 거짓 괴담은 부적절할 뿐만 아니라 해로운 일이다."*

이 의견은 〈네이처〉의 전체적인 기조로 자리를 잡았다. 같은 해 초에도 〈네이처〉는 급진적인 청년들이 과거 러다이트 운동을 지지하던 사람들과 거의 비슷할 정도로 보수적인 태도를 보이는 분위기가 뚜렷하다고 전하며 실망스럽다고 평가했다. 그러나 왜 이런 흐름이 생겨났는지, 1960년대에 들어 이러한 분위기가 왜 더욱 강해졌는지는 설명하지 못했다.[27] 비관주의에 맞서 반발하는 일은 매독스의 단골 주제가 되었고, 얼마 후에는 이 주제로 책도 써서 베스트셀러가 됐지만 큰 영향력은 발휘하지 못했다.[28] 한쪽에는 과학계의 대표적인 학술지 편집자들과

* 매독스는 이 주장을 강조하기 위해 당시에 막 제기되던, 화석연료 사용이 이산화탄소 농도를 높이고 기온 상승으로 이어질 수 있다는 우려와 유전공학에 관한 우려가 비슷하다고 언급했다. 그는 이산화탄소 문제는 걱정할 필요가 없고 "어떤 영향이 발생하든 영향이 발생하는 속도는 비관적인 예언자들이 말하는 것보다 느리고 규모도 작을 것"이라고 주장했다.

노벨상 수상자들이, 반대쪽에는 젊은 세대 과학자들과 이런 문제에 관심을 보이는 대중들이 맞서며 갈등의 골은 갈수록 깊어졌다. 갈등은 단순한 감정의 차이 때문이 아니라 전 세계 사회 곳곳에서 일어난 심층적인 변화에 뿌리를 두었다.[29]

•———◦

선임 과학자 중에도 과학의 새로운 분위기에 공감하는 사람들이 있었다. 1962년에 DNA 구조를 밝혀낸 연구로 왓슨, 크릭과 함께 노벨상을 받은 모리스 윌킨스Maurice Wilkins는 1969년 4월, '과학의 사회적 책임에 관한 영국 협회'(줄여서 BSSRS, '비스리스'라고 불렸다)의 설립을 지원했다. 나도 학생 시절이던 1970년대 중반 이 협회에 가입했다.[30] 1939년까지 공산당원이었던 윌킨스는 계속해서 좌익을 지지한 터라 영국 안보부는 1953년까지 윌킨스 앞으로 오는 우편물을 수시로 열어보고 확인했다. 왓슨, 크릭과 함께 노벨상을 받은 직후인 1962년 10월에는 '스파이잡이'로도 잘 알려진 영국 첩보부MI5의 과학 담당관 피터 라이트Peter Wright가 크릭에게 윌킨스는 정치적으로 믿을 만한 사람이냐고 질문하기도 했다.[31] 하지만 BSSRS를 반문화의 산물로 볼 수는 없었다. BSSRS 사무실은 영국 정부 기관들이 몰려 있는 칼턴 하우스 테라스에 새로 들어선 왕립학회 본부 건물에 있었고, 좌익 성향인 상류층 지식인들이 후원했다. 지지 성명에는 역사학자 에릭 홉스봄Eric Hobsbawn과 소설가 올더스 헉슬리Aldous Huxley, 물리학자 J. D. 버널J. D. Bernal, 수학자이자 철학자 버트

런드 러셀Bertrand Russell과 같은 사람들의 서명이 포함되어 있었다.

BSSRS는 첫 사업 중 하나로 '현대 생물학의 사회적 영향'이라는 주제로 런던에서 회의를 개최했다. 3월 4일에 열린 MIT 회의의 확장판이라고 볼 수 있는 이 런던 회의에서는 최근에 이루어진 발견과 벡위스가 강조한 우려를 집중적으로 다루었다. 벡위스도 기조연설자로 참석했다.[32] 1970년 11월 26일부터 28일까지 런던 유스턴역 맞은편의 프렌즈 하우스 건물에서 개최된 이 회의에는 매일 800명에 가까운 청중이 운집했다. 자크 모노Jacques Monod, 제임스 왓슨, 수학자 제이콥 브로노우스키Jacob Bronowski(나중에 그가 진행을 맡아 큰 화제를 남긴 다큐멘터리 시리즈 〈인간 등정의 발자취Ascent of Man〉는 아직 제작되기 전이었다), 역사가 밥 영Bob Young, 사회학자(그리고 회의에 초청된 유일한 여성) 힐러리 로즈Hilary Rose에 이르기까지 과학계 슈퍼스타들도 대거 참석했다.

개회사에서 윌킨스는 학생들의 소요 사태와 과학자들의 인식 변화에서 드러난 '과학의 위기'를 집중적으로 언급했다. 그는 과학의 가치에 대한 확신을 잃어가는 듯한 동료들도 있다고 말했다.[33] 하지만 런던 회의에서 이 문제를 상세히 탐구하려는 노력은 찾기 힘들었다. 발표 주제는 생물학으로 쏠렸고, 사회적인 영향에 관한 내용은 거의 다루어지지 않았다. 무엇보다 회의 전반에서 자크 모노로 대표되는 이전 세대의 관점과 밥 영, 힐러리 로즈와 같은 젊은 세대의 관점이 엇갈렸다. 자크 모노는 과학이 객관적 지식을 탐구해야 한다는 입장이었고, 반대쪽에서는 "모든 사실은 이론에 찌들어" 있으며 영의 표현을 그대로 쓰자면 생물학적 사실 중에 "사회적 상황에 따른 이념적인 영향에서 자유로운

BRITISH SOCIETY FOR SOCIAL RESPONSIBILITY IN SCIENCE

PROGRAMME AND ABSTRACTS

The Social Impact of Modern Biology

NOVEMBER 26, 27 & 28 1970

Friends House, Euston Road, London WC1.

Supported by the Council for Biology in Human Affairs, SALK Institute, San Diego, California.

TWO SHILLINGS.

그림 2-1. 1970년 11월에 개최된 BSSRS 회의 '현대 생물학의 사회적 영향'의 행사 프로그램.

건 하나도 없다"는 훨씬 더 도발적인 주장도 서슴없이 나왔다.[34] 구세대가 과학은 중립적이고 객관적인 영향을 발휘한다고 굳게 믿었다면, 젊은 급진파는 과학이 사회적 배경 속에 존재하며 정치에 영향을 줄 수 있고, 특히 과학이 응용될 때 그럴 가능성이 있다고 보았다.

이 상반된 입장은 회의의 마지막을 장식한 벡위스와 브로노우스키의 연설에서 더욱 극명히 드러났다. 벡위스는 "과학이 민중에게 가까이 가려면" 과학자가 "나머지 사람들과도 유대를 형성해야 한다"고 주장했다. 이어 런던 회의만 해도 영국 왕립학회 회원들과 노벨상 수상자들로 구성된 행사라고 맹비난하면서, 자신이 참석자에 포함된 건 그간 언론을 통해 워낙 악명이 높아진 덕분이라고 언급했다. 브로노우스키는 반대로 과학이 군과 국가기관의 영향에서 벗어나야 하며, 그러려면 연구비를 감독할 포괄적인 국제기구가 만들어져야 한다는 점을 집중적으로 강조했다. 반항적인 견해를 가진 청중들의 귀에는 과학의 사회적 책임을 강조한 브로노우스키의 확고한 의견이 잘 들어오지 않았다. 현재 왕립학회 회원이자 당시 BSSRS의 대표적인 급진파였던 심리학자 팀 셜리스Tim Shallice는 브로노우스키의 제안을 "쓸모없는 말이란 무엇인지 보여 준 대표적인 예"라고 일축했다. 브로노우스키가 발표하는 도중에도 객석에서는 "헛소리"라거나 "무슨 허튼소리야" 같은 말이 간간이 터져 나왔다.[35] 벡위스는 미국에서 발행된 잡지 〈민중을 위한 과학〉에 기고한 글을 통해, 런던 회의에서 제임스 왓슨이 "과학자는 전 세계 시민을 교육하기 위한 대화를 시작해야 한다."라는 말을 했다고 전하면서 왓슨의 표현을 1970년대의 전형적인 급진적 표현으로 바꿨다. "그러세요! 그게 민중을 위한 과학이겠죠!"[36]

놀라운 사실은, 런던 회의에서 유전자가 조작된 생물이 만들어진다면 어떻게 대응해야 하는지는 거의 논의되지 않았다는 것이다. 유전공학이 생물전에 이용될 가능성은 짧게 논의됐지만, 이 문제에 의견을 상세히 밝힌 건 대부분 브로노우스키였다. 그는 윌킨스와 마찬가지로 1930년대에 물리학자들이 두려워했던 일, 즉 과학이 세상을 파괴할 수도 있다는 끔찍한 사실을 깨닫게 된 순간에 관해 이야기했다. (윌킨스는 맨해튼 프로젝트에 참여했고, 히로시마와 나가사키에 핵폭탄이 투하되자 물리학을 버리고 분자생물학자로 전향했다.) 브로노우스키는 3년 전 니런버그가 제시한 견해에 동의하며, 위협이 될 가능성이 있는 연구는 하지 않겠다는 과학자들의 자발적인 합의가 필요하다고 주장했다. 그는 다음과 같이 설명했다.

과학이 양심의 표현이라면, 과학계에서 자발적 합의가 이루어져야 한다.[37]

당시 런던 회의에는 유전자 변형 식물 개발과 관련된 연구에서 최근 어떤 진척이 있었는지에 관한 내용도 포함된 점을 생각하면, 조만간 주요한 쟁점이 될 이 문제에 공감하는 사람들이 별로 없었다는 사실이 더욱 놀랍다. 예일대학교의 아서 골스턴Arthur Galston은 아직 논문으로 정식 발표되지 않은 〈분자생물학과 농업 식물학〉이라는 제목의 연구 결과를 공개했다. 담배 식물에 외인성 RNA를 도입하면 식물에서 만들어지는 특정 효소의 생산을 중단시킬 수 있다는 내용이었다. 더불어 한 해 전 식물의 DNA를 다른 식물로 옮길 수 있다고 한 디터 헤스Dieter Hess의 주장을 언급하며, 1940년대에 에이버리가 세균에 적용한 것과 거의 같은 방식으로 흰색 피튜니아를 붉은색 피튜니아로 바꿀 수 있다고 설명했다. 가능성을 다룬 연구 논문은 이미 많았다. 1968년에는 뤼시앵 르두Lucien Ledoux라는 벨기에 연구자가 세균의 DNA를 발아 중인 보리 씨앗의 DNA에 도입한 연구도 〈네이처〉에 실렸다.[38] 골스턴은 미국이 베트남전에서 에이전트 오렌지를 사용한 것에 반대한 대표적인 인물이고 과학의 잠재적 위험성을 잘 아는 학자였다. 하지만 그런 그를 비롯해 런던 회의 참석자 누구도 서로 극명히 다른 두 생물 사이에서 핵산이 전달될 때 발생할 수 있는 윤리적, 환경적, 안전상의 문제는 일절 제기하지 않았다.[39] 발생 가능한 일들은 모두 긍정적으로 해석됐다. 머리가 셋 달린 괴물 같은 식물의 등장, 식물이 전부 사라질 가능성 등 청중이 들었다면 밤잠을 설쳤을 법한 내용은 언급되지 않았다. 오히려 골스턴은 식물 유전자의 조작으로 "인간은 굶주림과 오염, 폐기물과 사투를 벌여야 하는 시간을 아낄 수 있을지 모른다"는 희망을 전했다.[40] 그리고 이 말에 누구도 이의를 제기하지 않았다.

식물의 유전자 변형에 관한 연구는 유전공학뿐만 아니라 분자생물학의 전체적인 흐름과도 동떨어져 있다.[41] 이 두 분야의 역사에서 주인공은 항상 바이러스와 세균이다. 유전공학과 분자생물학이 생기를 불어넣은 건 과학자들이 미생물을 배양하던 접시지 식물이 아니었다. 이 같은 편향이 뚜렷하게 생긴 이유는 간단하다. 식물의 유전물질을 다른 식물로 전달할 수 있다고 주장한 모든 실험 결과의 유효성에 점차 의구심이 커졌기 때문이다. 즉 연구 결과를 재현하기가 어렵거나 아예 재현이 안 된다는 사실이 드러났고, 설사 식물 간에 유전물질이 전달되더라도 그리 인상적인 결과는 생기지 않는다고 보았다.[42] 자연히 연구의 신뢰도는 점차 떨어졌고 나중에는 역사학자들의 기억에서조차 잊혔다.[43]

•———○

식물 연구에서 획기적인 결과가 나온 것과 달리 1960년대 말 분자생물학은 침체기에 빠진 듯했다. 1950년대에 나온 중대한 발견들과 고조된 기대감, 유전 암호의 정체를 밝히고 이것이 단백질 합성에 어떤 역할을 하는지 먼저 알아내려는 뜨거운 경쟁도 모두 시들해졌다. 프랜시스 크릭, 시드니 브레너Sydney Brenner, 시모어 벤저Seymour Benzer 같은 이 분야의 선구적인 학자들도 다른 곳으로 시선을 돌렸다. 흥미로운 분자는 이제 다 발견됐다고 판단한 이들이 지적으로 탐구해 볼 만한 과제로 여긴 건 신경계 연구였다. 제임스 왓슨은 콜드스프링 하버 연구소에서 암 연구에 집중했다. 1968년 〈사이언스〉에 실린 박테리오파지 유전학자 건터 스텐트Gunter Stent의 서글픔이 담긴 글 '분자생물학, 그땐 그랬지'에서도 당시 분위기를 짐작할 수 있다.[44] 1960년대 초 왓슨과 함께 연구했던 프랑스인 연구자 프랑수아 그로François Gros는 나중에 이렇게 회상했다. "1970년대가 시작될 무렵에는 이 분야 전체가 위기에 빠졌다…… 연구는 제자리걸음이고 마음도 다 떠났다."[45]

하지만 모든 사람이 그렇게 생각하진 않았다. 1970년 9월에 영국의 분자생물학자이자 〈네이처〉 저널리스트로 활동하던 벤저민 루인Benjamin Lewin은 '분자생물학의 두 번째 황금기'를 선포한 장문의 논평을 썼다(루인은 얼마 후 〈네이처〉를 떠나 과학계에 엄청난 영향을 발휘해 온 동시에 큰 수익을 벌어들인 학술지 〈셀Cell〉을 창간했다).[46] 제목부터 이 분야에 자신감을 북돋으려는 그의 의지가 잘 드러난다. 하지만 논평에서 다루어진 연구들이 암시하는 건 유전자의 기능과 단백질 합성을 밝힌 세균 모형을 예상한 대로 다세포생물에도 적용할 수 있다는 정도에 그쳤다. 최근에 중요한 도구가 발견됐고 이 도구로 곧 유전자 조작이 가능해지리라는 내용도 있었지만, 루인은 다음과 같은 말로 실제 그렇게 될 확률은 거의 없다고 일축했다. "DNA 일부를 합성해서 고등 생물의 유전체에 마음대로 추가하는 방식으로 고등 생물의 결함을 바로잡을 수 있으리라는 기대는 순진하고 잘못된 생각이다."[47]

그는 시험관에서 DNA를 합성하고 핵산 조각을 서로 이어 붙여 유전자를 만들어 낼 수 있게 될 것이라는 전망과 함께 RNA 바이러스 중 일부는 감염된 세포에서 바이러스 RNA가 DNA로 복제되도록 만든 후 그 세포의 DNA에 통합되어 더 많은 바이러스를 생산한다는 놀라운 발견에 관해서도 언급했다. 역전사로 불리는 이 과정에 역전사효소가 쓰인다는 사실은 위스콘신대학교의 하워드 테민Howard Temin과 사토시 미즈타니Satoshi Mizutani, 그리고 MIT의 데이비드 볼티모어David Baltimore의 연구로 동시에 밝혀졌다.[48] 세포에서 DNA가 기능을 발휘하려면 메신저 RNA가 만들어져야 하고, 역전사효소는 이 메신저 RNA를 다시 DNA 염기서열로 되돌리는 도구로 활용할 수 있으므로(이렇게 되돌려진 DNA를 상보적 DNA*, 줄여서 cDNA라고 한다) 유전공학의 발전에 결정적인 역할을 했다. 나중에는 서로 다른 생물 간에도 cDNA 분자를 전달할 수 있게 되었다.

볼티모어는 나와 2021년에 나눈 대화에서, 역전사가 일어나는

* 과학자들이 완전한 mRNA에 역전사효소를 적용해 합성하는 DNA. 진핵생물에서는 cDNA와 유전체의 DNA가 반드시 일치하지는 않는다. 진핵생물의 유전자 사이사이에는 인트론이 있고, 진핵세포에서 mRNA 서열이 처음 만들어질 때 이 인트론 부분은 모두 제거되어 완전한 mRNA가 되기 때문이다.

메커니즘을 증명한 실험을 단 이틀 만에 끝냈다고 이야기했다. 그는 이 성과로 5년 뒤 노벨상을 받았다. 이례적일 만큼 단기간에 진행된 연구로 수상한 사례였다. 볼티모어는 서른두 살이던 그때 과학과 정치가 얽혀 있음을 깨닫게 된 과정을 전하면서, 1970년대의 가장 중대한 발견으로 꼽히는 그 연구 결과는 대학 캠퍼스에서 시위가 한창일 때 나왔다고 회상했다. 볼티모어가 실험을 시작한 1970년 봄에 MIT의 교직원과 학생 대다수는 미국의 캄보디아 침공에 반대하는 시위를 벌였다. 1969년 3월 4일 MIT 회의를 도왔던 볼티모어는 역전사 실험을 마친 후 "실험실을 폐쇄했다."라고 말했다. "내가 무엇을 했는지 누구에게도 말하지 않았습니다. 일단 사람들과 함께 거리로 뛰쳐나가서 내 학생들이 감옥에 끌려가지 않도록 막으려고 애를 썼죠. 3일인가 4일 내내 그렇게 지냈습니다. 그런 다음에 실험실로 돌아왔고요."

루인의 글에 소개되지는 않았지만, 당시에 발견된 유전공학의 또 한 가지 핵심 도구는 제한효소*였다. '제한'이라는 명칭은 박테리오파지 중 일부가 어떤 세균 종에서는 살아남지 못한다는 사실이 밝혀진 데서 나왔다. 세균이 가진 효소가 바이러스 DNA를 조각조각 잘라서 바이러스의 증식을 제한한다는 사실이 밝혀진 것이다. 이처럼 세균이 바이러스 감염을 스스로 방어한다는 사실은 1953년에 처음 알려졌고 이후 제네바에서 베르너 아르버Werner Arber와 데이지 룰랑 뒤수아Daisy Roulland

* 뉴클레오티드의 염기서열을 인식해서 DNA 특정 부위를 절단하는 핵산분해효소. 자연에서 세균이 박테리오파지의 감염을 막는 용도, 즉 바이러스의 영향을 '제한'하는 수단으로 쓰는 효소다.

Dussoix가 집중적으로 연구했다. 1968년에 하버드대학교의 매슈 메셀슨과 로버트 위안Robert Yuan이 처음으로 이 효소를 분리했고, 2년 뒤 존스홉킨스대학교의 해밀턴 스미스Hamilton Smith는 바이러스 DNA를 잘라낼 때 잘리는 조각의 처음과 끝부분 DNA 염기 3개가 항상 일정한 제한효소를 발견했다. 효소가 특정 염기서열을 인식한다는 것을 알 수 있는 이 중대한 결과로 스미스는 1978년에 노벨상을 받았다.[49] 1970년대에 이 분야에서 또 다른 연구 성과를 거둔 대니얼 네이선스Daniel Nathans도 같은 해에 베르너 아르버와 함께 노벨상을 받았다.

이로써 과학자들은 DNA 조작에 필요한 핵심 도구를 갖추었다. DNA의 특정 지점을 정확히 찾아서 가위처럼 잘라내는 효소가 생겼고, DNA 조각을 서로 이어 붙이는 효소도 찾았다. 시험관에서 핵산을 복제하는 방법, 역전사효소를 이용해서 한 종류의 핵산mRNA에 담긴 유전 정보를 다른 핵산DNA으로 옮기거나 바이러스를 중간 매개체로 활용해 한 세균에서 다른 세균으로 옮기는 방법도 찾아냈다. 지식에서 행위로의 전환, 생물학에서 공학으로의 전환이 서서히 실현되고 있었다. 잠재적 위험성이나 우려가 제기되면 과학계의 대표적인 인물들이 반박에 나섰다.[50] 〈사이언스〉 편집자 필립 에이블슨Philip Abelson도 1971년 여름에 그런 걱정을 차분히 일축했다.

> 유전공학 실험이 사회에 대단히 심각한 영향을 줄 수 있다는 소리를 하기에는 너무 이른 감이 있으며, 비현실적인 의견이다. 불필요한 생각은 대중을 불안하게 만들고 과학 연구 전체에 방해가 될 수 있다.

몇 주 앞서 리 두브리지도 동일한 주장을 펼쳤다. 두브리지는 더 넓은 맥락에서 미국 사회를 뒤흔들고 있는 문화 전쟁을 언급하며 전년도에도 제기했던, 과학이 아메리칸드림의 핵심 요소라는 주장을 반복했다.

> 분명한 건 어떤 이유에서든 실험을 제한하는 건 더욱 광범위한 억압의 시초가 된다는 것이다. 실험하지 못한다면 실패한다. 그 실패로 지금 우리가 미국 사회에서 가장 훌륭하다고 여기는 것들도 사라진다. (……) 이런 분위기가 더 커진다면 우리 사회는 따분해지고, 갑갑해지고, 결과적으로 정체될 것이다.

유전공학을 둘러싼 갈등은 분자생물학 실험실을 넘어 점차 확장되고 있었다.

3

생물재해*

1971년 6월 28일, 밥 폴락Bob Pollack은 롱아일랜드 콜드스프링 하버 연구소의 사무실에서 수화기를 들었다. 아미시 신도를 연상케 하는 '턱을 커튼처럼 덮은' 덥수룩한 턱수염 위로 윗입술만 드러난 폴락의 모습에는 이 열정 넘치는 젊은 연구자의 성실하면서도 다소 내성적인 성격이 묻어났다.** 그는 얼마 전 포유동물에 종양을 일으키는 바이러스의 DNA를 사람의 장에서도 발견되는 세균인 대장균에 도입하는 실험이 계획 중이라는 소식을 접했는데, 이상하게 마음이 불안했다. 정말로 그런 실험이 진행된다면 암이 유행병처럼 번질 수도 있다는 걱정이 든 것이다.

* 유기체, 바이러스, 생물 분자로 인해 사람이나 기타 생물에 발생하는 위협.

** 2022년에 폴락은 소련의 반체제 인사였던 소설가 알렉산드르 솔제니친Alexander Solzhenitsyn에 대한 존경심으로 턱수염을 길렀다고 내게 이야기했다.

그래서 연구를 중단하라고, 그 실험과 관련된 사람들을 설득하기로 했다. 그의 전화 한 통은 이후 세상을 바꾼 사건들이 연이어 터진 기폭제가 되었다.

롱아일랜드 북쪽 해안에 자리한 콜드스프링 하버는 뉴욕에서 기차로 약 한 시간 거리에 있다. 그곳 작은 만 서쪽에 세워진 연구소 건물 주변에는 자생 식물들과 다른 곳에서 들여온 식물이 전체적으로 멋진 조화를 이루며 다양한 나무가 빼곡하게 자라고 있다. 원래 고래잡이 기지로 쓰이다가 방치되었던 건물을 19세기 말에 콜드스프링 하버 연구소로 개조했고, 연구소는 한때 우생학의 중심지였다가 1940년대부터는 세균과 바이러스 유전학을 연구하기 시작했다. 유전 암호를 해독해서 유전자의 기능을 파헤치려는 전 세계 분자생물학자들의 경쟁이 한창일 때, 1950년대와 1960년대 콜드스프링 하버 연구소에서 열린 연례 심포지엄과 그곳의 교육 과정은 점차 필수 코스로 자리를 잡았다. 수십 년간 전 세계 수만 명의 연구자가 찾아와 모래사장에서 비치발리볼을 하고, 밤늦도록 해변에서 파티를 열고, 랍스터가 잔뜩 차려진 연회를 즐기면서 고즈넉한 환경에 푹 파묻혀 연구에 매진했다. 제임스 왓슨이 연구소장을 맡은 1968년부터는 연구소의 주력 분야가 암으로 바뀌었다. 당시 겨우 서른 살이던 폴락은 왓슨이 포유동물 세포의 유전학 연구를 맡기기 위해 얼마 전에 채용한 연구자였고, 그 연구에 필요한 새로운 시설도 세워지고 있었다.

무더웠던 그 6월에 폴락은 3주간 그곳을 찾아온 연구자들에게 암성 세포를 중심으로 세포 배양이라는 까다로운 기술을 전수하는 집중 교육을 맡았다. 유럽과 미국에서 온 학생 20명이 폴락의 수업을 들었다. 여학생은 총 4명이었고 그중 한 명이 뉴욕에서 온 재닛 머츠Janet Mertz라는 스물한 살의 박사과정생이었다.[1] 머츠는 MIT에서 공학과 생명과학을 복수 전공한 후(MIT의 여학생 비율이 5퍼센트에 불과한 시절이었다) 1971년 1월에 미 대륙 반대편으로 훌쩍 건너가서 스탠퍼드 의과대학 생화학과의 폴 버그Paul Berg 연구실에 들어갔다.[2] 버그는 머츠의 지적인 능력에 깊은 인상을 받았다. 나중에 버그는 머츠와 처음 만났을 때를 회상하며 "기가 막히게 똑똑한 사람"이었지만 "처음에는 골칫덩어리"였다고도 언급했다.[3]

버그는 2년 전부터 SV40이라는 원숭이 바이러스를 연구하기 시작했다. SV40은 갓 태어난 햄스터에 주사하면 종양이 생기는 특징이 알려진 후 세포에서 암이 생기는 과정을 밝히기 위한 연구에 쓰였다. 특히 당시 널리 유행했던, 모든 암은 바이러스 감염으로 생긴다는 주장을 탐구하는 연구에도 활용됐다.[4] 세균에 감염되는 바이러스는 숙주인 세균의 DNA 일부가 바이러스 유전체에 추가되어 남아 있는 경우가 많다. 벡위스와 동료들도 lac 유전자를 합성할 때 이 특징을 활용했다. 버그는 포유동물 세포에 감염되는 바이러스에서도 이와 같은 특징이 나타나는지 궁금했다. 만약 그렇다면, 이 기능을 이용해서 포유동물 세포의 DNA를 서로 옮길 수 있고, 포유동물의 정밀한 유전자 조작이 가능해지리라고 보았다.

버그가 맨 처음 떠올린 계획은 SV40을 활용해서 lac 유전자처럼 기능이 밝혀진 세균의 유전자를 포유동물 세포주로 옮긴다는 것이었다. 이것이 가능하다면 사실상 거의 아무것도 밝혀진 게 없는 포유동물 유전자의 기능 연구가 가능해지리라고 예상했다. 그런데 이 실험에 관해 의논하던 버그 연구진은 실험 방향을 반대로 진행해 볼 수도 있다는 아이디어를 떠올렸다. 즉 세균의 DNA가 SV40에 포함되도록 하는 게 아니라 SV40의 DNA를 대장균으로 옮겨 본다는 계획이었다. 이를 위해서는 먼저 자연에서 대장균에 감염되는 박테리오파지의 플라스미드* DNA에 SV40의 DNA를 도입해야 했다. 이는 부가적인 실험으로 계획됐고 버그의 주된 관심사도 아니었지만, 바이러스가 어떻게 작용하는지 통찰을 얻을 수 있으므로 SV40을 인체 세포의 작용 방식을 파악하는 도구로 활용하려는 최종 목표에도 도움이 될 것이라 여겨졌다. 다른 연구보다 상대적으로 중요도가 낮았던 이 실험의 담당자는 재닛 머츠로 정해졌고, 머츠는 폴락의 수업을 들으러 콜드스프링 하버 연구소가 있는 동부로 떠나기 몇 달 전에 이 연구를 시작했다.

콜드스프링 하버에서는 교육 과정이 시작될 때 학생들에게 현재 어떤 연구를 하고 있는지 간략히 소개하는 시간이 주어졌다. 이후 폴락이 '안전한 실험실에서 안전하게 실험하기'라는 제목으로 세미나를 진행했는데, 그때 머츠의 연구에 관한 토론이 시작됐고 세미나가 끝난 후 폴락의 수업 시간마다 토론이 이어졌다. 폴락은 처음 머츠의 연구 내용을 듣고 믿기지 않는다는 반응을 보였다. "인체에 종양을 일으키는 바이

* 세균에 존재하는 작은 DNA 분자. 염색체와는 별도로 존재하며 다음 세대에 따로 전달된다. 보통 원형이다. 이 플라스미드를 통해 세포 간 DNA 전달이 가능해지면서 재조합 DNA 기술 발전에 중추적인 역할을 했다.

러스를 대장균에, 그러니까 우리 장에 있는 세균에 집어넣겠다는 건가요?" 그는 머츠에게 이렇게 물었다.[5] 폴락이 보기에 암을 일으킬 수 있는 바이러스의 DNA를 사람의 장에 자연적으로 존재하는 세균에 집어넣겠다는 건 너무나 무모한 일이었다. SV40은 굳이 인체에 감염되는 세균을 활용하지 않아도 이미 집중적으로 연구가 이루어진 바이러스였으므로, 이런 바이러스의 DNA를 대장균에 도입하는 건 화를 자초하는 일로 보였다. 어느 월요일 오후, 깊은 고민 끝에 폴락은 스탠퍼드에 있는 버그에게 전화를 걸었다.

대화는 시작부터 순탄치 않았다. 폴락은 다짜고짜 "대체 당신은 왜 그런 정신 나간 실험을 하는 겁니까?"라고 말했고, 버그는 수화기 너머로 이런 무례한 소리를 뱉는 상대방의 대범함에 짜증이 치밀었다. 폴락은 2021년에 나와 이야기를 나누면서 그때 버그가 "** 당신 뭐요?"라고 말했다고 전했다. (폴락은 여전히 얌전하고 내성적인 성격이라, 별표 처리된 그 단어가 정확히 뭐였는지 끝내 말하지 않았다.) 버그는 그때 자신이 폴락에게 정확히 뭐라고 했는지는 기억나지 않지만, 아마 꺼지라고 한 것 같다고 말했다.[6]

버그는 머츠가 수업을 듣는 내내 그곳에서 자신들의 실험이 사람들의 입방아에 오르내리고 있음을 이미 전해 들은 터라 어떻게 대응해야 할지도 생각해 두었다. 바이러스 DNA를 집어넣은 세균이 실험실 밖으로 빠져나와서 문제가 될 확률은 극히 미미하며, 설사 그런 일이 생기더라도 자신들의 연구에는 실험실을 벗어나면 사멸하는 대장균이 쓰인다는 내용이었다. 하지만 이 설명을 듣고도 폴락의 생각은 바뀌지 않왔고, 실험을 중단해야 한다는 주장을 재차 펼쳤다. 심지어 버그에게 4일 후면 머츠의 교육 과정이 끝나니 직접 동부로 와서 마무리 수업 때 설명해 보면 어떻겠느냐고까지 제안했다(버그는 너무 바빠서 그럴 시간이 없다고 거절했다). 버그는 결국 폴락이 제기한 문제를 더 생각해 보겠다고 하고 전화를 끊었다. 나중에 버그는 "정말 제대로 짜증이 났다"고 시인했다. 그 일을 거론하자 좀 더 솔직하게 심정을 표현하기도 했다. "이런 멍청한 일이 있나, 터무니없는 소리라는 생각부터 들었다. 정말 기가 막힐 노릇이었다."[7]

버그가 짜증이 난 데에는 생화학과 학과장으로서 그동안 SV40의 잠재적 위험성에 큰 관심을 기울여 왔다는 사실도 포함되어 있었다. 연구자들과 실험 기술자들의 우려를 고려해서 실험실에 공기 여과 장치와 배기가 별도로 이루어지는 실험실용 특수 후드를 설치했고, 실험실 내부는 공기가 안쪽으로만 흐르도록 음압을 유지해서 미생물이 밖으로 빠져나가지 못하는 환경을 만들었다.[8] 그런데 폴락과 설전을 벌이고 나니 미처 예견하지 못한 문제가 추가된 기분이 들었다.

두 사람의 의견 차이는 문화적인 충돌이기도 했다. 폴락은 미 동부 해안의 연구소에서 임시 계약직으로 일하는 젊고 급진적인 박사 후 연구원이었고, 버그는 저명한 대학의 존경받는 종신 교수였다. 얼마 전 생화학과 학과장으로 선출된 40대 중반의 버그는 분명 고지식한 세대였지만, 정치적으로는 좌익을 지지했다. 베트남전쟁에 반대하는 각종 토론회에도 참가했고 닉슨 정부의 캄보디아 폭탄 투하에 반대하는 시위를 벌이러 워싱턴까지 찾아가기도 했다.[9] 버그가 그저 케케묵은 꼰대가 아니라는 사실은 폴락과 통화하기 몇 주 전에 그가 과학을 가미한 반문화적 행사를 직접 주최했다는 사실에서도 드러난다. 단백질이 합성되는 분자 수준의 과정을 몽롱한 정신으로 온몸을 비틀며 열연한 수백 명의 학생들과 재능 있는 댄서들, 음악가 여럿이 참여한 행사였다.

14대의 악기(오르간, 색소폰, 봉고 등)로 구성된 애시드 록 밴드의 연주와 함께 스탠퍼드대학교 운동장에서 열린 이 공연 장면은 영상으로 남아 있다.[10] 공연이 끝나고 몇 개월 뒤 〈단백질 합성: 세포 수준에서 본 서사시〉라는 제목으로 공개된 이 영상은 생화학 버전의 〈재버워키Jabberwocky〉(루이스 캐럴이 쓴 《거울 나라의 앨리스》에 등장하는 시 제목으로, 무슨 뜻인지 알아들을 수 없는 말장난이 가득하다. 그래서 알아듣기 힘든 헛소리를 가리키는 표현으로도 많이 쓰인다. – 역주)에 멜로디를 붙인 듯한 노래와 함께 13분간 이어진다. 이 영상의 첫 부분에는 짧은 머리에 넥타이를 매고 주머니에 펜 두 개가 꽂혀 있는 흰 반소매 셔츠 차림의 버그가 어느 사무실 칠판 앞에서 단백질 합성 과정을 설명한다. 그러다 화면은 갑자기 햇살이 환하게 비치는 운동장으로 바뀌고, 형형색색의 옷을 입은(또는 반쯤 헐벗은) 학생들이 활기찬 음악 소리에 맞춰 단백질 합성의 각 단계를 몸으로 표현하며 춤을 추는 모습이 펼쳐진다(재닛 머츠는 정신이 아주 말짱한 상태로 '리보솜'을 담당했다고 전했다). 유튜브에 공개된 이 영상은 조회 수가 100만 회를 넘어섰다.[11]*

폴락의 수업이 끝나고, 머츠는 두툼한 서류 뭉치와 함께 캘리포니아로 돌아갔다. 이 서류에는 폴락이 친구이자 동료인 조 샘브룩Joe Sambrook과 함께 작성한 연구의 안전과 윤리에 관한 6쪽짜리 문서도 포함되어 있었다. 두 사람은 〈인체 세포와 바이러스를 다루는 실험 중 하면 안 되지만 유익한 실험도 있을까?〉라는 제목으로 난자나 정자에 변화를 일으키는 실험과 사람의 DNA 또는 인체에 감염되는 바이러스의 DNA를 세균에 도입하는 시도에 대해 중점적으로 설명했다. 버그가 구상한 실험을 노린 내용이었다. 이 문서에는 다음와 같은 결론이 담겼다.

> 실험자는 실험 결과가 그 실험에서 추정되는 위험을 감수할 만한 가치가 있는지 자문해야만 한다. 실험자는 실험 기술이 선을 넘는 건 아닌지, 사람을 대상으로 같은 실험이 시도될 가능성은 없는지 자문해야만 한다. 궁극적으로 실험자는 그러한 실험이 해야 하는 일이라거나 가능한 일인지가 아니라 꼭 해야 할 '필요'가 있는 실험인지 자문해야 한다. 위험한 실험, 부적절한 실험, 또는 위험한 동시에 부적절하며 꼭 해야 할 필요가 없는 실험이라면 하지 말아야 한다.[12]

과학계가 대중매체의 관심을 끌고 싶은 유혹에 빠질 수 있음을 학생들에게 경고한 내용에서는 폴락과 샘브룩의 선견지명이 돋보인다.

* 이 행사에 참여한 학생 중 한 명은 다음과 같이 전했다. "그날은 약 기운이 통제할 수 없는 수준에 이르러서, 행사에서 춤춘 사람 중에 그날 일을 제대로 기억하는 사람은 아무도 없다." Bohannan, J. (2010), Science 330:752. 이후 스탠퍼드의 공연을 재현하려는 시도가 전 세계적으로 여러 번 있었지만, 참가자의 규모나 재능, 자원이 부족해서인지, 아니면 약물을 구할 수 없어서인지 그만큼 성공적인 공연은 나온 적이 없다.

최초인 동시에 최악의 실험을 비밀리에 진행한 다음, 기자 회견을 열고 비난받아 마땅한 사실이나 위험한 사실을 모두에게 공개하는 것과 같은 자유는 누구에게도 허용되어서는 안 된다.[13]

폴락은 버그에게 전화를 건 그날에 샘브룩과 함께 〈사이언스〉와 〈네이처〉 편집부에 보내는 서신 형식으로 이 문서의 내용을 대강 작성했다. "지면상으로나 사적으로 이 문제에 관한 논의가 시작되기를"[14] 바라는 마음에서 한 일이었지만, 결국 보내지 않기로 했다. 연구소 소장인 제임스 왓슨이 알면 자신을 향한 공격으로 여기고 크게 노여워할 거라고 판단했기 때문이다. 만약 두 사람의 서신이 두 학술지에 전달되어 게재됐다면, 역사의 흐름이 바뀌지는 않았더라도 최소한 변화의 속도는 크게 앞당겼을 것이다.

머츠는 폴락의 연구소에서 이루어진 논의들로 자신감이 떨어진 채 캘리포니아로 돌아왔다. 몇 년 후에 머츠는 당시의 심정을 이렇게 회상했다.

원래 나는 급진적인 편이었지만, 이런 생각을 하게 됐다. '정말로 위험한 결과가 나올 확률이 10^{30}분의 1밖에 안 되더라도 내가 그런 위험을 초래한 당사자가 되고 싶지는 않아.' 원자폭탄이나 그 비슷한 일들의 관점에서 생각하기 시작했다. 일단 밀어붙여서 100만 명쯤 죽일 수도 있는 괴물을 만들어 낸 사람으로 남고 싶지 않았다. 결국 캘리포니아로 돌아온 주말에, 그 프로젝트는 그만두기로 결심했다.[15]

버그도 이후 몇 달간 폴락의 비판을 계속 숙고했고 저명한 학자들과도 의논했다. 조슈아 레더버그, 데이비드 볼티모어는 버그가 하려는 연구의 위험성은 극히 적지만, 그 연구를 꼭 해야만 하는 합당한 이유는 찾지 못하겠다는 의견을 밝혔다. 1971년 7월에 시칠리아에서 열린 한 콘퍼런스에 참석한 버그는 일정 중 어느 날 밤에 젊은 연구자 수십 명과 맥주를 마시다가 이 실험 얘기를 꺼냈는데, 상당수가 실험의 윤리적, 도덕적인 문제를 지적하며 동의할 수 없다는 뜻을 밝히자 마음이 영 불편해졌다. 프랜시스 크릭도 그 자리에 있었지만 평소답지 않게 이 일에 관해서는 아무 말도 하지 않았다.[16]

1971년 여름에 버그가 비공개로 이 문제를 의논한 수많은 사람 중에는 그의 친한 친구인 맥신 싱어Maxine Singer도 있었다. 버그는 맥신이 변호사인 남편 댄 싱어Dan Singer와 함께 준비한 저녁 파티에서 이 이야기를 꺼냈고, 버그와 함께 초대받은 손님 중에는 NIH에서 생명윤리와 관련된 일을 하는 리언 카스Leon Kass라는 사람도 있었다. 모두 버그의 실험에 우려를 나타낸 데다, 카스와 댄은 버그가 이전까지 한번도 생각해 본 적 없는 윤리적인 문제와 법적인 문제를 지적했다. 실험이 안전하다는 버그의 생각은 흔들리지 않았으나, 친구들과 동료들의 비판으로 결국 기세가 꺾였다. 더욱이 이런 소동을 일으키는 실험이 그의 연구에 꼭 필요한 것도 아니었다. 1971년 가을, 버그는 폴락에게 전화를 걸어 자신의 결정을 알렸다.

선생님께서 염려하신 SV40의 잡종 실험은 하지 않을 예정입니다. 선생님

생각이 옳았어요. 잠재적인 위험성을 우리가 충분히 고려하지 못했습니다.[17]

유전공학 연구의 첫 번째 유예 결정이었다. 하지만 그때는 이런 의미를 아는 사람이 사실상 아무도 없었다.

•———○

버그는 폴락에게 문제가 된 실험은 하지 않겠다는 말과 함께, 이런 종류의 실험과 관련된 생물보안 문제의 중요성을 확실하게 깨달았다고 설명하면서 이 주제로 함께 학술회의를 열자고 제안했다. 몇 년 뒤에 폴락은 이 일을 다음과 같이 회상했다. "버그다운 처사였다. 나와 생긴 갈등 한 가지만 처리한 게 아니라 유도의 뒤집기 기술처럼 그 논쟁 자체를 확실하게 뒤집어서 스스로 문제아가 아닌 명백한 해결책 그 자체로 변모했다."[18] 버그의 이 뒤집기 한판은 보기보다 훨씬 영악했다. 회의가 필요하다고 폴락을 설득했을 뿐 아니라, 행사 개최를 위한 자질구레한 일 전부를 폴락과 그의 두 동료에게로 얼른 떠넘겼다.

'생물학 연구의 생물재해'라는 제목으로 열린 회의에는 약 100명이 참석했다(두 명을 제외하고 모두 미국 내에서 활동하던 사람들이었다). 1973년 1월에 열린 이 행사는 버그가 연구진 수련회 장소로 자주 활용하던 아실로마 콘퍼런스 센터에서 개최됐다. 산타모니카 바로 북쪽의 캘리포니아 해안, 소나무에 둘러싸인 곳에 자리한 아실로마 센터는 몇 백 미터만 나가면 태평양이 펼쳐지는 해변이 나온다. 회의 제목이자 핵

그림 3-1. 1966년에 다우 케미컬의 찰스 볼드윈이 디자인한 생물재해 기호.

심 주제인 생물재해는 당시만 해도 다소 생소한 개념이었다. NIH와 미국 국립 암 연구소는 1960년대 중반부터 다양한 바이러스와 세균에 이 표현을 쓰기 시작했고, 1966년에 다우 케미컬의 찰스 볼드윈Charles Baldwin이 생물학적 위험 물질이 보관된 격납 시설을 표시하는 경고성 상징을 최초로 디자인했다. 세 가지 방사선을 나타내는 방사선 기호와 비슷하게 여러 개의 원으로 구성된 이 형광 주황색 기호는 곧 널리 쓰이기 시작했다.[19]

1973년 아실로마 회의에서는 현존하는 위협 요소, 특히 SV40에 대처하는 절차가 집중적으로 논의됐다. 폴락이 주목한 부분, 즉 광범위하게 존재하는 세균에 종양 바이러스의 DNA를 도입하는 방식에 관한 내용은 거론되지 않았다. 이 회의에서 유전공학 기술에 관한 논의는 사실상 전혀 없었고, 대신 수많은 실험실에서 볼 수 있는 위험한 관행들이 다양하게 제기됐다. 한 연구자는 입으로 시료를 빨아들이는 피펫을 사용하다가 실수로 SV40을 삼킨 적이 있다고 멋쩍게 고백하기도 했다(입을 피펫에 대고 빨아들이는 힘으로 시료를 옮기는 이런 방법은 이제 거의 사용되지 않는다. 빨아들이는 힘이 너무 강하면 기체를 흡입하거나 더 나쁜 경우 불가피하게 액체를 삼키는 상황이 일어난다).[20]

회의 참석자 중에는 생물재해를 둘러싼 이 모든 우려가 별것 아닌 일에 법석을 떠는 짓이라고 여긴 사람들도 있었다. 제임스 왓슨과 예일대학교 의과대학의 프랜시스 블랙Francis Black도 이런 의견 차이로 크게 충돌했다. 무엇보다 냉철하게 실용성을 중시해야 한다고 본 블랙은 그러한 방식으로 암 바이러스를 연구해야 획기적인 발견이 나올 수 있다고 주장했다.

> 제기된 의견들처럼, 설사 5명 혹은 10명 정도가 목숨을 잃는 일이 생기더라도 이 연구로 살릴 수 있는 많은 생명에 비하면 작은 대가일 것입니다.

왓슨은 아래와 같이 반박했다.

> 같은 층에서 일하는 내 동료들 다섯 명 내지 열 명이 목숨을 잃을 수 있는 일이라고 생각하면 그렇게 쉽게 받아들일 수 없습니다. 실험과 무관한 사람들도 영향을 받기 쉽습니다. 그리고 그런 사람들은 대부분 그 실험으로 인체에 암을 일으키는 특정 바이러스를 발견한 연구자에게 돌아갈 인정과 명성과는 더더욱 무관한 사람들입니다.

왓슨은 실험실의 안전기준이 개선되지 않으면 원자력 발전소에서 일어날 수 있는 치명적인 사고에 더 많은 사람이 노출될 수 있다고 우려했다. 당시에는 유전학 연구의 잠재적 위험성이 원자력의 위험성과 비슷하다고 언급되는 경우가 많았다.

아실로마 회의에서 채택된 제안은 연구자의 암 발생 여부를 장기적으로 확인하는 프로그램이 마련되어야 한다는 촉구(실제로는 전혀 실행되지 않았다)와 생물재해 관련 소식지 발행, 더 확실한 분리 시설을 마련하기 위한 예산 증대가 전부였다. 폴락과 샘브룩의 글에는 절대 하면 안 되는 실험에 관한 내용이 있지만, 이 부분은 언급되지 않았다. 종이 다른 생물의 DNA를 혼합할 때 발생하는 문제에 관한 내용도 회의 결론에서는 전혀 찾을 수 없다. 더 이상 가설에만 머무르는 문제가 아니었음을 생각하면 의아한 일이다. 버그가 최초로 구상한 연구의 출발점, 즉 바이러스 DNA와 세균의 DNA 융합은 이미 실현된 후였다.

버그는 포유류 바이러스의 DNA를 세균에 도입하려던 아이디어를 1971년 가을에 포기했지만, 이 연구의 원래 핵심은 놓지 않았다. 바로 세균의 DNA를 SV40 바이러스에 도입하는 연구였다. 같은 시기에 다른 학자들도 각자 버그와 비슷한 아이디어를 떠올렸다. 과학계에서는 흔히 있는 일이다. X라는 연구자가 어떤 새로운 발견을 하러 실험실로 가다가 버스 사고로 목숨을 잃더라도 과학의 역사가 크게 바뀌는 일은 거의 없다. Y라는 다른 연구자가 거의 비슷한 시기에 비슷한 발견을 할 확률이 높기 때문이다. 그만큼 과학적인 발견은 동시다발적으로 이루어지는 경우가 아주 많다. 과학자 개개인이 어떤 아이디어를 떠올리건, 장기적으로 보면 한 개인의 영향력은 대체로 그리 크지 않다.

존 벡위스가 기자 회견을 열고 〈네이처〉에 실린 자신의 연구 결과를 비난하기 얼마 전인 1969년 11월 6일, 피터 로번Peter Lobban은 스탠퍼드대학교의 박사 학위 심사위원들에게 연구 제안서를 제출했다. 버그의 생화학과 학생 중 하나였던 로번은 데일 카이저Dale Kaiser의 연구실에서 바이러스가 세균을 공격할 때 세균의 DNA에 어떻게 끼어드는지를 연구했다. 로번이 제출한 9쪽짜리 연구 제안서에는 바이러스를 이용해 동물과 식물의 DNA를 일부 가져온 다음 그 염기서열을 더 손쉽게 조작할 수 있는 세균에 도입한다는 계획이 담겨 있었다. 이처럼 다른 유기체의 유전자가 발현되는 세균을 전문 용어로 '피형질도입체'라고 한다. 버그가 떠올린 것과 비슷한 도구였고, 버그의 목표가 인체 유전자의 기능 연구였다면 로번은 다양한 동식물을 연구하고 "고등 생물의 유전자 산물이 합성되는 여러 피형질도입체를 만들겠다"는 더 광범위하고 과감한 목표를 세웠다.[21] 심사위원들은 이 계획을 최종 승인했다. 로번이 이 계획을 의논한 사람들, 그리고 학위 심사위원 중 일부는 어차피 성공하지 못할 연구라고 확신하면서도 고생한 만큼 배우는 게 있을 것이라는 판단으로 연구를 허락했다. 이에 따라 로번은 1970년 초부터 연구를 시작했다.

민간 분야에서도 한 연구진이 비슷한 목표로 연구 중이었다.

1971년, 일리노이주의 국제 광물·화학물질 협회 소속 과학자들은 박테리오파지 T7에 소의 DNA를 도입하는 실험을 시작했다. 하지만 실험 계획에 잘못된 부분이 있어서 DNA를 하나로 연결하는 효소인 리가아제가 제대로 기능하지 않았다. 새로운 분자가 만들어지지 않자 결국 이 연구는 더 이상 추진하지 않기로 하고 연구진도 해산했다.[22]

스탠퍼드에서는 1971년 내내, 그리고 1972년 상반기에 걸쳐 DNA 조각의 '점착성 말단'*을 활용해서 두 조각을 하나로 합치는 연구가 이어졌다. 박테리오파지의 DNA는 일반적인 이중 나선 구조인데, 각 가닥의 한쪽 끝에 염기 12개가 추가로 붙어 있어서 끝이 돌출된 형태를 띤다.** 그런데 양쪽 끝에 튀어나온 이 염기 12개 길이의 서열이 상보적이라 양쪽 말단이 만나면 결합할 수 있다. DNA 분자의 형태 특성상 염기 A는 T와만 결합하고, C는 G와만 결합하기 때문이다. 바이러스의 이중 나선이 사슬 형태로 연결되거나 양쪽 끝이 만나 원형 분자가 되는 것도 이러한 특징에서 비롯된다. 이러한 점착성 말단은 여러 조각을 더 큰

* '접착성 말단'이라고도 한다. 제한효소가 작용한 후 DNA 가닥 중 하나에 생기는 돌출 부위를 가리키는 표현으로 많이 쓰인다. 같은 형태로 돌출된 다른 DNA의 상보적 가닥과 결합해서 더 긴 DNA가 되거나 원형 DNA의 일부분이 된다. 예를 들어 박테리오파지의 DNA는 염기서열이 GGGCGGCGACCT와 AGGTCGCCGCCC인 점착성 말단이 자연적으로 생긴다. 첫 번째 서열에서 GGG 부분이 두 번째 서열의 CCC와 결합하고, 같은 방식으로 상보적인 서열이 결합한다.

** 박테리오파지 람다의 경우 이중 나선의 양쪽 말단에 붙은 이러한 점착성 염기서열이 각각 GGGCGGCGACCT와 AGGTCGCCGCCC다. DNA 두 가닥은 염기서열의 순서가 서로 반대 방향이므로, 첫 번째 말단의 마지막 염기인 T는 두 번째 말단의 첫 염기인 A와 결합하는 식으로 양쪽 말단이 결합할 수 있다.

분자로 조합하는 일종의 분자 벨크로로 활용할 수 있다.

버그 연구실의 박사 후 연구원이던 데이비드 잭슨David Jackson은 버그 연구의 핵심 목표였던 세균 DNA를 포유류 세포에 도입할 방법을 찾고 있었다. 잭슨의 실험과 로번의 실험에 필요한 효소 중 일부는 스탠퍼드대학교에 생화학과를 처음 만든 사람이자 노벨상 수상자인 아서 콘버그 교수가 제공했다. 두 사람 외에도 여러 연구진이 콘버그의 효소를 활용해서 연구했다. 나중에 버그는 당시 과학계의 분위기가 그만큼 "인심이 후하고 개방적이었다"고 전했다. "연구를 비밀스럽게 진행하지도 않았고 경쟁이 치열하지도 않았죠." 버그의 말이다. 그리고 차분하게 덧붙였다. "그래서 상당히 수월하게 실질적인 성과를 낼 수 있었습니다."

잭슨과 로번의 연구도 수월했는지는 모르겠지만, 여러 연구자가 협력하는 분위기 속에서 두 사람의 연구는 거의 동시에 결실을 맺었다. 스탠퍼드 유전학과의 또 다른 노벨상 수상자인 조슈아 레더버그 연구실의 박사 후 연구원 비토리오 스가라멜라Vittorio Sgaramella도 이들과는 다른 경로로 DNA 결합 연구를 진행했고 거의 비슷한 시기에 성과를 얻었다. 이 모든 결과가 1972년 가을 〈미국 국립과학원 회보〉에 연이어 게재됐다. 하지만 피터 로번의 논문은 예외였다. 로번과 잭슨이 서로 긴밀하게 협력하면서 연구해 온 사실을 잘 알고 있었던 버그는 두 사람의 논문이 동시에 공개되길 바랐지만, 로번이 논문에 살을 더 붙여서 다른 학술지에 내고 싶어 해서였는지, 아니면 지도교수가 연구를 좀 더 해 보라고 해서였는지, 또는 그 두 가지 이유가 모두 작용해서였는지 로번의 논문은 늦어졌다. 로번이 1969년에 처음 떠올린 비상한 아이디어와 원대한 목표로 얻은 연구 결과는 1973년 중반에야 마침내 발표됐다. 하지만 불운하게도 논문의 핵심 결과는 이미 해묵은 내용이 되었고, 연구 방법도 시대에 뒤처지는 것으로 여겨졌다.[23]

혁신적인 성과가 담긴 이 여러 편의 논문 중 가장 먼저 발표된 건 잭슨과 버그, 그리고 호주 출신의 객원 연구원 로버트 시먼스Robert Symons의 연구 결과였다.[24] 세 종류의 생물에서 얻은 DNA를 하나로 결합한 연구였다. 잭슨은 박테리오파지 중 DNA에 대장균의 갈락토스 오페론*을 구성하는 유전자 4개가 추가된 종류를 찾고, 이 박테리오파지의 DNA를 SV40에 도입했다. 이때 로번과 함께 개발한, DNA 분자 말단을 접합성으로 만든 다음 리가아제로 결합하는 기법이 활용됐다. 잭슨 연구진은 두 가지 바이러스(SV40과 박테리오파지), 그리고 한 가지 세균의 DNA로 구성된 이 결과물을 '3가 생물학적 시약'이라고 칭했다. 기본적으로 SV40과 이 바이러스가 감염되는 포유동물 세포의 분자생물학 연구에 활용할 수 있는 성과였다. 또한 여러 연구로 많은 것이 밝혀진 갈락토스 오페론이 포유동물 세포에서는 어떻게 기능하는지도 연구할 수 있게 되었다. 포유동물을 분자유전학적으로 직접 조사하는 강력한 도구가 생긴 것이다. 이들의 논문은 첫 문장부터 과감함이 느껴진다. "우리 연구의 목표는 기능이 밝혀진 새로운 유전 정보 단위를 포유동물 세포로 도입할 방법을 개발하는 것이다."[25]

* 세균에서 기능이 서로 연관된 여러 유전자 집합. 대체로 함께 모여 있으며 유전자 조절에 관여한다.

분자생물학의 역사를 연구해 온 미셸 모랑쥬는 이 논문에 극히 중요한 의미가 있다고 설명했다.

> 버그와 동료들이 쓴 논문은 제임스 왓슨과 프랜시스 크릭이 1953년에 처음 발표한 논문과 같은 최초의 가치가 있다. 연구진은 이 논문에서 수많은 실험과 논문으로 분산됐을 수도 있는 일련의 요소를 통합해서 정리했다. 여러 기법을 하나의 프로젝트로 모아서 중요한 결과를 얻었다는 것 자체로 중요한 논문이다. 가히 과학적인 예술품이라 할 만하다.[26]

버그도 1980년에 받은 노벨상의 바탕이 된 논문을 하나만 꼽는다면 이 논문이라고 밝혔다.[27]

1972년 가을에는 DNA 분자를 연결하는 기술적인 방법에 관한 여러 편의 논문이 나왔다.[28] 그중에서 가장 중요한 결과는 재닛 머츠와 론 데이비스Ron Davies 두 스탠퍼드 연구자가 EcoR1*이라는 제한효소(Eco는 대장균E.coli, R1은 대장균에서 최초로 발견된 제한효소restriction enzyme라는 의미다)를 활용한 방법이었다. EcoR1은 샌프란시스코 캘리포니아대학교의 허브 보이어Herb Boyer 연구진이 얼마 전에 분리해 낸 효소로, 머츠와 데이비스는 SV40에 이 효소를 처리했을 때 이중 나선 구조가 끊어지면서 생기는 짧은 점착성 말단을 이용하여 길이가 각기 다른 두 DNA

* 허브 보이어가 대장균에서 분리한 최초의 제한효소restrict enzyme. 그래서 이름에 1이라는 숫자가 포함됐다.

를 결합했다.[29] 잭슨과 버그의 실험에는 생산량이 작은 여섯 가지 효소가 사용됐지만 머츠가 찾아낸 이 방법은 효소가 두 가지만 있으면 되고 효과도 굉장히 우수했다. 머츠는 2021년에 나와 이야기를 나누면서, 이 새로운 접근 방식이 DNA 결합 기술을 "스탠퍼드 생화학과 외에는 아무도 시도할 수 없었던 실험을 똑똑한 고등학생 정도면 누구나 할 수 있는 실험으로 바꿔 놓았다"고 설명했다.[30] 큰 변화를 일으킨 성과였다.

DNA 결합에 관한 마지막 핵심 논문도 베이 지역에서 나왔지만, 스탠퍼드는 아니었다. 샌프란시스코 캘리포니아대학교의 보이어 연구진은 머츠와 데이비스의 연구 결과에서 즉시 통찰을 얻어 EcoR1의 작용으로 생기는 점착성 말단은 염기 4개 길이(AATT/TTAA)라고 밝힌 논문을 서둘러 발표했다.[31]* 머츠와 보이어가 내린 결론은 같았다. 이 방법을 쓰면 굳이 잭슨과 버그가 소개한 복잡한 방법에 기댈 필요가 없다는 것, 그리고 머츠와 데이비스의 논문에 쓰인 문장을 그대로 옮기자면 "특정한 목표에 맞는 재조합 DNA 분자"를 만들 수 있다는 것이다.[32]

이 논문은 이후 수십 년간 유전공학의 동의어처럼 쓰인 재조합 DNA가 최초로 언급된 자료 중 하나다. 여러분이나 내 DNA도 엄밀히 따지면 모두 '재조합'된 결과물이다. 양친의 유전물질이 섞여서 만들어졌기 때문이다(재조합 DNA라는 표현도 원래 그런 의미로 쓰였다). 그러나

* EcoR1이 인식하는 염기서열은 GAATTC다. DNA 두 가닥의 방향, 두 가닥의 염기가 상보적으로 결합하는 특징에 따라 EcoR1은 이 인식 서열 중 G와 A 사이를 절단한다. 그 결과 한쪽 가닥에는 AATT가, 반대쪽 가닥에는 TTAA가 각각 상보적인 점착성 말단으로 남게 된다.

이 시기부터 재조합 DNA라는 표현에는 '두 가지 이상의 생물 종에서 유래한 DNA가 합쳐진 DNA'라는 새로운 의미가 덧붙여졌다.

〈네이처〉는 잭슨, 시먼스, 버그의 논문이 가져올 놀라운 변화와 잠재적 위험성을 모두 언급했다. "누구나 감탄할 만한 방법"이라고 강조하면서도, 약 1년 전 폴락이 관심을 쏟았던 문제를 지적했다. 재조합된 DNA는 SV40의 DNA를 포함하므로 포유동물 세포에 감염될 수 있다는 점, 마찬가지로 재조합 DNA에 남아 있는 박테리오파지의 DNA로 인해 대장균에 감염될 수 있고, 따라서 인체 장에도 유입될 가능성이 있다는 점이었다.

> 이런 가능성은 아직 너무 먼 이야기처럼 보일 수 있지만, 그렇다고 무시할 수는 없다. 가장 흥미로운 건 이 실험을 계속할 때 얻게 될 과학적인 정보가 과연 위험을 정당화할 만한 것인지를 연구진이 어떤 기준으로 판단할 것인가이다. 연구 관계자들이 그럴 만한 가치는 없다고 자체 판단할 수도 있다.[33]

〈네이처〉 외에는 누구도, 과학계나 언론 어디에서도 이 획기적인 연구 성과에 주목하지 않았다. 세상의 관심은 당시 막바지에 이른 베트남전쟁과 계속해서 진상이 드러나던 워터게이트 사건에 쏠려 있었다. 대서양 양쪽 대륙 어디에서도 이 논문들을 소개하는 기사는 한 건도 없었다. 사람들을 겁주는 대중 과학서나 늘 불길한 예상을 제시하곤 하는 텔레비전 프로그램에서도 전혀 다루지 않았고, 이건 종말을 가져올 연구라고 주장하거나 반론을 펼치기 위해 기자 회견을 여는 연구자들도 없었다. 불과 몇 주 뒤에 생물재해를 주제로 열린 아실로마 회의에서조차 이 연구들은 전혀 언급되지 않았다. 하지만 이 결과들은 너무나 오랫동안 너무 많은 이들이 염려했던 혁신이었다. 서로 다른 생물 종의 DNA를 마음대로 혼합할 수 있고 혼합된 DNA가 멀쩡히 기능하는, 그런 일이 정말로 실현된 것이다. 유전공학의 시대는 이렇게 열렸다. 그러나 그런 사실에 신경 쓰는 사람은 아무도 없는 듯했다.

이 무관심은 불과 6개월 만에 전 세계적인 경계심으로 바뀌었다.

•———◦

1972년 11월, 호놀룰루에서 열린 세균의 플라스미드에 관한 학술회의에 미국과 일본의 미생물학자들이 모여들었다. 플라스미드는 세균에서 발견되는 작은 원형 DNA로, 세균의 염색체와는 별도로 존재하며 보통 항생제 내성과 같은 환경 적응과 관련한 유전물질이 포함되어 있다. 플라스미드를 향한 미생물학계의 관심이 점차 커지던 시기였다. 행사 기간 중 어느 늦은 저녁, 참석자 여럿이 와이키키 해변 근처의 한 코셔(유대교 율법의 원칙을 지켜서 마련된 음식. – 역주) 음식점에 모여 얼마 전 발표된 재조합 DNA 연구들에 관해 열띤 토론을 벌였다. 그리고 이러한 성과를 토대로 앞으로 어떤 실험들이 가능해질지 서로 아이디어를 공유했다. 버그의 연구실에 제한효소 EcoR1을 제공한 허브 보이어와 스탠퍼드 의과대학 소속 연구자인 스탠리 코헨Stanley Cohen도 그 자리에 있었다. 코헨은 세균이 테트라사이클린이라는 항생제에 내성을 나타내는 것과 관련된 특정 플라스미드를 연구해 왔고, 이 플라스미드가 다른 세균으로 전달될 수 있으며 전달받은 세균도 똑같이 내성을 갖게 된다는 사실을 밝혀냈다.

나중에 코헨은 그날 자신과 보이어, 스탠리 팔코Stanley Falkow가 따끈한 콘드비프 샌드위치와 시원한 맥주를 앞에 놓고 종이 냅킨에 글자를 마구 휘갈겨 써 가면서 EcoR1으로 플라스미드를 조작하는 실험을 설계했다고 전했다. 코헨의 주된 관심사는 이 효소로 플라스미드를 여러 조각으로 잘라서 항생제 내성이 발생하는 유전학적인 기반을 좀 더 수월하게 연구하는 것이었다. 보이어는 훨씬 더 멀리까지 내다봤다. 그는 플라스미드와 EcoR1을 활용하면 재조합 DNA를 만들 수 있고, 이 변형된 플라스미드를 세균에 다시 도입해 플라스미드에 끼워 넣은 DNA가 세균에서 복제되도록 만들면 세균이 원래 가지고 있던 DNA와 재조합된 플라스미드가 함께 복제되어 세균이 증식할 때마다 복제되는 새로운 DNA 분자도 양적으로 계속 늘어날 수 있다고 보았다. 또한 재조합된 플라스미드를 다른 세균에 도입할 수 있다는 사실도 떠올렸다. 이런 과정을 거치면 재조합된 DNA와 똑같은 복사본, 즉 '클론'*이 생겨나므로 이 기술은 유전자 클로닝, 또는 간단히 '클로닝'이라고 불리게 되

* 유전학적인 복제물. 동사로 쓰이기도 하는데, 이 경우 의미가 크게 다른 두 가지 행위에 쓰인다. 하나는 세균의 플라스미드나 세포에 포함된 세균 DNA가 복제되는 것, 다른 하나는 복제 양 돌리처럼 유전학적으로 정확히 똑같은 다세포생물을 만드는 것을 의미한다.조절에 관여한다.

그림 3-2. 허브 보이어(알파벳 'N' 아래)와 스탠리 코헨(알파벳 'A' 아래)이 다른 사람들과 코셔 음식점에서 클로닝 기술을 떠올린 1972년 11월의 풍경. 이 음식점이 철거된 1987년 〈호놀룰루애드버타이저〉에 실린 딕 어데어의 그림이다.

었다. 상업적인 생명공학 기술이 탄생한 순간이었다. 이날의 토론과 결과는 호놀룰루 전역에 알려졌고, 그로부터 약 15년 후 세 사람이 토론했던 음식점이 철거될 때는 한 지역 신문에 그날의 풍경이 담긴 만화가 실리기도 했다(보이어과 코헨은 각각 알파벳 N과 A를 떠올리고, 양팔로 각각의 알파벳을 연상시키는 자세를 취하고 있다).[34]

보이어와 코헨은 이후 5개월 만에 EcoR1을 활용해 항생제에 내성을 갖게 만드는 DNA 절편이 도입된 pSC101이라는 플라스미드를 만들었다. pSC101(p는 플라스미드, SC는 스탠리 코헨, 101은 코헨이 최초로 명명한 플라스미드라는 의미로 붙인 숫자다)에 쓰인 플라스미드는 이미 테트라사이클린에 내성이 있는 종류였으므로 새로운 항생제 내성 DNA 절편이 포함되도록 재조합한 후 이를 도입한 대장균은 두 가지 항생제에 모두 내성을 나타냈다. 1년 앞선 버그 연구진처럼 두 사람도 머츠가 개발한 비교적 손쉬운 방법으로 재조합 DNA를 만들었다. 더 중요한 건 새롭게 조합된 DNA 분자가 기능을 발휘한다는 사실이었다. 이로써 인체에 병을 일으키는 흔한 세균인 대장균은 두 가지 주요 항생제에 내성을 지니게 되었다. 이는 위험 경보가 울려야 마땅한 일이었다.

DNA 재조합 기술에 관한 여러 편의 논문이 처음 발표되고 1년이 지난 1973년 11월, 〈미국 국립과학원 회보〉에 실린 보이어와 코헨의 이 논문에는 이후 분자생물학의 필수 도구가 된 새로운 기술을 최초로 활용한 사례도 담겨 있었다. 바로 브롬화에티듐으로 DNA를 염색해서 자외선을 비추면 형광이 발생하도록 만드는 기술이다. 이렇게 염색한 DNA 시료를 전기영동* 젤에 걸면, 길이가 각기 다른 DNA 절편을 형광으로 구분할 수 있다.[35] 이 논문에 실린, DNA 절편이 짧은 막대 모양으로 환하게 빛나는 전기영동 사진은 이때부터 유전학 연구의 상징이 되었다.[36] 2021년에 보이어는 나와 이야기를 나누면서 이 실험 후 젤에서 형광으로 빛나는 DNA를 처음 봤을 때 그 단순함과 아름다움에 감격의 눈물을 흘렸다고 전했다.

* 전하가 일정하게 가해질 때 매질에서 분자가 이동하는 현상. 분자의 크기와 전하에 따라 이동속도가 달라지므로, 다양한 크기의 분자가 포함된 검체에서 각 분자를 분리할 수 있다. 핵산과 단백질 모두 전기영동으로 그와 같이 분리할 수 있다.

논문의 결론 부분에서, 두 사람은 이 기술이 비교적 간단하다는 점과 이 성과의 엄청난 의미를 강조했다.

> 본 논문에 기술한 전반적인 절차는 독립적으로 복제되는 세균의 플라스미드에 원핵생물*이나 진핵생물**의 염색체 중 특정 염기서열, 또는 염색체 외 DNA 염기서열을 삽입하는 용도로 유용하게 쓰일 수 있다.[37]

버그는 25년 뒤에 이 연구 결과를 다음과 같이 설명했다. "코헨과 보이어가 이룩한 재조합 DNA 기술의 혁신으로 누구나, 무엇이든 할 수 있게 되었다."[38]

보이어는 이 논문의 마무리 작업이 한창이던 1973년 7월 뉴햄프셔에서 개최된 고든 연구 콘퍼런스에 참석했다. 고든 콘퍼런스는 격식 없이 편한 토의가 이루어질 수 있도록 참석자를 선별해 소규모로 진행하는 비공식 학회다. 보이어가 평소 열정과 패기가 넘치는 사람임을 잘 아는 코헨은 아직 미공개 상태인 자신들의 연구 결과에 관해서는 입도 뻥긋하지 말라고 신신당부했다. 하지만 보이어는 이 획기적인 성과를 사람들에게 알리고픈 마음을 누르지 못했다. 보이어의 발표가 끝나고, 학회에 참석한 젊은 연구자들은 따로 모여서 보이어의 연구가 가져

* 세포핵이 없는 단세포 생물. 전체 생물에서 큰 비중을 차지하는 세균과 고세균으로 나뉜다.

** 세포에 핵과 미토콘드리아가 있는 유기체. 진핵생물 중 소수는 다세포생물이다. 따라서 모든 다세포생물은 진핵생물이다.

올 영향에 관해 의견을 나누었다. 생물재해가 일어날 가능성, 특히 생물학적 무기가 나올 수 있다는 우려가 제기됐다. 이 자리에 있었던 케임브리지대학교의 두 젊은 연구자 에드워드 지프Edward Ziff와 폴 세닷Paul Sedat은 학회 주최자인 맥신 싱어와 디터 솔Dieter Söll을 찾아가서 자신들이 염려하는 부분을 알리고 경고했다.

2년 전 버그와도 이 주제로 의견을 나누었던 싱어는 다른 회의 참석자들의 의견을 들어보는 시간을 마련했고, 많은 참석자가 젊은 연구자들이 제기한 우려에 공감했다. 이에 싱어와 솔은 미국 국립과학원 앞으로 서신을 작성하기로 했다. 최근 몇 달간 개발된 새로운 기술의 잠재적인 위험을 경고하고 지침을 요청하는 내용이었다. 두 사람은 먼저 이 서신을 학회 참석자 전원에게 보내고 의견을 구했다. 싱어는 별다른 반응이 없으면 서신 내용에 동의하는 것으로 간주하겠다고 했는데, 참석자 140명 중 절반가량이 답변을 보냈고 전부 동의한다는 내용이었지만, 이 사안을 일반에도 공개할 것인지에 관해서는 의견이 갈렸다. 학회 참석자 중 20명은 비공개로 두어야 한다고 주장했다.[39] 7월 17일, 싱어와 솔은 "생물학적 활성에 어떤 특징이 나타날지 예측할 수 없는 새로운 혼종 플라스미드 또는 바이러스"를 만드는 것은 "실험자나 대중에게 위험한 일이 될 수 있다"는 경고가 담긴 서신을 국립과학원에 보냈다. 이와 함께 두 사람은 국립과학원과 미국 의학연구소가 공동 연구진을 구성해서 이 사안을 조사하고 대응 지침을 마련해 달라고 촉구했다.

1973년 9월, 〈사이언스〉에 이 서신이 실리자 곧 세간의 관심이 쏠리기 시작했다.[40] 한 달 뒤 에드워드 지프는 〈뉴사이언티스트〉를 통해 고든 학회에서 보이어의 연구에 관해 오간 의견들과 싱어, 솔이 함께 서신을 작성하게 된 배경을 설명했다. 지프는 'DNA 조작의 이점과 위험성'이라는 기사 제목 그대로 이 기술의 장점과 위험성을 명확하게 밝혔다.[41] 〈뉴사이언티스트〉 편집자였던 버나드 딕슨Bernard Dixon은 싱어와 솔의 서신에 찬사를 보내는 한편, 새로운 지식은 결코 "없던 일이 될 수 없다"는 불안감이 널리 퍼지고 있다고 전했다. "이미 생긴 새로운 지식을 '모르는 일'로 만들 수는 없어도 잠재적 위험성을 경고한 것은 깊은 사회적 책임을 보여 준 일이며 이는 위험을 통제할 수 있으리라는 큰 희망을 준다"고 밝혔다.[42]

몇 주 뒤, 그해 초에 열린 아실로마 생물재해 회의의 공식 회의록이 공개되자 〈사이언스〉에는 혼란스러움과 경계심이 담긴 니콜라스 웨이드Nicholas Wade의 글이 실렸다. 생물전의 위험성과 1918년 스페인 독감과 같은 대유행병이 새롭게 발생할 가능성, 싱어와 솔의 서신에 관한 내용, 1971년 여름에 버그가 하려던 실험이 알려졌을 때 처음 제기됐던 문제들이 모두 포괄된 글이었다. 웨이드는 미국 국립 알레르기·감염병 연구소의 앤드루 루이스Andrew Lewis가 밝힌 통찰력 있는 의견을 빌려 이 글을 마무리했다. 루이스가 이 사안을 과학자들 손에 맡겨 두기에는 너무 중요한 문제라고 밝힌 부분이었다.

> 대중이 과학계가 무책임하게 행동한다고 느낀다면, 즉각 그에 대한 조치가 마련되고 연구의 자유도 축소되어야 한다. 적절히 주의를 기울이지 않는 건 문제를 자초하는 셈이다.[43]

이러한 우려가 제기될 무렵 과학계에서는 또 다른 중대한 변화가 일고 있었다. 훨씬 더 극적이고 근본적인 새로운 발견이었다. 버그의 실험실에서 박사과정을 마친 존 모로John Morrow는 1973년 여름, 코헨과 보이어에게 개구리 DNA 일부를 제공하면서 두 사람이 개발한 기술로 복제할 수 있는지 확인해 보자고 제안했다. 모로가 건넨 건 개구리의 리보솜 RNA가 암호화된 DNA 염기서열이었다(세포 기관의 하나인 리보솜은 대부분 RNA로 이루어지며 세포에서 단백질 합성을 담당한다). 코헨과 보이어가 개발한 클로닝 기술을 척추동물의 DNA에도 적용할 수 있는지 확인하기 위한 실험이었다. 게다가 이들이 복제하려는 건 특정 동물에게만 있는 분자가 아닌 모든 생물의 세포에 존재하는 기본적인 세포 기관이었다.

구상부터 실행까지 대부분 모로가 맡은 이 실험은 1973년 가을에 끝났고, 결과는 1974년 5월에 발표됐다. 개구리의 리보솜 DNA는 의도한 대로 플라스미드에 도입할 수 있을 뿐 아니라, 재조합 후에도 유전자가 정상적으로 기능한다는 사실까지 확인됐다. 연구진이 이 플라스미드가 도입된 세균에서 RNA를 분리해 분석한 결과 개구리 DNA로 만들어진 RNA로 확인된 것이다. 연구진은 다음과 같은 결론을 내렸다. "본 논문에서 밝힌 실험 절차는 세균의 플라스미드로 다양한 원천의 DNA 분자를 복제하는 일반적인 방법에 활용할 수 있다."[44]

연구진이 명시하지 않은 이 기술의 또 다른 의미는, 이제 포유동물의 DNA를 세균에 삽입하고 그 세균을 대량으로 배양한 다음 포유동물의 특정 DNA만 추출해서 연구할 수 있게 되었다는 것이다. 로번이 처음 떠올린, 포유동물 DNA를 이용해서 포유동물의 단백질이 세균에서 합성되도록 만드는 일도 가능해졌다. 의약품에 쓰이는 단백질을 손쉽고 저렴하게 합성할 수 있게 된 것이다. 새로운 발견과 수익으로 가는 길이 활짝 열린 순간이었다. 스탠퍼드대학교는 곧바로 이와 같은 의미를 알아차렸고, 보도 발표문을 통해 재조합 DNA는 "제약업계가 인슐린, 항생제와 같은 생물학적 성분을 만드는 방식을 완전히 바꿔 놓을 것"이라고 온 세상에 선포했다.[45]

버그는 모로가 자신과는 한마디 상의도 없이 다른 연구진과 이런 실험을 했다는 사실을 뒤늦게 알고 격분했다. "실험실에서 쫓아내다시피 내보냈습니다, 너무 화가 났거든요." 하지만 분노는 금세 누그러졌다.

> 굉장히 훌륭한 실험이라고 생각해서, 모로에게 연락해 우리 학과에서 그 실험에 관한 강연을 해 달라고 초청했습니다. (……) 저는 그 실험이 DNA 클로닝 기술의 발전 과정에서 가장 중요한 실험의 하나라고 생각합니다.[46]

이처럼 큰 흥분과 우려가 동시에 터져 나오던 시기였지만, 유전학계의 일부 대표적인 학자들은 이런 상황을 전혀 파악하지 못했다. 재조합 DNA에 관한 논문이 처음으로 발표되고 18개월이 지난 1974년 4월, 분자생물학의 선구자인 시드니 브레너Sydney Brenner는 〈네이처〉에 실린 '분자생물학의 새로운 방향'이라는 제목의 사설에서 DNA의 이중 나선 구조를 밝힌 논문이 나온 지 21주년이 됐음을 강조했다.[47] 지금 읽어 보면, 브레너의 글은 당시의 현실과 전혀 맞지 않다는 것을 알 수 있다. 브레너가 전망한 이 분야의 새로운 방향은 유기체가 발달하는 방식과 염색체에서 유전물질의 체계화, 세포 표면 구조, 자연의 새로운 법칙을 연구하려는 헛된 시도 같은 기초 학문에 해당하는 내용이었다. 분자생물학이 이론을 넘어 실행하는 과학으로 변화하고 있다는 사실이나 재조합 DNA 연구에 관해서는 전혀 언급이 없었다.[48] 명석하고, 선견지명이 있고, 전 세계 과학자들과 두루 친분을 나누던 브레너 같은 인물도 다른 연구자들의 머릿속에 어떤 생각들이 뜨겁게 피어나고 있는지 감지하지 못했다. 〈네이처〉가 미리 정한 요건에 맞춰서 글을 써야 하기 때문일 수도 있지만, 브레너와 같은 세대인 분자생물학자 건터 스텐트Gunter Stent 역시 1973년 8월 〈뉴욕타임스〉에 실린 글에서 이렇게 주장했다.

> 유전학은 죽었다. 우리가 관심을 기울이던 문제들은 다 해결되어 이제 더 이상 흥미롭지 않다. 남들이 불가능하다고 하는 일들을 자신은 해낼 수 있다고 증명하려는 낭만적인 사람들에게 이제 유전학은 그리 매력적인 분야가 아니다.[49]

브레너의 글이 나오기 전 18개월에 걸쳐 유전자 조작 기술은 불가능한 일을 가능하게 만드는 놀랍고 새로운 가능성을 보여 주었다. 머지않아 대중에게 경종을 울리고 브레너를 포함한 전 세계 과학자들의 관심을 사로잡으며 수년 동안 과학적, 정치적으로 엄청난 영향을 몰고 올 발견이었다.

4

아실로마

밥 폴락이 폴 버그에게 전화를 건 때로부터 3년이 흐른 후, 재조합 DNA를 둘러싼 우려는 1974년 7월에 〈사이언스〉와 〈네이처〉, 〈미국 국립과학원 회보〉에 실린 서신의 형태로 결정적인 순간을 맞이했다. 버그, 보이어, 코헨, 왓슨, 그리고 다른 7명 학자들의 공동 서명이 담겨 간단히 '버그의 서신'으로 불리게 된 이 글은 전 세계 과학자들에게 "재조합 DNA 분자의 잠재적 위험성이 더 자세히 평가될 때까지 또는 그러한 분자의 확산을 막을 수 있는 적절한 방법이 개발될 때까지" 관련 실험을 전부 중단하라고 촉구했다.[1] 역사상 처음으로, 과학자들이 안전성을 확신할 수 있을 때까지 특정 종류의 실험을 중단해야 한다는 공개적인 결정을 내린 사례였다.

이 서신은 20세기 생물학에서 가장 집약적으로 연구가 이루어지던 시기에 나온 결정적인 조치였다. 이 촉구를 계기로 1975년 2월에 아실로마 콘퍼런스가 개최되었고, 전 세계적으로 재조합 DNA 연구의 규제에 관한 논의가 이루어졌다. 이 시기에 일어난 저항과 격렬한 다툼, 복잡한 법적 규제, 유전공학 기술이 낳은 특허가 벌어들일 엄청난 부에 관한 경제적 전망은 무수한 책과 박사 학위 논문, 기사, 회고록에서 다루어졌다. 특히 아실로마 회의는 과학이 잠재적 위험성에 어떻게 대응해야 하는지를 보여 준 신화와 같은 사건이 되었고, 과학계와 정치계, 그리고 역사학자들은 과학과 과학자의 높은 도덕성, 자율 규제의 가능성을 보여 준 예시로 이 회의를 자주 언급한다.

하지만 아실로마 회의는 일반적으로 알려진 것보다 훨씬 편협하고 매우 혼란스러운 행사였다. 역사학자 조너선 모레노Jonathan Moreno가 재치 있게 표현했듯이 "생물학계에서 아실로마는 젊은이들 문화에서 우드스톡 페스티벌과 같은 입지를 갖게 되었다. 시간이 지날수록 미화되고, 실제 행사가 얼마나 진흙탕이었는지는 흐려졌다."[2]

이 두 행사를 나란히 놓고 비교한 건 그냥 한 말이 아니었다. 우드스톡 페스티벌을 기점으로 미국의 반문화 운동은 종점을 찍었다고 여겨진다. 이 행사가 끝나고 5개월도 지나지 않아 캘리포니아 앨터몬트에서 헬스 앤젤Hell's Angel이라는 오토바이 갱단이 롤링 스톤스의 공연장에 나타나 모두가 보는 앞에서 한 남성을 칼로 찔러 살해하는 사건이 일어났고, 이를 기점으로 히피족의 꿈은 깨졌다. 아실로마 회의도 1968년 후반 미국 과학계의 논쟁이 정점에 달한 이후에 열린 행사였다. 그러한 논쟁이 이 회의의 개최와 회의에서 벌어진 첨예한 논쟁의 토대가 된 건 사실이지만, 1975년 캘리포니아 해안에 분자생물학자들이 모여들 무렵에는 뜨겁게 달아올랐던 급진적인 열기도 거의 다 식은 상태였다. 아실로마 회의 자체는 비교적 고루한 행사였다. 만약 재조합 DNA 기술이라는 혁신이 5년 일찍, 과학과 과학의 사회적 영향에 관한 미국 내 저항이 최고조에 달했던 시기에 나왔다면 상황은 크게 달라졌을지도 모른다.

•———○

1973년 여름, 미국 국립과학원은 고든 콘퍼런스에서 벌어진 재조합 DNA 관련 논의 내용이 담긴 싱어와 솔의 서신을 받은 후 과학원 회원이자 재조합 DNA 분야의 핵심 인물인 버그에게 재조합 DNA의 안전한 사용에 관한 입장문을 작성해 달라고 요청했다. 버그는 데이비드 볼티모어David Baltimore와 제임스 왓슨을 포함한 동료 몇 명에게 이 일을 함께하자고 제안했다. 왓슨은 학자로서의 명성과 콜드스프링 하버 연구소 소장이라는 지위를 고려할 때 꼭 필요한 사람이었다. 아실로마에서 열린 첫 번째 회의에서 재조합 DNA 연구의 위험성을 노골적으로 강조했던 왓슨은 나중에 정반대의 행보를 보였다. 몇 년 후에 왓슨은 싱어와 솔의 서신에 자신이 처음 드러낸 반응은 저자세를 유지한 것이었다고 주장했다.

보스턴에서 활동했던 우리 눈에 그 서신은 유전공학을 향한 또 다른 비이성적이고 좌파적인 공격처럼 보였다. 1969년에 존 벡위스와 짐 샤피로가 기자 회견을 열어 lac 오페론 DNA를 분리한 연구를 스스로 맹비난한 후

로 우리는 그런 식의 주장에 알레르기 반응을 보였다.[3]

실제 심정이 어땠는지는 알 수 없지만, 어쨌든 왓슨은 아실로마 회의가 열린 당시에는 그런 감정을 드러내지 않았다.

한편, 버그는 이 분야의 선동가인 벡위스도 입장문 작성을 위한 논의에 초청하면 좋겠다고 생각했다가(재미있을 거라는 생각에) 결국 좀 더 절제력이 있는 사람이 알맞겠다는 판단으로 생물 윤리학자인 딕 로블린Dick Roblin에게 연락했다. 맥신 싱어도 처음에는 참여할 계획이었으나 1974년 4월 버그가 연락한 사람들이 MIT에 있는 데이비드 볼티모어의 사무실에서 모두 모인 날 갑자기 아이가 아파서 참석하지 못했다.[4] 왓슨은 이 논의에 의구심이 들었지만, 사안의 시급성을 인지했다. 1977년에 그는 당시의 상황을 이렇게 회상했다. "그날 오전에 모인 우리는 다급한 심정이었다. 재조합 DNA 기술이 어린아이들도 익힐 수 있을 만큼 간단하다는 사실은 분명했기 때문이다." 정식 발표는 없었지만 소문으로 이미 확인된, 모로와 코헨, 보이어가 개구리의 DNA를 대장균에서 발현시킨 연구를 진행했다는 사실도 이들이 느낀 초조함의 원인 중 하나였다. 이날 회의에서 록펠러대학교의 노턴 진더Norton Zinder는 다음과 같은 의견을 밝혔다.

우리가 배짱 있는 사람들이라면, 앞으로 어떻게 흘러갈지 예상하게 될 때까지는 이런 실험을 하지 말라고 말해야 합니다.[5]

자연스레 터져 나온 반응이었고, 의견은 점차 과학자들에게 재조합 DNA 실험을 '유예'하도록 촉구해야 한다는 쪽으로 굳어졌다. 1975년 초 이 의견을 어떤 방식으로 밝히는 게 적합할지 의논하던 중 왓슨은 콘퍼런스를 개최해서 앞으로 해야 할 일들을 결정하자고 제안했다.

입장문은 이후 몇 주 동안 총 4차례 수정을 거쳤고, 기술적인 문제와 생물보안 문제를 중심으로 완성됐다. 최종 버전은 논의의 범위가 좁혀진 대신 힘도 빠졌다. 예를 들어 미생물전에 관한 부분은 (논점이 흐려진다는 이유로) 삭제됐다가 다시 들어갔다가 또다시 삭제됐고, 최종적으로는 "인위적으로 만들어진 이러한 재조합 DNA의 일부는 사람에게 해가 될 수 있다"는 문장으로 정리됐다.[6] 스탠리 코헨을 포함한 다른 과학자들도 서신에 서명하기로 했다. 코헨은 버그가 맨 처음 선정한 명단에는 없었는데, 암 연구자만 이 논의에 참여할 수 있다는 뜬금없는 이유 때문으로 알려졌다. 그러나 초기 논의에서 코헨이 제외된 진짜 이유는 당시 코헨과 버그가 개인적으로나 과학적으로 갈등이 깊어졌기 때문일 가능성이 크다. 그러나 결국 코헨과 보이어가 개발한 재조합 DNA의 클로닝 기술이 몰고 온 변화를 고려해 이 기술을 개발한 당사자인 스탠리 코헨과 허브 보이어의 서명도 요청하자는 결정이 내려졌다. 더불어 얼마 전 코헨이 개발한 플라스미드에 유전학자들의 절친한 친구인 초파리 DNA를 도입한 론 데이비스Ron Davis와 데이비드 호그니스David Hogness에게도 서명을 요청하기로 했다.

버그의 서신은 국립과학원의 날인이 찍힌 공식 문서로 공개되어 더 큰 영향력을 갖게 되었다. 이 분야의 선구적인 연구자들뿐만 아니라 과학을 대표하는 국가기관의 지지도 얻은 것이다. 이 서신에서 가장 놀라운 부분은 서명한 학자들 모두 자신들은 재조합 DNA 실험을 유예할 것이며, 동물에 감염되는 바이러스를 플라스미드나 세균에 감염될 수 있는 박테리오파지 DNA에 도입하는 실험도 유예 범위에 포함된다고 선언한 점이다.

전 세계 과학자들을 향해 동물의 DNA를 플라스미드나 박테리오파지에 도입하는 실험이 어떤 영향을 가져올지 신중하게 고려할 것을 촉구하는 내용도 있었다. 그 결과로 생겨날 "새로운 재조합 DNA 분자는 생물학적 특성을 확실하게 예측할 수 없기 때문"이라는 설명도 이어졌다. 미국의 생물의학 연구를 지원해 온 주요 연방 기관 NIH가 자문위원회를 구성해서 이 새로운 형태의 재조합 DNA가 생물학적, 생태학적으로 어떤 잠재적 위험성이 있는지 조사하고 "그러한 분자가 사람과 다른 생물계로 퍼지는 것을 최소화할 수 있는" 절차를 마련하는 한편 연구자들을 위한 지침을 만들어야 한다는 촉구도 담겼다. 마지막으로, 이 서신에 서명한 학자들은 1975년 초에 회의를 개최해 재조합 DNA 기술의 발전 상황을 검토하고 "재조합 DNA 분자의 잠재적 생물재해에 대처할 적절한 방법을 추가로 논의할 예정"이라고 밝혔다.[7] 버그의 서신에 담긴 쟁점은 전부 사람의 안전에 관한 내용이었다. 실험의 윤리성에 관한 내용은 전혀 없었고, 이 실험이 올바른 일인지에 관한 성찰도 없었다. 서명자 중 다수가 좌파 성향이라는 공감대가 있었지만, 서신의 초점은 생물보안에 명확히 맞춰졌다. 재조합 DNA 기술이 군사 용도로 활용될 가능성이나 인체 유전자가 조작될 가능성, 상업적으로 활용될 경우에 발생할 영향은 언급되지 않았다. 아실로마 회의의 의제는 이렇게 확정됐다.

버그의 서신은 고든 콘퍼런스에서 첫 번째 경종이 울리고 약 1년이 지난 1974년 7월 18일, 국립과학원 워싱턴 본부에서 열린 기자 회견을 통해 공식 발표됐다. 미국 언론은 즉시 떠들썩한 반응을 보였다.[8] 〈샌프란시스코 크로니클〉은 '"인간이 만들어 내는" 세균의 위험성'이라는 제목으로 이 소식을 1면에 실었다.[9] 〈뉴욕타임스〉는 관련 기사에 '위험 가능성을 고려해 유전학 실험 중단하기로'[10]라는 좀 더 중립적인 제목을 붙인 데 반해, 〈워싱턴포스트〉는 히로시마 원폭을 언급하면서도 이 사안을 가장 잘 아는 건 과학자들이라고 독자들을 안심시켰다.

> 과학 연구와 실험은 경찰이 통제할 수 있는 일이 아니다. 우리가 할 수 있는 최선은 과학자들의 집단적 양심이 이런 개별 사안마다 위험성에 가중치를 부여하기를 바라는 것이다.[11]

언론의 이러한 반응은 이전에 나온 보도들과 다를 게 없었다. 같은 해 초에 〈뉴욕타임스〉와 〈뉴스위크〉는 애니 창Annie Chang과 스탠리 코헨이 포도상구균의 내성 유전자를 대장균에 도입한 실험과 보이어, 코헨, 모로의 연구를 보도했는데, 두 언론 모두 이러한 실험이 문제가 될 소지가 있다는 점은 전혀 언급하지 않았다.[12] 버그의 서신도 공개 직후에 기사가 쏟아졌을 뿐 미국의 주요 언론은 이 새로운 유전공학 기술의 가능성에 관해 긍정적인 면과 부정적인 면 어느 쪽에도 주목하지 않고 그저 침묵을 지켰다.

주류 언론은 금세 흥미를 잃었지만, 과학자들은 버그의 서신이 공개되고 며칠 후부터 〈사이언스〉와 〈네이처〉, 〈제네틱스〉 같은 학술지에 서신으로 자신의 견해를 밝히거나 다른 학자들과의 사적인 연락을 통해 의견을 나누었다. 곧 '유예'로 불리게 된 재조합 DNA 연구의 잠정 중단 결정에 찬성하는 사람들도 있었다(버그의 서신에는 이 '유예'라는 표현이 쓰이지 않았으나 점차 널리 쓰이는 용어가 되었다). 한 예로, 미생물의 유전공학 연구를 지지해 온 미생물학자 로이 커티스Roy Curtiss는 과학자 약 1000명 앞으로 16쪽짜리 공개서한을 보냈다. 턱수염과 길게 기른 곱슬곱슬한 머리에 가르마를 곱게 가른 모습이 꼭 대충 그린 예수를 떠올리게 하는 커티스는 이 서한에서 더욱 세부적인 중단 기준이 필요하며, 재조합 DNA 관련 연구를 더 광범위한 차원에서 중단해야 한다고 주장했다. 커티스의 의견은 이 분야의 연구자가 제기한 우려인 만큼 과학계에 상당한 영향을 미쳤다.[13]

재조합 DNA 연구를 유예해야 한다는 주장에 매우 적대적인 반응을 보인 과학자들도 있었다. 이들은 잠재적 위험성으로 제기된 문제들을 일축하며, 실험의 유예는 학문의 자유를 공격하는 행위라고 보았다. 이러한 양측의 갈등은 몇 년 앞서 미국의 과학 분야 사회운동가들이 핵무기 연구에 반대할 때, 특히 1971년 〈뉴욕타임스〉 보도로 폭로된 '국방부 문서'에서 '제이슨 사업'(제이슨JASON은 미국 정부에 과학과 기술 관련 민감한 사안의 자문을 제공하는 독립 단체로, 엘리트 과학자들로 구성된다. – 역주)이라는 수상쩍은 사업의 정체가 알려졌을 때 벌어진 논쟁과 여러모로 비슷했다.[14] 자유주의를 지지하는 사람들은 과학자들이 뭐든 자유롭게 연구할 수 있어야 한다고 주장했다.

무수한 의견이 쏟아지는 가운데, 아실로마 회의를 준비하기 위한 실무단이 세 그룹으로 꾸려지고 미국의 대표적인 전문가들이 발탁됐다. 각 실무단은 재조합 DNA의 생물재해와 관련된 각기 다른 쟁점을 다루기로 하고(각각 플라스미드, 진핵생물 DNA, 바이러스 관련), 1974년 하반기에는 각 사안에 관한 다양한 수준의 논의를 진행했다. 1975년 2월에 아실로마 회의 개회식에서 공개된 회의 조직위원회의 구성원과 각각의 역할은 실무단 보고서에도 명시되어 있다.[15]

산업계의 일부 업체들도 연구 중단 촉구에 동참했다. 제한효소를 공급해 온 대표적인 업체 중 한 곳인 바이오랩Biolabs은 연구 유예 조치가 효과를 발휘하도록 힘을 보태기 위해 제한효소 생산을 중단하기로 했다.[16] 맥신 싱어는 버그의 서신이 공개되고 몇 주 후 실험에 쓸 제한효소를 주문했다가 해당 서신에서 금지한 실험에는 쓰지 않겠다는 조건으로만 제한효소를 판매한다는 안내문을 받고 기뻐했다.[17] 하지만 버그는 사적인 자리에서, 업계의 이러한 노력이 과연 도움이 될지는 잘 모르겠다며 의구심을 나타냈다. 서신에 공동 서명한 사람들에게 보낸 편지에서 버그는 이렇게 전했다.

> 괴상한 야망을 품고 재조합 DNA 실험을 하려던 사람이 실제로 제한효소를 구할 수가 없어서 포기한 사례가 있긴 합니다. 의지가 없었는지 능력 부족인지는 몰라도 그 사람은 제한효소를 직접 만들지는 못했습니다. 하지

만 우수한 연구실이라면, 제한효소를 상업적으로 구할 수 없다고 해서 연구에 차질이 생기진 않을 겁니다![18]

재조합 DNA 연구를 규제하려는 노력에는 본질적으로 매우 명확한 문제가 있었다. 연구를 어떤 식으로든 중단시키는 조치가 마련되더라도, 이 기술이 비교적 단순하다는 점이나 이 기술로 얻을 수 있는 잠재적인 수익, 학계의 열광적인 분위기를 고려할 때 연구 유예 조치가 실질적으로 어떻게 실행될지, 또는 어떻게 통제할 것인지 가늠하기가 어려웠다.

과학계에서 이러한 논쟁이 한창일 때 할리우드에서도 유전자 돌연변이의 잠재적 위협이 소재로 다루어지기 시작했다. 1950년대 말에는 돌연변이를 다룬 B급 영화가 줄지어 나왔지만(〈쉬 데몬스She Demons〉, 〈킬러 슈루스The Killer Shrews〉, 〈콩가Konga〉와 같은 영화들로, 유전학자가 각각 인간, 뒤쥐, 거대한 유인원을 실험하는 내용이 나온다), 1960년대가 되자 유전학은 더 이상 영화 소재로 쓰이지 않았다.[19] 그러다 과학계가 재조합 DNA 기술에 재차 경종을 울리자 그다지 독창적이지 않은 여러 편의 공포 영화에 다시 돌연변이가 등장하기 시작했다. 1973년 미국에서 개봉한 조지 로메로George Romero 감독의 저예산 영화 〈분노의 대결투The Crazies〉는 인간이 개발한 바이러스가 실험실에서 유출되는 익숙한 소재를 재활용해서 펜실베이니아의 어느 작은 마을을 덮친 죽음과 광기를 그렸다. 1974년 하반기에 개봉한 영화 〈돌연변이(영문 제목은 The Mutations, 또는 The Freakmaker)〉에서는 배우 도널드 플레전스Donald Pleasence가 연기한 유전학자가 불분명한 이유로 사람의 DNA와 식물 DNA를 의도적으로 섞는다. 지루한 내용에 재미를 더하려고 여성이 나체로 등장하는 장면이 들어간 영화인 만큼 이 실험의 결과나 영화의 흥행 모두 뻔히 예상할 수 있었다. 〈뉴욕타임스〉는 스크린에 등장한 "기상천외한 실험들"은 "유전학계의 최신 연구"를 반영한 것이나, 영화의 줄거리는 "기본적으로 익히 잘 아는 내용이다. 보리스 칼로프Boris Karloff가 지하 실험실에서 미쳐 날뛰는 장면만큼 설득력이 있다고 할 수도 있으리라(보리스 칼로프는 1930년대에 대표작인 〈프랑켄슈타인〉을 비롯해 다양한 공포 영화에서 주연을 맡아 큰 인기를 얻은 배우다. – 역주)"고 전했다.[20]

대서양 양쪽의 정치인들, 행정가들도 재조합 DNA 연구의 영향에 주목하기 시작했다. NIH는 생물재해에 관한 협의안을 마련할 '재조합 DNA 자문위원회'를 발족했다. 버그와 동료들의 제안 중 한 가지를 신속히 이행한 것이다. 해당 위원회는 1974년 12월에 〈유전공학: 기술의 진화〉라는 제목의 보고서를 미 하원에 제출했다. 이 보고서에는 재조합 DNA 연구의 최신 발전 상황을 요약한 내용과 함께 당시 상황이 다음과 같이 냉철하게 정리되어 있었다. "과학계는 핵무기 개발 이후 최초로, 기본적인 생물의학 연구 중 특정한 종류를 선별해 자발적 연구 중단의 필요성을 검토할 예정이다."[21] 더불어 이 보고서에는 아실로마에서 예정된 회의 결과가 만족스럽지 않다면 연방정부가 개입해야 할 수도 있다는 내용이 포함됐다.[22] 수많은 미국 연구자가 소중하게 생각하는 학문의 자유가 법적으로 제한될 뻔한, 매우 실질적인 위협이 존재했음을 알 수 있는 부분이다.

영국에서는 상황이 이례적으로 신속하게 진행됐다. 버그와 동료들이 1974년 4월 MIT에 모여 논의했다는 소식과 함께 이들이 작성한 서신의 완성 전 여러 버전도 전달받았다.[23] 영국의 과학 단체와 정부 기관 모두 물밑에서 대응 방안을 마련하고 있었는데, 이런 민감한 반응은 1년 전 런던에서 일어난 천연두 사고 때문인 것으로 보인다. 런던 위생·열대의학 대학원에서 일하던 실험 기술자가 사고로 천연두에 걸려 병원에서 치료받던 중 같은 병동의 환자를 찾아온 방문객 한 명이 전염되어 두 명 모두 사망한 사건으로, 영국 수도에 전염병이 돌 뻔한 상황을 간신히 피한 것이다.

영국 연구위원회 자문단은 버그의 서신이 발표되고 한 달도 채 지나지 않아 미생물의 유전학적 구성 요소를 실험으로 조작하는 연구를 조사하고 보고서를 작성할 실무단을 구성했다. 환경 문제에 큰 관심을 쏟던 식물학자 에릭 애슈비Eric Ashby 경을 필두로 모리스 윌킨스, 옥스퍼드대학교의 유전학자 월터 보드머Walter Bodmer 등 대표적인 과학자와 행정가 12명이 실무단 구성원으로 참여했다. 증거는 비공개 청취로 수집됐고, 실무단의 회의록에는 터무니없게도 '공공비밀법'이 적용됐다. 이 문제에 의구심을 가진 사람들을 안심시키기에 그리 좋은 방법은 아니었다.[24]

애슈비는 믿음직한 인물로 여겨졌다. 귀족 출신에 케임브리지대학교 클레어 칼리지 학장인 그는 과학 연구의 통제에 관한 입장을 분명하게 밝힌 적이 있었다. 1971년 과학의 사회적 책임에 관한 영국 협회 BSSRS의 발족을 앞두고 분위기가 한창 고조되었을 때, 애슈비는 왕립학회에서 '과학과 반反과학'이라는 제목으로 강연을 열고 "신좌파의 열성분자"들이 "반과학의 이데올로기를 키우고 있다"며 맹공을 퍼부었다. 그는 이를 몇몇 히피족의 일탈이나 괴짜들의 투덜거림 정도로 치부해서는 안 되며 파시즘과 동일한 요소들로 일어난 중대한 사회적 움직임으로 봐야 한다고 호통쳤다. 그리고 믿기지 않는다는 듯 이렇게 전했다. "현재 우리는 과학이 일종의 공개적인 정밀 조사와 규제 하에서 실행되어야 한다는 진지한 주장이 나오는 시대를 살고 있다."[25]

그로부터 3년 후에, 바로 그 정밀 조사와 규제를 요청하는 버그의 서신이 나온 것이다. 1974년 9월 초에는 노벨상 수상자이자 유럽 분자생물학 기구EMBO의 사무총장 존 켄드루John Kendrew 경이 버그의 서신에 지지를 표명하며 비슷한 주장을 펼쳤다.[26] 〈타임스〉에 인용된 내용을 보면, 켄드루는 재조합 DNA의 잠재적 위험성은 "과학자들이 공통적으로 생각하지만 대체로 입 밖에 내지 않는 가정이며 새로운 지식의 획득이 항상 절대 선이고 합당한 근거나 윤리적인 제재가 정말로 필요 없는 일인지에 의문을 제기할 필요가 있다"고 밝혔다.[27] 〈타임스〉는 같은 호에 실린 논설에서 켄드루의 의견을 옹호하며 모니터링 방안이 필요하다고 주장했다. 이 사설에는 핵무기와의 차이점도 언급됐다.

핵물리학과 달리 분자생물학은 정교한 실험실이나 값비싼 원료가 필요하지 않으므로 외부의 통제가 사실상 불가능하다. 따라서 과학자들의 자체적이고 자발적인 모니터링이 유일한 해답으로 보이며, 내년 초에 예정된 국제회의에서 신뢰할 만한 체계가 마련되어야 할 것이다.[28]

〈데일리메일〉은 영국 중산층도 이 문제를 우려하고 있다는 보도로 이 논쟁에 합류했다.

과학자들이 이번 경우처럼 생명을 인위적으로 만들며 신 노릇을 고집한다면, 그런 연구는 사회의 정밀 감시를 받아야 한다. 여기서 사회란 우리 모두를 의미한다.

비슷한 시기에 버그는 왕립연구소에서 재조합 DNA에 관한 토론을 위해 런던을 방문했다. 노벨상 수상자 조지 포터George Porter 경의 사회로 진행된 이 토론은 BBC2 채널에서 〈논란: 유전학의 특정 연구는 중단되어야 하는가〉라는 제목으로 방송됐다.[29] 버그는 이 기술로 발생할 수 있는 문제 중 자신이 진심으로 염려하는 부분과 이 기술로 얻을 수 있는 잠재적 장점의 미세한 경계를 넘나들며 설명을 이어 갔다. 그리고 재조합 DNA 기술의 장점과 가까운 미래에 일어날 일, 먼 미래에나 가능한 일을 통찰력 있게 정확히 구분해서 언급했다.

이런 단순한 유기체가 우리 사회에 가장 필요한 것들, 즉 항생제나 호르몬 등을 생산하고 공급하는 공장이 되고 심지어 식량의 원천이 되지 못하리란 법은 없다. 그리고 더 진지하게 추측하는 분들을 위해 이야기하자면, 사람의 세포에 새로운 유전자를 도입해서 특정한 유전 질환을 치료하게 될 극적인 가능성도 존재한다.[30]

버그와 함께 출연한 영국의 과학자들은 재조합 DNA 기술의 긍정적인 면은 수용하면서도 잠재적 위험성은 개의치 않는 듯한 반응을 보였다. 〈뉴사이언티스트〉의 보도에는 그런 태도를 바라보는 피로감이 고스란히 담겼다.

시청자들은 영국의 미생물학자들이 이 일을 아무렇지 않게 여긴다는 느낌을 받았고, 좀 신경 써야 하지 않나 하는 의혹만 품게 됐다. 정신적으로 기운이 빠지는 방송이었다.[31]

애슈비는 버그에게 사적으로 보낸 편지에서 토론을 "능숙하게 처리"한 것을 축하하며 "우리 실무단은 당신의 견해에 동의한다"고 확실하게 밝혔다. 아직 애슈비의 실무단 회의는 열리지도 않았지만, 실무단에서 어떤 결정이 내려질지 이미 명확했다. 시드니 브레너도 버그에게 축하 인사를 전했고 평소대로 자기 생각을 더욱 직설적으로 전달했다.[32]

토론 참석자 중에 멍청한 작자들이 얼마나 많았는지를 생각하면, 굉장히 잘 해냈다고 생각합니다.

이렇듯 혼란스러운 보도가 나오는 가운데, 영국 의학 연구위원회는 애슈비의 실무단이 결론을 낼 때까지 영국 전역의 재조합 DNA 연구를 유예하기로 했다. 9월 말에는 실무단에 브레너의 전문가 의견이 전달됐다. 이후 몇 달간 엄청난 영향을 발휘한 의견이었다.[33]

> 재조합 DNA는 이 분야에 질적인 변화를 가져왔다. 우리가 오래전부터 써온 덜 직접적인 방식과는 종류가 다르고 더 손쉬운 기술이라는 건 논란의 여지 없이 분명한 사실이다. 사상 처음으로, 진화의 경계를 크게 뛰어넘어 유전적으로 전혀 접촉한 적 없는 유기체 간에 유전자를 옮길 수 있게 되었다.

브레너는 세균을 이용해 인슐린과 같은 물질을 산업적인 규모로 만들어 낼 수도 있고, 이는 이 기술의 장점이라고 밝혔다. 그러나 현시점에서 그러한 가능성은 전적으로 가설에 불과하다는 점도 인정했다. 그렇게 활용되려면 척추동물의 유전자를 통제하는 미지의 DNA 염기서열이 세균 세포에서 발현되어야 하는데, 당시 분자생물학자 대다수가 그렇게 될 가능성은 희박하다고 보았다. 다시 말해 이 새로운 기술과 관련한 연구가 필요한 이유로 가장 떠들썩하게 언급되는 활용 가능성이 전혀 밝혀지지 않았다는 뜻이다.

브레너는 버그의 서신에 담긴 내용처럼 종양 바이러스를 다루는 일의 중대성과 의도치 않게 위험한 혼종 분자가 만들어질 가능성을 강조했다. 그는 특유의 유머를 발휘해서 이렇게 설명했다.

핵심은 현재 우리가 생물학적 변화를 가속화할 도구를 갖게 되었고 이 도구가 대규모로 활용된다면 분명히 무슨 일이든 벌어질 수 있다는 것이다. 이 사고는 자동차 사고와 달리 자가 증식과 전염의 가능성도 고려해야 한다.[34]

브레너는 재조합 DNA 연구의 전면 금지에는 반대하며, 기존에 마련된 물리적인 분리 방안으로 충분하다고 밝혔다. 특히 미생물이 실험실 밖에서는 생존하지 못하도록 조작하는 방안을 함께 적용한다면 더욱 충분할 것이라고 말했다. 더불어 위험성을 평가하는 척도와 적절한 보호 조치를 반드시 마련해야 하며, 영국 연구위원회가 이를 관리하고 모니터링할 것을 제안했다. "이 일은 분명히 우리의 몫이며, 우리가 책임을 져야만 한다."[35] 굉장히 고결하게 들리는 이 말은 이렇게 해석할 수도 있다. '우리가 제일 잘 아니까 우리에게 돈을 주면 다 알아서 처리할 것이다.'

애슈비의 실무단은 기록적으로 단시간 만에 보고서를 작성했다. 1975년 1월에 공개된 이 보고서는 애슈비가 처음부터 분명히 밝혔듯이 극단적인 결론은 전혀 찾아볼 수 없었다. 재조합 DNA 실험을 잠정 중단해야 한다는 버그의 서신에도 동조하지 않았다. 대신 애슈비가 4년 전 강연에서 밝힌 입장이 보고서에 그대로 담겼다. 과학계를 향한 굳건한 자신감이었다. 아무 감흥도 없는 권고나 제시하지 말고 "연구 결과가 즉각적이고 공개적으로 발표"되도록 한다면 "무책임한 실험 또는 불필요하게 위험한 실험을 하려는 사람들의 생각을 꺾는 데 도움이 될 것"

이라는 게 이 보고서의 결론이었다.

애슈비 보고서에서 가장 극단적인 의견은, 재조합 DNA 연구는 숙달된 연구자(!)가 수행해야 하며 실험실에는 일반적인 병원균을 통제하는 수준의 기본 장비가 마련되어야 하고 각 연구소에는 안전 책임자가 있어야 한다는 내용이었다. 이와 함께 브레너의 조언을 받아들여, 과학자들에게 "실험에 사용하는 유기체를 '무장 해제'시킬 수 있는 유전학적 장치"를 마련하라고 권고했다. 생물학적인 통제 방안을 개발하라는 뜻이었다.[36] 버그와 동료들도 같은 내용을 의논했지만 결국 제외하기로 해서 7월에 공개한 서신에 이 내용은 포함되지 않았다. 이런 방식이 성공할 가능성은 거의 없다고 생각했거나, 대중과 국회의원 어느 쪽도 안심시킬 수 없다는 판단 때문이었을 것으로 짐작된다.[37] 애슈비가 버그의 입장을 지지한다고 밝히고 브레너도 11월에 열린 아실로마 조직위원회 회의에 참석했지만, 회의 의제에 두 사람이 제시한 내용은 포함되지 않았다.

〈뉴사이언티스트〉는 애슈비 보고서에 실망감을 드러냈다. 무엇보다 애슈비와 동료들이 이 기술이 군사 목적으로 이용되거나 사람에게 적용될 가능성과 같은 주요한 윤리적 쟁점을 회피했다는 사실에 불만을 나타냈다. "연구 금지에 관한 언급은 없었다. 실질적인 안전장치가 마련되기 전까지 실험을 자발적으로 중단하자는 이야기도 없었다."[38] 〈네이처〉에는 다소 두서없는 논설이 실렸다. 분자유전학 전문가들인 감염질환을 다루는 연구소에 적용되는 엄격한 생물재해 방지 계획을 연구자들과 기술자들이 받아들일 거라고 예상한다는 게 과연 현실적으로 말이 되는 소리인지 모르겠다고 의문을 제기하면서, 1973년 런던에서 발생한 천연두 사고를 예로 들며 그런 수준의 방지 조치가 있어도 안전성이 보장되지는 않는다고 지적했다. 또한 연구소에 안전 책임자를 둬야 한다는 애슈비 보고서의 주장은 불충분하며 검사 체계가 필요하다고 주장했다. 그러면서도 미생물이 실험실 밖에서는 생존할 수 없도록 무장 해제시키는 방안이 최선으로 보인다는 의견도 덧붙였다.[39] 영국의 다른 언론들은 애슈비 보고서에 관해서는 아예 보도조차 하지 않았다. 〈타임스〉는 14쪽에 실린 경매장의 최신 경매가 뉴스에 이어 간략하게 소식을 전했다.[40]

재조합 DNA는 미국과 영국에만 국한되지 않는 전 세계적인 쟁점이었다. 1974년 10월에는 200명의 연구자가 스위스 다보스에 모여 유전공학의 윤리를 주제로 토론을 벌였다. 세계 곳곳을 찾아다니며 과학자들과 언론에 자신의 제안과 그 이유를 설명하는 고된 일정을 소화하고 있던 버그도 이 토론회에 참석해 자신의 주장은 기술적인 사안이지 윤리적 사안은 아니라고 밝혔다. "이건 공중보건의 문제입니다." 그는 이렇게 설명했다. 실험을 중단할 생각이냐는 질문에는 이렇게 답했다. "현실적으로 확실한 이유가 있다면 중단하겠지만, 윤리적인 평가 때문에 중단하지는 않을 겁니다."[41] 다보스 회의에 참석한 대다수가 버그의 생각을 지지했다. 그러나 〈뉴사이언티스트〉 로저 루인Roger Lewin 기자의 생각은 달랐다.

과학자들은 '진실을 추구하는 일에 방해가 있어서는 안 된다'는 확고한 믿음 뒤에 숨어서 책임을 회피하는 의례적인 행위를 중단해야 한다. 윤리와 사실이 무관하다는 주장은, 과학자는 대중의 영향을 받지 않고 연구를 계속해도 되는 절대적 권리가 있다는 주장과 다르지 않다. 이런 태도는 대중에게도 위험하고 과학자들 자신에게도 위험하다.[42]

재조합 DNA에 관한 논의의 핵심은 바로 이 윤리적인 문제여야 했지만, 실제 논의의 방향은 기술적인 문제와 생물재해에 의도적으로 맞춰졌다.

프랑스에서는 사람의 미오신 유전자를 박테리오파지에 도입하고 이를 다시 세균에 도입하는 연구 계획이 알려지자 노벨상 수상자 프랑수아 자코브François Jacob가 과학계에 개입이 필요하다고 촉구하는 일이 벌어졌다. 이에 따라 1974년 말, 이러한 연구의 윤리적인 쟁점을 조사할 위원회와 안전성 기준을 마련할 위원회가 각각 구성됐다.[43] 자코브는 버그와 메르츠가 맨 처음 제안한 실험에는 비판적인 입장이었지만, 새로운 기술의 활용 자체는 대체로 지지했다.[44] 독일에서는 학계와 공무원들이 클로닝과 재조합 DNA로 발생할 수 있는 일들을 논의하고 아실로마 회의가 끝날 때까지 기다리는 것이 현명한 판단이라는 결론을 내렸다.[45]

현명한 판단이었다. 유럽인들이나 영국이 어떻게 생각하건 아마 결정적인 영향력은 없었을 것이다. 유전공학의 새로운 기술은 미국에서 개발됐고, 분자생물학에 있어서는 미국이 우세했으므로 당연한 결과였다. 4월에 브레너는 〈네이처〉를 통해 분자생물학의 첫 번째 혁명을 언급하며 이를 다음과 같이 설명했다. "발명은 왓슨과 크릭이 했지만 불을 지핀 건 분명 미국인들이다."[46] 분자생물학의 두 번째 혁명인 재조합 DNA 기술의 등장 후 첫 수십 년 동안 이 말은 너무나 정확한 예측이었음이 입증됐다.

•——○

1975년 아실로마 회의의 공식 명칭은 '재조합 DNA 분자에 관한 국제 콘퍼런스'였다. 버그와 그의 동료들로 이루어진 주최자들은 행사 프로그램을 준비하면서 한정된 회의 시간을 최신 연구에 관한 논의와 재조합 DNA 연구에 쓰이는 벡터나 시약, 특히 대장균과 SV40 바이러스로 인해 생물재해가 발생할 가능성에 관한 논의에 집중적으로 할당했다. 윤리적인 문제나 법적인 문제를 논의할 기회는 딱 한 번, 행사 마지막 날 저녁에 한 시간 정도 겨우 끼워 넣었다. 처음부터 주최자들이 생각한 회의의 기본 목적은 실험을 재개할 수 있는 조건을 합의하는 것이었다.

2월 24일부터 27일까지 열린 아실로마 회의에는 초청된 140명만 참석할 수 있었다. 대부분 미국인이었고 해외 참석자는 16개국에서 온 50여 명이었다(버그는 미국 외에 다른 나라에서 활동하는 연구자들도 포함하려고 의식적으로 노력했지만, 결국 모든 참석자는 그의 선택이었다). 가장 눈에 띄는, 또는 가장 이해할 수 없는 참석자는 구소련의 과학계 저명인사 5명이었다.[47]* 미국 대기업 소속 연구자 4명도 주목할 만한 참석자였다. 그중에는 조만간 이 새로운 기술을 활용할 수 있게 되면 관심을 보일 것으로 예상된 주요 제약회사 관계자 3명도 포함되었다.

국제회의를 주최하는 건 모든 조건이 최상으로 맞아떨어진다고 해도 여간 골치 아픈 일이 아니다. 그러니 전 세계 언론의 취재 요청이 쇄도하는 국제회의를 주최한다는 건 그야말로 지옥을 맛보는 일이다. 개막일을 며칠 앞둔 시점에 이미 논의 내용을 기밀로 유지하는 건 불가능하다는 사실이 확실해졌다. 조직위원회는 이 회의가 역사적으로 의미 있는 행사가 될 것임을 인지하고 모든 세션을 녹화해서 MIT 도서관에 보관하고 2025년까지 공개하지 않기로 했다(바로 공개하면 무수한 기사와 책, 팟캐스트, 방송 프로그램이 쏟아질 것이므로). 그러나 언론의 개입은 별로 반기지 않았다. 처음에는 행사가 끝날 때까지 기사를 내보내지 않겠다는 조건으로 기자 8명만 출입을 허가했지만, 참석을 원하는 언론사가 너무 많아서 출입 기자를 더 늘릴 수밖에 없었다. 최종적으로 21명의 기자가 겨우 참석할 수 있었는데, 행사 당일에 나타나서 갖은 설득 끝에 입장한 기자도 있었다.[48] 마이클 로저스Michael Rogers도 막판에 통제선 안으로 들어온 기자 중 하나였다. 대표적인 반문화 잡지 〈롤링스톤〉의 과학 기자였던 그가 '판도라의 상자와 같았던 회의'라는 제목으로 쓴 9쪽 분량의 기사[49]는 이 회의를 전한 최고의 보도였다.

이 모든 일의 시초가 된 인물인 밥 폴락은 행사에 참석하지 않았

* 예상했겠지만, 다른 기준에서 이 회의는 당시 과학계의 구조만큼이나 참석자가 다양하지 않았다. 여성은 겨우 4명이었고, 흑인 연구자는 한 명도 없었다.

다. 자신은 재조합 DNA 연구자가 아니므로 그 분야의 동료들을 가르치려고 하는 건 적절치 않다는 판단으로 초청을 거절한 것이다. 대신 주최 측에 '민중을 위한 과학'의 활동가 존 벡위스에게 자신의 자리를 내준다면 다양한 관점을 얻을 수 있지 않겠느냐고 제안했다. 그러나 벡위스는 형식적인 비평가 역할은 하기 싫다며 거절했다. 민중을 위한 과학의 다른 회원 중에 시간을 낼 수 있는 적임자는 없었고, 결국 아실로마 회의에서 급진적인 반대 의견은 들을 수 없었다. 민중을 위한 과학은 벡위스를 포함한 회원들의 서명이 담긴 공개서한을 주최 측에 보냈다. 실험실에서 일하는 실무자들, 과학자가 아닌 사람들도 논의에 참여해야 하며 더 많은 토론이 필요하다는 주장이었으나 회의 참석자들의 생각을 바꿀 만한 내용이나 재조합 DNA 실험에 관한 유용한 제안은 없었다.[50]

한때 YWCA 시설이었던 퍼시픽 그로브 콘퍼런스 센터 건물 중 건물 기둥이 전부 황금빛 목재로 개조된 예배당이 회의장으로 쓰였다. 이곳으로 과학자들, 기자들이 모이기 시작할 무렵 날씨도 화창해졌다. 마이클 로저스는 그 광경을 서정적으로 묘사했다.

> 아실로마에 찾아온 이른 초봄의 공기는 상쾌했고 구름 한 점 없는 하늘은 컬러 사진처럼 새파랬다. 하지만 예배당 건물 내부는 커튼이 쳐지고 공기는 무겁게 정체되어 있었다. 간간이 그 사이를 뚫고 들어온 햇빛이 저쪽에 앉은 벗겨진 머리 하나, 이쪽에 앉은 희끗희끗한 머리 하나를 비췄다. 예배당 건물은 질감이나 색이 렘브란트 초기 작품처럼 투박했다.[51]

전체적으로 회의는 성질이 불같은 학자들이 많이 모인 학회와 극심한 당파 싸움으로 얼룩진 학생 회의를 합쳐 놓은 듯한 분위기였다. 의제의 대부분을 차지한 과학적인 토의 내용만 보자면 이 분야에서 나온 최신 연구 결과를 소개하는 수준 높은 발표가 이어졌으나 학계에서 흔히 볼 수 있는, 극단적인 자기중심주의로 똘똘 뭉친 사람들이 예외 없이 등장했다. 로저스는 〈롤링스톤〉 기사에서 독자 대다수가 잘 아는 이런 부류의 학자들을 능숙한 솜씨로 비판했다.

> 도무지 자제가 안 되는 듯한 스위스의 한 신사는 무려 10분이나 마이크를 독점하고 과학의 윤리에 관한 논문 한 편을 읊었다. (……) 의도는 참 좋아 보이는 한 미국인은 그와 비슷한 시간 동안 몇 년 전 정체를 알 수 없는 어떤 백신의 허가를 받는 과정에서 자신이 어떤 역할을 했는지 웅얼거렸다. 그 이야기가 이 회의와 아무 상관이 없는 내용임은 금세 확실하게 드러났다.[52]

로저스는 행사 첫 이틀 동안 "회의 참석자들이 당면한 쟁점을 제외하고 다른 온갖 이야기를 하고 싶어 한다는 것을 분명하게 알 수 있었다"고 전했다.

이런 이상한 상황이 벌어진 이유는 여러 가지다. 의제가 정해진 방식도 그중 하나였다. 맥신 싱어도 나중에 "시작부터 정통 과학이 너무 큰 비중을 차지했다"고 인정했다.[53] 하지만 더 근본적인 원인은 이 회의를 준비한 조직위원회의 전망에서 찾을 수 있다. 개막 세션에서 볼티모어가 강조했듯이 아실로마 회의는 이 새로운 기술의 윤리나 도덕적인 문제, 상업화될 경우 발생할 수 있는 영향, 유전자 치료의* 가능성, 또는 유전공학 기술이 생물전에 쓰일 가능성을 논의하려고 마련된 자리가 아니었다. 볼티모어는 이러한 쟁점이 매우 중대하다고 인정했지만, 아실로마 회의의 핵심 목적은 새로운 기술의 "장점을 극대화하고 미래에 발생할 위험은 최소화할 전략을 수립하는 것"이었으므로 그러한 쟁점은 "부수적인" 사안으로 여겨졌다.[54] 재조합 DNA 연구가 어떤 용도로 쓰여야 하는지가 근본적으로 풀어야 할 의문이었지만 이는 토의에서 다루어지지 않았다.

아실로마 회의가 아직 터지지 않은 폭탄과 다름없다는 사실을 알아차린 참석자도 거의 없었다. 행사 몇 주 전에 버그의 사무실에서는 팽팽한 긴장감 속에 회의가 열렸다. 버그의 모교인 스탠퍼드가 샌프란시스코 캘리포니아대학교UCSF와 함께 코헨과 보이어의 클로닝 기술에 특허를 신청한 사실이 알려진 것이다. 만약 이 특허가 받아들여지면, 두 대학교와 코헨 그리고 보이어는 엄청난 돈을 벌게 될 터였다. 버그가 격분한 이유는 두 가지였다. 하나는 원칙적으로 과학적인 기술에 특허를 내는 것에 반대했기 때문이고, 다른 하나는 이 소식이 알려지면 회의에 참석하려는 사람들이 엄청나게 늘어날 뿐만 아니라 자신들이 돈 때문에 재조합 DNA 연구를 재개하려 한다고들 생각할 것이므로 주최자들이 매우 곤란한 상황에 놓일 수도 있었기 때문이다.[55] 버그는 일단 입을

* 유전공학 기술을 의학적으로 활용하는 것. 구체적으로는 체세포에서 특정 유전자의 활성을 변화시키는 방식으로 치료하며, 이를 위해 보통 그 유전자의 다른 버전이 도입되는데 최근에는 해당 유전자의 염기서열을 바꾸는 방식도 활용된다.

다물고, 꼬치꼬치 캐묻길 좋아하는 기자들이 이런 상황을 제발 알아채지 못하기만을 바랄 수밖에 없었다.

아실로마 회의 주최자들이 토론을 통제하기 위해 선택한 또 한 가지 방법은 논의 중에 나오는 모든 의견을 투표가 아닌 만장일치로만 합의하기로 한 것이다. 버그는 이를 다음과 같이 설명했다. "우리가 의견이 엇갈린 채로 불만족스럽게 헤어진다면, 우리에게 주어진 과제에 실패하는 것과 같다."[56] 조직위원회가 생각하는 이 회의의 주된 목적은 재조합 DNA 실험을 재개할 수 있는 안전기준을 정하는 것이었다. 회의에서는 이 기준을 어떻게 정하느냐를 두고 연이어 논쟁이 벌어졌다. 의견은 크게 두 가지로 나뉘었다. 하나는 조직위원회의 입장으로, 참석자들이 회의장에 도착했을 때 배포된 여백 없이 빽빽하게 채워진 35쪽 분량의 문서에 요약되어 있었다. 이 문서에는 재조합 DNA 연구를 재개하려면 갖추어야 할 요건을 밝힌 광범위한 생물재해 지침이 적혀 있었다. 조직위원회는 이를 토대로 NIH와 그에 상응하는 정부 기관이 세부적인 기준을 마련할 수 있으리라 전망했다. 이에 맞서, 연구에는 어떠한 제약도 없어야 한다는 쪽의 입장도 만만치 않았다. 이 견해를 지지한 사람들은 대부분 미국의 연구자들이었고, 이들이 바라는 건 그냥 실험실로 돌아가서 하던 일을 계속하는 것이었다. 상당수가 자신들에게는 '학문의 자유'가 있으므로 하고 싶은 건 뭐든 할 자격이 있다고 주장했다. 몇 개월 후 브레너는 자신은 이런 사람들이 있다는 사실에 충격을 받았으며 "미국 과학계가 처한 사회적 상황"의 한 부분이라 생각했다고 전했다.[57]

회의 주최자들의 입장에 반대하며 토론의 대부분을 이끈 대표적인 인물은 두 노벨상 수상자인 조슈아 레더버그와 제임스 왓슨이었다. 레더버그는 예전부터 늘 과학 연구에 어떠한 제약도 있어서는 안 된다고 이야기해 온 사람이었으므로 그가 이런 견해를 밝히리라는 건 예상된 일이었다. 하지만 왓슨의 반응은 놀라웠다. 전년도에 버그의 서신에 서명한 사람 중 하나였던 그가 이제는 재조합 DNA 연구를 재개하고 싶다는 열의를 보이며 실험을 유예해야 한다는 주장에 경멸을 드러낸 것이다.[58] 그는 왜 입장이 이렇게 바뀌었는지 한번도 제대로 설명한 적이 없다. 버그는 왓슨이 콜드스프링 하버 연구소의 연구소장으로서 생물재해 관리에 필요한 고가의 시설을 갖출 형편이 안 된다는 사실을 깨닫기도 했고, 재조합 DNA의 위험성이 매우 낮다는 판단도 작용했으리라고 보았다.[59] 이유가 무엇이든 회의 초반에 왓슨이 자리에서 일어나 "나는 연구 유예 결정을 취소해야 한다고 생각한다"고 밝히자 일부 참석자들은 큰 충격을 받았다.[60] 맥신 싱어가 곧바로 나서서 왓슨에게 기존과 달라진 견해를 분명히 밝히고 왜 9개월 만에 생각이 바뀌었는지 설명해 달라고 요구했으나 왓슨은 제대로 답하지 못했다.[61] 그러면서 남은 회의 시간 동안 이런 회의가 계속 진행되는 게 마음에 안 든다는 이유로 신랄한 말을 던지며 반대만 하는 바람에 회의의 진척에 별로 도움이 되지 않았다.

시드니 브레너는 그와 대조적으로 아실로마 회의에 결정적으로 기여했다.[62] 그가 회의에서 한 말들은 물론, 말을 전달하는 방식도 그랬다. 버그는 브레너를 주최 위원회에 들어오도록 설득한 건 "최고의 선택"이었다고 말했다.[63] 〈워싱턴포스트〉는 브레너를 "발언 중간중간 풍부한 표정과 숱 많은 눈썹, 몸짓을 잘 활용해서 사람들의 마음을 사로잡는 연설가"라고 묘사했다. 브레너는 회의 일정 동안 계속해서 "미생물의 무장 해제" 조치가 필요하다고 강력히 주장했다. 세균 균주와 플라스미드, 바이러스 벡터를 실험실 밖에서는 생존할 수 없도록 만들어야 한다는 뜻이었다. 토의가 진행되는 동안 여러 다양한 과학자가 이 의견을 검토했고, 브레너가 제시한 방안은 점차 매력적이고 더 현실적인 내용으로 다듬어졌다. 브레너는 언론도 그에 못지않게 능숙한 솜씨로 다루었다. 한 예로 "대장균이 실험실 밖으로 빠져나가면 폭발해서 아무것도 남지 않게 만드는 돌연변이"를 활용할 수 있을 것이라는 그의 설명을 듣고 한 기자의 얼굴에 의아하다는 듯한 표정이 떠오르자, 브레너는 말을 멈추고 이렇게 덧붙였다. "물론, 터질 때 큰 소음이 나진 않을 겁니다."[64]

〈워싱턴포스트〉는 브레너가 가끔 어릿광대처럼 굴 때를 제외하면(〈롤링스톤〉은 브레너가 가끔 잠이 부족한 장난기 많은 요정처럼 이야기했다고 묘사했다), 아실로마 회의에서 사람들의 분별력을 깨우고 다음과 같은 말로 참석자들에게 그곳에 모인 이유를 상기시키는 핵심적인 역할을 했다고 전했다.

> 현시점에서 중요한 문제는 궁극적으로 인류 전체나 지구 전체에 어떤 위험이 생길 수 있는지를 고민하는 게 아니다. 우리의 능력에 부합하는 수준의 과학 연구를 하면서도 연구자가 위험에 처하지 않고 우리가 일하는 연구소에서 함께 생활하면서 실험실을 청소하고 실험실 일을 돕는 무고한

사람들도 위험에 처하지 않을 방법, 대중과 연구소 밖에 있는 무고한 사람들이 위험에 처하지 않을 방법을 찾는 것이 핵심이다.

브레너는 외부 규제나 법적인 제한을 마련하는 것도 대안이 될 수 있다고 강조했다. 나중에 한 과학자는 동물 바이러스에 관한 토의가 극단으로 치달았을 때 브레너의 개입이 얼마나 중요한 역할을 했는지 전했다.

의견이 너무 심하게 엇갈리고 분위기가 엄청나게 살벌해져서, '이제 이 행사도 여기서 막을 내리겠구나' 생각했다. 시드니 브레너 같은 사람들이 아니었다면 그 모든 상황은 진정되지 않았을 것이다.[65]

아실로마 회의가 끝나고 2주 뒤에 버그는 브레너 앞으로 다음과 같은 서신을 보냈다. "이번 회의를 마칠 수 있도록(성공이라고 해야 할까요?) 훌륭한 도움을 주신 선생님께 존경하는 마음과 깊은 감사를 전합니다. 우리는 몇 번이나 버둥댔지만, 선생님의 지혜와 의견, 아이디어, 무엇보다 선생님의 유머 덕분에 겨우 구조됐습니다."[66]*

버그의 서신에 담긴 연구 유예 제안에 전 세계 연구자들이 동의하는 것처럼 보였지만, 이런 자발적인 통제에만 의지할 수 없는 분명

* 브레너가 아실로마 회의에서 이처럼 결정적인 역할을 할 수 있었던 여러 이유 중 하나는 (그의 타고난 활기와 지성 외에) 혼란스러운 정치적 논쟁을 경험해 봤기 때문이라고 생각한다. 청년기를 남아프리카공화국에서 보낸 브레너는 레닌과 트로츠키의 사상을 공부한 극좌파 운동가였다. 브레너가 세상을 떠나기 1년 전에 나는 BBC 월드 서비스에서 그의 삶과 연구를 다룬 라디오 프로그램 〈시드니 브레너, 혁명적인 생물학자〉를 제작했다.

한 이유도 있었다. 앤드루 루이스도 회의에서 이 문제를 언급했다. 당시에 루이스는 자연적으로 발생한 SV40 재조합체* 균주를 다양하게 보유하고 있었고, 요청이 있으면 다른 연구자들에게도 나누어 주었다. 그러다가 자칫 오용될 우려가 있다는 생각이 든 다음부터는 균주를 요청하는 사람이 생기면 어떻게 쓸 계획인지 확인했고, 다른 연구자에게는 제공하지 않겠다는 약속도 받았다. 하지만 버그와 왓슨의 연구소를 포함한 주요 연구소 몇 곳은 이 간단한 요건도 지키지 않았다. 루이스는 이 사례를 들면서 재조합체 사용을 자발적으로 제한하더라도 별로 소용이 없을 것이라고 주장했다.[67]

분위기가 크게 바뀐 건 회의 마지막 날이었다. 브레너의 유창한 말솜씨나 유머가 아닌, 초청 연사로 나온 변호사 세 명의 건조한 개입이 낳은 결과였다. 세 변호사는 과학 실험이 잘못되어 문제가 생긴다면 과학계는 규제나 정부가 아닌 미국의 법률 체계에 따라 법적 소송과 손해배상의 형태로 위험을 겪게 된다는 내용을 차례로 설명했다. 〈롤링스톤〉은 법학 교수인 로저 드워킨Roger Dworkin의 입에서 "수백만 달러 규모의 소송"이라는 말이 나오자 어수선하던 회의장에 싸늘한 냉기가 돌았다고 전했다. 드워킨이 미국 '산업안전보건법'이 정한 요건에 따라 업무 현장에는 위해 요소가 없어야 하며 이 법률을 적용하는 데 있어서 다양한 재조합 DNA 연구의 상대적 위험성에 관한 논쟁은 아무 의미가 없다고 지

* DNA의 원천이 둘 이상인 생물체. 엄밀히 따지면 유성생식으로 태어나는 모든 자손은(우리 모두) 재조합체이나, 주로 서로 다른 종의 DNA를 의도적으로 합쳐서 만든 새로운 생물체를 가리키는 말로 쓰인다.

적하자 회의장의 침묵은 더욱 깊어졌다. "그 조항에는 위해 요소가 '상대적으로 없어야 한다'가 아니라, 그냥 '없어야 한다'고 명시되어 있습니다." 드워킨은 이렇게 강조했다. 이를 위반하면 처음에는 벌금 1만 달러와 징역 6개월이 선고되며 두 번째 위반 시 처벌 수위가 두 배로 늘어난다는 설명도 덧붙였다.[68] 〈워싱턴포스트〉는 다음과 같이 보도했다.

> 그날 밤 변호사들은 과학자들을 현실로 돌아오도록 만들었다. 실험으로 생길 법적, 경제적인 영향에 관한 변호사들의 설명은 과학자들에게 큰 충격을 주었다.[69]

결국 과학자들을 겁먹게 만든 건 윤리가 아닌 돈이었다. 그날 모두가 잘못을 깨닫고 잠자리에 들었다.

하지만 전부는 아니었다. 아실로마 회의의 조직위원회는 자신들이 바라던 방향으로 순풍이 불기 시작했음을 감지하고, 그날 밤 남은 시간 동안 회의에서 논의된 내용을 5쪽 분량으로 요약했다. 폴 버그는 2021년에 나와 만났을 때 이렇게 설명했다.

> 저는 그날 자료 작성을 다 마친 순간을 평생 못 잊을 겁니다. 상상할 수도 없을 만큼 벅찼습니다. 이 정도면 괜찮은 요약이라고 할 만한 글이 나왔고, 다 정리하고 나니 얼마나 안심이 됐는지 모릅니다. 모두를 만족시킬 순 없어도 분명 회의에서 합의된 내용이 담긴 성명서였어요. 작성을 마치고 다 같이 밖으로 나가서 회의장 주변을 산책했습니다. 보름달이 정말 환하게

떠 있고 하늘에 구름 한 점 없었어요. 꼭 다른 행성에 온 기분이었습니다.

이 성명서는 다음 날 회의에서 공개됐다. 밤새 얼마 남지 않은 시간 동안 정신없이 스텐실 인쇄로 복사본을 만든 후 회의 참가자들이 아직 잠들어 있는 방마다 문 밑으로 배달까지 마쳤다.[70] 몇 주 후에 버그는 브레너에게 보낸 편지에서 이렇게 전했다. "힘든 상황 속에서도 동료들과 함께 애쓰며 느낀 따뜻함 때문에라도 마지막 날 밤의 노력은 절대 잊지 못할 것입니다."[71]

다음 날 아침, 회의 참석자들에게는 아침 식사 후 성명서 내용을 각자 조용히 소화할 수 있는 시간이 30분 정도 주어졌다. 공식적인 회의 일정은 정오에 끝날 예정이었다. 콘퍼런스 센터의 대관 시간도 정오까지였다. 과학계 전체의 미래를 결정하고 어쩌면 재앙을 막는 계기가 될지 모를 토론 시간은 이제 얼마 남지 않았다. 행사 초반에 한가로운 논의로 한정된 시간을 다 써 버린 바람에 생긴 결과였다.

남은 그 몇 시간은 신경질과 끔찍한 짜증 속에 정신없이 흘렀다(버그는 내게 "다들 아마추어였다"고 이야기했다). 성명서의 작성 형식과 문법을 걸고넘어지며 트집을 잡는 의견들을 듣느라 아까운 시간이 흘러가고("위험성이 낮다는 표현을 왜 여기는 인용구로 적고 저 부분에선 인용구로 적지 않았죠?"), 레더버그는 성명서를 이런 식으로 완성하는 건 말이 안 된다며 연신 투덜댔다. 그러다 브레너(코헨이었을 수도 있다)는 성명서의 여섯 가지 항목을 각각 따로 투표로 정하자는 합의를 얻어 냈다. 혼란을 수습하기 위해 떠올린 방안이었지만, 그 과정에서 혼란이 더 커지고 시간도 더 많이 낭비됐다. 시간은 계속 흘렀다.

정신없이 지나간 그 몇 시간 동안 가장 큰 논쟁이 벌어진 항목은 전체 항목 중 얼마 되지도 않던 윤리적인 사안 중 하나였다. '고병원성 미생물을 다루는 실험처럼 어떤 상황에서도 절대 허용되지 않는 실험이 있는가'라는 문제는 폴락이 버그와 토론하면서 처음 제기한 사안이었다. 이렇게 일정이 다 끝나갈 때 다급히 다룰 게 아니라 회의가 시작됐을 때부터 다루어졌더라면 좋았을 것이다. 어쨌든 이 문제도 성명서에 분명하게 명시됐고, 반대표도 5표밖에 나오지 않았다.

최종 완성된 성명서에는 재조합 DNA 연구는 적절한 격리 시설과 프로토콜이 마련된 후에 재개할 수 있다는 내용이 포함됐다(재개 요건에 관한 대략적인 설명과 함께 위험성을 분류하는 4단계 기준*과 회의에서 별로 논의되지 않은 브레너의 미생물 무장 해제 개념도 제시됐다). 반대표는 소수였다. 끝까지 완강한 뜻을 굽히지 않았던 이 반대표의 주인공이 누구인지는 기록마다 엇갈리지만(득표수를 공식적으로 세지는 않았다), 최소한 코헨과 레더버그, 왓슨은 반대표를 던졌고 프랑스 출신의 젊은 연구자 필리프 쿠릴스키Philippe Kourilsky, 그 밖에 몇 명이 더 있었던 것으로 보인다.[72] 성명서는 얼마 후 약간 편집된 버전으로 〈사이언스〉와 〈네이

* 이 위험성 척도는 지금도 사용된다. 생물재해 관리 분야의 선구자인 하버드대학교의 글라디스 카스파Gwladys Caspar는 나중에 다음과 같이 정리했다.
1단계: 먹지 말 것.
2단계: 만지지 말 것.
3단계: 들이마시지 말 것.
4단계: 이곳에서 실행하지 말 것.

처〉, 〈미국 국립과학원 회보〉에 실렸다. 국립과학원에는 장문의 회의 보고서가 제출됐다.[73]

크게 달라진 건 없었다. 측정할 수 없는 잠재적 위험은 전과 똑같이 존재했고, 새로운 시설이나 '안전한' 세균도 없었다. 위험성이 큰 병원균을 다루는 실험만 금지됐고 그마저도 누군가 감행한다면 막을 도리가 없었다. 재조합 DNA가 상업적으로 활용된다면 어떤 결과가 빚어질지는 전혀 관심을 얻지 못했다.

아실로마 회의의 성명서에 빈틈이 많은 건 분명하지만, 참석자들이 대략적으로나마 문서화한 기준은 새로운 상황을 만들어 냈다. 즉 과학자들은 전문가로서의 입지가 강화됐고, 미국에서 이루어지는 이 분야 연구의 주요한 자금 제공처인 NIH에도 힘이 생겼다. NIH의 영향력은 미국 내로 한정되고 미국 내에서 이루어지는 산업계 연구에 대해서는 통제할 권한이 없었지만, 아실로마 회의에서 이 연구와 가장 밀접하게 관련된 사람들이 정한 기준인 만큼 곧 다른 연구를 평가할 수 있는 국제적인 기준이 생긴 셈이었다. 이 기준을 충족하면 재조합 DNA 연구를 재개할 수 있다는 의미였으므로, 이로써 연구 유예는 끝났다.

•——○

아실로마 회의로 재조합 DNA를 둘러싼 논란이 종결되지는 않았지만, 이후 지속된 논쟁의 방향은 이 회의의 결과에 영향을 받았다. 이후 몇 년간 전 세계적으로 특히 미국에서, 과학자들에게 무엇이 어디까지 허용되어야 하는지에 관해 계속해서 주장과 반박이 이어졌다. 아실로마 회의는 연구와 관련된 윤리적인 문제는 의도적으로 배제하고 회의 주최자들이 상대적 위험성에 관한 기술적인 쟁점이라고 판단한 부분에만 집중해서 재조합 DNA에 관한 토론을 실현 가능성에 관한 토론으로 바꾸어 놓았다. 괜찮은 일과 '부자연스럽다'고 느껴지는 일, 생물전이나 사람의 유전자 조작에 오용될 가능성은 토론에서 제외됐다. '호기심 충족 외에 이 기발한 기술을 쓰려는 장기적인 목표는 무엇인가'라는, 대중이 중요하게 생각하는 근본적인 의문도 마찬가지였다.

대중의 이런 의문은 이후 수십 년간 그대로 남아 있었다. 유전자 변형 식품을 전 세계인의 식탁에 오를 식량으로 봐야 하는지 고민할 때, 인간 유전체의 염기서열을 분석하고 심지어 변형까지 가능해졌을 때도 같은 의문이 계속 제기됐다.[74] 이런 대중의 두려움이 처음부터 공개적으로 다루어졌더라면 이후의 상황은 달라졌을지도 모른다. 한번도 제대로 탐구되지도, 해소되지도 않고 아실로마 회의장에서는 쫓겨났던 이 걱정과 악몽은 전 세계 대중과 정치계가 과학자들이 찾아낸 새로운 권력을 받아들이려고 노력하는 과정에서 결국 전면에 드러났다.

1977년, 과학 역사가인 제리 라베츠Jerry Ravetz는 BBC TV의 다큐멘터리 〈호라이즌Horizon〉과의 인터뷰에서 아실로마 회의가 재조합 DNA를 둘러싼 논쟁을 다룬 방식의 핵심적인 문제를 지적했다.

> 과학자는 실험하다가 무언가가 조금 새어 나올 위험 정도는 감수하면서 각자 자기 할 일을 알아서 하면 되는 똑똑한 사람들이 아닙니다. 과학자는

새로운 기술이 세상에 나올 때 산파 역할을 해야 합니다. 과학자들의 발견을 상업적으로, 군사 용도로 활용하려는 사람들은 이 똑똑한 사람들이 뭘 만들어 낼지 기다리고 또 기다립니다. 따라서 실험실에서 일어나는 일이나 그 실험실에서 유출되는 일에만 신경 쓰는 건 핵심을 놓치는 겁니다. 삽시간에 닥칠지 모를 더 큰 문제를 놓치게 되는 것이죠. 이 기술은 산업을 변화시킬 잠재력이 있고 자칫 지구상에 존재하는 무수한 생명을 파괴할 수 있으므로 인류와 자연환경을 고려해서 통제해야 합니다.[75]

5

정치

아실로마 회의는 성취감과 우려 속에 막을 내렸다. 혼란이 가득했음에도 불구하고 합의가 도출된 것은 성취였다. 하지만 많은 연구자가 재조합 DNA 실험으로 자신과 다른 사람들, 그리고 환경에 발생할 위험을 여전히 경계했고 우려도 남았다. 이 불안감은 실험의 안전 문제에만 국한되지 않았다. 아실로마 회의에서 열린 판도라의 상자가 과학 연구에 대한 법적인 통제로 이어질 수 있다는 두려움도 생겼다.

처음에는 그럴 만한 근거가 있었다. 미국에서는 정치권이 정말로 이 새로운 기술을 통제하는 법을 제정하고자 했고 의회에 이와 관련된 법안이 10건 이상 제출됐다. 재조합 DNA 실험을 위해 엄격한 격리 시설을 마련하려는 대학들이 있는 여러 도시에서는 공청회도 열렸다. 영국에서는 재조합 DNA 연구 규제에 노동조합 대표들이 관여하고, 대학교와 연구 기관에서는 근거 법률에 따른 안전·보건 위원회가 구성됐다. 프랑스에서는 재조합 DNA 기술이 안전하지 않다고 판단한 연구자, 기술자 등 지식인들이 이 기술의 사용에 반대하는 공개서한을 작성했다. 하지만 지스카르 데스탱Giscard d'Estaing 정부의 과학·기술 분야 전문가들은 이러한 항의를 무시하고 재조합 DNA 기술 개발을 추진했다.

이 모든 일들이 불과 5년 만에 과거의 악몽 같은 일로 바뀌었다. 1970년대 말에는 재조합 DNA 기술에 대한 통제 수준이 전 세계적으로 최소 수준까지 줄었다. 유전공학은 익숙한 기술이 되었고, 외인성 DNA를 다양한 세포에 도입하는 시도도 일상적으로 이루어졌다. 그리고 1980년 10월, 폴 버그의 노벨상 수상으로 그의 연구는 궁극적인 인정을 받았다. 이 모든 변화가 놀랍도록 빠른 속도로 일어났다. 역사가 수전 라이트Susan Wright는 다음과 같이 묘사했다.

> 1970년대에 제기된 재조합 DNA 기술의 위험성에 관한 논란에서 가장 놀라운 측면은 그 모든 쟁점이 다 사라진 속도였다. 1975년부터 1977년까지 격렬한 논쟁이 이어지다가, 1979년에는 위험성이 거의 아무 문제도 아닌 게 되었다.[1]

이와 같은 극적인 변화는 한 가지 이유로만 설명할 수 없다. 미생물의 무장 해제가 이루어져서 재조합 DNA 실험이 갑자기 안전해진 것도 아니고 격리 시설이 광범위하게 생기지도 않았다. 위험을 감수할 만한 가치가 있는 연구라는 새로운 인식이 생겨난 것도 아니다. 그보다는 기존에 마련된 격리 조치로 충분하다는 사실을 더 확실히 인식하게 된

점, 실험 결과가 연이어 나올 때마다 위험성이 점차 낮게 평가된 점에서 이유를 찾을 수 있다. 그 결과 혁신의 속도를 앞당기는 기술, 특히 40년간 이어진 최악의 경제 불황에서 서서히 회복 중인 미국 경제에 잠재적 이윤을 약속하는 기술을 통제하려던 미국 정치인들의 의욕도 빠르게 사그라졌다.

•———○

아실로마 회의는 미국의 분자생물학 연구 자금을 지원하는 주요 연방 기관 NIH에 '지원 연구에 대한 안전 지침'을 마련하라고 촉구했다(민간 분야 연구는 제외). NIH의 입장에서는 이러한 지침을 마련할 때 다양한 종류의 실험마다 위험성을 추정해야 한다는 점이 문제였다. 제임스 왓슨이 아실로마 회의에서 크게 반발하며 외친 말에 그 심정이 담겨 있다. "그 빌어먹을 위험성을 우리는 평가할 수가 없습니다!"[2] 위험성은 기껏해야 잘 모른다는 사실만 알뿐, 사실상 잘 모른다는 사실조차 모르는 문제였다.

현실적인 해결 방안을 찾는 일에도 그에 못지않은 근본적인 문제가 있었다. NIH 행정관으로 안전 지침 개발에 깊이 관여한 디윗 스테턴DeWitt Stetten은 동료들에게 이게 얼마나 난해한 문제인지 다음과 같이 설명했다.

반드시 도출되어야 하는 결론을 과학적인 평가만으로는 얻을 수 없다. 직관력, 그리고 유사한 사례들이 결론에 일부 영향을 주고, 직감도 합의도 부분적으로 영향을 준다. 이 중 어느 것도 과학적인 방법은 아니다.[3]

한 역사가는 "추측의 논리와 과학, 직관을 꿰맞춘" 규정이 됐다고 전했다.[4] 이 기술에 반대하는 사람들이 떠올릴 수 있는 가상의 상황까지 포함될 여지가 많고, 그런 가상의 상황에서 발생할 수 있는 위험이 정확성은 고사하고 실제로 일어날 수 있는 일인지조차 증명할 필요가 없다는 의미였다.[5]

원래는 해가 되지 않는 미생물에 새로운 유전자가 도입되면 예상치 못한 새로운 위험이 발생할 수 있는지도 밝혀야 할 문제 중 하나였다. 절대 완벽하게 해결될 수가 없는 실증적인 문제였다. 그런 미생물에 새로 도입될 수 있는 모든 유전자와 바이러스, 세균의 조합을 전부 살펴봐야 하기 때문이다. 이 무한한 조합으로 의도치 않게, 또는 의도적으로 새로운 질병이 생겨날 수 있다는 점은 재조합 DNA 연구를 지지하는 사람들도 끊임없이 우려한 문제였다. 1976년 8월, 베세즈다의 NIH 본부에서 열린 회의에 참석한 과학자는 다른 과학자에게 반복해서 물었다.

> 제가 알고 싶은 건, 워싱턴을 예로 들면 워싱턴에 유행병을 만들어 낼 수도 있느냐는 겁니다. 워싱턴에 유행병이 퍼질 정도로 전염성이 큰 유기체가 만들어질 수도 있습니까? (……) 그 유기체가 퍼지는 상황이 생길 수 있다고 보십니까? 이게 문제의 진짜 핵심입니다. 가능한 일인가요?

대답은 애매했다. "그 질문에는 답할 수 없군요."[6]

재조합 DNA 연구와 관련해 미국에서 벌어진 정치적 논쟁은 대부분 에드워드 케네디Edward Kennedy 상원의원이 주도했다. 국회에서 보건, 생물의학 관련 사안을 도맡고 있던 케네디 의원은 과학에 대중이 참여하는 일에 특히 관심이 많았다. 몇 년 전 터스키기에서 미국 과학자들이 매독에 걸린 흑인 환자를 수십 년 동안 치료하지 않고 관찰하는 끔찍한 연구를 자행한 사실이 드러났을 때 케네디 의원은 사람을 대상으로 한 연구를 별도로 감독하는 위원회가 설립되도록 힘썼고 이 위원회 구성에 과학자가 아닌 사람들이 다수를 차지하도록 노력했다. 그는 이 같은 방식과 1974년, 75년 재조합 DNA 기술이 논의된 방식을 비교할 때 아실로마 회의는 불충분하다고 평가했다.

> 과학계가 자신들의 연구로 생길 사회적인 결과를 고민해 보려고 한 시도는 칭찬할 만하지만 충분하진 않았다. 제재를 없앤다는 결정을 과학자들끼리만 내렸다는 점에서 그렇다. 과학자들의 기술적인 역량보다 범위가 훨씬 더 넓은 요소들도 고려해야 한다. 그들이 정한 건 사실상 공공 정책인데, 그걸 비공개로 정한 것이다.[7]

〈사이언스〉는 케네디 의원의 말을 전하면서 신랄하게 덧붙였다. "아실로마 회의가 폭넓은 대중의 참여 없이 정책을 만들었다고 할 수는 있지만, 비공개였다고 보기는 힘들다. 열여섯 명의 기자가 토시 하나 놓치지 않고 회의 내용을 전부 기록했다." 하지만 회의 종료 후에 회의 내용이 공개됐다고 해서 할 수 있는 건 아무것도 없었다. 극소수의 엘리트 과학자들이 지구 전체와 관련된 결정을 내린 것이다.

과학계 내부에도 재조합 DNA 기술에 반대하는 사람들이 있었다. NIH의 지침이 나온 직후, 당시 70세로 성미가 불같던 저명한 생화학자 에르빈 샤르가프Erwin Chargaff는 재조합 DNA 연구에 반대한다고 밝힌 서신을 〈사이언스〉에 보냈다. 장황하고 자만심이 가득 느껴지는 데다 특유의 괴팍한 문체가 고스란히 담긴 이 서신에서 그는 "기괴한 생물"이 나올 수도 있다는 종말론적 예측과 함께 "그 작은 괴물이 실험실에서 탈출하는" 일이 벌어진다면 "감염을 넘어 훨씬 더 나쁜 일"이 생길 것이라고 경고했다.[8] 마지막 문단은 마치 때와 장소를 가리지 않고 복음을 전파하는 설교자가 쓴 글처럼 느껴진다.

> 이 세상은 빌린 것이다. 우리는 왔다가 가는 존재이며, 주어진 시간이 다 되면 우리 다음에 살아갈 사람들에게 흙과 공기, 물을 남기고 떠난다. 우리 세대 또는 우리 앞 세대는 정밀한 과학의 주도로 자연과 맞서서 자연을 파괴하고 지배하려는 최초의 전쟁을 벌였다. 미래는 그런 우리를 저주할 것이다.

1967년에 콘버그와 함께 시험관에서 DNA를 합성하고 세균의 염색체에 합성된 DNA를 도입하는 연구를 했던 밥 신샤이머도 샤르가프처럼 종교적인 어조로 견해를 밝혔다.

> 우리는 새로운 존재의 창조자, 발명가가 되고 있다. 그 새로운 존재는 창조

자가 죽은 후에도 오랫동안 살아남아 그들의 운명대로 진화할 것이다. 최초의 창조자를 대신하려고 하기 전에, 과연 우리에게 그럴 자격이 있는지부터 되돌아봐야 한다.[9]

미시간주 앤아버의 철학 교수 칼 코헨Carl Cohen은 재조합 DNA 연구에 반대하는 사람들이 제기한 주장들을 훌륭하게 분석했다. 무엇보다 그는 실제로 이루어지는 모든 실험에서 끔찍한 결과가 초래될 확률이 지나치게 과장되고 있음을 지적했다. "이 막중한 문제들은 큰 누명을 쓰고 있다. 답을 알 수는 없지만 재앙의 냄새가 물씬 풍긴다고 여겨지거나, 말 그대로 답을 알 수 없는 일로 여겨진다. (……) 마치 논쟁에서 이성적인 대응을 차단하려고 무기를 고안하는 것과 같은 사고방식이다."[10] 이후 지금까지 수십 년간 이어진 유전적 변형에 관한 논쟁에 대부분 적용할 수 있는 비판이다.

재조합 DNA에 반대하는 사람들이 느낀 두려움에는 상상에 불과한 부분도 있었다. 역사가 루이스 캄푸스Luis Campos는 1969년에 출간되어 1971년 블록버스터 영화로도 제작된 마이클 크라이튼Michael Crichton의 첫 번째 테크노스릴러 소설《우주 바이러스》*가 재조합 DNA의 영향에 관한 공적인 논의에 참고 자료로 계속 언급되고 있으나 소설 속의 이야기와 현실은 엄청난 차이가 있다고 밝혔다.[11] 크라이튼의 소설에서

* 원제는《The Andromeda Strain》. 1980년대에는 인위적으로 유도된 대유행병을 일컫는 은유적 표현으로 많이 쓰였다.

는 군사 위성이 지구와 충돌하면서 사람들이 '안드로메다'라는 암호명을 가진 외계 미생물에 감염되는데, 끝없이 생겨나는 이 미생물의 돌연변이가 사람들의 목숨을 빼앗고 온갖 물질을 흡수하는 끔찍한 일이 벌어진다. 독창적인 줄거리도 아닐뿐더러(1927년에 나온 H. P. 러브크래프트의 소설《우주에서 온 색채The Colour Out of Space》도 비슷한 내용이다), 재조합 DNA와는 아무 관련도 없는 내용이다.

이런 사실에도 불구하고《우주 바이러스》는 외계 생명체의 감염에 관한 이야기에서 사고로 발생하는 전염병을 비롯해 통제가 안 되는 모든 전염병을 지칭하는 말로 변이됐다. 미생물 버전의 '프랑켄슈타인'이 된 것이다. 과학자들은《우주 바이러스》가 공상과학 소설일 뿐이라고 반발했지만, 실제로 달로 떠났던 아폴로 11호가 지구로 돌아올 때 미항공우주국NASA은 이 소설 속 이야기처럼 우주에서 지구로 병을 옮길 가능성을 우려했고 결국 우주비행사들은 귀환하자마자 격리됐다. 재조합 DNA 기술은 공상과학 소설에서나 다루어지던 꿈이 실현된 것이라며 환영받았지만, 소설에 흔히 그려지듯 꿈은 악몽이 될 수도 있다.

•———◦

1976년 6월, NIH의 첫 번째 지침이 발표됐다. 격한 논쟁과 초안을 다듬기 위한 세 차례의 집중 토론 끝에 나온 결과물이었다.[12] 매년 검토 후 업데이트하기로 한 이 지침에는 아실로마 회의에서 수립된 원칙을 토대로 '위험성이 지나치게 높은 실험'과 '대안이 없고 적절한 격리

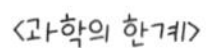

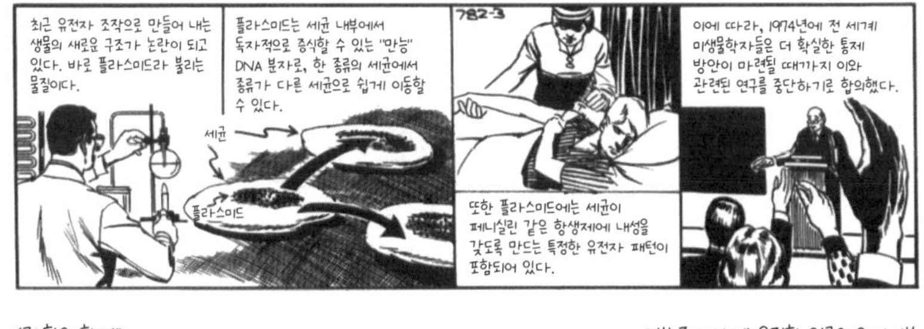

그림 5-1. 1976년 호주의 한 신문에 실린 재조합 DNA 관련 논란을 그린 만화.
이 문제가 전 세계로 어떻게 퍼졌는지 보여 준다.

시설이 마련된다면 수행해도 되는 실험'에 관한 설명이 담겼다. 위험성이 클수록 더 많은 안전장치가 요건으로 제시됐다.

하지만 논란은 끝나지 않았다. 미국에는 재조합 DNA 연구를 통제할 수 있는 다양한 수준의 정부 기관이 존재했다. 연방 기관, 주 정부는 물론 도시별로도 통제 권한이 있는 기관들이 산재했다. 실제로 1975년부터 1979년까지 미국 9개 도시가 관할 지역 내에서 실시되는 재조합 DNA 실험에 대한 법적인 통제를 고려했다. 이런 논의가 가장 광범위하게 벌어진 도시는 보스턴과 찰스강을 사이에 두고 있는 하버드대학교와 MIT의 터전, 매사추세츠주 케임브리지시였다.[13]

하버드대학교는 1976년 초, 교내 생물학 연구소에 P3 등급의 격리 시설을 짓기로 하고 케임브리지 시의회에 건축 허가를 신청했다. 이 대학 연구자인 마크 프타신Mark Ptashne은 이 시설을 짓는 데 드는 50만 달러를 NIH로부터 지원받았다. P3는 가장 엄격한 등급은 아니지만 연구 시설에 음압 설비를 설치해서 내부 유출이 일어나도 바깥으로 나가지 않고 모든 물질이 시설 내에서 제염 처리되어야 한다는 요건을 지켜야 한다. 이 시설을 짓자는 제안이 나왔을 때 하버드 생물학자들은 6시간 동안 회의를 열었고 부부 연구자인 루스 허버드Ruth Hubbard와 조지 월드George Wald는 반대한다는 뜻을 굽히지 않았다(월드는 허버드와 공동으로 진행한 망막 연구로 1967년 노벨상을 받았다).

한 달 뒤인 1976년 5월 말에는 이 제안을 논의하기 위한 하버드대학교 전체 회의가 열렸다. 회의 전날 저녁에 우연히 TV에 방영된 〈안드로메다의 위기〉를 본 케임브리지 시의원 바버라 아커만Barbara Ackermann은 하버드 회의에서 들은 의견들에 의구심을 품고 동료 의원들과 의논했다.[14] 포퓰리즘 정치인이자 하버드와 사이가 좋지 않았던 케임브리지 시장 알 벨루치Al Vellucci는 이 절호의 기회를 놓치지 않았다. "치료할 수 없는 병이 생길 수도 있다. 괴물이 나올지도 모른다. 프랑켄슈타인 박사

SESPA/민중을 위한 과학
16 유니언 스퀘어
매사추세츠주 서머빌 02143
(617) 776-1058

주의: 하버드대학교

건강에 해로울 수 있습니다

하버드 과학자들이 위험할지도 모르는 새로운 세균 제작 실험을 위해 실험실을 지으려고 합니다.
케임브리지 시의회가 요청한 공청회에 모두 참석해 주십시오.

6월 23일 수요일, 오후 7시 30분

장소: 케임브리지 시청

그림 5-2. 1976년 6월에 민중을 위한 과학이 케임브리지 시청에서 열릴 공청회에 참석해 달라며 배포한 전단. (SESPA는 'Scientists and Engineers for Social & Political Action', 즉 '과학자와 엔지니어의 사회적·정치적 행동'의 줄임말로 '민중을 위한 과학'의 또 다른 이름이다. - 역주)

가 꿈꿨던 일에 응답하려는 것인가?" 벨루치는 이렇게 말했다.[15]* 벨루치의 개입 이후, 케임브리지 시의회에서는 하버드가 계획한 연구 시설에 관한 공청회를 열자는 의견이 나왔고 투표에서 만장일치로 통과됐다. 과학계는 이 결정에 경악했다. 급진 단체인 민중을 위한 과학과 재조합 DNA 연구를 지지하는 하버드, MIT 학자들 모두 반발했다. 몇 년 전

* 과학 저널리스트인 존 리어John Lear는 벨루치를 다음과 같이 묘사했다. "요란하게 손짓, 발짓을 써 가며 터무니없는 말을 떠들어대는 광대 같은 모습 뒤에 기민하고 현실적인 상황 판단력을 숨긴 사람." Lear, J. (1978), Recombinant DNA: The Untold Story(New York, Crown), p. 155.

부터 끓고 있던 갈등이 마침내 본격적으로 터진 것이다.

NIH는 케임브리지시의 첫 번째 공청회에 맥신 싱어를 보냈다. 특정 지역에서 민주적으로 진행된 절차였지만, 연방 기관인 자신들도 우려하고 있음을 드러낸 행보였다. 회의장 분위기는 서커스장을 방불케 했다. 소식을 전해 들은 기자들과 텔레비전 카메라가 전국에서 잔뜩 몰려왔고, 한쪽에서는 한 고등학교 합창단이 '이 땅은 너의 땅'을 불렀으며, 그 주변에는 "대의권 없이는 재조합 연구도 없다."라고 적힌 현수막이 걸려 있었다.[16] 벨루치는 발언을 시작하려는 과학자들을 향해 훈계를 날리며 분위기를 조성했다.

> 알파벳으로 된 약어는 사용을 삼가십시오. 저를 포함해서 이곳에 있는 우리는 대부분 일반인입니다. 당신들이 쓰는 알파벳을 우리는 알아듣지 못합니다. 그러니 뭘 말하는지 정확하게 알 수 있도록 축약어는 풀어서 말하세요. 우린 여기에 들으러 왔으니까요.[17]

벨루치는 인상적이라고 할 수 없는 행동도 했다. 맥신 싱어를 소개받자 은근한 눈길을 보내고는 전화번호를 물어본 것이다.[18] 이런 공청회가 두 차례 열린 후 시의회는 1976년 7월, 이 문제를 조사하고 권고사항을 도출해서 시의회에 전달할 '케임브리지 실험 검토위원회'라는 자문단을 구성하기로 했다. 결정이 내려지기 전까지 3개월간 시 관할 내에서 재조합 DNA 연구를 유예한다는 결정도 내려졌다.

검토위원회는 수녀 한 사람과 공산주의 운동가, 엔지니어, 대학원에서 철학을 공부하던 학생* 등 케임브리지 시민 7명으로 구성됐다. 케임브리지시에서 시민이 이만큼 깊이 참여한 경우는 재조합 DNA 연구와 관련해 전 세계적으로 진행된 모든 논의를 통틀어 이례적이었다. 어떤 면에서는 과학 정책이 민주적인 절차로 마련된 사례이기도 했다.[19] 검토위원회는 매주 이틀씩 저녁에 회의를 열었고 100시간이 넘는 분량의 증거를 청취했다. 논의 주제인 재조합 DNA 실험을 정확히 이해하기 위해 하버드와 MIT의 실험실도 방문했다. 조지 월드와 한 해 전에 노벨상을 받은 MIT의 유전학자 데이비드 볼티모어가 참석한 토론회도 개최되어 두 노벨상 수상자의 충돌을 지켜보기도 했다. 두 사람은 정치적인 견해도 비슷하고 반전 운동에도 활발히 참여해 왔지만, 재조합 DNA 문제에 있어서는 완전히 다른 견해를 갖고 있었다.[20] 그야말로 전통적인 정치 노선을 뛰어넘는 논쟁이었다.

재조합 DNA에 관한 다른 논쟁들과 마찬가지로 이 시기에 과학과 소설의 경계는 굉장히 모호했다. 한 예로 하버드의 한 실험실에서 애집개미가 탈출해 건물 전체에 들끓고 개미가 지나는 자리마다 방사성물질이 남을 가능성이 제기돼 어떤 방법을 써도 개미가 사라지지 않는 상황에 이르자,[21]** 리베 카발리에리Liebe Cavalieri라는 과학자는 DNA

* 셸던 크림스키Sheldon Krimsky라는 이름의 이 학생은 물리학 전공생으로, 검토위원회 참여 후 인생이 바뀌었다. 이후에도 생물학을 정책의 측면에서 계속 연구한 그는 위원회에서 경험한 일들을 밝힌《유전학적 연금술Genetic Alchemy》(Cambridge, MA, MIT Press, 1982)을 시작으로 영향력 있는 저서를 여러 권 썼다.

** 하버드 과학자 앤드루 베리Andrew Berry는 내게 이 개미가 1970년대 말에 마침내 완전히 박멸됐다고 전했다.

가 재조합된 세균이 의도치 않게 이 개미들을 통해 건물 전체에 퍼지고 바깥세상으로도 번지는 끔찍한 일이 벌어질 수 있다는 글을 써서 사람들을 더욱 불안하게 만들었다.[22] 그러자 DNA가 재조합된 개미에 물려서 스파이더맨 같은 존재가 생겨날지도 모른다는 이야기가 돌기 시작했다(애집개미는 물지 않는다). 사람들의 머릿속에는 당시 개봉한 영화 〈제4의 종말Phase IV〉의 내용도 되살아났다. 사막에 살던 개미들이 지능이 있는 적대적인 존재로 진화한다는 내용의 이 영화는 소설로도 나왔는데, 표지에 다음과 같은 요란스러운 문구가 적혀 있다. "슈퍼개미가 인류에게 보낸 최후통첩. 적응하라, 그렇지 않으면 죽음뿐이다."[23]

검토위원회는 자연스레 자신들 앞에서 진술하는 사람들을 평가하게 됐는데, 조지 월드는 이들에게 그리 좋은 인상을 주지 못한 듯하다. 검토위원 한 사람은 그와 만났을 때의 일을 이렇게 기억했다.

> 솔직히 이 실험에 반대하는 사람들 중에는 멍청한 자들이 많다. 조지 월드는 특히 그렇다. 반대자들은 대부분 테니스화를 신은 할머니들 같은 차림으로 나타나는데…… 나는 나이 든 남자들이 어울리지도 않는 괴상한 차림으로 다니는 게 정말 싫다.

다른 검토위원은 이런 의견을 남겼다.

> 어떤 사안이든 자기 의견을 말하고 싶어 하는 괴짜들은 어디에나 있다. 하지만 월드 박사와 그의 아내는 진짜 괴짜다. 노벨상 수상자인 건 알겠지

만……[24]

제임스 왓슨은 그런 정도의 비판에 그치지 않고 반대자들에게 '괴짜', '무능력자', '쓸모없는 인간들' 같은 표현도 사용했다.[25]

실제로 재조합 DNA 연구에 회의적인 사람들이 내놓은 의견 중에 유용한 내용은 거의 없었다. 종간 경계는 분명하게 유지되어야 한다는 추상적인 주장을 펼치거나, 종교적으로 해석하거나(월드는 1976년에 쓴 글에서도 창세기를 두루 인용했다), 가설일 뿐이거나 대부분 검증되지 않은 어떤 위험성을 제기하며 엉뚱한 소리를 하는 식이었다.[26] 불필요하게 과장된 주장을 펼쳐서 고의로 논점을 흐리려는 시도도 있었다. 1977년 3월에 이 분야의 대표적인 관계자들이 전부 모여서 첨예하게 대립하며 끝장 토론을 벌인 자리에서는 당시에 아직 나오지도 않았던 고드윈의 법칙*을 예고한 듯한 광경이 벌어졌다. 재조합 DNA 실험에 반대하는 사람들이 '우린 완벽한 인종을 만들 겁니다 – 아돌프 히틀러, 1933'이라고 적힌 거대한 현수막을 들고 나타난 것이다.[27] (한 해 전에 출간되어 베스트셀러가 된, 미국 소설가 아이라 레빈Ira Levin의 《브라질에서 온 소년들》에는 나치 소속 의사 요제프 멩겔레Josef Mengele가 히틀러의 복제인간을 만든다는 내용이 나온다. 이 소설은 1978년에 그레고리 펙Gregory Peck과 로런스 올리비에Lawrence Olivier, 제임스 메이슨James Mason이 출연한 영화로도 제작되어 성

* 마이크 고드윈Mike Godwin이 1990년에 밝힌 법칙으로, '온라인상에서 토론이 길어지면 상대방을 나치나 히틀러에 비유하는 일이 거의 반드시 일어난다'는 내용이다.

공을 거두었다.)

'민중 사업 위원회'라는 단체를 공동 설립하고 재조합 DNA에 적대적인 입장을 단호히 밝혀 온 사회운동가 제러미 리프킨Jeremy Rifkin도 케임브리지 실험 검토위원회에 의견을 전달했다. 과장이 섞이긴 했어도, 리프킨은 앞으로 일어날 일을 비교적 정확한 순서로 예견했다.

> 재조합 DNA의 발견으로 과학자들은 생명의 수수께끼를 풀었다. 이젠 시간문제다. 생물학자들, 아마도 지금 여기 있는 사람 중 일부가 5년, 15년, 25년, 30년 내로 재조합 DNA 연구를 통해 새로운 식물과 새로운 종의 동물을 만들고 이 지구에 살고 있는 인류의 유전자도 바꾸게 될 것이다.[28]

재조합 DNA 연구에 반대하는 사람들이 생물안전을 보장하기 위한 구체적인 방안으로 제시한 의견은 크게 두 가지로, 실험을 중단하거나 규제를 강화해야 한다는 것이었다. 제안된 규제도 매우 소극적인 수준이었다. MIT 생물학자이자 민중을 위한 과학의 주요 구성원이던 조너선 킹Jonathan King이 제안한 내용도 기껏해야 연구자의 건강과 실험실에서 배출되는 물질을 모니터링하는 한편 이 분야의 전문가들로 구성된 생물재해 위원회를 꾸려서 숙련된 연구자만 이 실험을 할 수 있도록 제한하고 위반 사항이 생기면 보고하는 체계를 만들자는 것이었다.[29] 그리 획기적이지 않은 이런 의견들 가운데 몇 가지는 검토위원회의 최종 권고에 포함됐다. 1977년 1월에 전달된 검토위원회의 최종 권고는 한 달 후에 채택된 '케임브리지 생물안전 조례'의 토대가 되었다. 해당 조례에는 케임브리지시에서 이루어지는 민간, 공공 분야 연구에 NIH의 평가 기준을 적용한다는 내용과 함께 생물재해 위원회가 관내 모든 재조합 DNA 연구를 관리할 것이며 재조합 생물이 외부로 흘러나오는지 탐지할 수 있는 모니터링 체계를 마련할 것이라는 추가 조치가 명시됐다.

케임브리지시의 논쟁에서 부딪혔던 양쪽 모두 검토위원회의 최종 결정을 받아들였다. 월드는 재조합 DNA 연구를 국가 차원에서 금지해야 한다는 주장을 고수했지만, 검토위원회의 최종 보고서는 "냉철하고 세밀하고 사려 깊다"고 평가했다.[30] 민중을 위한 과학은 검토위원회의 보고서가 "유전공학 기술이 적용될 가능성이 높은 구체적인 용도나 생태학 또는 진화적 위험성(감염병, 토양 생태학, 기타 특정 분야), 더 광범위한 사회적 측면에서 발생할 수 있는 이점과 위험성" 같은 근본적인 문제를 폭넓게 다루지 않아 아쉽다는 의견을 밝혔다. 그러나 민중을 위해 과학이 벌여 온 캠페인의 핵심이 지역 단위의 관리였던 만큼 큰 불만을 드러내지는 않았고 "이 문제에 관한 대중의 견해에 큰 변화가 일어났다면" 다른 결과가 나왔을지 모른다고 한탄했다.[31]

과학자들에게는 딱히 성공적인 결말이 아니었다. 프타신이 계획한 P3 등급 실험실은 승인 가능성이 커졌지만, 대중의 상상 속에 재조합 DNA 연구는 여전히 두려운 일로 남았다. 런던에서는 〈타임스〉가 기사 1면에 '미국, "프랑켄슈타인" 연구 승인'이라는 제목으로 이 소식을 전했다.[32]

케임브리지시의 논쟁은 두 가지 모순된 결과를 낳았다. 하나는 논쟁이 마무리된 직후 NIH의 규제가 아주 신속하게 완화되어 재조합 DNA 연구를 위한 격리 시설이 필요 없어졌다는 것이다. 프타신이 계획한 시설 공사가 끝날 무렵에는 일반 실험실에서도 재조합 DNA 연구를 할 수 있게 되었다. 결국 새로 지어진 격리 시설은 1983년에 해체되어 사무실로 개조됐고, 이 개조 공사에는 하버드대학교와 납세자들의 돈이 14억 원 가까이 들어갔다.[33] 두 번째 모순된 결과는 이 논쟁으로 1년간 재조합 DNA 연구를 잠정 중단하기로 한 케임브리지시가 지역 학자들과 시의회의 기술 포용 결정으로 미 동부 연안 지역에서 생물공학 기술 개발의 중심지가 되었다는 것이다.[34]

케임브리지시의 논쟁은 결론이 내려졌지만, 재조합 DNA에 관한 벨루치의 견해는 바뀌지 않았다. 1977년 5월, 그는 미국 국립과학원의 필립 핸들러Philip Handler 원장 앞으로 서신을 보냈다.

> 저는 오늘 나온 허스트계 신문 〈보스턴헤럴드 아메리칸〉에 실린 두 건의 기사를 읽고 큰 걱정거리가 생겼습니다. 매사추세츠주 도버에서 "주황색 눈을 가진 이상한 생명체"가 목격됐다는 소식과 뉴햄프셔 홀리스에서 한 남성과 두 아들이 "발이 9개 달린 털북숭이 생명체와 마주쳤다"는 소식이었습니다.
>
> 저는 국립과학원 같은 저명한 기관이 이러한 사건을 조사해 주시기를 정중히 요청합니다. 조사가 진행된다면, 이런 '이상한 생명체'(실제로 존재하는 게 사실이라면)가 뉴잉글랜드 지역에서 이루어지고 있는 재조합 DNA 실험과 조금이라도 관련이 있는지도 확인해 주셨으면 합니다.[35]

핸들러의 답변은 어디에서도 찾을 수 없었다.

그 사이, 끔찍한 사건이 연이어 터지면서 전 세계적으로 최첨단 기술 산업에 대한 규제에 더 많은 관심이 쏠리기 시작했다. 동시에 그러한 기술에 문제가 생겼을 때 건강과 환경에 발생할 수 있는 결과를 두려워하는 분위기도 고조됐다. 1976년 7월에 이탈리아 밀라노 북쪽 세베소의 화학공장에서 대규모 폭발이 일어나 유독한 다이옥신 기체가 지역 전체를 뒤덮는 바람에 동물 수천 마리가 죽고 토양이 오염되는 사고가 일어났다. 2년 뒤인 1978년 8월에는 영국에서 두 번째 천연두 환자가 발생했다. 버밍엄 의과대학에서 의학 사진가로 일하던 재닛 파커Janet Parker가 헨리 베드슨Henry Bedson 교수의 실험실에 보관되어 있던 검체로부터 천연두에 감염돼 몇 주 만에 목숨을 잃는 충격적인 일이 벌어진 것이다. 베드슨은 파커가 사망한 직후 자살했다. 파커가 정확히 어떤 경로로 감염됐는지는 명확히 밝혀지지 않았다. '직장 보건·안전법'에 따라 대학은 기소됐다가 최종적으로는 혐의를 벗었다. 1973년에 천연두 환자가 발생했을 때처럼 런던은 자칫 큰 재앙이 될 뻔한 사태를 가까스로 피했다.

비슷한 시기에 미국에서도 두 건의 심각한 환경 위기가 발생했다. 하나는 1978년 8월 초에 뉴욕주 북부의 러브 커낼 지역에서 일어난

화학물질 투기 사건이었다. 상황이 심각해지자 지미 카터 대통령은 연방 차원에서 보건 위기 사태를 선포하기에 이르렀다. 이어 1979년 3월에는 펜실베이니아주 스리마일섬에서 원자력 발전소 일부가 용융되어 방사성물질이 방출되는 바람에 주민 14만여 명이 대피했다. 이 사고가 있기 약 2주 전, 재난 영화가 꾸준히 만들어지던 할리우드에서 〈차이나 신드롬The China Syndrome〉이 개봉했는데, 이 영화에서 배우 제인 폰다Jane Fonda가 연기한 기자는 원전에서 원자로가 녹아내릴 뻔한 사건을 원자력 업계가 은폐하려고 한 정황을 발견하고 조사를 벌인다. 현실과 허구가 그리 멀지 않음을 보여 준 사례였다.

경각심을 깨운 이런 사건들과 대조적으로 재조합 DNA를 둘러싼 논쟁은 갈수록 진부해졌다. '공공비밀법'에 따라 재조합 DNA 연구의 규제에 관한 논의가 비공개로 진행되기 일쑤였던 영국에서는 이 연구를 규제할 '유전자 조작 자문단GMAG'이 구성됐다.[36] 과학자들, 일반인들과 함께 노동조합원 4명도 자문 위원에 포함됐다. 1978년 10월에는 조합원 수가 거의 50만 명에 달하는 노동조합 '과학·기술·관리직 근로자 연합ASTMS'이 런던에서 콘퍼런스를 개최하고 유전공학 기술의 안전성을 논의했다(나도 이 단체 회원이었다).[37]

내 경험으로 비추어 볼 때, 1970년대 영국에서 개최된 좌익 성향의 공공 회의는 크게 두 가지로 나뉘었다. 극좌익 성향인 사람들이 주도하는 회의와 노동조합이 큰 영향력을 발휘하며 통제한 회의다. 1970년에 열린 과학의 사회적 책임에 관한 영국 협회BSSRS의 소란스러운 회의는 전자였고, 그로부터 8년 뒤에 개최된 ASTMS 회의는 명백히 후자였다. 논쟁은 거의 없었고, 반대 의견을 제시해야 할 사람들까지도 전부 이견이 없어 보였다.[38] 시드니 브레너는 이 회의에서 GMAG에 노동조합원이 포함된 것은 칭찬받을 일이며, "원자로도 아니고 독성 물질도 아닌, 자가 증식이 가능한 생물학적 존재를 다루는 분야"의 위험성을 추정하는 건 어려운 일이라고 강조했다. 한때 재조합 DNA 기술에 반대했던 MIT의 조너선 킹도 ASTMS 회의에 참석해서 기존과 달리 재조합 DNA 기술이 중대한 혁신이라 생각하며 이러한 연구로 유행병이 발생할 수도 있다고 말했던 이전의 견해를 철회했다.[39]

NIH 원장 도널드 프레드릭슨Donald Fredrickson은 서서히 시작된 이러한 태도 변화를 더욱 공고하게 만들고 전 세계 입법기관들이 규제를 완화하도록 설득하기 위해 여러 나라를 방문했다. 그리고 과학자들, 정부 기관들을 상대로 위험성이 가장 큰 실험을 제외한 모든 재조합 DNA 연구 규제를 해제해야 한다고 설득했다.[40] 유전학 실험 규제에 반대한 여러 사람 중 하나였던 프레드릭슨의 이러한 행보는 재조합 DNA 연구 절차가 안전하다는 확신이 점차 커지고, 미국과 유럽에서 탈규제가 새로운 원칙으로 자리를 잡던 분위기에 깊이 공감하며 비롯됐다. 1978년에 유럽 집행위원회는 재조합 DNA 연구를 엄격히 규제한다는 내용의 지침 초안을 마련했으나, 프레드릭슨의 주장과 맞닥뜨린 후에는 (그가 스스로 해석한 바는 그렇다) 규제의 강도가 점차 약해져서 1982년 6월에 통제 수준이 크게 완화된 버전의 지침이 최종 채택됐다.[41]

같은 시기에 미국에서는 연방과 주 단위로 재조합 DNA 연구의 규제를 법제화하려는 시도가 여러 차례 있었지만 모두 진척이 없었다.

케네디 상원의원은 이 문제에 흥미를 잃었고, 1978년 초에는 주요 법안의 지지를 철회했다.[42] 상원 과학·기술·우주 소위원회는 버그와 킹, 커티스, 프레드릭슨 등 재조합 DNA 연구에 찬성하거나 반대하는 여러 대표적인 인사들을 대상으로 질의한 후 1978년 3월에 보고서를 발표했는데, NIH 규정을 정기적으로 개정해야 하며 대중의 참여를 더 확대해야 한다는 내용 외에 별다른 것은 없었다.[43] 논쟁의 열기는 점차 식어 갔다.

하지만 문제는 남아 있었다. 프랑스에서는 파리 중심에 있는 파스퇴르 연구소의 유전공학 실험 시설 건설 계획이 큰 반대에 부딪혔다. 연구자와 기술자 320명이 지지 의사를 밝힌 한 반대 단체에서는 그러한 실험을 즉각 중단하고 '자칭 전문가'만이 아닌 근로자 전원이 해당 실험을 통제할 수 있어야 한다고 촉구하는 한편, 공개 토론회를 열고 시민들도 이 문제에 참여하도록 해야 한다고 주장했다.[44] 파스퇴르 연구소의 행정 부서에서는 이러한 주장이 "과학적으로 명백한 오판이며 고의로 허위 사실을 이야기하는 것"이라고 차분히 일축하면서 연구소 내에서 위험한 미생물(페스트, 광견병, 콜레라, 소아마비 등)을 수시로 다루고 있지만 그동안 극히 사소한 문제조차 생긴 적이 없다고 강조했다.[45] 하지만 걱정할 것 없다는 주장은 곧 힘을 잃었다.* 결국 프랑스 정부는

* 1986년 6월, 파스퇴르 연구소는 같은 건물에서 일하던 연구자 5명이 원인 불명의 암에 걸렸다는 사실을 시인했다. 조사 위원회가 구성되어 연구소에서 발생한 근로자 사망 사례를 모두 확인하고 약 4년 뒤에 발표한 보고서에는 암 발생률이 약간 증가했으나 수가 너무 적어서 특정한 영향이 있었는지, 있었다면 그 영향이 어디에서 비롯된 것인지 파악하기 어렵다는 결론이 담겼다(〈르몽드〉, 1990년 2월 9일).

여러 복잡한 과정을 거쳐서 작성된 보고서들을 토대로 NIH 기준에 상응하는 프랑스 자체 기준을 마련했는데, 규제의 강도는 미국보다도 약했다.[46]

이 시기에는 과학계 내부에서도 재조합 DNA의 규제에 관한 여러 주장이 나왔다.[47] 미국 미생물학회는 회원 2만 5000명을 동원해서 대표적인 정치인들이 이 새로운 기술을 제한하려는 시도에 반대하도록 로비 활동을 벌였다.[48] 존 투즈John Tooze가 대표를 맡게 된 유럽 분자생물학 기구EMBO도 규제에 반대했다. 1978년 12월, EMBO는 재조합 DNA 연구로 위험한 일이 발생할 확률은 매우 낮으며, NIH 지침은 물리적인 분리 요건이 불필요하게 엄격하므로 수용하지 말아야 한다고 주장했다.[49] 국제 비정부단체인 국제학술연합회의가 만든 유전학 실험 위원회COGENE도 그와 비슷한 주장에 가담했다. COGENE와 영국 왕립학회는 재조합 DNA 연구에 대한 전반적인 규제와 영국 유전자 조작 자문단GMAG에 적대감을 드러냈다.[50] 마거릿 대처Margaret Thatcher가 권력을 휘어잡고 경제 전 분야에서 향후 수십 년간 이어진 규제 완화의 길로 들어서기 한 달 전, 왕립학회 외무부장은 당시에 널리 쓰이던 표현을 활용해서 GMAG의 규제를 비난했다. "그건 철창에 가두려는 시도다. (……) 세계 다른 나라들은 변화의 조짐이 뚜렷한 상황에서 우리는 신속히 대응하지 못하게 만드는 일이다."[51] 곳곳에서 재조합 DNA 규제는 혁신의 족쇄로 여겨졌다. 미국 상원 소위원회는 다음과 같이 설명했다.

> 재조합 DNA 연구는 여러 분야에서 유용하게 쓰일 잠재력이 상당히 커 보이며, 이 연구로 경제에 큰 영향을 미칠 새로운 기술이 나올 수 있다. (……) 미국이 어떤 이유에서건 유전공학 기술에서 크게 뒤처진다면 국제 무대에서 미국의 힘과 위신은 약해질 수 있다. 향후 재조합 DNA 연구 문제에 관한 논의에서 결코 간과해서는 안 되는 사항이다.[52]

•———○

재조합 DNA 연구를 규제하려는 의욕이 시들해진 배경에는, 아실로마 회의에서 정해진 틀을 지키며 약 3년간 연구를 진행해 보니 안전에 이상이 없었다는 사실도 부분적으로 작용했다. 또한 심각하게 우려하던 많은 부분이 데이터로 확인되어 안심할 수 있게 된 점도 있다.

1977년 여름에 애니 창과 스탠리 코헨은 대장균에서 자연적으로 발견되는 제한효소가 플라스미드 DNA를 절단할 수 있고, 절단 후 생긴 절편은 대장균의 염색체에 합쳐질 수 있다고 밝혔다.[53] 이렇게 만들어진 재조합 DNA는 시험관에서 인위적으로 만든 재조합 DNA와 차이가 없었다. DNA가 다른 종으로 전달될 때 종간 경계가 존재하며 이는 생명의 필수적인 특징이라는 주장이 힘을 잃고, 이미 자연에서 일어나는 과정이므로 두려워할 이유가 없음을 보여 준 결과였다. 비슷한 시기에 매사추세츠주 팰머스에서는 연구자 50명이 참석한 소규모 워크숍에서 연구에 널리 쓰이는 K12 계통의 대장균은 병원체로 만들 수 없다는 결론이 내려졌다.[54] 아실로마 회의 이전 시대의 가장 영향력 있는 과학자 중 한 사람이었던 로이 커티스도 이 결론을 받아들이고, 생물재해를 막는 조치는 기존에 마련된 것으로 충분하다는 데 동의했다.[55]

1971년에 버그와 머츠가 계획한 실험에서 처음 제기된 우려도 그리 경계할 필요가 없다는 사실이 드러났다. 1975년 12월, 시드니 브레너는 설치류에 암을 유발하는 바이러스의 DNA가 도입된 재조합 DNA가 세균에 존재할 경우, 마우스(실험용 쥐)가 이 세균에 감염되면 병에 걸리는지 확인하는 실험을 계획했다. 이 사실이 알려지자 논란이 일었고 연구소가 있는 지역 주민들의 소송으로 2년간 미뤄졌던 이 실험은 마침내 1978년 메릴랜드주 포트 데트릭에 위치한 미국 세균전 연구 시설에서 진행됐다. 1979년 3월 〈사이언스〉에 발표된 연구 결과에 따르면 바이러스 DNA가 포함된 세균의 플라스미드로 병이 생긴 마우스는 한 마리도 없었다.[56] 계속해서 이러한 연구에 반발하는 의견도 있었으나, 브레너의 실험은 만약 바이러스 DNA가 세균의 유전체에 포함되어 체내에 유입되더라도 병을 유발할 가능성은 거의 없음을 보여 주었다.[57]

그러다 전혀 뜻밖의 발견이 모든 것을 바꾸었다. 1977년 여름 콜드스프링 하버 연구소의 연례 심포지엄에서, 유전자 중에는 뉴클레오티드의 염기서열이 연달아 쭉 이어지는 게 아니라 여러 조각으로 나뉜 것도 존재한다는 사실이 발표되었다. 세균에서는 이러한 유전자가 발견되지 않고 진핵생물, 즉 핵이 있는 세포로 이루어진 생물과 일부 바이러스에서만 존재하는 것으로 밝혀졌다. 실제로 진핵생물의 유전자 염기서열 사이사이에는 단백질로 발현되지 않는 DNA가 끼어 있는 경우가 많고, 인트론*으로 불리는 이러한 염기서열은 처음에 아무 기능이 없다고 여겨졌다. 진핵세포에는 이런 희한한 상황에 대처할 수 있는 특수한 장치가 발달했는데, DNA가 RNA로 바뀌려면 먼저 사이사이에 끼어 있는 인트론 서열을 잘라내는 '스플라이싱' 과정을 거치도록 진화한 것이다. 세포에서 단백질을 만들어 낼 수 있는 건 이 과정을 거쳐서 완성된 '메신저 RNAmRNA' 분자다. 세균에는 세포에 이런 장치가 없고, 세균의 DNA는 곧장 mRNA로 바뀐다.

유전공학자들은 이 사실로 두 가지를 깨달았다. 첫째, 포유동물의 유전자를 세균 세포에 바로 삽입하면 의미 있는 결과가 나올 가능성이 거의 없다는 사실이다. 세균에는 DNA가 mRNA로 전사되려면 반드시 거쳐야 하는 생화학적 절차인 스플라이싱이 일어날 수 없으므로, 포유동물의 DNA를 삽입해도 단백질을 만들지 못하기 때문이다. 그러므로 이와 같은 실험의 위험성을 걱정하는 건 아무 의미가 없다는 뜻이다. 두 번째는 세균을 이용해서 포유동물의 DNA를 연구하려면 DNA가 아니라 특정 유전자에서 나온 mRNA를 확보한 후 역전사효소로 mRNA에 담긴 정보를 cDNA로 바꾸고 이를 세균의 플라스미드에 삽입해서 세균에 도입해야 한다는 것이다. 새로운 전략과 새로운 실험이 필요했다.

이와 같은 결과가 알려지자 NIH는 지침의 통제 수준을 낮추기로 했고, 1980년 1월에 나온 새 버전에서는 재조합 DNA와 관련된 대부

* 진핵생물의 유전자 염기서열 중 발현되지 않는 부분. 유전자 발현 과정에서 이 부분이 초기 mRNA에서 잘려 나간 후(스플라이싱) 완전한 mRNA 분자가 된다.

분의 실험에 대한 위험성을 최저 수준으로 분류했다. 이 시점까지 NIH가 지원한 재조합 DNA 연구 사업은 1000건 이상, 지원금의 규모는 약 1860억 원이었다.[58] 1년 뒤 1981년의 새로운 개정 지침은 비강제적인 기준이 되었다. 같은 해 9월에는 재조합 DNA와 관련한 특별 지침이 모두 완화되어 이전까지 금지됐던 독소 유전자의 클로닝도 가능해졌다. 위험성이 가장 큰 실험 몇 가지만 계속해서 금지됐다.[59] 영국에서도 규제가 점차 약해졌고 그만큼 GMAG의 중요성도 낮아져 1984년 초 결국 해체에 이르게 되었다. 전 세계적으로 재조합 DNA를 둘러싼 논쟁은 끝이 났다.

재조합 DNA를 둘러싸고 세계 전체에 일어났던 혼란이 그럴 만한 가치가 있었던 일이었는지 그저 형편없는 실수였는지에 대한 다양한 의견이 있다. 그러나 이 논란에 가장 깊이 관여한 사람들에게는 그 일이 평생을 따라다니는 괴물이 된 듯하다. 1979년에 맥신 싱어는 재조합 DNA의 잠재적 위험성을 공개적으로 알린 1973년의 고든 콘퍼런스를 떠올리며 피로감을 내비쳤다.

> 그 행사에 공동 의장으로 선출됐을 때, 나는 영광으로 여겼고 회의를 기대했다. 돌이켜 보면 그건 내 인생에서 최악의 일 중 하나였던 것 같다. 그날 이후로 내 삶이 바뀌었으니까.[60]

그보다 몇 달 앞서서 시드니 브레너도 당시의 논란이 모든 걸 송두리째 삼켰다고 이야기하면서 싱어와 비슷하게 유감을 드러냈다.

> 나는 이 논란이 처음 시작될 때부터 관여했고, 내 시간을 엄청나게 할애했다. 그 토론에 내 인생의 4년을 바쳤고 내 사무실에는 서류들이 책장 10개를 채울 정도로 넘쳐났다.[61]

규제에 반대했던 사람들은 대체로 이 논란에서 의견을 훨씬 더 강하게 피력하는 경향이 있었다. 제임스 왓슨은 전부 엄청난 시간 낭비였다고 여러 차례 주장하며 아실로마 회의가 구체화될 때 자신이 했던 역할을 스스로 비난했다.

> 지금 생각하면 버그의 서신에 서명한 건 정말 멍청한 짓이었다. 그건 깊은 숙고를 거쳐서 나온 문서가 아니라 과학자라면 누구나 부끄럽게 여겨야 하는 유치하고 감정적인 의견이었다.[62]

재조합 DNA 연구에 반대했던 클리퍼드 그롭스타인Clifford Grobstein은 전혀 다른 견해를 밝혔다.

> 대중이 생각하는 과학의 이미지에 인간적인 특성이 부여되고 더 나아졌다. 아실로마 회의는 대체로 그리 훌륭한 공모는 아니었다고 평가되지만,

> 좋은 의도를 가진 사람들이 뭐가 최선인지 알 수 없는 상황에서, 그리고 개개인의 이해관계와 성향이 계속 부딪히는 상황에서도 최선을 다한 양심적인 노력이었다.[63]

가장 깊이 있는 견해는 아실로마 회의가 끝나고 20년이 지난 후에 폴 버그가 밝힌 생각일 것이다. 버그는 과학이 대중의 지지를 구하려고 했다는 점에서 가치 있는 일이었다고 주장했다.

> 그 시기를 되돌아보면 우리가 틀렸을지는 몰라도, 아니, 틀렸다는 말은 그리 적절한 표현이 아닌 것 같고, 당시에 잠재적 위험성에 관한 우리의 평가는 분명 부정확했지만 관심을 끌어모은 건 사실이고, 그 결과 장기적으로 모든 게 나아졌다고 생각한다. 그 연구를 토대로, 과학에서는 믿기 힘들 만큼 놀라운 일들이 생겨났다. 이런 결과들이 그때의 일들을 해명해 줄 것이다.[64]

6

사업

1975년 말, 베이 지역에 세상을 바꾼 또 한 통의 전화가 걸려 왔다. 1971년에 밥 폴락이 미 대륙 반대편 해안의 폴 버그에게 경고하기 위해 걸었던 전화와 달리 이번 전화는 같은 지역에 있는 사람들 간의 아주 친근한 통화였다. 전화를 건 사람은 MIT 졸업 후 스물여덟의 나이에 무직 상태였던 밥 스완슨Bob Swanson이었다. 클라이너 앤 퍼킨스Kleiner & Perkins라는 작은 벤처 캐피털 회사에서 일했던 스완슨은 일을 그만두기 직전에 회사 상사들과 함께 고객사 중 한 곳인 세투스Cetus의 임원들과 점심을 먹을 기회가 있었다. 4년 전 버클리에서 문을 연 세투스는 주로 분자유전학 연구소에 실험 장비를 판매하는 업체였지만, 아직 사업이 제대로 자리를 잡지 못했다. 당시에 분자생물학은 큰돈을 벌 수 있는 분야로 여겨졌지만, 정확히 무엇으로 어떻게 돈을 벌어야 하는지는 명확하지 않았다.[1] 스완슨의 상사들은 사업이 잘될 기회가 슬쩍 보였다고 생각했다. 유전자 클로닝의 상업화 가능성을 감지한 것이다. 그날 점심을 먹으면서도 이를 열심히 설명했지만, 세투스 사람들은 별로 관심을 보이지 않았다.[2]

그 아이디어가 머릿속에 계속 남아 있었던 스완슨은 회사를 그만둔 후 재조합 DNA 기술로 돈을 벌 방법을 찾기 시작했다. 세투스가 하지 않겠다면 자신이 해 보겠다는 생각이었다. 하지만 문제가 있었다. 스완슨은 과학에 관해선 아는 게 없고, 알고 지내는 분자생물학자도 없었다. 그래서 아실로마 회의 참석자 명단에 있는 과학자들에게 일일이 전화를 걸어서 함께 일하자고 설득해 보기로 했다. 연이어 거절만 당하던 그는 차마 썩 꺼지라는 말을 뱉지 못하는 상냥한 사람과 통화하게 됐다. 샌프란시스코 캘리포니아대학교UCSF의 허브 보이어였다.

보이어가 자신의 용건을 듣고도 얼른 끊으려 하지 않고 예의 바르게 대화를 받아 주자 용기가 생긴 스완슨은 상대방이 유전자 클로닝 기술의 공동 발명가란 사실은 전혀 모른 채 열심히 자신이 구상한 사업 아이디어를 설명했다. 수화기 너머로 잔뜩 신이 나서 떠들어대는 목소리에 어리둥절해진 보이어는, 며칠 뒤에 직접 만나서 20분 정도만 이야기하자는 제안까지 마지못해 수락했다. 1976년 1월 초의 어느 금요일 오후, 스완슨은 보이어의 연구실로 찾아왔다. 2021년에 나와 만났을 때 보이어는 이렇게 설명했다.

> 우리는 연구실에서 만났습니다. 웬 젊은 청년이 스리피스 정장을 차려입고 왔더군요. 우리 연구실 사람들은 다들 길에서 흔히 볼 수 있는 편한 청바지 차림이었거든요. 박사 후 연구원들, 학생들 모두 그 청년을 쓱 쳐다보

고는 밖으로 나갔습니다. 다들 무슨 일이 벌어지고 있는지 몰랐을 겁니다.

보이어와 스완슨은 곧 가까운 술집으로 갔다. 간단하게 끝내기로 했던 대화는 맥주 여러 잔을 비우며 이어진 길고 긴 토론으로 바뀌었다. 스완슨의 제안은 솔깃하고 흥미로웠다. 나중에 스완슨은 그날을 이렇게 회상했다.

> 정확하게 기억나진 않지만, 내가 계속 설득해서인지 아니면 그가 열의를 가져서인지, 아니면 맥주의 효과였는지 그날 저녁에 우리는 법적인 파트너십을 맺고 재조합 DNA 기술의 상용화가 현실성이 있는 일인지를 함께 조사하기로 했다.[3]

파트너십 체결을 위해 두 사람은 각각 70만 원씩 출자하기로 했다(보이어는 자기 몫을 빌린 돈으로 냈다).[4] 이제 다음 과제는 두 사람의 새로운 회사가 선도할 수 있는 제품, 클라이너 앤 퍼킨스 같은 벤처 투자사들의 관심을 끌어모을 수 있는 제품을 내놓는 일이었다.

약 2년 전에 모로와 코헨, 보이어가 개구리 유전자를 세균에 도입했을 때, 스탠퍼드대학교는 보도 발표문에서 특유의 과장된 어조로 재조합 DNA는 "제약업계가 인슐린, 항생제와 같은 생물학적 성분을 만드는 방식을 완전히 바꿔 놓을 것"이라 주장했다.[5] 스완슨은 인슐린이 그 주인공이라고 보았다. 사실 엄청난 도박이었다. 생산 공정을 세우고, 원하는 단백질을 대량으로 만든 후 정제하려면 기술적으로 해결해야 하는 어려움이 엄청나게 많은 데다 그 모든 노력이 성공을 거둘지 아무것도 보장할 수 없었다.

겨우 51개의 아미노산으로 이루어진 작은 단백질인 인슐린은 반세기 넘게 전 세계 수백만 명에게 사용됐다.[6] 인슐린은 예전부터 돼지나 송아지의 췌장에서 얻었는데, 동물의 인슐린은 인체 인슐린과 아미노산 하나가 달라서 환자의 약 10퍼센트는 그로 인해 알레르기 반응을 일으켰다. 스완슨이 인슐린에 주목한 이유는 인슐린이 매우 널리 알려진, 수요가 많은 단백질이기도 하지만 신약 허가 절차가 간단하고 재조합 기술로 만들어진 인슐린은 인체에서 만들어지는 인슐린과 동일해 현재 시중에 판매되는 동물 인슐린보다 더 자연스럽고 효과도 우수하리라고 보았기 때문이다. 스완슨은 보이어와 자신이 잠재적 투자자들 앞에 선보일 제품은 "시장이 이미 형성되어 있고, 시장 규모가 크며, 규제 절차가 비교적 간단한 것이 핵심 요건"이었다고 회상했다.[7] 이 꿈을 실현하려면 돈이 필요했다.

1975년에 미국의 벤처 투자 규모는 142억 원에 불과했다. 새로운 사업과 새로운 방법에 투자하는 건 위험한 투기로 여겨져서 민간 투자자들이 단기간 투자하는 정도에 그쳤다.[8] 경제 침체기가 계속되고 생명공학 기술과 컴퓨터 기술에 대한 광범위한 투기는 아직 시작되지 않은 시기였는데, 이런 상황은 금세 바뀌었다. 불과 10년도 지나기 전에 벤처 투자 규모는 약 6390억 원으로 늘어났다. 덩어리가 큰 재산인 연금 기금을 위험성이 큰 회사에도 투자할 수 있도록 법이 바뀐 것도 이러한 변화에 부분적으로 영향을 주었다.[9] 이런 폭발적인 변화를 촉발한 불꽃이 1976년 4월 1일 동시에 두 곳에서 일어난 건 정말 기이한 우연이다. 그날, 스완슨은 샌프란시스코에서 클라이너 앤 퍼킨스 사람들과 만나 재조합 인슐린 사업을 설명했고, 같은 날 60킬로미터 떨어진 실리콘밸리에서는 스티브 잡스Steve Jobs와 스티브 워즈니악Steve Wozniak이 애플 컴퓨터 컴퍼니Apple Computer Company를 설립했다.[10]

잡스와 워즈니악이 나중에 거대 기업이 될 사업의 작은 첫발을 디딜 때, 스완슨은 이미 거물들과 어울리고 있었다. 전 직장의 상사들에게 6쪽 분량의 사업 계획서를 제출하고 무려 7억 원을 투자해 달라고 요청한 것이다. 투자 결정을 미루던 클라이너 앤 퍼킨스는 이 사업 전체를 좌우할 과학적인 노하우를 가진 보이어와 만난 후 스완슨의 6쪽짜리 사업 계획에 1억 원을 투자하기로 했다. 그리 엄청난 금액은 아니었다. 1년 앞서 영국 업체 ICI는 진핵생물 유전자로 세균에서 단백질을 생산하는 에든버러대학교의 연구에 7200만 원을 투자한다고 발표했다.[11] 하지만 에든버러대학교는 밥 스완슨이나 허브 보이어와 달리 연구실과 직원들이 다 갖추어져 있었다. 미국에서 두 사람이 가진 건 아이디어가 전부였다. 4월 7일, 퍼킨스가 회장을 맡은 두 사람의 새 회사가 설립됐다. 스완슨은 회사명을 '허밥HerBob'으로 하자고 했지만, 최종 명칭은 보이어가 제시한 제넨텍Genentech으로 결정됐다.[12]

보이어는 사실 애초부터 회사 설립에는 관심이 없었다. 나중에 그는 이렇게 회상했다. "나는 회사를 열 생각이 없었다. 어떻게 하면 사람들이 이 일에 흥미를 느끼고 계속 추진하도록 할 수 있을지 고민했을 뿐이다."[13] 그렇다고 보이어가 돈 버는 일에 전혀 관심이 없었다는 뜻은 아니다. 18개월 전인 1974년 11월에 스탠퍼드대학교와 UCSF는 코헨과 보이어가 개발한 클로닝 기술에 공동으로 특허를 신청했고, 보이어와 코헨은 공동 발명가이자 특허 라이선스로 발생하는 모든 수익을 갖게 될 사람으로 등재됐다. 아실로마 회의를 준비하던 버그가 이 소식을 듣고 펄펄 뛰었지만 아무 말도 할 수 없었던 바로 그 특허였다.

처음 이 특허를 주도적으로 추진한 사람은 스탠퍼드대학교 기술이전 사무국 소속이던 닐스 라이머Niels Reimer였다. 라이머는 그해 초 개구리 유전자를 이용한 재조합 DNA 연구를 신문 기사로 접했고, 이러한 연구를 토대로 장차 인슐린이 만들어질 수도 있다고 언급한 스탠퍼드의 과장된 보도 발표문이 반영된 기사가 많다는 점에 주목했다. 재조합 DNA 사업에는 초기부터 과대광고가 따라다녔음을 알 수 있는 일화이기도 하다. 얼마 후부터 불거지기 시작한 깊은 불화도 재조합 DNA 사업을 따라다닌 또 한 가지 요소였다. 존 모로를 비롯해 클로닝 기술 개발에 기여한 사람들, 그리고 1972년과 1973년에 관련 연구 결과가 담긴 논문을 발표했던 버그 연구실의 사람들 이름은 특허 신청서 어디에서도 찾을 수 없었다.[14] 미국 특허청은 먼저 발표된 논문들이 있다는 점을 지적하면서도 결국 1980년에 스탠퍼드대학교와 UCSF의 특허를 최종 승인했다(1984년과 1988년에 다른 두 건의 특허도 승인됐다).[15] 코헨과 버그의 생화학과 연구자들의 갈등은 특허 출원 문제와 특허권에 담긴 기술의 독창성이 누구의 것이냐를 둘러싼 지식 재산의 문제, 무엇보다 그 특허로 얻게 될 뜻밖의 횡재로 인해 갈수록 깊어지고 증폭됐다. 이 깊은 갈등은 반세기가 지난 지금도 선명하게 남아 있다.

무슨 이유인지 모르지만, 처음에 코헨은 과학의 기본적인 연구 절차에 특허를 낸다는 생각에 선뜻 동의하지 않았다. 그래서 특허로 발생할 수익 중 자신의 몫은 스탠퍼드에 기증하겠다고 서명했다. 그러나 1980년대에 이 결정을 철회하고, 어마어마한 규모의 특허 사용료를 받기 시작했다.[16] 늘 떠들썩하게 움직이던 보이어는 다소 이해하기 힘든 선택을 했다. 1972년에 호놀룰루에서 동료들과 처음 이 기술을 이야기할 때부터 현실에 적용할 수 있으리라고 예견했던 그는 자신의 몫을 전부 캘리포니아대학교에 연구 기금으로 기부했다.

버그는 나중에 자신은 과학으로 돈을 벌 수 있다고는 생각해 본 적도 없다고 주장했다.

> 저는 아닙니다. 그런 이야기는 누구에게서도 들은 적이 없어요. (……) 상업적인 가치에 관한 이야기는 전혀 들어 본 적이 없습니다.[17]

그가 순진한 사람이었다면 혼자만 그런 건 아니었다. 그리고 그런 분위기는 곧 뒤집혔다. 대학 행정부와 과학자들의 눈에 돈 벌 가능성이 들어오자 분자생물학의 순수한 시대는 끝나고 재조합 DNA가 세상을 뒤흔들기 시작했다.

•———○

신생 업체 제넨텍은 재조합 DNA로 인슐린을 만드는 일에 중점을 두었는데, 학계에도 같은 일에 뛰어든 연구진들이 있었고 연구를 실제로 수행할 과학자들도 갖추었으므로 그쪽이 훨씬 유리했다. 제넨텍이 가진 건 임대한 사무실과 회사 이름이 찍힌 메모지가 전부였다. 분자 유전학계의 관심이 인슐린에 쏠리고 있다는 사실은 1976년 5월 인디애나폴리스에서 열린 일라이릴리의 연례 인슐린 심포지엄에서 분명하게 드러났다. 당시 미국에서 판매되던 인슐린은 대부분 일라이릴리가 생산한 제품이었고, 이 연례 회의는 저명한 인슐린 연구자들이 모여서 인슐린의 생리적인 특징을 토론하는 행사였다. 그러나 1976년 회의는 공기부터가 달랐다. UCSF의 보이어와 같은 학과에 속한 빌 루터Bill Rutter 연구진처럼 평소 이 회의에 늘 참석하던 사람들과 더불어 루터의 학과장 하워드 굿맨Howard Goodman이나 하버드대학교의 분자 유전학자 월리 길버트Wally Gilbert, 아지디스 엡스트라티아디스Argidis Efstratiadis 등 이 분야에서 들어본 적이 없는 사람들도 찾아왔다.

분자를 다루는 이런 연구자들의 갑작스러운 등장에 회의장을 채운 생리학자들과 의학 연구자들은 경계심을 느꼈다. 참석자 한 사람은 이렇게 회상했다. "우리가 오랫동안 연구해 온 일에 갑자기 분자생물학자들이 관심을 보였다. (……) 다들 이쪽으로 훌쩍 넘어오기로 마음먹은 모양이었다. (……) 이 분야에서 연구하던 사람들은 그들이 선을 넘었다는 사실을 어렴풋이 느꼈다."[18]

하버드의 두 연구자가 회의에 참석한 이유는 얼마 전부터 길버트가 인슐린에 흥미를 느꼈기 때문이었다. 엡스트라티아디스는 콜드스프링 하버 연구소에서 토끼의 미성숙 적혈구에 포함된 혈액 단백질인

글로빈*의 mRNA를 획득한 연구로 이름이 알려진 연구자였다. 그는 이렇게 얻은 mRNA를 역전사효소로 cDNA 염기서열로 만든 다음 시험관에서 글로빈을 만들어 냈다.[19] 이후 그는 하버드로 옮겨서 길버트와 함께 일하고 있었다. 길버트는 그때의 상황을 이렇게 전했다.

> 우리는 아주 초기부터 인슐린으로 관심을 돌렸다. 인슐린은 더 작고 더 유용한 단백질이므로 세균에서 만들어 내기에 더 적합하다고 생각했다.[20]

기술적인 관점에서는 글로빈 연구가 더 유리했다. 혈액세포에서 mRNA를 비교적 쉽게 얻을 수 있었기 때문이다. 인슐린은 그렇지 않았다. 이 호르몬이 만들어지는 곳, 췌장에서도 랑게르한스섬이라는 시적인 이름이 붙은(학창 시절에 처음 들은 이후로 잊은 적이 없는 이름이다) 조직은 췌장 전체 부피 중 겨우 1퍼센트에 불과하다. 실험용 흰쥐, 즉 래트로부터 mRNA를 충분히 확보하려면 약 500마리를 죽인 다음 사체를 전부 해부해서 필요한 부분만 얻는 지루하고 피비린내 나는 과정을 거쳐야 했다. 그런데 하버드의 이 두 연구자는 인디애나폴리스에서 열린 심포지엄에서 췌장에 종양이 생긴 래트를 활용하면 이 문제를 해결할 수 있다는 사실을 알게 됐다. 종양이 생기면 췌장이 극도로 커지므로 상당량의 mRNA를 얻을 수 있었다.

이즈음부터 학계 연구진들과 사업에 초점을 맞춘 제넨텍 연구

* 헴 그룹에서 산소를 전달하는 단백질. 다양한 종류가 있다.

진의 전략이 갈리기 시작했고, 이 차이로 결과는 크게 엇갈렸다. 하버드 연구진과 UCSF의 굿맨, 루터 팀은 mRNA를 추출한 후 역전사효소로 cDNA를 만들고 이를 플라스미드에 삽입한 후 세균에 도입해서 운이 따라 준다면 단백질이 만들어지는 방식을 택했다. 이 모든 과정은 크게 두 차례에 걸쳐서 진행됐다. 처음에는 래트의 인슐린 mRNA를 써서 이 같은 전략의 원리를 검증하고, 그다음에 인체 인슐린 mRNA를 더 쉽게 획득하는 도구로 래트의 인슐린 cDNA를 활용했다. 즉 래트의 인슐린과 인체 인슐린은 염기서열이 상당히 비슷하므로 래트의 cDNA가 인체 mRNA와 상보적으로 결합하는 특징을 활용해서 인체 mRNA를 분리하기로 한 것이다. 이 전략은 진행 속도가 느릴 뿐만 아니라 얼마 전 확정된 NIH의 새로운 규정에 따라 인체 재조합 DNA 실험은 가장 엄격한 격리 시설에서만 수행해야 한다는 문제도 있었다. 길버트 연구진은 곧 다른 문제에도 봉착했다. 재조합 DNA 연구를 둘러싸고 케임브리지 시에서 벌어진 논쟁으로 연구의 핵심 단계를 추진할 수 없게 된 데다 이 논쟁으로 이어진 토론과 각종 홍보 활동에 참여해야 한다는 압박감으로 실험에 전념할 수가 없었다.

제넨텍은 민간 업체라 NIH 규정이 적용되지 않았으므로 이런 문제에서 자유로웠다. 그러나 아직 보이어와 스완슨, 투자자들이 전부였고 자체 연구 시설도, 연구진도 없어서 NIH의 지원을 받는 연구자들과 하도급 계약을 맺고 일을 맡겨야 했다. 1976년은 재조합 DNA의 위험성에 대한 대중의 불안감이 점차 과열될 양상을 보이던 때라, 민간 업체가 NIH 규정을 자발적으로 따르는 것이 영리한 전략이 될 수 있었다.

게다가 cDNA를 사용하지 않기로 한 제넨텍의 결정은 훨씬 더 확실한 판단이었다. 무더기로 쌓인 래트의 사체를 일일이 처리하는 대신 훨씬 간단한 길을 택한 것이다. 인체 인슐린의 아미노산 서열은 이미 밝혀졌으므로 제넨텍은 이를 활용해서 인슐린 유전자를 아예 처음부터 만들어 내기로 했다.*

염기를 하나하나 이어서 서열로 만들고 DNA 가닥을 만들려면 시간이 어마어마하게 들던 시절이었다. 제넨텍이 이 방법을 택하기로 하고 연구를 시작할 무렵, MIT의 하르 고빈드 코라나Har Gobind Khorana 연구진은 엄청난 연구 결과를 세상에 내놓을 준비를 마쳤다. 단백질 합성에 필요한 구성 요소 중 '운반 RNAtRNA'의 유전자를 합성해서(총길이가 199개 염기쌍인 세균의 tRNA) 세균에 도입하면 정상적으로 기능한다는 사실을 증명한 것이다. 코라나 연구진은 이 결과를 얻기까지 9년 이상이 걸렸고, 최종 논문은 비슷한 결과가 담긴 12편의 다른 논문들과 동시에 발표됐다.[21] 제넨텍이 하려는 일은 이 놀라운 성과를 그대로 적용하는 것인데, 결과를 신속하게 내야 한다는 엄청난 압박이 있었다. 학계에서는 보통 겪지 않는 상황이었다. 인슐린 유전자는 코라나 연구진이 다룬 tRNA보다 조금 더 짧지만(인슐린 유전자는 염기쌍 153개 길이다), 그래도 굉장히 어려운 과제였다.

하지만 제넨텍이 무작정 이런 도박을 시작한 건 아니었다. 보이

* 2021년에 허브 보이어가 내게 말하길, 1975년 2월 아실로마 회의에서 토론 중 조슈아 레더버그가 즉석에서 했던 발언을 듣고 이 아이디어가 처음 떠올랐다고 한다.

어는 로스앤젤레스 인근의 시티오브호프 병원에서 21개 염기쌍으로 이루어진 세균의 lac 유전자를 합성한 후 복제해 단백질 발현까지 성공적으로 마친 두 연구자 아서 리그스Arther Riggs, 게이치 이타쿠라Keiichi Itakura[22]와 이전부터 협력 중이었다. 리그스와 이타쿠라의 이 연구로 제한효소의 표적이 되는 연결체라는 짤막한 DNA 염기서열을 합성해서 원하는 유전자의 앞뒤에 붙이면 DNA 절단과 이동이 더 수월해진다는 사실이 밝혀졌다. 연결체의 등장으로 분자생물학 실험은 분자를 조작하는 도구로 바뀌기 시작했다. 리그스와 이타쿠라 팀은 이를 다음과 같이 설명했다.

> 화학적인 합성 기술과 클로닝 기술을 합치면, 긴 DNA 염기서열의 화학적인 합성을 비롯한 많은 문제를 푸는 강력한 해결책이 될 것이다.[23]

보이어는 리그스에게 합성 유전자를 이용한 인슐린 클로닝 연구를 함께하자고 제안했다. 하지만 두 가지 중요한 문제가 있었다. 인슐린 유전자는 리그스 연구진이 다룬 lac 유전자보다 훨씬 크다는 점, 인슐린 유전자를 성공적으로 합성한다고 해도 세균에서 인체 DNA 염기서열이 제 기능을 할지 보장할 수 없다는 점이다. 인슐린 유전자의 발현을 조절하는 미지의 다른 염기서열이 필요할 수도 있고, 인체 인슐린이 정체를 알 수 없는 단백질이므로 세균이 파괴될 가능성도 있었다(30억 년간 살아온 세균의 역사에서 인슐린이 합성된 적은 한 번도 없었을 것이므로). 게다가 바로 이런 종류의 실험을 막기 위해, 또는 최소한 실행에 옮기기가 극도로 힘들게 만들겠다는 목적으로 마련된 NIH 지침도 있었다. 하지만 희한하게도 합성 DNA 실험에는 NIH 지침이 적용되지 않는다는 허점이 있었다. 인슐린 유전자를 합성하겠다는 스완슨과 보이어의 결정은 큰 도박이었지만, 성공한다면 성가시고 번잡한 행정 절차를 피할 수 있었다. 어쨌거나 스타트업과 벤처 투자로 추진되는 사업들은 기본적으로 큰 도박이기도 했다.

리그스와 이타쿠라는 인슐린에 큰 관심을 보였지만, 우선 세균에서 포유동물의 단백질이 만들어질 수 있는지부터 확인해 보자고 제안했다. 마침 그 목적에 부합하는 연구를 막 시작할 참이기도 했다. 얼마 전 사람의 뇌에서 발견된 소마토스타틴(성장억제호르몬)이라는 크기가 작은 호르몬에 관한 연구였다. 소마토스타틴은 사람을 포함한 포유동물의 성장 촉진에 관여하는 호르몬이다.[24] 스완슨은 처음에 소마토스타틴 연구는 경제적으로 아무 보상도 없이 옆길로 새는 일이라 생각하고 그냥 인슐린부터 밀고 나가고 싶었지만, 함께 일하는 과학자들이 전부 이 계획에 동의했으므로 어쩔 수 없이 따르기로 했다. 소마토스타틴의 DNA 염기서열은 밝혀지지 않았으나(DNA 염기서열 분석은 아직 초기 단계였다) 아미노산 서열은 알려져 있었다. 이타쿠라가 유전 암호로 뉴클레오티드 서열을 만들면 원칙적으로는 세포에서 단백질이 만들어질 수 있지만, 유전 암호는 중복이 많다는 게 문제였다. 즉 자연적으로 존재하는 20가지 아미노산 중에는 각 아미노산이 암호화된 코돈이 한 가지 이상인 종류가 많다(같은 아미노산이 여러 종류의 코돈에 암호화되어 있다는 뜻이다. – 역주). 다시 말해 이타쿠라가 합성할 유전자의 DNA 염기서열이 사람 유전체에 존재하는 실제 염기서열과 같을 가능성은 거의 없었다.

어쨌든 소마토스타틴 유전자의 합성과 클로닝까지는 순조롭게 진행됐지만, 재조합 DNA가 도입된 세포에서 단백질이 합성된 조짐은 나타나지 않았다. 원인은 세균이 인식할 수 없는 단백질이라 분해됐기 때문으로 밝혀졌다. 연구진은 이 문제를 해결하기 위해 소마토스타틴 유전자를 세균의 유전자와 결합해서 혼성 단백질로 만들었다. 적어도 일부분은 세균의 일반적인 단백질이므로 파괴하지 않기를 기대한 것이다. 융합 단백질로 불리는 이러한 결과물이 충분한 양만큼 합성되면, 필요 없는 세균 단백질 부분은 제거하기로 했다. 인체 호르몬이 세균에서 직접 만들어지지 않으므로 생물재해 측면을 고려했다고 주장할 수도 있었다. 이 실험에는 합성 유전자가 사용됐고 민간 지원금으로 진행된 연구라 굳이 격리 시설에서 진행할 필요가 없었지만, 연구진은 외부에 줄 인상을 고려해서 그냥 격리 시설을 이용하기로 했다.

놀랍게도 이 방법은 효과가 있었다. 사람의 유전자가 세균에서 발현된 것이다. 연구 결과가 담긴 논문은 1977년 말 〈사이언스〉에 실렸고, 연구진은 논문이 발표되기 며칠 전에 로스앤젤레스의 한 호텔에서 기자 회견을 열고 결과를 공개했다. 제넨텍의 역할은 거의 언급되지 않았다.[25] 생명공학을 지금과 같은 세계적인 산업으로 발전시킨 결정적이고 중대한 과학적, 기술적 성취였다. 연구진도 이러한 결과의 의미를 인지했다. 허브 헤인커Herb Heyneker는 이렇게 회상했다.

정말로 엄청난 흥분을 느꼈다. 온 세상을 얻은 기분이 들 정도였다. (……) 이 연구로 너무나 많은 가능성이 열렸다. 갑자기 너무나 많은 일을 할 수 있게 됐다.[26]

리그스의 회상에서도 당시의 상황을 생생하게 느낄 수 있다. 그는 이 연구의 더욱 근본적인 의미에 주목했다.

자연에 존재하는 소마토스타틴 유전자를 이용하지 않았으므로, 처음부터 끝까지 자연적인 유전자는 쓰이지 않았다. 전부 인위적으로 설계하고, 만들어 냈다. 이게 정말로 가능하다는 사실을 확인했을 때, 나는 이것이 왓슨과 크릭이 옳았으며, 유전 암호의 기능이 예상했던 대로임을 입증하는 가장 결정적인 증거임을 깨달았다. (……) 그래서 주저앉아 이렇게 외쳤다. "세상에, 진짜였어! 과학이 맞았어!"[27]

놀랍도록 빠르게 바뀌던 과학계에 몸담고 살아온 보이어에게는 이 일이 중대한 전환점이 되었다. 하와이의 어느 식당에서 어떻게 하면 재조합 DNA를 복제할 수 있을지 동료들과 아이디어를 나누던 게 불과 4년 전 일인데, 이제 세균에서 인체 단백질을 만들 수 있게 된 것이다.

이들의 논문이 발표되기 전부터 큰 파장이 일었다. 소마토스타틴을 처음 발견한 로제 기유맹Roger Guillemin과 앤드루 샬리Andrew Schally가 '뇌에서 만들어지는 펩타이드 호르몬을 발견'한 업적을 인정받아 1977년에 노벨상을 공동 수상한 터라 그해 가을에는 그렇지 않아도 모두 소마토스타틴에 주목하고 있었다. 1977년 11월에는 버그가 재조합 DNA 연구를 주제로 열린 미 상원 청문회에 출석해서 아직 논문 발표 전이던 제넨텍의 소마토스타틴 연구를 증거로 제시하며 "탁월하고…… 너무나 놀랍고…… 독창적이며…… 명쾌한" 성과라고 칭찬을 아끼지 않았다.[28]

이 자리에서 버그는 소마토스타틴 연구로 유전공학의 상업적인 잠재성이 점차 커지고 있다고 강조했다. 희한한 점은, 그러면서도 제넨텍이 이 연구에 참여했다는 사실은 언급하지 않았다는 것이다.

> 유전자만 순수하게 분리할 수 있게 됨으로써 우리는 새로운 형태의 의학, 산업, 농업이 시작되는 지점에 당도했다. 재조합 DNA 기술로 필요에 맞게 만들어진 유기체는 귀중한 진단 시약이 될 수 있고, 건강, 질병과 관련된 유전자 발현의 상태와 발현 효율을 탐구하는 표지로 활용될 수도 있다. 또한 특정 세균과 바이러스 감염, 어쩌면 암까지도 포함해서 사람과 동물에 발생하는 큰 피해를 막는 백신으로도 활용될 수 있다.

버그는 유전공학의 잠재적인 경제 규모가 엄청나다고 밝혔다. 시티오브호프 병원과 UCSF 연구진이 세균 100그램을 7리터 용량의 통에서 배양하여 소마토스타틴 5밀리그램을 만드는 데 걸린 시간은 단 몇 주였다. 노벨상 수상자 기유맹과 샬리는 각각 수백만 마리 분량의 양의 뇌를 분쇄하고서야 이 귀중한 호르몬을 겨우 몇 밀리그램 정도 얻을 수 있었다.[29]

소마토스타틴 연구는 사람의 유전자가 세균에서 발현될 수 있음을 증명하며 모든 종류의 유전자 조작이 가능해지는 길을 열었다. DNA가 세포 내에서 발현 가능한 상태로 도입되기만 한다면 세포는 무엇이든 만들어 내는 공장이 될 수 있다는 인식이 점점 커졌다. 생물이 인위적으로 프로그래밍된 산업 생산의 구성 요소가 될 수도 있다는 의미였다. 그러나 산업계가 이러한 가능성에 관심을 쏟으려면 수익성이 있어야 했다. 소마토스타틴 연구가 과학적인 관점에서는 아무리 획기적인 성과라고 해도 제약 산업의 판도를 뒤집을 가능성은 전혀 없었다. 소마토스타틴이 그러한 방식으로 생산될 때 혜택을 얻는 환자가 너무 적고, 이미 전통적인 생산 방식으로도 저렴하게 구할 수 있는 호르몬이었기 때문이다. 그래서 모두 이 새로운 기술이 의약품의 새로운 대량 생산 방식을 제공함으로써 가치를 입증할 수 있는 물질은 인슐린이 될 것이라는 기대를 품고 있었다.

그 기대가 실현된다면 중대한 성과가 될 것인 만큼, 사람의 인슐린 유전자를 최초로 세균에 도입하려는 경쟁이 벌어졌다. 특히 cDNA를 활용한 하버드와 UCSF 연구진, 그리고 유전자 합성 방식을 택한 제넨텍 지원 연구진이 각축을 벌였다. '경쟁'이라는 표현은 다 지나고 난 뒤에 나온 해석이 아니다. 당시에 경쟁의 중심이던 세 연구진은 실제로 서로의 연구와 각자가 꿈꾼 성공, 명성, 부에 상대방의 연구가 얼마나 위협이 되는지 강하게 인식했다. 제넨텍 연구에 참여했던 한 사람은 나중에 이렇게 회상했다. "다른 팀에서 연구 결과를 발표했다는 소식 없이 하루가 지나갈 때마다 안도감을 느낄 정도였다."[30] 보이어의 연구소를 찾아가서 취재한 한 과학 기자의 글에도 당시의 열띤 분위기가 생생하게 담겨 있다.

> 실험실에서는 한껏 고조된 분위기가 느껴졌다. (……) 플라스크와 시험관을 들고 키스톤 경관들(미국 영화감독 맥 세넷이 1912년부터 1917년까지 제작한 무성영화에 단골 조연으로 등장한 경찰들. 유니폼을 갖춰 입고 다양한 상황에서 진지한 표정으로 엄청난 폭소를 일으켰다.-역주)처럼 방안을 이리저리 뛰어다니는 사람들의 움직임 뒤로 요란하게 귀를 때리는 타이머 소리와 위아래로 흔들리는 플라스크 속에서 내용물이 섞이는 둔탁한 소리, 가압 멸균기에서 '쉭' 하고 김이 빠지는 소리가 한꺼번에 들렸다. 열광과 절망의 외침도 간간이 섞였다.[31]

길버트가 케임브리지의 한 청문회에 참석해서 설명한 대로, 인체 인슐린과 아미노산 서열이 다른 동물의 인슐린이 아닌, 사람의 치료제로 쓸 수 있는 사람의 인슐린을 만드는 것이 이들의 목표였다.

> 우리가 만들고 있는 건 사실상 값을 따질 수 없다. 우리는 더 저렴한 다른 치료제가 아니라 다른 방법으로는 얻을 수 없는 것을 만들고 있다.[32]

1977년 봄까지 상당한 규모의 연구비를 확보한 제넨텍은 그 돈의 일부로 샌프란시스코 공항과 가까운 산업 단지에 스완슨의 사무실을 마련했다. 나중에 이 사무실은 근처 창고 건물까지 함께 얻어서 더 확장됐다.* 제넨텍의 초기 시절에 관한 이야기에서 자주 거론되듯, 이들이 계속 인슐린 개발에 몰두하던 1978년 초까지 제넨텍은 "제품도 없고, 영업사원도 없고, 상근직으로 일하는 과학자도 없고 자체 실험실도 없었다."[33]

UCSF의 굿맨과 루터 연구진은 1977년 5월에 래트의 인슐린 cDNA 클로닝에 성공했지만, 단백질이 발현된 흔적은 전혀 찾을 수 없었다.[34] 동부 해안에서는 유럽의 한 벤처 투자사와 유명 제약업체들이 길버트의 연구에 관심을 보이기 시작했다. 길버트는 에든버러대학교의 켄 머리Ken Murray를 비롯한 다른 저명한 연구자들과 함께 1978년 3월에 등장한 바이오젠Biogen이라는 회사의 설립을 도왔다. 바이오젠은 주요 시설이 스위스 제네바에 있었으나 법적 소재지를 당시 네덜란드령이던 앤틸리스 제도로 등록해서 세금과 NIH의 귀찮은 규정을 모두 피하는 전략으로 기회를 노렸다. 또한 고용주가 학계에 속한 사람이면 연구원의 연구 성과에 소유권을 주장할 염려가 있었지만, 바이오젠은 학계와 무관한 업체라 연구자들은 스위스 법에 따라 자신이 수행한 연구의 특허권을 더 수월하게 소유할 수 있었다.[35] 길버트는 복잡한 동기로 이 회사의 설립에 참여했다고 인정했다. "사회에 유익한 일을 하고 싶고, 산업적인 체계를 만들고 싶은 마음도 있었다. 무언가를 성장시키고 싶은

* 주소는 460 Point San Bruno Boulevard다. 구글 지도에서 현재의 모습을 확인할 수 있다.

마음, 돈을 벌고 싶은 마음도 있었다."[36]

1978년 5월, 길버트의 연구진은 재조합 DNA로 세균에서 래트의 프로인슐린이 발현된 것을 확인했다(인슐린은 세포에서 유전자 발현으로 곧장 합성되는 게 아니라 먼저 프로인슐린 분자가 만들어진 다음 세포 내에서 변형 과정을 거쳐 인슐린이 된다). 그러나 인체 인슐린의 cDNA로도 이 과정을 성공적으로 마쳐야 하는 결정적인 단계가 남아 있었다.[37] 사실 과학적인 측면에서는 그리 흥미로운 목표가 아니었다. 래트의 프로인슐린 cDNA가 성공적으로 발현됐으니 인체 프로인슐린의 cDNA도 같은 방법으로 발현이 안 되면 그게 오히려 놀라운 일이었다. 하지만 거기까지 성공해야 실용성과 상업성 측면에서 엄청난 결과가 될 터였다. NIH 지침에 따라 사람의 cDNA를 다루는 클로닝 실험은 격리 수준이 가장 엄격한 곳에서 수행해야 했다. 미국에는 그런 시설이 포트 데트릭의 미군 연구소 한 곳뿐이었는데, 이용할 수가 없는 상황이었다. 남은 방법은 유럽으로 가는 것밖에 없었다.

루터와 굿맨은 박사 후 연구원이던 악셀 울리히Axel Ullrich를 프랑스 스트라스부르에 있는 한 시설로 보냈다. 울리히는 그곳에 한 달간 머물며 췌장 종양에서 얻은 인체 프로인슐린 mRNA를 이용해 cDNA를 얻고 이를 클로닝했으나,[38] 세균에 재조합 DNA를 도입해도 단백질이 전혀 만들어지지 않았다. 길버트 연구진은 포턴 다운에 있는 영국 국방화학연구소의 생물안전 4등급 시설에 자리를 얻었고 길버트는 다른 세 명의 연구자와 함께 필요한 검체를 전부 싸 들고 어둑한 잉글랜드 윌트셔로 떠났다. 오전 9시부터 저녁 5시까지 주5일 근무에 익숙한 그곳의 차분한 공무원들, 군 소속 직원들과 달리 미국 연구진은 엄청난 경제적 수익을 놓고 벌어진 과학 경쟁에서 이기기 위해 일주일 내내 24시간을 일해도 모자랐으니 서로 간에 문화적인 충돌이 빚어질 수밖에 없었다.

그 사이, 유전자를 합성해서 인슐린 분자를 바로 만들어 내기로 한 제넨텍의 방식에 진전이 생겼다. 합성이 모두 끝난 인슐린은 아미노산 51개로 구성되며, 두 가지 서로 다른 분자 사슬로 이루어진다. 시티오브호프 병원의 연구진은 이 두 개의 사슬이 될 융합 단백질을 암호화된 DNA 각각에 따로 합성하고 각기 다른 플라스미드로 클로닝한 후 혼성 플라스미드를 만들어서 세균에 도입했다. 이 유전자는 실제 유전자와 두 가지 면에서 차이가 있었다. 원래 성숙한 인슐린 전체가 암호화된 유전자는 없다는 것, 그리고 두 개의 아미노산 사슬이 만들어질 DNA 염기서열도 이타쿠라가 유전 암호 중에 임의로 선택한 서열이라는 것이다. 이 같은 인위성은 생명을 다루는 유전공학의 새로운 접근 방식을 명확히 보여 주는 특징이었다.

마지막 단계로, 연구진은 융합 단백질에서 불필요한 세균의 아미노산을 제거했다. 그리고 인슐린을 이루는 사슬 두 개가 올바른 형태로 결합하기만을 고대했다. 일종의 화학적인 마법이 필요했던 셈이다. 1978년 8월 21일, 그들은 마침내 성공했다. 2021년에 보이어는 나를 향해 흐뭇하게 웃어 보이며 그날 제넨텍의 분위기가 어땠는지 전했다.

다들 신이 났죠. 다른 두 연구소와 경쟁을 벌이고 있었으니 신이 날 수밖에요. 사람의 인슐린을 만들겠다는 목표로 학계에서 가장 훌륭한 연구소 두 곳과 경쟁해서 이겼다는 사실에 우리 연구진은 뛸 듯이 기뻐했어요.

제넨텍 연구진은 9월 6일에 시티오브호프 병원에서 기자 회견을 열고 성공을 알렸다. 빡빡한 과학계 사람들 눈에 제넨텍의 행보는 전부 통상적인 절차에서 벗어나는 것으로 보였다. 기자 회견이 열린 시점은 논문이 〈미국 국립과학원 회보〉에 제출되었으나 해당 학술지 사무국에는 아직 전달되기 전이었다.[39] 이들이 논문 발표라는 최종 단계를 형식적인 절차로 여겼다는 사실은 시티오브호프 병원 연구진이 논문을 전달한 방식에서도 드러났다. 국립과학원의 회원 중 한 사람이 직접 논문을 제출했고, 따라서 전문가의 검토 절차 없이 몇 주 내로 게재될 예정이었다. 어쨌든 중요한 건 결과였다.[40]

1979년 1월, 시티오브호프 병원의 리그스와 이타쿠라 연구진, 그리고 '제넨텍 분자생물학 부서'라는 거창한 이름이 붙은 제넨텍 과학자들의 서명이 담긴 논문이 마침내 세상에 공개됐다.[41] (보이어는 명단에서 빠졌다. 연구에 직접적인 기여가 없었기 때문이기도 하지만, 이미 다른 곳에서도 돈을 벌고 있고 특허권 사용료로 받는 수익도 있다는 사실에 UCSF 사람들이 너무 배 아파할 것을 고려해서 내린 결정으로 보인다.)

대서양 건너 윌트셔의 외딴 시골로 간 길버트 연구진의 상황은 그리 좋지 않았다. 나중에 제넨텍 연구진 중 한 사람은 자신들이 거둔 승리를 그들과 비교하며 한껏 자랑했다.

우리가 인슐린 연구에 성공했다는 사실을 발표한 바로 그날에도 (길버트는) 며칠 전부터 해 온 대로, 실험을 시작하려면 의무적으로 거쳐야 하는 절차에 따라 신발을 포름알데히드에 담그고 에어록을 통과했다. 그와 달리 우리가 제넨텍에서 한 건 DNA를 간단히 합성한 다음 세균에 도입하는 게 전부라 NIH 지침은 준수할 필요가 없었다.[42]

길버트의 상황은 제넨텍의 이 연구자가 생각했던 것보다 훨씬 더 심각했다. 수만 달러를 들여 바다 건너 수천 마일 떨어진 곳까지 찾아가 너무나 고된 환경에서 몇 주간 연구하고 나서야 자신들이 사용한 cDNA는 인체 프로인슐린 mRNA에서 나온 게 아니라는 사실이 드러난 것이다. 연구 과정에서 무슨 이유에선지 클론이 일부 뒤섞였고, 1년 전에 이미 성과가 나왔던 래트의 프로인슐린 cDNA로 여태 실험해 왔음을 뒤늦게 알게 된 것이다. 실의에 빠져 하버드로 돌아온 이들에게는 더 나쁜 일이 기다리고 있었다. 배양기에 문제가 생겨 인체 프로인슐린 cDNA 클론을 전부 잃은 것이다. 나중에 길버트는 영국으로 떠난 건 총체적인 참사였다고 말했다.[43]

인슐린 연구에서 쾌거를 거둔 제넨텍은 완전히 다른 세상을 맞이했다. 결과가 알려지고 며칠 만에 일라이릴리는 합성 유전자를 이용한 인슐린 생산의 상용화를 위해 이 스타트업에 총 7억 원을 내놓았다(이와 함께 제넨텍은 인슐린 총매출의 6퍼센트를 사용료로 받기로 했다). 당연히 대가가 따르는 거래였다. 일라이릴리는 과학적인 성과를 산업 공정으로 바꿔야 했으므로, 제넨텍에 엄격한 기준을 충족하면서도 생산량을 늘릴 것을 요구했고 기한도 굉장히 빠듯하게 정했다. 제넨텍은 이러한 요건을 모두 충족했고, 합성 유전자를 이용한 인슐린 생산이 가능해진 지 2년 만에 임상시험을 진행해도 될 만큼 인슐린을 다량 생산할 수 있게 되었다. 1980년 8월 학술지 〈란셋Lancet〉에 게재된 임상시험 결과, 건강한 사람들에게서 합성 인슐린의 안전성과 효과가 확인됐고, 당시 표준 인슐린이던 돼지 인슐린과 비교해도 그 효과에 통계적인 차이가 없는 것으로 나타났다.[44]

2년 뒤, 미국 식품의약품청FDA*은 휴물린으로 불리게 된 이 합성 인슐린의 판매를 승인했다. 일라이릴리는 1136억 원을 투자해서 미국 인디애나폴리스와 영국 리버풀 인근 스피크에 산업 발효 공장을 마련할 것이라고 발표했다.[45] 〈바이오테크놀로지 뉴스와치Biotechnology Newswatch〉는 아이러니하게도 일라이릴리의 이 인슐린 제품은 알레르기 반응이 발생할 가능성이 훨씬 낮다는 점 외에 표준 인슐린과 효과가 동일하다는 이유로 "유전공학에는 큰 발전이지만 의학에는 미미한 발전"이라는 결론을 내렸다.[46] 초기에는 전통적인 동물 인슐린보다 2배나 더 비싼 가격도 매력을 반감시키는 요소로 여겨졌다. 그러나 1970년대의 '안드로메다 균'을 향한 대중의 두려움은 결국 사라졌고, 현재 판매되는 인슐린은 전부 다양한 재조합 미생물로 생산되고 있다.

* 미국의 모든 식품과 의약품을 관리하는 연방 기관.

유전공학 기술이 활용되면 의약품 가격이 크게 떨어지리라는 예상과 달리 미국에서는 인슐린 가격이 지금까지 계속 오르고 있다. 최근에는 당뇨병이 전염병 수준으로 번져서 인슐린 사용량도 늘었지만, 미국에서 판매되는 인슐린 가격은 2012년부터 2016년까지 2배 가까이 올랐다. 특허는 이미 오래전에 만료됐는데도 가격은 계속 치솟는 추세다. 의약품 가격에는 생산 비용만 작용하는 법이 아니다.

민간 업체가 연구에 뛰어들기 시작하자, 경쟁의 압박과 잠재적 수익을 이유로 과학자들이 위험한 지름길을 택할 수 있다는 우려가 제기됐다. 미 상원 소위원회는 이와 같은 우려를 고려해 1977년 11월 재조합 DNA에 관한 철저한 조사에 나섰다. 특히 상원의원들은 UCSF가 NIH 지침을 조직적으로 무시했다는 의혹이 연달아 제기되자 진상을 밝히는 데 주력했다. 보이어의 연구실을 취재하던 한 기자는 그해 초, 연구자들과 학생들이 연구실에서 음식물을 섭취하고, 입으로 직접 시료를 빨아들이는 피펫을 사용했으며, 실험이 적절한 격리 시설에서 이루어지지 않는 등 연구가 허술하게 진행되고 있다고 폭로했다. 상원의 관심을 잡아끈 건 이 기사 중 "젊은 대학원생들과 박사 후 연구원들 사이에서는 NIH 규칙을 모르는 게 아주 멋진 일처럼 여겨지는 듯했다"는 대목이었다.[47] 설상가상으로 청문회 직전에 〈사이언스〉에는 UCSF의 굿맨과 루터 연구진이 NIH 지침을 어기고 인증되지 않은 플라스미드를 사용했다고 폭로한 3쪽짜리 기사가 실렸다.[48]

여러 면에서 별것 아닌 일로 난리를 친 소동에 불과했다. 알고 보니 보이어가 안전성이 더 우수한 새 플라스미드를 개발했고, 비공식적인 경로를 통해 NIH로부터 이 플라스미드가 승인될 것임을 전해 들은 것이다. 그래서 굿맨과 루터 연구진도 이 플라스미드를 자신들의 연구에 사용한 것이다. NIH의 공식적인 승인 절차 중 추가적인 단계가 남아 있었고 문제가 된 플라스미드는 아직 이 단계를 거치지 않았으므로 그 전에 사용한 건 엄밀히 따지면 지침 위반이었다. 굿맨은 이런 사실이 밝혀지자 연구를 중단하고 그 플라스미드로 만든 클론을 모두 폐기했다. 그리고 다른 플라스미드로 실험을 다시 진행해서 1977년 6월에 결과를 발표했다.[49] NIH는 이런 사실을 전혀 몰랐고, 문제의 플라스미드는 같은 해 7월에 최종 승인됐다(이 플라스미드는 지금도 연구에 사용되고 있다).

(위의 소동과 아무 관련이 없었던) 제넨텍의 역할에 관해 상원의원들과 연구자들 사이에서 날카로운 설전이 오가던 중, 소위원회는 루터와 보이어에게 NIH 지침을 위반한 배경에는 경쟁에서 이기고 수익을 내려는 의도가 있는 것 아니냐고 캐물었다. 연구자들이 돈을 벌기 위해 작정하고 지침을 위반하고 있으며 NIH가 이를 묵인하는 것 아니냐는 의혹까지 제기됐다.[50] 그러나 결국 사소한 실수라는 결론과 함께 시정 조치를 이행하는 것으로 상황은 마무리됐다. 상원의원들은 꾸짖는 것 외에 달리 할 수 있는 일이 없었다.

하지만 의혹이 이대로 끝난 건 아니었다. 1990년에 캘리포니아대학교가 일라이릴리를 상대로 특허 위반 소송을 제기했는데, 놀랍게도 이 소송에 앞서 문제가 된 그 미승인 플라스미드가 또 등장했다. 월리 길버트는 UCSF 연구진이 NIH 지침을 어기고 미승인 플라스미드 벡터를 사용해서 이득을 취했다는 증거를 일라이릴리에 제공했다. UCSF

연구진의 반박에도 불구하고, 1977년 6월 〈사이언스〉에 실린 UCSF 연구진의 논문, 즉 이들이 취득한 특허의 토대가 된 래트 프로인슐린 cDNA의 염기서열 데이터는 아직 미승인 상태였던 문제의 플라스미드를 사용해서 얻은 결과로 드러났다. 이에 대해 UCSF 연구진은 "다른 사람을 시켜 연구 내용을 글로 옮기는 과정"에서 발생한 오류는 자신들의 책임이 아니며, 자신들은 보이어가 개발한 문제의 플라스미드를 사용하지 않았다고 주장했다. 판사는 UCSF 연구진의 "불공정 행위"를 이유로 들며 이들이 제기한 소송을 기각한다고 판결했다. 1997년에 진행된 항소심 재판에서 법원은 문제의 플라스미드를 둘러싼 다툼은 법적으로 무의미하다고 판단했지만, 무엇이 진실인지에 관해서는 아무 언급도 하지 않았다. 그리고 원고의 소송을 기각한 하급 법원의 판결을 인정했다. 캘리포니아대학교는 소송 비용으로 170억 원을 들였다는 고통스러운 사실을 알리는 것 외에 아무것도 얻지 못했다. 〈사이언스〉는 20년 전 UCSF 연구진이 쓴 논문 속 데이터의 출처를 검증하지 못했다.[51]

이 시기에 행해진 부정행위가 수십 년 뒤 복잡한 법적 다툼으로 이어진 일이 또 있었다. 1978년 8월, 캘리포니아대학교는 세균을 이용한 단백질 생산과 관련된 광범위한 특허를 출원했다. 그러나 굿맨, 루터를 비롯해 연구에 아무 기여도 하지 않은 사람들이 발명가로 등재되고 실제로 혁신적인 성과를 낸 당사자인 박사 후 연구원 악셀 울리히와 피터 시버그Peter Seeburg, 존 샤인John Shine의 이름은 전부 빠졌다. 갈등이 터지고, 학과 사람들의 사이도 틀어지기 시작했다. 그러던 중 시버그가 친구이자 동료인 존 백스터John Baxter와 저녁마다 진행하던 다른 연구가 중대

한 발화점이 되었는데, 그가 시도한 건 클로닝으로 성장호르몬을 만드는 연구였다.[52]

시버그는 이전부터 굿맨을 포함한 UCSF의 여러 연구자와 성장호르몬의 다양한 생리학적 특성을 연구했고, 1977년 말에는 래트의 성장호르몬 cDNA 염기서열을 논문으로 발표했다.[53] 특허 출원 문제로 갈등이 생겼을 무렵에는 인체 뇌하수체 종양에서 mRNA를 추출하는 단계까지 진전됐다. UCSF 연구진 내부에 갈등이 팽배하다는 사실을 알고 있었던 제넨텍은 시버그와 울리히에게 접근해서 함께 일하자고 제안했다. 얼마 전 제넨텍은 전 세계에 인체 성장호르몬을 공급해 온 주요 업체인 스웨덴의 카비비트룸KabiVitrum과 계약을 체결한 상황이었다. 성장호르몬은 크기가 너무 커서 합성 유전자로는 만들 수 없었으므로 cDNA 기술을 택할 수밖에 없었고, 이에 제넨텍은 UCSF에 시버그가 만든 cDNA 표본을 요청했지만 거절당했다.

자신의 연구 성과를 빼앗기지 않으리라 결심한 시버그는 대담하게도 UCSF의 전 고용주가 소유한 냉동고를 급습하기로 했다. 새해 전날 밤 11시, 그는 울리히와 함께 UCSF 연구소로 가서 자신이 만든 성장호르몬 cDNA 일부를 빼낸 후 곧장 제넨텍 연구소로 가져갔다. 두 사람이 막 제넨텍 건물에 들어섰을 때 경찰차 한 대가 도착했고 차에서 내린 경찰관이 시버그와 울리히에게 지금 뭘 하는 거냐고 물었다. "우린 과학자입니다." 두 사람의 말에 경찰관은 "과학자로 보이진 않는다"고 했지만, 그냥 보내 주었다.[54]

2년 후 시버그는 〈뉴욕타임스〉와의 인터뷰에서 이 일을 거리낌

없이 이야기했다.

> 성장호르몬 연구는 거의 다 내가 시작했고 1975년부터 해 온 일이다. 내가 만든 건데 왜 가져가면 안 되나? 나 혼자만 쓰려고 한 것도 아니다. 일부는 남겨 두고 왔으니까.[55]

1979년 여름에 제넨텍과 UCSF는 재조합 인체 성장호르몬의 합성에 성공했다는 소식을 서로 먼저 발표하려고 경쟁을 벌였다. 기자 회견과 논문 발표 시점이 관건이었다. 논문 게재는 UCSF 연구진이 앞섰지만, 제넨텍과 시티오브호프 병원 연구진의 논문에 담긴 반합성 기술이 성장호르몬 생산에 더 적합한 기술이었다.[56] 산업적인 경쟁과 수익 면에서 제넨텍의 승리였다. 제넨텍은 직원들에게 연구 성과를 학술지에 내라고 독려했지만, 돈을 버는 것이 기업이 존재하는 이유였다.

그러나 제넨텍의 재조합 인체 성장호르몬은 미국에서 쉽게 승인을 얻지 못했다. 이전까지 성장호르몬은 시신의 뇌 하부에 있는 뇌하수체에서 추출했고, 재조합 호르몬이 이 자연적인 호르몬보다 낫다고 할 만한 점은 없었다. 죽는 사람이 계속 생기는 한 공급이 부족할 일도 없었다. 이런 상황은 전 세계적으로 크로이츠펠트야코프병CJD이 발생하면서 급격히 뒤집혔다. 신경 퇴행성 질환인 CJD는 원래 유전되는 병이지만, 환자의 신경 조직이나 신경 구성 요소의 섭취 또는 주사를 통한 체내 유입 시 전염될 수 있다. 1985년, 성인 4명이 CJD로 목숨을 잃었고 이들이 어릴 때 인체 성장호르몬 주사를 맞았다는 사실이 밝혀지자 호르몬 주사를 통해 병이 전염됐으리라는 추정이 나왔다. 그러자 엄청난 압박을 느낀 규제 기관은 제넨텍의 재조합 성장호르몬 처방을 서둘러 승인했다. 지난 20년간 재조합 성장호르몬의 매출은 2조를 넘어섰다.[57]

그러나 제넨텍의 성공에는 그림자가 드리워져 있었다. 성장호르몬의 클로닝에 사용된 cDNA의 출처가 개운치 않았기 때문이다. 당시 제넨텍은 UCSF로부터 정당하게 얻은 mRNA로 cDNA를 만들었으며, 새해 전날 시버그가 훔친 표본은 사용하지 않았다고 주장했다. 이 말을 믿는 사람은 아무도 없었다. 1990년, 결국 캘리포니아대학교가 제넨텍이 cDNA 표본을 훔쳤다고 주장하며 소송을 제기했고, 1999년까지 이어진 또 다른 길고 긴 법정 싸움이 시작됐다. 시버그는 증언 과정에서 〈네이처〉 논문에 적힌 cDNA의 출처에는 "기술적으로 부정확한 부분이 있으며" 사실 연구에 쓰인 cDNA는 자신이 벌인 악명 높은 급습 때 가지고 나온 것이라고 주장해서 모두를 충격에 빠뜨렸다.

cDNA의 출처로 연구의 과학적인 결과가 달라지진 않았지만, 판결에는 엄청난 영향이 발생했다. 시버그의 논문에 공동 저자로 이름을 올린 사람들은 〈사이언스〉에 시버그의 주장을 격렬히 반박하는 글을 수십 건 보냈다. 이 사태는 제넨텍이 합의금으로 2800억 원을 내고 무죄 판결을 받는 것으로 마무리됐고,[58] 시장에서는 상당히 괜찮은 거래라고 평가됐다. 이 합의금은 캘리포니아대학교의 새 캠퍼스에 들어설 중점 연구소 건물('제넨텍 홀'이라는 이름이 붙었다) 건설 비용 700억 원과 대학교에 직접 지불한 900억 원, 그리고 연구에 참여한 UCSF 연구자 5명에게 똑같이 분배된 1200억 원이라는 엄청난 금액으로 이루어졌다. 소설에 버금가는 반전은 시버그도 이 다섯 명 중 한 명이라는 사실이다. 과거에 자신이 저지른 일에 관해 스스로 불리한 증언을 해서 거액을 벌어들인 것이다.[59] 시버그는 2016년에 세상을 떠났다. 지미 헨드릭스의 열성 팬이었던 그의 장례식에는 '부두 차일드Voodoo Child'가 울려 퍼졌다.[60]

•———○

유전공학 분야에 막대한 돈이 쏟아져 들어오자 이 분야에 속한 사람들의 삶도 많이 바뀌었고 그 외에도 많은 변화가 일어났다. 제넨텍은 유전공학 업계에서 최초로 설립된 가장 성공한 스타트업이 되었다. 1980년 초까지 제넨텍은 거대 제약업체 세 곳과 각각 전혀 다른 새로운 제품 개발을 위한 계약을 체결했다. 호프만 라로슈Hoffman-La Roche와는 인터페론을 이용한 항암제 생산 방법을 찾기로 했고 이 소식은 상당한 관심과 기대를 모았다.[61] 몬산토Monsanto와는 농업용 동물 성장호르몬 생산 계약을 맺었고, 프랑스의 대형 백신 연구소인 메리유 연구소Institut Mérieux와는 B형 간염 백신 생산 계약을 체결했다. 벤처 투자 업계에서는 꿈만 같은 결실이었다.

미국에서는 재조합 DNA 사업의 벤처 투자로 큰돈을 벌 수 있다는 인식이 점차 확대됐다. 더 노골적으로 표현하면 투기로 돈을 벌겠다는 의미였다. 이 기술의 가능성을 잘 알고 있었던 사람들도 놀랄 정도로 세간의 관심은 뜨거웠다. 1979년 가을에 증권 중개업체 E. F. 허턴E.

F. Hutton의 의약산업 분석가 넬슨 슈나이더Nelson Schneider는 생명공학 산업의 투자 전망을 논의하는 회의를 열었다. 슈나이더는 자신의 고객들에게 이 행사 소식을 알리고 밥 스완슨과 생명공학 스타트업 세 곳의 대표를 초청해서 발표를 부탁했다. 행사 당일, 기껏해야 수십 명 정도 참석하리라는 예상을 뒤엎고 무려 500여 명의 예비 투자자들과 투자은행가들, 분석가들이 나타났다.[62] 다들 돈 냄새를 맡고 찾아온 것이다.

열기가 한창 뜨겁던 그때 제넨텍에서 각각 CEO와 회장을 맡고 있던 스완슨과 퍼킨스는 회사를 매각하기로 결정했다. 거품이 꺼지고 나서야 기회를 찾다가 실패하는 것보다 호황일 때 현금화하는 게 낫다고 판단한 것이다. 게다가 대기업이 뛰어든다면 투자도 보장될 것으로 전망했다. 하지만 제넨텍의 제품은 너무 특이했고 재조합 DNA 사업 계획도 너무 불확실해서, 미국의 거대 제약기업 존슨앤드존슨Johnson & Johnson과 일라이릴리 두 곳 모두 관심을 보이지 않았다. 1136억 원이라는 높은 가격도 문제였다.

재조합 DNA에 대한 대중과 규제 기관의 두려움이 사라지고 미국 주식시장에서 투자자들의 투기 욕구가 높아지자, 제넨텍 창립자들은 가장 높은 금액을 제시하는 업체에 회사를 넘기려던 계획을 철회하고 주식을 상장하기로 했다. 하지만 문제가 있었다. 수익이 있는 건 사실이지만, 아직은 수익 규모가 그리 크지 않았다. 1980년 상반기 수익은 49억 원의 매출액 중 약 1억 원에 그쳤다. 투자자들의 이목을 집중시키려면 유전공학이라는 새로운 기술에 대한 전문성이 큰돈을 벌어들일 수 있음을 강조해야 했다.

보이어와 스완슨은 미국과 유럽의 예비 투자자들을 찾아다니며 사업 계획을 알리는 고된 일정을 소화했다. 그리고 기업공개IPO 당일인 1980년 10월 14일, 제넨텍 주식 110만 주를 주당 4만 원에 공모하기 시작했다. 제넨텍 주식을 사들이려는 투자자들이 몰려들어 월스트리트에서 시장이 열린 지 20분 만에 주가는 12만 원으로 급등했다. 첫날 거래 마감 시점에는 주가가 10만 원으로 내려갔지만, 그래도 최초 금액의 두 배가 넘는 금액이었다. 제넨텍의 가치는 7554억 원이 되었다. 〈월스트리트저널〉은 "역대급 놀라운 데뷔"라고 보도했다.[63] 학계에서 연봉 7000만 원을 받던 보이어는 곧바로 포르쉐를 장만했다. 그와 스완슨이 보유한 92만 5000주의 주식 가치는 각각 900억 원을 넘어섰다. 1975년에 93만 8000주를 매입한 클라이너 앤 퍼킨스도 대략 900억 원의 수익을 올렸다.

어마어마한 부자가 된 사람들 사이에는 안타까운 선택을 한 사람들도 있었다. 악셀 울리히는 자신이 가지고 있던 800주의 주식을 몇 년 전 차를 구입하느라 1100만 원에 매각했다. "가끔은 그 800주가 그대로 있었다면 14억 원이 넘는 가치가 됐을 텐데 하는 생각이 든다. 오, 신이시여!" 그는 조금 과장하며 이렇게 회상했다.[64]

미국 경제가 또다시 침체기에 빠져들던 시점에 진행된 제넨텍의 이 같은 기업공개는 미국 주식시장의 새로운 시대를 예고했다. 개인용 컴퓨터와 유전공학 기술, 두 새로운 사업으로 단기간에 돈을 벌려는 투자자들과 투기꾼들이 모여들자 주식 거래가 활발해졌다. 11월에 로널드 레이건Ronald Reagan이 대통령으로 당선되자 부자들 사이에서는 이제 좋은 시대가 온다는 기대감이 더욱 고조됐다. 뉴욕 증권거래소 대표는 1980년을 "월스트리트 역사상 가장 큰 수익이 나온 해"[65]로 기억했다. 제넨텍의 기업공개가 시작되고 2달 뒤에는 이미 꽤 많은 수익을 내며 투자 전망도 훨씬 안정적이던 애플 컴퓨터Apple Computing Company도 주식을 상장했다. 거래 첫날, 사상 유례없는 초과 수익과 함께 애플의 기업 가치는 거래 마감 시점 2조 5000억 원에 이르렀다. 제넨텍의 세 배가 넘는 규모였다.[66] 보이어는 스티브 잡스와는 전혀 다른 인물이었지만, 그에게도 세간의 관심이 크게 쏠렸다. 1981년 3월호 〈타임스〉 표지는 콧수염을 기른 보이어의 쾌활한 얼굴로 채워졌다. 밥 스완슨의 전화 한 통은 정말로 세상을 바꿔 놓았다.

스완슨은 1999년 쉰두 살의 나이로 세상을 떠났다. 1990년에 호프만 라로슈가 2조 9000억 원에 제넨텍 지분의 60퍼센트를 매입했을 때 스완슨은 제넨텍의 일상적인 경영 활동에서 물러났다. 스위스의 이 거대 기업은 2009년에 나머지 40퍼센트의 지분을 6조 6000억 원이라는 엄청난 금액에 매입했다.

1980년 10월 14일, 월스트리트 곳곳에서 제넨텍의 성공적인 기업공개를 축하하는 샴페인 잔이 부딪힐 때 베이 지역에 또 전화가 걸려왔다. 이번에도 폴 버그에게 온 전화였는데, 발신지는 스톡홀름이었다. 노벨상 위원회가 DNA 분야의 중추적인 연구자 셋을 노벨 화학상 수상자로 선정했다는 소식이었다. 월리 길버트, 핵산의 또 다른 염기서열 분석법을 찾아낸 영국의 프레더릭 생어Frederick Sanger(생어의 두 번째 노벨상이었다), 그리고 '핵산의 생화학적 특성에 관한 기초 연구와 재조합 DNA에 관한 연구' 업적을 인정받은 버그가 그 주인공이었다. 〈샌프란시스코이그제미너San Francisco Examiner〉가 이 소식을 1면에 소개했지만, 그날의 헤드라인은 '월스트리트를 흔들어 놓은 제넨텍'이었다. 한 신문의 1면에 재조합 DNA의 학문적 성과와 경제적 성과가 나란히 실린 날이었다.

재조합 DNA가 연구와 산업 측면 모두에서 실용적으로 쓰일 수 있는 절차를 발견한 보이어와 코헨에게는 노벨상의 영광이 돌아가지 않았다. 노벨상 위원회는 40여 년이 지난 지금까지도 재조합 DNA 기술을 변형해서 새로운 응용 기술을 찾아낸 보이어와 코헨의 성과를 노벨상을 받을 만한 업적으로는 평가하지 않는 듯하다. 두 사람은 노벨상에 관한 입장을 분명하게 밝혔다. 코헨은 1995년에 폴 버그만 노벨상을 받은 데 대한 당혹감을 드러내며 자신과 생각이 같은 동료가 많았다고 전했다.

> 알다시피 노벨상은 오랫동안 내 신경을 거슬리게 했지만, 솔직히 이제는 다 잊었다. 노벨상을 받지 못했다고 해서 내 연구 실력에 문제가 생긴 것도 아니다. 과학계에서 일하는 사람에게는 그게 제일 중요한 것 아니겠는가.[67]

보이어는 한때 제넨텍에서 함께 일한 동료였던 제인 기치어Jane Gitschier와의 인터뷰에서 과학자로서 살아온 삶을 이야기했다. 인터뷰가 끝날 무렵, 기치어는 보이어에게 노벨상에 관한 심경을 물었다. 보이어

Stocks up 2.30 Page C1

116th Year No. 107

San Francisco Examiner

★★★★ Final edition Complete stocks

Tuesday, October 14, 1980 20¢

Genentech jolts Wall Street

Today

Topic A

THE MOST spectacular stock offering in at least a decade hit Wall Street. Shares of Genentech Inc., a South San Francisco genetic-engineering firm, were sold to the public and immediately more than doubled in price. **Page A1.**

City/State

PROFESSOR PAUL Berg of Stanford University was among five scientists who won Nobel prizes in physics and chemistry for their work in genetic engineering and research of the origins of the universe. **Page A1.**

FOR THE fourth time in a month, San Francisco police believe that a Municipal Railway bus may have been the target of gunfire. **Page A3.**

ANTI-HIGH-RISE ACTIVISTS reacted with cynicism upon learning that new five skyscraper projects are on the San Francisco Planning Department docket. **Page B1.**

SUPERVISOR QUENTIN Kopp, suspicious of the San Francisco Redevelopment Agency's selection of the Yerba Buena theme park developer, said he will subpoena to a special investigation of the selection process. **Page B1.**

A BENEFIT for the "No on Proposition N" campaign brought out several supervisorial candidates, including David Scott, who presented himself as a liberal alternative in last year's mayoral race. **Page B1.**

ALAMEDA COUNTY Supervisor John George was arrested and briefly jailed in Oakland on charges of assault with a deadly weapon and battery. **Page B4.**

Nation

THE SUPREME Court awarded a victory today to DES daughters by refusing to review a California decision allowing lawsuits by women who contracted cancer because their mothers took the drug. **Page A1.**

JOHN ANDERSON, the independent presidential candidate, presented a five-year budget plan for the United States. However, the plan did not include estimates on how he would control inflation if elected president. **Page A6.**

A SPECIAL prosecutor has been appointed to investigate Tim Kraft, President Carter's former campaign manager, who has been accused of used cocaine. **Page A7.**

World

AMERICANS JAILED in Cuban prisons will be released "within hours," sources in Washington said. There is speculation that Fidel Castro's decision may have been motivated by a desire to help President Carter win re-election. **Page A1.**

TURKISH ARMY sharpshooters cut through the door of a hijacked jetliner and rescued more than 100 hostages. The five hijackers, who smuggled guns aboard in hollowed-out Korans, were captured. **Page A2.**

Secret decoder

Examiner/Sid Tate

FOR PAUL BERG, CO-WINNER OF NOBEL PRIZE, IT'S A DAY OF CONGRATULATIONS
Stanford biochemist developed tools for decoding the secrets of life

Stanford's Berg shares Nobel Prize in chemistry

Examiner News Services

STOCKHOLM, Sweden — Professor Paul Berg of Stanford University was among four Americans and a Briton who won the 1980 Nobel prizes in physics and chemistry today for their work in genetic engineering and research of the origins of the universe.

It was the second Nobel in chemistry for British Professor Frederick Sanger of Cambridge Sanger and Harvard University Professor Walter Gilbert.

The three were honored for their biochemical studies of nucleic acids, the master blueprints of life.

This year's Nobel prizes carry a stipend of 880,000 Swedish kronor — equivalent to $212,000.

Seven of the nine Nobel prizes awarded so far have gone to Americans. Still to be announced is

Developer of interferon soars from $35 to $71¼

The most spectacular new stock offering in at least a decade hit Wall Street today. Shares of Genentech Inc., a South San Francisco genetic-engineering firm, were sold to the public and immediately more than doubled in price.

One million shares of the company were sold at $35 each. Shortly after they began trading in the over-the-counter market, they were quoted at more than $80 bid. The price rose to $88 and then closed at $71¼.

Genentech was founded four years ago. It's involved in such genetic engineering as development of interferon, which has received wide publicity as a potential agent against cancer and other diseases.

There is talk of wide applications in such diverse fields as energy and agriculture for biochemical products produced through the manipulation of deoxyribonucleic acids — DNA, for short — which are found in the nuclei of cells.

The Bay Area has several of the world's leading companies and research centers in the young science of genetic engineering, although none have indicated any willingness to offer stock to the public. Cetus Corp. in Berkeley is probably the best known rival of Genentech, with research in a variety of industrial applications as well as the anti-viral agent Interferon.

But another company — virtually unknown even to analysts who follow the fledgling industry — is quietly working on other applications for gene-altering techniques. International Plant Research Institute in San Carlos is a leader in bringing the new technology to green plants.

The company was founded four years ago by Martin Apple, a University of California at Berkeley researcher. It's working on genetically altered vegetable and grain crops that can grow in salt water. Other projects include successful attempts to create new forms of plants that can tolerate extremes of heat and cold or are more resistant to diseases.

The University of California at Davis has been an early leader in academic research that Apple's company is now trying to commercialize. One of its first breakthroughs was in development corn and other seed crops that can produce their oown nitrogen, thus eliminating the costly use of chemical fertilizers.

Genentech had revenues of $3.46 million and earnings amounting to just one cent a share in the first six months of this year. But enthusiastic speculation abounds in the financial community over its prospects for future earnings.

High court backs DES 'daughters'

Court clears way for public to see Abscam tapes Page A8

WASHINGTON (UPI) — The Supreme Court handed a victory to so-called "DES" daughters today by refusing to review a California ruling allowing lawsuits by women who contracted cancer because their mothers took a drug to prevent miscarriages.

The justices refused to hear an appeal by drug manufacturers of a March 20 ruling by the California Supreme Court. It allows the DES daughters to sue drug companies without naming which manufacturer's product caused the injury. Thus the ruling divides liability for damages among the drug's manufacturers according to their share in the market in DES — diethylstilbesterol.

A manufacturer may escape liability only by showing it could not have made the DES in question.

Between 1941 and 1971, about 200 drug companies made and sold DES, a synthetic compound of the female hormone estrogen. The pharmaceutical manufacturers included the biggest names in the business — E.R. Squibb and Sons Inc., Upjohn Co., Rexall Drug Co., Eli Lilly and Co. and Abbott Laboratories.

In 1947, the Food and Drug Administration authorized the marketing of DES on an experimental basis to prevent miscarriages and up to 3 million women used the drug. Later evidence showed DES can cause vaginal and cervical cancer in daughters of women who took the drug while

그림 6-1. 1980년 10월 14일 자 〈샌프란시스코이그제미너〉 1면.

노벨상을 받아야 하는지, 그렇지 않은지는 제가 결정할 수 있는 일이 아닙니다. 나는 많은 상과 영예를 얻었고 그렇게 인정받은 것에 진심으로 감사합니다. 내 어린 시절 이야기를 들으셨으니 아마 이해할 수 있겠지만, 전 제가 이런 일들을 할 거라고 상상도 하지 못했어요. (……) '실망했나?'라고 묻는다면, 그것도 사실입니다. 하지만 지금까지 살면서 강한 감정을 느꼈던 시기는 꽤 많았습니다. (……) 이런 경험들은 모두 제 인생관에 커다란 영향을 줍니다. 나는 보상받았고, 정말 운이 좋았습니다, 제인. 저는 정말 감사하게 생각해요.[68]

7

생명공학계의 재벌들

1980년은 유전공학에 매우 중요한 해였다. 폴 버그의 노벨상 수상과 제넨텍의 주식 상장 외에도, 미국에서는 이후 전 세계적으로 과학이 수행되고 적용되는 방식에 영향을 준 두 가지 결정적인 법적 변화가 일어났다. 이 두 가지 변화의 핵심은 생명체를 포함한 새로운 발견을 특허의 형태로 소유하고 이용할 권리와 관련이 있었다.

제넨텍을 비롯한 이 분야의 여러 업체가 투자자들로부터 그토록 큰 관심을 얻게 된 바탕에는 이 업체들이 보유한 특허가 다른 업체들과의 라이선스 계약으로 짭짤한 수익을 올릴 것이라는 전망이 있었다. 하지만 그게 가능하려면 법적 분쟁부터 해결해야 했다. 미국에서는 오래전 토머스 제퍼슨Thomas Jefferson 시대에 수립된 법에 따라 '새롭고 유용한 기술, 기계, 제조법, 물질의 조성 또는 그러한 것의 새롭고 유용한 개량'에 특허를 부여할 수 있다. (여기서 '기술'은 1952년에 '절차'로 대체됐다.)[1]

이 정의대로라면 살아 있는 것, 또는 살아 있는 것의 구성 요소는 새로 만들어지는 게 아니라 발견되는 것이고, 따라서 '새로운 것'이 아니므로 특허가 부여될 수 없었다.

그렇다고 천연물에 특허를 취득할 수 없는 건 아니었다. 1900년에 호르몬의 하나인 아드레날린에 특허가 부여됐는데, 그 이유는 인체에서 추출, 분리한 호르몬이었기 때문이다.[2] 식물에 대한 특허권이 명시적으로 허용되는 것도 한 가지 중요한 예외였다. 미국 입법기관의 눈에 모든 생명체가 다 같지 않은 건 분명해 보였다. 분자생물학 연구가 시작된 초기에 RNA 뉴클레오티드*인 우라실 파생체와 핵산의 합성 절차, 이 절차로 만들어진 바이러스 RNA에 대한 특허가 출원된 적이 있는데,[3] 이 특허는 학문 목적 외에는 적용되지 않았으므로 돈은 한 푼도 벌어들이지 못했다. 큰 예외인 식물을 제외하고 생물과 생물의 구성 요소에는 특허가 부여될 수 없다는 것이 미국 특허청의 전반적인 입장이었다.

이런 상황은 제너럴 일렉트릭General Electric의 생화학자 아난다 차크라바티Ananda Chakrabarty에게 문제가 되었다.[4] 일리노이대학교에서 박사후 연구원으로 일하던 시절, 슈도모나스Pseudomonas 균의 일부 계통이 석유와 같은 탄화수소를 분해할 수 있다는 사실에 흥미를 갖게 된 그는 제너럴 일렉트릭으로 자리를 옮겨 연구를 진행하던 중 그러한 분해 능력이 세균의 플라스미드에서 나온다는 사실을 알아냈다. 그리고 다양한

* 5탄당(리보스 또는 데옥시리보스)에 염기와 인산기가 결합된 분자. 핵산 염기서열의 기초 단위.

계통의 슈도모나스 균을 교배하고 X선으로 각각의 플라스미드를 융합해서 원유를 분해할 수 있는 두 종류의 균을 만들어 냈다. 1972년 6월, 차크라바티는 회사의 권유로 이러한 세균을 만들어 낸 절차와 그 결과로 나온 두 가지 균에 대한 특허를 신청했다. 생물체에 대한 권리를 주장한 것이다.

특허청은 청구를 기각했다. 이 특허를 인정한다면 "새로 만들어지는 모든 미생물은 물론 새로 개발되는 닭, 소 같은 모든 다세포 동물의 특허성도 인정하는 수문을 여는 것"이라는 이유였다.[5] 차크라바티는 항소했고, 1979년 연방 관세·특허 항소법원은 그의 손을 들어주었다. 코헨과 보이어의 특허 이후 유전공학 기술과 관련된 특허 신청이 쇄도했고, 살아 있는 유기체의 특허 출원 건 중 계류 중인 건만 114건으로 모두 법적인 소유권을 명확히 가려야 하는 상황이었다. 이에 특허청은 대법원에 이 문제에 관한 최종 결정을 내려 달라고 요청했다.[46]

1980년 3월, 다이아몬드 대 차크라바티 사건의 심리가 열렸다(당시 특허청장의 이름이 시드니 다이아몬드Sidney Diamond였다). 이 심리에서는 미국 법률 체계에 따라 '법정 조언자amicus curiae'가 양측에 관한 의견을 개진하는 절차가 마련됐다. 제넨텍과 제약협회를 비롯한 다양한 단체가 차크라바티의 특허권을 인정해야 한다고 주장했다. 제넨텍은 분위기를 유리한 쪽으로 이끌기 위해, 유전자는 인간이 의지에 따라 마음대로 할 수 있는 도구일 뿐이라고 주장했다. 차크라바티의 기술에 사용된 플라스미드는 "새롭지만 죽은 것"이고, 자동차 부품처럼 "적절히 장착되면 세균이라는 엔진이 돌아가면서 유용한 생명체"가 되도록 만드

는 기능적인 역할을 할 뿐이라고 설명했다.[7]

특허청의 입장을 지지하는 의견은 단 한 건이었다. 케임브리지 논쟁에도 개입했던 '민중 사업 위원회'라는 단체가 제시한 의견으로, 법적인 주장이라기보다 유전공학에 관한 총평과 생물에 특허권을 주장하려는 시도 자체에 강한 적대감이 담긴 견해였다.[8] 민중 사업 위원회는 식물 품종마다 특허가 인정되는 바람에 작물의 유전학적 다양성이 줄고 단일 경작이 늘어나 식물이 병에 취약해졌다고 주장했다. 또한 차크라바티의 특허가 인정되면 동물에 대한 특허 출원도 뒤따를 것이고, 식물처럼 동물 질병과 유전학적 다양성 결여라는 재앙과 같은 결과가 초래될 것이라고 보았다. 민중 사업 위원회는 유전공학이 "놀랍고 경이로운" 생물학적 혁신이라는 사실은 인정하지만, 이러한 능력을 이용하려고 한다면 두려운 결과가 발생할 것이고, 대법원의 판결로 다음과 같은 사태를 막을 수 있다고 밝혔다.

> 우리 대부분이 살아 있는 동안, 유전공학은 일부 개인이나 일부 기관에 결정적이고 굉장한 힘을 부여하게 될 것이다. 바로 새로운 생물을 만들거나 현존하는 생물을 유전학적으로 변형시킴으로써 30억 년에 걸친 진화의 지혜를 되돌릴 수 없이 훼손하는 힘이다.

마치 앞을 내다본 듯 미래를 정확히 예견한 이들의 의견에는 클로닝을 통해 동물의 무성 생식이 가능해지고 복잡한 생물의 유전성을 바꾸는 "유전자 수술"의 시대가 도래할 것이라는 내용도 포함되어 있었다.

그림 7-1. 아난다 차크라바티가 생명체에 특허권을 받은 후
1980년 6월 〈워싱턴포스트〉에 실린 허브 블록Herb Block의 만화.

그러나 민중 사업 위원회는 "문제의 본질"이 뭐라고 생각하느냐는 질문에 "인간을 포함한 포유동물을 정해진 조건에 맞게 만들어 내는 것과 초지능을 가진 존재가 만들어지는 것"이라는 과도한 주장을 펼쳤다.

대법원은 이런 과장된 주장에 동요하지 않았다. 그리고 미생물은 식물 특허 규정인 1970년도 법령에서 명시적으로 제외됐지만 이 재판의 시초가 된 차크라바티의 두 균주는 독창적인 산물이며 특허성이 있다는 판결이 내려졌다. 5대 4의 근소한 차이로 내려진 결정이었다.[9] 반대 의견을 냈던 4명의 판사도 민중 사업 위원회의 주장에는 동의하지 않았다. 판사들 모두 유전공학의 정치적인 의미를 인지했고, 향후 생명체의 특허를 인정하는 법률이 나올 수도 있지만 이 사안과는 상관없는 일이라고 보았다. 판사들의 다수 의견에는 특허청의 주장을 기각한다는 결정과 함께 이 특허가 승인되면 중대한 위험이 발생할 수 있다고 우려한 민중 사업 위원회의 의견도 담겼다. "섬뜩하고 소름 끼치는 가능성"이 제시되었으나, 그런 끔찍한 일들은 본 사건과 무관하며 이런 중대한 쟁점은 의회에서 다루어져야 한다는 내용이었다.[10]

이 판결에 따라 적어도 미국에서는 생물도 특허를 취득할 수 있게 되었다. 제너럴 일렉트릭은 대중의 반대와 규제 기관의 까다로운 절차를 우려해서 차크라바티의 발견을 더 발전시키지는 않기로 했다.[11] 1980년 12월 2일, 특허청은 이 대법원 판결을 토대로 코헨과 보이어가 약 6년 전에 신청한 클로닝 기술에 대한 특허를 승인했다.[12] 이 특허를 비롯한 다른 유전공학 특허 건들 모두 차크라바티 사건이 법체계를 통과하는 동안 보류되어 있었다. 코헨과 보이어의 특허는 승인 후 17년간 유지됐고(미국의 특허 존속 기간은 2011년에 유럽의 상황에 맞춰서 20년으로 연장됐다), 초기에는 468개 업체와 첫 계약 시 1400만 원, 나중에는 연간 1400만 원씩 받고 라이선스 계약을 체결했다(학계 연구자들에게는 무료로 제공됐다). 이 라이선스로 총 2422개 제품이 개발됐고 이 모든 제품이 거둔 총매출액은 49조 원이 넘는다.[13] 코헨과 보이어의 특허로 발생한 총수익은 대략 3600억 원에 이른다. 두 대학교에 각각 지급된 1200억 원을 제외하고 나머지는 전부 두 사람이 나누어 가졌다.

다이아몬드 대 차크라바티 사건으로 발생한 경제적인 영향은 1980년에 일어난 미국 법률의 두 번째 중대한 변화로 더욱 강화됐다. 새로 선출된 로널드 레이건에게 지미 카터가 백악관 열쇠를 넘겨주기 직전에 제정된 법률이 발단이었다. 그해 초부터 민주당 소속 버치 베이Birch Bayh 상원의원과 공화당의 동료 상원의원 밥 돌Bob Dole은 NIH 지원금 등 정부 연구비 수혜자가 자신의 새로운 발견에 특허를 취득하고 라이선스를 판매할 수 있도록 '특허·상표법'의 일부를 개정하자고 주장해 왔다. 당시에 미국 정부가 보유한 특허는 약 3만 건이었는데, 그중 라이선스 계약이 체결되거나 활용된 특허는 거의 없었다. 베이와 돌은 연방기금으로 실시한 연구에서 나온 발견의 활용 권한이 분산되면, 혁신과 경제 성장을 촉진할 수 있으리라고 보았다.

이 주장은 레이건 시대부터 수십 년간 전 세계를 지배한 신자유주의 체제의 핵심 관점으로 정부가 혁신과 경제 성장을 억제한다는 의혹과 미국 문화의 근간이 된 생각이 합쳐진 결과였다. 평범한 누군가가(남자든 여자든) 끝내주는 아이디어를 떠올리고 그 발명이 특허법으로 보호되는 한, 시장의 작동 방식에 따라 발명자는 큰돈을 벌 수 있다는 것이 아메리칸드림 신화의 핵심이다(지금도 마찬가지다). 19세기 미국 작가인 랠프 월도 에머슨Ralph Waldo Emerson은 이를 다음과 같이 표현했다. "더 효과적인 쥐덫을 만들라. 그러면 온 세상 사람들이 문턱이 닳도록 찾아올 것이다"*

미국 대학들은 에머슨이 말한 평범한 사람과는 분명 거리가 멀지만, '베이-돌 법'으로 불리게 된 개정법은 대학들이 특허 취득과 사업 참여, 특히 유전공학 기술을 활용한 그와 같은 시도로 단시간에 부자가 될 가능성에 관심을 기울이는 계기가 되었다. 미국 대학들은 20세기 초에도 산업계와 두루 긴밀하게 협력해 왔으므로 어떤 면에서는 전혀 새롭지 않은 일이었다.[14] 활용에는 관심을 두지 않는 순수한 연구, 특히 생물학계에서 그러한 연구를 추구하는 분위기가 널리 퍼진 건 부분적으로는 전 세계적으로 연구 지원금이 풍족했던 1950년대와 1960년대의 결과였다.[15] 베이-돌 법이 나온 후에도 일부 대학은 앞으로도 연구 결과에 특허를 출원하지 않겠다는 도도한 태도를 유지했다. 하버드대학교는 1920년대부터 학내 연구진에서 건강과 관련이 있는 새로운 발견이 나오더라도 수익 목적으로 이용하지 않기로 했다.[16] 피츠버그대학교의 조너스 소크Jonas Salk는 이러한 이타주의적인 태도를 고수한 대표적인 예로 꼽힌다. 소크는 1950년대에 미국 국립 소아마비 재단의 지원과 이 재단의 모금 운동인 '10센트의 행진'에 힘입어 소아마비 백신 개발에 성공했는데, 소크와 재단 어느 쪽도 이 성과에 어떠한 권리도 주장하지 않은 것으로 유명하다. 에드 머로Ed Murrow라는 텔레비전 프로그램 진행자가 소아마비 백신은 누구의 것이냐고 묻자, 소크는 이렇게 대답했다.

* 에머슨이 실제로 쓴 글은 이보다 훨씬 길고 쥐덫은 언급되지 않는다. "괜찮은 옥수수나 목재, 판자, 돼지를 파는 사람, 또는 남들이 파는 것보다 더 나은 의자나 칼, 도가니, 교회 오르간을 파는 사람은 집이 숲속에 있어도 찾아오는 사람들이 넘쳐나서 집 앞까지 없던 길도 생길 것이다."

"이 백신에 특허는 없습니다. 태양에 특허를 낼 수 있을까요?"

1970년대에 이르자 세상은 크게 변했다. 대학들, 연구자들은 산업계와의 연계로 엄청난 수익을 올리는 새롭고 매혹적인 가능성에 빠져들기 시작했다.[17] 1974년, 화학업계의 거대 기업인 몬산토는 실제로 존재하는지 아무도 확신하지 못했던 종양 인자를 연구하고 그 결과에 대한 권리를 자신들이 갖는 조건으로 하버드대학교에 12년간 총 300억 원을 지급하기로 했다. 몬산토는 이런 결정을 내린 배경을 솔직하게 밝혔다. "우리가 생물학 부서를 따로 만들어서 의대 출신자들을 채용할 수는 없다는 사실을 깨달았다. 그래서 협력하는 방안을 생각하게 됐다." 몬산토에게는 꽤 괜찮은 거래였다. 이들이 지급한 수백만 달러는 세금이 공제되는 데다 전 세계 총매출액이 4조 원에 이르는 기업인 만큼 그 정도 금액은 새 발의 피였다.[18] 1년 뒤에는 하버드대학교도 연구진에게 건강과 관련한 연구 결과를 활용할 권리가 있음을 인정했고, 1977년에는 학내 특허 사무소도 만들었다. 스탠퍼드대학교는 이미 오래전부터 적극적으로 기업가적인 행보를 보였다. 실리콘밸리에서 기술 업체들이 계속 성장한 것도 이러한 태도가 일부 영향을 준 것으로 보인다. 코헨과 보이어에게 특허를 취득하도록 독려한 것도 스탠퍼드대학교였다.[19]

유전공학 연구 결과에 특허가 승인되고 베이-돌 법이 통과되자, 이 분야의 기술을 향한 산업계의 관심은 급속히 증폭됐다. 대기업이 새로운 기술을 활용하기 위해 미국 대학들과 큰 계약을 맺는 사례도 늘었다. 1982년 독일 제약업체 훽스트Hoechst는 매사추세츠 종합병원에 자체 분자생물학 부서를 꾸리고 50명이 넘는 직원을 채용했다. 하버드대학교도 이전 입장을 버리고, 듀폰으로부터 5년간 85억 원을 지원받기로 계약하고 유전학과를 신설했다.[20] 같은 해에 몬산토는 워싱턴대학교에 '인체 질병에 직접적으로 적용할 수 있는' 연구 비용으로 330억 원 이상을 지급하기로 계약했다. 연구 성과에 대한 특허는 대학이 소유하되, 라이선스는 몬산토에 독점 판매한다는 조건이었다. 몬산토의 하워드 슈나이더먼Howard Schneiderman 부사장은 이 계약을 두고 "몬산토와 워싱턴대학교의 오랜 애정이 정점에 이른" 결과라며 너스레를 떨었다.[21]

과학자들은 개인적으로 새로운 것을 발견하고 부를 쌓는 일 외에 이러한 조직적인 관계에는 크게 흥미를 느끼지 않는 경우가 많았다. 제넨텍은 유전공학이 노다지가 될 수 있음을 보여 준 대표적인 사례였고 이후 새로운 스타트업들이 줄줄이 등장했지만, 과학적으로나 경제적으로 보이어와 스완슨에 맞먹는 성과를 낸 곳은 한 곳도 없었다.[22] 1981년에 동료 중 절반은 산업계와 함께 일한다고 한 월리 길버트의 주장이 무색하게, 바로 이듬해 〈사이언스〉는 미국의 대표적인 생물학자 대다수가 생명공학 기업 소속이라고 보도했다.[23] 기사의 내용은 이랬다. "10년 전만 해도 학자가 어찌 산업계가 주는 돈을 받을 수 있느냐며 거절했던 과학자들이 이제는 산업계의 돈을 열심히 찾아다니고 있다."[24] 스탠퍼드의 도널드 케네디 총장은 이렇게 전했다. "분자생물학의 사유화로 특정 교수들에게는 경제적 수익을 올릴 특별한 기회가 생겼고, 그 결과 이 분야 전체에서 어마어마한 규모의 활동들이 벌어지고 있다."[25]

일부 과학자들은 순진할 정도로 과도한 야망을 품었다. 월리 길버트는 1980년에 이렇게 큰소리를 쳤다. "산업계는 학자들이 자문가에

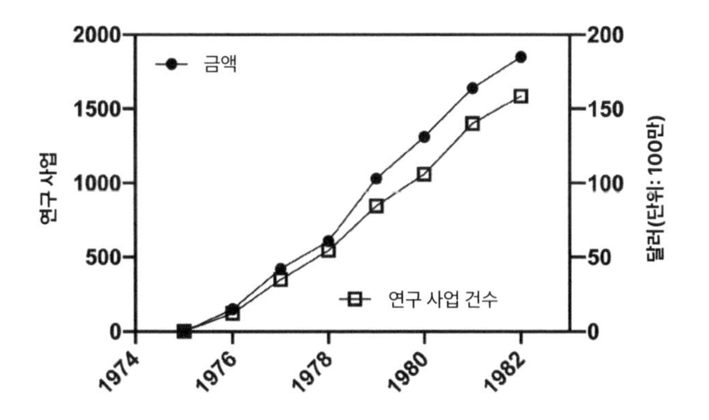

그림 7-2. 1975년부터 1982년까지 유전공학 연구에 지급된 NIH 지원금의 증가 추세.
출처: Wright (1986), Social Studies of Science 16:593-620.

머물기를 바란다. 현실은 학자들의 시도가 산업 발전을 좌지우지하고 있는데도 말이다!"[26] 이 말을 증명하듯, 길버트는 하버드를 떠나 바이오젠의 CEO가 되었다. 그러나 4년 뒤, 바이오젠의 기관 투자자들이 전문적인 경영자가 필요하다고 주장함에 따라 그 자리에서 쫓겨났다.

유전공학으로 가능해질 새로운 과학, 그리고 그 성과가 가져올 경제적 보상은 이 분야에 몸담은 모두에게 너무나 짜릿한 가능성으로 다가왔다. 1980년부터 1982년 사이에 NIH가 재조합 DNA 연구에 제공한 지원금은 약 50퍼센트 늘었다.[27] 민간 분야에서도 재조합 DNA 연구를 향한 관심이 그만큼 급증했다. 1979년에 9곳이던 미국의 유전공학 스타트업은 1980년에 18곳으로 늘어났고, 1981년에는 33곳이 되었다.[28] 더 넓은 분류인 생명공학 업체는 더욱 늘어났다. 백신 개발에 중점을 둔 곳들도 있었고, 새로운 진단 기술에 활용할 분자를 개발하는 곳들도 있었다.[29] 이들이 활용한 구체적인 기술이나 만들고자 했던 제품이 무엇이건 상관없이 영광스러운 과학의 성취와 큰 부를 기대했다.

투자자들에게 가장 중요한 과제는 승자를 집어내는 일이었다. 1981년 2월, 마거릿 대처Margaret Thatcher 영국 총리는 워싱턴 인근에 있는 제넥스Genex라는 스타트업의 연구소를 방문했다. 유전공학 기술로 인공 감미료인 아스파탐을 개발 중인 업체였다. 이 업체가 벤처 투자자들로부터 어떻게 사업 자금을 모금했는지 설명을 들은 총리는 열띤 목소리로 이렇게 대답했다. “경마만큼 흥미진진하군요!”[30] 대처 총리가 이 같은 투자 체계를 낯설게 느낀 건 영국과 미국의 규제 방식이 달랐기 때문이다. 월스트리트와 달리 런던 증권거래소에서는 적자 기업의 주식 상장이 허용되지 않았으므로 투기 목적의 상장 가능성이 차단되고 벤처 투자의 참여 기반도 약했다(이러한 규제는 1993년에야 변경됐다).[31]

미국의 〈유전공학뉴스Genetic Engineering News〉와 〈바이오/테크놀로지Bio/Technology〉, 프랑스의 〈생명의 미래Biofutur〉 같은 잡지도 등장했다. 미국에서는 주식 중개업체 E. F. 허튼E. F. Hutton이 ‘생명공학’이라는 단어를 자사 소식지의 고유상표로 등록했다(생명공학biotechnology은 1927년 헝가리의 칼 에레키Karl Ereky가 처음 만든 단어로, 산업적인 규모로 이루어지는 발효와 동의어가 되었다).[32] 돈 냄새는 과학계 학술지까지 스며들었다. 1980년, 〈네이처〉는 유전공학 응용 기술에 관한 10쪽 분량의 조사 결과와 함께 독자들에게 “연구가 엄격히 관리되고 연구 결과가 신속히 상업화된다면 큰 수익이 발생할 것”이라 조언하면서 미래에 이 기술들이 가져올 부에 기대감을 나타냈다.[33] 그리고 2년 뒤에는 ‘생명공학 재벌들을 위한 네이처 가이드'라는 무성의한 제목으로 생명공학 분야의 주가 소식을 매월 전했다.[34] 처음에는 이 어처구니없는 소식에 거의 한쪽을 다 할애하며 주가지수까지 전하다가, 다우존스 지수가 치솟는 상황에서도 자신만만하던 생명공학 주가지수는 계속 떨어지는 서글픈 그래프가 지속되자 결국 1984년 1월부터 주가 소식은 더 이상 싣지 않았다.[35]

과학자들은 주식시장이 단시간에 수익을 올릴 수 있는 쪽으로 우르르 몰리고 유행에 쉽게 흔들리는 변덕스러운 괴물임을 깨닫기 시작했다. 벤처투자기금 관리자인 캐시 베렌스Kathy Behrens의 설명에는 이런 일들이 너무나 비일비재해서 따분하게 느끼는 기색이 역력하다.

> 굉장히 흔한 시나리오다. (……) 먼저 혁신적인 기술이 나온다. 다들 흥분하고, 돈이 그쪽으로 흘러 들어가기 시작한다. 회사도 적지 않게 생겨난다. 모든 사람, 그 사람들의 형제들까지 너도나도 사업에 뛰어든다. 경쟁이 심화된다. 그러다 기업 평가가 하락하거나, 아무 변동이 없는 상태가 된다. 돈줄이 끊기기 시작한다.[36]

1980년대 생명공학 업계의 분위기는 1987년 영화 〈월스트리트〉에서 고든 게코Gordon Gekko라는 주식 중개인이 한 말 중 실제 의미와는 다르게 인용되곤 하는 '탐욕은 좋은 것'이라는 말로 요약할 수 있다.[37] 하지만 1980년대 말부터 이런 태도를 짜증스러워하는 반응이 나오기 시작했다. 〈이코노미스트〉도 "생명공학의 천재성은 돈을 너무 많이 잡아먹는다."라고 불평했다. 경영자들이 즐겨 보는 이 잡지는 지금까지 생명공학 분야에 들어간 투자금은 14조 원에 이르며 상장 기업도 150곳이라는 사실을 전하면서, 5조 원의 투자금을 추가로 유치한 제넨텍이 유일하게 꾸준히 수익을 내고 있으나 그마저도 "실망스러울 정도로 작은 규모"라고 한탄했다.[38]

재계가 한껏 들뜬 바탕은 미국에서 2차 대전 이후 시작된 투기성 벤처 투자였고, 다른 나라들에는 그에 상응할 만한 수단이 없었다. 그런 투자 중개인도 없고, 주식시장을 규제하는 방식도 다른 유럽과 영국, 일본, 인도의 경우 유전공학에서 성과가 나오면 탄탄한 제약업체나 화학업체가 활용했으며 연구비도 대부분 국가에서 나왔다.[39]

일본의 경우 통상산업성MITI이 오래전부터 투자와 정책을 통해 산업 발전을 독려했다. 전자산업과 신소재, 생명공학에 중점을 두었던 MITI는 1983년부터 생명공학에 더욱 집중하기 시작했고 바로 다음 해에는 일본 최초로 출시된 생명공학 제품 중 하나가 큰 인기를 끌었다. 식물에서 추출하던 시코닌shikonin이라는 전통 염료를 (유전공학 기술이 아닌) 식물세포 배양으로 생산해서 만든 '레이디 80 바이오Lady 80 Bio'라는 립스틱 제품이었다. 더욱 인상적인 일은 MITI가 '차세대 기초 기술 사업'이라는 야심 찬 이름으로 14개 업체의 활동을 지원하고 발전을 도운 것으로, 재조합 DNA 기술 개발업체도 지원 대상에 포함됐다. 이 사업에는 이후 10년간 1400억 원이 투입됐다.[40]

영국에서는 새로운 산업에 대한 지원이 훨씬 덜 체계적으로 이루어졌다. 1975년 케임브리지에서 세사르 밀스테인César Milstein과 게오르게

스 쾰러Georges Köhler가 발견한 단클론항체에(정말로 엄청난 성과였다*) 특허를 내지 않았다는 비난에 시달리던 노동당 정부는 기세가 기울던 1979년, 유전공학 기술에 대한 규제를 완화하고 업체 ICI의 연구 총괄자 출신인 앨프리드 스핑크스Alfred Spinks가 지휘하는 '합동 실무단'을 꾸렸다. '정부와 기타 기관에 영국의 생명공학 산업 발전을 촉진하는 데 필요한 권고 사항을 제시하는 것'이 실무단의 역할이었다.[41] 한 공무원은 당시 영국의 분위기를 이렇게 기억했다. "미국에서 소형 업체들도 투자받는 것을 보고, 우리가 경쟁에서 밀리고 있다는 느낌을 받은 것이 시초였다."[42]

〈스핑크스 보고서〉는 마거릿 대처가 다우닝가 총리 관저에 입성한 지 10개월 만인 1980년 3월에 나왔다. 유전공학이라는 새로운 기술을 정부가 더 적극 지원해야 한다는 보고서 내용은 점점 더 신자유주의 성향으로 기울던 대처 정부의 행보와는 다소 어긋나는 촉구였지만, 영국 정부는 1980년 말 '셀테크Celltech'를 설립하고 영국 의학 연구위원회의 연구비로 나온 모든 연구 성과를 활용할 수 있는 우선권을 부여했다. 1983년에 설립된 '농업유전학 회사Agricultural Genetic Company'도 그와 비슷하게 농업·식품 연구위원회의 연구를 활용하게 되었다. 1981년에 영국 정부가 생명공학 분야에 투자한 금액은 540억 원에 이르렀지만, 같은 해 NIH가 쓴 돈과 비교하면 3분의 1 정도에 불과했다.[43]

* 이보다 더 놀라운 사실은 프레더릭 생어가 노벨상을 두 차례나 수상할 만큼 엄청난 업적을 남긴 단백질 염기서열 분석 기술(1950년대)과 DNA 염기서열 분석 기술(1970년대)도 특허가 없다는 것이다.

1982년에는 연구위원회의 예산이 늘어났고, 영국 무역산업부에는 연 예산 270억 원이 책정된 생명공학 부서가 만들어졌다. 일본 정부의 '차세대 기초 기술 사업'과 비슷한 규모의 예산이었다.[44] 그러나 혁신은 민간 분야에서만 나올 수 있다는 잘못된 생각에 사로잡힌 정부 탓에 이 예산은 결국 중기 재정계획에서 제외됐다. 유전공학 혁명의 바탕이 된 미국 각 대학의 연구 결과들은 모두 연방정부가 지원한 연구비에서 나왔다. 정부의 지원으로 연구가 이루어지고 그 성과를 민간 분야가 활용한 것이다. 전자산업, 컴퓨터 산업도 마찬가지였고 이런 구조가 계속 유지될 것으로 전망됐지만, 영국은 아니었다. 정부가 필수적인 기초 연구에 필요한 연구비를 제공하지 않고 오히려 대학에 지급하던 지원금을 포함한 정부 지출금 삭감에 주력하는 바람에 그와 같은 성과는 나오지 않았다. 한 역사가는 이를 다음과 같이 설명했다. "생명공학을 촉진하려는 정부의 노력은, 그 노력을 위해 채택한 신자유주의 전략의 구조로 인해 무너졌다."[45]

상업적으로 민감한 사업에 가담하는 과학자들이 늘어나자 학계에도 영향이 미치기 시작했다. 이 새로운 상황이 초래한 파괴적인 영향에 주목하는 연구자도 많았다. 1977년, 제넨텍과 UCSF의 관계가 시작된 초기에 미생물학자인 데이비드 마틴David Martin은 〈사이언스〉에 이렇게 전했다. "실험실까지 코를 들이민 자본주의가 대인 관계를 오염시키고 있다. 인체 인슐린을 상업화하면 안 된다고 확신하는 사람도 많다."[46] 보이어의 연구실에서 일하던 박사 후 연구원은 상업이 제넨텍 사업에 동참한 연구자들과 나머지 연구자들의 관계를 어떻게 바꿔 놨는지 이야기했다. "그 사람들은 자신이 무슨 연구를 하고 있는지 자유롭게 말하지 못한다. 그러면 그런 친구들과 불편한 상황을 만들지 않으려고 자진해서 조심스러워지는 것이다."[47]

폴 버그도 이런 변화를 감지했다. "이제는 더 이상 아이디어가 자유롭게 흘러나올 수 없다. 학회에 가면, 사람들은 자기 회사 제품을 속삭이면서 이야기한다. 무슨 비밀 조직 같다."[48] 미국에서는 새로운 발견을 공표한 시점부터 1년 이내로 특허를 신청할 수 있지만 다른 나라에서는 학회 발표를 포함해서 이미 공개된 발견은 특허를 출원할 수 없다는 것이 이러한 분위기 변화의 요인 중 하나로 작용했다(같은 이유로 1973년에 발표된 논문이 근거 자료가 된 코헨과 보이어의 특허도 미국에서만 유효했다).

이런 비밀스러운 태도는 상업적인 이해관계와 직접적인 관련이 없는 분야까지 퍼졌다. 1980년대 어느 학회에서 초파리*의 신경생물학 연구에 관해 발표하던 한 연구자가 힘들여 획득한 DNA 염기서열은 빛의 속도로 스치듯 보여 주며 넘겨 버리고 발표를 듣던 몇몇은 종이에 미친 듯이 휘갈겨 적던 모습이 지금도 기억난다. 자신들이 찾아낸 염기서열을 경쟁자들이 이용하지 못하도록 염기서열 사이사이에 일부러 오류를 끼워 넣었다는 소문이 돌기도 했고, 발표자가 아예 대놓고 그렇게 했다고 뽐내듯 이야기하기도 했다.

더 중대한 문제는, 과학자들이 돈 되는 일에 엮이기 시작하면서

* 20세기 초부터 유전학 연구에 활용된 아주 작은 파리. 나는 이 곤충을 40년 넘게 연구했다.

자신이 수행하는 연구와 이해관계가 충돌할 가능성도 커졌다는 것이다. 실제로 1992년 주요 학술지 14종에 게재된 789편의 연구 논문 중 3분의 1 이상이 이해관계 충돌 기준에 부합하는 것으로 밝혀졌다.[49] 이 기준에 맞는 250편 이상의 논문 중에 해당 논문의 저자가 연구와 경제적인 이해관계가 있다는 사실을 자진해서 공개한 논문은 한 편도 없었다. 더 심각한 건 그런 논문이 실린 학술지도 개의치 않았다는 점이다. 〈네이처〉는 '경제적 "적절성"은 피해야 한다'는 제목의 사설을 통해 특유의 고고한 문체로 해당 연구에서 제기된 우려를 모두 일축하며 오만한 반응을 보였다.

> 요즘 미국 서부와 동부 해안, 그리고 유럽 여러 연구소에서 나오는 생명공학 분야의 괜찮은 논문은 사실상 집필진 중 적어도 한 명은 그 연구와 경제적으로 이해관계가 있다고 보는 것이 합당하다. 하지만 그게 어떻다는 말인가? (……) 이해관계를 밝히지 않았다고 해서 발표된 연구에 사기나 기만, 편향의 요소가 있다고 볼 수는 없다. 따라서 부정행위 위험성을 뒷받침하는 증거가 밝혀지지 않는 한 우리 학술지에 게재되는 논문들은 장사가 아니라 연구라는 우리의 믿음을 굳게 지킬 것이다.[50*]

* 이제는 〈네이처〉와 자매지 모두 "투명성을 유지하고 독자들이 편향 가능성을 각자 알아서 판단할 수 있도록" 주식과 지분, 연구자의 자문 비용 등 논문 저자와 연구의 경제적 이해관계가 충돌하는 부분을 전부 공개해야 한다는 요건을 마련했다. 아무것도 안 하는 것보다 늦더라도 뭐든 하는 게 낫다.

생명공학이 부를 가져오는 시대가 막 시작된 1983년, 영국의 역사가이자 저술가인 에드워드 욕센Edward Yoxen은 텔레비전 시리즈로도 제작된 《유전자 사업The Gene Business》에서 과학과 산업의 복잡하게 얽힌 관계를 조명했다. 이러한 관계로 연구의 과학적 완전성에 문제가 생길 수 있고, 유전공학이 새로운 전환기를 맞이하는 자본주의의 토대가 되고 있다는 것이 욕센의 생각이었다.

> (유전공학이) 자본의 통제를 받는 기술이 되면, 살아 있는 자연을 전용하는 특정한 방식이 된다. 말 그대로 생명을 자본화하는 것이다. 그 결과 기술의 근간이 되는 연구를 수행하는 과학자들, 산업계, 국가기관들 사이에 새로운 사회적 관계가 형성된다. (……) 규제 대상인 분자생물학 연구소와 기술, 개념에서 생겨난 생명공학이 새로운 제품, 공정, 시장을 제공함으로써 자본의 순환과 축적을 지속시킨다. 생물은 생산력을 발휘하는 존재가 되어, 새로운 자본주의 질서에 맞게 사회적 관계를 재구성하는 일에 점점 더 큰 역할을 하게 된다.[51]

다소 극단적인 견해지만, 마르크스주의를 연상케 하는 표현만 없었다면 수많은 벤처 투자자, 상업적으로 기운 과학자들이 수용했을 법한 내용이다. 욕센에 따르면 경계해야 할 부정적인 상황들이 그들에게는 매력적이고 긍정적인 변화였다. 40년이 지난 현대 사회에서는 양쪽이 다 틀렸다는 사실이 입증됐다. 다행인지 불행인지 상업화된 생명공학 기술이 새로운 형태의 자본주의를 이끌지는 않았고, 경제를 변화시키지도 않았다.

•——○

많은 연구자가 유전공학에서 성배에 버금가는 목표로 포유동물 세포를 바꾸는 능력을 들었다. 1979년, 뉴욕 컬럼비아대학교의 리처드 액설Richard Axel(2004년에 후각의 분자 연구로 노벨상을 공동 수상한 인물) 연구진은 마우스 세포에 두 가지 이상 다른 출처에서 얻은 DNA를 도입하는 방법을 찾아냈다.[52] 사실상 코헨과 보이어가 세균을 재조합체로 만든 방법을 포유동물에 적용한 것으로, 연구진은 이 재조합이 제대로 이루어졌는지 확인하기 위해 아무 영향도 발생시키지 않는 표지 단백질과 유기체의 활성에 변화를 일으키는 단백질의 유전자를 하나씩 도입했다. 액설의 연구실에서 박사과정을 밟던 마이클 위글러Michael Wigler의 이름을 따서 위글러 방법으로도 알려진 이 기법은 포유동물의 유전공학 연구를 발전시킨 결정적인 성과일 뿐만 아니라(지금도 사용되는 기술이다), 어마어마한 돈을 벌어들였다. 컬럼비아대학교는 1983년부터 2002년까지 이 기술로 5개의 특허를 취득했고, 특허권이 유지되는 동안 대학이 벌어들인 돈은 8500억 원이 넘는다. 3명의 발명가와 이름이 알려지지 않은 4번째 발명가도 각각 1500억 원씩 벌었다.[53]

과학적인 발전의 관점에서 이보다 훨씬 더 중요한 성과는 유전자 적중 기술, 즉 연구자가 포유동물의 유전자를 마음대로 바꿀 수 있는 기술의 개발이었다. 세포에서는 특정 유전자의 염기서열과 일치하는

DNA 절편이 존재하면 이 절편을 주형으로 삼아 기존 염기서열에 변화가 생기는 반응이 드물게 일어난다. 상동 재조합*으로 알려진 반응이다. 1980년대 중반 마리오 카페키Mario Capecchi와 올리버 스미시스Oliver Smithies는 각자 수행하던 연구를 통해 마우스의 배아 줄기세포(이 세포를 찾아낸 사람은 마틴 에번스Martin Evans였다)에 이러한 과정이 생기도록 하면 모든 세포에서 유전자의 특정 변화가 일어난 마우스를 만들어 낼 수 있음을 알아냈다. 1987년 스미시스 연구진은 이를 "실험동물의 생식세포에 예정된 특정 변화를 일으키는 방법"이라고 설명했다.[54]

하지만 이 방법은 시간이 너무 많이 들고 효율이 매우 낮았다. 스미시스는 초기 결과를 발표하면서 성공률이 세포 100만 개당 한 개 정도에 불과해서 "엄청나게 고생스러운" 일이었다고 밝혔다.[55] 이런 상황에서도 스미시스 연구진과 카페키 연구진은 각각 HPRT 유전자를 표적으로 삼아 변형시키는 데 성공했다(이 유전자가 선택된 이유는 마우스의 X 염색체에 있기 때문이다. 수컷 마우스는 X염색체가 하나뿐이므로 이 유전자도 하나고 따라서 변화를 유도해야 하는 유전자도 하나였다). 이 기술은 곧 널리 채택되어, 특정 유전자가 발현되거나 발현되지 않는 수천 가지 다양한 종류의 '녹아웃knock-out' 마우스가 생겨났다. 이로써 인간은 포유동물의

* '상동성 지정 수선'으로도 불린다. 이배체 생물에는 DNA 이중 나선이 절단되면 절단된 염기서열과 동일한 다른 쪽 염색체의 염기서열을 주형으로 삼아 빠진 염기를 수선하는 메커니즘이 존재한다. 다세포생물에서 분화되지 않은 세포는 주로 이러한 방식으로 수선된다. 생물마다 그리고 세포의 종류마다 세포 주기의 각 단계에 상동 재조합이나 비상동 말단 연결 중 하나가 우선적으로 활용된다. 인위적으로 만든 DNA 주형이 이 수선 과정을 이끌도록 만들면 세포의 유전체에 새로운 염기서열을 도입할 수 있다.

유전자를 조절할 수 있게 되었고, 포유동물의 생물학적 특징, 특히 배아의 발달과 생리학, 신경과학 분야의 지식이 엄청나게 발전하는 계기가 되었다.* 이 연구로 카페키와 스미시스, 에번스는 2007년에 노벨상을 공동 수상했다.

이 혁신의 영향은 선명하게 모습을 드러냈다. 1980년대 중반, 미국, 영국, 스위스, 독일에서 활동하던 6개 연구진이 각각 유전학적인 변화가 자손까지 전달되도록 유전자가 재조합된 마우스를 개발했다고 밝혔다.[56] 이때 나온 논문 중 한 편에서, 예일대학교의 존 고든Jon Gordon과 프랭크 러들Frank Ruddle은 '형질전환'이라는 새로운 표현을 사용했다. 유전자 변형 생물을 묘사하는 표현으로 지금까지도 쓰이고 있는 여러 단어 중 하나다.[57]

1984년에는 이 분야의 선구자인 워싱턴대학교의 리처드 팰마이터Richard Palmiter와 펜실베이니아대학교의 랠프 브린스터Ralph Brinster가 연이은 우연한 사건을 거치면서 SV40 바이러스의 유전자를 가진 마우스를 개발했다. 이 마우스에서는 문제의 바이러스에 감염되면 나타나는 뇌종양이 발생해서, 연구자들은 암의 생리학적, 유전학적 특징을 정밀

* 1981년에 나온《분자 클로닝: 실험 매뉴얼Molecular Cloning: A Laboratory Manual》이라는 책이 이 시기에 벌어진 유전공학의 급속한 확산에 중추적인 역할을 했다. 톰 마니아티스Tom Maniatis와 조 샘브룩Joe Sambrook, 에드워드 프리치Edward Fritsch가 콜드스프링 하버 연구소에서 학생들을 가르칠 때 활용했던 실험 계획을 토대로 한 이 책은 '마니아티스', 또는 '필독서'로 불리며 전 세계 모든 실험실에 꽂힌 책이 되었으며, 스프링 제본된 책장마다 연구자들의 손때로 지저분해지고 쭈글쭈글해졌다. 이제는 여러 권으로 나뉘어서 출간되며 네 번째 개정판까지 나왔다. 현재까지 판매된 부수는 수십만 권에 이른다. 이 책이 없었다면 유전공학은 지금과는 다른 모습이 되었을 것이다. Creager, A. (2020), BJHS Themes 5:225–43.

하고 세세하게 연구할 수 있게 되었다.[58] 하지만 순진해서인지 원칙주의자여서인지, 연구진은 이 실험 절차나 새로 만들어진 마우스에 특허를 출원하지 않았다. 비슷한 시기에 하버드대학교의 필립 리더Philip Leder와 팀 스튜어트Tim Stewart도 듀폰의 지원을 받은 연구에서 암을 유발하는 myc 유전자가 발현되는 마우스를 개발했다. 팰마이터나 브린스터와는 달리 이들과 듀폰은 이 마우스에 특허를 취득하고 상표명까지 부여했다(OncoMouse™).*

이들의 특허권은 특정 종양 유전자**를 가진 마우스는 물론, 사람을 제외한 형질전환 포유동물 중 종양 유전자의 염기서열이 있는 모든 동물에 광범위하게 적용됐다.[59] 앞서 팰마이터와 브린스터가 개발한 형질전환 동물도 하버드와 듀폰 소유이고, 앞으로 종양 유전자가 있는 형질전환 래트나 고양이, 웜뱃이 개발된다면 전부 마찬가지라는 소리였다![60] 당연히 길고 긴 법정 다툼이 벌어졌고, 동물에 특허를 부여하는 일이 타당한지에 관한 윤리적인 논쟁도 거세게 일어나 전 세계 특허청마다 시위가 벌어졌다.[61] 결국 종양이 생기도록 형질전환된 모든 포유동물이 자신들의 특허권 범위라는 야심 찬 주장은 기각됐지만, 형질전환 마우스에 대한 개별 특허는 미국과 유럽에서 인정받았다(캐나다는 받

* 2000년에 미국의 예술가 브라이언 크로킷Brian Crockett은 수지와 대리석으로 1미터 크기의 온코마우스OncoMouse™ 조형물 '에케 호모(Ecce Homo: '이 사람을 보라!'라는 뜻의 라틴어로, 예수에게 가시관을 씌운 뒤 빌라도가 외친 말로 알려진다. – 역주)'를 만들었다. 크로킷은 털이 없는 이 거대한 마우스를 마치 예수처럼 기도하듯 간절히 앞발을 모은 모습으로 표현하여 이 설치류 동물이 의학적으로나 정신적으로나 인류의 구세주임을 나타냈다.

** 일반적으로 세포 분열에 관여하고 돌연변이가 생기면 암을 유발하는 유전자.

아들이지 않았다).[62] 하버드대학교의 연구에 투자한 듀폰의 결정은 최소한 주주들에게는 훌륭한 성과를 가져온 셈이다.

1980년대에 유전자나 유전자 염기서열에 대한 특허 출원 건수는 미국에서만 1000건이 넘었다.[63] 다이아몬드 대 차크라바티 사건에서 민중 사업 위원회가 내놓은 예상은 정확히 맞아떨어졌다. 미국 특허청은 곧 다세포생물에 대한 특허권도 인정하기 시작했다. 최초 사례 중 하나는 연중 내내 수확해서 판매할 수 있는 3배체 태평양 굴이었고, 곧 듀폰의 온코마우스™가 그 뒤를 이었다.[64] 비도덕적인 일, 헌법에 어긋나는 일로 여겨지던 일이 널리 수용되기 시작한 것이다. 생물도 소유할 수 있게 되었고, 모두가 이를 당연하게 받아들였다.

유전자와 유전학적인 변이체에 대한 특허 출원이 본격적으로 활발해진 건 1990년대 초, 사람의 유전체 염기서열을 분석하기 위한 연구 사업이 연달아 진행되면서부터였다. 미국의 국립 인간 유전체 연구소NHGRI(제임스 왓슨이 연구소장을 맡았다)와 국제 인간 유전체 기구가 프랑스, 일본, 영국의 기관들과 공동으로 추진한 사업이었다. 어떤 전략이 최선인지를 두고 치열한 논쟁이 벌어졌고, NIH 소속 연구자인 크레이그 벤터Craig Venter는 인체의 특정 조직에서 발현된 유전자(그가 특히 관심을 쏟은 조직은 뇌였다)로부터 mRNA를 얻어서 cDNA로 만드는 방식을 선호했다. 그는 유전자 하나를 통째로 분석하는 건 기술적으로 어려운 일이므로, cDNA의 염기를 약 400쌍 정도씩 나누어서 분석해야 한다고 보았다. 발현 유전자 조각EST을 만들어서 '샷건 염기서열 분석'을 실시한다면 중요한 유전 질환과 관련이 있는 유전자 중 최소 일부는 단시간

에 찾아낼 수 있다는 것이 벤터의 주장이었다.[65]

이는 생산성이 매우 뛰어난 방법이었다. 당시에는 알려진 인체 유전자가 2000개도 채 되지 않았는데, 벤터는 자신의 연구실에서 하루에 최대 60개의 새로운 인체 유전자를 찾아낼 수 있을 것으로 추정했다.[66] 분석 과정에서 나오는 EST는 밝혀진 기능이 없는 조각이 대부분이었지만, 특허를 내야 한다는 의견이 나왔다. 1991년부터 1992년 사이, 벤터는 NIH의 지원으로 7000개 이상의 EST에 특허를 냈다. 도덕성이 의심스러운 행보였던 것과는 별개로, 아직 그 기능이 뭔지도 모르는 염기서열에 일단 특허부터 받으려는 건 미국 서부 개척 시대의 무법천지를 떠올리게 하는 시도였다. 게다가 같은 유전자에 특허가 여러 개 부여되는 사태로 이어져 큰 혼란을 일으킬 위험도 있었다.

1991년 여름, 벤터가 의회 청문회에서 EST에 특허를 낼 계획이라고 아무렇지 않게 밝히자, 인체 유전자에 특허를 출원하는 게 원칙적으로 말이 되는 일인지를 두고 큰 논란이 일어났다.[67] 왓슨은 완전히 정신 나간 생각이라고 하면서 그런 계획과 벤터, 그리고 그 계획을 지지한 NIH 버나딘 힐리Bernardine Healy 원장에게 강력히 반발했으나, 정부와 제도의 반대에 부딪히자 결국 NHGRI 소장 자리를 유지하기 어렵겠다고 판단하고 1992년 4월 사임했다.[68] 1993년 초에 빌 클린턴Bill Clinton이 새로운 대통령으로 선출된 후 힐리의 자리는 해럴드 바머스Harold Varmus로 교체됐다. 정권이 바뀌자 NIH는 왓슨의 입장을 지지하는 쪽으로 돌아서서 인체 유전자의 염기서열에 대한 모든 권리를 포기하기로 했다. 그러나 민간 분야가 이미 특허 경쟁에 뛰어든 후였다. 1997년 인사이트

Incyte라는 생물의약품 업체는 120만 개의 염기서열에 대한 특허를 출원했다.[69] 유전공학의 변천사를 오랫동안 지켜본 셸던 크림스키는 1999년에 이런 상황을 "사람 유전체의 식민지화"라고 묘사했다.[70] 벤터는 셀레라 지노믹스Celera Genomics라는 회사를 설립하고 향후 상업적으로 활용하려는 목표로 인체 유전체 염기서열 분석 사업에 기여했다. 이렇듯 갑자기 늘어난 특허 출원으로 특허 전문 변호사들은 막대한 수익을 올렸고, 2011년까지 미국에서만 인체 DNA에 대한 특허 약 5만 건이 승인됐다. 그중 약 80퍼센트는 영리 조직이 가져갔다.

그러나 이런 상황은 2013년에 뒤집혔다. 특허를 둘러싸고 10년 넘게 이어진 법정 싸움이 정점에 이른 그때, 대법원이 미국 특허권 4300건 이상을 폐기한다는 결정을 내리고 그 외에 수만 건의 특허도 권리를 약화시킨 것이다. 1994년과 1995년에 미리어드 제네틱스Myriad Genetics라는 업체는(월리 길버트가 공동 창립자였다) 일부 유방암과 관련이 있는 BRCA1, BRCA2 두 유전자에 대한 특허를 취득했다. 진단 검사법 개발이 목표였던 이 업체는 이 두 가지 유전자를 연구하려는 경쟁 업체들을 향해 특허권을 침해하지 말라고 경고하고 라이선스 판매도 거부했다. 그러자 시민운동 단체, 환자들의 권리를 위해 싸우는 단체들을 비롯한 여러 관련 단체가 미리어드 제네틱스를 상대로 소송을 제기했다.

2013년에 마침내 이 사건은 대법원까지 갔고, 판사들은 만장일치로 미리어드의 요구를 기각했다. 30년 넘게 이어진 특허 활동을 뒤집은 판결문에는 다음과 같은 내용이 담겼다. "자연적으로 존재하는 DNA 절편은 자연의 산물이며, 그 절편을 분리했다는 이유로 특허권이 부여

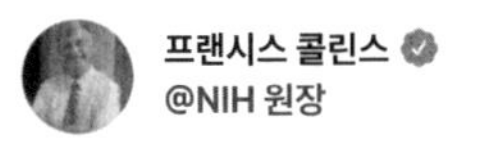

"대법원: 자연적으로 존재하는 DNA 절편은 자연의 산물이며, 그 절편을 분리했다는 이유로 특허권이 부여될 수는 없다." 오예!!![73]

4:01 PM · Jun 13, 2013 · Twitter for iPhone

그림 7-3. 2013년 6월, 미국 대법원에서 유전자 특허 상당수를 폐기하는 판결이 나오자 당시 NIH 원장이던 프랜시스 콜린스가 자신의 트위터에 남긴 환영의 메시지.

될 수는 없다."[71] 많은 이가 이 같은 결정에 놀라워하면서도 기뻐했다(물론 미리어드와 그 회사 주주들은 아니었지만). 당시 NIH 원장이던 프랜시스 콜린스Francis Collins는 자신의 트위터를 통해 판결을 반겼다.

하지만 콜린스의 생각처럼 상황이 그리 깔끔하게 정리된 건 아니었다. 대법원은 cDNA의 경우 자연적으로 존재하고 유전체 DNA와 같지 않으므로 특허를 낼 수 있다고 판결했다(그러므로 벤터가 출원했던 EST 특허는 NIH가 이미 특허를 철회한 경우가 아니라면 특허권이 유지된다는 의미였다). 이에 따라 미국에서는 유전체 염기서열의 한 부분으로 존재하는 유전자에 대해서는 특허를 출원할 수 없다.

유럽의 경우(브렉시트 이후지만 영국도 포함해서) 미국과는 상황이 조금 다르다. 유럽 집행위원회가 1988년에 처음 채택한 '유럽 생명공학 지침'에는 인체에서 분리되고 기능이 입증된 유전자 염기서열은 사람의 것이든 다른 생물의 것이든 특허를 출원할 수 있다는 내용이 포함됐다. 10년간 제약업계의 집중적인 로비 활동과(스미스클라인 비첨SmithKline

Beecham이 이러한 로비 활동에 들인 돈만 480억 원에 달했다) 치열한 다툼 끝에 1998년 7월, 이 지침은 유럽의회에서 최종 통과됐다.[73]

•———◦

특허권이 인정되면 발명자에게 수익이 생기고 기업들이 새로운 발명을 이용할 수 있는 규제 환경이 조성되므로 혁신을 보상하고 독려할 수 있다는 주장도 있다. 그러나 1998년에 특허가 오히려 혁신을 저해한다는 법학적 결론과 증거가 제시됐다.[74] 예를 들어 우리 몸에서 발견되는 아드레날린 수용체는 아드레날린 등 자연적으로 존재하는 물질의 표적이자 베타차단제와 같은 약물의 표적이며 미국에서는 이 수용체에 대한 특허가 800건 이상 출원됐다. 그래서 이 수용체와 관련이 있는 제품을 만들려면 먼저 수십 가지 관련 특허를 보유한 업체들과 각각 협상해야 한다. 더 큰 문제는 특허권자가 자신의 특허를 이용할 수 있도록 라이선스 계약을 체결할 때 이 특허 기술로 개발될 후속 발명품에 대한 권리까지 요구할 수 있다는 점이다. 예를 들어 온코마우스™ 특허는 라이선스 소지자가 이 마우스를 이용해서 얻은 결과를 상용화하려면 먼저 듀폰과 상의해야 한다는 조건이 달려 있다. 라이선스 조건에 따라 듀폰은 향후 개발되는 새로운 상업 제품의 협상마다 발언권을 갖는다.[75]

1980년대에 캐리 멀리스Kary Mullis가 개발한, 분자생물학에서 가장 중요한 혁신인 중합효소 연쇄반응PCR의 상업화 범위는 그보다 훨씬 더 광범위했다. DNA의 특정 절편을 놀랍도록 효율적으로 증폭할 수 있는 PCR 기술은 과학과 의학에 변화를 몰고 왔고, 분자생물학과 진단의 필수 요소로 빠르게 자리를 잡았다. 코로나19 대유행 시기에도 PCR은 일상 용어였다.[76] 선구적인 생명공학 업체 시터스Setus에서 일하던 멀리스는 PCR 기술을 개발한 직후 특허를 취득했다. 1998년에는 PCR을 이용한 진단 시장의 규모만 2조억 원으로 추정됐다.* 시터스도 PCR 기술을 상업적으로 이용해서 나온 모든 결과에 자사가 일정 부분 권리가 있다고 주장했다. 학계 연구도 예외가 아니었다. 당시 시터스 회장이었던 로버트 필데스Robert Fildes는 이를 다음과 같이 설명했다. "대학들을 향해 우리가 하고 싶은 말은 이렇다. PCR을 이용하되, 결과를 얻으면 우리에게도 일부를 떼어 주기 전에는 제약회사에 넘기지 말 것."[77] 호프만 라로슈는 1991년에 PCR 기술의 특허권을 4200억 원에 가져왔고, 이 엄격한 제약 조건을 없앴다.[78]

학계에서는 특허의 영향을 두고 20년 넘게 논쟁이 이어지고 있으나, 분명한 사실은 듀폰과 시터스가 제시한 것과 같은 포괄적인 요건이 특허권자의 수익만 늘릴 뿐 혁신을 촉진하지는 않았다는 것이다. 형질전환 마우스 연구의 선구자인 리처드 팰마이터는 2007년에 종양 유전자가 있는 모든 마우스를 포괄하는 듀폰의 특허가 어떤 영향을 발생시켰는지 조사하고 맹렬한 비난을 쏟아냈다. 그러한 마우스가 존재하는 핵심 이유는 신약 개발에 활용해서 환자의 생존율을 높이는 것인데,

* 시터스가 특허를 출원한 택taq 중합효소는 초창기 가격이 소규모 실험실에서 쓰기에는 너무 비싸서 비공식적인 경로로 효소를 구하려는 연구자들도 있었다. 나도 파리의 한 술집에서 동료 연구자를 만나 이 효소를 은밀하게 건네받은 기억이 있다.

듀폰은 특허로 수익을 내는 게 우선이고 이는 "산업계에서는 드물지 않은 행위일 수 있으나 사회적으로는 논란이 될 만한 행위"라고 평가했다.

> 듀폰은 (……) 자체 신약 개발 사업에 활용할 목적으로 종양 마우스를 개발하거나 도입한 게 아니다. 그보다는 하버드 특허에 막대한 이용료와 제약 조건을 붙여서 라이선스 계약을 맺는 데 주력해 왔다. (……) 이러한 듀폰의 사업 계획은 (……) 종양 마우스가 새로운 암 치료제 개발에 쓰이는 과정을 복잡하게 만들고 상업적인 활용을 더디게 만들었다.[79]

유전자 특허도 그와 같은 생산성 저하와 혁신을 가로막는 결과를 가져온 것으로 보인다. 크레이그 벤터의 회사인 셀레라 지노믹스가 특허를 출원한 염기서열과 인간 유전체 프로젝트를 통해 일반에 공개된 염기서열의 영향을 비교한 결과, 특허가 걸린 유전자는 연구와 제품 개발에 최대 30퍼센트까지 덜 활용되는 것으로 나타났다.[80]

전 세계 여러 나라가 비슷한 법을 만들게 된 베이-돌 법의 영향에 관해서도 이와 비슷한 주장이 제기된다. 일본, 대만, 브라질, 남아프리카공화국, 필리핀도 비슷한 정책을 채택했고, 독일은 반대로 개인 연구자의 발견을 개인의 소유가 아닌 기관 소유로 보는 방향으로 전환했다. 베이-돌 법이 혁신과 상업화에 긍정적인 영향을 주었다고 여겨지지만, 반대 의견도 많다. 2007년에 휼렛 패커드의 부사장은 이 법이 "불신에 불을 붙이고 좌절감을 키웠으며 수익 창출이라는 잘못된 목표를 위해 대학과 산업계가 과거 어느 때보다 서로 멀어지도록 만들었다"고 주

장했다.[81]

2020년대 초의 세상은 많이 달라졌다. 수많은 DNA 특허에 무효 판결이 내려지고, 서로 상충하는 두 가지 새로운 요소가 과학과 의학의 구조를 바꾸고 있다. 즉 한쪽에서는 '열린 과학'을 만들기 위한 움직임, 그리고 출판 전 논문들이 코로나19의 과학적인 조사를 위해 주요 자료로 쓰인 사례에서 확인된 것처럼 데이터 공유에 대비해야 한다는 의견이 늘고 있고, 다른 한쪽에서는 사생활과 개개인의 권리에 대한 인식이 점차 높아지고 있다. 연구자들은 유전체 연구를 대규모로 진행하면 연구에 쓰이는 개인 유전자 데이터를 위해 수백만 명과 협의해야 하는 상황에 놓일 수 있음을 인지한다.[82] 원주민들은 자신들의 DNA가 상품 개발에 쓰일 수 있음을 깨닫고, 가장 사적인 데이터를 그런 식으로 이용하려는 시도에 극구 반대한다. 코로나19 백신 개발에 뛰어든 많은 대학이 처음에는 성공하게 되면 개발도상국에 저렴하게 또는 무료로 백신을 제공할 것이라고 밝혔지만, 실제로 이 중요한 백신이 개발된 후 연구진이 특허를 거부하려고 한다면 가만히 있을 대학이나 연구소는 없을 것이다.* 과학자나 대학의 관리자들은 이미 돈맛을 보았고, 절대 그 맛을 알기 전으로는 돌아가지 않을 것이다.

* 2021년이 거의 끝날 무렵 아주 훌륭한 예외가 생겼다. 텍사스 아동병원과 베일러 의과대학이 인도를 시작으로 전 세계에 코로나19 백신을 무료로 공급한다고 발표했다. 자선 재단을 포함한 여러 민간 기부자가 백신 개발자들에게 상당한 돈을 기부했기에 가능한 일이었다. 2022년 5월에는 세계무역기구의 주요 회원국들이 개발이 완료된 백신의 전 세계 생산을 촉진하기 위해 특허를 포기하자고 제안했다. 제약업계는 이 제안이 성사되지 않도록 로비를 벌였고, 이 책이 나온 2022년까지도 합의는 이루어지지 않았다.

8

유전자 변형 식품

일반 대중이 유전공학 기술을 접하는 주된 경로 중 하나는 이 분야에서 상업적으로 가장 성공한 유전자 변형GM 작물이다. GM 작물의 이야기는 형질전환 식물이 처음 탄생하고, 수수께끼로 여겨지던 이 식물이 최첨단 과학을 토대로 안정적인 기술이 되기까지 10년이라는 시간에 이루어진 과학의 비약적인 성공 스토리이기도 하다. 이 과정에 참여한 과학자들이 직접 쓴 회고록에도 그 시기의 이야기가 담겨 있지만, 역사가들의 조사는 아직 이루어지지 않았다.[1] GM 작물은 1980년대 가장 중요한 발전의 하나인데도 분자생물학의 역사에서는 다루어지지는 않는다. GM 작물은 과학적으로 까다로운 문제를 해결했을 뿐만 아니라 식물을 변형하는 다른 여러 방법이 등장하는 길을 열었고, 전 세계적으로 일부 농업에 큰 논란이 된 변화를 일으킨 직접적인 요인이다.

1960년대에 마크 반 몬터규Marc Van Montagu와 제프 셸Jeff Schell이 이

끄는 벨기에 연구진은 식물에 생기는 종양의 한 형태인 뿌리혹병의 원인을 찾기 시작했고 이 연구에서 아그로박테리움Agrobacterium이라는 균이 뿌리혹병의 핵심이라는 사실이 드러났다. 1974년에는 아그로박테리움에 거대한 플라스미드가 존재한다는 사실을 밝혀냈다. 연구진은 이 플라스미드를 발견한 직후부터 세균의 DNA가 플라스미드를 통해 식물로 전달된 후 제멋대로 증식해 뿌리혹병이 생길 수 있다고 추정했다. 그리고 이러한 전달 과정을 활용하면 재조합 식물을 만들 수 있다는 사실도 깨달았다. 2021년 반 몬터규는 내게 이 통찰에서부터 "행복한 과학"의 시기가 시작됐다고 이야기했다. 그의 연구진과 다른 두 연구진이 이 직관적인 생각을 기술로 만들기 위해 우호적으로 경쟁을 벌이던 시기를 일컫는 표현이었다.

1977년에 워싱턴대학교의 매리 델 칠턴Mary-Dell Chilton 연구진은 반 몬터규와 셸이 의심한 대로 뿌리혹병은 아그로박테리움이 지닌, 종양을 유도하는 플라스미드 중 일부 염기서열이 식물 DNA로 도입되면서 발생한다는 사실을 증명했다.[2] 자연에서 종류가 다른 생물들 간에 유전물질이 전달되는 일이 정말로 일어난다는 것을 보여 준 놀라운 발견이었다. 이 연구를 비롯해 뒤이어 쏟아진 비슷한 발견들은 자연에도 DNA가 재조합된 생물체가 존재한다는 사실을 보여 줌으로써 DNA 재조합 기술에 대한 사람들의 두려움을 가라앉히는 데 일조했다. 6년 뒤인 1983년 초, 식물 유전공학을 연구해 온 세 연구진 모두 아그로박테리움의 플라스미드에서 종양을 유도하는 염기서열을 분리한 후 그 부분을 다른 DNA 염기서열로 대체해서 식물 유전체로 그 새로운 DNA를 도입시키는 데 성공했다. 식물 유전자의 조작이 가능해진 것이다.

이 세 연구진 모두 GM 작물의 영향력, 그리고 문제점과 떼려야 뗄 수 없는 관계가 된 미국 업체로부터 연구비를 지원받았다. 바로 몬산토였다. 반 몬터규와 셸은 벨기에에서 연구하며 몬산토의 지원을 받았고, 매리 델 칠턴은 1983년 학계를 떠나 CIBA-가이기CIBA-Geigy라는 업체(현재의 노바티스)에 유전공학 연구소를 세우기 전까지 몬산토로부터 연구비를 받았다.[3] 세 번째 연구진은 1980년에 어니 자보르스키Ernie Jaworski를 필두로 꾸려진 몬산토의 자체 유전공학 연구진이었다. 칠턴은 나중에 자보르스키를 "초기 선지자"였다고 묘사했다.[4]

몬산토 연구진이던 롭 프랠리Robb Fraley도 식물 유전공학 발전에 중추적인 역할을 한 인물이다. 그는 2021년에 나와 이야기를 나누면서 당시에는 중요한 실험에서 원하던 결과가 나오면 연구소 전체가 기뻐하는 분위기였다고 전했다.

> 신나는 시절이었습니다. 1982년 가을이었고, 우리 팀의 조직 배양 전문가였던 롭 호르슈Rob Horsch가 몬산토 연구소 복도를 마구 뛰어 내려와서는 목청껏 외쳤던 게 아직도 기억납니다. "됐어요! 성공했다고요! 해냈어요!"[5]

이들의 획기적인 연구 결과는 1983년 1월에 열린 마이애미의 한 심포지엄에서 공개됐다. 논문은 벨기에 연구진을 시작으로 이듬해에 차례로 나왔다.[6] 몬산토 연구진의 논문이 가장 마지막에 나왔으므로 순서로만 따지자면 경쟁에서 '졌다'고 할 수 있지만, 1983년 1월 심포지엄의 언론 보도에서는 몬산토의 연구가 소개됐다. 〈타임스〉는 이 연구에서 몬산토가 한 역할과 연구의 궁극적인 목표가 식물의 생산성 증대라는 점을 집중적으로 보도했고, 〈월스트리트저널〉은 몬산토의 과학자들이 큰 위업을 달성했다고 알렸다.[7] 너도나도 특허에 몰려들던 시대였던 만큼 이 세 연구진도 모두 특허를 출원했다. 변호사들은 20년 넘게 이 일에 매달렸고 안타까운 싸움은 2005년, 라이선스를 공유하기로 합의하면서 마침내 끝이 났다.[8]

식물은 생물학적으로 유연하므로, 몇 년 만에 재조합 식물을 만드는 몇 가지 방법이 추가로 개발됐다. 시시해 보일 만큼 정말 단순한 기술도 있었다. 예를 들어 1985년에 몬산토 연구진은 식물의 잎에서 펀치로 작은 조각을 떼어낸 후 유전자가 재조합된 아그로박테리움을 포함한 배양액에 넣어 두면 재조합된 플라스미드가 식물 조직으로 들어가서 식물의 유전체와 통합된다는 사실을 입증했다. 게다가 그 작고 둥근 잎 조각도 식물은 식물이라, 뿌리가 자라났을 뿐만 아니라, 무려! 어엿한 형질전환 식물이 되었다.[9] 1년 뒤에 스위스 바젤에서는 한 연구진이 식물세포에서 세포벽이 제거된 원형질체를 이용해 새로운 DNA가 세포 내로 흡수되고 자손 세대까지 전달될 수 있음을 확인했다. 이러한 DNA 전달이 가능한지를 두고 오랜 세월 이어진 논쟁에 마침표가 찍힌 순간이었다. 〈식물의 유전자 직접 전달〉이라는 논문 제목에 모든 게 담겨 있었다.[10]

이 모든 연구에 쓰인 식물은 목화, 대두, 해바라기 등 농업에서 중요하다고 여겨지는 식물이 다수 포함된 쌍떡잎식물이었다. 쌀, 옥수수, 그 외에 곡류 등 외떡잎식물 중에서도 농업의 핵심 작물이 많았는데, 이 분류에 해당하는 식물은 여러 가지 이유로 형질전환이 잘 일어나지 않았다. 외떡잎식물은 식물세포에 전기 충격을 가해서 구멍을 만들면 외래 DNA가 흡수되긴 하지만 형질전환 세포가 식물로 자라도록 만들기가 쉽지 않았다. 1987년까지는 이것이 식물의 유전공학적 잠재성에 큰 한계로 여겨졌다. 〈가디언〉은 "유전공학 기술로 쌀, 옥수수, 밀과 같은 세계 주요 작물을 개선하거나 더 튼튼하게 만들려는 시도는 전부 실패했다"고 보도했다.[11] 그러나 이 기사가 한창 인쇄되고 있을 때, 상상하기 힘든 아주 기이한 방법으로 마침내 수수께끼가 풀리고 있었다.

1987년 스탠퍼드 연구진은 오직 미국에서만 나올 수 있는 기술을 개발했다고 발표했다. 바로 유전자 총이었다.[12] 이름에서 쉽게 예상할 수 있는 기능, 즉 DNA가 입혀진 아주 작은 입자를 식물 조직에 쏘아서 외래 DNA가 식물의 유전체로 통합되도록 만드는 도구였다.[13] 처음에는 공기총으로 개발되어 양파 세포에 쓰이다가(양파는 외떡잎식물이다) 곧 화약을 사용하게 되면서 재미를 위해 허구적으로 만든 설정처럼 최신 물건이 먼 옛날에 쓰이게 된 듯한 유전자 총이 탄생했다. 공동 개발자인 존 샌퍼드John Sanford는 커다란 총소리와 파편이 공기 중에 온통 날리는 등 유전자 총을 개발하는 과정이 '정말 너무 재미있었다'고 회상했다. 동료들은 다들 정신 나간 일이라고 생각했고, 터진 양파와 화약 냄새가 가득한 실험실은 맥도날드와 사격 훈련장을 합쳐 놓은 듯한 분위기를 풍기기 시작했다.[14]

처음에는 연구비를 확보하기 위해 계획을 밝힐 때마다 조롱당했고, 〈네이처〉에 연구 결과가 실렸을 때도 다른 과학자들은 코웃음을 쳤다.[15] 하지만 재밋거리로만 여기는 분위기는 곧 사라졌다. 유전자 총은 상용화되었고, 이 기술로 형질전환 식물을 더 광범위하게 만들 수 있게 된 것이다. 그 결과 세 가지 중대한 혁신이 일어났다. 형질전환 옥수수의 탄생, 그리고 식물세포의 세포소기관 중 두 가지 핵심 기관인 미토콘드리아와 엽록체(광합성이 일어나는 곳)의 유전자 변형이었다.[16]

이러한 기술들로 재조합 DNA를 식물세포에 도입하는 문제는 해결됐지만, 도입된 DNA가 제대로 발현되려면 반드시 프로모터라고 불리는 염기서열이 앞부분에 함께 있어야 했다. 가장 널리 사용되는 프로모터는 콜리플라워에 감염되는 특정 바이러스의 35S라는 프로모터다. 유전자 발현을 중단시키는 종결 부위도 필요했는데, 이 부분은 주로 아그로박테리움의 종결 부위가 사용됐다.[17] 1983년에 칠턴 연구진이 개발한 기술이 알려진 후부터 재조합 식물은 항생제 내성 유전자도 함께 도입해서 그 특성으로 구분되는 경우가 많았다. 항생제 내성은 유전자 재조합 플라스미드가 포함된 식물을 구분하는 편리한 방법이었지만, 식물의 특정 형질을 바꾸기 위한 유전자를 갖게 될 뿐만 아니라 최소한 형질전환 초기에는 특정 항생제에 내성을 지니게 된다는 의미였다.[18] 유전자 재조합 과정에서 이렇듯 추가로 전달되는 유전물질은 나중에 형질전환 작물을 대하는 대중의 태도에 중대한 영향을 끼쳤다.

•——○

몬산토는 식물 형질전환 기술의 발전과 활용에 중요한 역할을 했지만, 당시 몬산토 연구자들이나 고위직들은 다 알고 있었던 이 화학회사의 초기 사업 목표는 상당히 놀라웠다. 1960년대에 몬산토는 그 시대의 상징과도 같은 세 가지 제품인 살충제 DDT와 플라스틱 유리 물질(아스트로터프), 베트남전쟁에 쓰인 강력한 고엽제 에이전트 오렌지 모두를 만든 업체였다. 그야말로 인공성과 자연의 죽음이라는 끔찍한 세상을 대표하는 기업이었다. 이 모든 것을 바꾼 것이 유전공학이었고, 몬산토는 농약에서 완전히 벗어날 수 있었다. 몬산토의 CEO였던 딕 머호니Dick Mahoney는 1980년대 말에 이렇게 설명했다. "두 번 다시는 화학물질로 돌아가고 싶지 않았다……. 우리가 생명공학에 뛰어든 건 그래서다."[19] 이 목표는 1995년에 로버트 샤피로Robert Sharpiro가 몬산토 CEO가 되면서 더욱 구체화됐다. 미국의 대기업들이 조직의 지시에 순응하는 숨 막히는 분위기이던 때 샤피로는 정반대를 택했다. 전체가 탁 트인 개방형 구조의 사무실에서 직원들과 함께 일하고, 넥타이 없이 출근하는 날도 많았다. 특히 라임색이 도는 녹색 셔츠를 즐겨 입기로 유명했던 그는 누구나 좋아하는 대학교수 같은 분위기를 풍겼다.[20] "이런 체계로는 지속될 수 없습니다." 그는 몬산토 직원들에게 이렇게 선언하고, 위기가 고조되는 시대에 몬산토는 어떻게 이윤을 낼 것인지 설명했다. "세상은 이대로 순순히 멸종을 맞이하지는 않을 것입니다. 이제 세상은 생존을 도운 사람들에게 돈을 내게 될 것입니다."[21]

몬산토가 추진한 사업 목표 중 하나는 다른 곤충에는 영향을 주지 않고 유충을 죽이거나 식물 가까이 오지 못하게 하는 물질이 만들어지는 형질전환 식물을 개발해서 농민들이 작물에 대거 살포하던 농약을 줄이는 것이었다. 유충을 쫓는 그러한 물질은 토양에 자연적으로 존재하는 바실루스 튜린겐시스Bacillus thuringiensis*라는 미생물에서 얻었다(그래서 이 물질이 포함된 살충제는 앞 글자를 딴 Bt로 불렸다). 유기농업을 하는 농민들이 천연 살충제로 사용한 적이 있는 물질이었다. 그런데 몬산토만 이런 사업에 뛰어든 건 아니었다. 식물에 Bt 유전자가 있으면 해충을 물리칠 수 있다는 사실을 처음 밝혀낸 곳은 마크 반 몬터규가 속한 벨기에 업체 플랜트 제네틱 시스템Plant Genetic Systems이었다.[22]**

얼마 지나지 않아 몬산토가 개발한 Bt 목화 식물이 미국에서 사용 승인을 받았고, 뜻밖의 판매고를 올렸다. 승인이 떨어지기 몇 달 전인 1995년 여름에 미국 앨라배마와 미시시피에 담배나방 유충이 들끓어 목화 농사가 엄청난 타격을 입었고, 그때 큰 손실을 당한 농민들이 Bt 목화가 승인되자 이 새로운 품종을 써 보기로 한 것이다. 한 농민은 이렇게 회상했다.

* 자연에 존재하는 토양 세균. 살충제 물질을 만드는 세균이며, Bt가 가진 이 물질의 유전자가 GM 작물에 적용된다. 보통 Bt라는 용어는 이 살충 물질을 가리키는 말로 쓰인다.

** 반 몬터규는 평생을 사회주의자로 살았다. 2021년에 나는 그에게 연구 결과를 상업화하는 회사는 왜 설립했느냐고 물었다. 그는 벨기에 정부가 기술의 상업적인 활용은 민간에 맡겨야 한다는 이유로 개입하지 않으려고 했으므로 달리 선택권이 없었다고 답했다.

다음 해에 또 그런 타격을 입으면 목화가 얼마나 남을지 알 수가 없는 상황이었다. (……) 정말 처참했다. 손해를 되돌리려면 8년에서 10년은 걸릴 만큼 피해가 컸다. Bt는 큰 변화를 가져왔다. (……) 우리가 목화 농사를 계속할 수 있었던 결정적인 이유였다.[23]

단순한 경제적 이점이 전부가 아니었다. Bt 작물을 재배하는 농민들은 농약 사용량이 80퍼센트 가까이 줄었고, 이런 형질전환 작물을 이용하려면 지속 가능성을 고려한 정교한 작전도 필요했다. 즉 해충의 일부는 살아남아야 하므로, 농민들은 Bt 작물의 종자를 너무 많이 심지 말라는 조언을 들었다.[24] 직관과 어긋나는 내용이지만, 해충에서 무작위 돌연변이가 일어나 작물에서 만들어지는 살충 물질에 내성을 갖는 해충이 소수 생겨난다는 사실에서 나온 조언이었다. 내성이 있는 해충이 짝짓기하면 그러한 특징을 가진 해충이 계속 생겨날 터였다. 밭에 심은 작물 중에 Bt 유전자가 발현되지 않는 작물도 섞여 있어야 내성이 있는 해충이 일반 작물을 먹고 자란 해충, 즉 식물의 해충 물질에 내성이 없는 해충과 짝짓기할 확률이 더 높아지고 그래야 내성 유전자는 해충 개체군 내에서 희석되어 서서히 사라진다.

엄청난 돈이 걸린 사업이었다. 옥수수 생산에서 조명나방 유충으로 발생하는 피해 금액이 미국에서만 매년 1조 4000억 원에 이르렀고 이 문제를 해결하려고 땅과 공중에 어마어마한 양의 살충제가 광범위하게 살포되어 발생하는 경제적·생태학적인 비용도 엄청났다.[25] 하지만 농민들이 이 새로운 작물을 재배하려면 추가로 대가를 지불해야 하는데, Bt 작물의 효과가 아무리 확실하다고 해도 그 이상의 수익을 무조건 보장하는 건 아니었다. 예를 들어 Bt 옥수수는 조명나방이 극성인 해에는 분명 수익에 도움이 되지만, 그런 피해가 발생하는 해는 대략 4년에 한 번 정도였다.[26] Bt 목화도 효과가 정말 우수하지만 쫓아낼 유충이 없으면 도움이 되지 않았다. 해충의 영향은 변덕스러운 자연에 달려 있었다. 몬산토에게는 운 좋게도 목화의 경우 농민들이 이미 큰 손해를 겪은 후라 거부할 만한 이유가 없었고, 그 결과 1997년 2000헥타르 규모였던 Bt 목화의 재배 면적은 2000년이 되자 미국 전체 목화 재배 면적의 20퍼센트인 70만 헥타르로 늘어났다. 2015년에는 미국에서 재배되는 목화의 96퍼센트가 Bt 목화로 집계됐다.[27]

Bt 작물에는 농업에 생태학적으로 접근하려는 인식이 어느 정도 엿보이지만, 유전자 변형 식품의 가장 큰 성공작이 된 '라운드업 레디Roundup Ready' 작물은 그렇지 않았다. '라운드업'은 몬산토가 생산하는 글리포세이트glyphosate라는 제초제의 상품명이다. 1970년대 말에 처음 판매되기 시작한 이 제초제는 식물에서 아미노산 합성에 관여하는 효소인 EPSPS의 활성을 차단하므로 어떤 식물이든 닿기만 하면 죽는 농약이다. 현재 미국 농업에서 가장 많이 사용되는 제초제이자 전 세계 베스트셀러지만, 이 농약의 성공은 글리포세이트의 우수한 효율성으로만 요약할 수 없다. 몬산토는 글리포세이트의 영향을 받지 않는 작물도 함께 개발한다는 비상한 아이디어를 떠올렸다. 농민들이 이 제초제를 뿌리면 재배하려는 작물만 남고 잡초는 전부 없앨 수 있도록 만든 것이다. 잡초 제거에 드는 시간과 힘을 아낄 수 있고 잡초가 없으니 원하는 작물을 더 높은 밀도로 재배할 수 있으므로 수확량이 늘어나는 데다 토양 구조를 해치는 밭 갈기의 필요성도 줄었다.

이 계획이 처음 알려지자 업계에서는 두려워하는 반응이 나왔다. 스위스에서도 CIBA-가이기가 특허를 취득한 자사 제초제로 비슷한 사업을 제안했다가 대중의 반발이 예상되어 접은 적이 있었다.[28] 몬산토도 라운드업 레디 식물 개발에 착수한 초기에 비슷한 반대에 부딪혔다. 몬산토 연구진 롭 프랠리는 "이걸로 우리가 할 수 있는 일이 그 망할 제초제를 더 많이 파는 것뿐이라면, 이 사업은 하면 안 된다"는 의견을 냈다고 전해진다.* 하지만 프랠리의 확고한 반대에도 불구하고 몬산토는 이 사업을 추진하기로 했고, "망할 제초제"를 더 많이 팔 수 있는 완벽한 방법을 세심하게 다듬기 시작했다.

여러 번의 실패 끝에, 1989년 몬산토는 그토록 애타게 찾던 제초제 내성 유전자가 발현되는 세균 종을 우연히 찾아냈다. 회사 제조 시설 중 한 곳에서 나온 폐수에 서식하던 균이었다.[29] EPSPS와 살짝 다른 효소가 발현되어 식물이 글리포세이트의 영향을 받지 않게 만드는 이 새로운 유전자는 옥수수, 대두를 포함한 다양한 식물에 도입됐다. 물론 특허도 출원됐다.

몬산토와 다른 업체들의 문제는 상용화하는 과정에서 시작됐다. 미국의 전통적인 종자 업체들과 사이가 껄끄러웠던 몬산토는 교활한 계획을 세웠다. GM 종자를 일반 종자와 같은 가격에 판매하고, 대신

* 2021년에 롭은 자신이 이런 말을 했는지 기억나지 않는다고 내게 말했다.

그림 8-1. "그리고 말이 나온 김에, 꿀벌이 우리 지식 재산권을 불법적으로 퍼뜨리고 있으니 고소하도록 합시다."

GM 종자를 쓰는 농민들에게 '기술 수수료'를 추가로 받는다는 계획이었다.[30] 농민들에게 새로운 유전자에 대한 라이선스 사용료를 받겠다는 뜻이었다. 더욱 결정적인 조치는 농민들이 자사 식물에서 나온 종자는 절대 소유할 수 없다는 계약 조건에 동의하도록 한 일이었다. Bt 유전자는 우성*이라 Bt 식물을 야생형 식물과 교잡해도 이 유전자가 포함된 종자가 생기므로 이는 Bt 식물에 더 중요한 의미가 있는 조건이었다. 대

* 이배체 생물의 특정 유전자가 한 쌍의 염색체 각각에 각기 다른 대립 유전자로 존재할 때 발현되는 대립 유전자를 나타내는 형용사. 우성은 항상 상대적이며(발현되지 않는 다른 대립 유전자가 없으면 우성이 될 수 없다), 각 염색체의 양쪽 대립 유전자가 모두 발현되는 경우도 많다.

여와 소유는 다르다는 것이 몬산토의 취지였다. 몬산토의 종자에 포함된 마술 같은 유전자는 농민들의 소유가 아닌 몬산토의 소유라는 의미였다.

롭 프랠리는 몬산토가 "농업계의 마이크로소프트"가 되고자 했다고 전했다.[31] 업계 전체를 거의 독점하는 지배적인 기업, 업계의 생태계 전체를 상품화해서 이용자를 몬산토의 다른 제품들도 사용할 수밖에 없는 복잡한 거래에 묶어 두는 그런 기업이 되겠다는 것이다. 프랠리가 이 말을 한 시점에 마이크로소프트는 미국 독점금지법에 따라 독점과 불공정한 행위에 대한 조사를 받고 있었다. 마이크로소프트와의 유사성이 투자자들에게는 매력적인 요소로 느껴질지 몰라도 그 회사처럼 결국 끈질긴 법적 다툼을 맞이할 위험성을 감수하는 건 그리 훌륭한 사업 전략이 아니었다.

당시에 수많은 다른 기업들과 마찬가지로 몬산토 사업 계획의 핵심은 자체 개발한 모든 것에 체계적으로 특허를 취득하는 일이었다. 몬산토는 지식 재산권과 시장에서의 입지를 지키기 위해 자사 특허의 위반 사례를 적발하는 일에 집착하기 시작했다. 사립 탐정을 고용해서 농민들을 염탐하고, 농민들이 서로 감시해서 계약 조건을 어긴 사람을 무료 전화번호로 고발하도록 부추겼다. 다음 해에 파종하려고 자사 종자를 몰래 보관해 둔 것으로 의심되는 농민들이 고발당했다. 20세기 마지막 몇 해 동안 몬산토는 종자 은닉이 의심되는 사례 500건을 조사했고, 이 중 65건에 대해 법적 절차를 밟겠다고 위협했다. 이 일에 휘말린 농민들 거의 모두 배상금을 내야 했다.[32]

가장 악명높은 사례는 1998년 캐나다에서 퍼시 슈마이저Percy Schmeiser가 사용료를 내지 않고 몬산토의 라운드업 레디 유전자가 포함된 캐놀라 종자(캐놀라는 유지 종자의 일종)를 소유했다는 이유로 고소당한 일이다. 슈마이저는 인근에서 재배된 작물의 화분이 바람을 타고 넘어와 자신의 밭에서 재배하던 작물과 수분이 이루어진 것이라고 주장했으나 몬산토는 그가 자사 종자를 불법으로 보관했다고 반박했다. 길고 지루한 법정 공방 끝에 2004년 캐나다 대법원은 공청회를 열었고, 몬산토가 승소했다. 그러나 여론은 달랐다. 슈마이저가 불법으로 그 작물을 썼다고는 해도 1998년에 벌어들인 수익이 2800만 원에 불과한데, 몬산토는 농사 규모가 그렇게 작은 농민도 짓밟는 다국적기업으로 여겨졌다.[33] 슈마이저와의 소송으로 몬산토는 전 세계 농업계에서 깡패 짓을 일삼는 기업이라는 악명이 더욱 굳어졌다.

1998년, 샤피로의 지휘로 몬산토는 무려 11조 원이라는 엄청난 돈을 들여 종자 업체들과 경쟁 업체들을 잇달아 인수했다. 이후 막대한 빚을 안게 됐지만, 원하는 목표는 이루어졌다. '흙에서 저녁 식탁까지'로도 묘사되는, 식품 생산의 모든 단계에 영향을 주는 거대 기업이 된 것이다. 이 같은 인수 합병은 소규모 농민들을 무너뜨리고, 경쟁 업체를 짓밟고, 특허받은 식물을 온 지구에 퍼뜨리려는 의도에서 나왔다는 달갑지 않은 인식이 널리 퍼졌다. 자본주의자들의 꿈은 반자본주의자들에겐 악몽과도 같은 일이었다.

•———○

유전공학 기술을 농업에 적용하는 건 과학, 정치, 문화적으로 복잡한 논란을 일으킨다는 사실이 드러났다. 그런 조짐은 시작부터 나타났다. 1970년대에 과학자들은 농작물에 발생하는 서리 피해가 자연적으로 존재하는 미생물 탓에 더 심각해질 수도 있다는 사실을 발견했다. 특정 미생물에서 발현되는 어떤 단백질이 얼음 결정을 유도한다는 사실이 확인된 것이다. 이를 토대로, 문제의 단백질이 발현되지 않도록 유전자가 변형되어 '얼음을 만들지 않는' 미생물을 식물에 살포하면 딸기가 영하 7도에서도 견딜 수 있을 것이라는 가능성이 제기됐다. 미생물로 인한 서리 피해를 10여 년간 연구해 온 캘리포니아대학교의 과학자 스티븐 린도Stephen Lindow는 어드밴스드 제네틱 사이언스Advanced Genetic Sciences, AGS라는 DNA 기술 스타트업과 협력해 그 변형 미생물을 만들고, '프로스트밴Frostban'이라는 이름으로 판매했다.

1983년, 제러미 리프킨이 주도한 시위의 영향으로 프로스트밴을 식물에 직접 뿌리지 않는 1차 현장 시험이 캘리포니아 법원의 결정으로 중단됐다. 제품에 쓰인 미생물이 대기 상층으로 이동해서 날씨에 영향을 줄 수도 있다는 추측부터 사람들이 공포심을 느낄 만한 온갖 자극적인 가능성이 제기된 것이다. 1985년 4월에 법원은 결국 현장 시험을 승인했지만, 대기 표본을 채취하러 온 환경보호청 직원들이 아무 위험 요소가 없는데도 얼굴 절반을 가린 호흡 보호기가 달린 새하얀 타이벡 재질의 보호복을 입고 나타나는 극적인 광경이 펼쳐졌다. 마치 이 사태가 앞으로 어떻게 전개될지를 미리 보여 준 듯한 모습이었다. 얼마 지나지 않아 시위대가 시험장에 침입해 현장을 엉망으로 만들었다. 린도는 과거에도 문제의 단백질이 자연적으로 발현되지 않는 돌연변이 미생물로 현장 연구를 시행한 적이 있었지만, 그때는 아무도 관심을 기울이거나 규제하려고 하지 않았다.[34]

1987년에 법원이 리프킨의 소송을 기각하자, AGS는 마침내 캘리포니아의 두 장소에서 딸기와 감자에 프로스트밴을 시험해 볼 수 있게 되었다. 그러나 시작하자마자 시험장은 또다시 엉망이 됐고, AGS는 결국 이 사업을 접기로 했다. 재배자들이 관심을 보이지 않은 것도 프로스트밴이 상용화되지 못한 이유 중 하나다.[35] 이 연구로 얻은 주된 성과는, 서리 형성을 유도하는 단백질이 포함된(일부러 없앤 게 아닌) 미생물을 스키장에서 인공 눈을 만들거나 식품을 균일하게 얼리는 가공 공정에 활용한 것이다.[36] 나중에 린도는 대중이 프로스트밴에 보인 반응을 개탄하면서 자신의 연구 결과를 활용해 보려고 한 건 "평생 가장 멍청한 일"이었다고 피곤한 듯 결론 내렸다. 그리고 이렇게 덧붙였다. "사람들의 교육 수준이 더 높아지기 전까지는 누구든 그런 시도는 말리고 싶다."[37]

1980년대 후반부터 1990년대 초까지 다양한 형질전환 작물이 개발되자, 이런 작물을 어떻게 규제해야 하는지를 두고 정치적인 논쟁이 반복됐다. 1970년대에 재조합 DNA의 활용이 환경과 연구자의 건강에 어떤 영향을 줄 것인지 논란이 벌어지자 제기된 의견들과 더불어, 새로운 우려도 추가됐다. 형질전환 작물은 사람이나 동물이 섭취하므로 식품 안전기준을 충족해야 한다는 의견이 나온 것이다. 미국에서는 레이건 행정부가 새로운 법률 제정 없이 GM 제품의 규제를 위한 협력 체계를 마련했다. 대부분 자발적으로 참여하는 방식이었으므로 규제는 가벼운 수준에 그쳤다. 하지만 법적인 규제와 상관없이, GM 제품을 식품망에 들이고 싶은 업체는 사람들이 안전하다고 믿도록 설득해야 했다.

상용화된 최초의 형질전환 식품은 '플레이버 세이버Flavr Savr'라는 화려한 이름이 붙은 토마토였다. 이 제품은 무수한 규제 절차를 거쳐 마침내 미국 슈퍼마켓 진열대까지 올라갔지만, 판매가 시작된 직후에 회사가 망하고 말았다. 이 토마토를 개발한 곳은 유전공학의 황금기였던 1980년에 문을 연 작은 생명공학 스타트업 칼젠Calgene이었다. 토마토를 좋아하지도 않는 CEO의 지휘로 개발된 플레이버 세이버 토마토는 특정 효소의 생산을 차단해서 저장 기간을 늘린 제품이었다.[38] 1980년대에는 전 세계 연구진이 효소 생산과 관련된 유전자의 클로닝과 조작에 뛰어들어서 뜨거운 경쟁이 벌어졌고, 주요 학술지마다 연구 논문이 쏟아졌다.[39] 칼젠은 기초 생물학 연구가 끝나자 새로운 발견을 상용화하기로 했다. 이들이 개발한 토마토의 유전체에는 특정 효소의 유전자와 염기 배열이 상보적인('역배열'이라고 한다) 유전자가 도입됐다. 이 추가된 유전자에서 나온 mRNA가 효소를 만들 mRNA와 결합해서 발현이 시작되자마자 차단하도록 만든 것이다(이러한 과정을 역배열 RNA 간섭이라고 한다). 이들이 표적으로 삼은 효소가 발현되지 않으면 토마토의 저장 기간이 늘어날 뿐만 아니라 더 토마토다운 맛이 날 것으로 예상됐다.

1988년 첫 번째 현장 시험을 시작할 때부터 이 사업은 문제에 봉착했다. 대중의 우려를 예상하고 이를 가라앉히고자 자진해서 FDA의 엄격한 규제 심사를 받겠다고 나선 것이 화근이었다. 규제 심사에는 4년이 걸렸고, 이 기간에 회사는 빚더미에 앉아 각종 행정 절차에 시달리는 동시에 까다롭고 수익성은 낮은 토마토 재배의 특성 때문에 고역을 겪었다. 칼젠의 경영진은 토마토 재배에 도가 튼 사람들에게 라이선스를 판매하는 대신 이 분야의 농산업 전체를 뒤집어 보겠다는 전략을 세웠지만, 결국 뒤집힌 건 칼젠이었다.

칼젠의 분자생물학자인 벨린다 마르티노Belinda Martineau는 2001년에 출간된 《최초의 과일First Fruit》에서 토마토를 개발하던 당시에 회사 내부의 복합적이고 혼란스러웠던 상황을 생생하게 전했다(플레이버 세이버 토마토는 시골에서 재배된 재래종* 토마토 같은 느낌을 주려고 '맥그레고어MacGregor's'라는 브랜드로 판매됐다).[40] 마르티노의 글에는 기초 생물학 연구에서 나온 결과가 하나의 제품으로 만들어지는 과정이 얼마나 험난한지 자세히 나와 있다. 특히 마르티노가 강조한 건 식물의 형질이 바뀌면 예상치 못한 변화가 생길 수 있다는 점이다. 이 책에서는 분량상 간단하게만 설명하고 넘어갔지만, 현실에서는 훨씬 절망적이고 우연한 일들이 넘쳐난다. 칼젠의 경우 FDA의 승인을 받기 위해 총 2만 1250회의 형질전환 실험을 했고, 그렇게 만들어진 식물 중 원하는 효과가 나타난 건 960개에 불과했다.[41] 게다가 이 960개의 식물 중에서 역배열 RNA가 표적 효소의 발현을 차단한 수준이 형질전환 토마토의 필수 기준으

* 사람이 기르거나 재배하는 동식물 중 각 지역의 환경 조건에 적응한 것.

로 칼젠이 정한 95퍼센트에 이른 식물은 167개뿐이었다(20퍼센트도 되지 않는다). 그리고 이 167개의 식물 중 역배열 유전자의 카피 수를 확인할 수 있을 만큼 종자가 충분히 만들어진 식물은 130개에 그쳤다. 역배열 유전자는 형질전환된 식물마다 딱 하나만 존재한다는 것이 칼젠이 정한 기준이었는데, 이 요건을 충족하는 식물은 44개뿐이었다. 이 결과를 얻는 데만 1년이 걸렸다. 성공한 줄 알았던 44개의 토마토도 나중에 상당수가 다른 유전자의 다중 삽입이 확인되어 폐기됐다. 맨 처음 만들어진 2만 개 이상의 형질전환 식물 중에서 모든 요건을 충족한 식물은 단 8개였다. 그런데 이 8개 식물 또한 그중 일부에 초기 형질전환 실험에 사용된 아그로박테리움의 DNA 일부가 남아 있다는 사실이 확인되는 바람에 또다시 선별해야 했다.[42]

1994년에 마침내 FDA 승인을 얻고 판매량도 괜찮았던 데다 대중과 식품 저널리스트들 모두 긍정적인 반응을 보였지만, 플레이버 세이버 토마토는 뻔한 결말을 맞이했다. 1995년에 칼젠이 제품의 안전성이나 맛과는 아무 상관 없는 이유로 파산한 것이다. 작물을 가장 적절한 시점에 심지 않는 등 너무 순진한 판단으로 연이어 잘못된 결정을 내렸고, 토마토의 가치를 높이기 위해 저장 기간을 늘렸으나 소비자들에게는 그리 대단한 차별점으로 다가오지 않은 것이 사업에 타격이 되었다. 특정 효소의 발현을 차단해도 토마토 맛이 더 좋아지지는 않았다. 맛은 그럭저럭 괜찮은 정도일 뿐 그 이상은 아니었다. 그냥 평범한 이런 토마토로 수백만 달러를 벌어들일 가능성은 전혀 없었다. 월스트리트 투자가들은 칼젠의 주식을 팔기 시작했고, 몬산토가 그걸 전부 쓸어 담아 회사를 인수했다. 칼젠은 일부러 틀린 철자로 이름을 붙인 플레이버 세이버 토마토와 함께 사라졌다.

플레이버 세이버 토마토는 출시 후 대중의 반발을 거의 일으키지 않았다. 오히려 소비자들은 새로운 제품에 큰 흥미를 보였고, 언론도 환영하는 분위기였다. 그러나 몬산토가 처음 내놓은 형질전환 제품은 출시 직후부터 사람들의 반대에 부딪혔다. 몬산토의 제품은 재조합 미생물을 이용해서 만든 소 성장호르몬BGH이었다. BGH는 1977년에 제넨텍의 첫 성과였던 인체 소마토스타틴과 관련이 있는 물질로, 정제 후에 소에게 투여하면 우유 생산량이 늘어났다. 하지만 낙농업자들과 시민운동가들은 호르몬에 오염된 우유라고 우려하며 반발했다. 1993년에 FDA는 BGH가 인체 건강에 심각한 영향을 주지 않는다고 밝혔고, 부시 행정부는 이 호르몬을 쓰지 않은 제품 라벨에 'BGH 무첨가' 표기를 하게 해 달라는 생산자들의 요구도 받아들이지 않았다. 이에 따라 BGH는 어떤 우유에도 들어 있을 수 있고, BGH가 투여된 소에서 나온 우유인지 아닌지를 구분할 수 없게 되었다. 라벨 표시에 관한 이 같은 결정은 미국 식품망에 GM 식품이 상대적으로 많아진 이유 중 하나이다. 이런 상황에서는 내가 먹는 식품이 GM인지 아닌지 알 수가 없다.

나중에 몬산토의 CEO인 리처드 머호니Richard Mahoney는 대중이 형질전환 기술에 거부감을 보이는 문제에 무작정 맞서다가 곤란한 상황에 놓였다고 인정했다. 그리고 당시에는 기술적인 부분이나 경제적인 문제만 생각했을 뿐, 그런 문제는 생각지도 못했다고 했다. "사회적인 영향에 관해서는 한번도 논의하지 않았다. 나는 아예 생각지도 못했다." 머호니의 말이다.[43] 하지만 이런 일이 교훈으로 남지는 않았는지, 1990년대 이후에도 몬산토는 무모한 야망을 품은 회사라는 명성이 더욱 커졌다.

시장에서 새로운 제품이 보이기 시작하자, 대중은 어쩔 수 없이 그런 제품을 지칭할 새로운 표현을 찾기 시작했다. 1989년 12월 〈선데이타임스〉는 식품 평론가인 에곤 로네이Egon Ronay가 쓴 '프랑켄슈타인 식품'이라는 제목의 기사를 헤드라인으로 실었다. 인위적으로 창조된 생명체를 향한 공포심이 담긴 가장 오래되고 가장 강력한 이름을 제목에 붙인 기사였지만, 내용은 GM 작물이 아니라 식품의 미생물 오염도를 낮추기 위해서는 식품에 약한 방사선을 조사할 수 있도록 허용하자는, 반발이 그리 크지 않은 제안이었다. 그러나 '프랑켄슈타인'은 곧 GM 식품을 지칭하는 표현으로 쓰이기 시작했다.[44] 3년 뒤 폴 루이스Paul Lewis라는 사람이 〈뉴욕타임스〉에 보낸 짤막한 서신에 이 새로운 표현을 사용했고, 그때부터 프랑켄슈타인은 GM 제품에 늘 따라다니는 형용사가 되었다. "그들이 우리에게 프랑켄 식품을 팔려고 하니, 이제 주민을 모아서 횃불을 들고 성으로 쳐들어갈 때가 된 것 같다."[45]

사실 이런 표현이 쓰인 건 일부 과학자가 자초한 결과이기도 하다. 너무 들떠서, 또는 신중하지 못해서 과장하고픈 마음에 이 표현을 쓴 과학자들도 있었기 때문이다. 유전공학 기술이 상업적으로 이용되기 시작한 1981년에 국제 식물연구소의 소장이었던 (우연히도 이름이 자리에 꼭 어울리는) 마틴 애플Martin Apple은 〈뉴욕타임스〉 독자들에게 "이제 우리는 나무에서 돼지갈비를 재배하게 될 것"이라고 약속했다.[46] 농담으로 던진 말인지, 인용 자체가 잘못된 것인지는 중요하지 않다. 이 말

외에도 미래에는 놀라운 일들이 펼쳐지리라는 전망이 연달아 나왔으니, 대중이 진지하게 받아들이고 앞으로 어떤 일이 벌어질지 두려움을 느끼기 시작한 건 당연한 일이다.

•——∘

GM 작물이 등장하기 전, 유전공학 기술이 일상이 될 조짐이 엿보인 적도 있었다. 아무런 문제도 생기지 않자 실험실에서 세상으로 뭐가 유출될지 모른다는 두려움은 서서히 사라지고, 최소한 연구실에서 다루어지는 유전자 재조합 생물은 수용되기 시작했다. 전망도 아주 밝았다. 대중음악에도 이러한 분위기가 반영됐다. 1978년 영국의 펑크 밴드 엑스레이 스펙스X-Ray Spex의 '유전공학'이라는 곡은 파시즘이 차지할 미래를 경고했다.

> 하나, 둘, 셋, 넷!
> 유전공학은 완벽한 인종을 만들 수 있어
> 우리를 몰살시킬 수도 있는 미지의 생명력
> 우리 노예가 될 일하는 클론의 등장
> 그들의 전문성, 유창함은 우리를 무덤으로 보내리라
> 이렇게 매력적인데, 생물학자들이 거부할 수 있을까?
> 그들이 창조자가 된다면, 우리 존재를 가만히 둘까?

5년 뒤 영국의 뉴웨이브 밴드 오케스트럴 머뉴버즈 인 더 다크Orchestral Manoeuvres in the Dark, OMD도 '유전공학'이라는 싱글을 발매했다. 엑스레이 스펙스의 폴리 스티린Poly Styrene이 강렬한 기타와 큰 소리로 울려대는 색소폰 소리를 배경으로 악을 쓰며 경고했다면, OMD의 미래지향적인 팝송에는 철자를 누르면 발음이 소리로 나오는 언어 학습기의 합성음과 함께 쾌활한 목소리로 선포하는 진지한 선언이 담겼다.

> 효율, 논리, 효과, 실용성
> 우리 능력을 최대한 발휘하도록 모든 자원을 써라
> 우리 정신을 바꾸고, 설계하고, 조정하라
> 우리 능력을 높여 더 나은 삶으로 만들라[47]

유전공학의 힘과 잠재적 위험성을 대표하게 된 새로운 문화적 상징도 이 시기에 등장했다. 《프랑켄슈타인》에 대적할 만한 이 새로운 상징은 바로 《쥬라기 공원》이다. 1991년에 출간된 마이클 크라이튼Michael Crichton의 이 테크노스릴러 소설은 2년 뒤에 스티븐 스필버그Steven Spielberg 감독의 블록버스터 영화로 제작됐다. 《쥬라기 공원》에는 수백만 년 전 공룡의 피를 빨아먹고 호박에 갇혀 굳어진 모기로부터 공룡의 DNA를 추출해서 만든, 즉 유전공학으로 만들어진 공룡들이 등장한다. 새롭게 탄생한 공룡은 어리석은 억만장자 자선가가 만든 거대한 놀이공원에서 지내는데, (스포일러 주의) 결말이 아주 안 좋다. 근본적으로 허점이 있는 이야기이긴 하지만(내 동료들은 호박에 갇힌 곤충의 DNA는 갇힌 시기가 1960년대라도 분리할 수 없다고 밝혔다[48]), 배우 제프 골드블룸Jeff Goldblum이 연기한 회의적인 '혼돈 이론가' 이언 맬컴Ian Malcolm 박사의 간결하고 함축적인 말에 가장 중요한 윤리적인 메시지가 담겨 있다.

> 당신네 과학자들은 할 수 있는지 없는지에 너무 몰두한 나머지, 하던 걸 멈추고 정말 해도 되는 일인지는 생각하지 않았죠.[49]

크라이튼은 유전공학 기술이 문제가 아니라 과도한 자신감에 취한 과학자들이 그 기술을 오용하는 게 문제라고 보았다(그러니 위험하고 물 수도 있는 공룡을 다시 만들지 말고, 이 기술을 다른 용도로 쓰는 건 괜찮을 거라는 의미였다).*

이 시기에는 유전공학과 관련된 새롭고 의미 있는 은유가 많이 나왔다. 1981년에 아서 리그스와 게이치 이타쿠라는 자신들이 가장 먼저 사용한 합성 DNA 기술을 검토하고 그 결과를 논문으로 발표했는데, 나는 거기서 최근에 많이 쓰이기 시작한 표현을 발견했다. 자신들이 개발한 기술로 '유전자 편집'이 용이해질 것이라는 대목이었다.[50] 1988년에 스티븐 홀Stephen Hall은 대중 과학서 《보이지 않는 선구자Invisible Frontiers》에서 DNA를 텍스트로 보는 관점이 광범위해진 것에 주목하고 이를 당

* 크라이튼은 2006년에 생애 마지막 작품이 된 《넥스트》로 다시 마술을 부려 보고자 했다. 초지능 앵무새와 형질전환으로 만들어진 말하는 침팬지가 등장해서 유전공학 업계를 겨냥해 일침을 날리고, 학계의 부정부패, 유전자에 특허를 내려는 시도를 다룬 장황하고 복잡한 내용으로, 큰 성공은 거두지 못했다.

시의 최신 기술에 적용해서 새로운 은유를 제시했다. 유전공학은 "편집 산업"이며 복사기나 종이에 적힌 글자를 오려 붙이는 과정을 떠올리면 유전공학 기술의 원리를 가장 쉽게 이해할 수 있다고 설명한 것이다.[51] 오려 붙인다는 은유는 1983년에 애플이 개인용 컴퓨터의 기능을 설명할 때 사용해서 이미 알려진 표현이지만, 홀이 이 책을 쓴 시점만 해도 그리 널리 쓰이는 비유는 아니었다. 이제 '오려 붙이기'라는 말의 진짜 의미는 사람들의 머릿속에서 희미해졌고, DNA 편집에 이 표현이 쓰이면 컴퓨터로 글을 편집할 때의 잘라내고 붙이는 기능을 떠올리는 시대가 되었다. 그만큼 이 은유에 내포된, 아주 단순한 기술이라는 잘못된 이미지가 강화됐다. '재조합 DNA'라는 표현도 처음에는 유전공학 기술로 나온 결과물을 지칭하기 위해 선택된 중립적인 표현으로 여겨졌지만, 일반인들에게는 이해하기 힘든 말이었고 시간이 흘러 대중의 우려가 커지자 서서히 유전자 변형 생물GMO*이라는 중립적인 표현으로 대체되었다.[52] '멋진 신세계'에 새로운 표현들이 등장하기 시작한 것이다.

* 다양한 유전공학 기술로 만들어진 형질전환 식물 또는 동물(식물보다는 드물다).

9

의혹

1990년대 후반이 되자 유전공학 기술의 존재가 가시적으로 드러난 결과물인 GM 작물을 향한 대중의 우려가 절정에 달했다. 과학, 문화, 뿌리 깊은 두려움이 뒤엉킨 일련의 사건들과 세계 곳곳에서 일어난 다른 정치적 변화, 특히 세계화로 인한 정치적인 상황이 맞물린 결과였다.[1] 이 시기에 굳어진 전 세계의 견해는 지난 25년 이상 굳건히 유지됐지만, 뜨겁던 논쟁의 열기는 크게 가라앉고 GM 작물은 널리 퍼졌다. 그리고 수많은 나라에서 GM 상품을 광범위하게 볼 수 있게 되었다.

유전공학 기술에 대한 신뢰를 뒤흔든 주요 사건 중 하나는 GMO와 아무 관련이 없었다. 1990년, 영국 정부는 소 해면상뇌증BSE이라는 치명적인 신경퇴행성 질환이 영국의 소에서 발생했다고 밝혔다. 언론이 '광우병'이라고 보도한 이 병에 걸린 소를 섭취하게 될 수도 있다는 대중들의 우려가 커졌지만, 영국 보수당 정부는 괜찮다는 말로 일관했다.[2] 그러나 1996년에 폭탄이 떨어졌다. 변종 크로이츠펠트 야코프병 vCJD이라는 새롭고 끔찍한 신경퇴행성 질환에 걸린 사람들이 나타난 것이다. 환자는 대체로 젊은 사람들이었고 예외 없이 목숨을 잃었다. BSE와 마찬가지로 감염성 단백질인 프라이온이 vCJD의 원인이었다. 프라이온은 정상적인 단백질과 아미노산 서열이 같은 단백질을 병을 유발하는 형태로 변형시킨다.[3] BSE에 걸린 소의 고기를 섭취하면 vCJD에 걸린다는 의심이 널리 퍼졌는데, 사실인지는 아직 정식으로 입증되지 않았다.[4]* 영국의 소고기 판매량은 급감했고 영국산 소고기의 유럽 수출은 10년간 금지됐다. 더 중요한 건 정부와 전문가들, 식품 안전에 대한 신뢰도 전부 곤두박질쳤다는 것이다.

1997년 2월, 어쩌면 생명공학이 세상을 그리 반갑지 않은 방향으로 이끌지 모른다는 두려움이 더욱 커지는 일이 생겼다. 오랫동안 유전공학의 가능성(또는 위협)으로 여겨졌던 일이 '돌리'라는 양의 존재로 마침내 실현된 것이다. 돌리는 다른 양의 클론, 즉 유전학적으로 복제된 동물이었다.[5] 개구리가 복제된 지 40년이 넘은 때였고, 1986년에는 최초의 포유동물 복제도 이루어졌다. 배아 세포에서 얻은 DNA를 핵 물질이 전부 제거된 난자에 도입하는 방식으로 복제된 세 마리의 양이었다.[6] 돌리는 평범한 피부 세포에서 얻은 DNA로 만들어진 복제 동물이라는

* 2015년까지 전 세계적으로 총 226명의 vCJD 환자가 발생했다. 그중 81퍼센트는 영국에 최소 6개월간 살았던 적이 있다. 전 세계의 관점에서는 총알을 아슬아슬하게 피했다는 생각이 들기도 하지만, 환자 개개인에게는 너무나 괴로운 비극이었다. vCJD에 걸린 모든 환자가 끔찍하게 목숨을 잃었다.

점에서 차이가 있었다. ('돌리'라는 이름은 다른 양의 젖샘에서 채취한 세포가 쓰였다는 이야기를 들은 한 목축업자가 가수 돌리 파튼Dolly Parton을 떠올리고 지은 이름이다. 젖샘 세포를 제공한 양은 뭐라고 불러야 할까? 공여 동물? 돌리의 조상? 돌리 자신? 아니면 엄마? 우리는 아직도 돌리와 이 양의 관계를 설명할 적절한 말을 찾지 못했다.)[7]

1986년에 발표된 최초의 포유동물 복제는 별로 주목받지 않았지만, 어쩐 일인지 돌리에게는 전 세계 언론의 엄청난 관심이 쏟아졌다. 〈사이언스〉는 돌리의 탄생을 "올해 최고의 혁신"이라고 평가했다. 인간 복제 가능성이 제기되고 사람들의 공포가 다시 고개를 들기 시작하자, 미국의 클린턴 대통령은 국립 생명윤리 자문위원회에 이 문제를 논의하도록 했다.[8] 줄기세포와 체외 수정IVF, 낙태를 둘러싼 미국 정치계의 논쟁이 전부 동물 복제 기술로 쏠려서 과열된 우려로 표출됐다.[9] 1998년 가을에는 그린피스 소속 운동가들이 돌리를 훔쳐 가려고 시도한, 어떤 면에서는 익숙한 사건도 벌어졌다. 이들의 계획은 급습한 사람들이 표적을 찾지 못해 실패로 돌아갔다. 양들이 다 똑같아 보여서 돌리를 찾지 못한 것이다.[10] 돌리는 관절염으로 고생하다 2003년에 안락사로 생을 마무리했고, 박제되어 에든버러의 스코틀랜드 국립박물관에 전시되었다. 돌리가 만들어진 세포주와 동일한 세포주로 만든 4개의 클론이 배아 상태로 냉동되어 있다가 2007년에 네 마리의 복제 양이 태어나 10년 가까이 생존했으니, 돌리는 세상을 떠났지만 죽은 후에 더 살다가 갔다고도 할 수 있다.[11]

돌리의 영향력은 기대에 한참 못 미쳤다. 이 실험의 가장 중요한 목적은 유전자 변형 포유동물을 손쉽게 재생산할 방법을 찾는 것이었다. 〈사이언스〉는 "의학적으로 유용한 단백질을 만들어 낼 수 있는 똑같은 동물들을 단시간에 한 무리로 얻게 될 것"이라고 전망했으나 그런 일은 일어나지 않았다.[12] 이후 20종이 넘는 포유동물의 복제 동물이 태어났지만, 성공률이 너무 낮아서 널리 활용되지 못하고 있다(돌리는 250회가 넘는 시도 끝에 탄생했다). 또한 알을 낳는 조류는 이 기술을 적용할 수 없다. 부자들이 반려동물로 키우는 포유동물의 복제 동물을 만드는 용도로는 활용할 수 있겠지만(실제로 바브라 스트라이샌드Barbara Streisand는 세상을 떠난 반려견 서맨사와 유전학적으로 동일한 개 두 마리를 키우고 있다), 축산업에서는 경주마를 복제하는 정도에 그칠 뿐 복제 기술의 활용도가 제한적이다.[13]

인간 복제는 상황이 더욱 복잡하다. 21세기가 시작될 무렵 한국에서 사람의 세포를 복제했다고 허위 주장을 펼친 연구자들이 나타난 사건에 이어, 2013년과 2014년 미국 오리건주의 슈크라트 미탈리포프Shoukhrat Mitalipov가 연방정부의 지원 없이 진행한 연구에서 인체 세포를 복제했다. 그러나 복제된 세포에서 나온 배아의 착상은 시도하지 않았다.[14] 현재까지 복제된 아기는 한 명도 태어난 적이 없다. 인간 복제의 과학·의학적 측면을 조사하는 미국 정부 산하 전문가단이 2002년에 낸 보고서에 명시된 내용처럼, "생식 목적의 인간 복제가 실행되어서는 안 된다. 위험하며, 실패할 가능성이 크다."[15]

vCJD 사태가 식품 안전에 대한 두려움에 불을 지피고, 돌리의 탄생이 동물, 심지어 사람도 복제될 수 있다는 가능성을 일깨운 상황에서, 1998년은 GM 식품을 지지해 온 사람들에게 정말 끔찍한 해가 되었다. 일련의 불운한 사건이 여론을 확고히 뒤집은 것이다. 미국 농무부와 델타 파인 앤드 랜드 컴퍼니Delta Pine and Land Company가 두 가지 GM 식물을 교배해 부모 세대에는 어느 쪽에서도 발현되지 않았던 유전자가 자손 세대에서만 발현되도록 하는 기술을 개발하고 특허를 취득한 것이 그 첫 번째 신호탄이었다. 특허 문서를 뒤져 보면, 구석에 이 기술의 한 가지 구체적인 활용 방법이 나온다. "본 발명은 외부 자극이 주어지면 발아 기능이 없는 종자가 생산되는 형질전환 식물 또는 종자에 관한 것이다."[16] 이제 생명공학 업체들은 자신들과 계약한 농부들이 종자를 몰래 훔치지는 않았나 확인하려고 사립 탐정을 고용하거나 쓰레기통을 일일이 뒤질 필요가 없게 되었다. 종자가 알아서 자살하게 만드는 기술이 나온 것이다.

이 새로운 기술에 반대하는 사람들이 약삭빠르게 '터미네이터terminator 기술'이라고 이름 붙인 이 특허 기술은 얼마 지나지 않아 몬산토와도 연계된 표현이 되었다. 몬산토가 델타 파인 앤드 랜드 컴퍼니를 인수하면서 특허까지 함께 넘겨받았기 때문이다. 몬산토는 이 기술에 별로 관심이 없었다. 대중과 농민 다수가 터미네이터 기술은 몬산토가 자신들이 세운 사업 계획에 농민들을 묶어 두려는 계략이라고 여기며 큰 충격을 받았지만, 사실 일반적인 식물을 교잡해서 생산성이 매우 높은 잡종이 나오면 그 잡종에서 나온 씨앗은 폐기해야 한다는 건 농민들이 이미 수십 년 전부터 잘 아는 지식이었다. 심어 봐야 제대로 번식하지 못하기 때문이다. 20세기 후반에 전 세계적인 농업 확장의 동력이 된 '녹색 혁명' 때부터 전 세계 농부들은 잡종 작물의 장점을 활용하려면 해마다 종자를 새로 구입해야 한다는 사실을 인지하고 받아들였다.[17] 그런데도 1998년에 나온 논문에만 존재하는 이 터미네이터 기술은 유전공학 기술 전반, 특히 몬산토의 비인간적인 면을 보여 주는 상징이 되었다.

식물의 필요성에 늘 깊은 관심을 기울였던 영국의 찰스 왕세자는 1998년 6월, 그리 독창적이지 않은 표현을 써 가며 세상이 이런 식으로 나아가는 건 문제가 있다고 지적했다. "이와 같은 유전자 변형 기술로 인류는 신께 속한, 오직 신께만 속한 왕국으로 향하게 된다." 장차 '신앙의 옹호자(영국 왕을 가리키는 전통적인 칭호. – 역주)'가 될 그는 이렇게 주장했다.[18] 터미네이터 기술은 GM 작물에 반대하는 의견들을 전부 끌어모은 일종의 피뢰침이 되었고, UN 생물다양성 협약은 2000년에 이 기술에 사실상의 유예 조치를 채택했다. 몬산토도 별로 원치 않았던 터미네이터 기술 특허는 2015년에 효력이 끝났다. 터미네이터 기술이 적용된 종자는 실험 재배용 온실을 포함해 어디에서도 파종된 적이 없다.

GM 식품에 대한 공포가 전 세계적으로 커진 또 다른 사건은 1998년 8월에 일어났다. 스코틀랜드 애버딘에 있는 로웨트 연구소의 아파드 푸스타이Arpad Pusztai가 영국의 한 텔레비전 방송에 출연해 GM 감

그림 9-1. 캐나다에서 GM 반대 운동에 쓰인 그림. '식량 주권을 지켜라',
'터미네이터 종자를 금지하라'는 구호와 함께 사용됐다.

자를 먹인 래트의 장 내막에서 병리학적인 변화가 발생했고, 면역 기능이 약화됐다고 주장한 것이다. 푸스타이는 사람도 같은 일을 겪을 수 있다고 경고했다. 그는 이렇게 말했다. "제게 선택권이 있다면, 전 안 먹을 겁니다."[19] 이 방송은 엄청난 파장을 일으켰고, 영국 왕립학회는 그의 주장이 사실인지 조사에 나섰다(당연히 사실이 아니라는 결과가 나왔다). 푸스타이의 허술한 연구 논문을 실은 학술지 〈란셋〉은 "근거 없는 과학적 주장에 대한 논쟁이 아니라 과학 자체에 관한 논쟁이 시작됐다"고 큰소리쳤다.[20] 하지만 논쟁은 없었다. 갈등만 일어났을 뿐이다.

푸스타이의 연구는 각 실험군에 배정된 래트가 겨우 6마리였고, GM 감자의 영양학적인 조성도 제대로 통제되지 않았다. 래트가 그냥 영양실조였을 수도 있다는 소리다. 이 조잡한 연구 결과에 과학계가 보인 반응은 가혹했다. 왕립학회의 조사 결과는 발표되기 전부터 이미 정해진 것이나 다름없었고, 푸스타이가 속한 연구소는 그에게 정직 처분을 내린 데 이어 그가 수행해 온 연구의 '감사'에 나섰다. 결국 계약 만료 후 재계약은 이루어지지 않았고, 푸스타이는 고향인 헝가리로 돌아갔다. 기관이 과실을 덮으려 했다고 여긴 사람들은 푸스타이가 희생양이 되었다고 보았다.

푸스타이의 주장 이후, 냉소적인 영국 타블로이드 언론은 '프랑켄슈타인 식품'에 대한 공포를 키우는 내용을 보도했다. 여론이 들끓자 1999년 3월에 마크 앤 스펜서Marks & Spencer는 GM 대두와 옥수수가 들어 있는 식품을 판매하지 않기로 결정했다. 그러자 영국의 모든 슈퍼마켓과 유럽 전역에서 활동해 온 식품 가공업체 유니레버, 네슬레도 같은 조치를 택했다. 세인즈버리, 세이프웨이 슈퍼마켓에서 라벨에 GM 토마토라고 떡하니 적혀 있어도 수백만 개씩 팔려나갈 만큼 인기가 좋던 토마토 페이스트 제품도(소매 가격도 일부러 저렴하게 책정됐다) 안전성에 아무 문제가 없었지만 이러한 조치로 매장에서 철수됐다. 분위기는 GM 식품을 거부하는 쪽으로 뒤집혔다. 유럽 전체 국가에서 GM 식품에 반대하는 여론이 늘어나 1999년에 이르자 대다수 의견이 되었다.[21]

오랜 세월 유전공학 기술을 지지하거나 무관심했던 미국에서도 그와 같은 일이 벌어졌다. 의혹이 점점 커지기 시작한 것이다. 2003년에는 미국 소비자의 55퍼센트가 과학적으로 변형된 과일과 채소는 '나쁘다'고 생각한다는 조사 결과도 나왔다.[22] 1990년대 미국 여러 지역에서는 GM 작물에 반대하는 사람들이 모인 단체가 대폭 늘어났다. 그중에는 초월 명상 단체도 있었는데, 시위 자금이 두둑했던 이 단체는 1999년 〈안전한 식품 뉴스〉라는 안내 책자를 50만 부나 배포해서 큰 호응을 얻었다. 이 책자에는 GM 식품이 '자연적인 유전자'를 망가뜨리며 항생제의 약효를 떨어뜨리고 식품의 영양 성분에도 악영향을 끼친다는 주장이 담겨 있었다.[23]

프랑스에서는 GMO 반대 운동을 대표하는 이름과 얼굴이 생겼다. 1998년 초, 만화 아스테릭스의 주인공과 닮은 콧수염에 담뱃대를 물고 다니며 싱긋 웃는 얼굴이 인상적이던 조제 보베José Bové라는 농부가 프랑스 농민협회 동료 세 명과 GM 옥수수 종자가 저장된 창고에 침입해서 불을 지른 사건이 일어났다.[24] 연이은 재판에서 보베는 항생제 내성 유전자가 표지 유전자로 함께 포함된 GM 작물을 먹으면 인체도 특정 항생제에 내성이 생길 수 있다는 근거 없는 두려움을 피력했다. 그의 주장은 아무 힘도 발휘하지 못했고, 그와 침입에 가담한 동료 두 명에게는 집행유예 8개월이 구형됐다. 18개월 뒤, 보베와 300여 명의 시위대는 투쟁의 범위를 크게 넓혀 '정크푸드'와의 싸움이라는 명목으로 당시 새로 짓고 있던 맥도날드 매장의 공사장에 쳐들어가서 반쯤 지어진 건물을 공격했다. 〈르몽드〉는 다소 이해하기 힘든 두 세계의 격렬한 충돌을 다음과 같이 요약했다.

세계무역기구와 농업 화학산업, GMO, 집약적인 실내 농업, 성장호르몬, 의심스러운 동물 사료가 한쪽에 있다. 그리고 다른 한쪽에는 '시골 농부'의 농사와 시골의 유산, 양질의 음식, 풀을 먹여 키우는 동물들이 있다.[25]

산간 지역에서 도피 생활을 하던 보베는 곧 체포되어 유죄 선고를 받고 수감됐다. 이 사건으로 프랑스 전역에서 시위가 일어났고 특히 시골 지역에서 엄청난 지지를 받았다. 1999년 9월에 〈르몽드〉는 다음과 같이 보도했다.

놀랍게도 조제 보베의 지지 세력이 생겨나고 있다. 어제만 해도 전혀 알려진 적이 없던 사람이 이제 성장호르몬 소고기의 수입과 예측할 수 없는 GMO에 대한 저항을 상징하는 전국적인 영웅이 되었다.[26]

당시 총리였던 사회주의자 리오넬 조스팽Lionel Jospin까지도 보베의 '대의명분'에 공감한다는 뜻을 밝혔다.[27] 유전공학이라는 새로운 기술은 사람들의 마음속 깊이 자리한 심리적 두려움을 일깨웠고, 이미 오래전부터 힘겹게 살아온 시골 농부들의 역사적인 이미지와 제2차 세계대전 시기에 농촌에서 일어난 저항의 기억과도 연결됐다. 점점 더 막강해지는 미국 문화에 대한 뿌리 깊은 적개심도 영향을 주었다. 소규모 농민들은 강압적인 세계화에 맞서 프랑스 문화를 보호하려면 "프랑스의 예외성l'exception française"을 지킬 권리가 있다고 주장했고, 국민 대다수가 즉각 공감했다.

영국해협 건너편에서도 그와 비슷한 시민운동이 일어났다. 그린피스 운동가들은 '오염 제거'를 위한 일련의 행사 중 첫 번째 행사를 위해 유지 종자인 GM 유채의 시험 재배가 막 시작된 옥스퍼드셔의 경작지에 집결했다. 신문 기자들, 텔레비전 방송 카메라들이 번쩍이는 가운데 새하얀 타이벡 재질의 보호복을 입고 마스크를 착용한 시위자들이 '생물재해' 표시가 담긴 깃발을 휘날리며 나타났다. 공중에서 경찰 헬리콥터가 날아다니는 가운데, 시위대는 재배 중이던 식물을 전부 다 뽑고 찢었다. 덜커덕거리는 헬리콥터 소리와 찰칵대는 카메라 셔터 소리가 사방에서 울려 퍼졌다.[28] 언론은 이 기삿거리를 덥석 물고 여론의 경계심을 더 키우는 기사들을 내보냈다. 〈데일리익스프레스〉와 〈가디언〉에는 '돌연변이 작물, 당신을 죽일 수도 있다', '유전공학 작물, 조류를 멸종시킬지 모른다'라는 제목의 헤드라인이 각각 등장했다.[29] 최첨단 언론을 표방하는 영국의 타블로이드 신문 〈데일리미러〉는 토니 블레어 총리와 프랑켄슈타인을 포토샵으로 합성한 사진을 싣고(이 사진에서 총리를 뜻하는 단어 '프라임 미니스터Prime Minister'는 '프라임 몬스터Prime Monster'로 바뀌었다), 이런 헤드라인을 붙였다. "나는 프랑켄슈타인 식품을 먹는다. 이건 안전한 식품이다."[30]

당시 출범한 지 얼마 안 된 세계무역기구WTO가 관세 장벽을 없애고 모든 시장에서 자본과 상품이 자유롭게 이동할 수 있도록 만드는 데 힘을 기울이는 한편 GM 작물에 제한을 없애기 위해 노력하자, 전 세계적으로 GM 작물에 반대하는 운동은 세계화에 대한 적개심과 뒤섞여 경계가 흐려졌다. GM 반대 운동을 벌여 온 활동가들은 이런 상황을 놓치지 않고 공격 범위를 넓혔다. 그 대표적인 예가 1998년 11월 인도의 몬산토 Bt 목화 시험 재배지에서 벌어진 시위로, 다음과 같은 구호가 등장했다. '유전공학 중단하라. 생명에는 특허가 없다. 몬산토를 불태우자. 세계무역기구는 묻어 버리자.'[31]

몬산토는 마침내 바람이 어느 쪽으로 불고 있는지를 깨달았다. 이에 CEO인 로버트 샤피로는 1999년 10월 그린피스 콘퍼런스에 참석해서 연설해 달라는 초청을 수락했다. 영상 통화로 행사장에 등장한 샤피로의 모습은 초라해 보였다. 그는 몬산토가 '귀를 기울이지 않았다'고 인정했다. 실제로 몬산토는 처음부터 GM 작물에 반대하는 사람들을 '틀렸다' 또는 '아무리 좋게 봐도 그 사람들이 오해한 것'이라고 간주하는 실수를 저질렀다.[32] BBC 다큐멘터리 〈호라이즌Horizon〉 시리즈 중 'GM은 안전한가?' 편에서도 샤피로는 자기비판을 이어 갔다.

> 이 기술에 대한 우리의 자신감과 열정이 잘난 체하거나 오만하다는 인상을 널리 안겨 준 것 같습니다. 그렇게 여겨질 만도 했다고 생각합니다.[33]

회사와 샤피로 모두 너무 늦은 반성이었다. 몇 개월 뒤, 재정난이 점차 심각해진 몬산토는 미국 거대 제약업체 파머시아Pharmacia와 합병했다. 그로부터 1년도 채 지나지 않아 샤피로는 몬산토를 떠났다. 2002년에 다시 파머시아와 각각 독자적인 기업으로 분리된 후에도 몬산토는 1990년대에 얻은 지독하게 나쁜 이미지에서 벗어나지 못했다. 대중의 적대감은 몬산토가 2004년 5월에 미국과 캐나다에서 GM 밀을 판매하려던 계획을 철회한다는 갑작스러운 결정을 내리는 데에도 영향을 주었다. GM 밀은 어마어마한 시간과 노력을 투자해서 개발한 결과였지만, 시민운동가들과 농민들, 정치인들의 반발에 부딪히자 그런 결정을 내린 것이다.[34] 2018년, 결국 바이엘이 93조 원에 몬산토를 인수하면서 그 이름은 사라졌다.

•———○

건강과 생물보안에 관한 대중의 우려가 커지자, 유럽연합은 GM 작물의 승인을 일시적으로 유예하는 결정을 내렸다. 그러자 GM 작물 주요 생산국인 미국과 캐나다, 아르헨티나는 WTO를 이용해서 GM 제품의 유럽 수출길을 여는 데 성공했다.[35] 현재 유럽연합에는 목화, 옥수수, 유채, 대두, 사탕무를 포함한 수백 가지 GM 작물이 사람이 섭취하는 용도가 아닌 동물 사료용으로 등록되어 있다.[36] GM 기술에 대한 유럽 농민단체들의 반응은 엇갈린다. 프랑스 농민협회는 모든 GM 작물의 경작에 반대하는 반면 오스트리아에서는 유기농 작물 보호에 더욱 중점을 두고 있다.[37] 유럽연합에서 GM 사료는 모두 라벨에 유전자 변형 작물임을 표시해야 한다. 현재 유럽의 축산 동물에 먹이로 공급되는 옥수수와 대두 중에 GM 작물의 비중은 상당하다. 이러한 사료를 먹은 동물에서 부정적인 영향이 발생했거나, 그렇게 자란 동물 또는 그 동물로 만든 제품을 섭취해서 인체에 악영향이 발생했다는 증거는 없다.[38]

유럽연합이 GMO를 관리하는 큰 틀은 'UN 생물다양성 협약'의

하나인 '바이오 안전성에 관한 카르타헤나 의정서'다. 미국을 제외한 170개국 이상이 서명한 카르타헤나 의정서의 핵심은 예방 원칙이다. 즉 "생물다양성이 현저히 감소하거나 소실될 위협이 있는 경우, 그러한 위협을 피하거나 최소화할 수 있는 조치의 실행을 과학적으로 확실하지 않다는 이유로 연기할 수 없다." 아쉬운 점은 특정 생물이 정말로 위협에 처했는지는 어떻게 추정할 것인지, 심지어 '위협'은 무엇을 의미하는지는 명시되어 있지 않다는 것이다.[39]

얼마 지나지 않아, GM 제품이 뜻밖의 장소에서 발견되면서 GM 작물에 대한 전 세계의 의혹은 더욱 굳건해졌다. 유럽의 신생 업체 아벤티스Aventis가 개발해서 2000년에 동물 사료로만 승인받은 Bt 옥수수 스타링크Starlink가 미국에서 스캔들에 휘말린 것이다. 2000년 9월, GM 반대 운동을 벌여 온 운동가들이 엄청난 인기를 누리던 타코벨Taco Bell의 토르티야에서 스타링크 옥수수가 미량 검출됐다고 밝혔다. 이 토르티야를 생산한 크래프트Kraft는 자사 브랜드의 이미지를 지키기 위해 즉각 미국 전역에서 문제가 된 토르티야를 사용하지 않기로 결정했다.[40] 이 사건으로 아벤티스와 경영진은 여러 업체와 개인에게 배상금으로 수백만 달러를 지급했고, 몇 개월 후 회사 중역 세 명이 파면되는 등 막대한 대가를 치렀다.[41]

2006년에는 바이엘이 실험용으로 만든 제초제 내성 쌀 '리버티링크LibertyLink'가 미국산 장립종 쌀 일부에 혼입되는 일이 벌어졌다. 일본과 러시아는 즉각 문제가 된 쌀의 수입을 금지했고, 바이엘은 미국의 벼 재배 농민들에게 1조 원의 배상금을 지급해야 했다.[42] 옥수수의 역사적인 본고장이자 국민 전체, 특히 그곳 토착민들에게는 문화적으로도 중요한 의미가 있는 멕시코에서도 Bt 옥수수가 얽힌 비슷한 사건이 일어났다. 2001년 〈네이처〉에 멕시코에서 재배된 재래종 옥수수에 GM 작물의 형질전환 요소가 발견됐다는 연구 결과가 실린 것이다('재래종'이란 특정 지역의 조건에 맞게 적응이 일어난 축산 동물이나 재배 식물을 일컫는다).[43] 경쟁 관계인 다른 연구자들은 이 연구의 방법과 해석에 문제가 있다고 지적했고, 〈네이처〉는 게재된 지 1년도 지나지 않아 "현재 확보할 수 있는 증거로는 최초 논문의 정당성을 충분히 입증할 수 없다"는 사설을 발표했지만 게재를 철회하지는 않아 혼란은 가중됐다.[44] 이 논문이 나온 후에 18건의 추가 연구가 이어졌고, 한 건을 제외한 모든 논문에서 멕시코산 전통 옥수수가 형질전환 유전자에 오염된 사실이 확인됐다.[45] 불법 재배된 형질전환 옥수수가 원인으로 추정되지만, 진짜 이유가 무엇이건 멕시코의 재래종 옥수수가 교차 수분을 통해 형질전환 유전자에 오염된 사실은 분명했다. 이로써 〈네이처〉는 2001년 처음으로 이 같은 내용의 논문을 싣기로 했던 놀라운 결정을 번복할 필요가 없어졌다.

프랑스 역사가 크리스토프 보뇌유Christophe Bonneuil와 동료들은 멕시코산 옥수수를 둘러싼 논쟁을 "정치적이고 문화적인 싸움이며, 세계관과 가치관, 지식의 형태, 생명의 형태 간에 일어난 새로운 문화적 충돌"이라고 보았다.[46] 그러나 GM 농업에 관한 논쟁이 대부분 그렇듯, 멕시코산 옥수수로 불거진 논쟁도 농업의 세계화를 부추긴 자본주의(그리고 학계의 논문 발표)에 관한 더 넓은 범위의 논쟁으로 초점이 바뀌었다. 재래종 옥수수에서 형질전환 유전자가 발견된 것이 생물학적으로 어떤 영향을 낳을지, 그러한 영향을 고려해서 어떤 조치가 필요한지에 관한 논의는 다 건너뛰었다. 멕시코에서 재배되는 옥수수 작물 중 그러한 형질전환 요소가 발견되는 비율은 낮고, 오랫동안 지속되는 영향도 없을 것이다. 토착종인 재래종 옥수수보다 우세한 특징이 없으므로 식물의 생존과 생식 활동에 영향을 주지 않는다면 전체 개체군 중에 낮은 빈도로 남아 있을 수는 있지만, 조금이라도 부정적인 영향이 발생한다면 그러한 영향은 금방 사라진다. 그러므로 안심해도 되지만, 옥수수는 전 세계적으로 중요한 자원이고 따라서 GM 옥수수를 둘러싼 우려도 정당한 문화적 두려움으로 여겨진다. 이 일로 멕시코는 2013년부터 형질전환 옥수수의 재배를 전면 금지했다.[47]

Bt 옥수수는 북미 대륙에서 자연 보호의 상징적인 생물 중 하나로 여겨지는 제왕나비의 개체 수 감소에도 영향을 미친다. 제왕나비는 매년 여러 세대가 대를 이어 가며 멕시코까지 날아가 겨울을 보낸 후 다시 미국으로 돌아오는 놀라운 습성이 있다. 1999년, 이번에도 〈네이처〉에 Bt 옥수수의 화분이 묻은 밀크위드milkweed 잎을 먹은 제왕나비 유충은 생존율이 40퍼센트 감소한다는 연구 결과가 발표됐다.[48] 표본은 작았지만, 옥수수 화분이 발생하는 시기와 제왕나비 유충이 잎을 먹고 자라는 시기가 일치하므로 경계할 만한 결과였다. 2년 뒤에 나온 대규모 현장 연구 결과에서는 Bt 작물보다 일반 작물에 살충제를 사용하는 것이 제왕나비에 훨씬 더 큰 위협이 되는 것으로 나타났다.[49] 게다가 앞서 발표된 연구의 GM 옥수수는 Bt 농도가 이례적으로 높아서 사용이 중단됐다. 제왕나비는 대륙을 횡단해서 이동하고 연간 생애 주기가 복잡해서 Bt 작물이 제왕나비에 끼칠 잠재적인 영향을 연구로 정확히 어떻게 파악할 수 있는지에 대해서는 여전히 논란이 되고 있다.[50] 그 사이 제왕나비의 개체 수는 계속 줄고 있으며, 원인은 아직도 명확히 밝혀지지 않았다.[51] Bt 작물의 화분이 직접적으로, 또는 간접적으로 영향을 줄 가능성도 배제할 수는 없다. 미국에서 재배되는 옥수수와 대두, 목화 작물의 약 90퍼센트가 GM 작물이고 이 중 상당수는 일반 작물보다 제초제가 더 많이 사용된다. 이것이 제왕나비 유충의 유일한 먹이인 밀크위드에 영향을 줄 수도 있다. 또한 여러 요소로 개체수가 감소할 가능성도 있는데, GM 작물 자체가 아니라 그러한 작물을 재배할 때 지켜야 하는 농사 방식이 원인이라는 의견도 있다.

유전공학 기술이 처음 등장했을 때부터 이 기술의 지지자들이 펼친 주장 중 하나는, 아프리카 농업의 낮은 생산성을 GM 작물로 극복할 수 있다는 것이다. 하지만 현실은 그렇게 명확하지 않다.[52]

부르키나파소의 경우 Bt 목화의 인기가 뜨거웠지만, 이 GM 작물의 품질이 구매자가 원하는 수준에 못 미친다는 사실이 분명해지자 인기는 금세 식었다. 한때 GM 작물이 성공적으로 도입된 대표적인 사례로 여겨지기도 했던 부르키나파소는 2018년이 되자 Bt 목화를 전혀 재배하지 않게 되었다.[53] Bt 목화는 특정 지역에서 발생하는 해충에는 살충 효과를 발휘하지 못하는 국가가 많다. 결과적으로 살충제를 추가로 뿌려야 하므로 농민들이 부담해야 하는 비용이 늘어나고 결국 Bt 작물을 꺼리게 된 것이다. 남아프리카공화국에서도 이 작물에 품었던 환상이 깨진 후 21세기 첫 15년 동안 GM 목화의 생산량과 재배 농민이 모두 감소했다.[54]

GM 옥수수의 상황도 비슷하다.[55] 현재 남아프리카공화국에서 재배되는 모든 옥수수의 80~90퍼센트가 GM 작물인데, 주로 대규모 상업 농장이 큰 비중을 차지한다. 자급자족을 위해 옥수수를 재배하는 200만 명의 농민이 GM 옥수수를 선택하는 경우는 매우 드물다. 여러 가지 복잡한 이유가 있지만, GM 옥수수를 쓰려면 더 많은 돈을 지불해야 하고 해충의 특성이 예측할 수 없을 만큼 변동이 심해서 GM 작물의 핵심 이점인 살충 효과로 얻는 혜택도 해마다 변동이 크다는 점을 들 수 있다. 또한 각 지역의 곤충 개체군에서 Bt 내성이 발달하지 않도록 하려면 GM 작물이 아닌 일반 작물을 심는 구역을 따로 마련해야 하므로 농사를 소규모로 짓기보다는 대규모로 지을 때 이런 조치를 더 수월하게 마련할 수 있다는 점도 중요한 이유 중 하나다. 같은 이유로 소규모 자작농이 밀집한 지역에는 Bt 내성 곤충이 나타난다.

아프리카는 광활한 대륙인 만큼, GM 작물의 가능성에 대한 각국의 반응도 매우 다양하다. 남아프리카공화국과 이집트는 1990년대 말 Bt 목화 재배를 법으로 허용했고, 잠비아는 2002년부터 2006년까지 농업에 심각한 위기가 닥쳐 기아에 시달릴 때도 미국이 구호품으로 보낸 GM 옥수수를 거부했다.[56] 아프리카의 GM 반대 운동가들은 GM 작물의 위험성을 과장해서 주장하기도 한다. 액션에이드 우간다ActionAid Uganda의 경우 GM 작물이 암을 일으킨다고 주장했고, 가나에서는 주요 시민 단체 운동에 'GMO/에볼라는 아프리카에서 사라져라'라는 구호가 쓰였다.[57] 남아프리카공화국에서는 GM 반대 운동가들의 노력으로 GM 식품의 라벨 표시가 의무화되는 작은 성취가 있었다. 또한 이들의 활동을 통해 아프리카 대륙 전체에서 벌어지는 GM 관련 논쟁의 방향이 이전보다 훨씬 비판적으로 바뀌었다. 2007년에 설립된 아프리카 녹색 혁명 동맹에서도 그러한 변화가 나타났다. 아프리카 소규모 자작농을 지원하기 위해 설립된 이 단체는 GM 작물을 옹호해 온 곳들로 잘 알려진 빌 앤드 멀린다 게이츠 재단과 영국 정부의 지원을 받았지만, 그런 배경과 상관없이 전통적인 작물 육종의 중요성을 강조했다.[58]

캐나다의 환경 지리학자 매슈 슈누어Matthew Schnurr의 통찰력이 담긴 저서《아프리카의 유전자 혁명Africa's Gene Revolution》에 이런 상황이 잘 요약되어 있다.

> 1세대 GM 작물은 자본이 대거 투입돼 대규모로 이루어지는 기계화된 단일 경작 방식의 산업적인 농업 방식으로만 성공을 거둘 수 있도록 개발됐다. 따라서 농사짓는 방식이 그와 전혀 다른 아프리카의 소규모 자작농들에게는 이런 기술을 옮기지 못했다. 이런 추세는 앞으로도 계속될 것으로 전망된다.[59]

최근에는 자선단체들이 개발한 2세대 GM 작물이 민관 협력을 통해 농민들에게 배포되고 있다. 주로 소규모 농민들이 재배하는 작물(수수, 고구마, 옥수수, 동부 등)이고 농민들이 바라는 특성(해충 내성, 가뭄 내성, 병충해 내성)이 나타나는 종류도 있지만, 어떤 특성이 가장 우선적으로 부여되어야 하는지를 결정하는 주체는 농민들이 아닌 작물을 제공하는 주체다.[60] 결국 이러한 사업도 1세대 GM 작물을 들일 때처럼 의도는 좋아도 복잡한 문제에 세밀하게 접근하지 못하고 한 가지 해결책으로 모든 문제를 해결하려는 오류를 반복해서 범하는 경우가 많다. 최근 Bt 동부 콩의 경작을 승인한 나이지리아에서도 그러한 예를 볼 수 있다. 동부는 서아프리카에서 가장 중요한 콩과 식물로, Bt 동부를 심으면 해충인 명나방의 공격을 피할 수 있지만 주변 곤충들에 내성이 생기지 않게 하려면 일정 면적에는 일반 동부도 심어야 하므로 농경지가 여유롭지 않은 소규모 농부들에게는 제한 요소가 되었다. Bt 동부를 심더라도 정해진 재배 조건을 지키지 않으면 Bt 내성 해충이 발생한다.[61] 2017년에 사회학자 레이첼 셔먼Rachel Schurman은 아프리카에서 GM 작물의 미래를 좌우하게 될 몇 가지 요소를 요약해서 제시했다.

> 농부들의 의사결정이 이 기술의 운명을 좌우하는 데 결정적인 역할을 할 것이다. 이러한 의사결정에는 지역별 농업 역사는 물론 당대의 현실, 가계와 농장의 특성(경작지, 확보 가능한 노동력, 성별 관계까지), 농민들이 유용하고 매력적이라고 생각하는 작물의 가용성, GM 종자의 가격이 모두 반영되리라 예상된다.[62]

아프리카 대륙 전체에서 농업의 복잡한 현실이 드러나자, 지금은 고인이 된 칼레스투스 주마Calestous Juma를 비롯해 GM을 지지했던 사람들의 열의에도 힘이 빠졌다. 케냐 출신 하버드 학자인 주마는 "GM 식품은 신흥 국가들의 공급업체와 소비자의 삶에 혁신을 가져올 잠재력이 있다"고 주장했지만, 현실은 그리 간단하지 않았다.[63] 매슈 슈누어가 정확히 지적한 대로, 아프리카 농업은 기반 문제가 다양해서 기술적인 해결책 하나만으로는 바로잡을 수 없다. 더 급진적인 방법이 필요했다. 슈누어는 "식물의 유전체를 바꾸는 건 시스템 전체를 바꾸는 것에 비하면 쉬운 일"이라고 설명했다.[64]

인도의 상황을 상세히 기술한 아니켓 아가Aniket Aga의 책 《유전자 변형 민주주의Genetically Modified Democracy》에도 GM 작물과 이러한 작물의 규제에 관한 복잡한 시각이 담겨 있다.[65] 인도의 목화 농장 90퍼센트가 Bt 목화를 재배하지만, 전체 농장의 3분의 2는 규모가 1헥타르도 채 되지 않는다. 해충이 Bt나 다른 제초제에 내성이 생기지 않도록 필요한 요건을 지키면서 Bt 작물을 재배하기에 너무 작은 규모다. 인도는 GM 기술의 수용에 전혀 수동적이지 않다. 몬산토를 비롯한 서구 사회 업체들은 물론 국가 연구소 주도로 GM 작물을 활용한 혁신이 추진됐다. 또한 이 기술에 반대하는 사람들은 UN '카르타헤나 의정서'와 같은 국제 협약에 항소하기보다는 국가나 지역 단위 법률을 통해서 GM 작물의 재배를 제한하려고 한다. 2010년 Bt 가지의 재배를 유예한다는 결정도 국가 규정을 세밀하게 활용한 결과였고, 이 결정은 지금까지도 유지되고 있다.

아니켓 아가는 위의 책을 마무리하면서 인도 농업에 영향을 주는 '다양하고 심각한 위기'를 강조하며 다음과 같은 현명한 결론을 내렸다.

> 나는 정책을 만드는 사람들이 심각한 문제의 해결책으로 GM 작물을 수시로 되풀이해서 언급한다는 사실에 충격을 받았다. 이들이 GM 작물에 느끼는 매력은 rDNA 기술의 가능성을 뛰어넘는 수준인 것 같다. (……) 어느 편이 '이기느냐'와 상관없이, 지속 가능한 농업과 영양, 문화적으로 적절한 식품, 존엄한 삶, 평등한 기회가 어느 정도나마 실현된 생활과 같은 시급한 문제를 GM 논쟁 하나로 해결하려는 건 지나치게 편협한 시도라는 느낌을 지울 수 없다.[66]

GM 작물을 향한 의심과 의혹은 세계 곳곳에서 나타난다. 중국에서도 21세기 초부터 GM 작물에 대한 논쟁이 이어지고 있다. 중국은 1988년에 세계 최초로 GM 작물이 재배된 곳이다(당시에는 불법이었다). 바이러스에 내성이 있는 이 담배 작물은 행정상의 장애물을 해결하고 재배가 승인되자 1992년에 상용화되었고, 미국으로도 수출되어 말보로 담배에 쓰였다. 그러나 미국은 GM 담배가 허용되면 미국산 담배의 판매량에 악영향이 생길 것을 우려해서(담배가 암을 일으킨다는 사실은 우려하지 않은 것으로 보인다) 중국에 GM 담배 생산을 중단하도록 외교적인 압박을 가했다.[67] 중국 정부가 이 요청을 받아들였다는 사실을 지금은 상상도 하기 힘들다는 점에서 수십 년 사이에 상황이 얼마나 크게 변했는지를 새삼 깨닫게 된다.

1997년 중국의 GM 작물 재배 규모는 160만 헥타르였고 새로운 형질전환 작물이 50종 가까이 개발됐다. 2012년까지 중국의 식물 생명공학 산업은 7500개 업체에 2500명의 과학자를 포함한 25만 명의 근로자로 구성됐다.[68] 중국의 경제력과 유전공학 기술의 활용에 대한 큰 관심은 2016년에 중국 화공기업ChemChina이 GM 작물의 주요 개발업체인 스위스의 신젠타Syngenta를 61조 원이라는 어마어마한 금액에 인수한 것에서도 확인할 수 있다. 중국 공산당 중앙위원회도 GM 기술에 관해 정기적으로 논의했다. 그러나 도입 초기에 농민들과 정부가 쏟은 열정에도 불구하고 각 지역에서 개발된 GM 작물의 승인 중 상당수가 정해진 기한이 만료된 후에는 그대로 소멸됐다. 중국의 농산업에서도 전 세계 다른 지역과 비슷한 문제가 나타났기 때문인데, 즉 GM 작물 상당수가 전통적인 작물에 비해 뚜렷한 장점이랄 게 없었다. 현재 중국에서 판매되는 GM 작물은 Bt 목화와 GM 파파야가 전부다.

GM 기술에 관한 중국의 논쟁은 중국의 주식이자 중요한 문화적 상징인 쌀도 형질전환이 가능한가에 초점이 맞춰졌다.[69] 초기에는 GM 작물 개발을 위해 제공된 공공 지원금의 약 3분의 1이 Bt 쌀 개발에 투입됐고, 2009년에는 중국의 한 지역에서 Bt 쌀이 승인됐다. 그러나 곧 대중의 우려가 커졌고, 중국 그린피스는 Bt 쌀의 상용화를 앞두고 반대 시위를 벌였다. 중국 정부가 그런 시위를 자유롭게 벌이도록 놔두었다는 사실이 놀라울 따름이다. 중국은 GM 제품의 라벨 표시를 법으로 가장 엄격하게 관리하는 나라다. 유럽에서는 GM 성분이 0.5퍼센트를 초과하는 경우에만 라벨에 표시해야 하지만 중국은 GM 성분이 조금이라도 들어간 제품은 그 사실을 반드시 밝혀야 한다. 그러나 워낙 광활한 국가인 데다 농민들이 중앙 정부의 지시를 무시하고 살아온 역사도 길다 보니, GM 작물도 불법으로 생산, 판매되고 있다.[70] 2014년에 중국의 한 텔레비전 방송에서 조사를 벌인 결과 중국의 수많은 슈퍼마켓에서 라벨 표시가 제대로 되지 않은 Bt 쌀이 판매되고 있다는 사실이 드러났다. 그러자 유럽연합 국가들을 비롯해 중국산 쌀을 수입해 온 국가들이 우려를 드러냈다.[71] (미국은 수출 시장이 막힐 수 있다는 염려로 GM 쌀을 상용화하지 않았다.)

GM 쌀을 향한 중국인들의 의구심에는 건강에 문제가 될 수 있다는 우려와 미국의 영향력에 대한 민족주의적인 두려움, 식품을 문화의 한 부분으로 보는 태도가 복잡하게 얽혀 있다(Bt 목화는 반대에 거의 부딪히지 않아서 소규모 농장의 생산량이 금세 6퍼센트까지 늘어났고 살충제 사용량은 80퍼센트까지 줄었다).[72] GM 작물과는 전혀 무관하게 식품 기준을 심각하게 위반하는 사건이 반복적으로 발생해서 정부의 식품 안전 관리 능력에 대한 대중의 신뢰가 흔들린 것도 영향을 주었다. 예를 들어 2008년에는 분유의 질소 함량을 높이려고 분말 형태의 플라스틱 원료를 유아용 분유에 섞은 사건이 있었다. 수십만 명의 아기가 문제가 된 분유를 섭취했고, 수만 명이 입원했다. 일부는 목숨을 잃었다.[73] 그 밖에도 분필과 화학물질이 들어간 가짜 달걀, 왁스와 잉크에 오염된 국수, 감자와 플라스틱 수지로 만든 가짜 쌀 사건도 있었다.[74]

2010년, 100명이 넘는 학자들이 중국 전국인민대표회의에 "국가와 국가 안보에 위협이 될 가능성이 크므로" Bt 쌀을 상용화해서는 안 된다는 청원서를 제출했다. 논란이 늘 점잖게 이루어진 건 아니었다. 베이징에서는 유명한 GM 과학자의 강연 중에 한 중년 여성이 끼어들어서 "당신은 배신자야! 미국을 주인으로 섬기려고 13억 명 중국인을 기니피그처럼 이용하고 있어!"라고 고함을 질렀다. 다른 곳에서도 시위대가 GM 기술을 지지하는 사람들을 향해 "반역자! 사기꾼!"이라고 외치며 컵과 현수막을 던지는 일들이 벌어졌다.[75]

고위급 인사들은 GM 과학자들, 특히 미국에서 공부한 학자들이 해외 다른 나라와 연결 고리가 있을 것이라는 근거 없는 음모론을 퍼뜨렸다. GM 기술에 반대해 온 대표적인 인물 중 중국 국가 안보 포럼의 부사무총장이자 인민해방군 소장인 펑관치엔Peng Guanqian은 GMO가 서방에서 모의한 결과물 중 하나이며, 암과 불임을 일으킨다고 주장해 왔다. 음모론자들이 대부분 그렇듯 빈정거림과 미사여구를 즐겨 쓰는 그는 다음과 같이 언급했다.

> 몬산토와 듀폰 같은 이익 집단은 중국에 GM 작물을 떠넘길 때면 이례적으로 자애로운 모습을 보여 왔다. 미국의 이런 극히 비정상적인 행동 뒤에는 뭐가 감춰져 있을까? 이건 파이일까, 덫일까?[76]

이런 반응에 서구인들만 놀라워하는 건 아니다. 《GMO 중국GMO China》이라는 놀라운 책을 쓴 중국인 학자 콩 카오Cong Cao는 인터넷상에서 "정부 정책에 반대하는 견해"가 돌아다니고 GMO와 관련해 과학자들이나 정부 관료들의 명예를 훼손하는 일들이 벌어져도 중국 정부가 가만히 두는 건 "이해할 수 없는 일"이라고 설명했다. 카오는 중국 정부의 이런 이례적으로 관대한 태도는 GM 기술을 관리하는 관료들 사이에 심각한 분열이 일어났을 가능성을 암시하며, 식품을 대하는 사람들의 태도가 비이성적인 수준에 이를 때도 많으므로 시민들의 거센 반대에 부딪힐 수 있다는 우려도 반영된 듯하다는 의견을 밝혔다.

GM 작물이 세계 곳곳에 널리 도입된 지 수십 년이 지났지만, 이 새로운 식품을 열광적으로 받아들인 나라는 한 군데도 없다.[77] GM 식품은 대부분이 품질보다 해충을 표적으로 개발되었고, 농업 효율이 증대돼 가격이 저렴해질 수 있다는 가능성 외에는 소비자들에게 직접적으로 좋을 게 없다. 과학자들과 농산업에 대한 불만은 이해할 수 있지만, 사람들이 GM 작물에 느끼는 두려움은 실제로 밝혀진 사실보다 훨씬 더 뿌리 깊은 이유가 있는 것으로 보인다.

1996년, vCJD 사건이 터진 지 얼마 안 됐을 때 랭커스터대학교 연구진은 여러 표적 집단을 대상으로 GM 식품에 대한 인식을 조사했다. 이 연구에서 전 세계에 널리 퍼진 사람들의 태도가 드러났다. 예를 들어 일하면서 아이들을 키운다는 한 여성은 이렇게 밝혔다.

위험하고 부자연스럽다고 느껴진다. (……) 이제는 모든 식품이 슈퍼마켓으로 오기 전 실험실을 거친다는 인상을 받는다. 나는 그런 과정에 전혀 관심이 없다. 사과가 더 오랫동안 빨갛게 유지되도록 이런저런 것을 주입했다는 식인데, 내가 원하는 건 신선한 식품일 뿐, 그런 걸 집어넣는 건 원치 않는다.[78]

이러한 견해의 바탕에는 GM 작물을 도입하려는 사람들의 의도에 대한 의구심이 깔린 경우가 많다. 한 주부는 사업가들과 정치인들 모두에게 강한 의혹을 드러냈다.

우리는 모르니까. 우린 정말 아무것도 모른다. 정부는 뭐든 말할 수 있고, 제조업체들도 뭐든 말할 수 있고, 슈퍼마켓들도 마찬가지다. 하지만 우리는 그 사람들이 무슨 소리를 하는지 알 수가 없다. 그게 그들의 은밀한 계획 아닌가? 그 사람들이 이런 걸 왜 하려고 하는지, 지금 뭘 하고 있는지 우리는 모른다.

약 25년이 흐른 지금, 그런 감정이 그때만큼 격하지 않은 건 분명하고, 비논리적인 의혹의 일부는 이제 화살이 코로나19 백신 쪽으로 향한다는 차이만 있을 뿐 그때와 크게 바뀐 건 없다. 2015년에 GM 작물의 선구자인 마크 반 몬터규는 동료 연구자들과 함께 GM 작물에 대한 반대 의견에서 나타나는 '직관적인 호소'의 특성을 조사했다. 이제 지칠 만도 한 이 주제를 조사한 결과, 연구진은 "대중의 생물학적 지식과 종교적인 직관, 그리고 혐오감과 같은 감정으로 인해 GMO가 비정상적인 것, 또는 해로운 것이라는 주장에 쉽게 마음을 빼앗기게 된다"고 밝혔다.[79] GM 소비량이 가장 큰 미국도 업체들이 매출 감소를 우려해서 GM 식품의 라벨에 GM 성분의 함유 사실을 밝히지 않으려고 로비 활동을 벌여 왔고 성공을 거두었다.*

모든 GM 작물이 농업 개선을 목적으로 개발된 것은 아니다. 개발까지 수십 년이 걸리고도 아직 한번도 재배된 적 없는 '골든 라이스Goden Rice'(황금 쌀)라는 GM 작물은 비타민 A 결핍 문제의 해결책으로 개발됐다. 열대 지역, 특히 동남아시아에는 비타민 A 결핍 증상을 겪는 사람들이 많은데 손쉽게 치료할 수 있는 이 질병으로 해마다 100명이 사망하고 50만 명이 영구 실명을 겪고 있다. 해결책은 간단하다. 비타민 A를 추가로 공급하면 된다. 이를 위해 비타민 A 캡슐 수십억 개가 배포되고 있지만, 이런 방식으로는 꼭 필요해도 받지 못하는 사람들이 생길 수밖에 없다. 식생활에서 비타민 A가 꾸준히 공급되도록 하는 것이 더 직접적인 해결 방안이 될 수 있으므로, 신생아의 이분척추증을 예방하기 위해 밀가루에 엽산을 강화하는 것처럼 쌀에 부족한 비타민 A를 강화하는 방법을 활용할 수 있다.

이런 생각은 GM 작물이 처음 개발된 초창기부터 나왔다. 1984년 4월 필리핀 마닐라의 국제 쌀 연구소에서는 만약 쌀에 특정 유전자

* 2016년부터는 미국 소비자들도 제품의 GM 물질 함유 여부를 확인할 수 있게 되었지만, 그러려면 아무 쓸모도 없는 QR 코드를 이용하거나 제품 라벨에 적힌 전화번호로 직접 전화를 걸어야 한다.

를 도입할 수 있게 된다면 어떤 유전자가 필요할지를 주제로 연구자들이 비공식적인 토론을 벌였다. 쌀 육종 분야의 베테랑이던 피터 제닝스Peter Jennings는 베타카로틴 유전자를 선택했다. 수많은 식물에서 발견되는 색소인(당근의 색깔을 내는 물질이다) 베타카로틴은 체내에서 비타민 A로 전환된다.[80] 이 토론을 할 때만 해도 그저 몽상에 불과했고 유전공학 기술을 벼에도 적용할 수 있는지조차 밝혀지지 않았으나, 연구자들은 식물의 카로티노이드 생산과 관련된 여러 유전자를 하나하나 찾아냈고 형질전환 쌀을 만드는 확실한 방법도 발견했다. 이러한 연구의 중심에는 잉고 포트리쿠스Ingo Potrykus가 있었다. 벼에서 베타카로틴이 발견되지 않는 유일한 부분인 하얀 쌀알의 배유에 베타카로틴 유전자를 활성화할 방법을 연구해 온[81] 그는 독일 프라이부르크에서 활동하던 페터 바이어Peter Beyer와 협력해 배유가 황금빛인 쌀알이 열리게 만들 방법을 연구했다. 여러 번의 실패 끝에 1999년 2월, 처음으로 '황금 쌀'이 개발됐다(귀에 쏙 들어오는 이 명칭은 개발 후 몇 개월이 지난 뒤에 붙여졌다).[82]

그러나 성공은 곧 논란에 휩싸이고 말았다. 그린피스는 황금 쌀 초기 버전에 베타카로틴의 함량이 낮다는 점을 강조하며 꾸준히 반대의 뜻을 밝혔다. 이후 수년 동안 생산성이 더 우수한 여러 형질전환 쌀이 개발됐을 때도 그린피스의 태도는 한결같이 적대적이었다.[83] 황금 쌀이 개발된 초기에 반대 운동을 벌여 온 사람들은 농업 분야의 대기업이 벌인 계략이라고 주장했지만, 2004년 10월 황금 쌀의 특허 소유자였던 신젠타가 이 작물의 상업화에 흥미를 잃고 모든 표본과 기술 정보, 노하우를 한 자선단체에 전부 넘기면서 그런 주장은 힘을 잃었다. 그래도 그린피스는 포기하지 않았고, 황금 쌀 개발 사업은 돈 낭비이며 일반 벼가 오염될 수 있고 형질전환 벼를 만드는 과정에서 쌀의 유전체에 예기치 못한 변화가 일어나(실제로 형질전환된 버전 중 하나에서 이런 일이 일어났다) 인체 건강에 알 수 없는 영향을 줄 수 있다고 주장했다.[84] 황금 쌀을 재배하는 건 "환경적으로도 무책임한 일"이며 "인류에 해가 되는 일"이라고도 했다. 포트리쿠스도 맞대응에 나섰다. 충분히 막을 수 있었던 수십만 명의 죽음을 막지 못하게 만든 그린피스의 주장은 "인류에 대한 범죄"라고 비난한 것이다. 2016년에는 100명이 넘는 노벨상 수상자들이 그린피스에 GM 작물, 특히 황금 쌀에 대한 반대를 철회할 것을 촉구하는 공개서한에 서명했다.[85]

지난 몇 년 동안 호주와 뉴질랜드, 캐나다, 미국은 황금 쌀을 식용 목적으로 재배할 수 있도록 승인했지만, 상용화는 허용되지 않은 상황이다. 이들 국가에는 비타민 A 결핍에 시달리는 국민이 없으므로 상용화해도 득 될 게 없기 때문인데, 재배만 허용한 건 이 GM 쌀이 우연히 혼입될 수 있는 쌀의 수입에 문제가 없도록 하기 위한 조치였다.[86] 2021년 7월에 필리핀 정부는 세계 최초로 황금 쌀의 상업적인 재배를 허용했다. 하지만 농민들이 이 작물을 바로 재배할 수 있게 된 건 아니었다. 먼저 재배하려는 품종을 등록해야 하고, 종자를 충분히 확보해야 한다. 이런 절차의 배경에는 필리핀의 지역별 생태에 맞게 적응한 '유산'과도 같은 토착종 쌀이 1960년대 이후 쌀 경작이 대대적으로 확장되자 대체로 외면당하는 상황이라 이런 토착종 쌀을 더 많이 활용해야 한다는 압박이 깔려 있었다.[87] 그러는 사이 유전공학 기술과 무관하게 비타민 A 결핍을 해결할 방법이 나와서 성공을 거두었다. 기초 공중보건 교육과 비타민 A 캡슐의 배포, 영양 교육 등으로 필리핀에서 비타민 A 결핍증에 시달리는 인구의 비율이 2003년 40퍼센트 이상에서 2019년에는 16퍼센트 미만으로 떨어진 것이다.[88] 쉽게 치료할 수 있는 이 파괴적인 결핍증에 시달리는 사람이 아직 너무 많지만, 이로써 황금 쌀이 유일한 해결책은 아니라는 사실이 밝혀졌다.

황금 쌀의 효과가 도움이 될 만한 국가 중에 현재까지 이 쌀을 전면적으로 승인한 곳은 한 군데도 없다. 상업적으로 생산된 사례도 없다. 형질전환 식물이 인체에 알 수 없는 돌연변이를 일으킬 수 있다는 두려움이 일정 부분 작용해서 어쩌면 이 쌀이 밥상에 오르는 날은 영원히 오지 않을지도 모른다. 하지만 생물학 기술로 베타카로틴이 강화된 쌀을 만든다는 아이디어 자체가 사라지지는 않았다. 캘리포니아대학교 연구진은 이미 크리스퍼 유전자 편집 기술로 카로티노이드 함량이 풍부한 쌀을 만들어 냈다.[89] 현재 실험 작물 단계인 이 쌀이 실제로 재배 가능한 작물이 될 수 있을지, 가능해진다면 GM 기술에 반대하는 사람들이 비판을 철회할지는 지켜봐야 한다. 내 생각에 전자는 가능해질 것 같고, 후자는 별로 가능성이 없어 보인다.

•———◦

지난 20년간 벌어진 일들, 특히 황금 쌀에서 얻을 수 있는 교훈은 자신이 개발한 발명품이 반대에 부딪힐 수 있음을 연구자가 인지할 필요가 있으며, 가능하다면 그러한 비판을 수용해야 한다는 것이다. 반대하는 사람들이 과학적으로 근거 없는 주장을 한다고 불평하면서 그냥 괜찮다고만 하면(2012년에 스웨덴의 농업과학자들은 황금 쌀을 시험 재배하면서 "걱정은 그만하고 재배를 시작하자"고 말했다) 성공할 수 없다.[90] 진딧물 접근을 막는 페로몬이 분비되는 밀을 개발한 영국의 로탐스테드 연구소의 사례는 이 문제에 어떤 접근 방식이 필요한지 보여 준다. 연구소에서 진행한 실험 결과, 이들이 개발한 밀은 병을 옮기는 진딧물을 쫓아내고 진딧물의 포식 동물인 말벌을 끌어들이는 것으로 확인됐다.[91] 영국 정부는 2011년, 이 GM 식물의 현장 시험 재배를 허가했다.[92] 연구진은 시험 재배에 반대하는 사람들과 만나고 언론에도 출연해서 토론을 벌이며 반대 의견을 진정시키려고 노력했고, 효과가 있었다. GM 반대 운동가들은 재배 현장에 찾아가서 "오염 물질을 모두 제거할 것"이라고 위협했지만, 재배가 시작됐을 때 실제로 나타난 사람은 소수에 불과했다. 시험은 2013년 가을까지 방해 없이 이어졌다.

이처럼 대중의 인식을 세심하게 신경 쓰는 전략을 동원했지만, 2015년에 발표된 시험 재배의 결과는 실망스러웠다. 현장에서는 이 GM 밀이 진드기나 기생벌의 행동에 아무런 변화도 일으키지 못하는 것으로 나타났다.[93] 원래 이 페로몬은 진딧물이 두류에서 분비하는 물질인데 GM 밀에서는 이 물질이 계속 분비되어 진딧물이 해석하는 이 화학물질의 의미가 바뀌었거나 페로몬을 감지하는 능력이 바뀌었을 가능성이 있다. (2010년에 독일 연구진이 이 문제를 강조했고, 영국의 GM 밀 시험 경작이 승인되기 전에 GM 반대 운동가들이 제시한 비판 의견에도 포함되어

있었다.)[94]

기대만큼 효과가 없는 건 빈틈없이 정교해 보이는 GM 기술만이 아니다. Bt 작물이나 제초제 내성 GM 작물로 생산성을 높이는 간단한 전략조차도 원하는 효과를 얻지 못했다. 미국 농무부에 따르면, 기존 품종에 유전자 변형으로 새로운 특성을 부여한 작물도 상용화 이후에 15년간 생산량이 증가하지는 않았다.[95] GM 작물은 대부분 두 가지 특성과 관련이 있다. 즉 Bt 작물이거나 제초제 내성 작물이고 그 두 가지 특성을 모두 가진 작물로 만들어진다. 식물 질병에 걸리지 않도록 만들어진 작물은 소수에 불과하다(얼마 안 되는 예시 중 하나가 원형 반점 바이러스에 감염되지 않도록 개발된 GM 파파야와 식물 모자이크* 바이러스에 해를 입지 않는 GM 호박이다). 그 이유가 그러한 작물을 개발하기가 어려워서인지, 농산업 분야 업체들이 그런 연구로는 투자회수율이 높지 않다고 판단해 경제적인 지원을 하지 않아서인지는 불분명하다.[96] 결과적으로 전 세계에서 GM 작물이 재배되는 전체 에이커 기준 면적 중 12퍼센트에는 Bt 작물이, 47퍼센트에는 제초제 내성 작물이 재배되고, 41퍼센트는 이 두 가지 특성을 모두 가진 '다중' 작물이 재배되고 있다.[97]

GM 동물의 성공은 이보다 훨씬 못하다.** 예를 들어, 30년 전 미

* 다세포생물의 모든 세포가 동일한 대립 유전자 쌍으로 이루어지지 않는 현상.

** 1956년 프랑스 연구진이 오리에 종류가 다른 오리의 DNA를 주입해서 변화를 일으켰다고 주장했다. 하지만 비판에서 살아남지 못했고, 민간 설화처럼 전해지는 이야기가 되었다. 시드니 브레너는 사실 이 실험은 프랑스 요리에 도움이 되라고 오리와 오렌지의 종간 교차를 시도한 연구였다고 농담하기도 했다. Benoit, J. et al. (1960), Transactions of the New York Academy of Sciences 22:494–503.

국 업체 아쿠아바운티AquaBounty는 대서양 연어에 태평양 왕연어의 성장 호르몬 조절 유전자와 먼 친척뻘인 등가시칫과 어류의 프로모터 유전자를 도입했다. 이렇게 만들어진 형질전환 대서양 연어는 성장 속도가 2배 더 빨라서 보통 양식 어민들이 연어를 상품으로 판매할 때의 몸무게에 두 배 더 빨리 도달했다. 2015년에 이 연어는 미국에서 식용으로 승인된 최초의 GM 동물이 되었고 상업적인 생산도 시작됐지만, 육지에 설치된 물탱크 안에서 양식되는 이 연어가 탈출할 가능성을 놓고 지금도 법정에서 논쟁이 진행되고 있다.[98] 음식점에서 이 연어를 맛본 사람은 아직 아무도 없고, 단기간 내에 이 연어로 돈을 벌 사람도 없을 것으로 보인다. 아쿠아바운티의 현재 시설로 추정해 보면 연간 14억 원에 가까운 수익이 전망되며 이 시설을 마련하는 데만 850억 원이 들었다고 한다.[99]

낯선 GM 동물도 만들어졌지만, 그 영향이 실험실 밖까지 확장된 경우는 거의 없다. 2002년에 캐나다 업체 넥시아 바이오테크놀로지Nexia Biotechnologies는 포유동물의 세포에서 엄청나게 탄탄한 거미줄이 만들어지는 유전자가 발현되도록 만드는 데 성공했고 이로써 거미줄을 산업적으로 생산할 수 있는 첫 단계가 열렸다고 발표했다(일반 거미로는 불가능한 일이다. 거미 한 마리가 만드는 거미줄의 양이 극히 적은 데다 거미는 서로 잡아먹는 경향이 있기 때문이다).[100] 연구진이 개발한 동물은 거미줄이 젖으로 분비되는 염소 두 마리였다.[101] 이 '거미 염소'는 엄청난 주목을 받았지만 기술적으로 넘어야 할 장애물이 너무 많았고 결국 넥시아는 파산했다(염소는 한 박물관에 잠시 전시됐다가 사라졌다).[102] 유타 주립대학교의 랜디 루이스Randy Lewis가 미 해군으로부터 연구비를 지원받아 거미염소 연구를 계속하고 있지만, 크리스퍼 기술을 이용한 재조합 DNA로 수 세기 전부터 실크 생산에 쓰인 누에가 거미줄을 생산하도록 만드는 방식이 덜 기이하고 성공률도 더 높을 것으로 보인다.[103]

이러한 사례는 모두 GM 기술을 냉정한 눈으로 바라보게 만들지만, GM 작물, 특히 Bt 옥수수와 목화가 놀라운 성과를 거둔 것 또한 사실이다. 몬산토의 딕 머호니가 1980년대부터 GM 기술로 농약 사용량을 줄일 수 있다고 한 담대한 전망도 일부는 실현됐다. 2020년에는 GM 식물의 채택으로 농경지에 살포되는 농약의 총량이 8퍼센트 감소해 7억 7500만 킬로그램의 농약이 덜 뿌려진 것으로 추정됐다.[104] 미국에서는 Bt 옥수수를 도입하고 10년 후 살충제 사용량이 뚜렷하게 감소했고 이 작물의 비표적 곤충들은 개체수가 증가했다.[105] 농약의 광범위한 이용이 전 세계 곤충 감소에 영향을 주는 요인이라는 사실이 거의 확실시되고 있다는 점에서 이는 분명한 장점이다. 또한 농약을 살포하려면 화석연료로 작동하는 차량이 대거 활용되므로 농기계에서 발생하는 이산화탄소 배출량도 함께 감소한다. 미국과 멕시코의 목화 재배 지역에서는 Bt 목화와 번식 기능을 없앤 분홍솜벌레를 환경에 방출하는 전략을 한꺼번에 활용해 이 벌레를 박멸하고 결과적으로 침입종이 사라져 살충제 사용량이 82퍼센트 감소했다.[106] 그러나 이러한 효과는 영원하지 않

다. 잡초와 해충은 결국 제초제와 Bt 살충제에 내성을 갖게 되기 때문이다.[107] 분자생물학자인 레슬리 오겔Leslie Orgel은 1960년대에 이를 다음과 같이 표현했다. "진화는 인간보다 똑똑하다."

인도에서는 Bt 목화의 도입 이후 농민들의 자살률이 대폭 증가했다는 주장이 나왔다. 미차 X. 페레드Micha X. Peled가 2011년에 만든 다큐멘터리 〈고통의 씨앗Bitter Seeds〉에서도 다루어진 주제로, 인도에서는 실제로 지난 수십 년간 수십만 명의 농부가 자살로 생을 마감했다. 그러나 Bt 목화가 도입되기 전에도 인도 농민들은 극심한 재정난에 시달렸고, GM 작물보다는 정부 정책으로 사정은 더욱 나빠졌다. 2001년부터 2011년까지 인도의 각 주에서 발생한 농민의 자살률에는 큰 차이가 있고 GM 작물 채택과의 뚜렷한 연관성은 없다.[108] 시골 지역의 자살률 급증을 설명할 수 있는 핵심 요인은 빈곤으로 보인다. 무엇보다 이미 빚더미에 앉은 사람들이 작은 경작지에서 시장의 영향을 많이 받는 작물을 재배한 것이 주요 원인으로 추정된다.[109] Bt 작물의 도입이 인도에 경제적으로 도움이 됐는지, 도움이 되었다면 Bt 내성 해충의 출현까지 고려했을 때 정확히 얼마나 도움이 됐는지는 여전히 의견이 엇갈린다.[110]

제초제 내성 GM 작물도 그에 못지않게 상황이 복잡하다. 미국의 제초제 사용량은 1995년부터 2010년까지 일정했지만, GM 작물의 효과를 누리기 위해 글리포세이트를 쓰는 쪽으로 변화가 일어났다. 농경지를 갈지 않아서 토양 구조가 보존되는 변화도 생겼다. 그러나 환경에 좋은 영향만 생긴 건 아니다. 이러한 농경지에서 나오는 유출수는 담수의 수생 생태계와 양서류에 심각한 영향을 미친다.[111] 또한 2013년까지 전 세계 18개국에서 글리포세이트에 내성이 생긴 잡초가 발견되자 몬산토는 고객들에게 글리포세이트와 함께 다른 제초제도 쓰고 경작지를 가는 추가 조치도 권장했다. 토양 구조에 생겼던 일부 긍정적인 영향이 도루묵이 되고, 광범위 제초제를 쓰던 시절로 되돌아가서 결국 환경에 더 큰 악영향만 끼친 셈이다.[112]

GM 작물은 지구를 살리지도 않았지만 파괴하지도 않았다. 인간의 식생활 역시 GM 작물로 인해 좋은 쪽으로든 나쁜 쪽으로든 바뀌지 않았다(현재 생산되는 작물은 대부분 GM 작물이 아니다). GM 작물이 사람이나 동물에게 병을 일으키거나 항생제 내성을 발생시킨 일도 없다. 2012년에 프랑스의 한 연구자가 글리포세이트 내성 옥수수에 라운드업을 처리한 후 래트 24마리에게 먹이자 암이 생겼다고 주장했으나 곧 허위 결과라는 사실이 널리 밝혀졌고, 2018년에 프랑스의 다른 연구진이 래트 수백 마리에 6개월간 8가지 각기 다른 GM 작물을 먹였으나 부정적인 영향은 없었다는 결과가 나오자 다시 한번 틀린 주장이었음이 입증됐다.[113] GM 기술에 대한 두려움이 일부 영향을 준 엄격한 식품 안전법 덕분에 우리는 GM 식품을 안전하게 먹을 수 있다. 그렇다고 라운드업을 살포한 농작물이 무조건 안전하다는 말이 아니다. 미국 법원에서는 비호지킨 림프종이 발생한 농민들이 이 농약 제품의 소유주이자 책임 당사자인 바이엘을 상대로 한 피해 보상 청구가 합당하다는 판결이 계속 나오고 있다. 바이엘은 글리포세이트가 발암물질이 아니라고 주장하지만, 대규모 소송을 막기 위해 미국 내 글리포세이트 판매 중단을 고려 중이다.[114]

유전공학 기술로 개발된 작물이 지지자들이 기대한 만큼 큰 성공을 거두지는 못했더라도 반대자들이 두려워한 만큼 막대한 피해를 가져오지 않은 것도 분명한 사실이다. 유토피아는 오지 않았고, 재앙도 일어나지 않았다. 2013년 〈네이처〉 사설에는 통찰력 있는 결론이 실렸다. "GM 작물의 경우, 얼마나 설득력 있는 주장인지가 그 주장이 사실이냐 아니냐를 가르는 기준이 된다."[115] 아직도 전 세계 많은 사람이 GM 식품에 의구심을 품지만, 기후 변화와 이산화탄소 농도 증가, 농약의 광범위한 사용으로 지구의 생물다양성이 사라지는 훨씬 더 심각한 문제가 닥치자 GM 기술에 반대하던 사람들의 기세는 꺾였다. 이제 GM 작물은 전 세계 식량 생산에 일상적인 한 부분으로 거의 자리를 잡았다. 부분적으로는 GM 기술의 지지자들에게 좌절감을 줄 때가 많은 규제 체계가 성공적으로 마련되었기 때문이고, 또 한편으로는 다른 농업 활동과 마찬가지로 우리 눈에는 보이지 않는 현실 때문이기도 하다.

10

치료

1999년 11월의 어느 추운 날, 스무 명이 넘는 애도객 행렬이 애리조나주 투손에서 남쪽으로 80킬로미터쯤 떨어진 곳에 있는 라이트슨산에 올랐다. 정상에 도착하자, 스티브 레이퍼Steve Raper 박사는 시인 토머스 그레이Thomas Gray가 1750년에 쓴 〈시골 교회 묘지에서 쓴 애가Elegy Written in a Country Churchyard〉의 한 구절을 읊었다.

> 부귀와 명성을 모르는 젊은이가
>
> 대지의 무릎에 머리를 베고 이곳에 잠들다.
>
> 훌륭한 과학은 그의 비천한 태생을 비웃지 않았고
>
> 우수는 그 자신이 되었다.

가족들, 친구들은 유전자 치료의 첫 사망자가 된 열여덟 살 제시 겔싱어Jesse Gelsinger의 유골을 그곳에 뿌렸다. 유전공학 기술로 구현된 의학적인 희망, 수십 년간 학계와 대중 모두를 매료시킨 그 기술이 의도치 않게 이 젊은이의 목숨을 빼앗았고, 이 일로 그는 명성이 뭔지도 모르던 존재에서 이름이 널리 알려진 존재가 되었다.[1]

그로부터 두 달 전, 레이퍼 박사는 프로레슬링을 좋아하는 반항적인 청소년이던 제시에게 유전자 변형 바이러스를 주사했다.[2] 제시는 오르니틴 트랜스카바미라제OTC 결핍증이라는 유전성 간질환을 앓고 있었다. 그래서 제시에게는 없는 유전자가 포함된 바이러스 벡터를 주사한 것이다. 제시의 병세는 그리 심하지 않았다. 매일 알약을 32개씩 삼키는 강도 높은 약물 치료와 엄격한 식단 관리로 병을 잘 통제하면서 지냈다. 그러나 제시는 연구에 보탬이 되려는 열의가 강했고, 이 치료법을 알게 되자 자신이 시도해 보겠다고 적극적으로 나섰다. 이 치료가 안전하다는 사실이 확인되면, OTC 결핍증을 앓는 아기들을 위한 유전자 치료 개발의 첫 단계가 될 터였다. 그러나 안타깝게도 주사를 맞고 몇 시간 후 제시의 몸에서는 극심한 면역 반응이 일어났고, 24시간도 채 지나지 않아 혼수상태에 빠졌다. 그리고 4일 후 세상을 떠났다.

처음부터 연구진을 지지했던 제시의 아버지 폴 겔싱어Paul Gelsinger는 비극이 일어난 후 "이들은 아무것도 잘못한 게 없다"고 말했다.[3] 그러나 조사 결과, 연구진의 일원이던 제임스 윌슨James Wilson이 이 시험이 성공하면 이득을 보는 업체에 경제적인 지분을 가지고 있고, 제시와 가족들이 이 시험에 참여하겠다는 동의서에 서명하기 전 동물 실험과 인체 시험에서 나온 부작용을 알려 주지 않았다는 사실이 드러났다. 미국 법무부와 관련 기관들 사이에서 5년간 법정 공방이 이어진 끝에 제시의 가족이 아닌 정부에 14억 원이 넘는 벌금을 내라는 판결이 내려졌다.[4]

제시의 사망 소식은 전 세계에 주요 기사로 전해졌고, 이후 오랫동안 유전자 치료의 명성에 오점으로 작용했다. 세계 곳곳의 규제 기관들은 즉시 관리 지침을 강화했다. 유전자 치료에 대해 광범위하게 형성됐던 긍정적인 기대는 싸늘하게 식었다. 제임스 윌슨과 함께 제시의 목숨을 앗아간 바이러스 벡터를 연구했던 구아핑 가오Guangping Gao는 20년 후 당시의 상황을 이렇게 회상했다.

> 이 분야 전체가 정상에서 깊은 골짜기로 떨어졌다. 유전자 치료의 암흑기는 10년간 지속됐다.[5]

인위적으로 사람의 유전자를 바꾸거나 늘려서 병을 치료한다는 건 수십 년간 환상으로만 여겨졌지만, 일부 유전학자들에게는 성취하고픈 목표였다. 에드 테이텀이 1958년 노벨상 수상 연설에서 "생물공학이라 부를 수 있는 과정을 통해 살아 있는 모든 생물이 향상될 것"이라고 예측한 지 4년 만에 부부 연구팀인 엘리자베스 스지발스카Elizabeth Szybalska와 바츠와프 스지발스키Wacław Szybalski가 정확히 이를 시도했다. 이들이 연구한 건 HPRT 유전자가 완전히 비활성화된 인체 세포주로, 두 사람은 이 돌연변이를 바로잡기 위해 1962년 HPRT 유전자가 정상적으로 활성화된 인체 세포에서 얻은 DNA를 배양한 돌연변이 세포에 첨가했다. 1944년에 에이버리가 세균의 형질전환을 유도한 것과 같은 방식이었다. 놀랍게도 돌연변이 세포에서 형질전환이 일어났고 HPRT 효소는 정상적으로 만들어졌다.[6] 치료법으로 활용할 계획 없이 순수하게 과학적인 탐구로 진행한 연구였으나, 1964년에 HPRT 효소가 없어서 발생하는 소아 신경 질환이 발견됐고, 그로부터 반세기 후, 스지발스키는 1962년에 했던 자신들의 연구가 인체 유전자 치료의 최초 모형이라고 주장했다.[7]

DNA를 조작할 수 있는 확실하고 효과적인 도구 없이 이 새로운 유전학적 기술을 의학적으로 활용하는 건 꿈 같은 일일 뿐이었다. 그러나 대담한 꿈을 품은 사람이 많았다. 1968년, 유전학에 관심이 많았던 젊은 소아과 의사 W. 프렌치 앤더슨W. French Anderson은 시카고에서 열린 한 강연에서 앞으로 수년 내에 결함이 있는 인체 유전자를 바꾸는 첫 시도가 나올 것으로 전망했다. 1년 뒤에는 메릴랜드대학교의 분자생물학자 바스켄 아포시안Vasken Aposhian이 "앞으로 5년에서 10년 안에 인체 대사의 선천적인 문제는 결핍 유전자를 투여하는 방식으로 치료되거나 치유될 것"이라고 주장했다. 아포시안은 이 분야 전체를 지칭하는 용어가 된 '유전자 치료'라는 표현을 처음 만들었다.

모두 낙관적인 건 아니었다. 1969년에 하버드 의과대학의 버나드 데이비스Bernard Davis는 한 강연에서 "아직 존재하지도 않는 분야를 과장해서 이야기하는 건 무책임한 일"이라며 날카롭게 비판했다.[8] 의학의 변화를 대범하고 흥미진진하게 전망하는 시각과 과학의 어려움을 현실적으로 보는 냉정한 시각의 팽팽한 대립은 유전자 치료의 역사 전체를 관통하는 특징이며 오늘날까지도 이어지고 있다.

아포시안이 이 가상의 치료법에 이름을 붙인 직후, 오크 리지 국립연구소 소속 의사였던 스탠필드 로저스Stanfield Rogers는 이 가능성을 현실로 만들어 보기로 마음먹었다. 로저스는 몇 년간 바이러스를 이용해서 인체 세포에 새로운 유전 정보를 도입할 수 있는지 연구해 왔다.[9] 특히 감염된 토끼에게 뿔처럼 큰 혹이 생기는 쇼프 유두종바이러스에 관심이 많았는데, 연구실에서 일하던 사람들이 실수로 이 바이러스에 감염되면 아미노산 중 아르기닌의 체내 수치가 떨어진다는 사실을 알게 된 로저스는 이 바이러스가 몸속에서 아르기닌을 분해하는 효소인 아르기나아제를 만들어 낸다는 결론을 내렸다. 반대로 체내에 아르기나아제가 부족한 사람들에게는 이 바이러스를 주사해 체내에서 아르기나아제가 만들어지도록 하는 조치가 필요할 것이라고 추론했다.

1960년대 말, 로저스가 떠올린 치료가 반드시 필요한 병이 발견됐다. 독일에 사는 어린 세 자매가 체내에서 아르기나아제를 생성하지 못하는 독특한 유전 질환을 앓고 있다는 사실이 밝혀진 것이다. 이들은 체내에 아르기닌이 축적되어 지적 장애와 경련 증상을 겪고 있었다. 로저스는 이 아이들에게 쇼프 유두종바이러스를 주사하면 병을 치료할 수 있다고 믿고, 1970년 독일 의료진과 협력해서 실험 치료를 시도해 보기로 했다. 이 소식은 전 세계 언론에 주요 기사로 전해졌다.[10] 하지만 놀랍게도 학술 논문은 단 한 편도 나오지 않다가, 5년이 지나서야 로저스가 동료들과 함께 3쪽짜리 짧은 논문을 발표했는데, 문제의 "대사질

환에 아무런 영향을 주지 못했다"고 인정한 간결한 내용이었다.[11]

1992년에는 로저스의 시도를 분석 검토한 결과가 나왔다. 이 분석에서는 "실험의 생화학적, 바이러스학적 근거가 부정확했고, 실험은 실패로 끝났으며 유용한 정보를 거의, 또는 아예 얻지 못했다"는 결론을 내렸다.[12] 나중에 쇼프 유두종바이러스의 유전체에는 아르기나아제 유전자가 없으며, 이 바이러스에 감염되면 인체의 아르기나아제 생산이 촉진된다는 사실이 밝혀졌다. 치료받은 독일 아이들의 몸에서도 그런 변화가 일어났는지 확인할 수 있는 자료는 없다.[13] 이 아이들이 어떻게 됐는지도 알 수 없다. 이 치료가 해가 되지 않은 건 분명하지만, 유전학적인 결함으로 심각한 결과가 발생했을 것으로 보인다. 치료를 시도하고 2년이 지났을 때 로저스는 자신의 행위를 다음과 같이 합리화했다.

> 점점 나빠지는 진행성 질환을 앓는 환자가 있고, 식이요법이나 알려진 다른 방법은 도움이 안 된다면, 그리고 40년 동안 광범위한 연구가 이루어진 어떤 물질로 그 병의 진행을 막을 수도 있다는 사실을 알게 된다면, 그걸 시도해 보는 것 외에 다른 방법은 거의 없다.[14]

모든 사람이 그렇게 생각한 건 아니었다. 〈사이언스〉에는 이후 반세기 동안 반복해서 제기된 주장과 함께 로저스의 실험에 의구심을 제기하는 사설이 실렸다.

> 유전자 치료를 지지하는 사람들이 제시하는 약속은 이 치료의 한계와 위

험성을 대부분 무시한다. 이런 식으로 대중이 오해하게 만들면, 또다시 실망과 반발이 지속될 위험이 있다. 인간의 유전학적 특징에 관한 우리의 지식은 현재 설명이 가능한 정도에 머물러 있으며, 안전하게 개입하는 방법에 관해서는 거의, 또는 아예 모르는 상태다. 단숨에 치료할 수 있다는 멋들어진 약속보다는 인간의 정상적인 생물학적 특징과 비정상적인 특징을 더 정확히 이해할 수 있는 연구들로 대중의 지지를 얻어야 한다.[15]

1년 뒤인 1972년, 〈사이언스〉에는 아직 존재하지도 않았던 유전자 치료의 해결 과제를 집중 조명한 중대한 논문이 실렸다. 유전자 치료가 효과를 발휘하려면 DNA가 올바른 세포에 도입되어야 하며, 다른 유전자를 건드리지 않고 유전체에 통합되어야 하고, 올바른 시점에 올바른 방식으로 발현되어야 한다는 내용이었다. 이러한 문제는 지금까지도 거의 해결되지 않은 숙제로 남아 있다. 이 논문을 쓴 연구진은 세포에 감염되면 '정상' 유전자를 전달하도록 조작한 바이러스를 활용할 경우 해결 가능성이 있다고 제안했다. 이 논문은 버그가 대장균에 특정 유전자를 도입하기 위해 SV40의 변형된 버전을 개발한 시점과 같은 시기에 나왔는데, 버그의 연구 결과는 아직 한 편도 발표되지 않은 때였다. 이렇듯 유전자 치료의 개념은 명확했지만, 포유동물 세포에 유전자를 전달할 수 있는 확실한 방법이 없었으므로 희망도 의혹도 모두 가설에 머물렀다. 1975년 2월에 열린 아실로마 회의에서 인체 유전자 치료나 유전학적인 조작은 의제에서 전부 배제하기로 한 것도 이런 이유 때문이었다. 하지만 돌이켜보면 그때 이 문제를 논의했어야 했다. 재조합

DNA 기술이 적용되는 대상이 세균에서 동물 세포로 넘어가면 의사들은 곧 사람에게도 적용해 보려고 조바심을 낼 것이 분명했기 때문이다.

1980년 7월에 로스앤젤레스 캘리포니아대학교UCLA의 혈액학 교수 마틴 클라인Martin Cline은 인체 베타 헤모글로빈 유전자가 포함된 플라스미드를 골수세포에 전달했다. 실험에 쓴 골수세포는 두 명의 여성 환자로부터 얻었다. 한 명은 16세 이탈리아인, 다른 한 명은 21세 이스라엘인으로 둘 다 체내에서 헤모글로빈*이 충분히 만들어지지 않는 베타 지중해 빈혈이라는 유전 질환을 앓고 있었다.[16] 클라인은 플라스미드가 전달된 세포를 다시 두 환자에게 주사했고…… 아무 일도 일어나지 않았다. 10년 전 로저스의 치료처럼 이 시도도 학술지가 아닌 언론을 통해서만 알려졌다. 이런 결과가 나오자 다들 유전학적으로 변형된 세포는 아무 영향도 주지 않는다고 생각했다. 좋은 영향도 없고, 다행히 나쁜 영향도 나타나지 않았다. 새로 도입된 유전자가 제대로 기능하긴 하는지도 알 수 없었다.

클라인의 실험은 큰 반발을 일으켰다. 컬럼비아대학교의 리처드 액설은 "이 실험이 인체에 효과가 있으리라고 기대할 만한 과학적인 근거는 전혀 없다"고 지적했고, 이런 용도로 쓰이리라고는 상상도 못 하고 클라인에게 헤모글로빈 DNA를 제공한 톰 마니아티스는 이전까지 진행된 동물 실험에서 이러한 방식이 효과가 있다는 근거는 전혀 없었다

* 혈액에서 산소를 운반하는 단백질. 혈액이 붉은색을 띠게 만드는 철(헴) 그룹을 포함한다. 일부 동물은 기능이 같아도 종류는 다른 철(헴) 그룹을 포함해 혈액 색깔이 다르다.

고 밝혔다.[17] 조사 결과 클라인은 이 연구에 대해 이스라엘과 이탈리아 양국의 실험 윤리위원회로부터 승인을 받았으나 UCLA 임상시험 피험자 활용 위원회로부터는 동물 실험을 추가로 진행해서 결과가 나올 때까지 연구를 승인할 수 없다는 뜻을 통보받았다는 사실이 드러났다.[18] 그런데도 클라인은 연구를 강행한 것이다. 그는 나중에 이 승인 절차에 관한 의견을 밝혔다.

> 나는 그 위원회 구성원들이 임상시험을 평가할 자격이 없다고 느꼈다. 그들 중 상당수가 이런 연구를 한번도 해 본 적이 없었기 때문이다. 위원회 구성원들이 멍청한 건 아니었지만, 지적으로 뛰어난 사람들도 아니었다. 분명한 건 사람을 대상으로 한 임상시험에 관해서는 경험이 전혀 없었다는 것이다.[19]

이 오만한 의사는 자신의 비상한 능력과 대범한 비전이 확고한 윤리적 안전장치보다 우월하다고 생각한 것 같다. 딱히 새삼스러운 일도 아니었다. 10년 전에 로저스는 아무 제재도 받지 않고 달아났지만, 클라인에게는 그런 운이 따라 주지 않았다. 클라인은 UCLA에서 사임해야 했고, NIH에서 제공받던 연구비 두 건도 잃었다. 더 치욕스러운 건 NIH가 그에게 앞으로 재조합 DNA 연구를 진행할 때는 반드시 사전에 특별 허가를 받아야 한다는 요건을 부과했다는 것이다.[20]

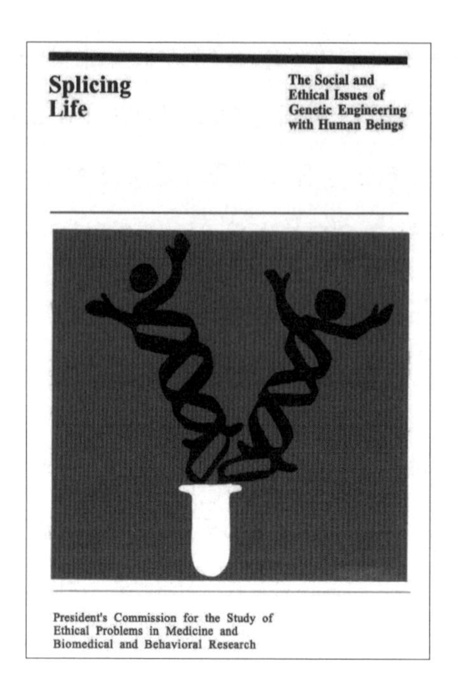

그림 10-1. 유전공학 기술을 인간에 적용하는 것에 관한 미국 대통령 위원회 보고서(1982).

클라인 사건이 발생하기 전부터 재조합 DNA 기술의 힘이 점점 커지고 이 기술이 결국에는 인간에게 적용되리라는 추측이 나오자 미국의 카터 대통령은 이에 대비하기 위해 총 11명으로 구성된 대통령 위원회를 구성해 유전자 치료의 생명윤리 문제를 조사하도록 지시했다. 1982년, 위원회는 〈생명의 접합: 유전공학을 인간에 적용할 때 사회적, 윤리적 문제에 관한 보고서〉를 발표했다.[21] 이 보고서에는 서두부터 "과학자들이 인간을 프랑켄슈타인 박사가 만든 괴물처럼 재창조할 가능성"에 관한 우려는 "과장된 생각"이라는 위원회의 의견이 담겨 있었다

(그러면서도 보고서 표지에는 시험관에서 이중 나선 모양의 인간이 신나게 탄생하는 모습을 그린 그림이 그려져 있다).

그러나 위원회는 "'신과 같은' 능력으로 재앙과 같은 결과가 아닌 유익한 결과를 얻으려면 이 새로운 기술에 대한 이례적인 수준의 관리가 필요할 것"이라고 경고했다. 더불어 마치 21세기에 크리스퍼 기술을 인간에게 적용해도 된다고 생각하는 사람들이 나타날 것임을 예견한 듯한 경고도 함께 제시했다.

> 유전공학 기술로 변화를 일으키는 일이 비교적 수월해지면, 사회적인 문제를 개인의 유전적 결함으로 여기거나, 사회적 문제 또는 개인적인 문제를 유전자 조작으로 해결하는 게 적절하다고 판단하는 경향이 생길 수 있다.[22]

위원회가 제시한 해결책은 별로 급진적이지 않았다. 다양한 배경의 구성원들로 이루어진 감독 기구를 설립하고 유전자 치료가 제안되면 엄격히 조사해야 한다는 내용이었다. 얼마간 조직 내에서 논쟁이 벌어진 끝에 이 과제는 NIH의 재조합 DNA 자문위원회RAC*의 손에 맡겨졌다. 그리고 1983년, 유전자 치료와 관련한 모든 제안을 감독할 '인체 유전자 치료 소위원회'가 구성됐다.[23] RAC는 처음부터 유전성이 있는 생식세포 계열을 바꾸려는 유전자 치료는 고려 대상에서 전부 제외

* 1974년에 설립되어 2019년에 해체된 NIH 위원회. NIH가 지원하는 유전공학 연구의 규제 방향을 제시하는 역할을 맡았다. 소관 업무는 한정적이었으나 전 세계 유전공학 연구와 미국의 민간 분야 연구에 모두 영향을 주었다.

하고 체세포* 유전자 치료만 다룰 것임을 분명히 밝혔다. 이러한 원칙은 2019년에 RAC가 해체될 때까지 유지됐다.[24]

클라인 사건에도, 대통령 위원회의 보고서에도 유전자 치료를 개발하려는 의사들의 의욕은 전혀 꺾이지 않았다. 누구보다 먼저 그러한 일을 해내겠다고 나선 가장 야심 찬 도전자들의 뜨거운 열망은 더 말할 것도 없었다. 1980년 11월, 〈뉴잉글랜드 의학 저널〉에는 '윤리는 언제 시작되는가?'라는 제목으로 의학계 일부의 안달 난 분위기를 분석한 글이 실렸다. 12년 전 유전자 치료가 임박했다고 예견한 프렌치 앤더슨이 공동 저술한 이 글에는 다음과 같은 내용이 실렸다.

> 일부 유전 질환의 유전자 치료가 가까운 미래에 등장할 것이다. (……) 치명적이거나 극도로 위중한 유전 질환을 앓는 환자들을 서둘러 치료하려는 열망으로, 의사들이 가능성은 있지만 아직 완전하게 검증되지 않은 새로운 치료법을 성급히 시도할 가능성이 있다.[25]

얼마 지나지 않아 동물 실험에서 유전자 치료에 필요한 도구들이 나오기 시작했다. 1983년, 레트로바이러스(역전사효소를 이용해 유전체를 DNA로 복제한 다음 이 복제한 DNA가 숙주 유전체에 통합되도록 만드는 RNA 바이러스)를 변형시켜 인체 세포에 결함이 없는 DNA를 도입하는

* 동물 세포 중 생식세포를 제외한 모든 세포. 체세포의 DNA는 다음 세대로 전달되지 않는다.

기술이 나왔다. 이 연구에 쓰인 유전자는 바로 20년 전 스지발스카와 스지발스키 부부가 연구했던 HPRT였다.[26]

이듬해에는 동물 실험으로 유전자 치료의 강점이 처음 입증됐다. 미국 연구진이 성장호르몬 수치가 감소하여 다른 개체보다 몸집이 작아지는 '리틀little'이라는 마우스 유전자의 돌연변이 영향을 없앤 것이다. 연구진은 이 돌연변이가 있는 마우스의 단세포 배아에 래트의 성장호르몬 유전자를 주입했고, 그 결과 일반 마우스보다 훨씬 몸집이 큰 마우스가 만들어졌다. 사실 그냥 큰 정도가 아니라, 이 재조합 설치류의 몸집은 일반 마우스보다 50퍼센트 이상 커서 새로 도입되는 유전자의 적절한 통제가 얼마나 까다로운지를 보여 준 사례가 되었다.[27]

이런 문제가 있었지만, 앤더슨은 동료인 마이클 블레즈Michael Blaese와 함께 중증 복합 면역결핍증SCID을 해결할 수 있는 유전자 치료를 개발하기로 했다. 두 사람이 이 병을 선택한 이유는 병의 원인이 되는 효소가 밝혀진 단순한 유전 질환이기도 했고, 대중의 인식을 고려해서이기도 했다. SCID가 가장 극단적으로 발생한 신생아는 질병에 극도로 취약해서 당시로서는 완전 멸균 환경에서 지내는 것 외에는 다른 방법이 없었다. 미국에서는 바로 이 병에 걸린 데이비드 베터David Vetter라는 소년이 한 언론에서 '버블 보이bubble boy'로 불리면서 유명해졌다. 1971년에 태어난 베터는 내내 멸균 공간 안에서 살다가 1984년에 누나의 골수를 이식받았고 안타깝게도 림프종이 생겨 결국 사망했다. 전 세계를 통틀어 환자가 수십 명 정도에 불과한 이 병을 앓았던 베터의 사연은 대중의 마음을 사로잡았고, 베터의 이야기는 사망 후 얼마 지나지 않아 배우 존 트라볼타John Travolta가 주연을 맡은 텔레비전 드라마로도 만들어졌다. 1986년에 가수 폴 사이먼Paul Simon은 '버블 속의 소년The Boy in the Bubble'이라는 곡을 만들었다. 이 곡이 현대 기술이 만들어 낸 '기적적이고 경이로운 날들'을 반쯤 반어적으로 묘사한 노래였다면, 1992년에는 〈사인필드Seinfeld〉라는 시트콤의 한 에피소드에서 유난히 어둡고 복잡한 성격의 인물이 '버블 보이'라는 이름으로 등장했다. SCID에 대한 대중의 인식이 이 정도로 높은 상황이라, 유전자 치료가 성공한다면 긍정적인 영향도 한층 커질 것으로 전망됐다.

앤더슨과 블리즈는 SCID 중에서도 아데노신 탈아미노효소ADA에 결함이 생겨서 발생하는 문제를 해결할 유전자 치료법을 개발하기로 했다. 이를 위해 먼저 시험관에서 ADA 결핍 환자의 T세포에 결함이 없는 ADA 유전자를 도입한 후 변형된 T세포를 환자에게 주사한다는 계획을 세웠다. 운이 따른다면 환자의 몸에서 ADA가 만들어질 것으로 예상했다.

이 계획에 충분한 확신을 갖게 된 앤더슨 연구진은 1987년, 인체 유전자 치료 소위원회에 500쪽 분량의 전임상시험 데이터를 제출했다. 엄청난 두께와 단조로운 내용 때문에 '전화번호부'*라고 놀림을 받기도 했던 이 실험은 결국 실행되지 못했다. 소위원회 내부에서 반발이 일어

* 젊은 독자들을 위해 설명하자면, 전화번호부는 지역별로 그 지역에 거주하는 모든 사람의 이름과 주소, 유선 전화번호가 깨알같이 작은 글자로 적힌 아주 두껍고 커다란 책이다. 대도시 전화번호부는 여러 권으로 나누어서 제작됐다. 유선전화 이용자에게 무료로 배포되던 이 책은 21세기 초부터 사라지기 시작했다.

났을 뿐만 아니라 앤더슨의 연구진 중에도 의구심을 갖는 사람들이 있었기 때문이다. 앤더슨이 동료들에게 만약 자녀가 이 병에 걸렸다면 실험 치료를 시도해 보겠느냐고 묻자 '그렇다'고 답한 사람은 3분의 1에 불과했다. 나중에 앤더슨은 만약 자신이 소위원회 소속이었다면 자신도 "이 실험에 반대표를 던졌을 것"이라고 인정했다.[28]

ADA 연구가 이와 같은 비판에 가로막혀 외면당하자, 1988년 7월에 앤더슨과 블리즈는 종양학자인 스티븐 로젠버그Steven Rosenberg와 함께 유전자 치료의 첫 시도가 될 새로운 제안서를 제출했다. 우선 치료법의 원리를 증명하기 위해 레트로바이러스를 이용해 종양 침윤 림프구TIL의 DNA에 표지 유전자를 도입하는 간단한 실험 계획이 제시됐다. TIL은 종양을 공격하는 기능이 있다고 추정될 뿐 정확한 기능 방식은 밝혀지지 않은 백혈구였다. 우선 이 실험으로 유전자 치료의 안전성을 입증하고, 추가로 암세포에서 TIL이 어떻게 작용하는지도 자세히 밝혀낼 수 있을 것으로 예상됐다.

비교적 해가 될 일이 없는 제안이었지만 RAC 소위원회의 반대에 부딪혔다. 앤더슨이 갑자기 전략을 바꾸자 의혹을 제기한 것이다. 특히 소위원회 소속 분자생물학자들은 이런 기술을 인체에 적용하기에는 시기상조라고 보았다. 이들은 TIL이 암성 세포로 변하는 등 비극적인 상황이 벌어지면 환자가 사망에 이를 수도 있고 "거센 반발이 일어나 관련 연구 전체가 영향을 받을 수 있다"고 우려했다. 한 연구자는 "앞으로 10년은 죽은 사람처럼 지내야 할지도 모른다"고 예언하기도 했다.[29] 앤더슨은 실험의 구체적인 내용에 대한 비판이 제기되자 1988년 10월,

조심해야 한다고 주장하는 사람들을 향해 8년 전 자신이 했던 이야기를 다시 꺼내 들었다.

> 휴식 시간에 저는 이런 질문을 받았습니다. "이 연구를 승인받으려고 왜 그렇게 서두르십니까?" RAC 위원들이 로젠버그 박사가 암 환자들을 치료하는 병원에 와서 이제 살날이 몇 주밖에 안 남은 환자를 보고도 "뭐가 그렇게 급합니까?"라고 물을 수 있는지 모르겠군요. 이 나라에서는 1분마다 한 명씩 암으로 목숨을 잃고 있습니다. 우리가 이 토론을 시작한 지 146분이 지났으니 이 시간 동안 146명이 암으로 세상을 떠났습니다.

앤더슨이 제출한 연구 계획은 환자에게 직접적인 영향을 주지 않는 내용이었음에도 소위원회는 이 거침없는 웅변에 흔들렸고 실험을 승인했다.[30] 연구하려는 병이 중증 말기 암이라 모든 환자가 최대 3개월밖에 살지 못한다는, 더 심각하고 우울한 주장도 승인에 유리하게 작용했다. 즉 어차피 살날이 얼마 남지 않았다면, 연구 계획에 포함된 레트로바이러스로 암성 TIL이 생긴다고 해도 그리 큰 문제가 되지는 않으리라고 여겨졌다.[31]

하지만 앤더슨과 연구진에게는 아직 넘어야 할 산이 남아 있었다. NIH 원장이 평가 절차를 몇 차례 추가로 거치도록 한 것이다. 각기 다른 7개 규제위원회로부터 만장일치로 승인받으라는 요건에 따라 연구진은 장차 유전자 치료를 시도할 생각이 있는 의사들 앞에 15회 출석해야 했다.[32] 여기다 제러미 리프킨의 소송으로 연구는 더 지연됐다. 앤더슨의 연구는 1989년 5월 22일에야 마침내 시작됐다.

치료에 가장 먼저 자원한 환자는 52세의 화물차 운전기사인 모리스 쿤츠Maurice Kuntz였다.[33] 예상대로 벡터 주입 후 아무 문제도 생기지 않았다. 주사를 다 맞은 직후에 쿤츠는 "아직 꼬리가 자라나진 않았다"고 농담을 던지기도 했다. 벡터에 포함된 표지 유전자는 기대한 대로 기능한다는 사실도 확인됐다. 이 실험으로 외래 유전자가 인체에 도입되더라도 즉각적인 악영향은 없다는 사실이 입증됐지만(인체가 바이러스에 감염될 때와 같은 상황이다), 새로운 유전자를 도입하려는 표적 세포에서 어떤 결과가 나올지는 불분명했다.[34] RAC의 한 구성원은 이 연구 결과로 알 수 있는 사실은 세포에서 표지 유전자가 발현될 수 있다는 것과 발현된 결과가 혈류에서 일정 기간 유지된다는 것이 전부라고 언급했다.[35] 이후 두 달간 환자 네 명이 같은 치료를 받았고, 쿤츠를 포함한 세 명 모두 1년도 지나지 않아 사망했다. 두 명은 2년 넘게 생존했지만 유전자 치료 덕분이 아니라 병이 진행된 속도 때문이었다.[36] 그래도 앤더슨은 야망을 이루었다. 이 실험에 치료 물질은 전혀 쓰이지 않았지만, 어쨌든 그는 인체에 유전자 치료를 최초로 시도한 사람이 되었다.

이듬해 앤더슨과 블리즈는 처음 계획한 대로 레트로바이러스를 이용해 T세포를 변형시키는 방식으로 ADA와 관련된 SCID를 치료해 보기로 했다. 하지만 이 병에 걸린 아이들은 기존에 나온 치료법으로 비교적 안정적인 생활을 하고 있었다. 1987년에 폴리에틸렌글리콜PEG을 이용한 약물 치료법이 개발돼 미국과 유럽에서 ADA 결핍에 시달리던 어린 환자 13명이 성공적으로 치료받은 사례가 나왔으나 치료비가 어마어마했다.[37] 예를 들어 1995년에 ADA 결핍증을 앓는 렛Rhett(4세)과 재크Zach(2세)의 가족에게 청구된 PEG 치료비는 월 5600만 원에 달했다. 당시에 이 가족이 가입한 의료보험은 보장 한도가 14억 원이었는데, 이미 절반이 이 치료로 사라졌다.[38] 환자의 부모들에게는 유전자 치료의 잠재적인 가능성을 받아들일 수밖에 없는 엄청난 압박 요인이 존재했던 셈이다.

RAC, FDA와 몇 차례 논쟁을 벌인 끝에, 유전자 치료 실험에 참여하더라도 PEG 치료를 계속 받는다는 합의가 이루어졌다. 무엇보다 환자들은 아픈 아이들이지 실험 쥐가 아니었다. 하지만 이런 방법을 택하면 환자 상태가 나아지더라도 PEG 때문인지 새로 도입된 유전자가 효과를 발휘했는지 확실하게 알 수 없으므로 과학적으로는 아무 의미가 없는 시도였다. 그런데도 RAC 위원장은 실험 승인이 떨어진 날 "의사들이 1000년간 고대한 일"[39]이라는 과장된 인사말을 남겼다. 치료법을 고대한 건 의사들이 아니라 환자들이었다.

ADA의 결함으로 SCID를 앓던 아샨티 데실바Ashanti DeSilva는 네 번째 생일을 맞이하고 2주가 지났을 때인 1990년 9월 14일, 유전자가 변형된 T세포를 주사로 투여받았다. 모든 과정은 순탄했고, 이 어린 환자는 곧 집으로 돌아갔다. 이후 몇 년간 아샨티는 유전자 치료의 성공을 분명하게 보여 주는 상징으로 여겨졌다. 1994년 9월 아샨티가 미 의

회의 하원 과학위원회 회의에 참석하자, 민주당의 조지 브라운 주니어 George Brown Jr 의원은 "기적이 일어났음을 보여 주는 산 증거"라고 이야기했다. 당시 유전자 치료가 얼마나 과열된 분위기였는지 알 수 있는 발언이었다.[40] 〈뉴욕타임스〉도 아샨티의 치료 과정을 기사로 다루었고, 텔레비전 카메라가 늘 아샨티를 따라다녔다. 어른이 되고 평범한 삶을 살게 된 아샨티는 유전학 상담가가 되었다. 2015년 아샨티는 병을 진단받았을 때와 유전자 치료를 받은 후에 생긴 변화를 다음과 같이 회상했다.

> 부모님은 그동안 왜 내가 몇 걸음만 걸어도 금세 주저앉는지, 뭐든 쉽게 감염되고 완전히 낫지 않는지 이유를 알게 됐다. (……) 우리는 유전자 치료에 모든 희망을 걸지는 않았지만, 내 몸에 정상 세포 수가 계속 증가했다. 부모님이나 내게 그 치료가 효과가 있었느냐고 묻는다면, 우리는 그렇다고 할 것이다. 그 병에 걸리는 것이 내 운명이었지만, 나는 오늘도 이렇게 살아 있으니까.[41]

아샨티와 다른 환자들 모두 유전자 치료를 잘 견뎠고 체내 ADA 수치가 실제로 증가했으며 이러한 증가 추세가 몇 년간 유지됐지만, 앤더슨과 블리즈는 환자들의 건강에 유전자 치료가 미친 영향을 평가하기가 어렵다는 사실을 인정했다.[42] 병이 치유된 건 아니었다. 아샨티도 잘 지내고 있지만 결함이 있는 효소를 대체하는 PEG 치료를 계속 받고 있었다. 그럼에도 유전자 치료의 잠재적 효능을 입증하는 놀라운 사실은 처음 이 치료를 받고 26년이 지난 후에도 아샨티의 T세포 중 최대 15퍼

센트에 결함이 없는 ADA 유전자가 남아 있다는 것이다.[43]

ADA 연구 계획서가 RAC의 승인을 받은 시점에 로젠버그는 이와는 사뭇 다른 유전자 치료 시험의 승인을 받았다. 로젠버그의 치료 목표이자 유전자 치료 분야 전체를 지배하게 된 대상은 바로 유전 질환이 아닌 암이었다. 이미 입증된 TIL 표지 유전자 기법을 그대로 활용하되, TIL에 종양 괴사 인자TNF라고 불리는 단백질의 유전자를 도입해서 종양을 표적으로 삼아 없앤다는 것이 로젠버그의 계획이었다. 이 치료법은 1991년 초, 수잰 마로토Suzanne Marotto라는 29세 여성 환자와 로버트 앤트림Robert Antrim이라는 42세 남성 환자를 대상으로 처음 시도됐다(둘 다 가명이다). 두 환자 모두 진행성 흑색종을 앓고 있었고 어떤 치료도 듣지 않는 상황이었다. 모리스 쿤츠처럼 둘 다 살날이 석 달도 채 남지 않아서 더 잃을 게 없었다.

환자에게 투여된 TIL 세포 중 TNF가 발현된 비율은 5퍼센트에 불과했지만, 3개월 후 주사 부위에 생존한 종양 세포는 없는 것으로 밝혀졌다. 치료 효과가 있다는 의미였다.[44] 그러나 둘 다 완전하게 회복되지는 않았고, 앤트림은 몇 개월 후 사망했다. 로젠버그는 총 9명의 환자를 대상으로 이 치료를 시도했으나 결과는 명확하지 않았다. 과거 동료였던 한 연구자는 로젠버그가 아직 연구 단계인데도 치료라고 이야기하는 건 윤리적으로 선을 넘은 행위라고 지적했고, 1992년 10월 NIH 전문가단은 2년간 로젠버그의 연구비를 동결한다는 결정을 내렸다.[45]

이와 같은 논란에도 학계와 언론은 로젠버그의 실험에 찬사를 보냈다. 레트로바이러스를 이용해서 인체 세포에 DNA를 도입하는 방법을 개발한 주요 연구자 중 한 사람인 더스티 밀러Dusty Miller는 "인체 유전자 치료의 시대가 열렸다"고 선언했다.[46] 현실에서 유전자 치료는 확실한 치료 방법이기보다는 실험 기술의 하나로 머물러 있었지만, 언론과 대중의 큰 기대감은 선명하게 드러났다. 〈르몽드〉는 앤더슨이 유전자 치료 실험을 제안한 사실을 보도하면서 "유전자 치료의 첫해Year one of gene therapy"*라고 선언했고, 앤더슨도 학술지 〈인체 유전자 치료〉를 통해 자랑스럽게 알렸다.

> 때가 왔다. 유전자 치료가 시작된다. 언론에서도 이 소식을 대대적으로 보도하면서 '희망'을 알리고 있다. (……) 치명적인 병을 앓던 두 어린 소녀는 정상적인 삶을 살게 됐다. 정말 멋진 일이다.[47]

1995년에 제프 라이언Jeff Lyon과 피터 고너Peter Gorner 두 기자가 함께 쓴 베스트셀러 《바뀐 운명Altered Fates》에는 유전자 치료를 둘러싼 야망과 자만심이 광적인 수준에 이른 당시의 분위기가 정확히 포착되어 있다.[48] 두 저자는 앤더슨을 중점적으로 다루면서, "뼛속까지 몽상가"이자 혁명가라고 묘사했다. 유독 극찬 일색인 한 부분에는 앤더슨과 동료들에 관한 다음과 같은 설명이 나온다. "그는 알려지지 않은 인체의 광활한 분자 세상을 나타낸 지도를 제작 중인 현대판 마젤란이다. 우리 시대

* 1793년에 프랑스 혁명의 연대를 나타낼 때 쓰인 표현이다. (상당한 옥신각신 끝에) 1792년이 공화국의 탄생 첫해가 되었다.

의 극지 탐험가, 아프리카 대륙 탐험가이며 이들이 가는 길은 활짝 열려 있다. (……) 이제 위대한 결과가 나올 때가 됐다."

유전자 치료의 아버지로 널리 인정받는 앤더슨은 1994년 중반까지 승인된 총 37건의 유전자 치료법 중 26건의 개발에 관여했다.[49] 1944년에는 〈타임스〉가 선정한 '올해의 인물' 2위로 선정되기도 했고, 이제 그에게는 황금빛 미래가 펼쳐질 것으로 전망됐다. 명망 높은 래스커상을 받은 후에 앤더슨은 이보다 더 훌륭한 상은 꿈도 꾸지 않는다고 말했다. "노벨상은 정말로 생각지도 않는다. 스톡홀름에 갈 수도 있겠지만, 그 상을 받든 안 받든 상관없다."[50] 그 말을 어디까지 믿을지는 각자에게 맡긴다.

학계는 HIV와 가족성 고콜레스테롤혈증(체내 콜레스테롤 농도가 높은 유전 질환), 뇌종양의 원인 중 절반 이상을 차지하는 교모세포종 등 다른 질환도 유전자 치료를 적용할 수 있는지 연구하기 시작했다.[51] 일부는 한 걸음 더 나아가 연구자들과 의사들이 사람의 생식세포에도 이 기술을 적용해서 유전 질환을 예방하는 방안도 고려해야 한다고 주장했다.[52] 나중에 등장한 트랜스휴머니즘을 예고하듯, 사람들은 유전공학 기술로 인간의 기능이 향상될 가능성을 이야기하기 시작했다. 1992년 〈이코노미스트〉에 이런 내용의 기사가 실리자 열띤 호응을 얻기도 했는데, 그 글을 쓴 저자는 윤리나 유전학에 관해서는 거의 아는 게 없는 듯했다.

> 신경전달물질을 늘려서 다양한 정신 기능이 강화될 수 있다면 그렇게 해야 할까? 피부색을 바꾸는 건? 더 빨리 달리거나, 더 무거운 것도 들 수 있

> 게 되는 건? 그렇다, 그럴 수 있어야 한다. 어느 정도 제한을 두는 선에서, 사람들은 자기 삶을 원하는 대로 만들 권리가 있다. (……) 현명하지 못한 선택을 할 수도 있다. 그래서 안타까운 일이 생길 수도 있지만, 바로잡을 수 있다. 바꿀 수 있다면, 안 바꾼 상태로 되돌릴 수도 있을 것이다. 이제는 태어날 때 갖고 태어난 유전자에도, 나중에 스스로 선택한 유전자에도 노예처럼 끌려다닐 필요가 없다.[53]

유전자 치료를 적용할 수 있는 형질은 소수라는 사실, 이미 엎질러진 물을 다 주워 담을 수는 없는 생물학적 현실을 회피한 사실 등은 차치하고서라도, 이런 자유주의적 태도를 지닌 사람은 극소수였다. 거의 비슷한 시기에 영국 정부는 유전자 치료의 윤리성을 평가할 위원회를 구성하고 '스파이크Spike'라는 별명으로도 잘 알려진 세실 클로디에Cecile Clothier를 위원장으로 임명했다. 이 위원회는 유전자 치료가 목숨이 달린 치명적인 질환에만 제한적으로 쓰여야 하며, 인간의 정상적인 형질을 바꾸거나 강화하는 용도, 또는 생식세포를 바꾸는 용도로 활용되어서는 안 된다고 권고했다. 난자와 정자의 DNA는 다음 세대로 전달되므로 이 치료를 적용할 수 없다는 의미였다.[54]

이렇듯 간간이 찬물이 끼얹어지는 상황에서도 분위기는 계속 고조됐고, 의사들은 역사에 길이 남을 일을 행할 때가 됐다는 강한 확신을 드러냈다. 미시간대학교의 개리 네이블Gary Nabel은 이렇게 호언장담했다.

> 지금은 생물학의 황금기다. 아인슈타인과 플랑크, 하이젠베르크가 이번

세기 초 물리학의 황금기를 맞이했을 때처럼, 우리는 매우 특별한 시대를 살고 있다.[55]

•———◦

현실의 어려움이 드러나기 시작한 건 1995년부터였다. NIH의 새로운 원장으로 취임한 해럴드 바머스는 유전자 치료의 실태를 조사하고 NIH가 해마다 이 분야에 쏟고 있는 2800억 원이 잘 쓰이고 있는지 평가할 위원회를 구성했다. 바머스는 유전자 치료를 연구해 온 사람들이 "성공에 대한 잘못된 인식을 널리 퍼뜨렸을 것"이라는 의혹을 품었다.[56] 이 평가 위원회의 위원장을 맡은 스튜어트 오킨Stuart Orkin과 아노 모툴스키Arno motulsky도 1995년 12월에 바머스와 같은 결론에 도달했다.[57] 이 보고서가 나오기 전에도 유전자 치료를 실제로 진행해 온 일부 의사들이 잔인할 정도로 정직하게 조사한 적이 있었다. 종양학자인 드루 파돌Drew Pardoll은 다음과 같이 인정했다.

그동안 화려한 면이 강조됐다. 임상시험을 시작해서 이 분야의 일원이 되는 것이 의미 있는 결과를 내는 것보다 더 중시되는 문화가 생겨났다.[58]

말기 환자였던 가련한 모리스 쿤츠의 실험적인 치료에 첫 승인이 떨어진 후 5년 동안 미국에서는 총 106건의 유전자 치료 임상시험 계획서가 승인됐고, 환자 597명의 몸에 유전자가 도입됐다. 그러나 실질적인 성과는 미미했다. 오킨과 모툴스키는 이런 현실을 사정없이 지적했다.

> 현재까지 임상학적인 효능이 명확히 입증된 유전자 치료 계획은 한 가지도 없다. (……) 유전자 치료는 모든 측면에서 중대한 문제가 남아 있다. 기초적인 수준에서 주요한 문제는 현재 유전자 전달에 쓰이는 모든 벡터에 단점이 있으며 이러한 벡터와 숙주 사이에 생물학적으로 어떤 상호작용이 일어나는지 충분히 파악되지 않았다는 점이다. 임상시험을 진행하려는 열망에 빠져 질병의 병리생리학적인 기초 연구에는 (……) 제대로 관심을 기울이지 않았다.

두 사람의 보고서에는 의사들이 임상시험을 치료의 원형으로 여기며, 그로 인해 자신들이 뭘 하고 있는지 잊은 듯한 모습을 보일 때도 있다는 지적도 담겼다.

> 유용한 기초 정보를 도출할 수 있도록 유전자 표지를 활용하는 방식으로 설계된 임상시험은 소수에 불과하다. (……) 유전자 치료 임상시험으로 유전자가 전달된 후에 그 유전자의 발현을 유지하거나 발현을 중단시킬 수 있는 메커니즘을 찾으려는 연구 노력은 거의 찾을 수 없다. 현재까지 나온 데이터는 대체로 검증되지 않았다.

보고서의 요약 부분도 인정사정없기는 마찬가지였다. 유전자 치료 연구는 설계 단계에 관심을 충분히 기울이지 않고, 분자 수준의 연구 종점과 임상학적인 연구 종점이 모두 명확히 정해지지 않았으며, 정밀성도 부족하다는 내용이었다.

언론이 보고서 내용을 신나게 전하는 가운데, 오킨은 '기적'이라 불리며 가장 유명한 사례로 꼽히던 아샨티 데실바의 유전자 치료와 그 밖에 ADA 결함 SCID 환자들의 치료 사례는 모두 유전자 치료와 함께 PEG 치료가 병행되었다는 점을 지적했다. "그 아이들은 병이 그렇게 심하지 않았다." 오킨은 이렇게 설명했다. "임상시험에 참여했을 때도 괜찮았고, 지금도 괜찮다."[59] 나아가 오킨은 의학, 제약 산업이 유전자에만 치중하느라 훌륭한 대안이 될 치료를 경시할 가능성이 있다고 주장했다.

> 만약 10년 전에 고콜레스테롤혈증과 관련된 유전자가 발견됐다면, 그 유전자에만 온통 정신을 쏟느라 효과적인 약을 개발하지 못했을지도 모른다.[60]

전 세계적으로 수백만 명에 이르는 고콜레스테롤혈증 환자를 심장 발작이나 뇌졸중으로부터 구해낸 저렴한 치료제 '스타틴'을 일컫는 말이다. 세상을 바꾸는 치료가 전부 유전자 치료처럼 복잡하거나 매력적이진 않다.

오킨과 모툴스키의 보고서가 발표된 후 일부 의사들은 난감함을 감추지 못했고, NIH는 그동안 턱없이 부족했던 유전자 치료 기초 연구에 대한 지원에 집중하기로 했다.[61] 1997년 〈네이처바이오테크놀로지〉에 실린 사설은 유전자 치료는 "분야 전체가 내부에서 나온 이야기만 믿으면 무슨 일이 벌어질 수 있는지" 보여 줬다고 경고했다.[62] 이 사설에서 구체적으로 언급되지는 않았지만, 내부에서 나온 이야기라는 지적에는 유전자 치료에 거의 비판 없이 열광한 논문들이 실렸던 이 분야의 대표적인 학술지 〈네이처〉도 포함됐다.

유전자 치료는 오킨과 모툴스키의 보고서에서 흠씬 두들겨 맞은 후에도 이전과 거의 비슷하게 유지됐다. 달라진 게 있다면 아데노바이러스를 활용하는 방식에 관심이 쏠리기 시작했다는 것이다(감기, 설사, 그 밖에 다양한 감염을 일으키는 바이러스로, 몇 가지 백신의 성분으로 사용되기도 한다). 아데노바이러스를 이용하면 새로운 유전물질이 세포에 전달된 후 세포의 유전체에 끼어드는 대신(이 과정에서 돌연변이가 생길 가능성이 있다) 세포 내 기관을 이용해서 증식된다. 아데노바이러스를 유전자 치료에 가장 먼저 활용한 연구자 중 한 명이 제임스 왓슨이었다. 1998년에는 유전자 치료와 생명윤리 분야의 대표적인 학자들이 한자리에 모여서 인체 생식세포를 치료 목적으로, 또는 이들의 표현을 그대로 쓰자면 강화를 목적으로 바꾸는 일이 일어날 가능성을 놓고 열띤 토론을 벌였다. 생식세포에 유전학적인 변화가 도입되면 자손에게도 그 변화가 전달된다.[63] 유전자 치료를 실행하는 사람들은 아무 교훈도 얻지 못했고, 아무것도 잊지 않았다.

그러다 1999년 9월, 제시 겔싱어가 목숨을 잃었다.

•——○

제시의 비극으로 또 한 차례 비통한 분위기가 퍼져나갔다. FDA는 "유전자 치료는 아직 치료법이 아니다."라고 한 RAC 인체 유전자 치료 소위원회 루스 매클린Ruth Macklin의 말처럼 이 기술의 현실에 경계심을 느끼고 임상시험 참가자들을 보호할 수 있는 조치를 강화했다.[64] FDA가 대중을 위해 발행하는 잡지에도 냉소적인 의견이 실렸다. "실제 결과가 부풀려졌다. (……) 효과는 거의 없다."[65] 이 새로운 치료법만 중점적으로 다루면서 유전자 치료 분야의 형성에 일조했던 학술지들도 비판적인 시각을 드러냈다. 2001년 〈분자 치료〉에는 다음과 같은 직설적인 논설이 실렸다.

> 가장 널리 알려진 초창기 연구 중 일부는 지나친 기대와 낙관적인 전망이 덧씌워진 채로 알려졌고, 그렇게 실행됐다. 실제로 제공할 수 있는 것보다 훨씬 더 많은 것을 약속했으니 실패의 씨앗을 스스로 심은 것이나 다름없다. 과도하게 낙관적이던 연구자들, 연구 기관, 이익 집단, 과학 분야 언론과 일반 언론 모두 단단히 잘못 짚었다.[66]

유전자 치료가 이렇게 부풀려진 이유 중 하나는 큰돈이 걸렸다는 데 있다. 제시 겔싱어가 운명을 바꾼 주사를 맞던 시점에는 331건의 유전자 치료 시험 계획이 승인되어 4000명이 넘는 환자가 참여했다. 이 치료법들 가운데 유전자 하나가 병의 원인인 것은 41건에 불과했고, 나머지는 암이나 에이즈 치료가 목표였다. 환자 수가 적은 병은 치료법이 나와도 벌 수 있는 돈이 적지만 암과 에이즈는 둘 다 거대한 시장이었다. 그러나 수익성이 아무리 좋아 보여도, 이런 질병을 목표로 개발된 유전자 치료는 거의 다 효과가 없는 것으로 드러났다.[67]

2009년, 제시 겔싱어의 목숨을 앗아간 아데노바이러스 연구의 공동 대표였던 짐 윌슨은 1990년대에 실시된 연구들이 잘못된 방향으로 빠진 과정을 회고했다.

> (i) 간단한, 또는 전체적으로 단순한 이론적인 치료 모형이 등장하고, 이 방법은 '반드시 효과가 있다'고 여겨진다. (ii) 특정 기능을 상실하는 질병, 또는 치명적인 질병을 앓는 대규모 환자들, 이 환자들과 관련된 단체들이 이 새로운 치료법이 자신들에게 도움이 되리라는 강렬한 희망을 품는다. (iii) 일부 과학자의 열정에 고삐가 풀리고, 무분별한 언론 보도가 이들을 더욱 부추긴다. (iv) 실질적인 결과와 상관없이 오로지 전망만으로 가치와 유동성을 얻을 수 있는 시대에 등장한 생명공학 업계가 상업적인 개발에 나선다.[68]

큰 수익을 올릴 성과를 얻고 말겠다는 유전자 치료 분야의 열의는 제시의 유골이 라이트슨산에 흩뿌려지자마자 분위기를 끌어올릴 만한 계기를 찾기 시작할 만큼 뜨거웠다. 2000년 파리에서는 마리아 카바자나 칼보Marina Cavazzana-Calvo와 알랭 피셔Alain Fischer가 이끈 연구진이 레트로바이러스를 이용한 유전자 치료를 통해 '버블 보이' 병으로 불리던 SCID의 또 다른 종류인 X염색체 관련 중증 복합 면역결핍증SCID-X1을 앓던 어린 환자 두 명(각각 생후 8개월, 11개월)을 치료했다고 밝혔다. 연구진은 이렇게 보고했다. "두 환자는 각각 생후 90일, 95일부터 격리되어 생활했다. 유전자를 체내에 전달한 후 다른 치료는 받지 않고 현재 둘 다 집에서 지내고 있으며 생후 11개월, 10개월이 되었다. 둘 다 신체 성장과 정신운동 기능 발달 과정 모두 정상적으로 잘 진행되고 있다."[69] 4개월 후에는 세 번째 환자도 비슷한 결과가 나온 것으로 밝혀졌고, 곧 이들의 치료 프로그램은 더 널리 활용되기 시작했다. 극적인 결과였다. 역사가 미셸 모랑쥬는 이렇게 전했다.

> 이 치료의 효과를 보여 준 상징은 환자의 생리학적인 변화가 아니라, 아이들이 격리되어 생활하던 버블에서 해방된 놀라운 변화다.[70]

피셔는 이러한 성공에도 불구하고 "아직은 실험 단계다. 이 치료법의 안정성과 적합성을 점검하고 있으며, 유익성과 위해성의 비율을 분석하고 있다"고 강조했다.[71]

그가 이렇게 신중한 태도를 보일 만했던 이유가 드러났다. 6개월 후, 〈르몽드〉가 이 연구진이 최초로 치료한 두 환자 모두 면역 체계가 정상이고 건강에 아무 이상이 없다고 보도한 지 불과 며칠 만에 유전자 치료를 받은 12명의 어린 환자 중 1명이 백혈병 진단을 받았다.[72] 2003년에도 두 번째 백혈병 환자가 발견됐고, 뒤이어 2명이 추가됐다. 그중 한 명은 결국 세상을 떠났다. 프랑스의 SCID-X1 임상시험은 중단됐고 미국 FDA는 예방 조치로 30여 건의 레트로바이러스 관련 유전자 치료 임상시험을 유예하기로 했다.[73] 문제의 원인은 벡터였다. 정상적인 유전자를 체내에 전달하기 위해 사용한 마우스의 레트로바이러스가 망가지면 백혈병을 유발하는 유전자에 쉽게 삽입되는 경향이 있는 것으로 드러났다. 의도한 건 아니었지만 연구자들이 병을 유발하는 돌연변이를 일으킨 것이다. 유전자 치료 분야의 대표적인 의사 두 사람은 2009년에 다음과 같이 밝혔다.

> 밝은 전망으로 새 출발을 기대했던 유전자 치료에 엄청난 차질이 생겼다. 벡터의 안전성은 늘 중대한 문제였지만, 이제는 치료의 성공을 크게 가르는 핵심 요소가 되었다.[74]

프랑스 연구진은 유일한 대안인 골수 이식의 사망 위험성보다 유전자 치료로 발생하는 사망률이 현저히 낮다고 주장했지만, 제시 겔싱어의 죽음은 이 주장에 짙은 그림자를 드리웠다.[75]

•———○

임상시험이 아닌 정식 치료법으로 전 세계에서 최초 승인된 유전자 치료는 중국에서 두경부(머리와 목) 편평세포암 치료법으로 개발된 젠다이신Gendicine이다. 형질 도입 방식으로 종양 억제 유전자가 세포에서 발현되도록 만드는 이 치료법은 2004년에 처음 쓰이기 시작했다. 이후 3만 명이 넘는 환자가 이 치료를 받았고, 표준 치료법보다 병이 개선된 효과가 크며 치료 후 5년간 생존율도 높은 것으로 밝혀졌다. 그러나 유럽이나 미국에서는 승인되지 않았다.[76] 유럽에서 최초로 승인된 유전자 치료는 지단백 지질분해효소 결핍증이라는 극히 희귀한 질병의 치료법으로 개발된 글리베라Glybera로, 2012년부터 쓰이기 시작했다. 환자가 워낙 적고 치료비가 16억 원이나 들던 이 치료법은 결국 2017년에 폐지됐다. 글리베라 치료를 받은 환자는 전 세계를 통틀어 31명에 불과했고 그나마도 임상시험을 제외하고 이 치료가 처방된 환자는 단 한 명이었다.[77] FDA는 2017년에 RPE65 유전자의 돌연변이로 발생하는 선천성 망막질환 치료법으로 럭스터나Luxturna를 승인했다. 유럽도 2018년에 그 뒤를 따랐다.[78] 이어 미국에서는 2017년에 희귀 암 치료법으로 개발된 두 건의 유전자 치료가 추가로 승인됐다.[79]

이 시점까지 미국 생명공학 업계가 유전자 치료 개발에 투자한 돈은 1조 4200억 원이었으나 수익은 전혀 없었다.[80] 2000년 6월에 마침내 인간 유전체의 염기서열 분석 결과가 발표됨에 따라 유전자 치료의 잠재성이 확대되었고 더 광범위한 질병에 유전학이 기여할 방안을 찾는 대규모 연구 가능성도 열렸다. 이를 통해 치료법도 개발되리라는 전망도 나왔다. 그러나 희귀 유전 질환(환자 발생률이 2000명당 한 명 미만인 질환)의 중요성이 커지기 시작하면서 한편으로는 유전자 치료의 범위가 좁아지기도 했다. 소수의 환자를 지원해 온 자선단체들이 하나로 뭉쳐 기금을 모으고 질병을 해결하기 위한 새로운 접근 방식을 발전시키거나 생물의학 정책에 영향을 줄 만큼 큰 로비 단체로 활약하는 등 점차 큰 영향력을 발휘하기 시작했다.[81]

위스콘신에 살던 닉 볼커Nic Volker의 이야기는 유전체 분석이 반영된 기술의 힘을 보여 준 작지만 의미 있는 사례다. 닉은 아기일 때부터 면역 체계에 이상이 생겨 장에 구멍이 생기는 바람에 갖가지 고통스럽고 끔찍한 신체 증상을 겪었다. 의사들은 원인을 찾지 못했고, 이 불쌍한 아이는 무수한 수술을 견디며 병원에서 거의 살다시피 했다. 그러다 닉이 다섯 살이던 2009년에 담당 의료진이 최신식 염기서열 분석 장비를 이용해 닉의 유전체 중 엑솜(유전체 중 단백질이나 RNA가 만들어지는 부분)의 염기서열을 분석할 수 있게 되었다. 유용한 결과가 곧바로 나온 건 아니었다. 닉의 엑솜에서는 '표준' 유전체와 비교할 때 무려 1만 6124개의 변이가 발견됐고(이 정도 변이는 그리 이례적인 일이 아닌 것으로 밝혀졌다), 그중에 닉의 병을 설명해 줄 만한 것을 찾아야 했다. 의료진은 짚 더미 속에서 바늘을 찾는 거나 다름없었던 이 일을 해냈다. 면역 체계를 동원하는 기능과 관련된 XIAP라는 유전자의 염기쌍 하나에 생긴 변이가 원인이었다. 당시에 유전체 전체의 염기서열 분석이 완료된 2200명 중에 닉과 동일한 돌연변이를 가진 사람이 한 명도 없을 만큼 극히 희귀한 변이였다. 원인을 찾아낸 닉의 의료진은 곧바로 골수 이식을 진행했고 치료는 성공했다.[82] 앞으로는 닉과 동일한 유전학적 변이가 발견되면 이 선천적인 문제를 유전자 치료로 바로잡을 수 있을 것이다. 닉의 사례는 유전체 염기서열 분석이 생명을 구하는 신속한 도구로 쓰일 수 있다는 교훈을 남겼다. 2021년, 미국에서는 의사들이 생후 5주밖에 안 된 아기의 질병을 염기서열 분석으로 찾아내서 아기가 병원에 온 지 단 13시간 만에 적절한 치료를 받은 놀라운 일도 있었다.[83] 두 사례 모두 유전자 치료는 아니었지만, 유전자가 치료 방법을 안내했다는 공통점이 있다.

유전자 치료의 고질적인 난제는 정밀 기술 자체에 있었다. 무엇보다 질병과 관련이 있는 세포에 올바른 버전의 유전자를 전달하기 위해 활용하는 다양한 벡터가 문제였다. 유전자 치료는 대부분 플라스미드나 바이러스를 활용해서 세포나 유전체에 DNA를 삽입하는 방식인데, 제시 겔싱어와 프랑스의 SCID-X1 환자들 사례에서 드러났듯이 이 벡터가 위험한 결과를 초래할 수 있다. 이제는 이용할 수 있는 벡터도 다양해졌고 저마다 장단점이 있어서 의사나 연구자들에게는 벡터 선택이 어려운 문제가 되었다. 2013년, 임상에서 유전자 치료에 쓰이는 벡터 10가지를 조사한 연구에서는 다음과 같은 결론이 나왔다.

> 분명한 사실은, 사람의 유전자 치료에서 나타나는 양상은 생각보다 복잡하다는 것이다.[84]

2020년까지 3600가지가 넘는 유전 질환의 원인이 분자 수준까지 밝혀졌다. 전 세계 다섯 대륙에서 진행된 4000건이 넘는 유전자 치료 임상시험은 대부분 미국에서 실시됐고, 3분의 2 이상은 암과 관련된 시험이었다. 치료법의 효과와 안전성을 확정하는 마지막 단계인 3상 시험은 이 전체 임상시험 중 300건이다. 이 모든 노력에도 불구하고, 현재 이용할 수 있는 유전자 치료는 몇 가지뿐이다. 유럽에서 승인된 유전자 치료법은 단 7가지고(글리베라는 폐지됐다) 지금까지 남아 있는 6가지 중 절반은 각각 종류가 다른 암(흑색종, 백혈병) 치료법이며, 나머지는 처음부터 유전자 치료를 적용할 수 있는 표적으로 여긴 유전 질환, 즉 망막질환과 베타 지중해 빈혈, ADA-SCID*의 치료법이다.[85]

이 치료법은 분명 성공적인 결과를 거두었지만, 현재까지 유전자 치료로 삶이 바뀐 환자는 소수다. 2000년부터 2011년까지 ADA-SCID 치료제인 스트림벨리스Strimvelis로 치료받은 소아 환자는 18명이다. 이 병은 치료받지 않으면 대체로 2살 이전에 사망한다.[86] 2021년에 미국과 영국의 공동 연구로, 바이러스를 이용해 ADA 유전자를 체외에서 줄기세포로 전달한 후 형질전환이 일어난 줄기세포를 다시 환자에게 주입하는 더 정교한 방법이 개발됐다. 이 새로운 방법을 적용한 50명의 어린 환자 중 48명에게서 치료 효과가 나타났고, 부작용은 없었다.[87]

암세포를 표적으로 삼도록 유전학적으로 변형된 키메릭 항원 수용체 T세포CAR-T를 활용하는 치료법은 이보다 더 큰 영향을 발휘하고 있다. 유럽에서만 1000명이 넘는 백혈병 환자가 CAR-T 치료를 받았다. 장기적인 효능도 굉장한 수준이다. 이 치료법을 최초로 적용한 두 명의 환자를 조사한 연구 결과에서는 암이 사라진 것은 물론, 유전공학 기술로 변형된 세포를 투여하고 10년 이상이 지난 후에도 변형된 CAR-T 세포가 체내에 남아서 기능하는 것으로 확인됐다.[88]

* 아데노신 탈아미노효소 중증 복합 면역결핍증(ADA-SCID), 유전자 치료 개발에 중심이 된 유전 질환. 병이 극단적인 수준에 이르면 감염을 막기 위해 소아 환자가 멸균 환경에서 살아야 한다.

21세기 초 전반에 걸쳐, 유전자 치료 분야에서는 이 기술이 확고하게 자리 잡기 시작했음을 입증해서 활기를 되찾으려는 시도가 거듭됐다. 이런 노력이 필요했던 이유는, 그동안 겔싱어와 SCID-X1 임상시험으로 예상치 못하게 불거진 안전성 문제뿐만 아니라 유전자 치료와는 아무 상관 없는 충격적인 사건까지도 이 분야에 영향을 주었기 때문이다. 2004년, '유전자 치료의 아버지'라 불리던 인물이자 스스로 '분자 분야의 커크 선장(영화 〈스타트렉〉 시리즈에 등장하는 우주선 엔터프라이즈호의 함장. –역주)'이 된 것 같다고 이야기했던 앤더슨이 아동 학대 혐의로 체포된 사건으로,[89] 앤더슨은 유죄가 확정되어 징역 14년 형을 선고받았다.

안전성과 효과가 입증되어 승인받는 유전자 치료법이 하나둘 늘어나자 학계와 언론계는 수십 년 전과 같이 화려한 비유를 써 가며 분위기를 띄우기 시작했다. 2011년 〈네이처바이오테크놀로지〉에 실린 '유전자 치료법, 딱 맞는 자리를 찾다'라는 제목의 글에는 "여러 차례 첫 단추가 잘못 끼워진 후, 마침내 유전자 치료의 가능성이 실현되고 있다는 확신이 점차 커지고 있다"는 주장이 담겼다.[90] 7년 전 〈사이언스〉도 '유전자 치료의 성년기'라는 제목으로 "이제 유전자 치료는 여러 의학 분야에 새로운 치료 방법을 제공하고 있다"고 설명하며 같은 주장을 펼쳤는데,[91] 그때 당시에 실제로 쓰이던 유전자 치료법이 극소수였던 점을 생각하면 너무 과장된 주장이었다.

유전자 치료의 문제점이나 장점을 다룬 영화나 텔레비전 프로그램, 소설은 놀랍게도 한 편도 없다. 할리우드에서 인간의 유전학적 특성과 유전공학 기술의 문제를 가장 본격적으로 다룬 영화는 앤드루 니콜Andrew Niccol 감독의 1997년 작 〈가타카Gattaca〉다. 가까운 미래를 배경으로 유전자에 따라 '적격자'와 '부적격자'로 신분이 나뉘는 디스토피아 사회를 그린 이 영화 속 세상에서, '적격자'로 분류될 만한 아이를 낳고 싶은 사람들은 구체적인 설명은 부족하지만 유전자 조작 기술을 활용한다. 이 영화를 제작할 때 '과학적인 부분이 너무 터무니없지는 않은지' 확인해 줄 '과학 자문 자원봉사자'로 참여한 사람은 다름 아닌 앤더슨이었다.

인종 문제, 유전자 결정론에 대한 비판(부적격 유전자를 갖고 태어난 주인공이 적격자가 되려고 하는 시도가 '통과'될 것인지가 이 영화의 주된 줄거리다)이 영화 전체에 바탕이 되는 주제인 만큼, 지금도 생명윤리학을 가르치는 사람들은 이 영화를 즐겨 활용한다.[92] 〈가타카〉는 개봉 당시 진짜 신문 광고처럼 맞춤형 아기를 만들어 주겠다는 내용의 광고를 싣는 기발한 홍보 전략을 활용했다. 이 광고에는 '자녀도 주문 제작할 수 있습니다. 어디까지 가능할까요? 당신의 아이는 어디까지 가능해질까요?'라는 문구가 적혀 있었다.

그러나 이 가짜 광고에 언급된 형질 중에 유전학적인 기반이 정확한 건 그때나 약 25년이 지난 지금이나 거의 없다. 예를 들어 학창 시절 생물 시간에 단순한 형질이라고 배운 눈 색깔만 해도 엄청나게 복잡하다는 사실이 밝혀졌다. 2021년에 19만 2986명을 대상으로 조사한 연

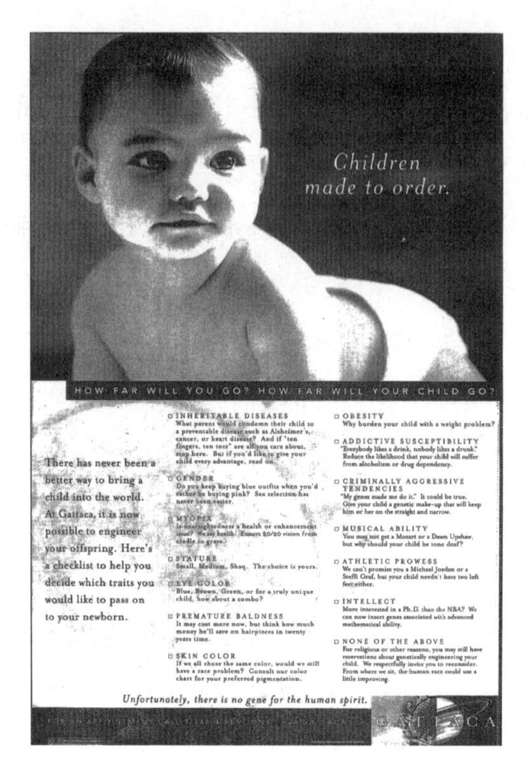

그림 10-2. 1997년 9월에 〈뉴욕타임스〉, 〈워싱턴포스트〉, 그 밖에 여러 신문에 실린 영화 〈가타카〉의 광고를 가장한 홍보 자료.

구에서는 눈 색깔을 결정하는 유전자가 총 61개이며 이 가운데 50개는 이전까지 눈 색깔과의 관련성이 밝혀진 적 없는 유전자라는 결과가 나왔다.[93]

언론 기사나 책에는 슈퍼 인간을 만들 수 있다는 대범한 주장이 종종 제기되지만, 현실은 사뭇 다르다.[94] 수많은 형질, 특히 사람들이 큰 관심을 쏟는 키, 지능과 같은 형질은 유전적으로 매우 복잡한 영향을 받고 관련된 환경 요소도 방대하다. 따라서 여러 배아 가운데 '더 우수한' 자손이 될 만한 형질을 보유한 배아를 선택해 봐야 큰 차이는 없고, 오히려 덜 바람직한 형질이 선택될 위험성만 높아질 수 있다.[95]

사실 유전자 치료는 아직 딱 맞는 자리를 찾지도 못했고 성년기에 이르지도 않았다. 유전자 치료가 불러일으킨 희망은 아직 실현되지 않았다. 다만 진전은 있었다. 최근에 이루어진 ADA-SCID 치료의 성공도 그렇고, 제시 겔싱어가 앓았던 병인 OTC 결핍증의 치료법으로 개발된 유전자 치료도 최근 4년간 진행된 임상시험에서 긍정적인 결과를 얻었다. 치료받은 11명 중 부작용이 나타난 환자는 한 명도 없었고, 3명은 완치됐다.[96] 얼마 전 영국은 소아의 척수성 근위축증 치료에 유전자 치료제 졸겐스마Zolgensma를 사용할 수 있도록 승인했다. 아데노바이러스를 이용해 특정 유전자를 전달해서 어린 환자들의 운동 뉴런에 없는 단백질이 만들어지도록 하는 치료제다. 졸겐스마는 환자 한 명당 치료비가 32억 원에 이를 만큼 어마어마하게 비싸지만, 딱 한 번만 투여하면 아이의 목숨을 구할 수 있다. 영국에서는 매년 이 병을 갖고 태어나는 아기가 65명 정도다.

이처럼 유전자 치료가 일부 사람들의 삶을 성공적으로 변화시킨 건 사실이지만, 아직 유전 질환으로 고통받는 대다수의 삶에 변화를 가져오진 못했다. 생명공학 분야의 연구에 필요한 돈을 모으고 연구 사업을 조직하는 방식의 특성상, 최근까지도 이러한 유전 질환의 치료법을 찾는 연구들은 암 치료와 관련된 연구에 비하면 지원이 훨씬 부족하다. 1989년에 병의 원인이 분자 수준에서 처음 규명된 낭포성 섬유증처럼 병에 관한 정보가 비교적 많이 밝혀진 유전 질환도 간단한 발병 과정만 보면 당연히 치료법이 나올 것처럼 보이지만, 실제로는 유전자 치료를 적용하기가 힘들고, 시도한다고 해도 완치를 보장할 수 없다. 낭포성 섬유증의 원인인 손상된 CFTR 유전자를 대체할 정상 유전자를 올바른 조직에, 올바른 양만큼 안전하게 전달해야 문제가 해결되는데, 그 방법을 찾는 건 불가능하다는 사실이 밝혀졌기 때문이다. 대신 이 병과 관련된 분자 수준의 원리를 토대로 이전보다 효과적인 약물 치료법이 개발되고 있다.[97]

유전자 치료가 기대에 미치지 못한다는 사실은 '세 부모 아기'라는 잘못된 표현까지 등장하며 전 세계적으로 엄청난 논란을 일으킨 미토콘드리아 전달 기술에서도 드러났다. 엄밀히 말하면 이 기술은 유전공학이 아니라 개인의 유전성을 바꾸는 유전자 치료다. 수정란 하나가 형성될 때, 아버지의 정자는 유전물질만 제공하고 세포의 에너지 생산 기관인 미토콘드리아와 그 밖에 세포의 구성 요소는 전부 어머니의 난자에서 제공돼 이후로도 계속 모계 유전이 일어난다.

모든 진핵생물에서 발견되는 미토콘드리아에는 고유한 유전체가 있다. 약 20억 년 전, 전혀 다른 두 종류의 단세포 생물이 우연히 융합해서 진핵생물이 맨 처음 생겨났을 때 남은 다른 유기체의 흔적이다. 그런데 이 미토콘드리아에 유전학적인 결함이 있는 일부 경우 여성은 불임이 되거나 아이가 유전 질환을 앓는 등 병의 중증도는 다양하게 나타날 수 있다. 미토콘드리아 전달 기술은 이런 결함을 가진 모체의 난자 중 하나를 채취해서 원래 있던 미토콘드리아를 난자 공여자의 건강한 난자에 있는 미토콘드리아로 대체하고, 대체가 완료된 난자를 체외 수정 방식으로 아버지의 정자와 수정시키는 기술이다. 2016년에 멕시코에서 이 기술이 적용된 첫 번째 아기가 태어났고 현재까지 전 세계에서 수십 명의 아기가 같은 방식으로 건강하게 태어났다. 영국에서는 큰 논쟁이 이어진 끝에 2015년 법을 개정해서 이 기술이 허용됐으나 이런 기술이 필요한 문제 자체가 굉장히 희귀하고, 미토콘드리아 전달 기술도 복잡해서인지 아직 영국에서 이 기술로 아기가 태어났다는 소식은 들은 적이 없다.

유전자 치료의 지난 30년 역사를 돌아보면, 새롭고 또 놀랍도록 복잡한 의학의 발전을 어떤 시각으로 바라봐야 하는지, 실질적으로 중요한 건 무엇인지를 깨닫게 된다. 프랑스의 유전자 치료 의사 파트리크 오부르Patrick Aubourg가 2011년에 했던 말에 깨달음이 그대로 담겨 있다.

> 특히 과학자들은 우리가 하는 일이 의학일 뿐임을, 이건 과학이 아니라 기술의 하나이며 완벽한 기술이 아님을 반드시 기억해야 한다.[98]

11

편집

GM 식물부터 유전자 치료까지, 21세기 후반에 등장한 유전공학의 핵심 기술 중 상당수가 기술적으로 중대한 문제에 부딪혀 타격을 입었다. 새로운 DNA 염기서열을 세포로 도입하는 것까지는 비교적 수월해도 이렇게 전달되는 DNA는 대부분 벡터의 유전물질과 연계되어 있고, 표적 세포의 유전체로 삽입되는 과정은 마음대로 통제할 수 없는 경우가 많아서 때때로 표적 세포의 중요한 유전자가 의도치 않게 망가지는 결과를 초래했다. 이런 문제를 해결하는 가장 좋은 방법은, 필요한 유전 정보를 재조합 DNA를 통해 외부에서 전달하는 대신 세포에 원래 있던 유전자를 고쳐서 세포의 기능을 바꾸는 것이다. 소설에서는 간단할지 몰라도 현실에서는 어려운 일인데, 현재 우리는 바로 그런 일까지 현실로 만들었다.

DNA의 이중 나선 구조가 깨졌을 때 세포에서 일어나는 현상이 밝혀지자 이러한 급진적인 변화가 시작되었다. 이중 나선 중 한 가닥에 손상이 생기면, 세포는 손상이 없는 가닥의 염기서열을 활용해서 상보적인 염기서열을 합성하는 방식으로 그 부분을 간단히 수선한다. 1980년대에 포유동물의 줄기세포는 이중 나선 구조에 문제가 생기면 한 쌍을 이룬 다른 염색체에서 그 부분에 해당하는 염기서열을 주형으로 삼고 문제가 생긴 염기서열을 수선한다는 사실이 밝혀졌다. 상동 재조합이라 불리는 이 수선 메커니즘을 활용하면, 세포를 속여서 인위적으로 제작된 DNA를 주형으로 삼아 새로운 DNA 염기서열을 만든 다음 유전체의 일부로 끼워 넣도록 만들 수 있다. 특정 유전자를 표적으로 삼는 이 방법으로 재조합 포유동물의 탄생이 가능해졌고, 혈액, 피부 또는 간의 줄기세포에 유전자 치료를 적용할 가능성도 제기됐다.[1]

그러나 해결해야 할 문제가 많았다. 이 기술은 포유동물의 줄기세포에만 적용할 수 있고, 성공률도 매우 낮았다. 유전자를 정확하고 효과적으로 바꾸는 가장 이상적인 방법은 세포가 생리적으로 적절한 상태일 때 유전체에서 원하는 부분의 이중 나선을 절단하고, 세포의 상동 재조합 기능을 활용해서 새로 도입한 DNA를 주형으로 삼아 손상된 염기서열이 정확하게 바뀌도록 만드는 것이다.* 가장 첫 단계인 DNA 절단만 하더라도 사람의 경우 30억 개에 달하는 염기 중 원하는 특정 지

* 이 가능성은 복잡한 이유로 아직 실현하기 어려운 상태다. 생물마다, 그리고 세포마다 세포 주기 중 상동 재조합과 염기서열의 두 말단을 세포가 이어 붙이려고 하는 비상동 말단 연결 중 한 가지를 선호하는 시점이 다르기 때문이다. 이 모든 과정이 완벽하게 이루어지지 않으면 염기가 빠지거나 추가되는 문제가 생길 수 있다.

점만 잘라야 한다. 이를 위해서는 염기쌍 수십 개를 인식하는 핵산분해효소를 활용해서 유전체의 한 지점만 표적이 되도록 해야 하는데, 일반적인 제한효소는 짧은 염기서열만 인식하고 유전체 전체에는 인식 부위가 너무 많아 제한효소를 사용했다가는 DNA가 수십, 또는 수백 조각으로 잘게 잘릴 수 있다. 다행히 자연계에는 염기 수십 개를 인식해서 매우 특이적으로 작용하는 핵산분해효소*가 많다는 사실이 밝혀졌고, 메가 핵산분해효소**라고 불리게 된 이러한 효소를 활용하면 전체 염기서열 중 한 부분만 잘라내서 바꿀 수 있다는 사실이 확인됐다. 그러나 이 효소가 처음 발견된 생물은 세균이나 균류였으므로, 포유동물에서도 이런 기능을 발휘하도록 만들어야 했다.[2]

1994년에 뉴욕 슬론 케터링 연구소의 마리아 재신Maria Jasin 연구진은 효모에서 18개 염기쌍으로 구성된 특정한 염기서열을 인식해 이중 나선을 절단하는 메가 핵산분해효소가 포유동물 세포에서도 기능하도록 만드는 데 성공했다. 연구진은 이 효소를 활용해 포유동물 세포에 인위로 도입된 주형 DNA 절편의 염기서열을 토대로 세포의 상동 재조합 기능을 이용해 잘린 부분에 새로운 DNA 조각을 합성했다.[3] 이것이 재조합 DNA를 활용해서 외인성 핵산을 다른 여러 표지 유전자와 함께 세포의 유전체에 사실상 무작위로 도입하는 여러 기술과 구분되는 유전자 편집의 핵심이다. 유전자 편집 기술은 바꾸고자 하는 염기서열에

* 핵산을 자르거나 절단하는 효소.

** 핵산을 염기 10여 개 단위로 매우 정밀하게 절단하는 효소.

만 변화를 일으키며, 주형 DNA와 핵산분해효소는 곧 분해되어 흔적도 없이 사라진다.

포유동물에서 유전체 편집 기술이 실질적으로 활용되려면 메가 핵산분해효소가 원하는 위치를 정확하게 찾아서 작용해야 한다. 즉 핵산분해효소의 프로그래밍이 가능해야 한다. 1980년대 중반부터 세포생물학자들의 관심은 전사인자의 기능에 쏠렸다. 전사인자는 DNA의 특정 염기서열에 결합해서 유전자가 RNA로 전사되는 방식에(또는 전사 유무에) 영향을 주는 단백질로, 이러한 전사인자 중에는 아연 이온이 있으면 꼭 발톱처럼 생긴 구조가 형성되는 종류가 많다. 이렇게 형성되는 구조에는 '아연 손가락'이라는 시적인 이름이 붙었다.[4] 1996년 볼티모어의 존스홉킨스대학교에서 스리니바산 찬드라세가란Srinivasan Chandrasegaran은 생화학적으로 놀라운 쾌거를 거두었다. 기존에 알려진 Fok1이라는 핵산분해효소에 아연 손가락의 분자 특성을 결합해서 아연 손가락 부분에 암호화되어 있는 DNA 염기서열을 정확히 찾아낸 후(모든 아연 손가락은 염기 3개를 인식하므로 이 부분을 여러 개 연결하면 특정 염기서열을 인식하도록 만들 수 있다) 그 부분의 이중 나선을 절단하는 효소로 만든 것이다.[5] 인공적으로 만들어진 이 아연 손가락 핵산분해효소의 특성은 그리스 신화에서 여러 동물을 합친 존재로 그린 키메라chimera의 이름을 따서 '키메릭chimeric'이라는 형용사로 묘사됐다.

1999년에 찬드라세가란은 미래를 예견한 듯한 의견을 밝혔다.

키메릭 핵산분해효소는 인간의 유전체 중 특정한 부분을 표적으로 삼는 새로운 분자 가위다. 이로써 유전체의 조작이 실현될 가능성이 크게 높아질 것이며, 특히 줄기세포를 이용한 체외 유전자 치료에 도움이 될 가능성이 크다.[6]

키메릭 아연 손가락 핵산분해효소를 프로그래밍하려면 정말 복잡한 과정을 거쳐야 했다. 나중에 찬드라세가란도 아연 손가락의 형태와 그 손가락이 표적으로 찾을 DNA 염기서열의 관계를 정확하게 맞추기가 쉽지 않아서 따분하고 시간 소모도 컸다고 설명했다.[7] 그럼에도 2003년까지 이 인위적으로 만든 효소를 초파리 세포에 적용해서 특정 유전자를 다른 버전으로 바꿀 수 있었고, 이어서 인체 세포의 표적 유전자에도 성공적으로 적용했다.[8]

프로그래밍이 가능한 메가 핵산분해효소의 등장으로 원하는 유전자에만 변화를 일으킬 수 있게 되자 더 정밀하고 더 안전한 유전자 치료가 개발되리라는 전망도 나왔다. 얼마 지나지 않아 찬드라세가란은 인체의 HIV 감염 취약성과 관련이 있는 유전자 CCR5*에도 메가 핵산분해효소를 적용할 수 있음을 입증했다. 캘리포니아의 상가모 바이오사이언스Sangamo Biosciences는 중증 복합 면역결핍증SCID 관련 유전자에 이 기술을 적용해서 변화를 일으키는 데 성공했다.[9] 찬드라세가란과 함께

* 백혈구 표면에 발현되는 단백질이 암호화된 인체 유전자. 자연적으로 발생하는 CCR5 대립 유전자 중 하나는 HIV 감염 저항성과 관련이 있다. 허젠쿠이가 3개의 인체 배아에 크리스퍼 기술을 적용한 충격적인 실험에서 편집 표적으로 삼은 유전자다.

연구했던 데이나 캐럴Dana Carroll은 2008년에 이 기술이 5년 내로 유전자 치료 임상시험에 등장할 것이라는 의견을 밝혔는데,[10] 아주 정확한 예측이었다. 2014년, 상가모 바이오사이언스 연구진이 아연 손가락 핵산분해효소로 CCR5 유전자를 변형하는 첫 번째 임상시험을 마친 것이다. 이 유전자를 HIV에 면역력이 있는 사람들, 즉 HIV가 세포로 침입하지 못하는 사람들에게서 발견되는 자연 발생적인 버전으로 바꾸는 것이 이 치료의 목표였다.[11] HIV 감염자 12명이 아연 손가락 핵산분해효소*로 CCR5 유전자가 변형된 T세포 공급 치료를 받은 결과 일부는 체내 HIV 수치가 감소했고 한 명은 바이러스가 검출 불가 수준으로 줄었다. 유전자 치료로 HIV 감염이 뚜렷하게 감소한 것이다.

그러나 2009년 말, 쾌속 질주하던 아연 손가락 기술은 궤도에서 밀리고 말았다. 독일 할레 비텐베르크의 마틴루터대학교 연구진과 미국 아이오와대학교 연구진이 훨씬 간단한 유전자 표적 기술을 동시에 발표했다.[12] 식물에 병을 일으키는 미생물이 보유한 '전사 활성화 인자 유사 효과기TALE**'라는 단백질이 식물 유전체의 정확한 부분을 표적으로 찾아내서 공격한다는 사실이 밝혀진 것을 계기로 개발된 기술이었다. 독일과 미국의 두 연구진은 TALE 단백질이 어떻게 식물 유전체의

* 아연이 포함된 분자 단위가 핵산의 특정 염기서열을 찾고 절단을 유도하는 핵산분해효소. 아연 손가락을 변경하면 핵산분해효소가 원하는 염기서열을 표적으로 삼도록 프로그래밍할 수 있다.

** 탈렌, 21세기 초에 개발된 효율적인 유전자 편집 기술. 크리스퍼가 개발된 후 금세 뒤처졌다.

특정 부분을 찾아내서 결합하는지 비밀을 풀었고(언론들의 기사 제목에는 '암호', '해독하다' 같은 유행어가 쓰였다), 이 단백질이 유전체의 새로운 부분을 표적으로 삼도록 인위적으로 바꾸는 방법을 찾아냈다. 당시에 나온 기사 중 하나는 아연 손가락 핵산분해효소와의 비교로 이 방식이 어떤 장점이 있는지 강조하며 유전자 편집 분야에 엄청난 미래가 열릴 것임을 예견했다.

> TALE에는 DNA와 결합하는 염기서열이 있고, 이 염기서열로 어떤 DNA 표적이든 결합 부위를 만들 수 있다.[13]

TALE 염기서열과 Fok1 핵산분해효소가 합쳐진 탈렌TALEN(TALE에 핵산분해효소nuclease를 뜻하는 N이 추가된 명칭) 기술로 어떤 유전자든 비교적 쉽게 표적으로 삼을 수 있게 되었다. 유전공학의 새로운 시대가 열렸음을 만방에 알린 성과였다.

중요한 발전인 만큼 새로운 표현도 등장했다. 이러한 과정이 유전자 편집, 또는 유전체 편집으로 불리기 시작한 것이다. '편집'이라는 표현은 유전 정보가 처리되는 방식 외에도 세포 내에서 자연적으로 일어나는 다양한 기능을 가리키는 말로 이미 쓰이고 있었으나, 유전자 편집이라는 용어는 오래전인 1980년, 유전자에 의도적인 변화를 유도한 실험을 설명할 때 처음 쓰였다.* 당시에는 이런 표현이 별로 관심을 얻지 못했는데, 그때는 유전자에 도입하려던 변화가 조악하고 통제할 수도 없어서 편집이라는 표현에 내포된 정밀성과는 거리가 멀었다는 점도 그 이유에 포함될 것이다. 프로그래밍이 가능한 메가 핵산분해효소의 시대가 열리고 아주 정밀한 변화를 유도할 수 있게 된 후에야 '편집'이라는 표현과 잘 어울리는 기술로 여겨지기 시작했다.[14] 2005년 아연 손가락 핵산분해효소로 SCID 돌연변이를 바로잡는 방법을 밝힌 표도르 우르노프Fyodor Urnov 연구진의 〈네이처〉 논문은 앞으로 편집의 의미가 달라질 것임을 예고했다. 〈네이처〉 편집부는 우르노프의 논문에 포함된 '유전체 편집'이라는 새로운 표현에 주목해서 표지에도 이 문구를 사용했고, 그때부터 이 표현은 널리 쓰이기 시작했다. 5년 뒤에 우르노프 연구진이 아연 손가락 핵산분해효소 기술을 검토한 중요한 분석 결과를 발표했을 때도 이 표현이 표지에 실렸다. 이로써 편집의 의미는 완전히 바뀌었다.[15]

아연 손가락 핵산분해효소는 큰 기대를 모았고 임상시험에서 효과가 입증되기도 했지만, 이제 대세는 탈렌이었다. 탈렌은 프로그래밍이 훨씬 수월하고, 독성 영향도 적고, 표적이 아닌 DNA에서 편집이 일어나는 비표적 영향도 거의 없었다. 2012년 8월 하버드 연구진은 C형 간염과 운동 뉴런 질환, 당뇨병과 관련한 유전자가 발현된 세포에 탈렌을 적용해 DNA를 바꿈으로써 이러한 질병을 사람이 아닌 세포 배양으로 연구할 수 있음을 입증했다. 이 새로운 기술로 무엇을 할 수 있는지를 보여 준 사례였다. 연구진은 결론에서 이러한 의미를 자랑스럽게 밝

* 혹시 기억하지 못하는 독자를 위해 다시 알려 주자면, 이 책 '6장. 사업' 장에서 설명한 아서 리그스와 게이치 이타쿠라의 연구다.

혔다. "우리는 탈렌을 이용한 인체 세포의 유전체 편집이 인체 생물학과 질병 연구의 중심이 되리라 예상한다."[16]

하지만 그런 일은 일어나지 않았다.

그로부터 불과 일주일 전, 에마뉘엘 샤르팡티에Emmanuelle Charpentier와 제니퍼 다우드나Jennifer Doudna는 동료 연구자들과 함께 〈사이언스〉에 세균의 면역 체계를 프로그래밍해 DNA의 특정 위치를 절단하는 손쉽고 효율적인 방법을 발표했다. "유전자 표적 기술과 유전체 편집 기술에 큰 잠재성을 부여할 것"[17]이라고 한 이들의 예측은 정확했다. 더 나은 유전자 편집 기술이 필요하다고 주장한 사람은 아무도 없었지만, 바로 그 기술이 나타났다. 크리스퍼 혁명의 시작이었다.

•———◦

크리스퍼라는 용어는 이상하다. 머리글자를 따서 만든 이런 용어는 대부분 무엇의 줄임말인지를 알게 되면 용어의 의미도 알게 되지만, 크리스퍼CRISPR가 '규칙적인 간격으로 분포하는 회문 구조의 짧은 반복서열Clustered Regularly Interspaced Short Palindromic Repeats'의 줄임말임을 알게 되더라도 이게 대체 무슨 말인지, 유전자 편집에서 이 서열이 무슨 기능을 한다는 건지 전혀 감이 잡히지 않는다. 유전체 구조에 통달한 사람들에게나 뜻이 통할 만한 용어다. 사실 그런 사람들이 만든 용어니 당연한 일인지도 모른다.

2001년에 스페인 알리칸테대학교의 프란치스코 모히카Francisco

Mojica는 네덜란드의 미생물학자 루드 얀선Ruud Jansen과 이메일을 주고받았다. 모히카는 미생물계에서도 세균과 고세균(이 둘은 겉으로 보면 거의 비슷해 보이지만, 지구에 생물이 처음 나타난 직후에 서로 다른 종류로 나뉘었다)의 DNA 염기서열에서 발견된 반복되는 서열에 흥미를 느끼고 있었는데, 얀선은 지구상에서 자신과 관심사가 같은 유일한 사람이었다. 이 반복되는 서열은 1987년에 일본 연구자 요시즈미 이시노Yoshizumi Ishino가 대장균에서 처음 발견했지만, 당시에는 "이런 서열의 생물학적 의미는 알 수 없다"는 결론을 내린 게 전부였고 그 이상 탐구하지는 않았다.[18] 젊은 박사과정 학생이던 모히카는 알리칸테 인근 염수호에서 발견되는 고세균을 연구하다가 1992년부터 DNA에서 나타나는 이 낯선 염기서열에 매료됐다. 21세기로 넘어갈 무렵 얀선의 연구진도 이 희한한 반복서열에 주목하기 시작했고, 두 사람과 동료 연구자들은 이 서열을 가리킬 용어를 함께 정하기로 했다. 얀선은 '스파이더SPIDR,(SPacers Interspersed Direct Repeats)를 제안했지만, 짧고 간결한 '크리스퍼'로 의견이 모였다.[19] 크리스퍼라는 표현이 학술 논문에 처음 등장한 건 2002년, 크리스퍼와 가까운 위치에 있는 연관된 유전자들CRISPR-associated, 줄여서 '카스Cas*'에 DNA 가닥을 풀고 절단하는 기능을 가진 효소들이 암호화되어 있는 것으로 보이며, 이러한 시스템을 갖춘 미생물에서 DNA 수선에 관여할 가능성이 있다는 연구 결과가 발표됐을 때였다.[20]

* 세균에서 발견되는 크리스퍼 연관 유전자들. 일반적으로 핵산 가수분해효소나 나선 효소 중 하나가 암호화되어 있다. 카스 유전자는 종류가 다양하며, 가장 많이 알려진 것이 카스9이다.

축약어 관련

2001년 11월 21일 수요일, 16:36:06 +0100

친애하는 프랜시스 씨,

크리스퍼CRISPR는 정말 멋진 축약어군요.

SRSR, SPIDR 등 철자를 다르게 줄여서 만들어 본 대안들은 다 크리스퍼만큼 말끔한 느낌이 없어서, 저는 크리스퍼가 마음에 듭니다.

메드라인Medline(미국 국립 의학도서관 데이터베이스. 의학, 약학, 생명과학 분야 학술지에 실린 논문을 검색, 열람할 수 있는 방대한 정보원이다.-역주)에서 크리스퍼를 검색하면 이 용어가 포함된 자료만 찾을 수 있지만 다른 후보들은 그렇지 않다는 것도 중요한 차이점이라고 생각합니다.

그림 11-1. 2001년 11월에 루드 얀선이 프란치스코 모히카에게 보낸 이메일. 용어를 크리스퍼CRISPR로 확정하자고 동의하는 내용이다.

'규칙적인 간격으로 분포하는 회문 구조의 짧은 반복서열'이라는 이름에도 담겨 있듯이 이러한 반복서열은 유전체에서 한 덩어리로 모이는 경향이 있고, 의미를 정확히 이해할 수는 없지만 회문 구조이며, 다른 염기서열과 규칙적인 간격을 두고 나타난다. 처음에 모히카와 얀선의 목표는 미생물 유전체에 나타나는 이 희한한 부분의 정체를 파악하는 것이었다. 그러다 2003년에 모히카가 생긴 지 얼마 안 된 초기 유전체 데이터베이스를 검색하던 중 크리스퍼 염기서열 사이에 존재하는 부분이 박테리오파지의 염기서열임을 알게 되면서 연구 목표도 바뀌기 시작했다. 박테리오파지의 염기서열이라는 건 세균이 바이러스에 감염된 후에 그런 서열을 갖게 되었다는 의미였다. 크리스퍼 염기서열은 자연적으로 발생한 재조합 DNA임을 알게 된 것이다. 모히카는 왜 이런 서열이 그토록 광범위하게 존재하는지 연구했고, 크리스퍼 서열과 크리스퍼 서열 사이에 있는 서열, 그리고 카스Cas 유전자들이 전부 세균의 면역 체계라는 가설을 세웠다. 바이러스 감염을 인식하고 감염에 저항하는 수단이라고 본 것이다. 모히카는 실험을 통해 이 가설을 뒷받침하는 근거를 찾아서 정리한 논문을 2003년 가을 〈네이처〉에 제출했다. 편집자는 별 감흥을 느끼지 못하고 이미 다 알려진 사실이라고 주장하며(사실이 아니었다) 곧바로 게재할 수 없다는 답변을 보냈다. 모히카의 논문은 2년간 다른 학술지 세 곳에서도 거절당한 후 결국 〈분자 진화 저널〉에 실렸다.[21] 논문 발표가 지연될수록 모히카는 당연히 좌절감을 느꼈다. 그의 논문이 나오고 몇 개월 내로 다른 두 연구진이 다른 미생물에서 비슷한 결과를 찾았다며 논문을 발표했다.[22]

이들 중 누구도 문제의 염기서열에 포함된 유전자들이 정확히 어떤 기능을 하는지, 또는 바이러스 DNA가 어떻게 크리스퍼 염기서열 사이에 들어갔는지는 밝혀내지 못했다. 이 의문은 2007년 덴마크 농산업 업체인 대니스코Danisco 연구진을 통해 일부 해소됐다(대니스코는 요구르트 생산에 쓰이는 균이 박테리오파지에 감염되는 일이 반복되자 크리스퍼가 이런 감염을 막는 방안이 될 수 있다고 보고 이 현상에 관심을 두기 시작했다). 대니스코 연구진은 박테리오파지에 감염된 세균 군집은 바이러스에서 유래한 '스페이서spacer' DNA를 새로 획득하게 되며, 이 스페이서 DNA

를 없애면 세균이 바이러스에 저항하는 기능에 영향이 발생한다는 사실을 밝혀냈다.[23] 4년 전 모히카가 의심한 대로 크리스퍼는 세균이 박테리오파지에 저항하기 위해 획득한 수단이었다.[24]

이듬해에는 세균이 유전체에 바이러스 DNA를 보관하며, 바이러스가 침입하면 이 바이러스 DNA가 RNA로 만들어져서 세균의 카스 효소가 바이러스 핵산을 공격하도록 유도하는 기능을 한다는 연구 결과가 나왔다.[25] 카스 효소가 절단하는 것이 DNA인지 RNA인지는 아직 명확하지 않았다. 학자들 대다수가 이 효소의 표적은 DNA라고 의심했지만, 일부는 RNA 분자의 활성을 차단할 수도 있다고 보았다(얼마 전 크레이그 멜로Craig Mello와 앤드루 파이어Andrew Fire에게 노벨 생리·의학상을 안겨 준 'RNA 간섭 기술'이라는 영향력 있는 발견을 참고한 가설일 수도 있다).

크리스퍼는 점점 더 관심을 얻기 시작했다. 유명 학술지에 논문이 실리고, 미생물계 전체에서 크리스퍼 서열이 발견되자 진화적으로 중요한 의미가 있을 것이라는 추측도 나왔다. 하지만 크리스퍼가 어떻게 기능하는지는 밝혀지지 않았다. 2008년 버클리에서는 약 35명이 참석한 첫 번째 크리스퍼 학회가 개최됐다. 참석자가 많아 보이진 않았지만, 스페인에서 버클리까지 찾아와서 기조연설에 나선 모히카는 나중에 자신이 15년 전부터 선도해 온 이 주제로 토론을 벌이는 자리에 그렇게나 많은 사람이 모인 걸 보고 정말 기뻤다고 회상했다. 모히카에게는 그 정도면 굉장한 규모였다.[26]

몇 달 후에는 크리스퍼가 어떤 미래를 맞이할지 예감할 수 있는 단서가 나왔다. 미국 노스웨스턴대학교의 루시아노 마라피니Luciano

Marraffini와 에릭 손테이머Erik Sontheimer가 크리스퍼와 카스 염기서열의 표적은 RNA가 아닌 바이러스의 DNA라는 사실을 밝혀낸 것이다.[27*] 두 사람은 이 사실에 얼마나 엄청난 활용 가능성이 내포되어 있는지 언급했다. "24개에서 48개의 뉴클레오티드로 이루어진 염기서열을 표적으로 정하고 그 표적 서열이 포함된 모든 DNA가 파괴되도록 지시하는 이러한 기능을, 이 기능의 원천인 세균이나 고생물 외에 다른 범위에서도 활용할 수 있게 된다면 상당히 유용할 것이다."[28]

굉장한 의미가 담긴 가정이었다. 하지만 정말로 그렇게 되려면, 크리스퍼 시스템에 포함된 유전자들이 진핵생물(다세포생물은 모두 진핵생물이다)의 핵 안에 있는 특정 염기서열을 표적으로 삼도록 만들어야 한다. 수십억 년간 이어진 생물 진화의 역사에서 한번도 일어난 적이 없는 일이다. 그러나 마라피니와 손테이머는 이런 일이 분명 가능해질 것이라는 확신으로 자신들의 연구 결과에 특허를 출원했다. 특허 신청서에서 두 사람은 크리스퍼를 진핵생물의 DNA에 적용할 수 있으며, 유전자 치료로 쓰인다면 '피험자'도 그 대상에 포함된다고 주장했다.[29] 마라피니와 손테이머의 연구 결과는 세부적인 근거가 부족해서 특허는 받지 못했지만, 과학자들에게 크리스퍼 시스템의 효소 활성이 세균에 침입한 바이러스를 공격하는 용도를 넘어 모든 생물의 모든 DNA 염기서열에 적용될 가능성이 있음을 일깨웠다. 탈렌이 아연 손가락 핵산분해효소의 자리를 대체한 그 시점에, 일부 학자들은 크리스퍼가 단순히 미

* 현재는 크리스퍼 시스템에 따라 RNA가 표적인 경우도 있다는 사실이 밝혀졌다.

생물에서 발견된 희한한 현상이 아니라 훨씬 중요한 가능성이 있을지 도 모른다고 생각하기 시작했다.*

•——○

점점 더 많은 연구자가 크리스퍼에 뛰어들면서 2년간 연구가 맹렬히 이어지고 분위기가 크게 고조된 가운데, 이 기술이 유전공학의 예상치 못한 혁신적인 도구가 된 결정적인 변화가 일어났다.[30] 2011년, 크리스퍼 시스템의 필수 구성 요소가 밝혀지고 이와 함께 이 분야에 네 가지 중대한 발전이 일어났다. 첫 번째는 크리스퍼 분야의 대표적인 연구자 대다수가 참여해서 그때까지 발표된 주요 연구 결과를 검토한 일이다. 버클리 캘리포니아대학교의 제니퍼 다우드나는 2006년부터 크리스퍼 연구에 관심을 기울이기 시작했지만, 이 검토에는 참여하지 않았다. 검토 결과가 정리된 논문에는 다양한 미생물에서 발견되는 크리스퍼 시스템의 분류, 시스템과 관련된 효소의 합의된 명칭, 크리스퍼의 명확한 개념과 함께 앞으로 무엇을 찾아내야 하는지 담겨 있었다. 두 번째 발전은 오스트리아 빈과 스웨덴 우메오 두 곳에서 활동하던 에마뉘엘 샤르팡티에 연구진이 '교차 활성 크리스퍼 RNA$_{tracrRNA}$'로 불리는, 크리스퍼 시스템의 필수 RNA를 찾아낸 것이다. 그러나 이 RNA의 정확한 기능은 명확하게 밝혀지지 않았다. 다우드나 연구진이 동료인 에바 노

* 나도 찔린다.

갈레스Eva Nogales와 함께 크리스퍼 시스템과 관련된 여러 분자의 결정 구조를 밝혀내서 크리스퍼 시스템의 작용 과정을 더 정확히 이해할 수 있게 된 것이 세 번째 발전이었다. 마지막은 리투아니아 빌뉴스대학교의 비르기니우스 식스니스Virginijus Šikšnys 연구진이 호바스Horvath, 바랑고우Barrangou와 함께 한 세균의 크리스퍼 시스템을 종류가 다른 세균으로 옮긴 연구를 통해 카스 효소의 하나인 카스9Cas9이 DNA 분자를 절단하는 핵산분해효소임을 밝힌 성과였다. 다우드나와 샤르팡티에가 함께 연구하기 시작한 것도 2011년부터였다. 다우드나는 그해 푸에르토리코에서 개최된 한 학회에서 샤르팡티에와 처음 만나 협업하기로 했을 때 너무 기뻐서 전율을 느꼈다고 이야기했다. 샤르팡티에가 그와 비슷한 기분을 느꼈다고 말한 적이 없는 것만 봐도 다우드나와는 성격이 매우 다르다는 것을 알 수 있다.[31]

크리스퍼 연구에 전 세계의 관심이 쏠렸다는 건 폴 버그의 획기적인 발견 이후 40년 동안 과학계가 얼마나 달라졌는지를 보여 준다. 재조합 DNA와 유전자 클로닝 발견에 이어 아연 손가락 핵산분해효소 개발까지도 전부 미국의 일로 여겨졌고, 초기에는 연구에 뛰어든 사람도 극소수였다. 하지만 크리스퍼는 전 세계의 관심사였다. 나중에 다우드나는 샤르팡티에 연구진과 함께 연구하기 시작한 때를 회상하며 이렇게 전했다. "우리는 진정한 국제 연구진이 되었다. 스웨덴에서 활동하는 프랑스인 교수, 오스트리아에서 연구하는 폴란드인 학생, 독일인 학생, 체코 출신인 박사 후 연구원, 버클리의 미국인 교수로 구성됐으니 말이다."[32] 연구자들은 세계 곳곳에 흩어져 활동하며 각자의 연구 결과

를 스카이프나 페덱스를 통해 소통하고 논의했다.[33]

2012년은 상호 연결된 경쟁이 두 축으로 나뉜 중요한 해였다. 경쟁의 한 축은 최근까지 크리스퍼에 유일하게 관심을 쏟았던 미생물학자들로 이루어졌다. 이들은 이 시스템이 정확히 어떻게 기능하는지 밝히고 미생물 내에서 크리스퍼 효소가 어떤 DNA 염기서열이든 표적으로 삼도록 조작할 수 있다는 사실을 입증하기 위해 서로 경쟁을 벌였다. 그리고 2012년 6월 말, 〈사이언스〉 온라인판에 발표된 논문으로 다우드나와 샤르팡티에 연구진이 승리를 거두었다.[34]

패자가 된 식스니스와 호바스, 바랑고우의 논문은 10주 뒤 〈미국국립과학원 회보〉에 게재됐다. 사실 이들의 논문이 제출된 시점은 다우드나와 샤르팡티에의 논문보다 빨랐다. 하지만 4월에 〈셀〉에 제출된 식스니스 연구진의 논문에 대해 학술지 측은 검토 절차도 거치지 않고 게재를 거절했다(당시에 거절한 편집자는 나중에 판단 실수였다고 인정했다).[35] 그런데 이 경쟁이 끝나기도 전에 또 다른 경쟁이 벌어졌다. 크리스퍼의 큰 잠재성을 이제 막 눈치챈 연구자들이 유전공학의 성배로 여겨지는 일에 도전해 보기로 한 것이다. 바로 포유동물 세포에 크리스퍼 시스템을 적용한다는 계획으로, 궁극적인 목표는 사람이었다.

다우드나와 샤르팡티에, 그리고 식스니스 연구진의 논문에 담긴 내용은 상당히 비슷했다. 두 연구진 모두 크리스퍼 시스템을 구성하는 여러 유전자의 지시에 따라 카스9 효소가 특정한 RNA 염기서열, 자연적인 조건에서는 바이러스의 RNA 서열을 토대로 지정된 지점에서 DNA 양쪽 가닥을 모두 절단한다는 사실을 밝혔다. 무엇보다 두 연구진 모두가 밝혀낸 중요한 사실은 이 RNA 염기서열을 다른 염기서열로 대체할 수 있다는 것, 즉 크리스퍼-카스9 시스템의 프로그래밍이 가능하다는 것이다. 이 시스템에서는 DNA 두 가닥이 모두 절단되므로, 주형이 될 DNA가 세포에 제공되면 상동 재조합이 일어날 수 있다. 아연 손가락 핵산분해효소, 탈렌과 마찬가지로 이 크리스퍼-카스9 시스템도 세포의 DNA 수선 메커니즘을 활용해서 정확한 위치에 새로운 DNA 염기서열이 합성되도록 만든다. 앞서 개발된 두 시스템과의 중대한 차이는 크리스퍼 시스템의 프로그래밍이 훨씬 수월하다는 것이다.

다우드나와 샤르팡티에 연구진의 결과가 대대적인 환영을 받은 것과 달리 식스니스 연구진의 결과가 그만한 반응을 얻지 못한 이유는 논문이 게재된 시점이 몇 주 늦었기 때문만은 아니었다(이런 차이를 중요하게 여기는 과학자들도 있지만). 다우드나와 샤르팡티에의 논문에는 중요한 발견이 담겨 있었다. 두 가지 RNA 분자가 융합되어 크리스퍼의 활성에 관여한다는 사실을 밝혀낸 것이다. 하나는 크리스퍼 RNA였고, 다른 하나는 1년 전 샤르팡티에가 발견했지만 정체는 수수께끼로 남았던 tracrRNA였다. 연구진은 다우드나 연구실의 박사 후 연구원이던 마르틴 지넥Martin Jinek의 아이디어에 따라 이 융합 분자 대신 가이드 RNA로 명명된 RNA 분자 하나만 사용해서 크리스퍼 시스템을 훨씬 간단하게 프로그래밍하는 방법을 찾아냈다.

이것이 두 논문의 결말을 가른 두 번째 요소였다. 두 논문 모두 크리스퍼의 잠재성을 밝혀냈지만, 다우드나와 샤르팡티에의 논문은 가이드 RNA를 단일 RNA로 활용하는 방법을 추가로 제시하며 이 발견을 어떻게 활용할 수 있는지 더 확실하게 보여 주었고 훨씬 더 명료했다. 식스니스 연구진의 결론은 "이러한 결과는 RNA의 지시에 따라 DNA를 수술할 수 있는 독특한 분자 도구의 개발로 이어질 것"에 그쳤지만, 다우드나와 샤르팡티에는 논문 제목에서부터 이 시스템은 프로그래밍이 가능하다는 점을 강조하고 연구의 의의에 대해서는 단일 RNA 분자를 활용하는 자신들의 방식이 "계획적인 DNA 절단과 유전체 편집에 활용될 수 있다"고 명확히 밝혔다.[36] 그리고 논문의 마지막 문장에서 자신들이 개발한 방법은 기존에 쓰이던 유전체 편집 기술과는 다르다는 점을 분명히 했다.

> 우리가 제시한 것은 RNA 프로그래밍이 가능한 카스9을 활용하는 대안 기술이며, 이는 유전자 표적화, 유전체 편집 기술에 큰 잠재성을 제공한다.[37]

두 논문의 공통적인 약점은 크리스퍼 시스템이 진핵세포에서도 기능하는지는 입증하지 못했다는 것이다. 이것이 2012년에 벌어진 2차 크리스퍼 경쟁의 핵심 주제였고, 불과 몇 달 만인 2013년 1월 초 하버드대학교의 두 연구진이 〈사이언스〉 웹 사이트에 논문을 동시 투고하면서 시원하게 해결됐다.[38]

로드 연구소의 젊은 연구자 장펑Feng Zhang은 2011년부터 크리스퍼에 흥미를 느꼈다(다소 놀라운 사실은 그가 유전공학 연구에 처음 흥미를 느낀 계기가 10대 시절에 본 영화 〈쥬라기 공원〉이었다는 것이다[39]). 장펑은 동료 연구자들과 함께 크리스퍼가 인체 세포와 마우스 세포에서도 기능할 수 있음을 증명했다. 가이드 RNA* 분자의 구조를 살짝 변형해서 분자 활성을 강화한 후에 얻은 결과였다. 장평의 논문과 동시 투고된 다른 논문은 유전공학에 오랫동안 몸담은 조지 처치George Church 연구진에게서 나왔다(처치는 1970년대에 월리 길버트 연구실의 박사과정 학생이었다)[40]. 2013년 1월 말에는 다우드나 연구진도 포유동물 세포에서 크리스퍼로 유전자를 편집하는 방법에 관한 논문을 냈는데, 한국의 김진수 연구진[41]이 찾아낸 방법보다 효과가 조금 떨어졌다. 나중에 다우드나는 마르틴 지넥과 함께 이 마지막 단계를 수월하게 해낼 수 있었다고 회상했다.

> 마르틴과 나는 몇 가지 간단하고 일상적인 단계를 거쳐서 총 32억 개의 염기로 이루어진 인간 유전체 중 DNA 염기서열을 임의로 선정하고, 그 부분을 편집할 수 있는 크리스퍼를 설계한 뒤 이 작은 분자 도구가 살아 있는 인체 세포에서 새로운 프로그래밍을 진행하는 과정을 지켜보았다.[42]

크리스퍼는 세균의 유전체에서 발견된 독특한 염기서열에서 단 10년 만에 충격적일 만큼 강력하고 유연한, 어떤 생물의 유전자도 편집할 수 있는 시스템으로 변모했다. 처음에는 극소수의 무명 연구자들만 관심을 기울였던 일이 과학과 의학을 바꿔 놓은 것이다. 그야말로 순수한 연구의 결실이었다.

* 크리스퍼에서 DNA 표적을 지정하고 핵산분해효소를 그 표적으로 안내하는 RNA 분자.

•——◦

2012년에 혁신적인 논문이 나온 이후, 이 시스템이 기초과학과 응용과학, 그리고 의학에 얼마나 엄청난 영향을 줄 수 있는지 보여 주려는 연구자들이 너도나도 뛰어들면서 크리스퍼 관련 논문이 250편 이상 쏟아졌다. 크리스퍼로 제브라피시와 파리의 돌연변이체가 만들어졌고, 돼지와 소, 염소의 유전자 조작에도 쓰였다. 사람의 줄기세포를 바꾸고 실험실에서 배양된 인체 세포에서 병을 일으키는 유전자 결함을 즉각 잡은 결과도 나왔다.[43] 이러한 폭발적인 연구 활동은 유전자 편집이라는 신생 분야의 주변에서 조금씩 성장 중이던 산업계에도 영향을 미쳤다. 연구자들에게 맞춤형 탈렌을 판매했던 프랑스의 생명공학 업체 셀렉티스Cellectis는 2013년 초만 해도 오르지도, 감소하지도 않던 매출 곡선이 갑자기 급감하는 상황을 맞이했다. 연구자들이 훨씬 간단하고 저렴한 크리스퍼 시스템으로 돌아선 것이다. 셀렉티스의 창립자는 크리스퍼가 자신들의 사업을 덮친 쓰나미였다고 묘사했다.[44]

2013년 말 장펑 연구진이 발표한 결과에서 당시 유전자 편집 분야에 일어난 변화의 규모와 속도가 어느 정도였는지 짐작할 수 있다. 장펑 연구진은 총 1만 8080개의 인체 유전자(전체 유전자의 약 80퍼센트)를 표적으로 삼아 크리스퍼 기술을 적용했다고 밝혔다. 유전자마다 세포주로 만들고, 6만 4751개의 고유한 가이드 RNA 염기서열을 사용해서 각 유전자가 없어지면 어떤 영향이 발생하는지 확인하고, 어떤 유전자가 대표적인 항암제에 내성을 보이는지도 확인한 것이다. 믿기 힘들 만

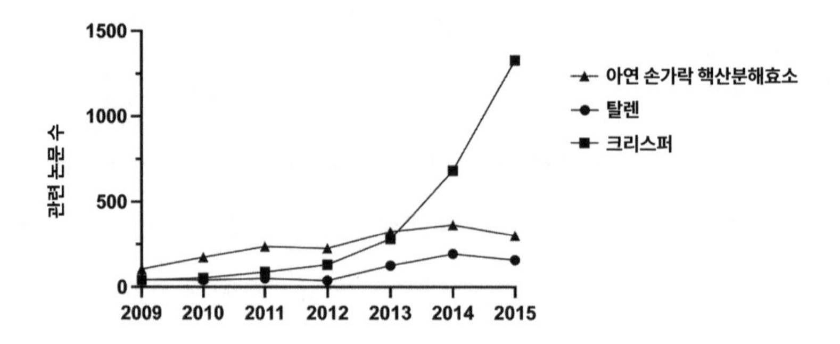

그림 11-2. 2009년부터 2015년까지 매년 학술지에 실린 아연 손가락 핵산분해효소와 탈렌, 크리스퍼 관련 논문 수. 크리스퍼 논문은 2021년까지 7000건 이상으로 늘어났다.

큼 굉장한 연구였다. 아연 손가락 핵산분해효소나 탈렌을 이용했다면 수십 년은 걸렸을 것이고 시도할 엄두도 내지 못했을 일이었다.[45]

이런 초기 연구들에 가장 쓴맛을 느꼈을 사람들은 불과 몇 개월 전 탈렌 기술로 주요 질병의 세포 모형을 공들여 개발한 하버드 연구진이었을 것이다. 이들은 자신들도 단 몇 주 만에 크리스퍼 기술을 능숙하게 쓸 수 있었다고 언급하며, 이 기술과 자신들이 힘들게 얻었던 연구 결과를 간략히 비교한 논문을 냈다. 이들은 이 논문에서 탈렌의 효과 범위는 0~34퍼센트인데 반해 크리스퍼의 효과 범위는 51~79퍼센트라고 밝혔다.[46] 데이터는 거짓말을 하지 않았다. 이 분석을 이끌었던 연구자는 2019년에 당시의 상황을 다음과 같이 회상했다.

> 나는 우리가 탈렌으로 했던 모든 연구가 한물간 것이 되어 버렸고 포기해야 하며 이제 모두가 크리스퍼-카스9을 쓰는 게 옳다는 사실을 순순히 인

정했다. (……) 우리 연구실에서는 이후 두 번 다시 탈렌을 쓰지 않았다.[47]

2013년 중반에 〈사이언스〉는 과학계가 크리스퍼 열풍에 사로잡혔다고 묘사했다.[48] 그 열풍은 지금도 변함없다.

2014년부터 크리스퍼 관련 연구 논문 수는 그전까지 유전자 편집 기술로 쓰인 탈렌과 아연 손가락 핵산분해효소 관련 논문 수를 크게 앞지르기 시작했고, 이후 기하급수적으로 늘어나 2021년에는 7000건을 넘어섰다. 모두의 예상대로 크리스퍼는 판도를 뒤집고 어떤 생물의 유전자든 조작할 수 있는 도구가 되었다. 학계는 자연에서 발견되는 엄청나게 다양한 크리스퍼 시스템을 탐구하고, 새로운 효소를 찾고, 더욱 간편하고 정확하게 결과를 얻을 방법을 끊임없이 모색하고 있으며, 그만큼 이 시스템은 세부적으로 계속 진화하고 있다. 크리스퍼와 관련된 여러 기법을 설명하기 위해 크리스퍼만큼 큰 영향력을 발휘하길 기대하며 연구자들이 내놓은 머리글자도 수십 가지가 넘었다. 내 동료인 맨체스터대학교 유전체 편집부의 앤터니 애덤슨Antony Adamson은 SPAMALOT, CASANOVA, FUDGE 등 때로는 너무 대충 지은 듯한 이런 머리글자들을 자신의 트위터에 꾸준히 올리고 있다.[49]

레슬리 보스홀 교수
@pollyp1

보스홀 연구실의 2019년 겨울맞이 냉동고 대청소: 모기 유전자 4종의 발현을 막을 수 있는 1억 4000만 원짜리 맞춤형 아연 손가락 핵산 분해효소 발견. #크리스퍼 기술로는 70만 원이면 된다.

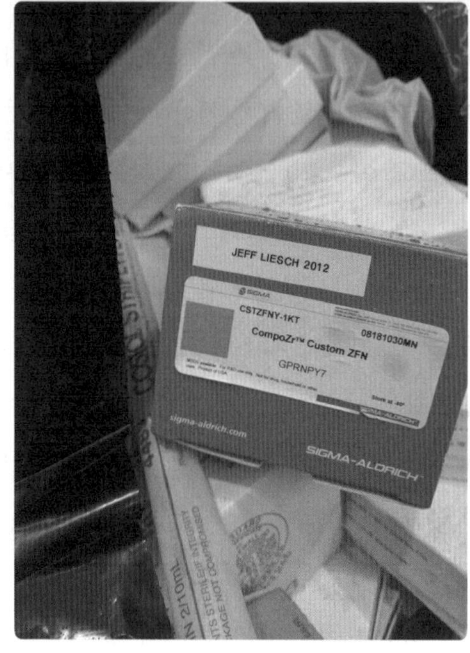

23:38 · 18/01/2019 · Twitter for Android

그림 11-3. 2019년 1월에 록펠러대학교의 레슬리 보스홀 교수가 올린 트윗.

크리스퍼를 사용하는 연구진이 폭발적으로 늘어난 건 이 기술이 쉽고 응용 범위가 넓기 때문만은 아니다. 거기에는 비용도 영향을 주었다. 2019년 초, 내 친구이기도 한 신경생물학자 레슬리 보스홀Leslie Vosshall은 연구실 냉동고를 청소하다가 2012년에 모기 유전자를 바꾸려고 구입했던 맞춤형 아연 손가락 핵산분해효소 한 팩을 발견하고 사진을 찍어서 자신의 트위터에 공개했다. 당시에 1억 4000만 원을 들여서 구입했는데, 기능이 같은 동량의 크리스퍼는 70만 원이면 살 수 있었다.[50]

많은 사람이 지적했듯이, 크리스퍼로 유전자 편집 기술의 평등한 사용이 가능해졌다. 이제는 모든 연구소가 크리스퍼를 이용할 수 있고, 연구하려는 생물의 유전자를 조작하고자 한다면 경제적으로나 생물학적으로나 장애물이 없다. 바꾸고 싶은 유전자의 염기서열을 알고, 실험동물이 있고, 크리스퍼 시스템을 그 동물의 관련 조직에 적용할 수 있다면 동물에 유전학적인 변화를 일으킬 수 있다.

이 시기에 나온 연구 결과 중에 내가 개인적으로 좋아하는 성과는 세포 생물학 연구에서 나온 가장 흥미로운 결과를 알리며 학계에 엄청난 영향력을 발휘해 온 학술지 〈셀〉에 소개된, 두 종류의 개미에 크리스퍼를 사용한 연구다(〈셀〉에 실린 개미 관련 논문은 이게 유일무이하다).[51] 연구진은 크리스퍼로 개미의 후각 수용체 유전자가 발현되지 않도록 만든 결과, 후각 뉴런이 개미의 뇌 구조 형성에 영향을 준다는 뜻밖의 사실을 알게 됐다. 과거 초파리로 진행한 동일한 연구들에서는 후각 수용체가 발현되지 않아도 뇌 구조에 아무런 영향이 나타나지 않았고, 이를 토대로 학계는 곤충의 뇌에서 후각과 관련된 부분은 대체로 타고난다고 여겼다. 그러나 크리스퍼로 후각 수용체를 없앤 개미는 뇌가 으스러진 형태가 되었고, 이로써 초파리에서 발견된 결과가 반드시 모든 곤충에 적용되는 건 아니라는 사실이 밝혀졌다. 앞으로도 이와 비슷한 결과가 더 많이 나올 것이다. 이제 과학자들은 실험실에서 주로 다루어지던 세균이나 벌레, 파리, 제브라피시, 마우스에 국한하지 않고 생태학적으로 흥미로운 특징이 나타나는 어떤 생물이든 연구할 수 있고, 크리스퍼 기술로 놀라운 사실들이 새롭게 밝혀질 것이다.

이 모든 연구가 가능해진 건 크고 작은 제약업체들이 크리스퍼 실험 키트를 팔기 시작한 덕분이다. 크리스퍼 기술이 상용화된 후 모기업에서 분리된 스핀오프 업체도 많이 생겼고, 이 분야의 핵심 연구자가 직접 회사를 차리기도 했다. 학계의 경계를 처음으로 벗어난 사람은 제니퍼 다우드나였다. 다우드나는 2012년에 과거 제자였던 레이첼 하울위츠Rachel Haurwitz와 함께 카리부Caribou라는 회사를 설립했다('카스'와 '리보뉴클레오티드'를 합친 이름이다). 이 스타트업의 목표는 카스9 효소를 HIV, C형 간염 같은 바이러스 감염을 진단하는 기술로 활용하는 것이었다. 아직 크리스퍼 열풍이 불기 전이라 베이 지역의 벤처 투자자들은 큰 관심을 보이지 않아서 두 사람은 자비로 회사를 세웠다.[52] 지금도 탄탄하게 잘 운영되고 있고, 2021년에는 주식 상장으로 4200억 원을 벌어들였다.

2013년에는 브로드 연구소와 버클리 캘리포니아대학교도 크리스퍼 시스템의 공통적인 상업 구조를 만들기 위해 창업에 나섰다. 처음에는 젠진Gengine Inc.으로 시작했다가 곧 에디타스 메디슨Editas Medicine으로 명칭이 변경된 이 업체는 미국 벤처 투자사들이 대거 지원에 나서면서 크리스퍼 분야의 막강한 회사가 되었으나, 도저히 타협할 수 없는 경제적 갈등으로 결국 뿔뿔이 갈라섰다. 장평과 브로드 연구소가 수백 달러를 추가로 내고 포유동물에 크리스퍼를 적용하는 기술에 더 신속하게 특허를 얻었다는 사실을 다우드나가 알게 된 것이 계기였다. 다우드나와 캘리포니아대학교도 같은 특허를 신청했지만 그들보다 낸 돈이 적었고 심사 절차가 더 느리게 진행된 것이다. 이후 크리스퍼 유전자 편집 기술 분야의 핵심 연구자들이 속한 회사는 세 곳으로 나뉘었다. 크리스퍼 테라퓨틱스CRISPR Therapeutics(샤르팡티에와 노박Novak), 에디타스 메디슨(장펑과 처치), 인텔라 테라퓨틱스Intellia Therapeutics(다우드나, 바랑고우, 그리고 이 기술의 상업적 잠재력을 맨 처음 감지했던 손테이머와 마라피니)였다.

2017년 초까지 크리스퍼 관련 생물의학 스타트업에 들어간 투자 규모는 총 1조 4200억 원이 넘는 것으로 추산됐다.[53] 현재까지 이 모든 업체의 사업 중심은 기술의 잠재성이다. 크리스퍼 기술이 적용된 의료 제품은 아직 하나도 나오지 않았지만, 발견부터 활용까지는 길고 긴 과정을 거쳐야 하고 엄격한 규제 요건도 충족해야 한다는 사실을 생각하면 놀라운 일도 아니다. 신약 하나가 개발되기까지 평균 14년이 걸리고, 개발에 성공할 확률은 1.3퍼센트에 불과하다.[54] 아연 손가락 핵산분해효소로 HIV를 치료하는 기술은 2014년에 임상시험에서 효과가 입증됐지만 아직도 치료법으로 승인받지 못했다.

크리스퍼 기술의 특허권을 놓고 벌어진 갈등은 더욱 첨예해지는 양상이다. 장펑과 브로드 연구소, 하버드, MIT가 한쪽에 있고, 반대쪽에서는 다우드나와 캘리포니아대학교가 미국 특허를 놓고 벌여 온 분쟁이 가장 도드라지지만, 이는 미국과 세계 곳곳에서 벌어진 광범위하고 복잡한 법적 갈등의 일부분일 뿐이다.[55] 2016년에 크리스퍼와 관련된 구성 요소 591개가 새로운 발명품으로 특허 출원됐는데, 이 가운데

212개는 가이드 RNA와 관련된 요소다(전 세계 연구소에서 쓰이는 가이드 RNA는 수만 가지고 그중에서 독창성이나 특허가 부여될 만큼 가치가 있는 건 일부에 불과하다). 현재 미국 특허청에 출원된 크리스퍼 특허만 약 6000건에 매달 200건씩 추가되고 있다. 그중 업체가 출원한 특허는 3분의 1이고 나머지는 대학과 연구 기관에서 신청했다.[56] 과거에 큰 관심이 쏠린 다른 생명공학 기술도 그랬듯이 특허는 업체의 인수 합병에 따라 이 회사에서 저 회사로 넘어가기도 한다. 최근에는 듀폰이 대니스코를 인수하면서 크리스퍼 특허 세계에 뛰어든 덩치 큰 주자가 또 한 곳 추가됐다.[57]

미국 특허 분쟁은 동부 연안의 브로드 연구소, 하버드, MIT 협력단의 승리로 기울어지는 듯하다. 다우드나와 샤르팡티에가 공동으로 출원한 특허는 영국과 유럽, 중국, 일본, 호주, 그리고 여러 국가에서 승인됐다. 이 연구자들이 속한 학교와 연구소가 변호사 비용을 계속 지불하는 한, 이 분쟁이 조만간 끝날 것 같지는 않다. 2021년 〈네이처〉는 전 세계 대학들을 향해 연구 목적일 경우 특허가 부여된 크리스퍼 기술을 무료로 이용하도록 하는 방안을 찾아야 한다고 촉구했다.[58] 언젠가는 그렇게 될 수도 있지만, 과연 이 기술을 상용화했을 때 벌어들일 막대한 재산을 포기할 곳이 있을지 의구심이 든다.

과거에 유전공학의 다른 발견들도 그랬듯 특허 분쟁의 최종 결과가 과학적인 발견을 막지는 않을 것이다. 상업적인 용도로 활용할 때는 수수료를 내더라도 연구자들은 이 기술을 계속 자유롭게 이용할 수 있을 것이다. 2021년 네덜란드 바헤닝언대학교·연구소는 비영리기관이 비상업적인 목적으로 식품과 농산품을 개발하는 용도로 쓴다면 자신들이 보유한 크리스퍼 특허권을 포기하겠다고 발표했다. 사실 크리스퍼 기술은 더 이상 쓰지 말라고 갑자기 문을 닫아 버리기에는 이미 너무 많이 쓰이고 있다.[59] 게다가 생물학자들은 연구 자원이나 시약을 공유하는 오랜 전통이 있다. 연구 결과가 다 발표된 뒤에는 더욱 그렇다. 놀라울 수도 있지만 큰 수익성이 전망되는 크리스퍼 연구도 예외가 아니다. 비영리 자원 저장소인 애드진Addgene은 크리스퍼를 비롯해 다양한 유전학적 구성 요소가 포함된 플라스미드를 소액의 수수료를 받고 배포하고 있다. 멜리나 팬Melina Fan이 남편, 남동생과 함께 2004년에 설립한 애드진은 크리스퍼 플라스미드를 처음 입수한 2012년부터 본격적으로 성장하기 시작했다. 2012년 크리스퍼 기술의 결정적인 논문들이 나온 뒤에는 자칭 '플라스미드의 아마존'인 애드진을 통해 크리스퍼 플라스미드 6만 개가 85개국의 연구소 2만 곳으로 배포됐다.[60]

크리스퍼 분야에 몰아닥친 거센 경제적 갈등은 과학적인 발견의 속도가 빨라진 현실, 그리고 과거 재조합 DNA나 유전자 치료의 가능성에 큰 기대가 쏠렸을 때는 존재하지 않았던 소통 방식과 관련이 있다. 예를 들어 2018년 1월 5일, 한 출판 전 논문(검토가 완료되지 않은 논문)에 65퍼센트의 사람들이 카스9 효소의 항체를 갖고 있으며, 따라서 크리스퍼 기술을 인체에 적용하면 심각한 독성 영향이 발생할 수 있다고 경고하는 내용이 실렸다.[61] 이 소식이 전해지자 크리스퍼 기술을 개발한 사람들이 세운 크리스퍼 테라퓨틱스와 에디타스 메디슨, 인텔라 테라퓨틱스의 주가가 10퍼센트가량 떨어졌다. 5일 뒤 1월 10일에는 다른 연구진이 작성한 또 다른 출판 전 논문에 이 문제를 피할 수 있는 기발한 방법이 소개됐다.[62] 그러자 떨어졌던 주가가 다시 올라갔다.

크리스퍼가 실용적인 목적에 쓰이기까지 기술적인 장애물이 나타날 수 있지만, 어떤 장애물과 맞닥뜨리건 이 분야에는 충분한 돈이 제공되고 정말 똑똑한 사람들도 충분히 포진해 있으므로, 결국에는 다 해결될 것이다.

2012년부터 과학계가 이렇게 들썩여도 전 세계 언론은 알아채지 못했다. 2013년 11월에야 대중은 뭔가가 일어났다는 낌새를 느끼기 시작했다. 영국 〈인디펜던스〉에 실린 스티브 코너Steve Connor의 기사가 첫 신문 보도였고, 이후 〈타임스〉부터 〈더선〉까지 다른 신문들도 소식을 전했다. 뒤이어 〈보스턴글로브〉도 하버드대학교의 관점에서 조망한 상황을 소개했다.[63] 몇 주 뒤에는 〈르몽드〉에 프랑스 유전학자 두 명이 크리스퍼 기술의 의미를 설명한 기사가 실렸다. 이 기사의 서두에는 시드니 브레너의 말이 인용됐다. "과학의 발전은 새로운 기술과 새로운 발견, 새로운 아이디어에 달려 있으며 이 각 요소의 중요성은 아마도 순서대로일 것이다."[64]* 미국의 주류 언론들은 과학계를 크게 뒤흔든 이 놀라운 발견에 대체로 침묵했다. 그나마 〈사이언스〉는 2013년에 새로 등장한 혁신 중 2위로 크리스퍼를 꼽았다(1위는 암 면역요법이 차지했다).[65]**

크리스퍼의 핵심 연구가 이루어지고 거의 2년이 지난 2014년 3월, 마침내 〈뉴욕타임스〉가 다우드나와 샤르팡티에의 발견으로 촉발된 과학계의 열광적인 분위기를 소개했다. 이 기사에서는 특히 '편집'이라는 표현에 주목했다. "작가가 단어를 바꾸거나 오자를 고치듯이 유전체도 편집할 수 있다."[66] 〈워싱턴포스트〉가 관심을 기울이는 데에는 더 오랜 시간이 걸렸다. 이 신문에는 2014년 11월, '2015년에 접하게 될 과학의 혁신적인 아이디어 3가지'라는 주제로 크리스퍼가 간략히 언급됐다.[67] 다우드나가 주로 활동하는 지역의 신문이자 1970년대에 재조합 DNA 혁명을 밀착 취재했던 〈샌프란시스코 크로니클〉에도 2014년 9월이 되어서야 크리스퍼 기술을 자세히 다룬 기사가 실렸다.[68]

전 세계 다른 언론들도 상황은 마찬가지였다. BBC 웹 사이트는 2015년에야 크리스퍼를 심층 보도하기 시작했고, BBC 최초로 크리스퍼 기술만 중점 취재한 프로그램 〈생명 편집Editing Life〉은 2016년 초 BBC 월드 서비스와 라디오4를 통해 방영됐다(내가 각본과 진행을 맡고 앤드루 럭 베이커Andrew Luck-Baker가 프로듀서를 맡았다).[69] 텔레비전에서 다루어지

* 사실 브레너는 이런 말을 한 적이 없다고 한다. 그도 자신이 어디에서, 언제 정확히 무슨 말을 했는지 찾아보려고 했다. 'Play it again, Sam'(영화 〈카사블랑카여, 다시 한번〉의 영문 제목이자 이 영화에 나오는 대사로 알려졌으나 실제 영화에는 그런 대사가 없다. – 역주)이나 'Alas, poor Yorick, I knew him well'처럼(셰익스피어의 〈햄릿〉 중 햄릿의 대사로 유명하지만, 원작 대사와는 차이가 있다. – 역주) 널리 알려진 부정확한 말이 진짜보다 더 나을 때도 있다. Brenner, S. (2002), Genome Biology 3:comment1013.1 – 1013.2.

** 〈사이언스〉가 2012년에 선정한 혁신에는 유럽 입자물리연구소CERN가 힉스 보손을 발견한 성과는 포함됐지만 크리스퍼는 탈렌 기술을 돼지에 적용한 연구 결과에 가려져 순위에 들지 못했다. 당시만 해도 탈렌에는 '유전체의 크루즈 미사일'이라는 요란한 수식어가 붙었다. 크리스퍼는 3년이 더 지난 2015년에야 〈사이언스〉 혁신 목록에서 1위를 차지했다. 하지만 그해에도 일반인 투표에서는 명왕성 무인 탐사선 뉴호라이즌스New Horizons보다 적은 표를 받았다. Anonymous (2012), Science 338:1525 – 32; Travis, J. (2015), Science 350:1456 – 7.

기까지는 훨씬 더 오랜 시간이 걸렸다. 2019년 넷플릭스에서는 크리스퍼를 소재로 한 3부작 미니 다큐멘터리 시리즈 〈부자연의 선택Unnatural Selection〉이 공개됐다. 몇 달 후에는 BBC에서 〈유전자 혁명: 사람의 본성을 변화시키다The Gene Revolution: Changing Human Nature〉라는 제목의 다큐멘터리가 방영됐다. 장펑과 처치, 다우드나, 김진수와 같은 연구자들이 크리스퍼로 인간의 유전자 조작이 가능하다는 사실을 밝히고 7년이 지난 후였다.

다우드나와 샤르팡티에가 함께 연구한 기간은 채 2년도 되지 않지만, 크리스퍼 기술이 등장한 초창기부터 언론과 과학계는 이 두 사람을 크리스퍼 혁명의 핵심 인물로 소개했다. 2012년 〈사이언스〉에 크리스퍼 논문이 발표되고 15개월이 지난 뒤 〈인디펜던스〉의 스티브 코너 기사는 다우드나의 사진을 크게 실었고, 2016년 〈르몽드〉 기사에서는 두 사람을 생물학계의 델마와 루이스라고 소개했다.[70] 두 사람은 2012년에 함께 논문을 내고 4년 동안 30가지가 넘는 상과 명예학위를 받았다. 그 이후부터는 몇 개나 받았는지 세기를 포기했다고 한다.[71] 그만큼 상은 줄줄이 이어졌지만, 유독 기억에 남는 상이 있게 마련이다. 2015년에 다우드나와 샤르팡티에는 '혁신상Breakthrough Prize' 수상자로 선정되어 42억 원을 받았고, 2018년에는 식스니스와 함께 카블리상Kavli Prize과 상금 14억 원을 받았다. 그리고 2020년 10월, 다우드나와 샤르팡티에는 과학계 대다수가 최고의 영예로 꼽는 노벨상을 수상했다.

과학적인 업적을 인정하는 상이 소수에게만 돌아가는 건 대체로 부당한 면이 있고 특히 크리스퍼 기술은 정말 많은 과학자가 중요한 공헌을 했으므로 더더욱 그렇다고 할 수 있지만, 과학계는 두 사람의 노벨상 수상을 반기는 분위기였다. 노벨 위원회가 여성을 수상자로 선정하는 일이 극히 드물다는 사실도 그 이유에 포함될 것이다. 크리스퍼의 역사는 여러 책으로도 소개됐다. 혁신의 당사자가 직접 쓴 책도 있고(다우드나의 회고록 《크리스퍼가 온다》와 월터 아이작슨Walter Isaacson의 다우드나 전기 《코드 브레이커》), 대중 과학서도 많다(딱 한 권만 읽어야 한다면 2020년에 출간된 케빈 데이비스의 책 《유전자 임팩트》를 추천한다).[72]

2016년 초에는 크리스퍼의 역사를 두고 벌어진 학계의 복잡한 다툼이 전 세계 신문과 언론사 웹 사이트를 장식했다. 발단은 〈셀〉에 실린 브로드 연구소 에릭 랜더Eric Lander 소장의 '크리스퍼의 영웅들'이라는 글이었다.[73] 랜더는 크리스퍼가 탄생한 초창기 부분에서는 꼼꼼하고 공정한 시각을 유지했지만(내가 이 책에서 다룬 것보다도 더 많은 인물을 소개했다), 결정적인 시기로 넘어온 뒤부터가 문제였다. 무엇이 크리스퍼 발전에 결정적인 단계였다고 볼 수 있는지부터 시작해 논란을 일으킬 만한 발언이 나오기 시작했다. 이 글을 읽고 랜더가 다우드나와 샤르팡티에의 업적을 철저히 격하하면서 브로드 연구소 장펑의 역할을 강조했다고 생각한 사람들이 많았다. 무엇보다 랜더는 크리스퍼를 프로그래밍이 가능한 유전자 편집 시스템으로 활용할 수 있다고 처음 입증한 연구보다 장펑과 처치가 포유동물 세포에 크리스퍼 기술을 적용한 연구가 크리스퍼 혁신의 핵심이라고 집중적으로 설명했다.

트위터에서도 거세게 논란이 일고 블로그 게시물도 쏟아졌다. 다양한 사람들이 제각기 다양한 방식으로 랜더의 설명이 잘못됐음을

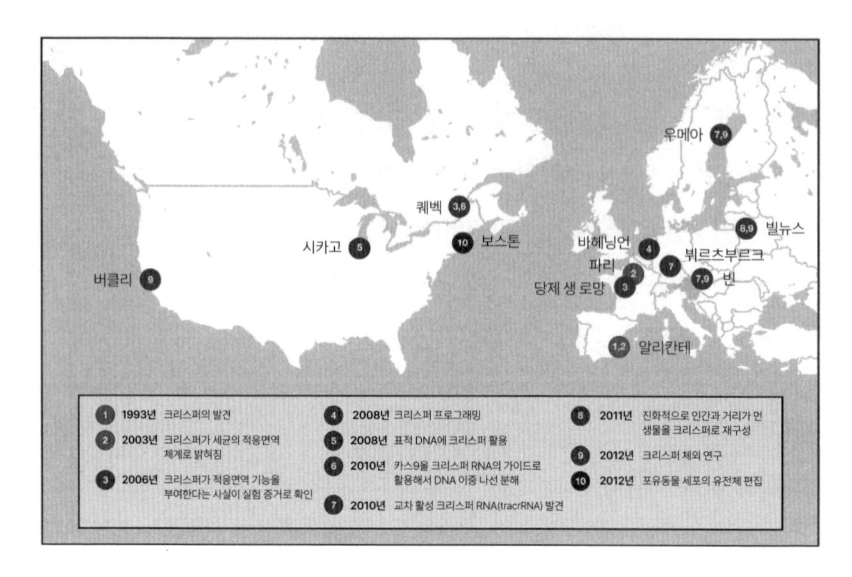

그림 11-4. 2016년 〈셀〉에 실린 에릭 랜더의 글 '크리스퍼의 영웅들'에서 발췌한 지도. "9개 대륙 12개 도시 전역에서 펼쳐진" 크리스퍼의 역사라는 설명과 함께 제시된 지도다.

지적했다. 거칠게 비난하는 사람들도 있었고('크리스퍼계의 악당'), 사려 깊은 표현을 쓴 사람들도 있었다('휘그 역사관으로 쓰인 크리스퍼의 역사'). (휘그 역사관이란, 결과를 정해 놓고 과거의 사건들은 그 결과에 따라 일어날 수밖에 없는 일이라고 해석했던 영국의 결정론적 역사관이다. – 역주) 브로드 연구소가 과학적으로나 경제적으로 장평의 연구와 어떤 이해관계가 있는지는 밝히지도 않고 이런 글을 썼다는 사실도 비난의 대상이 되었다. 특히 미국 특허권을 놓고 브로드 연구소와 캘리포니아대학교가 첨예한 갈등을 겪던 때였으므로 랜더의 글은 더더욱 문제가 되었다.[74] 글에 나오는 지도에도 랜더의 편향된 관점이 미묘하게 담겨 있었다. 세계지도에 다양한 크리스퍼 연구진의 활동 지역을 표시한 그림이었는데, 랜더의 이 지도에서는 대서양이 이상할 정도로 축소되어 있고 보스턴이 세계의 중심에 자리했다. 그가 생각하는 최종 승자가 지도의 중심에 있고, 다른 곳들은 다 주변부로 밀려난 모양새인 데다 한국의 김진수 연구진은 아예 지도에 포함되지도 않았다.

트위터는 하루 동안 떠들썩했다가 금세 다른 화제로 넘어갔지만, 주류 언론들은 온갖 다툼을 다 캐내서 영양가 없는 기사를 아무렇게나 내보냈다. 그러나 이 갈등에는 심각한 문제가 내포되어 있었다. 랜더의 편향된 서술(다우드나와 샤르팡티에, 처치는 그의 견해를 날카롭고 신랄하게 비판했다[75])은 목적이 분명했다. 크리스퍼 기술의 탄생 과정을 자신이 원하는 대로 바라보게 만들려는 의도였다. 하지만 그가 왜 이런 의도를 품게 됐는지는 명확하지 않았다. 노벨상 위원회가 이 일에 영향을 받았는지는 알 수 없고(만약 이게 랜더의 의도였다면 확실하게 실패한 셈이다), 특허청도 학계 역사를 경청하는 기관과는 거리가 멀었다. 그러나 랜더의 이런 시도는 조지 오웰George Orwell의 소설《1984》에 나오는 "과거를 통제하는 자가 미래를 통제한다"는 구절을 떠올리게 한다.

그러나 디스토피아로 따지자면, 크리스퍼 기술이 상기시킨 디스토피아는《1984》의 암울한 독재 사회보다는《멋진 신세계》의 유전학적인 아파르트헤이트(인종 격리 정책)에 더 가깝다. 2015년, 과학계와 대중 모두 크리스퍼 기술이 사람에게 쓰일 수밖에 없을 만큼 간단한 기술임을 분명하게 깨닫는 사건이 벌어졌다. 다음 세대로 유전되는 인체 유전자 편집이 병 밖으로 슬금슬금 빠져나오기 시작했다.

12

#크리스퍼 베이비

2014년 봄, 제니퍼 다우드나는 악몽을 꿨다. 꿈에서 어떤 사람이 자신에게 유전자 편집은 어떻게 작용하는지 설명해 달라고 했는데, 알고 보니 그 사람은 돼지의 얼굴을 한 아돌프 히틀러였다. 히틀러가 그런 모습으로 자리에 앉아, 펜을 들고 다우드나의 말을 받아쓰려고 기다리고 있었다.

> 그는 굉장히 흥미롭다는 얼굴로 날 뚫어지게 보며 '당신이 개발한 이 멋진 기술을 어떻게 쓸 수 있을지, 어떤 영향이 발생할지 알고 싶군'이라고 말했다.

다우드나는 깜짝 놀라 잠에서 깼다. 심장이 마구 뛰고 있었다.[1] 자기 전에 치즈를 너무 많이 먹어서 이런 악몽을 꿨을 수도 있지만, 사실 직접적인 이유가 있었다. 얼마 전 과학자들이 인체 배아의 유전자 편집에 크리스퍼 기술을 활용하기 위한 결정적인 단계를 시작했기 때문이다. 몇 주 전인 2014년 2월에 샤자하오Jiahao Sha가 이끄는 중국 연구진이 원숭이의 단세포 배아에서 세 가지 유전자를 크리스퍼로 편집한 결과를 〈셀〉에 발표했다.[2] 이 연구진은 자신들의 실험 과정이 효율적이고 신뢰도가 높으며 유전체에 의도치 않은 편집이 일어난 부분도 없었다고 주장했으나, 자세히 들여다보니 문제점이 드러났다. 연구진이 크리스퍼 기술을 적용한 배아는 총 186개였고, 이 가운데 83개를 29마리의 대리모 원숭이에게 이식해서 총 10마리가 임신했다. 출산까지 이어진 대리모 원숭이는 단 한 마리로, 링링과 밍밍이라는 귀여운 이름이 붙은 원숭이 두 마리가 태어났다.[3] 나아가, 연구진이 처음 계획했던 3가지 돌연변이 중 2가지만 계획대로 실행됐고 새로 태어난 두 원숭이는 모자이크, 즉 몸 전체를 이룬 세포가 전부 동일한 게 아니라 유전자 편집이 일어난 세포들과 편집이 일어나지 않은 세포들이 섞인 것으로 확인됐다. 크리스퍼는 '편집' 기술로 불리지만 이 연구 결과는 권투 장갑을 끼고 키보드를 두드린 것처럼 엉망이었다.

모자이크 현상은 아무 문제가 되지 않을 수도 있다. 실제로 양쪽 눈 색깔이 다른 사람들이 많은데, 이것도 모자이크 현상에 해당한다(양쪽 눈 색깔이 다르기로 유명한 데이비드 보위David Bowie는 이와 다른 경우다). 그러나 이 현상은 선천성 심장질환 같은 극히 심각한 결과를 초래할 수도 있다.[4] 신뢰도가 높은 유전자 표지를 몇 가지 추가하지 않는 한, 배아 상태에서 모자이크 현상이 일어났는지는 확인할 수 없다. 확실하게 확인하는 방법은 배아를 구성한 모든 세포의 유전체 염기서열을 분석하는 것인데, 그러려면 배아를 파괴해야 한다. 체외에서 체세포에 크리스퍼 기술을 적용하면 비교적 간단하게 효과를 확인할 수 있는데 체세포는 세포 하나하나가 고유하지도 않고 수가 적지도 않으므로 일부를 파괴해서 모자이크 현상의 발생 빈도를 평가하면 된다. 하지만 배아는 그럴 수 없다. 모자이크 현상이 어떤 결과를 초래할지 현재까지 밝혀진 바가 없으므로 임상 목적의 생식세포 유전자 편집에서 모자이크 현상의 발생 빈도는 0이 되어야만 안전을 확실하게 보장할 수 있다.

위의 연구에서 원숭이 두 마리에 모자이크 현상이 나타난 것은 '편집'이라는 압축된 수식어가 붙은 크리스퍼가 실제로는 생화학적으로 얼마나 복잡한 기술인지 보여 준다. 연구진은 배아가 단일 세포로 된 접합체 상태일 때, 즉 염색체 쌍이 한 세트만 존재할 때 유전자를 편집했지만, 동적이며 체계적인 구조로 이루어진 이 접합체는 각 부분마다 이미 몸의 어떤 부분이 될지 정해진 상태고 세포 자체도 계속 변화한다. 또한 크기가 극히 작은 분자인 크리스퍼 시스템에 비해 세포가 훨씬 크다. 크리스퍼 시스템이 세포에 투입되면, 염색체를 찾아서 이중 나선구조 내부로 들어가 수십억 개의 염기쌍 중에 미리 지정된 표적을 찾아내야 한다. 염색체는 한 쌍이므로, 바꾸고자 하는 위치를 찾는 이 과정을 두 번 완료해야 한다. 게다가 DNA가 크리스퍼에 의해 절단되면 세포가 그냥 내버려 둘 리가 없으므로 문제가 생겼다고 인식해서 바로 잡으려고 한다. 세포가 망가진 부분을 수선하려고 한다는 뜻이다. 동시에 생식세포의 정해진 운명대로, 태아로 발달하는 과정을 얼른 진행하려고 한다. 크리스퍼는 시공간이 계속 바뀌는 표적을 맞혀야 한다.

이런 중대한 문제점을 가졌음에도, 위의 연구는 크리스퍼가 영장류에 최초로 적용된 사례였다. 인체 유전자에도 이 기술을 적용할 수 있음을 분명하게 보여 준 것이다. 다우드나는 이 소식을 접한 다음 날 남편과 아침 식사를 하면서 혼잣말처럼 이야기했다. "이걸 사람에게 시도하기까지 얼마나 걸릴까?"[5] 이 막연한 질문은, 자신이 발명한 기술을 둘러싼 윤리적인 논의에 점점 더 깊이 휩쓸릴수록 다우드나의 삶에 중심이 되었다.

> 2014년 중반까지, 나는 과학자들이 크리스퍼-카스9에 관해 더 많은 사람과 충분히 의견을 나누기 전에 이 기술이 위험하게, 또는 위험하다고 여겨지는 방식으로 쓰일지도 모른다고 염려했다. 하지만 내 이웃이나 친구들에게 '왜 이런 일이 벌어질 때까지 우리한테 알리지 않았나요?'라고 비난할 수도 없는 노릇이었다.[6]

그런 사태가 벌어지기까지는 시간이 걸렸다. 2014년 12월 〈사이언스〉에는 다우드나와 샤르팡티에가 크리스퍼 기술 전체를 검토한 논문이 실렸는데, 여기서도 생식세포 편집은 언급되지 않았다.

•——∘

그러나 보이지 않는 이면에서 상황은 빠르게 바뀌고 있었다. 2014년 말, 사람의 배아에 크리스퍼를 적용한 연구가 실시됐고 그 논문이 주요 학술지에 제출됐다는 소문이 돌았다. 〈사이언스〉와 〈네이처〉는 윤리적인 이유로 이 논문의 게재를 거절했다. 이후 몇 달간 이 연구의 내용은 편집진과 검토위원들, 이들과 가까운 지인들만 아는 사실로 남아 있었다. 그러나 2015년 3월, 큰 불안을 일으킨 문제의 논문이 학술지에 실리기 전에 온 세상이 그 연구의 실체를 알게 됐다. 특종의 냄새를 맡은 안토니오 레갈라도Antonio Regalado의 기사가 〈MIT 테크놀로지 리뷰〉에 실린 것이다.[7] 레갈라도는 세계 곳곳에서 일부 연구자들이 인체 생식세포의 유전자 조작 연구를 하고 있다고 밝혔다. 그리고 1월 말에 다우드나의 주도로 캘리포니아에서 활동 중인 과학자들과 법학자 10여 명이 나파밸리의 한 호텔에서 만나 크리스퍼 기술이 어디선가, 누군가에 의해 사람의 생식세포 조작에 쓰일 불가피한 가능성을 논의했다는 사실도 알아냈다.[8]

그리고 일주일 뒤, 〈네이처〉에 아연 손가락 핵산분해효소를 활용한 치료법을 개발했던 업체 상가모 바이오사이언스의 에드워드 랜피어Edward Lanphier와 표도르 우르노프의 서명이 담긴 의견문이 실렸다.[9] 글의 목적은 제목부터 명확했다. '인간 생식세포를 편집하지 말라.' 랜피어와 우르노프가 이야기한 생식세포 조작의 초점은 크리스퍼 기술을 사람에게 적용하는 것과 관련한 문제에 맞춰져 있었다. 두 사람은 수십 년간 이 분야 사람들이 몰두해 온 윤리적인 논쟁은 제쳐 두고, 당면한 문제인 유전자 편집의 안전성과 신뢰도를 중점적으로 언급했다.

이 기술에 관한 철학적인, 또는 윤리적인 정당성은, 만약 그런 게 존재한다

> 면 이 기술로 결과를 안전하게 얻을 수 있고 재현성 있는 데이터가 여러 세대에 걸쳐 나온다는 사실이 증명된 이후에나 논의할 수 있다. (……) 지금과 같은 초기 단계에는 과학자들이 인간의 생식세포 DNA를 조작하지 않겠다는 데 동의해야 한다. 혹시라도 생식세포 조작이 치료의 측면에서 외면할 수 없는 이점이 있다는 사실이 밝혀진다면, 무엇이 적절한 대처 방법인지를 공개적으로 논의해야 한다.

그로부터 다시 일주일 뒤, 나파밸리에 모였던 사람들(자신들을 '이해관계자'라고 칭했다)도 〈사이언스〉에 성명을 냈다.[10] 어쩌다 보니 데이비드 볼티모어와 폴 버그가 주 저자로 이름을 올린(알파벳 순서로 나열해서) 이 성명에 담긴 주장의 요지도 '생식세포 조작과 생식세포 유전자 변형에 대한 신중한 접근'이라는 제목에 분명하게 드러났다. 1974년에 버그와 볼티모어가 재조합 DNA 연구 중단을 촉구하며 함께 서명했던 서신이 자연히 떠올랐지만, 버그의 서신이나 앞서 랜피어와 우르노프가 〈네이처〉에 낸 의견과 이 성명서는 명확한 차이가 있었다. 즉 아직까지 한번도 진지하게 논의된 적 없는 시도로 나올 수 있는 결과에 어떻게 '신중하게' 접근할 것인지 전 세계가 계속해서 논의하고 방향을 잡을 때까지는 크리스퍼 기술의 모든 임상 적용에 '강력히 반대한다'는 의견을 밝히는 정도로 그쳤다. 성명서의 내용은 생식세포 편집은 언젠가 일어날 일이고, 과학자들, 그 외 사람들의 역할은 그 불가피한 결과로 나아가는 길을 찾는 것이라는 의미로 들렸다.

2015년 4월 1일, 그동안 소문만 무성했던 논문이 세상에 나왔다.

크리스퍼 기술을 인간의 배아에 적용한 연구 결과가 〈단백질 & 세포 Protein & Cell〉라는 별로 유명하지 않은 학술지에 제출 이틀 만에 통과되어 게재된 것이다(해당 학술지의 편집자는 "대단히 신경 써서 고민하고 숙고한 끝에" 게재를 결정했다고 주장했다[11]). 황준주Junjiu Huang가 이끄는 중국 연구진이 수행한 연구로, 사람의 배아가 단세포 상태일 때 크리스퍼 기술로 베타글로빈 유전자를 절단했다는 내용이었다.[12] 일부 사람들이 두려워했던 것보다는 상황이 그리 나쁘지 않았다. 무엇보다 이 연구에 쓰인 배아는 일반적인 체외 수정 과정에서 부득이하게 발생하는, 정자 두 개가 같은 난자에 수정돼 생존 가능성이 없는 배아였다. 크리스퍼 베이비는 없었다. 이때까지는 그랬다.

황준주의 연구는 2014년 초 원숭이 생식세포에 크리스퍼 기술을 적용한 연구의 논문이 발표되고 3개월 뒤 시작돼 약 6개월 만에 완료됐다.[13] 크리스퍼는 적용 범위가 넓은 기술이므로 사람의 배아에서도 기능이 발휘됐다는 사실 자체는 놀랍지 않았지만, 임상에 적용하기에는 효율이 턱없이 낮았다. 크리스퍼 시스템이 주입된 86개의 배아 중 주입 이후에 생존한 배아는 71개였고, 이 가운데 크리스퍼로 표적 유전자가 절단된 것은 28개에 불과했다. 또한 표적 유전자가 절단된 배아의 상당수에서 모자이크 현상이 발생했고 표적이 아닌 곳에 영향이 발생한 것으로 나타났다. 의도치 않은 새로운 돌연변이가 발생한 배아도 전체의 63퍼센트였다. 연구진은 이 논문에서 인체 배아 유전자를 조작하는 시도의 윤리적인 측면은 전혀 언급하지 않았고, 임상에 활용하려면 기술의 정확성과 특이성을 개선해야 한다고만 강조했다.

이런 근본적인 문제에도 불구하고 많은 연구자와 평가자는 인간 유전자 조작의 시대가 마침내 도래했다고 보았다. 〈네이처바이오테크놀로지〉는 5월에 전 세계의 대표적인 유전자 편집 분야 학자들로부터 의견을 청취해서 '크리스퍼 생식세포 편집-관련 공동체의 의견'이라는 거창한 제목으로 전했다.[14*] 의견을 낸 사람들 대다수는 과학과 기술 발전이 더 나은 미래를 만들 것이라고 보는 사고방식에 니체의 철학을 혼합한 크레이그 벤터의 의견에 동의했다.

> 인간 생식세포의 조작은 불가피한 일이고, 유전자 편집 기술을 인간의 생식 기능에 적용하는 시도를 규제하거나 통제할 수 있는 효과적인 방법은 사실상 없으리라고 본다. 우리 인간이라는 종은 미래의 자손이 갖게 될 형질 중 긍정적이라고 여겨지는 요소는 개선하고 질병의 위험성, 또는 나쁘다고 여겨지는 형질을 없앨 수 있다면 그런 시도를 멈추지 않을 것이며 특히 편집 수단이 있거나 편집 기술에 접근할 수 있는 사람이라면 더욱 그럴 것이다.[15]

나중에 황준주도 이와 비슷한 견해를 피력했다. 다만 그는 벤터의 자유시장주의식 횡설수설이 아닌, 마오쩌둥의 사상이 강하게 담긴

* 제목에서 짐작할 수 있는 사실은 첫째, 어느 정도 공통적이면서 고유한, 그리고 중요한 통찰을 나누는 크리스퍼 과학자들의 '공동체'가 있다는 사실이고, 두 번째는 그 공동체를 어떤 기준에서든 대표하는 저명한 인물들이 자신의 견해를 제시했다는 것이다. 둘 다 내 추측이며 이의가 제기될 수 있다.

미사여구를 썼다. 그는 인간 유전체의 유전자 편집은 "역사가 필요로 하는 일"이며 "과학과 기술의 발전은 피할 수 없다"고 언급했다.[16] 과학자가 자신의 연구가 정치적, 사회적으로 문제를 초래할 수 있다고 생각하는지 밝힐 때 아주 고약한 내용이 튀어나오는 경우가 종종 있는데, 이 연구도 마찬가지였다.

고려해야 할 모든 요소를 통틀어서 질병 치료에 도움이 될 가능성이 가장 중요하다는 의견도 있었다. 심리학자인 스티븐 핑커Steven Pinker는 〈보스턴글로브〉에서 생명윤리학자들은 전반적인 생물의학 연구에, 특히 유전자 편집에 있어서 "길을 가로막지 말고 비켜야 한다"고 주장하며, 효과적인 치료가 1년만 늦게 나와도 "수백만 명의 죽음과 고통, 장애를 초래할 수 있다"는 과장된 경고를 날렸다.[17] 의사 출신으로 오래전부터 모든 유전공학 기술에 대한 규제에 단호히 반대해 온 헨리 밀러Henry Miller도 〈사이언스〉에서 비슷한 주장을 펼쳤다. 밀러는 '생식세포 유전자 치료: 우리는 준비가 됐다'라는 강하고 명쾌한 제목의 글에서 아실로마 회의가 생식세포 편집에 관한 논의의 표본이 될 수 있다는 의견을 일축했다. 그는 아실로마가 남긴 건 "무의미한 절차를 거쳐 규제하는 방식"이 "유전공학 연구에 얼마나 성가신지" 보여 준 것이라고 설명했다.[18] 또한 논점에서 벗어나 1971년 폴 버그에게 전화를 걸어 아실로마 회의까지 이어진 논란을 처음 시작한 밥 폴락을 비난했다. 밀러의 글이 실리기 전 〈사이언스〉에는 폴락이 자신은 우생학에 반대하므로 생식세포 편집에 반대한다고 밝힌 서신이 먼저 실렸는데,[19] 밀러는 폴락의 이런 우려는 추상적인 생각일 뿐이며 유전 질환으로 고통받는 환자들을 생각하면 아무 의미가 없는 염려라고 주장했다. 밀러와 같은 논리를 내세우는 사람들은 유전자 조작으로 중대한 안전성 문제가 발생하더라도 손쉽게 해결할 수 있다고 추정하면서도, 왜 하필 유전 질환을 생식세포 조작으로 해결하려는 시도가 그 외에 다른 고통을 해결할 방법을 찾는 일보다 최우선이 되어야 하는지는 설명하지 못한다. 병으로 절망하는 환자들의 두 눈을 직접 마주하는 일에 익숙하고 생각이 더 명확한 의사라면, 자신이 개인적으로 선호한다는 이유로 환자에게 특정한 치료를 함부로 권하지 않는다. '버블 보이'와 같은 병을 앓는 환자들에게 유전자 치료를 시행했던 프랑스의 의사 알랭 피셔는 어떤 상황에서도 생식세포 조작은 강력히 반대한다고 밝혔다.[20]

발달생물학회도 반대 의견을 밝혔다. 이들은 황준주의 논문에서 표적과 무관한 돌연변이의 발생률이 놀라울 정도로 높다는 점을 강조하면서 "과학계 구성원들은 착상 전 인간의 배아를 유전체 편집 기술로 조작하는 모든 행위를 자발적으로 중단해야 한다"고 촉구했다.[21] 비슷한 시기에 프랑스 국립 보건의학연구소INSERM 윤리위원회도 생식세포 조작을 금지한 기존 법률이 그대로 유지되어야 하며, 해당 법률의 개정은 반대한다고 밝혔다.[22]

생식세포 편집 기술의 가능성을 수용하는 분위기에서는 언급되지 않는 문제를 낱낱이 지적한 연구자들도 있었다. 미국의 생명윤리학자 아넬리엔 브레데노드Annelien Bredenord는 이런 일이 벌어지는 걸 막을 방도가 없다는 주장에 동의할 수 없다고 밝혔다. "나는 '불가피하다'라는 표현을 쓰고 싶지 않다. 결국에는 인간의 의사결정으로 결과가 정해지기 때문이다." 세포 생물학자 루이지 날디니Luigi Naldini는 인간의 배아에 이 기술이 적용된다면, 올바르게 변형된 배아를 찾기 위해 수많은 배아가 만들어져야 한다는 점을 지적했다.[23] 체외 수정을 해 본 사람이라면 난자 수백 개를 채취하는 것이 어떤 의미인지 안다. 인간의 유전자 편집은 이 기술에 열광하는 사람들이 품는 희망처럼 매력적인 일이 아니다.

다우드나의 견해에서는 체념이 느껴졌다. 자신이 개발에 힘을 보탠 기술이지만 통제는 불가능하고, 할 수 있는 일은 발생할지도 모르는 나쁜 결과에 대비하는 것뿐이라는 생각이었다. 2016년 초 나와 인터뷰할 당시 다우드나가 표현한 두려움에는 놀라운 선견지명이 담겨 있다.

> 어느 날 아침에 일어나서 구글 뉴스 같은 걸 열었는데 세계 어딘가에서 크리스퍼 베이비가 최초로 태어났다는 소식을 읽게 될까 봐 조금 염려가 됩니다. 그런 일이 일어날 수 있다면, 또는 정말로 일어난다면 대중은 그 일을 어떻게 생각할까요? 정부의 사후 논의는 어떻게 될까요?[24]

문제는 이러한 연구의 윤리성은 고사하고 적법성에 관해서도 국제 사회의 합의가 이루어지지 않았다는 것이다. 이 문제를 논의할 수 있는 체계도 없었다.[25] 국가마다 규제 체계가 제각각 마련되거나 아예 없는 실정이었다. 예를 들어 일본과 인도는 체외 수정 클리닉이 많은데도 생식세포 조작에 적용할 수 있는 법규는 없다. 미국은 연방 기금과 연방 시설을 배아 조작에 사용할 수 없다고 규정하고 있으나 민간인이나 민간 기관이 생식세포 조작을 실행하지 못하게 막을 연방법은 없었다. 중국 과학원의 저우치Qi Zhou에 따르면 중국은 "지침은 있으나 그걸 절대로 따르지 않는 사람들이 있다".[26]

•——○

이 같은 초창기 인체 유전자 편집 시도와 이를 둘러싼 논의에서 나온 결과로, 2015년 12월 1일부터 3일까지 워싱턴 DC에서 '국제 인간 유전자 편집 정상회의(이하 워싱턴 정상회의)'가 개최됐다. 데이비드 볼티모어가 의장을 맡은 이 정상회의는 영국 왕립학회와 미국 국립 과학·공학·의학 학술원NASEM, 중국 과학원의 주최로 마련됐다.

조직위원회는 볼티모어, 버그, 다우드나, 랜더 등 미국이 주도했지만, 중국 연구자 두 명과 유럽 연구자 셋도 참여했다. 전 세계에서 500명 이상이 참석하고 3000명이 온라인으로 지켜보는 가운데 회의는 순탄하게 진행됐고, 첨예한 논쟁은 거의 없었다. 40여 년 전 아실로마에서 벌어진 혼란, 미숙한 다툼과는 극명히 대조됐다. 워싱턴 회의는 윤리적, 정치적인 논의는 배제하고 사회적 영향에 관한 논의를 독려했다. 이 기술의 관리 방안에 관한 세션이 총 3회였고, 환자 단체 한 곳도 발표에 참여했다.

아실로마 회의에서는 새로운 기술이 재앙과 같은 결과를 초래할 수 있다는 두려움과 가혹한 법적 규제가 마련될 수 있다는 위협이 회의 전체를 지배했지만, 워싱턴 회의에서는 이와 달리 새로운 기술을 열렬히 전도하는 듯한 분위기가 감돌았다. 볼티모어는 회의를 시작하면서 다음과 같이 선언했다.

> 지금 우리는 인류 역사의 새로운 시대가 시작되는 출발점에 서 있는지도 모릅니다. 오늘날, 우리는 인간의 유전성을 바꾸게 될 가능성에 가까워졌음을 느낍니다. 그리고 지금, 그 변화에서 제기된 의문과 마주해야 합니다. 그런 일이 가능하다면, 우리 사회는 이 능력을 어떻게 활용하기를 원할까요?[27]

워싱턴 정상회의에서 가장 직접적으로 논의된 주제는 체세포의 유전자 조작, 즉 크리스퍼나 다른 유전자 편집 기술을 이용한 유전자 치료였고 이런 활용은 윤리적 문제나 안전성 문제가 거의 제기되지 않았지만, 편집이 예상만큼 정밀하지 않을 위험성이 있었다. 그러나 이 회의의 실질적인 핵심은 생식세포 유전자에 변화를 일으키는 기술을 임상 목적으로 활용할 수 있는지, 이 기술에 다양한 유전 질환을 치료할 잠재성이 있는지, 생식세포 편집을 어떤 경우에 허용할 수 있을지 의견을 나누는 것이었다. 하지만 이 틀과 크게 벗어나는 범위에서 활용하고픈 의욕을 드러낸 사람들도 있었다. 예를 들어, 내 동료인 맨체스터대학교의 생명윤리학자 존 해리스John Harris는 인간을 유전학적으로 강화해서 트랜스휴머니즘이 실현되도록 모든 자유를 허락해야 한다고 주장했다.

> 분명한 사실은, 우리가 언젠가는 이 연약한 행성과 연약한 자연에서 벗어나야 한다는 것입니다. 이 두 가지 과제를 모두 해낼 수 있도록 인간의 능력을 강화하는 한 가지 방법은 인간의 타고난 특성을 향상시키는 것입니다.[28]

인간의 능력을 어떤 식으로든 향상시키는 게 적절한 일인지, 그게 현실적으로 가능한 일인지에 관한 의견은 거의 제각각이었다. 인간의 유전학적인 특성에 있어서 우리는 사실상 무지한 상황이므로, 그런 생각은 앞으로도 수 세기 동안 공상과학의 영역에 머무를 것이다. 게다가 인류의 장기적인 미래가 정말로 인간의 유전학적인 기능 강화에 달려 있다고 하더라도, 그보다 훨씬 더 시급한 문제들이 있다.

워싱턴 정상회의에 참석한 중국인 과학자들은 윤리적인 부분, 특히 배아의 지위에 관한 생각에 큰 차이가 있는 것으로 드러났다. 미국에서는 줄기세포와 배아의 법적 상태를 어떻게 봐야 하는지를 놓고 수십 년간 문화적인 전쟁이 이어졌지만, 중국의 일부 과학자들은 배아나 태아에 신경을 쓴다는 사실 자체를 이해하지 못했다. 생명윤리학자 치우렌중Renzong Qiu은 이에 관해 "공자에 따르면 태어난 이후에만 인간이다."라고 설명했다.[29] 사회학자 루하 벤저민Ruha Benjamin이 서구 사회에서 장애인의 권리에 관한 인식이 높아짐에 따라 선천적인 청각 장애인들이 유전자 편집으로 청력 상실이 사라지는 것에 극도로 거부 반응을 보일 수 있음을 지적하자 중국 과학원의 국제협력국 소속 카오진화Jinhua Cao는 놀라움을 드러냈다. "그건 중국의 일반적인 관점과는 너무 거리가 멉니다. 그렇게도 볼 수 있다는 걸 알게 된 건 좋은 일이지만, 너무 과한 생각입니다."

정상회의에 참석한 환자 단체는 에이즈 위기가 발생했던 시기에 환자들이 벌인 사회운동처럼 중요하고 긍정적인 영향을 남겼다. 환자들은 자신이 처한 상황을 바라보는 고유한 시각이 있고, 때때로 이 특별한 시각은 제도와 학계의 타성을 넘어 연구가 부족한 분야에 더 활발한 연구가 이루어지도록 독려하고 경제적인 지원까지도 끌어모으는 힘을 발휘한다. 그러나 환자가 부여하는 압박이 논의의 방향을 개개인의 운명과 관련된 쪽으로 왜곡시켜서, 인구 집단을 기준으로 삼는 보건 통계의 냉정한 결과와는 합의점을 찾을 수 없을 만큼 무거운 감정적 부담을 지우기도 한다. 워싱턴 정상회의에서 새라 그레이Sarah Gray라는 환자가 연설에 나섰을 때도 그런 일이 일어났다. 유전 질환을 앓던 그레이의 아들 토머스는 고통스러운 경련에 시달리다 태어난 지 겨우 6일 만에 짧은 생을 비극적으로 마감했다. 그레이는 눈물을 삼키며, 과학자들에게 행동에 나서야 한다고 간청했다. "이런 병들을 없앨 수 있는 기술과 지식이 있다면, 제발 사용하세요!"[30]

감정은 공감할 수 있는 부분이고 더욱이 목숨이 달린 일이라면 더욱 그럴 수 있다. 심지어 이런 논의에서도 감정이 꼭 필요한 상황이 있지만, 정책의 방향을 좌우할 지침으로는 적절치 않다. 난자와 정자가 생성되는 과정에 생긴 새로운 돌연변이가 병의 원인이거나, 부모가 자신의 유전체에 결함이 있는지 모르고 너무 늦게 발견하는 경우처럼 생식세포 유전자 편집 기술로 해결할 수 없는 유전 질환도 있다. 생식세포 유전자 편집 기술이 모든 유전 질환을 예방할 수는 없다.

워싱턴 회의는 아실로마 회의보다 논의의 범위가 넓었지만, 어쩌면 그래서인지 회의에서 도출된 결과의 정밀성은 훨씬 떨어졌다. 엄격한 안전기준이 채택되지도 않았고 임상에 적용될 것으로 의심되는 상황에 관한 촉구도 없었다. 앞서 나파밸리에서 모였던 사람들이 작성한 서신에 담겼던 주장이 되풀이됐을 뿐이다. 즉 아직 밝혀지지 않은 안전 문제가 해결되고 이 사안에 대한 (범위가 불분명한) 광범위한 사회적 합의가 이루어질 때까지는 생식세포 편집 기술을 임상에 적용하는 건 무책임한 행위라는 내용이었다. 규제는 각국이 해결할 사안으로 여겨졌다. 정상회의 참석자들이 자신들에게는 족히 수만 명은 될 전 세계 과학계에 자신들의 생각을 강요할 만한 법적, 윤리적인 권한이 없다고 느꼈음을 분명히 알게 된 결과였다.

국가마다 고려해야 할 고유한 배경이 많다는 사실을 인식해서인지 정상회의에서 안전성은 모호하게 언급됐고, 다양하게 해석될 수 있는 부정확한 형용사가 잔뜩 사용됐다. 무엇이 안전인지 실질적인 정의도 없었다. 워싱턴 회의에서 도출된 유일하게 명확한 결론은 다시 만나서 '유전자 편집 기술이 임상에 사용될 가능성을 논의할 국제 포럼'을 조직하자는 것이었다. 이 포럼이 각국 정부에 필요한 정보를 제공하면, 규제 방식을 각자 정할 수 있을 것으로 전망됐다.

많은 이가 생식세포 편집에 관한 논의와 아실로마 회의 전후로 이루어진 재조합 DNA에 관한 논쟁에서 비슷한 점을 발견했다. 워싱턴 정상회의를 이끈 나파밸리 모임의 서신에도 아실로마 회의의 주요한 특징은 투명성과 공개적인 토론이라는 언급이 있었다. 워싱턴 정상회의 전날 〈네이처〉에 실린 제니퍼 다우드나의 글에도 유전체 편집 분야 사람들에게 "40년도 더 전에 시작된 노력, 즉 대중과의 진심 어린 소통을 재개해야 한다"고 촉구하는 내용이 있었다.[31] 아실로마 회의에서 과학자들은 대체로 장밋빛 전망에 공감했지만, 1970년대에 실제로 일어난 사건들을 되짚어 본 역사가들은 당시의 전망과 과거가 남긴 교훈은 사뭇 다르다는 결론을 내렸다.[32]

미시간대학교의 쇼비타 파르타사라시Shobita Parthasarathy는 아실로마 회의가 "참석자와 논의의 범위가 모두 지나치게 제한적"이었으며 "그 결과 생명공학 기술과 관련해 새롭게 제기될 수 있는 윤리적·사회적·경제적인 우려를 예상하고 대처할 기회를 놓쳤다"고 보았다.[33] 그리고 아래와 같이 비판을 이어 갔다.

> 아실로마 회의는 재조합 DNA 연구와 활용을 둘러싼 사회적, 경제적, 윤리적인 문제를 다루지 않음으로써, 그와 같은 문제를 '규제 범위 밖'으로 치부하는 선례를 남겼다.

다우드나의 주장과 달리, 대중이 재조합 DNA에 관한 논의에 참여한 건 과학자들이 함께 논의하자고 초대해서가 아니라 아실로마 회의 이후 과학자들이 주장하는 확신에 의구심을 품었기 때문이다. 파르타사라시가 지적한 것처럼 생식세포 유전자 편집에 관한 논의에서도 과학자를 제외한 사람들의 견해가 중심이 되어야 했다.

> 크리스퍼/카스9 기술에 관해 정치적으로 합당한 정책을 만들려면, 그 과

> 정에 반드시 시민이 참여해야 하며 관련 논의에서도 동등한 대우를 받아야 한다. (……) 1975년의 아실로마 콘퍼런스는 새롭게 등장한 과학과 기술을 어떻게 관리해야 하는지 보여 준 본보기가 아니라 무엇에 주의해야 하는지를 알려 준 중요한 경고를 제시한다.

생식세포 편집 기술로 불평등이 심화될 가능성을 조사한 하버드 대학교의 실라 재서너프Sheila Jasanoff와 동료들도 이 견해에 공감했다. 이들은 의료 접근성을 예로 들어서 설명했다.

> 학계는 의료 자원이 불평등하게 분배된다는 사실을 인정하면서도 그 문제를 대수롭지 않게 여기는 경향이 있다. (……) 새로운 치료법을 개척하는 과학자들은 어떤 질병을 치료 목표로 삼을 것인지, 값비싼 개인 맞춤형 치료가 공중보건 차원에서 제공되는 저렴한 치료로 바뀌어야 하는 시점은 언제인지와 같은 가장 명확한 형평성 문제에서도 자신들의 책임은 없다고 생각한다.[34]

생물학자이자 생명윤리학자인 벤저민 헐버트Benjamin Hurlbut는 아실로마 회의 이후 계속해서 안전성에 초점을 맞춤으로써 세 가지 중대한 결과가 생겼다고 보았다. 복잡하고 기술적인 논의에서 대중의 역할이 사실상 거부된 것, 과학계가 그런 사안을 결정할 적임자는 자신들이라고 여기게 된 것, 그리고 미래에 발생할 이점과 위협에 관한 정치적, 사회적인 질문이 기술적인 문제로 탈바꿈되었다는 것이다.

모두 맞는 말이지만, 아실로마 회의가 남긴 결과를 일깨운 과학자들마저도 놓친 워싱턴 회의의 근본적인 문제가 있다. 크리스퍼의 안전성이라는 까다로운 문제는 다 극복되었거나 쉽게 극복할 수 있다고 가정하고, 윤리적·정치적·사회적인 문제가 이 기술의 핵심 쟁점이라고 여겼다는 점이다. 아실로마 회의가 여러모로 제한적이었다고 하더라도 1975년의 이 회의에서는 명확한 안전 협정이라는 주요한 결과를 얻었다. 21세기에 벌어진 생식세포 유전자 편집 기술에 관한 논의에서는 전혀 찾아볼 수 없었던 중대한 진전이었다. 이 문제, 그리고 이 기술로 할 수 있는 일은 무엇이고, 그런 일 중에 더 간단한 다른 기술로는 해결할 수 없는 일이 무엇인지와 같은 심층적인 질문을 던지지 않은 건 비극적인 결과를 초래할 수 있다는 사실이 나중에야 드러났다.*

당시에는 생식세포 유전자 편집이 불가피한 일로 여겨지는 분위기였다는 것이 2015년에 사람들이 이 문제를 다루지 않은 한 가지 이유일 수 있다. 워싱턴대학교의 레아 세카렐리Leah Ceccarelli는 2015년 나파밸리 모임에서 나온 서신과 1974년 버그의 서신에 쓰인 언어를 비교 분석한 결과를 공개했다. 세카렐리에 따르면 버그의 서신에서 재조합 DNA는 과학자들이 '이용하는' 것으로 묘사됐다. '구축하다', '만들다', '연결하다', '합치다'와 같은 동사가 쓰였고, 연구자들은 재조합 DNA와 관련된 과학적인 과정의 결정적인 요소로 표현됐다. 이와 달리 2015년 나파

* 이 기간에 이루어진 논의에 관한 자료들을 읽을 때마다, 시간을 되돌릴 수만 있다면 그때로 가서 사람들을 붙들고, 지금 문제를 제대로 보지 못하고 있다고 소리치고 싶은 기분을 몇 번이나 느꼈는지 모른다.

밸리 모임의 서신에서 크리스퍼는 문장의 '주어'로 쓰인 경우가 많았다. 통제할 대상이나 활용 여부를 선택할 수 있는 대상이 아니라 마치 자율적으로 변화할 수 있는 존재처럼 묘사된 것이다.[35] 세카렐리는 이러한 서술 방식은 중대한 영향을 준다고 주장했다. "이 기술이 과학자들, 과학을 규제하는 사람들이 통제하는 도구라고 생각할 수 없게 만드는 언어적, 인지적인 힘에 휩쓸리게 된다." 세카렐리는 암담한 결론을 내렸다. "크리스퍼의 세계에서 과학자들은 생물의학을 혁신하는 여러 기술에 끌려다니는 힘없는 존재다."[36]

전체적으로 다소 과장되고 문체를 구성하는 세부 장치를 너무 깊이 해석한 설명이다. 2015년에 나파밸리 모임의 서신은 세카렐리의 해석처럼 수동적이지만은 않으며, 능동적인 동사도 많이 쓰였다. 또한 기술을 의인화하는 건 유전자 편집만의 특징도 아니며 원자력이나 스마트폰에도 그런 식의 표현이 사용된다. 그러나 크리스퍼를 다루는 어법이 이 기술을 어찌할 도리가 없는 일이라는 인상을 주는 경우가 많고, 그 결과 과학자들은 이를 자신들이 하는 실험에 더 이상 책임이 없다는 편리한 이유로 여긴다는 건 정확한 지적이다. 기술을 독립적인 주체로 인식하면 그 기술을 이용하는 사람에게 암묵적인 면죄부를 제공해서, 그 기술로 무책임한 행동을 저지르는 핑계로 활용될 수 있다.

이런 추상적인 논의가 벌어지는 사이, 유전공학자들은 명확히 정해진 듯한 길을 어느 정도 신중하게 밟아 나갔다. 황준주의 획기적인 논문이 발표되고 1년 뒤인 2016년 4월, 판용Yong Fan이 이끄는 중국의 또 다른 연구진이 생존 가능성이 없는 배아의 유전자를 조작했다고 밝혔다.[37] 이들도 황준주 연구진처럼 영장류에 크리스퍼 기술이 성공적으로 적용된 사실이 알려진 2014년 초부터 이 연구를 시작했다. 처음에는 유명한 학술지에 논문을 제출했다가 거절당하고 별로 알려지지 않은 학술지에 결과가 실렸다는 사실도 두 연구진의 공통점이었다. 판용 연구진의 논문은 총 8개월간 게재 거부와 수정을 거쳐서 마침내 세상에 공개됐다.[38]

HIV 감염을 차단할 가능성이 있다고 알려진 CCR5 유전자의 Δ32(델타 32라고 읽는다) 돌연변이를 사람의 배아에 유도하는 것이 판용 연구진의 목표였다. 실험 결과 전반적으로 변화를 일으키기는 했으나(전체 배아 중 유전자에 변화가 발생한 비율은 17퍼센트에서 76퍼센트까지 광범위했다), 성공적인 유전자 편집이라고 하기는 힘든 수준이었다. 한 실험에서는 26개의 배아 중 겨우 4개에서만 계획한 대로 Δ32 돌연변이가 발생했고, 계획하지 않은 다른 돌연변이가 확인된 경우는 최대 38퍼센트에 이르렀다. 가장 우려스러운 문제는 실험한 모든 배아에서 모자이크 현상이 일어났다는 것이다. 판용 연구진은 이와 같은 결과와 마주하고 냉정을 되찾은 듯, "전 세계 연구자와 윤리위원회의 엄격하고 철저한 평가와 논의가 완료될 때까지는 인간의 생식세포를 대상으로 유전체 편집을 시도하지 말아야 한다"는 결론을 내렸다. 하지만 이 경고를 무시하려는 시도가 나온다면 어떻게 막을 수 있을지는 언급하지 않았다.

4개월 앞서 다우드나는 "크리스퍼-카스9은 이미 광범위하게 이용되고 손쉽게 활용할 수 있는 기술이므로" 생식세포에 유전공학 기술을 적용하지 못하도록 전면 금지하는 건 불가능하다고 주장했다.[39]*

2017년 8월 〈네이처〉에 실린 혁신적인 논문으로 이 기술이 필연적이라고 보는 분위기는 더욱 고조됐다.[40] 비대성 심근병증이라는 우성 유전 질환을 앓는 남성의 정자와 공여받은 난자를 수정시켜서 얻은 생존 가능한 배아를 대상으로, 염기 4개에 발생한 돌연변이를 즉각 잡을 수 있는지 확인한 연구였다. 처음으로 생존 가능한 배아의 유전자를 편집한 이 연구는 미국의 한 민간 연구소(오리건 보건·과학대학교)에서 민간 기금으로 진행돼 배아 조작을 제한하는 미국 연방 규정을 피할 수 있었다. 그런데 이 연구의 배경을 조사한 캐나다의 생명윤리학자 프랑수아즈 베일리스Françoise Baylis는 연구진이 정자와 난자를 제공한 사람들에게 받은 동의서에서 수정된 배아를 이식할 수도 있음을 암시하는 부분을 발견했다.[41] 연구 관계자들은 비난할 만한 문장이지만 그런 의미가 아니며, 실수라고 주장했다.

이 연구를 이끈 슈크라트 미탈리포프Shoukhrat Mitalipov는 과거에 인체 세포 복제와 미토콘드리아 전달 치료를 선도했던 인물이다. 미탈리포프 연구진의 배아 연구는 크리스퍼 기술이 제대로 적용됐고 변화가

* 배아의 유전자를 조작하려는 시도가 전부 생식세포 편집을 목표로 하는 건 아니다. 예를 들어 런던 프랜시스 크릭 연구소의 캐시 니아칸Kathy Niakan은 영국 인간 수정·배아 발생 관리청으로부터 유산과 관련된 여러 유전자의 기능을 연구하기 위해 인간의 초기 배아에 크리스퍼 기술을 활용해도 좋다는 허가를 받았다.

유도된 배아에 모자이크 현상이 나타나지 않았다는 점에서 주목할 만한 결과였다. 가장 놀라운 사실은, 크리스퍼 시스템을 세포 주기 중 특정 시점에 도입해서 연구진이 만든 합성 DNA가 아닌 모체의 염색체에 원래 있었던, 돌연변이가 없는 정상 유전자가 주형으로 쓰이도록 했다는 것이다. 연구진도 그러므로 이 결과는 '편집'이 아니라 돌연변이를 '교정'한 것이라고 설명했다. 많은 이들이 소망했던 안전하고 효율적인 혁신을 마침내 이들이 이룬 것으로 보였다. 전 세계 언론은 열광적인 반응을 보였고, 타블로이드 신문들까지 이 소식을 1면에 전했다.

이 시기에 나온 인체 유전공학과 생식세포 편집에 관한 두 건의 보고서에도 이러한 낙관적인 분위기가 그대로 담겨 있다. 2017년 NASEM은 이 기술을 둘러싼 윤리적 논쟁을 다룬 〈인간 유전체 편집: 과학, 윤리, 관리〉를 발표했다.[42] 이 보고서에서 NASEM은 생식세포 편집의 활용에는 불확실한 부분이 있다고 인정했으나, 전체적인 어조는 명확히 긍정적이었다. "이 기술은 빠르게 발전하고 있으며, 머지않은 미래에 진지하게 고려할 만한 실질적인 가능성이 생길 수 있다."[43] 연구를 유예할 필요가 있는지에 관한 내용은 없었다.

> 유전 가능성이 있는 생식세포의 유전체 편집 실험은 신중하게 접근해야 하나, 신중해야 한다는 것이 반드시 금지해야만 한다는 의미는 아니다. 기술적인 문제가 해결되고 잠재적인 이점이 위험성보다 더 크다는 사실이 밝혀지면 임상시험도 시작할 수 있을 것이다.[44]

'세계 최초 맞춤형 아기'

램프에서 나온 유전자 요정

배아 DNA '수리'로

유전 질환 없앨 수도

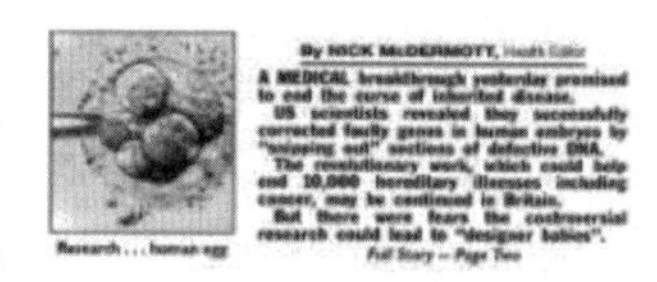

Research . . . human egg

By NICK McDERMOTT, Health Editor

A MEDICAL breakthrough yesterday promised to end the curse of inherited disease.

US scientists revealed they successfully corrected faulty genes in human embryos by "snipping out" sections of defective DNA.

The revolutionary work, which could help end 10,000 hereditary illnesses including cancer, may be continued in Britain.

But there were fears the controversial research could lead to "designer babies".

Full Story — Page Two

그림 12-1. 2017년 8월의 〈더선〉 표지.

2015년 워싱턴 정상회의 성명서에 명시된 여론 수렴의 필요성은 언급되지 않았다. 유전자 치료 분야의 과학자 에드워드 랜피어는 "이런 보고서에 꼭 필요한 광범위한 대중의 논의 없이, 입장이 긍정적인 방향으로 바뀌었다"고 보았다.[45] 조슬린 카이저Jocelyn Kaiser 기자는 이 보고서에 관한 소식을 전하면서 기사 제목을 '배아 편집에 노란불 켜져'로 정했다. 이 같은 분위기를 간결하고 함축적으로 표현한 제목이었다.[46*]

* 1975년 〈네이처〉에는 '유전자 조작에 노란불 켜져'라는 제목으로 아실로마 회의의 결과를 전한 사설이 실렸다. Nature 253:295

2018년 7월에 발표되어 큰 영향력을 발휘한 영국 너필드 생명윤리위원회의 보고서에도 비슷한 견해가 담겼다. 우선 이 보고서에도 낙관적인 전망이 가득했다. "가까운 미래에는 다양한 크리스퍼-카스9 기술이 임상에서 안전하게 쓰일 가능성이 높다." 그러나 '안전'의 정의는 밝히지 않았다. 이 보고서는 유전체 편집 기술은 기능 강화가 아닌 의학적인 질병에 쓰이는 것만 적합하다고 밝히는 적절한 분산 전략을 택했다. 생식세포 편집에 관해서는 윤리적으로 필요한 일이라고 보았다.

> 유전 가능성이 있는 유전체 편집이 허용되어야 하는 상황들을 떠올릴 수 있다. (……) 관련 연구가 현재와 같이 지속되어야 하고, 유전될 수 있는 유전체 편집이 활용 가능한 조건을 확보해야 하는 윤리적인 이유가 있다.[47]

영어권 국가들을 통틀어 유전 가능성이 있는 유전자 편집 기술의 윤리성을 수호할 책임이 있는 두 나라의 주요 기관 모두, 이 기술에 (조슬린 카이저의 표현을 빌리자면) 노란불을 켠 것이다. 노란불은 주의를 기울여서 진행하라는 의미였다. 두 기관 모두 안전성과 관련된 따분한 기술적 문제를 상세히 밝히거나 한때는 핵심 전제조건으로 여겨졌던 여론 수렴의 필요성을 강조하기보다는 이 새로운 기술의 흥미진진한 전망을 탐색하는 일에 관심이 더 많아 보였다. 두 기관 모두 크리스퍼 기술이 구체적으로 어떤 면에서 특별히 유용한지조차 정확하게 밝히지 않았다. 둘 다 안전성 평가 기준을 분명하게 명시하지 않았고, 그 안전 기준이 확실하게 충족되지 않는 한 관련 실험을 실행해선 안 된다는 언급도 없었다.

심지어 위험성을 논외로 볼 수도 있다는 의견도 나왔다. 2018년 8월 〈네이처메디슨〉에는 크리스퍼 기술로 표적이 아닌 다른 곳에 영향이 발생할 가능성을 연구할 필요는 있으나 "유망하고 성공적인 치료법 중에는 위험성이 어느 정도 내포된 경우가 많다"고 강조하는 사설이 실렸다. 이 글에는 시장에 등장하는 유전자 편집 도구의 안전기준을 "돌연변이를 발생시킬 위험성이 돌연변이의 자연 발생 빈도를 크게 넘어서지 않을 것"으로 정하면 적절할 것이라는 의견도 담겨 있었다.[48] 세계 전체가 합의해야 한다는 언급은 없었다. 1년 앞서 윤리학자 여러 명은 생식세포 편집을 세계 전체가 규제하는 건 사실상 불가능하며 규제에 대중이 참여하는 건 더더욱 불가능한 일이라고 주장했다. "문화와 종교적 배경에 따라 생각하는 가치도 다르므로 어떤 식으로든 의견을 하나로 모으는 건 사실상 불가능하다"는 것이 이들의 주장이었다.[49] 이들은 "과학자들이 자신이 하는 연구의 잠재적 위험성과 부작용에 관한 전문적인 지식을 보유하고 있으므로 자율 규제가 합리적일 것"이라고 제안하면서 마치 사람들을 안심시키듯 과학자들은 그들만의 공통 언어와 문화가 있고 "잠재적 위험성과 부작용을 평가할 충분한 자질을 갖춘" 사람들이라고 설명했다. 이 윤리학자들은 '자율 규제와 추가적인 조치'를 해결책으로 제시했지만, 이 추가적인 조치란 각국의 규제를 의미하므로 나라마다 제각기 달라질 수밖에 없다.

연구 윤리를 관리해야 하는 주요 기관들의 이 같은 태도 변화에 주목한 의견도 나왔다. 독일 윤리위원회는 2017년, 널리 알려지지 않은 미국 NASEM 보고서의 중대한 변화를 지적했다.

> 미국과 미국 학계가 더 이상 유전체 편집 기술을 이용한 생식세포 치료를 근본적으로나 위험성을 고려해서나 강력히 거부하지 않고, 정식으로 마련된 실질적이고 개별적인 기준에 따라 허용하는 쪽으로 기울었음을 분명하게 알 수 있다.[50]

이러한 경고에도 세계는 나름 신중하다고 판단한 방식으로 유전체 편집을 향해 나아가는 듯했다. 다르게 표현하자면, 생식세포 편집 기술로 인한 사고가 언제든 일어날 수 있는 상황이 조성됐다.

2018년 11월 22일, 다우드나는 제2차 인간 유전자 편집 세계 정상회의에 참석하기 위해 캘리포니아에서 홍콩으로 떠날 준비를 하던 중 그동안 두려워했던 일이 현실이 됐음을 알게 됐다. 가볍게 알고 지내던 중국의 젊은 과학자 허젠쿠이He Jiankui가 보낸 이메일 한 통을 받은 것이다. '아기들이 태어났어요'라는 제목 아래, 크리스퍼로 배아 두 개의 DNA를 바꿨고 유전자가 편집된 여자 아기 두 명이 태어났다는 내용이 적혀 있었다.[51] 나중에 다우드나는 그때 자신이 얼마나 경악했는지를 회상했다.

'당연히 거짓말이겠지? 이건 장난일 거야'라고 생각했다. '아기가 태어났어요'라니. 누가 그런 내용을 그런 제목으로 써서 보낼 수가 있단 말인가? 어처구니가 없을 만큼 충격적이고 정신 나간 일이었다.[52]

하지만 장난이 아니었다. 3일 후, 이 소식은 인터넷과 휴대전화 알림창, 신문사 웹 사이트, 트위터를 통해 전 세계에 일제히 전해졌다. 이렇게 세상에 알려진 건 안토니오 레갈라도가 10월에 허젠쿠이와 비공개로 대화를 나누던 중 뭔가 이상한 조짐을 처음 감지하고 철저히 파고든 덕분이었다. 자신의 직감을 믿고 끈질기게 조사를 벌이던 레갈라도는 11월에 중국의 온라인 임상시험 등록 사이트에서 인간의 배아를 편집한 후 이식한다는 허젠쿠이의 연구 계획이 실린 간략한 자료를 찾았다. 이 폭탄과도 같은 소식은 11월 25일 〈MIT테크놀로지리뷰〉 웹 사이트에 실렸고(레갈라도는 그 아기들이 이미 태어났다는 사실은 몰랐다), 이전부터 허젠쿠이와 은밀하게 소통해 온 AP 통신은 몇 주 전 쌍둥이 여자 아기가 태어났다는 사실을 비롯해 이 연구의 모든 내용을 즉각 보도했다. 허젠쿠이 본인도 서둘러 유튜브에 자신이 유전자 수술을 실행했다고 설명하는 동영상을 게시했다.[53] 중국 〈인민일보〉는 "유전자 편집 기술 분야에서 중국이 획기적인 성취를 거두었다"며 환호했다.[54] 다들 이만하면 신중하다고 판단했던 길이 참으로 멋진 신세계에 도달한 것이다.

허젠쿠이는 홍콩에서 열릴 제2차 인간 유전자 편집 세계 정상회의에서 연설이 예정되어 있었다. 10월에 그가 유전자 편집 연구에 배아를 사용할 계획이라는 소문이 회의 주최자들 귀에도 들어갔고, 그 계획이 이미 실행에 옮겨졌다는 사실은 모른 채 그를 초청한 것이다.[55] 허젠쿠이가 마치 스티브 잡스처럼 '한 가지가 더 남았다……'는 식으로 사람들에게 큰 인상을 남길 발표를 계획했고, 강연을 마치면서 쌍둥이의 탄생과 미리 찍어둔 영상도 공개할 예정이며, 그동안 자신에게 우호적이던 언론을 통해 이 모든 내용을 독점 기사로 내보낼 것이라고 추측한 사람들도 있었다. 무엇이 진실이든, 레갈라도가 직감을 믿고 추적한 끝에 그가 세워 둔 계획은 물거품이 됐고, 정상회의 주최자들은 허젠쿠이에게 연구 데이터를 전부 공개하라고 요청했다. 홍콩 회의 둘째 날이던 2018년 11월 28일, 허젠쿠이가 연단에 오르자 다들 그가 무슨 말을 할지는 알고 있지만, 구체적으로 무엇을 했고 왜 그런 일을 했는지 명확히 아는 사람은 아무도 없었다.

허젠쿠이가 머뭇거리며 자신의 실험을 설명하는 동안, 전 세계에서 모인 전문가들은 그가 제시한 영상 속 데이터를 이해해 보려고 노력했다. 트위터에 '#크리스퍼 베이비'라는 해시태그를 붙여서 실시간으로 자신이 해석한 내용을 알리는가 하면 나머지는 기겁하며 발표를 지켜봤다. 나는 2015년부터 대중과 내 수업을 듣는 학생들에게 크리스퍼 기술에 관해 설명해 왔고, 이 기술을 설명할 때마다 누군가는 배아를 편집해서 출생까지 시도할 가능성이 있다고 이야기했다. 그리고 전체적인 그림에 대략적으로 초점을 맞춰서, 윤리적으로 고려해야 할 사안들이 무엇이든 생식세포 편집은 너무 복잡하고 번거로운 일이므로 부가적으로만 쓰이게 될 것이며 사회에 대대적인 변화를 가져올 일은 없다고 호언장담했다. 그리고 이 일로 발생할 수 있는 최악의 결과는 편집된 아기의 사망이라고 냉정하게 이야기했다. 그날 트위터에 쏟아지는 소식들로 내가 두려워했던 일이 실현됐음을 확인하면서, 나는 격분했다. 참을 수 없을 만큼 화가 치밀었다. 유전자가 편집될 가능성을 아무리 반복해서 가정했더라도 돌연변이가 유도된 아기 두 명이 실제로 태어난 것에 비할 수는 없다.

허 박사는 HIV에 걸릴 가능성을 없애기 위해 두 배아의 CCR5 유전자에 크리스퍼를 적용했다고 설명했다. HIV 감염을 피할 수 있는 간단하고, 잘 알려진, 효과도 매우 높은 방법들이 이미 존재하므로 의학적으로 말이 안 되는 이유였다. 게다가 그는 표적 외에 다른 영향은 없었고 아기들은 아무 이상 없이 건강하다고 주장했지만, 그가 제시한 제한적이고 혼란스러운 데이터만 봐도 두 배아에 도입된 돌연변이는 크게 다를 뿐만 아니라 둘 다에서 모자이크 현상이 일어났음을 알 수 있었다. 그건 유전자 수술이 아니라 유전자 도살이었다. 허젠쿠이가 서투르게 손대기 전까지는 다 정상이고 건강했던 배아를 정상이 아닌 배아로 만들었고, 태어난 아이들의 건강에 어떤 영향이 발생했는지 아는 사람은 아무도 없었다. 지금도 마찬가지다.

발표가 끝나고 질의응답 시간이 됐지만, 현장에서 나온 질문 중에는 트위터에서 실시간으로 제기된 의문만큼 기민하거나 적절한 내용이 없었다. 가령 모자이크 현상에 관해서도 아무런 질문이 나오지 않았다. 그래도 두 가지 중대한 사실이 밝혀졌다. 허젠쿠이는 어떤 질문에 답변하다가 생식세포 편집 후 임신까지 이어진 세 번째 배아가 있으며,

아직 출산 전이라고 말했다.* 그리고 하버드대학교 데이비드 리우David Liu의 간단한 질문으로, 자신이 한 연구가 윤리적으로 어떤 의미가 있는지 알고 있다던 허젠쿠이의 말이 가식이었다는 사실이 드러났다. "의학적으로 어떤 점이 충족되지 않았기에 이 연구가 필요하다고 판단했습니까?" 리우의 질문에 허젠쿠이는 눈만 껌벅일 뿐 아무 대답도 하지 않았다. 그리고 정상회의장을 빠져나가서 홍콩을 떠나 곧바로 중국으로 돌아갔다.

이후 며칠 동안 허젠쿠이가 해 온 일들의 전모가 드러나면서 크리스퍼 베이비가 태어난 일은 큰 사건이 되었다. 과학 기자인 에드 용Ed Yong은 〈아틀란틱The Atlantic〉 웹 사이트에 실린 기사에서 이 실험의 '15가지 우려 사항'과 함께 이 사태가 어떻게 받아들여졌는지 보도했고, 〈크리스퍼저널〉에는 트위터에서 이 일에 관해 많은 의견을 냈던 사람 중 하나인 매사추세츠 의과대학 션 라이더Sean Ryder의 날카로운 비판이 실렸다.[56] 이 사태의 과학적인 측면과 윤리적인 측면에 관한 분석과 토론이 줄지어 일어날수록 이러한 비판은 더욱 강화되고 확장됐다. 특히 케빈 데이비스Kevin Davies는 《유전자 임팩트》에서 인체 유전학자 키란 무수누루Kiran Musunuru가 〈네이처〉에 제출된 허젠쿠이의 논문을 정밀하고 냉철하게 분석해서 알아낸 결과**를 소개했고, 스탠퍼드의 법 윤리학

* 이 세 번째 임신에 관해서는 어떠한 증거도 나오지 않아 진짜인지에 관한 의문이 계속 제기됐다. 2021년 12월에 비비언 마크스Vivien Marx 기자는 에이미Amy라는 가명으로 칭한 이 세 번째 아기의 출생을 확인했다고 보도했다. Marx, V. (2021), Nature Biotechnology 39:1486–90. 어딘가 냉동고 깊숙이 유전자가 편집된 배아가 더 있을 가능성이 다분하다.

자 헨리 그릴리Henry Greely는 장문의 학술 논문으로, 이어서 크리스퍼 관련 도서를 통틀어 최고의 책인 《크리스퍼와 사람들CRISPR People》을 통해 허젠쿠이 사건을 가차 없이 분석한 결과를 설명했다.[57] 그릴리는 거침없이 비난을 퍼부었다. 이 일은 "대실패작"이며 "무모한 윤리적 재앙"이라고도 표현했다.[58] 이 사태에 대한 비판의 핵심은 다음과 같이 정리할 수 있다.

- 두 아기에게는 의학적으로 해결할 수 없는 문제가 없었다. 나중에 이 아이들이 HIV에 걸리지 않게 하려고 했다는 건 이 실험이 필요한 이유가 될 수 없다.
- 편집은 끔찍할 정도로 잘못됐다. 두 아기 모두 Δ32 돌연변이가 계획한 대로 유도되지 않았다. 한 명은 표적 유전자 중 한 쪽에 염기 15개가 결실되고 다른 쪽은 그대로 남아 있었다. 다른 한 명은 양쪽 유전자에 각기 다른 돌연변이가 일어났다. 한쪽 유전자에는 염기 4개가 결실됐고, 다른 쪽에는 염기 하나가 삽입됐다(새로 생긴 돌연변이 중에 과거에도 발견된 적이 있는 변이는 없었다).

** 허젠쿠이의 논문에는 오류와 거짓말, 충격적인 윤리적 실수가 가득했다. 무수누루는 홍콩 정상회의 일주일 전에 미공개 논문 사본을 메일로 전달받았다. 그는 허젠쿠이의 거미줄에 자신도 모르게 얽힌 과정을 회상하면서 "그 실험의 문제를 법의학적으로" 샅샅이 분해했다. 그리고 허젠쿠이가 모자이크 현상이 일어난 배아를 이식했다는 사실을 깨달았을 때 목구멍 속 깊은 곳에서부터 비명이 나왔다고 전했다. Musunuru, K., The CRISPR Generation: The Story of the World's First Gene-Edited Babies (2019).

- 두 아이 모두 유전학적인 모자이크가 되었다.
- 아이 부모가 자신들이 무엇에 동의했는지를 알고 있는지 확실치 않다. 연구 동의서 양식에는 에이즈 백신 개발 연구라고 적혀 있다.
- 연구가 개방적으로, 투명하게 진행되지 않았다. 은밀히 진행됐다.
- 윤리적인 조언을 구했지만, 조언이 주어지자 무시했다.
- 연구 과정에서 중국 규정 여러 건을 위반했다.

표도르 우르노프는 2021년에 나와 대화하면서 허젠쿠이의 실험을 이렇게 요약했다.

> 말문이 막힐 정도로, 과학적으로 수준 이하입니다. 허젠쿠이는 내가 연구실에서 대학원 1학년 학생들에게 가르치는 수준의 기초적인 원칙조차 지키지 않았고, 연구는 그가 바라던 대로 이루어지지 않았습니다. 그런데도 계속 밀고 나가서 배아를 이식한 겁니다. (……) 과학자라면 기본적으로 지켜야 하는 연구 품질이 있고 그걸 지켜야 합니다. 그는 지키지 않았어요. 정말 마음이 아픕니다. 진심으로요.[59]

무엇보다 이 실험은 건강한 배아에 적용된 걸로 끝나지 않고 이 배아로 태어난 아이들의 '자식들'에게도 영향이 전달된다는 사실을 기억해야 한다. 이 형편없는 실험의 결과는 대대로 전달될 수 있다.

허젠쿠이의 발표 후 며칠간은 이 실험이 그리 나쁘지 않다고 이야기하는 과학자들이나 평론가들도 소수 있었다. 그러나 이 실험의 끔찍한 면면이 드러나고 얼마나 무가치한 짓이었는지가 분명해지자 분위기는 급속히 바뀌었다. 허젠쿠이는 논문을 〈네이처〉에 제출했으나 거절당했고(그는 즉시 〈미국의학협회지〉에 다시 제출했지만 여기서도 거절당했다), 〈크리스퍼저널〉은 생식세포 편집의 윤리성에 관해 허젠쿠이가 작성한 무미건조한 글을 싣기로 했다가 철회했다(이 글은 윤리적 비난을 피해 보려고 썼을 것이다). 허젠쿠이는 악명을 떨치는 동시에 완전히 매장됐다.

가장 인상적인 사실은 중국의 반응이 달라진 일이다. 중국의 과학이 이정표가 됐다고 기뻐하던 〈인민일보〉의 기사는 금세 삭제됐다(하지만 사람들의 기억에서 잊히진 않았다). 허젠쿠이의 소속 대학과 이 연구의 윤리성을 문제 삼지 않았던 병원은 서둘러 이 연구에 관해 알지도 못했고 관여하지도 않았다고 밝혔다. 허젠쿠이는 가택연금에 들어갔다. 그의 소속 대학은 허젠쿠이가 유전자 변형 인체 배아의 이식을 금지한 '2003년 인체 보조 생식에 관한 규정'을 위반했다는 내용의 성명을 발표하고 그를 비난했다.[60] 동료들도 공격에 가담했다. 허젠쿠이가 홍콩에서 발표한 날 저녁에 중국인 과학자 122명은 중국판 트위터인 웨이보에 이 실험은 "미친 짓"이며 "강력히 비난받아 마땅한 일"이고 "중국 과학의 세계적인 명성과 발전에 중대한 타격을 입혔다"는 내용의 공동성명을 냈다.[61]

2019년 1월에는 〈란셋〉에 중국 의과학회와 중국 공정원, 중국의

HIV 전문가 149명의 비판이 담긴 공식적인 반대 의견이 실렸다.[62] 광둥성 보건위원회는 즉각 조사에 착수했다. 그러나 조사 결과는 공개되지 않았고, 체계적인 조사가 이루어졌는지도 알려지지 않았다. 2019년 5월에 〈사이언스〉는 중국 사회과학원 소속인 치우렌종의 말을 전했다. "조사가 진행 중인지 알 수 있는 단서는 없다. (……) 조사팀이 어떤 사람들로 구성됐는지, 어떤 사실이 밝혀졌는지도 투명하게 공개되지 않았다."[63]

2019년 12월, 허젠쿠이와 두 동료가 비밀리에 열린 재판에서 유죄 선고를 받았다는 소식이 전해졌다. 허젠쿠이에게는 징역 3년에 큰 벌금형이 내려졌고(아마 지금은 자유로운 몸이 되었을 것이다) 두 동료는 집행유예를 받았다.[64] 세 사람 모두 보조 생식 기술과 관련된 일은 영원히 금지됐다. 노벨상을 꿈꿨던 자가 이제 온 세상에서 버림받은 존재가 되었다. 크리스퍼 베이비들의 현재 상태나 앞으로 이들의 건강이 어떻게 될지는 알 수 없다.

13

후폭풍

허젠쿠이의 끔찍한 실험에 관한 소식이 온 세상에 알려지자 서구의 기자들과 연구자들은 그의 삶의 궤적과 성격을 추적하기 시작했다. 하지만 그런 정보가 그가 저지른 일들을 설명해 주리라는 추측과 달리 이 사태와 일부만 관련이 있다는 사실이 곧 명확히 드러났다.

자기 인생은 물론 세 여자아이의 삶을 망가뜨린 섬뜩한 실험을 저지른 허젠쿠이는 허영심이 강하고 어리석은 사람이라는 사실이 밝혀졌다. 단순히 사람들과 어울리지 못하는 외톨이 의대생이 저지른 일로만 치부할 수 없었다. 그의 무모한 행동은 어떤 대가를 치르더라도 신속히 기술을 발전시키고 성공을 거두어야 한다는 중국의 열망이 낳은 결과였다.[1] 허젠쿠이는 미국에서 박사 학위를 따고 중국으로 돌아와 DNA 염기서열 분석 서비스 개발업체를 운영하며 명성과 상당한 재산을 얻었다(그의 회사 중 한 곳은 기업 가치가 약 2800억 원에 이른 것으로 추정됐다). 2017년에 중국의 한 텔레비전 방송에서는 허젠쿠이를 "유전자 분야의 새로운 거목"이라고 소개했다.[2] 2011년 선전시에 새로 설립된 기술대학교에서는 해외와 중국의 과학계 인재들을 끌어모으기 위해 일명 '공작 사업'을 시작했는데, 그 지원 대상으로 선정된 허젠쿠이는 지역 공산당 기구의 승인을 거쳐 거액의 지원금을 받았다. 또한 공산당 중앙위원회의 한 지부가 운영한 '천인계획'의 지원 대상자로도 선정됐다. 중국이 '전략적 신흥 산업'의 발달을 촉진하던 시기였고, 유전학을 의학에 적용할 방법을 찾는 연구의 지원 규모가 13조 원에 이르던 때였다.[3]

중국의 과학자들은 서둘러 성공을 거두기 위한 노력에 집중해야 한다는 압박을 느꼈다. 특히 저명한 학술지에 얼른 흥미로운 결과를 발표하려고 애를 썼다. 그러다 보니 명백한 부정행위도 몇 차례 발생했다. 2016년 새로운 형태의 유전자 편집 기술을 개발했다는 내용으로 〈네이처바이오테크놀로지〉에 실린 연구도 그런 사례로, 거의 18개월이 지난 후에 게재가 철회됐다.[4] 허젠쿠이가 그런 세상에서 살았다는 사실은 아주 많은 것을 설명해 준다. 벤저민 헐버트는 이렇게 표현했다. "허젠쿠이가 '제멋대로 했다'거나 그가 속한 전문가 사회의 관습이나 기대를 거부했다고 보기는 힘들다. 그는 오히려 그 관습과 기대에 맞추려고 했다."[5] 크리스퍼 베이비 사태가 벌어지고 가택연금에 처했을 때 허젠쿠이는 헐버트와 여러 차례 대화를 나누던 중에 미국 학자들이 중국의 과학을 이류라고 여기는 듯한 인상을 받았다고 언급했다. 2015년 황준주가 사람의 배아에 처음으로 유전자 편집을 시행한 연구 결과를 발표했을 때 미국 과학자들의 비난이 쏟아지고 저명한 학술지들이 그 논문의 게재를 거절하는 것을 보면서, 허젠쿠이는 "역겨움"을 느꼈다고 말했다. 2017년에 미탈리포프의 연구가 〈네이처〉에 실리고 널리 찬사를 받자 그 감정은 '과학계는 중국인을 인종차별한다'는 생각으로 바뀌었다.[6]

2018년의 사태는 사실상 예정된 일이었다. 〈뉴욕타임스〉는 2015년 중국은 윤리적인 감시 체계가 없다는 베이징대학교 이라오Yi Rao의 말을 보도했다.

> "중국이 보유한 기술이 늘수록 중국과 인류 전체가 더욱 위험해진다. (……) 지금 중시되는 주제는 인간 유전자의 편집이다." 이라오는 이렇게 설명했다. 중국의 유전공학자들은 "서양 사람들이 하라는 대로 하는 걸 거부한다"고도 전했다. 그는 중국 연구자들의 이러한 사고방식에 관해, "일단 해 보고 잘못된 게 있으면 고치면 된다고 여긴다. 개념에 관한 논의는 생략할 가능성이 있다"고 밝혔다.[7]

허젠쿠이 사건 이후 〈네이처〉에 실린 중국인 생명윤리학자 네 명의 글에는 이 사건으로 중국이 기로에 섰다는 내용이 실렸다. '사람을 대상으로 한 무모한 실험의 영향으로부터 다른 사람들을 보호하려면 큰 변화'가 필요하다는 의미였다. 이 글은 중국의 일부 집단, 특히 학자들의 태도에 깔린 불쾌한 저류를 지적했다.

> 중국은 장애인에 대한 편견과 일부 중국 학자들 사이에 오랜 세월 지속된 우생학적 사고방식에 대응하는 노력을 강화해야 한다.[8]

상황상 중국에서는 허젠쿠이에게 그만하라고 이야기한 동료가 한 명도 없었다고 하더라도, 그가 배아를 이식하기 전 또는 이식한 후에 무슨 일을 벌이고 있는지 이미 알았거나 의심한 사람이 서구에도 60명쯤 있었고, 이들은 다르게 대응했어야 했다. 이 60여 명 중에 사건이 터지기 전 자신이 아는 것을 공개한 사람은 한 명도 없었다. 과학 기자인 존 코헨Jon Cohen의 표현처럼 이들은 허젠쿠이의 "신뢰 집단"이었다. 허젠쿠이가 미국 라이스대학교에서 박사과정을 밟을 당시 지도교수였던 마이클 딤Michael Deem도 그들 중 하나였다. 딤은 이식된 배아의 예비 부모가 될 부부 중 최소 한 쌍이 중국 선전시에서 수상쩍은 연구 동의서에 서명할 때도 그 자리에 함께 있었다. 스탠퍼드대학교의 스티븐 퀘이크Stephen Quake는 딤만큼 깊이 관여하지는 않았으나 마찬가지로 비난을 피할 수 없다. 배아의 첫 번째 임신 사실을 알게 됐을 때, 퀘이크는 허젠쿠이에게 다음과 같은 이메일을 보냈다. "오, 엄청난 성취군요! 무사히 출산하기를 바랍니다."[9]

신중하게 반응한 사람들도 있었다. 노벨상 수상자인 크레이그 멜로Craig Mello는 허젠쿠이로부터 임신 사실을 전해 듣자 "기쁜 일이군요"라고 답장을 보내고는 곧바로 그와 거리를 두었다("나는 이 일에 더 이상 관여하고 싶지 않습니다."라고도 했다). 그때 멜로는 허젠쿠이에게 근본적인 문제점을 정확히 지적했다. "대체 왜 이런 일을 하는지 모르겠군요."[10] 2018년에 허젠쿠이는 생식세포 편집의 윤리적인 문제를 논의하기 위해 미국의 여러 대학을 방문했고 그때도 자신의 연구에 반대하는 사람들과 만났다. 허젠쿠이가 동료 한 명을 대동하고 찾아간 사람 중에는 스탠퍼드대학교의 줄기세포 연구자 매튜 포투스Matthew Porteus도 있었다. 포투스는 허젠쿠이의 연구 내용을 듣고 그런 연구가 실현될 가능성은 전혀 없으며, "매우 안 좋은 생각"이라고 분명하게 이야기했다.

> 나는 45분간 허젠쿠이 일행에게 그 연구가 잘못됐고 의학적으로도 정당화될 수 없는 모든 이유를 설명했다. (……) 그 사람들이 마음을 돌리도록 설득했다고 생각했고, 그 일은 그렇게 끝냈다.[11]

그런 비판은 아무 효과가 없었다. 허젠쿠이는 명예와 영광, 노벨상을 얻게 되리라는 헛된 꿈에 사로잡혀 무모한 시도를 이어 갔다.

허젠쿠이는 자신의 신뢰 집단이라고 생각한 사람들 외에 다른 사람들에게는 계획을 숨겼다. 2017년 2월에 다우드나가 공동 주최한 회의에서 발표를 맡게 됐을 때 허젠쿠이가 설명한 주제는 생존 가능성이 없는 인체 배아에 CCR5 유전자를 편집하는 일이었고, 이는 별로 새롭지 않은 연구였다. 이 발표에서 그는 안전 문제가 해결될 때까지는 사람의 생식세포를 편집하는 건 "극히 무책임한 일"이라는, 모두 동의하는 발언으로 발표를 마무리했다. 7개월 후에는 콜드스프링 하버에서도 같은 발표를 했고, 마지막 슬라이드에 제시 겔싱어의 이야기를 담았다. 나중에 밝혀진 사실이지만 허젠쿠이는 이 두 건의 발표 사이에 자신의 실험 내용을 요약한 의료 윤리 승인 신청서를 선전시 하모니케어 여성·아동병원에 제출했다. 신청서에는 이런 주장이 담겨 있었다. "본 연구는 2010년에 노벨상을 받은 체외 수정 기술 이후 과학과 의학에 가장 위대한 성과가 될 것이다. 또한 유전 질환을 앓는 무수한 환자들에게 희망을 안겨 줄 것이다."[12]

허젠쿠이는 아기 부모에게도 의도를 숨겼다. 이들은 자신들이 연구 내용을 이해했고 중국에서 HIV 양성을 받은 사람들이 널리 차별받는 상황을 해결하고 싶었을 뿐이라고 이야기했지만, 이런 말도 했다. "이 실험에 우리가 참여하게 된 건 어떤 면에서 강요가 맞다. 그러나 강압한 건 특정인이 아니라 사회다."[13]

이들이 뭐라고 하건, 유전자가 조작된 딸들과 그 아이들이 자녀를 낳으면 그 자녀들까지 HIV 감염을 피하겠다는 목표는 결국 이루어지지 않았다. 체외 수정 기술을 활용하는 것만으로도 HIV 감염 가능성이 전부 배제되므로 그 목표를 이룰 수 있고, 체외 수정을 받을 수 있는 병원이라면 어디서든 가능한 일이었지만, 이 사건의 부모는 그런 치료를 받을 돈이 없었다. 이들이 이야기하는 강요의 의미도 그런 것이었고, 그만큼 허젠쿠이와 동료들이 얼마나 비윤리적인 방식을 택했는지를 보여 준다. 그 부모에게는 선택의 여지가 없었다.

허젠쿠이의 실험은 과학계의 근본적이고 총체적인 실패이기도 하다. 전 세계의 과학계, 생명윤리학계에서는 이 실험이 있기 전 3년 동안 보고서와 회의로 생식세포가 편집될 가능성을 논의했지만, 입장을 명확히 정하지 않았고 확실한 행동에 나서지도 않았다. 모두가 동의하는 생각은 아니다. 2018년 홍콩 정상회의 폐막 연설에서, 데이비드 볼티모어는 자율 규제는 모두가 잘 지킬 때만 기능을 발휘한다는 점을 강조했다. "과학계의 자율 규제가 실패한 건 투명하지 못했기 때문이다."

2015년 나파밸리 회의부터 이 논의에 참여했던 생명윤리학자 알타 채로Alta Charo는 비난의 화살을 허젠쿠이에게만 돌렸다. "이건 과학계의 실패가 아니라 그 사람의 실패다."[14]

허젠쿠이의 책임인 건 분명하지만, 2015년 초 랜피어와 우르노프가 〈네이처〉에 보낸 서신이나 발달생물학 학회의 생각과 달리 '그런 일은 하지 말라'고 분명하게 말하지 않은 사람들도 이 사태에 막중한 책임이 있다. '과학계'는 무책임한 생식세포 편집을 용인할 수 없다는 뜻을 다양한 형태로 밝혔으나 2017년부터는 대체로 이 기술에 노란불이 켜졌다고 인식할 법한 인상을 주었다. 선명한 적색 경고등을 켰어야 했고, 그런 연구는 유예되어야 한다고 분명하게 주장해야 했다. 구체적인 안전 조치부터 마련하고 무엇보다 그런 유전자 편집을 시도하려는 사람이 생긴다면 의도가 무엇일지를 고민했어야 했다. '유전자 편집 기술 관련자들'이 허젠쿠이가 일으킨 재난에 중대한 책임이 있는 이유는, 그런 고민 대신 전반적인 윤리 문제에 중점을 두었고, 이 기술을 사용하기 전에 공통적인 합의가 전제조건임을 강조하지 않았으며, 생식세포 편집 기술의 등장을 불가피한 일로 여겼기 때문이다. 이들은 크리스퍼 기술을 가리키는 분자 가위, 편집 같은 단순한 은유가 마치 실제로 그렇게 단순한 기술인 것처럼 여기게 만드는 분위기를 의도치 않게 조성했다.

2021년에 나는 데이비드 볼티모어와 인터뷰하면서 과학계 전체가 그런 은유의 단순함에 매료됐고 그것이 허젠쿠이의 행동에도 영향을 주었다는 의견을 밝혔다. 볼티모어는 동의했고, 자신도 그런 생각을 한동안 했었다고 전했다. 2005년에 '유전체 편집'이라는 표현을 처음 사용한 장본인인 표도르 우르노프는 내게 유전자 염기서열을 바꾸는 것을 간단한 일처럼 축소한 듯한 이런 표현 말고 다른 표현을 썼어야 했다고 이야기했다.

이는 2015년에 한 연구진이 신문과 대중 과학 자료들에서 쓰이는 크리스퍼 관련 표현을 조사했을 때도 제기된 문제다. 해당 연구진은 특히 '편집'과 '표적화'라는 두 주요한 표현이 오해를 유발한다는 결론을 내렸다.

> 복잡함을 줄이고 결과에 대한 통제력이 과장되면 부정적인 영향이 발생한다. (……) '편집'이란 표현으로는 위험성이나 주의해야 할 필요성을 느끼지 못한다. (……) 이런 비유는 계속 호응을 얻고 있으나 중요한 의미를 모호하게 만들고 오해를 일으킨다.[15]

하지만 누구도 관심을 기울이지 않았다. 이런 지적이 나왔을 때조차 이미 너무 늦었는지도 모른다. 과학자나 대중이 쓰는 언어에 이미 그와 같은 비유가 너무 깊이 고착되어 유전자 편집 기술의 이미지는 그렇게 굳어졌다. 심지어 이 기술의 세부적인 특성을 가장 잘 아는 사람들까지도 그렇게 여겼다.

은유만 오해를 일으킨 것도 아니다. '과학계'가 명확히 밝혔다고 생각하는 기본적인 입장은 허젠쿠이와 그의 동료들에게 그리 명확히 와닿지 않았다. 홍콩 정상회의 전날, 허젠쿠이의 연구에 관한 보도가 나온 후 다우드나는 그가 정확히 무엇을 했고 그 이유가 무엇인지 알아내기 위해 알타 채로를 포함한 여러 명과 함께 허젠쿠이와 저녁 식사를 했다. 이 자리에서 채로는 허젠쿠이에게 NASEM 보고서와 너필드 보고서의 의미를 알고 있느냐고 물었다. 그러자 허 박사는 이렇게 대답했다. "저는 모든 기준을 준수했다고 확신합니다."[16] 그 기준은 명확하지도 않았고 세부 내용이 정확히 마련되지도 않았으므로 허젠쿠이는 계속해도 된다고 생각했다. 어쨌든 노란불이 켜졌다고 본 것이다. 그 두 보고서 모두 현 상황에서는 생식세포 편집을 시도하면 안 된다고 권고했고 허젠쿠이가 이를 무시한 건 분명 윤리적인 범죄다. 그러나 허젠쿠이가 실험 전 윤리위원회에 제출한 승인 신청서를 보면 2017년 NASEM 보고서가 질병 치료 목적인 생식세포 편집을 '최초로' 승인했다는 주장이 나오는데, 이것도 어떤 면에서는 사실이다. 에드 용은 이렇게 설명했다. "빨간불이 켜지지 않았으니 녹색불이라고 생각하는 식이다."[17] 케빈 데이비스도 이 문제를 인지하고, 돌이켜보면 "명망 있는 두 기관(NASEM과 너필드 위원회)이 생식세포 편집을 전면 금지하지 않아서 임의로 적용되던 기준이 사라진 것으로 여겨졌다"고 설명했다.[18]

허젠쿠이는 다른 수많은 이들처럼 의지만 있으면, 그리고 어떤 대가를 치르든 개의치 않겠다고 마음먹는다면 의사 한 사람이 의학적으로 중대한 혁신을 일으킬 수 있다는 환상에 사로잡혔고, 그래서 임의로 만들어진 기준은 건너뛰기로 결심한 것으로 보인다. 1983년 콜드스프링 하버 연구소 회의에서 데이비드 볼티모어는 이런 태도로 인간 생식세포 유전자 편집 기술에 접근한다면 무슨 일이 벌어질 수 있는지 놀라울 만큼 정확히 예견했다.

많은, 아주 많은 의학의 발전이 뭔가 해 볼 수 있겠다는 모호한 생각을 품고 그 생각을 실행하는 과정에서 많은 문제를 겪어도 계속 추진한 개인에게서 비롯됐다. 하지만 나는 유전자 편집 분야에도 이런 식의 행동을 용인할 수 있을지 확신이 들지 않는다. 이는 대중 전체에 너무나 민감한 문제고, 끔찍한 반발을 사게 될 것이다.[19]

허젠쿠이는 1970년에 쇼프 유두종바이러스를 독일의 여자아이들에게 주사한 스탠필드 로저스나 1980년에 베타 헤모글로빈 유전자가 포함된 재조합 플라스미드를 두 여성 환자에게 도입한 마틴 클라인 등 과거 유전자 치료를 시도한 야심 차고 오만한 연구자들이 그랬듯 야망에 눈이 멀어 판단력을 잃었다. 그 자신도 이런 사실을 상당 부분 인지하고 있었다. 크리스퍼 베이비 사태가 알려진 후 허젠쿠이는 벤저민 헐버트에게 체외 수정 기술로 2010년에 노벨상을 받은 로버트 에드워즈Robert Edwards, 그리고 패트릭 스텝토Patrick Steptoe가 자신의 롤 모델이라고 이야기했다(스텝토는 1988년에 세상을 떠났다). 그는 이 두 사람의 연구가 얼마나 더디게 진행됐는지, 관련 기관과 언론 양쪽 모두로부터 연구의 윤리적 측면에 관해 얼마나 꾸준히, 심층적으로 통제와 조사를 받았는지는 전혀 알지 못한 채 그저 연구자 한 사람이 단호한 의지력으로 사회 전체를 바꿀 수 있음을 보여 준 사례로만 생각했다. 그는 헐버트에게 이렇게 이야기했다.

사회가 합의에 도달할 때까지 기다린다면 (……) 그런 합의는 절대로 나오지 않을 겁니다. (……) 하지만 과학자 한두 명이 첫 번째 아이를 만들고, 아이가 안전하고 건강하다는 사실이 알려지면, 과학, 윤리, 법률을 포함한 사회 전체가 더 발전할 겁니다. 속도가 붙고 새로운 규칙이 생기겠죠. (……) 그래서 제가 그 벽을 깬 겁니다.[20]

그 벽이 깨지고 몇 주 후인 2019년 1월에 에마뉘엘 샤르팡티에와 폴 버그, 장펑, 생명윤리학자 프랑수아즈 베일리스가 포함된 18명의 과학자가 에릭 랜더의 주도로 작성한 서신이 〈네이처〉에 실렸다. 5년간 임상에서 모든 인간 생식세포 편집을 중단할 것을 촉구하는 내용이었다(초기 배아를 이용한 학술 연구나 생존 가능성이 없는 배아 연구에는 적용되지 않았다).[21] 당시 NIH 원장이던 프랜시스 콜린스는 대폭 지지한다는 뜻을 밝혔다. 이 서신에 서명한 사람들은 이 같은 자발적인 중단과 함께 "생식세포 편집을 허용하기에 앞서 기술, 과학, 의학, 사회, 윤리, 도덕적인 문제에 관한 논의"가 필수라고 주장했다. 그리고 충분한 시간을 들여 국제 사회 수준에서 이를 관리할 수 있는 체제를 수립하고 원하는 국가는 가입하도록 해야 한다고 밝혔다.

다우드나는 이 서신에 서명해 달라는 요청을 거절했다. 연구 유예는 너무 강도 높은 대응이라고 보았기 때문이다. 〈워싱턴포스트〉는 다음과 같이 보도했다.

"제게는 이 요건이 강제 사항으로 들립니다." 다우드나는 이렇게 말했다. "이런 식으로 그런 연구가 은밀하게 진행되도록 내몰고 싶지는 않습니다. 공개적으로 논의할 수 있다고 느끼게 해야 합니다. 유전자 편집 기술이 사라진 것도 아니고 그렇게 되지도 않을 겁니다. 이건 끝나지 않을 일입니다."[22]

볼티모어처럼 그런 조치는 이해할 수 없는 일이라고 본 사람들도 있었다. 그는 이렇게 이야기했다. "중단 조치가 왜 필요한지, 근거가 뭔지 모르겠다."[23] 에릭 랜더는 이런 조치로는 개인 또는 국가의 생식세포 편집 시도를 막을 수 없다는 주장에 대해 그건 핵심이 아니며 자발적인 연구 중단 조치를 통해 각국 정부가 관할하는 영역 내에서 그러한 시도를 하는 사람들을 주시할 책임이 있음을 인지하기 바란다고 설명했다.[24] 세계보건기구WHO 테드로스 게브레예수스Tedros Ghebreyesus 사무총장도 비슷한 견해를 밝혔다. 게브레예수스 사무총장은 2019년 7월에 "이 분야의 연구로 발생하는 영향이 충분히 파악될 때까지 모든 국가의 규제 당국은 더 이상의 연구를 허용해서는 안 된다."라고 말했다.[25] 더욱 선제적으로 대응해야 한다고 생각한 연구자들도 있었다. 이들은 생존 가능성이 있는 배아의 편집 연구와 관련된 연구자들과 그러한 연구를 지지하는 학술지, 연구 기관에 학계가 확실한 거부 의사를 밝힐 필요가 있다고 제안했다.[26]

허젠쿠이의 행위에 광범위한 비난이 쏟아지는 가운데, 그가 바랐던 대로 새로운 현실을 받아들이려는 미묘한 징후도 감지됐다. 허젠쿠이가 서투른 실험 내용을 발표한 홍콩 정상회의는 폐막 후 발표한 성명에서 그해 회의의 핵심 논제였던 사회적 합의의 필요성은 언급하지 않은 채 이제는 "임상시험이 이루어질 수 있는 쪽으로 엄중하고 책임 있게 방향을 전환할 때가 됐다"는 대담한 주장을 펼쳤다.[27] 2주 뒤에는 미국 국립의학원, 미국 국립과학원, 중국 과학원이 공동 작성한 글이 〈사이언스〉 사설로 발표됐다. 이 글에서 세 기관은 "생식 목적의 인간 배아에 적용되는 모든 유전체 편집 기술이 반드시 준수해야 하는 평가 기준과 표준"을 확립한 보고서가 신속히 마련되어야 한다고 촉구했다.[28]

세상은 생식세포 조작이라는 경계를 넘어섰고 이는 되돌릴 수 없으니 더불어 살아갈 방법을 찾는 게 낫다는 것이 이러한 주장을 펼친 사람들의 생각이었다.

이후 몇 달간 국제 사회에서는 생식세포 편집을 규제하거나 이 기술을 논의할 다양한 조직이 연이어 등장했다. WHO는 국제 관리 체계를 확립할 위원회를 구성했고, 인간 유전자 편집 기술을 활용하는 임상 연구의 국제 등록소도 마련했다. 미국 국립과학원, 미국 국립의학원, 영국 왕립학회는 생식세포 유전자 편집 기술 관련 임상 연구의 관리 체계를 수립할 공동 위원회를 구성했다. 국제 사회의 관리 체계와 함께 이 분야의 정보를 대중에게 전달하고 대중의 참여를 이끌 세계적인 시민 조직체가 필요하다는 제안도 나왔다.[29] 2020년 9월 호주 캔버라대학교의 존 드라이젝John Dryzek을 필두로 조지 처치를 포함한 25명의 연구자가 함께 작성해 〈사이언스〉에 실린 글에도 시민 참여에 관한 제안이 담겼다. 이 일에 관여해야 하는 건 과학이나 윤리학 전문가만이 아니라는 인식에서 나온 의견이었다.

우리는 과학자들이 과학적인 가치를 충분히 숙고할 것이라고 기대하지만, 과학자라고 해서 공익에 세부적인 통찰력이 있는 건 아니다. 윤리학자들은 도덕 원칙에 있어서는 전문가일지 몰라도 그 원칙이 공공의 가치와 반드시 일치하지는 않는다.[30]

이런 다양한 아이디어와 노력에도 불구하고, 코로나19 대유행으로 전 세계가 큰 혼란에 빠지기 전까지 구체적인 진전은 거의 없었다. 허젠쿠이의 실험은 잘못됐고, 가까운 미래에는 생식세포 유전자 편집 기술을 임상에 적용하면 안 된다는 것 외에 달리 합의된 건 없다.

그마저도 모두의 동의를 얻지 못했다. 제니퍼 다우드나가 초창기부터 주장했듯이, 크리스퍼의 규제와 관련해서는 이 기술이 비교적 손쉽게 사용될 수 있어서 원칙을 무시하는 연구자들은 규제를 간단히 무시하고 넘어설 수 있다. 배아의 유전자를 편집하려면 체외 수정이 가능한 복잡한 시설이 필요하고 실제로 많은 나라가 그러한 시설을 관리하고는 있지만, 허젠쿠이의 사례는 이런 관리로는 인간 생식세포를 편집하려는 끔찍한 시도를 막지 못한다는 것을 보여 준다.

실제로 크리스퍼 베이비 사태가 남긴 교훈을 노골적으로 거부한 독단적인 사람들, 세간의 관심에 목이 마른 사람들도 있다. 러시아의 유전학자 데니스 레브리코프Denis Rebrikov는 2019년 봄, 허젠쿠이의 뒤를 이어 인간 배아의 CCR5 유전자를 편집할 계획이라고 밝혔다. 레브리코프는 실험 절차가 안전하게 확립된 후에 이 연구를 진행할 예정이라고 주장했지만, "나는 그 일을 추진할 만큼 정신 나간 사람"이라는 불길한 말을 덧붙였다.[31] 나중에 그는 편집할 유전자를 청각 장애와 관련된 GJB2로 바꾼다고 밝혔으나, 러시아 보건부가 이런 연구는 시기상조라고 한 세계보건기구의 견해에 찬성한다고 밝히자 그 뜻을 받아들이는 듯한 반응을 보였다. 그러나 결정적인 한마디를 남기고 싶었는지, 2019년 〈네이처〉에 또다시 불길한 말을 남겼다. "시기상조라니, 그게 무슨 말인가? 레닌은 '어제는 너무 이르고, 내일은 너무 늦다'고 했다."[32*]

언론의 신나는 취재거리가 된 바이오해커들까지 등장했다. 생물학 연구를 취미로 삼고 복잡한 기술도 얼마든지 익힐 수 있으며 윤리적인 지침 같은 건 무시해도 된다고 생각하는 해커 중에 생식세포를 편집해 보겠다고 나선 사람들이 생긴 것이다.[33] 가상화폐로 돈을 벌려는 사고방식에 트랜스휴머니즘의 비이성적인 생각이 결합되어 아주 해롭고 구역질 나는 환상에 젖어 사는 듯한 어떤 집단에서는 크리스퍼 생식세포 편집 기술로 '100세까지 사는 슈퍼맨 인간', 또는 '근력 운동을 하지 않아도 몸에 근육이 자라는' 아기를 만들 것이라는 주장을 펼치고 있다. 관심을 끄는 게 주목적인 이들은 남성 자원자의 고환에 크리스퍼 물질을 주사한 후 아기를 낳아 줄 여성을 찾는다는 교활한 계획을 세웠다. 부디 잘 되길 빈다. 이 집단은 이런 시도에 꼭 필요한 학술적, 기술적인 자원이 없어서 우크라이나에 있는 한 연구소에 연구를 위탁했고 연구비가 필요하다고 이야기하는데, 이들에게 정말로 필요한 건 연구비가

* 2022년에 레브리코프는 조만간 유전자 편집 연구에 자원할 청각 장애인 부부를 찾을 것이며, 편집한 배아는 규제 체계가 바뀌어서 이식할 수 있을 때까지 냉동 보관해 둘 계획이라고 밝혔다. Mallapaty, S. (2022), Nature 603:213-4.

아니라 윤리적인 행동에 관한 교육이다.[34] 이런 사람들 때문에 아무 소득 없이 큰돈을 잃는 사람들이 생길 것이고(어쩌면 한두 명은 고환도 잃게 되리라), 덕분에 이 소수의 일당은 잠깐 악명을 떨친 후 벌어들인 돈으로 깔깔대며 즐길 것이다.

인간의 배아에 유전자 편집 기술을 적용하면 현시점에서는 해결할 수 없는 문제가 대거 발생할 수 있다는 사실이 점차 명확해지자, 이 연구에 열광했던 과학자들도 발길을 돌리기 시작했다. 2017년에 미탈리포프의 연구에서 모자이크 현상이 전혀 발생하지 않는 것으로 밝혀져 더 안정적인 '교정'이라고 불리던 기술에도, 2018년이 되자 과학자들의 비난이 제기됐다. 이 기술을 적용하면 DNA에 적지 않은 결실이 일어나지만 그런 사실이 감지되지 않을 수 있다는 사실을 알아낸 것이다.[35] 미탈리코프 연구진은 반박했지만, 뒤이어 실시된 여러 연구에서 인간의 배아를 비롯해 다양한 포유동물 조직에 크리스퍼 기술을 광범위하게 적용한 결과 표적이 아닌 곳에 의도치 않은 편집이 일어나는 문제가 매우 심각한 수준이라는 사실이 밝혀졌다. 표적 유전자 안팎의 DNA 일부가 제거되거나, 2만 개에 달하는 염기쌍이 결실되거나, 아예 염색체 전체가 사라진 경우도 있다. 지금까지 많은 논문에서 이런 결과가 발표됐다.[36] 2022년에 〈크리스퍼저널〉에 게재된 한 논문은 크리스퍼 기술로 표적 유전자가 편집되더라도 그 결과로 발생하는 악영향이 "예상보다 훨씬 혼란스럽다"고 경고했다.[37] 이와 같은 연구의 실행 방식과 허젠쿠이의 실험 방식에는 분명 차이가 있지만, 그가 돌연변이를 일으킨 아기들에게 처음 예상한 것보다 더 심각한 유전학적 손상이 발생했을 가능성을 시사한다는 점에서 이런 결과는 더욱 충격적으로 다가온다. 크리스퍼 기술은 '분자 가위'로 불리지만 어떤 경우에는 제멋대로 날뛰는 전기톱이라는 말이 더 어울린다.

이런 불안한 연구 결과들로 밝혀진 또 한 가지 당혹스러운 사실은 같은 연구소에서도 결과가 다르게 나온다는 것이다. 실험 방법을 정확히 따르더라도 염기가 결실된 세포의 비율에는 상당한 차이가 생기는데, 아직 그 이유는 밝혀지지 않았다. 초기 배아와 이 배아에서 일어나는 DNA 수선 메커니즘에 관해 우리가 아는 부분은 극히 기초적인 수준이다. 윤리적으로 중대한 문제가 해결된다고 하더라도 이 기술이 임상에 적용되는 건 고사하고 임상시험을 할 수 있을 만한 수준에 이르기까지도 아주, 아주 많은 시간이 걸릴 것이다.[38]

그래도 열기는 꺼지지 않았다. 2019년에 중국의 한 연구진은 크리스퍼에서 파생된 염기 편집*이라는 기술(염기서열 중 염기 하나를 바꾸는 기술)을 배아가 세포 2개일 때 적용해 80퍼센트의 성공률로 염기를 바꾸었다.[39] 이 연구를 이끈 양후이Hui Yang는 "사람에게 적용하려면 효율이 100퍼센트에 가까운 수준이 되어야 한다"고 경고하면서도, 연구 배경을 설명할 때는 허젠쿠이 사건 이후에도 중국 유전자 편집 분야의 분위기는 크게 바뀌지 않았다고 이야기했다. "염기 편집 기술은 1~2년 내로 임상에서 사용할 수 있을 만큼 엄격한 안전기준을 충족할 것이다.

* 또는 프라임 편집. DNA 분자의 가닥 하나를 절단한 후 염기 하나를 다른 염기로 바꾼다. 표적 염기나 표적이 아닌 위치에 원치 않는 편집이 일어날 확률이 훨씬 낮다. 염기 편집과 프라임 편집은 세부적인 부분에 차이가 있다.

(……) 우리는 미국과의 경쟁에서 앞서가고 있다." 양후이는 이렇게 자랑스레 언급한 후 불길한 비유를 들었다. "우리는 핵폭탄이 처음 개발될 때와 같은 정신으로 연구에 임하고 있다."[40]

우리는 분명히 경고를 받았다.

•——○

한 가지 긍정적인 발전은 마침내 많은 사람이 '생식세포 편집이 정확히 어디에 쓰일 수 있느냐'는 근본적인 질문을 던진다는 것이다. 소수지만, 이 기술로 엄청난 힘을 갖거나 고통을 느끼지 않는 슈퍼 인간을 개발해야 한다고 진지하게 주장하며, 그래야만 하는 온갖 이유를 대는 사람들도 있다. 하지만 다행히 전체적인 의견은 이런 견해에 반대하는 방향으로 기울어져 왔다. 현재의 편집 방법은 부정확해서 그런 시도는 실패할 가능성이 높고, 그런 특성을 간단한 편집으로 부여할 수 있다고 하더라도 마찬가지이기 때문이다(물론 그렇게 간단할 리는 없지만). 크리스퍼 기술로 엑스맨이 탄생하는 일은 없을 것이다. 질병에 걸릴 위험성을 낮출 단순한 '개선'도 실제 상황은 생각보다 복잡하다. 예를 들어 SLC39A8 유전자의 한 변이형은 고혈압과 파킨슨병의 위험성을 낮출 수 있다고 알려졌는데, 이 변이형을 도입하면 그런 효과를 얻는 대신 조현병과 크론병, 비만 위험성이 증가할 수 있다.[41] 질병을 포함해서 인간의 특성을 좌우하는 유전학적인 요소는 대부분 어마어마하게 복잡하다.

유전자 편집 기술과 관련된 논의에 참여해 온 대표적인 정부 기관들과 단체들은 기술이 그만큼 발전하더라도 불평등이 더 심각해질 수 있으므로 결국 금지해야 한다는 사실을 인지하고 있다. 2020년에 코로나19가 세상을 덮쳤을 때도 국가 내부에서나 국가 간에 빈부 격차가 증폭됐다. '흑인의 목숨도 소중하다'고 외치는 시민운동이 폭발적으로 일어났고, 사회 정의가 점점 더 중시되며 정의 실현까지는 아니더라도 그러한 주장이 큰 힘을 얻는 상황도 같은 해에 벌어진 일이다. 이런 분위기에서 극소수가 겉보기에만 그럴싸한 유전자 업그레이드로 이득을 누릴 수 있어야 한다는 주장 자체가 시류를 벗어나는 일이었다. 코로나19 대유행과 인종차별 문제에 맞서려는 노력이 미국 국립과학원과 국립의학원, 영국 왕립학회의 공동 위원회가 펴낸 2020년 '유전 가능성이 있는 인간 유전체 편집HHGE*' 기술에 관한 보고서의 전체적인 틀로 활용됐다는 점에서도 이러한 분위기를 확인할 수 있다.**

> 코로나19와 흑인 생명 존중 운동, 이 두 가지 격변은 우리가 상호연결된 세상에 살고, 한 국가에서 일어난 일이 다른 국가에도 영향을 줄 수 있으며, 과학은 사회적인 배경 속에서 발생한다는 사실을 분명하게 보여 준다. HHGE 기술의 잠재적인 활용은 이러한 사건과 특성이 크게 다른 일이지

* 생식세포 계열 유전자 편집과 같은 말. 모든 자손 세대에 전달될 변화를 유전자에 도입하는 것.

** 해당 공동 위원회는 전통적으로 사용되던 '인간 생식세포 편집'이라는 전문 용어를 좀 더 이해하기 쉬운 '유전 가능성이 있는 인간 유전체 편집'이라는 용어로 대체하고 보고서 제목에도 이 표현을 사용했다.

만 마찬가지로 개별 국가의 경계를 초월하는 문제이고 따라서 광범위한 국제 사회의 논의가 필요하다. 중대한 형평성 문제가 수반되는 사안이기도 하다.[42]

이는 2020년에 세상이 격변하기 훨씬 전부터 자명했던 문제다. 이런 문제에 다소 둔감한 편인 과학자들도 감지할 정도였다. 제니퍼 다우드나는 2016년에 〈르몽드〉와의 인터뷰에서 이런 말을 남겼다.

윤리적인 문제는 이러한 기술을 활용하고자 하는 사람은 누구이고, 누가 이 기술에 접근할 수 있고, 이 기술의 사용 가능성과 사용 목적을 누가 결정하느냐 하는 것이다.[43]

3년 뒤에 장펑은 의료서비스의 접근성이 터무니없을 만큼 불평등하다는 점을 강조하면서 생식세포에 유전공학 기술을 적용하게 되면 이런 상황이 더 심화될 수 있다고 설명했다.

안경도 맞추지 못하는 사람들이 있는 세상에서, 유전자로 기능을 강화하는 기술이 평등하게 활용될 방법을 찾을 수 있으리라고는 생각하기 어렵다. 그렇게 된다면 인류 전체에 어떤 일들이 벌어질지 생각해야 한다.

제임스 왓슨조차도 이 점을 정확히 인지하고, 2019년에 월터 아이작슨에게 이렇게 설명했다.

> 상위 10퍼센트의 문제를 해결하고 그들의 욕구를 해소하는 용도로만 활용된다면 정말 끔찍한 일이 될 것이다. 지난 수십 년간 불평등은 점점 더 심해졌는데, 그렇게 되면 불평등은 더욱 심각해질 것이다.[44]*

2020년 3월에 나온 미국 국립과학원과 국립의학원, 영국 왕립학회 공동 위원회 보고서는 생식세포 편집은 사회적인 맥락을 고려해야 하는 문제임을 분명히 밝힌 것과 더불어 이 기술이 어떤 이유로 활용될 수 있는지를 처음으로 솔직하게 밝혔다. 즉 '기능 강화'라는 설득력 없고 분열을 초래할 수 있는 목적이 이 기술에 활용될 수 있으며, 윤리적으로나 현실적인 측면에서 이런 목적은 이 기술의 용도에서 배제되어야 한다고 설명했다. 유전 가능성이 있는 인간 유전체 편집은 유전자 치료와 달리 유전 질환을 치료하는 기술이 아니라 보조 생식 기술과 함께 변형된 인간을 만드는 기술이다. 너필드 위원회의 피터 밀스Peter Mills는 2020년에 다음과 같이 언급했다.

> HHGE는 아이를 치료하는 기술이 아니라 특정한 아이를 만드는 기술이다. (……) HHGE는 치료가 아니라 생식 과정에서 선택의 범위를 확대하는 것이다.[45]

* 이 말에서 왓슨이 기존의 생각을 바꾼 것을 알 수 있다. 1998년 '인간 생식세포 조작'에 관한 콘퍼런스에서 왓슨은 생식세포 조작 기술에 대한 국제 사회의 규제가 생기는 건 "완전한 재앙"이라고 주장했다. Wadman, M. (1998), Nature 392:317.

공동 위원회도 이 견해에 수긍하고, 이 기술로 혜택을 얻을 수 있는 사람은 극소수에 불과하다고 밝혔다.

> 부모가 되고자 하는 사람들은 자신과 유전학적으로 가깝고 건강한 아이를 얻기 위해 활용할 대안이 이미 존재하므로, 이 기술로 혜택을 얻는 예비 부모는 극소수일 것이다.[46]

하버드대학교의 과학자 데이비드 리우는 2020년에 이런 견해를 밝혔다.

> 생식세포 편집이 임상에서 활용된다고 해서 착상 전 배아 검사와 같은 다른 방법으로 충족될 수 없는 의학적인 필요성이 정말로 채워질 것인지, 나는 그럴 만한 타당한 상황을 떠올리기가 힘들다.[47]

유전학적으로 자신과 관계가 있고 특정 유전 질환이 없는 아이를 얻을 방법이 생식세포 유전자 치료밖에 없는 딱 한 가지 예는 부모 중 한 명이 병의 원인이 되는 우성 유전자 두 쌍을 가지고 있거나(동형 접합성으로 불린다), 열성* 유전 질환이라면 양친 모두가 병의 원인이 되는 유전자에 동형 접합성인 경우다.[48] 하지만 부모가 실제로 이런 상황

* 이배체 생물의 특정 유전자가 한 쌍의 염색체 각각에 각기 다른 대립 유전자로 존재할 때 발현되지 않는 대립 유전자를 가리키는 형용사. 열성은 항상 상대적이며(대립 유전자가 전부 열성일 수는 없다), 대립 유전자가 모두 발현되기도 한다.

에 놓이는 경우는 거의 없다고 해도 될 만큼 드물다. 가장 잘 알려진 유전 질환의 하나인 낭포성 섬유증은 열성 유전병으로, 미국의 경우 양친 모두 이 병을 일으키는 돌연변이 유전자가 동형 접합성인 부부는 한두 쌍 정도다. 우성 유전 질환인 헌팅턴병도 전 세계를 통틀어 부모가 동형 접합성으로 밝혀진 사례는 수십 명에 불과하다.[49] 믿기지 않을 수도 있지만, 생식세포 유전자 편집 기술을 향한 열광적인 환호와 부풀려진 광고가 사그라지고 나면, 이 기술이 윤리적으로 정당화되는 이 한 가지 이유로 도움을 받을 수 있는 사람은 전 세계를 통틀어 아이를 낳고자 하는 100여 쌍의 예비 부모가 전부다.

2021년 6월, 'WHO 인간 유전체 편집 기술 관리·감독을 위한 국제 표준 개발 전문가 자문위원회'라는 아주 긴 이름의 단체가 HHGE 기술의 관리 체계를 발표했다. 전 세계 분위기를 반영해 윤리적인 문제를 중점적으로 다룬 이 보고서에는 HHGE가 "공정성과 사회 정의, 무차별 원칙에 영향을 줄 수 있으며 장애인의 존엄성을 존중하지 않을 가능성"이 있다는 우려가 담겼다.[50] 어딘가에서 누군가 배아를 이용한 생식세포 편집을 감행할 가능성에 관해서는 2019년에 나온 WHO 사무총장의 성명, 즉 발생할 영향이 명확히 밝혀질 때까지 그러한 시도에 반대한다는 견해를 지지하는 것이 WHO가 할 수 있는 최선이라고 설명했다.[51] 생식세포 편집 관련 정책을 결정할 때 전 세계 대중이 해야 할 역할에 관해서는 가능성을 열어 두었다. 정책 입안자들이 입장을 바꿔 사회적 합의를 전제조건으로 제시하지 않는 이유는 여러 가지가 있다. 프랑수아즈 베일리스가 지적했듯이 합의가 이루어지려면 전문가들에게서 대중에게로 권력이 분배되어야 하는데, 모든 과학자와 의사가 이런 상황을 받아들일 준비가 된 건 아니다.[52]

실제로 이미 많은 나라가 생식세포 편집을 법으로 통제하고 있다. "예방, 진단, 치료 목적으로 인간의 유전체를 변경하는 개입은 후손의 유전체에 어떠한 변화도 일으키지 않는 경우에만 시행할 수 있다"고 명시한 '오비에도 협정'은 1997년에 체결돼 현재까지 28개국이 비준했으며 법적 구속력을 가진다.[53] 그러나 주요 선진국 중 이 협정에 서명한 곳은 프랑스, 스페인, 스위스뿐이며 영국, 독일, 미국, 중국, 러시아, 일본, 호주, 캐나다, 그 밖에 많은 나라가 서명을 거부했다. 하지만 이와 별도로 보조 생식 기술과 유전자 조작 기술의 사용을 규제하는 명확한 법과 규정을 마련한 국가들이 많다. 현재 생식세포 조작을 제한하거나 금지한 국가는 50개국이 넘는다.[54] 문제는 국제 사회의 합의가 없으면 부유층과 절박한 사람들이 생식세포 편집이 허용된 국가의 병원에 난자와 정자를 내놓는 일종의 유전자 편집 관광이 생겨날 가능성이 항상 존재한다는 것이다.

중국의 상황은 여전히 불투명하다. 2019년에 전국 인민대표회의 상무위원회에서 '생물안전법'이 통과되고 생물의학과 생명공학 연구를 관리하기 위한 새로운 규정의 초안이 마련됐지만, 중국의 대표적인 생명윤리학자 3명은 다음과 같이 지적했다.

> 유전자 치료를 관리하는 (좁은 의미의) 법적인 규제는 없다. 현행 규제는 주로 기술의 관리 방법이나 윤리적인 지침이다. 유전자 치료에 관한 중국의

법률 체계는 (넓은 범위에서) 대부분 행정적인 규제다.[55]

이런 상황인 만큼, 중국의 일부 과학자들이 새로운 배아 유전자 편집 기술을 미국보다 먼저 내놓으려는 경쟁에 큰 열정을 쏟고 있다는 사실이 우려된다. 허젠쿠이 사태가 남긴 교훈을 제대로 깨달은 사람이 어딘가에 한 명이라도 있을지 의구심이 든다.

영화 〈가타카〉 홍보 포스터에 담긴 우생학적인 환상이나 보조 생식 기술과 착상 전 검사를 전문적으로 제공하는 미국의 일부 클리닉들이 최근 들어 제시하는 그와 비슷한 주장들은 말 그대로 환상일 뿐이다. 아기의 유전자를 어느 정도 원하는 대로 안전하게 바꿀 수 있게 된다고 가정한다면, 그런 개개인의 선택으로 의도치 않게, 그러나 불가피하게 발생하는 결과 중 하나는 불평등의 증폭이다. 생식세포가 아닌 체세포 유전자 편집 기술에서도 이미 이런 양상이 나타나고 있다. 서구 지역에는 임산부 혈액 검사로 태아의 다운증후군 여부를 알 수 있을 만큼 진단 기술이 발전해서, 다운증후군이 확인되면 낙태하는 사례가 늘고 결과적으로 다운증후군 아기의 수가 줄어든 국가가 많다(다운증후군은 유전되지 않으며, 환자는 대부분 불임이다). 다운증후군 아기를 낳지 않겠다는 건 충분히 이해할 수 있는 개인의 정당한 선택이지만, 그 결과 공동체 전체에서 다운증후군 환자는 더욱 줄고 그만큼 이 환자들에 대한 편견은 더 커질 수 있다. 환자 가족을 돕는 네트워크나 이들을 문화적으로 받아들이려는 노력도 시간이 갈수록 힘이 빠질 것이다. 개인의 선택에 따르는 이런 의도치 않은 결과의 영향은 모두가 겪게 될 것이다.

이는 다양한 장애를 겪는 사람들에게도 똑같이 적용되는 문제다(장애라는 용어가 부적절하다고 보는 사람도 많다). 청각 장애도 마찬가지다. 청각 장애인 중에는 선천적으로나 질병으로 청력을 잃는 사람들을 위한 유전자 치료법이 개발되면 문화가 어떻게 달라질지 두려워하는 사람들도 있다. 생식 관련 기술로 자신과 같은 유전자를 가진 자녀, 즉 청각 장애가 있는 자녀를 낳고자 하는 사람들도 있다. 2018년에 크리샤누 사하Krishanu Saha와 벤저민 헐버트, 실라 재서너프를 포함한 여러 학자가 이 같은 문제를 지적하고 더 광범위한 논의가 필요하다고 주장했다.

> 생물학 연구의 최일선에서 속도가 무조건 우선시되는 논쟁이 벌어질 때도, 사람들이 대체로 귀 기울이지 않는 이들의 목소리와 그들의 우려가 들어설 수 있는 여지를 마련해야 한다. 인류의 미래에, 사람들이 경시하는 이들의 목소리는 미래를 급진적으로 재창조하는 일에 뛰어든 사람들의 목소리 못지않게 중요하다.[56]

이는 간단하게 대답할 수가 없는 복잡한 문제이고 나 역시 답이 떠오르지 않는다. 위의 학자들은 생식세포 편집 기술을 비판 없이 지지하는 건 잘못된 일이라고 지적했다. 경계하고, 의심하고, 심지어 두려움을 느끼는 게 훨씬 더 타당한 반응이다.

유전자 치료에 관한 논쟁이 시작된 1989년, 데이비드 스즈키David Suzuki와 피터 너슨Peter Knudtson은 《유전 윤리학Genethics》에서 "생식세포 치료는 사회 구성원 전원의 동의가 없다면 명백히 금지해야 한다"고 주장했다.[57] 물론 지구에 사는 모든 사람의 만장일치를 얻는 건 현실성이 없는 일이지만, 이 말에 담긴 핵심은 40년이 지난 지금도 유효하다.

생식세포 유전체 편집 기술을 누구보다 잘 아는 사람들은 오랫동안 이 기술에 체계적인 의문을 제기하지 않았다. 그 결과, 가장 설득력 없는 이유로 이 기술이 활용되는 끔찍한 사태가 벌어졌다. 2019년 프랑수아즈 베일리스는 저서 《바뀐 유전성Altered Inheritance》에서 이를 신랄하게 비판했다.

> 지나치게 세세하게 이야기하진 않겠지만, 과학자, 정부, 자선사업가, 그 밖에 자원을 좌지우지하는 연구자들은 더 안전하고, 더 간단하고, 더 저렴하게 유전학적으로 부모와 가깝고 건강한 사랑스러운 가족을 꾸릴 방법이 있는데도 왜 굳이 유전체 편집 기술로 그 목적을 달성하려고 하나?[58]

바꿔 말하면, 일부 열성적이고 멍청한 과학자나 야망 넘치는 의사, 트랜스휴머니즘을 주장하는 따분한 사람들이 떠올리는 가능성이 무엇이든, 생식세포 편집 기술을 꼭 써야만 하는 이유는 찾기 힘들다는 뜻이다. 표도르 우르노프의 말처럼 후대에 유전될 수 있는 인간 유전체 편집 기술이 처한 뜻밖의 현실은 이 기술이 문제를 만들어 내는 해결책이라는 것이다.[59]

미래의 인류를 그린 흥미진진한 책들이 불티나게 팔리고 독자들은 그런 이야기를 통해 다른 행성에 사는 독특한 사람들을 상상해 볼 수 있겠지만, 그러한 이야기는 말 그대로 환상에 지나지 않을 뿐만 아니라 우리가 사는 이곳 지구에서, 우리가 맞닥뜨린 문제에서 눈을 돌리게 만든다.[60] 우리가 처한 상황을 극복하고 싶다면, 각종 사회 문제는 물론 기후 변화, 새로운 질병, 되살아나는 핵 갈등의 위협으로 인한 인류의 존재론적 위협부터 해결해야 하는데 이것도 우리의 독창성으로는 버거운 상황이다.

게다가 시야를 더 넓혀 보면 유전 가능성 있는 인간 유전자 편집 기술이 인간의 유전자에 적용될 가능성만 우려할 일이 아니다. 과학자들은 자연으로도 눈을 돌리고 있다.

14

생태 학살

인류는 식량을 지키고 질병을 예방하기 위해 고대에는 유황을 사용하고 20세기에는 효과가 파괴적일 정도로 강력한 DDT를 사용하며 무수한 절지동물을 죽이고 환경을 파괴했다. 하지만 머지않아 그런 방식은 다 사라질지도 모른다. 유전공학은 인위적인 유전 요소를 활용하는 유전자 드라이브라는 방식으로 특정 생물과 생태계를 통째로 바꿔서 문제를 해결할 수 있다고 약속한다. 일반적인 유전 법칙을 무시하고 야생 개체군을 단시간에 싹쓸이할 수 있도록 개발된 유전자 드라이브가 쓰이면, 새로운 형질이 한 세대에서 다음 세대로 급속히 전달되어 그 새로운 형질을 가진 개체가 기하급수적으로 무섭게 늘어난다. 모기가 말라리아를 옮기지 못하게 만들거나 특정 지역에서 모기를 아예 없애 버릴 수도 있을 만큼 폭발적인 잠재력이 있는 기술이다.

러다이트 운동가이거나 최신 기술을 소재로 활용하는 스릴러 작가가 아니어도 이것이 얼마나 끔찍하게 잘못된 결과를 낳을지 충분히 상상할 수 있다. 이런 우려는 지금까지 유전공학이 한 단계 발전할 때마다 거듭 제기된 두려움과 일치하는 부분이 있지만, 그렇다고 해서 정당하지 않은 우려가 되는 건 아니다. 유전자 드라이브를 연구하는 과학자들도 인정하듯이 때로는 기술에 두려움을 느끼는 게 옳다.

•———○

1960년대부터는 생식 기능이 없는 수컷을 제한된 범위에 대량 풀어서 암컷과 짝짓기를 해도 자손이 생기지 않도록 함으로써 국지적인 개체 수를 어느 정도 크게 줄여 해충과 질병 매개체를 막는 생태학적으로 영리한 해결책이 활용됐다. 1930년대에 처음 등장한 이 기술의 효과는 1954년 미국 연구진이 나선 구더기(검정파리 유충) 수컷 수백만 마리에 방사선을 조사해 생식 기능을 없앤 후 베네수엘라 해안과 가까운 퀴라소섬에 방출한 실험을 통해 확인됐다. 축산 동물의 몸에 게걸스럽게 파고들던 이 해충은 방출 후 몇 달이 지나자 섬에서 박멸됐다. 1966년까지 생식 기능을 없앤 수컷의 방출로 미국 전역에서 나선 구더기가 사라졌다.[1]

이런 효과를 얻기 위해서는 먼저 해충을 따로 키워서 엑스선이나 화학물질로 생식 기능을 없앤 불임 수컷 수백만 마리를 계속 방출해야 하므로, 1960년대부터 학계는 자연에서 볼 수 있는, 교배 후 태어나는 자손이 전부 수컷이거나 자손의 개체 수가 유독 적은 경우처럼 일반적인 유전 법칙에서 벗어난 사례를 활용할 방안을 모색했다.[2] 이런 현상은 염색체 이상, 트랜스포존*(위치가 바뀌는 이기적인 DNA 조각), 미생물의 영향 등 다양한 원인으로 발생할 수 있다.[3] 하지만 발전은 더뎠다. 1985년 이 분야의 선구자인 영국의 크리스 커티스Chris Curtis는 이 모든 가능성에도 불구하고 화학물질이나 엑스선으로 불임 곤충을 만드는 옛 방식이 여전히 우세하다고 밝히며 안타까움을 드러냈다.

> 유전되는 인자를 이용해 유전학적으로 통제하는 흥미로운 방식이 '실패'로 돌아갔다고 단언하기에는 시기상조일 수도 있으나, 이 기술이 아직 이룩하지 못한 건 사실이다. 그 사이, 불임 곤충을 활용하는 기존 방식은 비용 효율성이 우수한 성장 산업이 되었다.[4]

1990년대 초, WHO는 유전학적인 말라리아 퇴치를 위한 20년 계획을 채택했다. 이 계획의 중심이 된 세 가지 목표는 모기 유전자를 조작할 도구를 개발하는 것, 모기가 말라리아 원충에 유전적인 면역을 갖도록 만드는 방법을 찾는 것, 그리고 이러한 유전학적 면역성을 자연의 모기 개체군에 확산시킬 방법을 개발하는 것이었다.[5] 가장 까다로운 과제는 마지막 목표였다. 10년 후, WHO는 첫 두 가지 목표에 중대한 진전이 있었다고 보고했지만 "특정 유전자가 야생 개체군에 퍼지게 만

* 전위효소의 도움으로 유전체의 한 위치에서 다른 곳으로 위치가 바뀌는, 또는 '점프'하는 유전자. 원래 바이러스였다가 유전체에 그대로 남은 트랜스포존도 있다.

들 방법에는 큰 진전이 없었다"고 인정했다.[6]

20세기 후반 수십 년 동안 연구 개발된 유전학적인 해충 방제 기술 연구 결과 중 생물의 생식력에 영향을 주고 다음 세대로도 전달되는 유전 요소를 자연에 방출하는 것과 관련해 윤리적인 문제나 정치적 문제를 언급한 경우는 거의 없었다. 이게 옳은 일인지, 더 나은 해결책은 없는지 질문을 던진 연구자는 없었고, 생태계에 어떤 피해가 발생할지 관심이 있는 경우도 별로 없었다. 이런 기술을 활용할 때 지역민들과 협의해야 할 필요성을 떠올린 연구자는 더더욱 없었다. 그러나 이러한 방출이 사람들의 반발을 사거나 오해를 일으킬 가능성이 있음을 뒷받침하는 근거는 많았다.

1967년, WHO는 미얀마 랑군 인근의 한 마을에서 모기를 일시적으로 없애기 위해 생존 가능한 자손의 수가 급격히 줄어들게 만드는 유전 인자를 가진 수컷 모기의 방출을 계획한 적이 있다. 그러자 연구자들은 문제가 발생할 수 있다고 경고했다.

> 미래에 그보다 넓은 지역까지 개체군이 완전히 사라지고 진공 상태가 되면 심각한 결과가 생길 수 있다. (……) 그 틈새를 노리고 찾아온 다른 종의 모기가 그 자리를 차지할 가능성이 있는데, 새로 찾아오는 모기는 무해할 수도 있지만 박멸한 모기만큼 중요한 매개체일 수도 있다.[7]

WHO는 1975년에도 인도 뉴델리 인근 마을 12곳에 생식 기능이 없는 모기 수컷을 방출하려다가 인도 언론들이 방출되는 모기는 일종의 무기이며 인도 전역에 황열병을 들여올 가능성이 있다고 주장하는 바람에 계획을 철회해야 했다(사실 수컷 모기는 물지 않는다). 〈네이처〉에는 WHO의 시도를 다소 거들먹거리는 어조로 정확히 지적한 사설이 실렸다. "WHO는 그 계획을 추진할 때 인도 언론들에도 공개했어야 했다. 성공 가능성과 함께 실패 가능성도 알려야 했다"는 내용이었다.[8] 그로부터 30년 뒤, 미국이 1965년에 남태평양의 무인도 베이커섬에서 황열병을 옮기는 모기의 방출 실험을 벌이는 등 실제로 생물전을 위해 모기를 이용한 실험을 진행했었다는 사실을 인정하면서 또다시 논란이 일어났다.[9] 실제로는 WHO와 미국의 모기 방출 계획은 개체를 구분할 수 있도록 표지한 불임 수컷이 어디까지 퍼질 수 있는지 추적 조사하는 것이 목적이었다. 즉 유전자가 변형된 모기의 동태를 파악하기 위한 첫 단계 연구로, 아무 해가 되지 않는 시도였다. 이처럼 아무 영향이 없는 시험도, 심지어 30년이 지난 일인데도 그만큼 논란이 됐다는 사실은 자연 개체군의 유전자 조작에 대중이 얼마나 큰 불안을 느끼는지를 보여 준다.

•———○

1992년, 밀가루 갑충으로 알려진 쌀도둑거저리속Tribolium 곤충 중에서 교배 후 생기는 모든 자손이 죽는 종류가 발견되면서 해충의 '유전학적인 자생적 방제'라는 꿈, 또는 악몽이 현실로 성큼 다가왔다. 이 현상은 '모계 영향 배아 발달 정지 우성 유전'의 줄임말인 메데이아MEDEA라는 멋진 이름으로 불렸다(에우리피데스의 비극 작품 중 자신의 아이를 죽이는 어머니 메데이아와 같은 이름이다). 이 특성이 개체군 내에 빠르게 퍼질 수 있다는 사실도 확인됐다.[10] 메데이아 현상이 분자 수준에서 정확히 어떤 과정을 거쳐서 일어나는지는 자세히 밝혀지지 않았으나, 독소가 생성되는 모계 인자와 그 독소의 해독제가 생성되는 부계 인자 두 가지가 모두 관여하며 해독제로 작용하는 물질이 없으면 새끼는 알에서 죽는 것으로 밝혀졌다. 2007년에는 초파리에서 메데이아 현상을 인위적으로 유도하는 방법이 개발돼 실험용 통 안에서 기른 초파리에게 적용한 결과 12세대 내로 통 안에 있던 모든 초파리에게 이 특성이 확산됐다.[11] 한 곤충학자는 "앞으로 5~10년 내로 원하는 표적 생물에 특정 효과를 일으키는 유전자를 도입하고 퍼뜨리는 유전자 드라이브 시스템을 확립할 수 있게 될 것"이라고 전망했다.[12]

상황이 모두의 예상대로 전개되지는 않았지만, 그 예측은 상당히 정확했던 것으로 드러났다. 21세기 초에 임페리얼 칼리지 런던의 진화 생물학자 오스틴 버트Austin Burt는 동물에서는 나타나지 않고, 세균, 진균, 바이러스에서 발견되는 편향 유전 현상의 한 사례를 연구 중이었다. 귀소 핵산내부가수분해효소* 유전자로 인해 발생하는 현상으로,[13] 이 유전자로 만들어진 DNA 절단 효소(핵산내부가수분해효소)는 암호화된 유전자를 정확히 찾아내서 절단한다. 부모 중 한쪽은 이 귀소 핵산내부가수분해효소 유전자가 있고 다른 쪽은 없는 경우, 이들 사이에서 태어나는 모든 자손은 처음에 이 유전자가 한 쌍의 염색체 중 한쪽에만 존

* 핵산 분자 내부를 절단하는 효소. 제한효소도 핵산내부가수분해효소다.

재하게 된다. 그런데 수정 직후에 이 유전자로 만들어진 핵산내부가수분해효소가 유전자가 없는 쪽 염색체의 DNA 염기서열을 절단하고, 곧바로 세포의 DNA 수선 기능이 가동돼 이 유전자가 있는 쪽 염색체를 주형으로 삼아서 절단된 염색체 염기서열에 원래는 없었던 유전자를 만든다. 처음에는 한쪽 염색체에만 있었던 귀소 핵산내부가수분해효소 유전자가 양쪽 염색체에 한 쌍으로 존재하게 되는 것이다. 이러한 현상은 다음 세대에서도 똑같이 일어나고, 개체군 내에서 이 유전자의 발생 빈도는 기하급수적으로 증가한다. 보통 개체군 내에 새로운 돌연변이가 발생하면, 그 돌연변이를 가진 개체가 다른 개체들보다 더 유리한 경우가 아니면 돌연변이의 빈도가 점차 감소하다가 사라지는 것이 일반적인데, 이와는 정반대다.

2003년에 버트는 이 귀소 핵산내부가수분해효소 유전자에 표적 생물의 형질을 바꾸는 유전자, 가령 불임을 유도하거나 모기가 말라리아 원충에 감염되지 않게 만드는 유전자를 추가하면 이론적으로 표적 생물의 개체군 전체에 그 형질이 퍼지도록 만들 수 있음을 깨달았다. 그가 떠올린 방식 중 하나는 귀소 핵산내부가수분해효소 유전자를 여러 개 활용하고, 각각에 조금씩 다른 표적 형질을 추가하는 것이었다. 수컷의 Y염색체에 귀소 핵산내부가수분해효소 유전자가 있으면 같은 정자의 X염색체를 절단할 것이고(곤충 수컷도 사람과 마찬가지로 X염색체 하나와 Y염색체 하나를 가진다), 따라서 자손 중에 암컷은 생길 수가 없다(곤충의 암컷은 대부분 X염색체 두 개를 가진다). 나중에 이 시스템에는 'X 분쇄기X-shredder'라는 무서운 이름이 붙었다.[14]

이런 시스템을 활용하면 이론적으로 종 전체를 파괴할 수 있다. 1970년대에 아실로마 회의에서 재조합 DNA 기술을 향해 쏟아진 비판처럼 이런 개체가 야생에 일단 방출되면 되돌릴 수 없다. 버트도 이런 사실을 인지했다. 아직 유전자 드라이브라는 용어가 만들어지기 전이라 이 표현을 쓰지는 않았으나,* 그는 이와 같은 자생적 시스템은 통제할 수 없으며 종 전체에 영향을 줄 때까지 형질이 계속 퍼질 것이라고 경고했다. 동시에 이 기술을 활용하지 '않을 때'의 대가도 지적했다. 살충제를 살포하고 침실에 방충망을 두르는 등 갖가지 방법을 동원해도 모기가 매개하는 질병으로 매년 70만 명 이상이 목숨을 잃고, 말라리아 한 가지만 보더라도 2분마다 5세 미만 어린이 한 명이 사망한다.[15] 버트는 다음과 같이 설명했다.

> 생물 종 전체를 박멸할 것인지, 유전공학 기술을 사용할 것인지를 판단하는 기준은 광범위한 논의에서 나와야 한다. 본 논문에서 밝힌 기술은 분명 가볍게 사용되어서는 안 되지만, 일부 생물 종으로 인해 발생하는 고통을 생각하면 무시할 수 없는 기술인 것도 분명한 사실이다.[16]

문제를 일으킬 수 있는 새로운 기술이 등장하면, 그 기술을 옹호하는 사람들은 이를 제한하거나 규제한다면 미래에 대중이 얻을 수 있

* 내가 유전자 드라이브라는 용어를 처음 본 건 〈기생충학 동향〉에 실린 캘리포니아대학교 앤서니 제임스Anthony James의 논문이었다. James, A. (2005), Trends in Parasitology 21:64–7.

는 혜택을 잃게 된다고 경고한다.[17] 유전자 드라이브 기술이 등장했을 때는 수백 달러를 벌어들이는 게 아닌 수백만 명의 목숨을 구할 수 있는 기술이라는 주장이 나왔다는 점에서 종전과는 차이가 있었다. 또한 이 기술을 연구해 온 사람들이 위험성에 주목할 것을 직접 촉구하면서 생명을 안전하게 구할 가능성도 이야기했다. 아실로마 회의에서처럼 새로운 기술에 호응하는 사람들과 불길한 가능성을 점치는 사람들이 다 같은 사람들이었던 셈이다.

버트가 떠올린 불안한 아이디어가 시험대에 오르기까지는 8년이 더 걸렸다. 2011년, 버트는 임페리얼 칼리지 런던과 미국, 이탈리아 연구자들과 함께 효모의 미토콘드리아에 있는 귀소 핵산내부가수분해효소 유전자를 말라리아모기에 도입했고 이는 실험실 사육장 내에 있던 모기 개체군 전체에 빠르게 퍼졌다. 아무런 피해도 발생하지 않았지만, 새로운 형질이 사방으로 확산됐다. 일단 기술의 원리를 검증하는 단계였지만 증명하려는 원리가 어떤 영향을 발생시키는지가 너무나 극적으로 드러났다. 연구진은 이 기술로 "개별 개체의 유전자 조작에서 개체군 전체의 유전자 조작으로 한 단계 나아갈 수 있다"고 설명했다.[18] 3년 후, 임페리얼 칼리지 런던의 연구진은 과거에 버트가 떠올렸던 다른 아이디어도 실현했다. 모기에 X 분쇄 시스템을 인위적으로 도입한 것이다. 이 실험에서 태어난 자손의 95퍼센트가 수컷이었고, 사육장 내의 모기 개체 수가 빠르게 줄었다.[19]

이런 낯선 유전자 시스템이 등장하기 전부터 모기를 완전히 없앨 때 발생하는 결과를 고찰한 과학자들이 있었다. 2010년에 〈네이처〉

는 다양한 곤충학자, 생태학자, 분자 유전학자에게 이에 관한 견해를 물었다.[20] 일부 생태학자들은 모기가 꽃가루를 옮기는 중요한 매개 곤충이며 전체 3500종 중에서 병을 옮기는 건 극소수에 불과하다는 점을 지적했다(말라리아를 옮기는 종은 40가지뿐이다). 그러나 놀랍게도 대다수가 모기의 완전한 박멸을 긍정적으로 전망했다. 한 연구자는 "모기가 사라진다고 해서 무슨 문제가 생길 거라는 생각은 들지 않는다"고 답했다. 일부는 단점도 있다는 의견 자체를 일축했다. "만약 당장이라도 내일 모기가 박멸된다면 모기 개체군이 활동하던 생태계에 잠시 영향이 생기겠지만 그대로 잘 살아가게 될 것이다." 그러면서도 불길한 의견을 덧붙였다. "모기보다 더 나은 무언가, 또는 더 나쁜 무언가가 그 자리를 차지할 것이다."

한 가지 분명히 해 둘 게 있다. 마블Marvel의 〈어벤저스〉 시리즈에 나오는 타노스처럼 생명의 대대적인 파괴를 일부러 계획한 사람은 없다. 유전자 드라이브를 연구한 학자들의 목표는 시간적으로나 공간적으로 한정된 범위에서 이 기술을 활용하는 것이고, 인도주의적인 취지로 그러한 목표를 떠올렸다는 점은 칭찬받아 마땅하다. 그러나 지옥으로 가는 길은 선의로 포장되어 있다는 말도 있다.

2013년에 크리스퍼가 등장하자, 과학자들은 이 기술로 해충에 유전자 드라이브를 일으킬 방법을 떠올렸다. 2014년 여름에 하버드대학교의 케빈 에스벨트Kevin Esvelt는 조지 처치를 포함한 동료들과 함께 상상력을 무한대로 발휘해 유전자 드라이브를 이론적으로 분석한 논문을 발표했다. 이들은 RNA 가이드를 활용한 유전자 드라이브가 "새로운 생

태학적 유전자 조작 방식이 될 것이며, 사람의 건강, 농업, 생물다양성, 생태학에서 여러 용도로 활용될 수 있다"고 주장했다.[21] 이 논문은 그와 같은 드라이브를 일으키는 복잡한 분자생물학적 원리와 함께, 개체군을 줄이거나 특성을 바꿀 수 있는 가상의 시스템을 여러 유형으로 제시했다. 특정 분자에 민감하게 반응하도록 만들거나 특정한 살충제에 내성이 생긴 개체군이 다시 그 살충제에 영향을 받도록 만드는 사례 등이 포함됐다.[22] 생태계 복원에도 유전자 드라이브를 활용할 수 있다는 내용도 담겼다. 그 예로 지구 전체 생태계에 막대한 피해를 가져온 침입종을 표적으로 삼을 수 있다고 설명했다. 그러나 이 '침입'이라는 표현에는 상대적인 의미가 있다. 즉 침입종으로 불리는 종도 원래 서식하는 곳에서는 아무 문제가 되지 않는다. 이런 생물이 유전자 드라이브의 표적이 되면, 기존 서식지에 존재하던 개체군까지 다 사라질 가능성이 있다.

2021년, 에스벨트는 내게 자신이 할 수 있는 일들을 깨달았을 때 어떤 기분이었는지 설명했다.

> 크리스퍼를 활용한 유전자 드라이브를 처음 떠올렸을 때, 첫날은 말라리아와 그밖에 수많은 생태학적 문제를 해결할 생각에 굉장히 들떴습니다. (……) 하지만 다음 날 아침에 일어났을 때는 너무 무섭더군요. 실험실에서 일하는 연구자 한 사람 한 사람이 크리스퍼로 어떤 생물의 유전체를 편집할 줄 알게 된다면, 그걸 실행에 옮길 수 있고 정말로 실행한다면 그 영향이 모두에게 퍼질 수 있다는 건 이전부터 알았던 사실이니까요. 안전의 측면에서 정말 무서운 일임을 깨달았습니다. 그래서 제 생각을 한 달 넘게 아무에게도 말하지 않았어요. 제 상관에게도요.

동료들도 그에 공감했다. 그래서 2014년에 나온 분석 논문에도 이런 기술을 사용한 다음이 아니라 사용하기 전에, 문제가 생길 경우 해결할 방법부터 찾아야 한다고 강조했다. 유전자 드라이브가 시작된 후에 중단시킬 방법, 일이 잘못되면 유전학적으로 발생한 모든 피해를 되돌릴 수 있는 여러 가상의 방법들도 제시했다. 더불어 확실한 안전장치와 통제 방안이 필요하다고 촉구했다. 효과를 장담할 수 없는 기술적인 해결책도 당연히 포함됐으나 연구진이 가장 중요하게 강조한 건 사회적인 검토와 합의가 필요하다는 점이었다. 유전자 드라이브는 과학자들 손에만 맡겨 두기에는 너무 중요한 일이었다.

유전자 드라이브를 생태계 보호에 활용하는 방안에 동의하지 않는 연구자들도 있었다. 2015년 호주의 한 연구진은 침입종이 갑자기 사라지면 무슨 일이 벌어질 수 있는지 지적했다.

> 과거에 인간이 특정 종의 멸종을 유도하자 중요한 식량 자원이나 최상위 포식자가 그 자리를 채운 것처럼, 유전자 드라이브 기술로 생물 종 하나가 사라지면 의도치 않은 결과가 연쇄적으로 일어나 멸종된 생물이 일으킨 것보다 더 위협적인 문제가 발생할 위험이 있다.[23]

이 연구진은 명확한 규제 체계가 마련되지 않는다면 "묘책처럼 여겨지는 이 기술이 전 세계 생태계 보호에 위협이 될 수 있다"고 결론 내렸다.

•———○

이런 논의가 이루어지는 동안, 크리스퍼를 적용한 유전자 드라이브 기술이 최초로 등장했다. 거의 우연히 얻은 결과였다. 2014년에 샌디에이고 캘리포니아대학교의 발렌티노 간츠Valentino Gantz는 박사 학위 연구로 초파리 날개의 발달 과정을 조사하고 있었다. 원하는 돌연변이가 염색체 한 쌍에 모두 존재하는 파리를 충분한 수만큼 만들어 낼 수 없었던 그는 크리스퍼 기술로 필요한 조건에 맞는 파리를 더 많이 얻을 수 있으리라는 생각을 떠올렸다. 간츠와 그의 지도교수였던 이선 비어Ethan Bier는 이미 수년 전부터 유전자 드라이브에 관한 논문이 많이 발표됐고 그에 관한 논의도 상당히 진행됐다는 사실을 전혀 몰랐다(케빈 에스벨트에 따르면 "이 두 사람은 이전에 나온 문헌을 한 편도 읽지 않았고, 언론에 보도된 뉴스도 전혀 본 적이 없으며 다른 과학자들로부터 어떠한 경고도 들은 적이 없었다"[24]). 초파리에서 몸이 노란색으로 바뀌는 돌연변이는 잘 알려진 돌연변이였고, 두 사람 다 이 돌연변이를 가진 개체를 충분히 만드는 게 목표였지만 자신들이 떠올린 생각으로 계획한 임시 실험은 당연히 실패하리라고 예상했다. 하지만 결과는 성공이었다. 둘 다 크게 기뻐하면서도 두려움을 느꼈다. 논문 제목에서도 밝혔듯이 두 사람은 돌연변이가 연쇄적으로 발생하도록 만들었다. 다르게 표현하면 유전학적인 원자폭탄을 만든 것이다.

2014년 말, 간츠와 비어는 연구 결과를 논문으로 작성하면서 자신들이 한 일에 얼마나 불길한 가능성이 담겨 있는지를 깨닫기 시작했다. 간츠는 '이 결과를 발표해도 될까?' 하는 생각을 했다고 회상했다.[25] 결국 그대로 발표하기로 했지만, 위험성을 강조했다.

> 우리는 이 침습적인 방법에 상당한 위험성이 있음을 분명하게 인지했다. (……) 다른 어떤 주제보다도 우선적으로 논의를 시작해야 할 문제다. 재조합 DNA 기술의 위험성을 평가했던 1975년의 유명한 아실로마 회의와 비슷한 콘퍼런스를 개최할 수도 있을 것이다.[26]

두 사람은 이런 위험성을 인지하고도 모기 생물학자 앤서니 제임스(문헌에서 '유전자 드라이브'라는 표현을 최초로 사용한 사람)와 곧바로

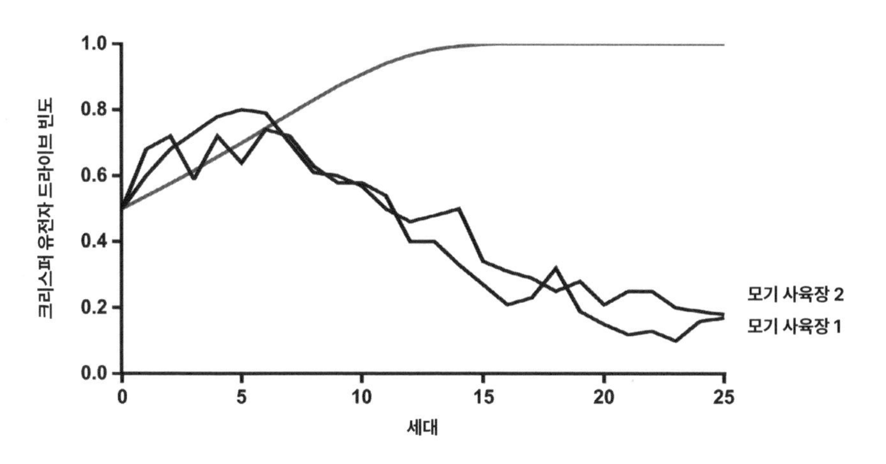

그림 14-1. 모기 사육장 두 곳에서 25세대에 걸쳐 나타난 크리스퍼 유전자 드라이브 빈도.
맨 위에 있는 연한 회색 선은 실험 전 예상했던 결과를 나타낸다.
Hammond et al. (2017), PLoS Genetics 13:e1007039.

협력해서 몇 달 내에 이 기술을 모기에게 확대 적용했고, 말라리아 원충에 감염되지 않게 만드는 두 가지 유전자를 모기 개체군 전체에 손쉽게 퍼뜨릴 수 있었다.[27] 실험은 성공했지만, 사육장 내 개체군을 여러 세대에 걸쳐 추적 조사해야 실험실 조건이 아닌 자연에서 나타날 영향을 더 정확히 확인할 수 있는데 이런 조사는 진행되지 않았다. 몇 주 후에 임페리얼 칼리지 런던의 안드레아 크리산티Andrea Crisanti와 토니 놀란Tony Nolan은 여기서 한 단계 더 나아간 연구 결과를 발표했다. 크리스퍼 기반 유전자 드라이브 기술로 모기 사육장 내 개체군 암컷에 불임을 유도했고 이 형질의 발생 빈도가 4세대 이상 계속 증가했음을 밝힌 연구였다.[28]

그 결과는 유전자 드라이브의 영향이 장기적으로 유지된다고 할 만한 근거로 볼 수 없었지만, 2017년에 장기적인 영향을 확인한 결과가 나왔다. 임페리얼 칼리지 런던의 같은 연구진이 모기 사육장 두 곳에 유전자 드라이브를 일으키고 25세대까지 추적한 결과, 초기에는 예상한 대로 빈도가 증가하다가 6세대가 지나자 인위적으로 도입한 형질의 발생 빈도가 갑자기 급감했다.[29] 놀란과 크리산티는 핵산분해효소의 영향으로 이 효소가 작용하는 표적 부위에 돌연변이가 일어났고, 그 결과 유전자 드라이브 시스템이 절단할 부위를 더 이상 인식하지 못해서 변이 빈도가 점차 줄었다고 결론 내렸다. 초파리에 두 가지 각기 다른 유전자 드라이브를 일으킨 연구들에서도 비슷한 결과가 나왔다. 이런 결론에 아쉬워한 사람들도 있고, 안심한 사람들도 있었다.

> 본 연구 결과는 현재와 같은 크리스퍼 유전자 드라이브 방식은 내성이 진화함에 따라 영향이 제한될 가능성이 크며, 특히 생물다양성이 큰 자연 개체군에 적용할 경우 더욱 그렇다는 사실을 보여 준다.[30]

이러한 사실은 모두 이전에 수학적인 모형으로 유전자 드라이브를 분석한 연구에서 예견된 결과였다. 그러한 분석을 진행한 학자들은 내성을 갖는 것이 그 개체에는 유리한 특성이 될 것이므로, 안전밸브가 잘못되면 문제의 원인이 되듯 유전자 드라이브의 효과가 발휘되는 시간은 제한적이라고 지적했다.[31] 자연에 서식하는 밀가루 갑충, 아프리카 말라리아모기, 과일 해충인 벗초파리*Drosophila suzukii*까지 세 종류의 곤충 개체군을 대상으로 한 유전체학 연구와 실험 연구에서도 이러한 문제점이 추가로 입증됐다. 세 곤충 모두 개체군의 유전학적 다양성으로 인해 유전자 드라이브의 효율이 감소하고, 내성이 생겨났다는 결과가 나온 것이다. 한 연구진은 다음과 같은 결론을 내렸다. "야생 표적 개체군의 유전학적 다양성으로 크리스퍼/카스9 기반 유전자 드라이브의 기능이 대폭 감소할 가능성이 있다."[32] 유전자 드라이브로 발생할 수 있다고 경고한 모든 피해에도 불구하고 실제 환경에서 이 기술을 적용하더라도 제대로 기능한다는 보장은 없다는 의미다.

과학자들은 도전을 사랑하는 사람들이고, 크리산티와 놀란은 1년 내로 생물 보존도가 높은(모든 생물에서 공통적으로 발견되고 오랜 세월 진화해도 유지되는 필수 유전자라는 의미다. – 역주) 성 결정 유전자 중 하나를 유전자 드라이브의 표적으로 삼았다. 이런 유전자는 자연 개체군에서 유전학적인 변이가 존재할 확률이 낮거나, 유전자 드라이브에 내성을 갖는 돌연변이체가 생겨날 가능성이 거의 없다. 연구진은 이 유전자 드라이브 시스템으로 사육장 내 개체군이 낳는 알의 양을 대폭 줄일 수 있었고 내성을 갖는 개체도 생기지 않았다.[33] 유전자 드라이브 시스템을 적절히 설계하면 특정 개체군을 멸종시킬 수 있음을 보여 준 강력한 증거였다. 연구진은 더 큰 사육장에서 더 많은 개체를 대상으로 같은 실험을 반복했다. 짝짓기 행동이 자연환경과 더 비슷하게 이루어질 수 있는 환경에서 다시 확인한 결과, 320일 이내로 개체군 전체가 사라졌다.[34] 이 유전학적 폭탄을 방출하는 데 기술적인 걸림돌은 없는 것으로 보인다.

유전자 드라이브로 잡초를 억제하거나 제초제에 내성이 생긴 잡초의 내성 유전자를 변화시켜 다시 제초제가 듣도록 만들 수 있다고 주장하는 사람들도 있다. 그러나 자가 수정하는 식물의 경우 유전자 드라이브의 효과가 제한적이므로 원하는 결과를 얻기까지 엄청나게 오랜 시간이 걸린다(식물의 생식 활동은 1년에 딱 한 번인 경우가 많다). 또한 DNA 이중 나선 구조가 절단됐을 때 식물세포에서 나타나는 반응 특성상 핵산내부가수분해효소를 이용한 유전자 드라이브는 효율이 낮아서 실제로는 아무런 영향도 발생하지 않을 수 있다. 현재까지 식물에 유전자 드라이브를 일으킨 사례는 없고, 앞으로도 그런 기술이 개발될 가능성은 희박하다.[35]

생태계 보호를 위해 유전자 드라이브로 포유동물 침입종, 특히 설치류를 없애려는 시도 역시 예상보다 어려울 수 있다. 2019년에 샌디에이고 캘리포니아대학교의 킴 쿠퍼Kim Cooper는 총 8가지 전략으로 마우스 개체군에 유전자 드라이브를 일으키려고 했으나 마우스 생활사의 여러 단계에서 일어나는 DNA 복구 기능으로 일정한 효과가 나타나지 않았다고 보고했다.[36] 또한 인위적으로 도입한 유전자 드라이브 시스템이 자가 증식하지 않아서 여러 세대에 걸친 영향도 조사할 수 없었다. 다른 연구진들도 설치류에 유전자 드라이브를 유도하는 게 어렵다는 사실을 확인하고, 향후 가능해지더라도 오랜 시간이 걸릴 것이라는 결론을 내렸다.[37] 쿠퍼는 〈네이처〉에 다음과 같이 밝혔다. "이런 일이 현실적으로 가능한지를 입증하는 것부터 시작해서 아직 해야 할 일이 너무나 많다."[38] 그래서 엘리자베스 콜버트Elizabeth Kolbert 기자가 〈뉴요커〉에 쓴 암울한 농담은 아직 상상의 영역에 머물러 있다.

유전자 드라이브 기술은 커트 보니것Kurt Vonnegut의 소설 《아이스 나인Ice-nine》에 나오는, 온 세상의 물을 싹 다 얼려 버리는 작은 조각에 비유되기도 한다. 'X 분쇄기' 기능이 생긴 마우스 한 마리가 탈출하면 그 소설 속 이야기와 비슷한 섬뜩한 영향이 발생할지 모른다. '마우스-나인'이 되는 것이다.[39]

유전자 드라이브를 향한 우려의 목소리가 거세지자 미국 국립 과학·공학·의학 학술원NASEM은 사람을 제외한 생물 유전자 드라이브를 연구할 위원회를 구성하고 이 새로운 기술의 윤리적, 기술적인 문제를 조사해서 보고하도록 했다. NIH와 국민 건강 재단, 빌 멀린다 게이츠 재단, 미국 방위 고등 연구 계획국DARPA이 이 위원회의 연구에 공동으로 자금을 지원하고 연구 계획을 수립했다. DARPA는 전 세계에서 유전자 드라이브 관련 연구에 가장 많은 돈을 제공한 기관이다.* 비슷한 시기에 벌어진, 유전 가능성이 있는 인간 유전자 편집 기술에 관한 논의도 그랬듯이 유전자 드라이브도 이 기술이 '반드시' 사용되어야 하는지 의문을 제기한 주요 기관은 없었고, 대신 '기술을 활용하기에 앞서 생태학적 위험이나 그 밖에 다른 위험성을 줄일 핵심 과학기술'을 찾으

* DARPA는 2016년 오바마 정부의 국가 정보국장이던 제임스 클래퍼James Clapper가 유전자 편집은 대량 살상 무기라고 선언했을 때부터 유전자 드라이브에 관심을 두기 시작했다. 이 발표 직후 DARPA는 유전자 드라이브 연구에 수백만 달러를 투자했다. DARPA가 투자한 대표적인 사례는 2017년에 시작된 '안전한 유전자Safe Genes' 사업으로, 이 사업의 목표는 유전자 드라이브를 유도한 후 문제가 생기면 특정 형질의 확산을 중단시켜서 '유전자 편집 기술이 의도적으로 또는 사고로 오용될 경우 전투원과 조국을 보호할 방법'을 찾는 것이었다. DARPA는 이 사업에 참여하는 연구진이 유전자 드라이브 시스템을 절대 방출하지 않는다는 조건으로 해당 사업에 연구비를 지원했다.

려는 의향은 있었다.[40] NASEM 위원회 회의 첫날, DARPA 대표로 참석한 대니얼 와튼도프Daniel Wattendorf 대령은 전문가단이 도출한 결과라도 DARPA가 원하는 답을 제시하지 못한다면 고려하지 않을 수 있다고 경고했다.

> 이 일은 특정한 과학적 조치가 나오거나 공동체가 숙고하기를 기다리거나 요청할 여유가 없을지도 모른다. 지금 당장 기술적인 해결책을 개발해야 할 수도 있다.[41]

DARPA는 유전자 드라이브 기술을 사용하고자 했으므로, 그래도 된다는 녹색불 또는 노란불을 원할 뿐이었다.

하지만 위원회 구성원들은 엄청난 책임감을 발휘했다. 연구비 제공처의 지시를 받아들일 수 없다고 거절한 것이다. "본 연구 과제에 관한 어조에서 유전자 드라이브가 기술적으로 특정 수준까지 발전하는 것을 당연한 일로 전제한다는 느낌이 든다"는 불만도 제기했다. 위원회는 그 요구를 따르는 대신 자신들이 적합하다고 판단한 방식으로 연구를 진행했고, 2016년 3월에 〈유전자 드라이브 전망〉 보고서를 발표했다. 기본적인 결론은 보고서에 굵은 글씨로 확실하게 밝혔다.

> **유전자 드라이브를 목적으로 변형된 생물체를 환경에 방출해도 된다는 사실을 뒷받침하는 증거는 아직 부족하다.**[42]

위원회는 이 기술이 사람의 건강에 도움이 될 가능성이 있으므로 실험 연구와 엄격히 통제된 현장 연구가 추가로 진행되어야 하지만 그러한 연구는 여러 조건을 충족할 때 승인해야 한다고 밝혔다. 의도가 불분명한 국방부 기관이 크게 신경 쓸 리 없는 조건이 대부분이었다. 이와 함께 NASEM 위원회는 관련 연구진들이 서로 협력하고 서로의 데이터에 접근할 수 있는 공개적인 데이터 저장소를 마련하라고 권고했다. 그리고 공공 토론으로 유전자 드라이브는 (건강에 유익하다는 주장만 펼칠 게 아니라) 환경에 되돌릴 수 없는 영향을 남길 수 있음을 강조해야 하며, 유전자 드라이브 기술을 사용하려는 모든 제안은 반드시 복합적인 생태학적 모형 분석과 대중의 참여가 포함된 엄격한 의사결정 절차를 거쳐서 관리해야 한다고 밝혔다.

이 보고서에 담긴 내용은 법적인 강제력이 없고, 1975년처럼 NIH가 재정적인 영향력을 가진 것도 아니었지만, 전문가단이 빈틈없이 작성한 이 냉철한 보고서는 전 세계에 반향을 일으켰다. NASEM 위원회는 DARPA나 연구비를 제공한 다른 기관들의 열망과 상관없이 유전자 드라이브 연구에 엄청난 주의와 책임감을 불어넣었다. 위원회 구성원들은 〈사이언스〉에 보낸 서신에서 과학자들이 새로운 기술을 발견했다는 흥분감에 사로잡혀 이 기술을 실험실에서 현장으로 바로 옮겨서 적용할까 우려되며 그러한 충동을 막는 것이 보고서의 목표였다고 밝혔다.[43] '혁신을 일으켰다는 흥분감'에 관한 이 설명은 일부러 골라 쓴 냉소적인 표현이다. 위원회는 맨해튼 프로젝트를 이끌었던 로버트 오펜하이머Robert Oppenheimer의 말을 인용했다.

멋진 기술을 발견했다면 시도해 보고 써 보기도 하고 그 기술로 무엇을 할 지도 이야기할 수 있지만, 그건 그 기술이 성공적일 때만 가능하다.

NASEM 전문가단이 무슨 수를 써서라도 막고자 했던 게 바로 그런 상황이었다. 2017년과 그 이듬해에 NASEM과 영국 너필드 생명윤리위원회가 차례로 유전 가능성이 있는 인간 유전자 편집에 노란불을 밝혔던 것과는 극명히 대조되는 결론이었다. 그때 유전자 편집 기술에 관한 논의에 참여했던 과학자들, 의사들, 생명윤리학자들도 유전자 드라이브 기술을 평가한 위원회만큼 명확하고 신중했다면 얼마나 좋았을까 하는 아쉬움이 든다.

1970년대에 재조합 DNA를 둘러싼 논쟁이 벌어졌을 때도 그랬듯이 새로운 기술을 향한 과학자들의 우려는 '이 기술을 꼭 써야 하는가'라는 심층적인 의문으로 이어지기보다 물리적으로나 생물학적으로 새로운 기술의 영향을 막을 수 있는 기술적인 문제 해결에 더 중점을 두는 방향으로 나타났다. 예를 들어 2015년 8월에 유전자 드라이브를 연구해 온 대표적인 학자들이 모두 참여해 〈사이언스〉에 공동으로 발표한 논문에는 이 기술이 실험 단계일 때는 물리적, 분자적, 생태학적인, 그리고 생식 기능을 고려한 엄격한 제한 전략을 여러 조합으로 적용해야 한다는 주장이 담겨 있었다. 여기까지는 괜찮았지만, 이런 주장을 펼친 목적은 향후 그러한 제한을 안전하게 없애고 이 기술을 활용하려면 대중의 신뢰를 얻어야 하기 때문이라는 설명이 이어졌다.[44] 또다시 기술 자체는 불가피하다고 보고 이것이 나름 신중한 방법이라고 판단한 것이다. 이 논문이 나온 후 같은 해에 에스벨트와 처치는 유전자 드라이브의 영향이 사고로 외부에 방출될 때 발생할 위험을 줄일 '분자 수준의 억제' 방안을 제시했다.[45] 두 사람은 심지어 유전자 드라이브를 목적으로 도입한 유전자를 변형 전 버전으로 되돌리고 유전자 드라이브 시스템의 구성 요소를 모두 없애는 방법도 개발했다. 처치는 이 절차를 반쯤 농담 삼아 "실행 취소" 또는 "컨트롤 Z"라고 불렀다. 그러나 이런 방법으로 유전자 드라이브를 일으키려는 표적 생물의 유전체를 변형 전으로 되돌릴 수 있을지는 몰라도 생태계에 이미 발생한 피해까지 복구될 가능성은 희박하다.

2017년은 유전자 드라이브와 관련된 복잡한 문제를 더 명확하게 깨달은 연구자들이 많아짐에 따라 이 기술을 바라보는 과학적인 태도가 크게 바뀐 해였다. 에스벨트와 처치를 중심으로 한 하버드 연구진들은 유전자 드라이브 기술을 특정 유전자가 자체 증식하는 방식이 아닌 자체 제한되는 방식으로 활용할 방안을 더 신중하게 고민하기 시작했다. 즉 일정 시간이 지나면 더 이상 작용하지 못하는 시스템, 더 정확히는 이 시스템의 유전학적인 구성 요소를 생식 주기가 특정 횟수만큼 지난 후에는 기능이 사라지도록 개발할 필요가 있음을 인지한 것이다. 이들이 떠올린 흥미로운 아이디어 중 하나는 각기 다른 염색체 또는 서로 다른 개체군의 여러 구성 요소가 포함된 일종의 '데이지체인 유전자 드라이브' 시스템을 만들어서 그중 하나라도 빠지면 기능하지 못하게 만든다는 것이다. 염색체는 생식 활동이 일어날 때마다 섞이고, 유전자 드라이브 시스템이 개체군에 도입되면 초기에는 개체 수가 줄어서 다른 개체군과 유전자 교환도 일어나지 않을 것이므로, 데이지체인의 여러 구성 요소의 일부는 어느 시점에 반드시 사라지게 된다. DARPA의 지원을 받은 다른 연구진은 박테리오파지에서 유래한 단백질을 활용해서 크리스퍼 유전자 드라이브의 작용을 중단시키는 항 드라이브 시스템을 개발했다. 수십억 년간 세균과 박테리오파지의 크리스퍼 기능 사이에서 벌어진 밀고 당기는 싸움으로 생겨난 단백질을 활용하는 방식이다.[47]

유전자 드라이브를 안전하게 만들 방법으로 제시된 이러한 아이디어는 모두 굉장히 영리하다. 1975년에 시드니 브레너가 유전학적인 기술이 안전하게 쓰이려면, 그리고 사람들이 당연히 느낄 두려움을 가라앉히려면 미생물을 '무장 해제'시킬 방안이 필요하다고 지적했는데, 그 말과도 명확히 일치한다. 이러한 방법 중 상당수는 아직 가설 단계에 머물러 있지만(예를 들어 데이지체인 유전자 드라이브는 아직 만들어지지 않았고 사육장 개체군 전체를 대상으로 한 장기 연구로 효과가 입증되지도 않았다), 그것과 별개로 이와 같은 아이디어는 유전자 드라이브의 영향이 의도치 않게 외부로 방출되거나 유전학적 또는 생태학적으로 의도치 않게 끔찍한 결과가 빚어질 가능성은 해결하지 못한다는 공통적인 문제가 있다.

이러한 우려에 공감한 연구자들도 있다. 2016년에 에스벨트는 2030년경 유전자 드라이브 분야에 불운한 사태가 일어날 수 있다고 예견하면서 "생물학적 테러가 아닌 생물학적 에러"가 문제될 것이라고 언급했다.[48] 다른 과학자들이 제기한 우려처럼, 에스벨트는 제시 겔싱어의 죽음과 같은 과거의 비극적인 사고가 그랬듯 유전공학을 향한 대중의 지지가 오랜 세월 약화될 수 있다고 우려했다.[49] 그런 사태를 막으려면 일이 실제로 잘못되기 전에 잘못될 수 있는 일을 막아야 하며 안전장치로 작용할 규제를 마련하고 이 기술의 주요한 문제를 대중이 더 깊이 이해할 수 있도록 해야 한다고 설명했다.

> 지난 역사로 볼 때, 안전공학은 재앙과 같은 일이 벌어지고 그 사실이 널리 알려진 후에야 일차적인 관심사가 된다. 그런 패턴이 반복되어서는 안 된다. 이제는 더 과감하게 주의를 기울여야 할 때다.[50]

에스벨트는 이런 생각을 하게 된 후 과거에 자신이 자급적인 방식의 유전자 드라이브 기술을 생태계 보호에 활용할 수 있다고 제안한 건 "부끄러운 실수"였다고 인정하며 "침습적이고 자체 증식이 가능한 유전자 드라이브는 여러 면에서 침입종과 같다"는 사실을 깨달았다고 전했다.[51]

•———∘

과학자들이 유전자 드라이브를 억제하고 통제할 기술적인 해결책에 집중하는 동안, 다른 분야의 학자들은 조직적인 관리와 규제의 필요성을 제기했다. 한 예로 정치학자인 프랜시스 후쿠야마Francis Fukuyama를 포함한 스탠퍼드 학자들은 "국가 수준에서 이 기술을 감시하고 표준을 설정할 영구적이고 신뢰할 수 있는 기관을 마련해 국제기구들과 협력하도록 해야 한다"고 주장했다.[52] 이들이 제시한 본보기는 항공기를 안전하게 이용할 수 있도록 관리하는 국제 민간 항공기구ICAO였다. ICAO는 자율적인 국제기구지만 권한도 있다. 훌륭한 제안이지만, ICAO와 더불어 법적 근거 없이 설립된 또 다른 국제기구로 매우 위험한 기술을 자발적으로 규제하는 국제원자력기구 또한 제2차 세계대전 이후 미국을 포함한 모든 나라가 항공 운항에 대한 국제 사회의 규제가 필요하다고 인식한 후에야 설립됐다. 유전자 드라이브 기술의 상황은 그와 다르며, 이 기술이 현실에서 쓰이려면 더 큰 지정학적 문제들부터 해결되어야 한다. 하지만 유전자 드라이브 기술이 정말로 쓰이는 날이 온다면 그렇게 순차적으로 나아가는 것이 전 세계가 이 기술을 안전하게 사용하는 길이 될 것이다.

2018년에 예일대학교의 나탈리 코플러Natalie Kofler 연구진은 같은 아이디어를 조금 다른 방안으로 제시했다. "전 세계 합동 실무단을 꾸려서 유전자가 편집된 생물체가 환경으로 방출됐을 때 전 세계적으로 파급될 잠재적 영향에 대처하자"는 의견이었다. 이와 함께 연구진은 "국제 사회의 큰 비전 안에서 각 지역의 관점에 큰 비중을 두는 접근 방식"이 필요하다고 설명했다.[53] 그러한 가상의 국제기구에 담긴 연구진의 야망은 훌륭하지만, 비현실적인 목표로 느껴진다.

> 이러한 새로운 관리 모형을 공동으로 설립하고 가장 먼저 각 지역의 필요와 전 세계의 관리 체계 및 전문 지식을 연계할 방안을 제안한다면 세계는 이 기술의 핵심적인 이점, 즉 이 지구에서 함께 살아가는 모두 더 건강하고 공정한 미래를 누릴 기회를 실현하게 될 것이다.

미국 연구자들의 딜레마는 생물학의 발전을 관리하는 문제에서 미국이 전 세계 다른 나라들과 보조가 맞지 않다는 점이다. 유전자 드라이브 기술을 관리하는 주요 국제기구는 UN 생물 다양성 협약CBD*이며, 이 협약을 통해 체결된 카르타헤나 의정서와 나고야 의정서로 관리가 이행된다.[54] 엄격한 예방을 우선시하는 CBD에 전 세계 약 200개국이 서명했지만, UN 가입국 중 유일하게 미국만 서명하지 않았고 앞으로도 그럴 가능성은 없어 보인다.* 그래서 유전공학의 모든 측면을 규제해야 한다고 생각하는 미국 연구자들은 전 세계적인 사태가 벌어지면 쓸데없는 시간 낭비로 여겨지거나 오로지 미국 규정에만 초점을 맞춘 지나치게 협소한 방안이 될지라도 알아서 대안을 찾아야 한다.[55]

CBD는 유전자 드라이브 기술을 규제할 수 있다고 인정받는 유일한 국제기구이므로, 이 기술에 반대하는 사람들은 2년마다 열리는 CBD 회의를 중심으로 활동을 벌인다. 최근에는 멕시코 칸쿤(2016년)과 이집트 샤름 엘 셰이크(2018년)에서 각각 개최됐다(2020년 회의는 코로나19 대유행으로 연기됐고, 2021년과 2022년에 두 차례로 나누어서 진행됐다). 유전자 드라이브 기술에 반대하는 사람들은 특허 신청서에 수백 종의 농업 잡초와 해충 종이 포함된 사실로도 드러났듯이, 이 기술을 연구하는 진짜 목적은 농업의 혁신이라고 주장한다. 하지만 특허 신청은 일

* 1992년 브라질 리우데자네이루에서 체결된 UN 다자조약. 미국은 UN 회원국 중 유일하게 CBD를 준비하지 않았다.

* 미국은 생물 다양성 협약의 내용에 동의하지 않으며, 국제형사재판소에도 가입하지 않는 등 전반적으로 자국 활동에 대한 국제기구의 통제에 반대한다.

부러 범위를 최대한 넓게 잡는 경향이 있고, 그런 이유로 유전자 드라이브가 기능하지 못할 것이 거의 확실한 식물의 핵산내부가수분해효소 유전자 드라이브까지 신청 내용에 포함하기도 한다. 또한 특허가 유전자 드라이브 기술의 활용 방식을 통제하는 용도로 활용될 수도 있다. 브로드 연구소는 자체 개발한 크리스퍼 기술 특허를 몬산토에 라이선스로 판매했으나 이 기술을 유전자 드라이브나 종결자 종자 개발에 쓰는 것, 또는 담배 식물에 쓰는 것은 명백히 금지했다.[56]

2016년 칸쿤에서 개최된 CBD 회의 준비 기간에 주요 환경 운동가 30명은 "유전자 드라이브 기술의 사용, 특히 환경보호와 관련된 사용 제안을 철회할 것"을 요구했다. 그해 회의에서 기술 사용을 유예하자는 제안은 기각됐고, 별다른 진전 없이 누구도 만족하지 못한 채로 회의는 종료됐다.[57] 2년 뒤 2018년 회의가 열리기 직전에는 미국의 '정보 공개법'에 따라 유전자 드라이브 연구자들이 곧 예정된 CBD 회의를 어떻게 준비할 것인지 의논한 이메일 1200통이 공개되면서 큰 파문이 일었다.[58] 정보 공개를 요청한 환경 단체 ETC 그룹은 이메일에서 연구자들이 CBD 합의 절차를 조작하려는 시도가 드러났다고 주장했다. 어떤 면에서는 유전자 드라이브 기술 반대론자들과 별 차이가 없는 행동이었고, 다른 점이 있다면 연구자들의 자금이 훨씬 더 두둑하다는 것이었다. 이 일은 작은 소동으로 끝났지만, 공개된 이메일 내용 중에는 언론이 더 많이 주목한 사실이 하나 있었다. 미군이 유전자 드라이브 기술의 활용과 필요할 때 영향을 중단시키는 연구에 관심을 둔다는 사실이었다. DARPA가 유전자 드라이브 관련 연구에 제공한 돈이 '안전한 유전자'

연구 사업비로 내놓은 900억 원보다 훨씬 많은 총 1400억 원에 이른다는 사실도 드러났다.[59]

이집트 회의에서도 전 세계가 유전자 드라이브 기술의 이용을 유예하자는 요청이 다시 안건으로 올랐다. 조제 보베가 이끄는 프랑스 농민협회를 비롯해 전 세계 소규모 환경보호 단체들, GM 반대 단체들 100곳 이상이 그러한 내용의 요청서에 서명했다.[60] 유전자 드라이브에 반대하는 사람들이 제시한 요구 사항에는 엄격한 억제 절차를 마련할 것, 처음 만들 때부터 변형된 요소를 나중에 되돌릴 수 있도록 할 것, 이 기술이 적용될 지역의 주민들에게 "사전에, 충분한 정보를 바탕으로 기술의 활용 여부를 자유롭게 선택할 수 있는 동의 절차"가 반드시 주어질 것, '민군 겸용' 즉 과학적인 발명이 군사 목적으로 활용되지 않도록 할 것과 같은 사항이 포함됐다. 유전자 드라이브 기술을 연구해 온 과학자들도 대체로 동의하는 내용이었다.[61] 유전자 드라이브 기술을 지지하는 쪽에서는 회의 전에 알려진 것과 달리 조직적으로 움직이려는 조짐이 거의 나타나지 않았다.

회의는 팽팽한 긴장감 속에 진행됐다. 나탈리 코플러는 분위기가 "아주 살벌했다"고 묘사했다. 기술에 반대하는 운동가들이 유전자 드라이브 기술을 핵무기와 비교하면서 말라리아 연구는 궁극적으로 농업에 이 기술을 적용해서 더 큰 수익을 올리려는 의도를 숨기기 위한 위장 전술이라고 주장한 여파였다. 결국 이 회의에서도 유예 요청은 거부됐다. 그러나 환경에 어떤 위험이 발생할지 확인하기 위한 세부적인 평가 절차가 필요하다는 점이 강조됐고, 무엇보다 어떤 식으로든 환경에

방출하기 전에 지역사회가 적극적으로 참여할 수 있도록 해야 한다는 주장이 나왔다.[62]

지역민들에게 사전에, 충분한 정보를 바탕으로 기술의 활용 여부를 자유롭게 선택할 수 있는 동의 절차가 제공되어야 한다는 것은 2021년 6월에 나온 WHO 주요 문서에도 반영됐다. 유전자 변형 모기에 관한 지침이 업데이트되면서 그러한 내용이 포함된 것이다.[63] 이전까지 GM 곤충은 생식 기능을 없애거나 암컷 자손이 생기지 않도록 조작한 개체를 국지적인 개체 수 감소라는 일시적 목적으로만 환경에 방출됐다. 그러나 GM 기술의 평판이 워낙 부정적인 데다 지역 개체군 간 유전자가 전달되어 생태계에 변화가 생길 수 있다는 뿌리 깊은 두려움이 더해져서, 업체들이 이러한 지침에 맞게 GM 곤충을 방출한 곳에서도 지역 공동체의 반대에 부딪혔다.[64] 개정된 WHO 지침은 유전자 드라이브 연구 사업을 지역 공동체와 협력해서 함께 개발해야 한다는 점을 강조하고, 반드시 점검해야 할 주요 사안을 목록으로 제시한 뒤 이를 점검하지 않으면 연구 사업이 폐지될 수도 있다고 밝혔다.

WHO는 직접적인 규제 권한이 없지만, 환경 위험 평가를 이처럼 진지하고 세밀하게 고려하는 방식으로 큰 영향력을 발휘할 수 있다. 임페리얼 칼리지 런던 연구진이 빌 멀린다 게이츠 재단의 지원으로 운영되는 비영리 연구 협력체 '타깃 말라리아'로부터 연구비를 받고 진행해 온 연구에서도 새로운 지침에 명시된 기준을 충족할 몇 가지 아이디어가 제시됐다. '타깃 말라리아'는 아프리카에서 몇 차례 워크숍을 개최해 연구가 필요한 생태학적인 문제를 탐색하고, 총 46가지 경로로 발생할 수 있는 유전자 드라이브의 8가지 주요한 영향을 찾아냈다.[65] 지역민들이 이 기술의 활용을 환영한다고 하더라도 이 기술을 실제로 적용한다는 결정을 내리기 전에 그러한 영향이 발생할 가능성을 현장 시험으로 반드시 확인해야 한다. 생태계는 복잡하고, 생태계에 발생할 위험성을 제대로 평가하는 것도 당연히 복잡한 일이다.

이제 유전자 드라이브 기술을 환경에 실제로 적용하기에 앞서 (법적 요건이 아니라도) 지역민들이 사전에, 충분한 정보를 바탕으로 기술의 활용 여부를 자유롭게 선택할 수 있는 동의 절차를 마련해야 한다는 지침은 널리 수용되고 있다. 그러나 실제로 동의를 얻는 건 매우 어려운 일로 드러났다. '타깃 말라리아'는 2019년 7월에 부르키나파소 정부의 허가에 따라 말라리아 발생률이 높은 마을 몇 곳에 생식 기능을 없앤, 형광 분말을 묻힌 수컷 모기를 방출했다.[66] WHO가 1975년 인도에서 시도하려다 실패한 방출 계획처럼 이 사업의 목표도 형광 표지된 모기의 확산 범위를 파악하고 방출한 모기를 다시 포획할 수 있는지 확인하는 게 전부였다.* 연구진은 1975년 방출 시도 때와 달리 사전에 지역민들에게 연구 내용을 충분히 알려야 한다는 필요성을 인지하고 실행

* 실험에 쓰인 모기는 대조군보다 더 빨리 죽는 경향이 있으므로 사실 포획까지 할 필요는 없었다.

에 옮겼지만, 문제는 거기서 시작됐다.

우선 현지 언어에는 '유전자'나 '유전자 변형'을 뜻하는 단어가 없어서, '타깃 말라리아' 직원들이 적절한 용어를 새로 만들어야 했다.[67] 하지만 마을 주민들은 21세기 초, 부르키나파소에서 실패로 끝난 Bt 목화 시험으로 장기간 지속된 부정적인 영향과 관련된 단어들을 자연스레 쓰기 시작했다. 예를 들어 타깃 말라리아 연구에 사용되는 모기(현지어로 soussou)를 지칭하는 표현으로는 soussou-BT가 가장 많이 쓰였다.[68] 타깃 말라리아의 연구 계획을 주민들에게 설명하는 일도 쉽지 않았다. 암컷 모기만 문다는 사실이나 방충망을 치면 말라리아를 예방할 수 있다는 사실을 모르는 사람들도 있었다.[69] 변형된 모기가 HIV를 옮긴다거나, 나중에 헬리콥터만큼 커지면 어떡하냐는 근거 없는 두려움을 표출하는 주민들도 있었다. 반은 사람이고 반은 모기인 그런 게 어떻게 존재할 수 있느냐고 묻기도 했다.[70] 타깃 말라리아는 글을 모르는 것이 이 연구를 이해하고 의사결정을 내리는 데 걸림돌이 되지 않도록 연구 내용을 설명한 영상도 제작해서 활용했다.[71]

일부 주민들은 크게 환영했다. 특히 '타깃 말라리아'로부터 돈을 받고 모기가 보이는 대로 잡아 오기로 한 주민들은 이 연구를 중요한 일로 받아들였다. "우리는 다음 세대를 말라리아로부터 구할 방법을 찾고 있다." 모기잡이로 나선 한 젊은 주민의 말이다.[72] 하지만 타깃 말라리아의 이런 노력에도 불구하고, 기자들이 찾아와서 질문하자 연구 내용을 제대로 듣지 못했다고 주장하는 주민들이 나타났다. "장점만 이야기하고 위험성에 관해서는 말해 주지 않았다." 한 농부는 이렇게 말했고, 한 여성 주민은 의논할 기회가 충분하지 않았다고 불만을 토로했다. "궁금한 건 다 물어볼 수 있어야 하는데, 그 사람들이 가고 나면 또 새로운 질문이 떠올랐어요. 기회가 있다면 이걸 꼭 물어보고 싶어요. 효과가 없으면 우리 마을에는 어떤 위험이 생기죠?"[73]

연구진과 주민들의 정보 격차, 실질적인 권력의 비대칭성은 엄청났고 일부 주민들은 무력감을 느꼈다. "그 사람들은 우리에게 말라리아를 퇴치할 거라고 말합니다. 우리는 과학자가 아니니까 그 사람들 말을 믿지만, 앞으로 어떤 위험이 생길지 아직 의문스럽습니다." 한 농부는 〈르몽드〉에 이렇게 말했다.[74] GM 반대 운동을 해 온 알리 탑소바Ali Tapsoba도 "충분한 정보를 토대로 자유롭게 동의할 기회는 사실상 주어지지 않았고 지역민의 무지와 문맹이 남용됐다"고 주장했다. 기자 겸 영화감독인 자흐라 몰루Zahra Moloo는 주민 전원에게 동의를 얻는 건 불가능하다고 밝힌 '타깃 말라리아'의 성명에 반박했다.

> 유전자 드라이브 실험의 영향을 받는 모든 사람으로부터 사전 동의를 얻는 게 어려운 이유는, 그러한 절차가 절대적으로 중요한 이유와 동일하다. (……) 주민 절반의 동의를 얻는 걸로는 충분하지 않다.[75]

타깃 말라리아가 모기를 방출하기 전, 부르키나파소의 수도 와가두구에서는 시위자 1000명이 모여 행진을 벌였다. 알리 탑소바는 이런 기술로 특정한 종을 없애면 그 자리가 다른 종으로 대체될 수 있으며 더 위험한 결과를 초래한다고 경고했다. 그리고 '타깃 말라리아'가 대화

창구를 마련하긴 했지만, 그 전에 반대 의견을 가진 사람들과 만나 달라는 요청을 1년 넘게 거부했고 질문에 답하지도 않았다고 주장했다.[76]

부르키나파소의 사례는 지역민들에게 사전에, 충분한 정보를 바탕으로 기술의 활용 여부를 자유롭게 선택할 수 있는 절차를 제공하고 동의를 얻기가 얼마나 힘든 일인지 보여 준다. 단순히 정보를 제공하는 수준을 넘어 지역 공동체 전체가 사업의 가장 기본적인 단계부터 참여하도록 해야 한다. 원하는 결과를 얻을 수 있는 대안은 없는지 주민들과 함께 탐색하는 것도 그러한 노력에 포함되어야 한다. 식민지 시대에 의학적인 개입이 일어난 역사를 기억하는 국가에서는 과학자라고 하면 흰 가운을 걸친 모습을 떠올리고 일단 경계하기 때문에 더더욱 그런 노력이 중요하다.[77] 미국의 한 연구진은 지역사회의 리더들과 공손하게 협의하되 "연구자들은 그들이 정보를 제공하고 연구에 참여하도록 이끄는 영원한 수문장이 아님을 잊지 말아야 한다"고 설명했다.[78] 지역사회는 다 같지 않고, 사회 내부의 권력 구조로 인해 다른 곳보다 접근하기가 어려운 곳들도 있다.[79] 부르키나파소의 한 여성 주민은 〈르몽드〉와의 인터뷰에서 이렇게 밝혔다. "아무튼 우리에게는 발언권이 없고 모든 건 다 남자들이 결정합니다."[80]

반대 의견을 가진 사람들과도 소통하고 그들의 의견도 고려해야 한다는 것까지 포함한 이 모든 문제는 최근 케냐에서 열린 '타깃 말라리아' 워크숍에서도 인정됐다.[81] 이러한 원칙을 실천하는 일이 안전한 유전자 드라이브 기술을 개발하는 일보다 훨씬 어려울 것이다.

어쩌면 걱정할 필요가 없을지도 모른다. 자연 개체군은 유전학적인 변이가 다양해서 유전자 드라이브가 기능하지 못할 수도 있다. 개체 간 동질성이 크지 않아 원하는 유전자가 충분히 퍼지지 않거나, 생태학적으로 예상보다 훨씬 더 까다로운 요인이 발생하거나, 그 밖에 우리가 전혀 예상치 못한 다른 문제가 생길 수도 있다. 또는 유전자 드라이브의 기능이 훌륭하게 발휘되고 병을 매개하는 소규모 지역 개체군에만 정확히 영향을 줄 수도 있다. 특정 지역의 특정 생물 종이 완전히 사라져도 생태계에 별다른 영향이 발생하지 않을 가능성도 있다. 유전자 드라이브 기술을 지지하는 사람들은 현재 이 기술의 표적으로 여겨지는 생물 중 다른 생물의 유일한 먹이인 경우는 하나도 없다고 강조한다. 만약 전부 사라지더라도 아무 해가 되지 않는다는 의미다. 그러나 반대자들이 제기하는 문제가 사실일 수도 있다. 예를 들어 말라리아모기 중 하나인 아노펠레스 감비아Anopheles gambiae는 모든 종류의 파리와 노린재류, 잠자리, 실잠자리, 새우, 거미, 납작벌레, 양서류, 어류, 조류, 박쥐, 물에 사는 기생충의 먹이다.[82] 이 모기가 사라지고 이 광범위한 포식 동물 중 일부가 예전보다 아주 조금 더 배가 고파지면, 예상치 못한 연쇄적인 생태학적 문제가 발생할 수 있다. 그러므로 어떤 생물이 사라졌을 때 그 생물만 먹이로 삼는 포식 생물이 없으면 아무 영향도 생기지 않는다고 주장할 수만은 없다. 생태계는 우리가 다 알 수 없을 만큼 복잡하게 얽혀 있으므로 그런 이유로 생태계에 악영향을 주지 않는다고 단언

할 수는 없다.

유전자 드라이브로 발생할 최악의 상황이라고 해 봐야 인간이 오랜 세월 집약적인 농업과 생물 서식지 파괴로 기후 변화까지 일으킨 대대적인 환경 파괴에 비하면 아무것도 아닐 거라는 의견도 우울하지만 사실이다. 그러나 같은 이유로, 현재 상황이 이미 그만큼 안 좋다는 점을 고려해서 지구 전체가 문제에 처할 만한 상황은 무슨 일이 있어도 피해야 한다. 자칫 유전자 드라이브로 도입하려는 형질이 서로 다른 종 간의 짝짓기를 통해 다른 종으로 퍼질 수도 있으므로, 표적은 극도로 주의해서 선택해야 한다.[83]

곤충 매개 질병을 막을 더 간단한 해결책이 생겨나서 유전자 드라이브 기술은 사용할 필요가 없게 될 수도 있다. 오랫동안 지체됐던 말라리아 백신 개발은 이제 중요한 진전을 보인다. 이집트숲모기Aedes aegypti가 볼바키아Wolbachia라는 세균에 자연적으로 감염되면(이 감염은 자연에서 발견되는 편향적인 유전 패턴의 원인 중 하나로, 진화생물학자들이 특히 관심을 쏟는 주제다) 뎅기열이나 치쿤쿠니야열을 일으키는 바이러스, 말라리아를 일으키는 원충Plasmodium에 감염될 확률이 낮아진다는 사실이 발견됐다.[84] 인도네시아에서 실시된 현장 연구에서는 모기 개체군을 볼바키아에 고의로 감염시키면 사람의 뎅기열 감염률이 크게 줄어든 것으로 확인됐다. 일부 지역에서는 이것이 뎅기열 같은 불쾌한 열대 질환을 해결하는 안정적인 방법이 될 수 있고, 지역에 따라 말라리아도 같은 방법으로 막을 수 있을지 모른다.[85]

유전자 드라이브의 가능성과 위험성을 고민해야 하는 범위는 열대 질환이나 생태계로만 국한되지 않는다. 미국의 연구자 메이와 몬테네그로 더 빗Maywa Montenegro de Wit은 이 기술이 수백만 명의 목숨을 구할 수 있으나 잠재적인 위험성을 파악하기가 어렵다는 점, 지역 주민들로부터 사전에, 충분한 정보를 바탕으로 자유롭게 동의를 구해야 한다는 점 사이에서 어떻게 하면 현실적인 합의점을 찾을지 고민해 왔다.[86] 지역 공동체에 거부권을 부여하는 것은 필수적인 조치지만 유전자 드라이브가 자체 증식된다는 점을 고려하면 어디까지를 '지역'으로 볼 수 있느냐가 문제다. 케빈 에스발트는 "방출 장소가 어디든 결국에는 모든 곳에 방출한 것과 같다"고 설명했다.[87] 말라리아 피해가 심한 마을은 당연히 모기를 없애고 싶어 할 것이고 말라리아로부터 아이들의 목숨을 구할 수 있다면 뭐든 해 보려고 할 것이다. 하지만 이들에게 다른 지역, 다른 나라, 다른 대륙, 넓게는 지구 전체의 미래까지 결정할 권리를 부여해야 하는지는 명확히 판단할 수 없다. 국제 민간 항공기구처럼 규제 권한을 가진 국제 사회의 감독 기구가 필수인 건 바로 이런 이유 때문이다. 유전자 드라이브는 거대한 퍼즐의 한 조각에 불과하다. 몬테네그로 더 빗의 말처럼 유전자 드라이브로 제기되는 문제들은 멋진 유전학 기술보다 훨씬 더 심오한 의미가 있다.

> 유전자 드라이브로 해결하려는 위기를 증폭시키는 빈곤, 불평등, 근대 세계화와 같은 근본적인 문제들은 어떻게 해결할 것인가?[88]

15

무기

유전공학이 현실이 되자 사람들은 과학자들이 만든 치명적이고 감염을 일으키는 생명체가 실험실 밖으로 빠져나올지도 모른다는 두려움을 느꼈다. 바로 이런 우려로 1975년에 아실로마 회의 이전의 상황들이 벌어졌고, 회의가 시작되자 우려는 정점에 이르렀다. 이후 유전자가 재조합된 세균과 바이러스를 안전하게 만들 수 있다는 사실이 명확해지자 두려움은 희미해졌고, 과학자들은 가장 독창적이고 생산적인 방식으로 유전공학 기술을 공개적으로 활용했다. 이것이 공식적인 역사고, 이 책에서도 앞서 그런 내용을 어느 정도 다루었다.

하지만 공식적으로 알려진 역사와 함께 과학이 악용된 은밀한 역사도 나란히 존재한다. 이 두 번째 역사는 지난 반세기 동안 발생한 주요 갈등 중 일부에 영향을 주었고, 우리가 인식하지도 못했던 위협이 항상 존재하는 상황을 만들었다. 50년 가까이 그늘에 가려졌던 이 평행 세상은 유전공학 기술로 만든 끔찍한 생물무기와 관련이 있다.

그 세상은 사실 처음부터, 뻔히 보이는 곳에 숨어 있었다.

•——○

아실로마 회의 셋째 날, 참석자들은 복사된 전보 한 통을 받았다. 발신자는 소련의 반체제 인사였던 분자생물학자 알렉산더 골드파브 Alexander Goldfarb였다. 골드파브는 얼마 전 이스라엘 이민을 신청했으나 소련은 그가 해 온 대장균 관련 연구가 '국가 안보에 중요하다'는 이유로 신청을 거부했다.[1] 전보에는 자신이 해 온 것과 같은 종류의 연구가 생물전에 쓰일 가능성이 있는지 아실로마 회의에서 꼭 논의해 달라는 골드파브의 호소가 담겨 있었다. 하지만 그의 요청은 받아들여지지 않았다. 아실로마 회의를 준비한 위원회는 처음부터 윤리적인 쟁점이나 사람을 대상으로 한 유전공학, 생물전은 논의 주제에 포함하지 않기로 했고 회의 참석자 대다수가 동의했다. 이번 회의는 해가 되지 않는 연구를 계속 안전하게 해나갈 수 있도록 실험 과정의 분리 방안을 개발하기 위해 전문가들이 머리를 맞댈 기회라고 생각했으므로, 악의적인 세력이 유전공학이라는 이 새로운 과학을 어떻게 활용할 수 있는지까지 굳이 추측할 필요는 없다고 보았다.

생물전의 위험성은 이미 사라졌다고 본 참석자들도 있었다. 1969년 11년에 닉슨 대통령은 갑작스럽게 미국의 생물전 관련 사업을 중단한다고 일방적으로 발표했다. 그로부터 2년 내로 미국에 비축된 생물무기는 전부 폐기됐다.[2] 기존에 알려진 미생물을 사람이나 동물에 감염시킬 목적으로 만들어진 이 무기들은 제2차 세계대전 기간과 종전 이후에 개발됐다(일본도 이런 무기를 사용했고, 처칠도 미국에 탄저균 폭탄 50만 개를 주문할 정도로 관심이 많았다). 아실로마 회의가 열리고 한 달 후인 1975년 3월에는 1972년에 미국과 소련을 포함한 전 세계 85개국이 서명한 생물무기 금지 협약BWC*이 발효될 예정이었다. 아실로마 회의는 잠재적 위험성을 고려해 극도로 위험한 병원균을 다루는 연구는 금지할 것을 제안했고 NIH도 이를 수용했다. 하지만 여기까지였다. 데이비드 볼티모어가 개막 연설에서 재조합 DNA는 "생물전의 가장 강력한 기술이 될 가능성이 있다"고 언급했지만, 참석자들은 재조합 DNA 기술이 적용된 생물무기가 등장하는 악몽 같은 상황은 생각하지 않아도 된다고 보았다.[3] 국제 사회는 유전공학 기술이 무기화될 위협에 외교적으로 대처해 왔으므로, 그런 무기는 절대 개발되지 않으리라고 생각했다.

하지만 그런 생각은 희망 사항에 불과했다. 아실로마 회의 참석자 명단을 자세히 살펴보면 소련 대표단은 총 5명이고 그중 3명은 모스크바 분자 생물 연구소의 대표적인 분자생물학자인 알렉산더 바예프Alexander Bayev, 블라디미르 엥겔하트Vladimir Engelhardt, 안드레이 미르자베코

* 생물무기 개발을 막기 위한 국제연합(UN) 협약. 권한이 매우 제한적이다. 1972년에 체결되어 1975년부터 발효됐다. 체결 이후에도 구소련과 남아프리카공화국의 생물무기 개발을 막지 못했고, 협약에 서명한 다른 나라가 생물무기를 개발한다고 해도 이 협약으로는 막을 수 없다.

프Andrej Mirzabekov인데,** 모두 얼마 전 소련이 극비리에 공격 목적의 생물전 사업을 시작한다는 결정을 내릴 때 관여한 사람들이다.[4] 이 사업은 두 갈래로 진행됐다. '퍼먼트Ferment'(러시아어로는 '효소'를 의미한다)라는 암호명으로 불린 한쪽은 사람이 연구 대상이었고, '에콜로지Ekology'라고 불린 다른 한 갈래는 아직도 제대로 알려진 내용은 없지만 농작물과 축산 동물이 연구 대상이었다.[5] 바예프는 1971년에 소련의 공산당 서기장이던 레오니트 브레즈네프Leonid Brezhnev에게 새로운 생물무기 사업을 제안하는 내용의 편지를 공동 작성했다. 그와 협력자인 미르자베코프는 범정부 분자생물학·유전학 과학·기술위원회라는 비밀 기관 소속으로, 퍼먼트 사업을 감독하고 생물무기 개발에서 발생하는 기술적인 문제를 순탄하게 해결하는 것이 이 위원회의 역할이었다.[6] 아실로마 회의에 참석한 소련의 세 번째 주요 인사인 엥겔하트는 소련 과학원 소속이자 퍼먼트 사업의 연구를 수행한 주요 기관 중 하나인 분자 생물 연구소의 소장이었다.[7]

퍼먼트 사업은 곧 소련 전역의 수많은 실험실, 연구소, 생산 시설로 구성된 바이오프리파라트Biopreparat라는 거대한 네트워크로 변신했

** 미르자베코프는 서구 지역 분자생물학자들 사이에서 잘 알려진 인물로, 1971년에 케임브리지에서 프랜시스 크릭, 프레더릭 생어, 맥스 퍼루츠Max Perutz의 도움으로 전달 RNA 분자의 염기서열 분석 연구를 수행했다. 1990년대 초까지 제임스 왓슨을 비롯한 분자생물학 분야의 대표적인 인물들과 계속 연락하며 지냈다. 아실로마 회의에 참석한 후에는 하버드 대학교로 가서 월리 길버트와 만났다. 나중에 길버트는 당시 미르자베코프가 저녁 식사 자리에서 언급했던 DNA 염기서열 분석 방법이 5년 후 노벨상을 안겨 준 연구에 영향을 주었다고 밝혔다.

다. 바이오프리파라트는 버그와 볼티모어, 그 밖에 과학자들이 유전공학 기술의 위험성을 알리기 위한 서신을 작성 중이던 1974년 4월부터 본격적으로 가동됐다. 그때부터 15년간 40여 곳의 바이오프리파라트 연구소에 3만여 명이 채용되어 유전학으로 감염성이 높고 치명적인 미생물을 만들어 내는, 상상할 수 있는 가장 위험한 연구를 수행했다.

아실로마 회의에 참석한 소련 대표단은 유전공학으로 생물무기를 개발하는 일에 관심을 쏟고 있다는 기색은 조금도 내비치지 않고 회의를 주최한 서구인들의 기대에 맞게 행동했다. 회의 기간에 미국의 한 원로 미생물학자는 저녁 식사 중 웃으면서 이런 말을 하기도 했다.

> 러시아에서는 '아무것도' 모르는 저런 늙은 학자들을 보냈다. 저 사람들한테 뭘 물어보면 말을 얼버무리는데…… 숨기는 게 있어서가 아니고 '몰라서' 그러는 것이다.[8]

〈롤링스톤〉의 마이클 로저스 기자는 아실로마 회의에 소련 대표단이 참석했다는 사실에 호기심을 느끼고 "수수께끼 같은 일"이라고 표현했다. 심지어 그중 한 명에게 소련에서 분자생물학이 군사적으로 중요한지 묻기도 했다. 직접적인 답은 들을 수 없었고 더 깊이 캐묻지는 않았다.

소련의 생물무기 사업은 소련 공산당 중앙위원회 소속 젊은 화학자이자 브레즈네프 서기장의 절친한 친구였던 유리 오브치니코프Yury Ovchinnikov의 아이디어였다.[9] 아실로마 회의에 참석한 소련 대표단의 단장이자 오브치니코프의 동료였던 알렉산더 바예프는 1969년 벡위스가 lac 유전자를 분리한 이후부터 유전공학의 발전 과정을 면밀히 주시했다.[10] 바이오프리파라트의 연구는 대부분 탄저균이나 페스트균을 이용한 전통적인 생물무기를 '개선'하는 일이었지만, 이 사업이 소련 지도자들의 마음을 움직인 핵심은 유전공학 기술로 극히 치명적인 새로운 물질을 만들 수 있다는 전망이었다. 그러려면 돈과 건물, 인력이 필요했다.

바이오프리파라트의 확장 사실을 숨기려면 일반적인 연구로 위장해야 했다. 이에 따라 생물물리화학과 생명공학 기술을 중심으로 한 새로운 연구 사업의 형태로 민간 분야와 군사 분야 모두에서 혁신적인 결과가 나왔다.[11] 1977년 〈로스앤젤레스 타임스〉는 소련의 유전공학 연구가 발전하고 있다는 소식을 전하면서 군이 이 기술에 흥미를 느끼는 것 같다고 내비쳤다.[12] 그러면서도 바예프를 비롯한 소련의 과학자들이 재조합 DNA의 안전성에 관한 미국 학자들의 우려에 공감해 왔다고 주장함으로써 통찰은 애매해졌다. 소련의 연구소들은 NIH 규정을 채택했고, 소련을 방문한 서구 사회의 기자들이나 학자들이 그런 사실을 직접 확인했다고도 전했다.[13] 생물전은 BWC에 위배될 뿐 아니라 "과학의 도덕률"을 어기는 일이라고 한 바예프의 말도 인용했다. 바예프는 살인적인 기밀 사업을 민간 사업으로 세심하게 가리는 대외적인 간판 역할을 톡톡히 해낸 셈이다.*

* 1995년에 바예프가 쓴 회고록 《내 삶의 길들The Paths of My Life》에는 1930년대에 "부하린을 지지한 테러리스트"로 터무니없이 고발당했다는 내용이 나온다. 그는 자신이 구소련 정치범 강제 노동 수용소에서 10년간 일했던 경력 때문에 이런 고발을 당한 것이라

퍼먼트의 첫 번째 연구 사업에는 '코스터Koster'(모닥불이라는 뜻)라는 이름이 붙었다. 유전공학 기술로 항생제 내성균과 세포의 항원 구조를 변형시켜 탐지와 처리를 피하게 만든 미생물, 그리고 '예상치 못한 특성을 가진 완전히 새로운' 미생물까지 세 가지 새로운 생물무기를 개발하는 사업이었다.[14] 페스트균Yersina pestis과 탄저균의 DNA를 재조합해 항생제 내성 버전으로 만드는 연구 등 바이오프리파라트 사업과 무관한 다른 연구소들에서 의뢰한 연구도 함께 진행됐다. 탄저균은 1980년대 말에 항생제 내성 버전이 만들어졌으나 페스트균은 실패했다. 그러나 페스트균의 항원 특성을 변화시켜서 탐지를 피하게 만드는 목표는 달성됐다. 적군의 의료 책임자들에게 혼란을 일으켜 감염된 환자의 치료가 지연되도록 만드는 기술이었다.

지휘와 통제가 엄격한 소련의 관료주의적인 체제로는 바이오프리파라트의 생산성을 높일 수가 없었고, 조직의 내부 구조도 분열됐다.[15] 막대한 자금을 투입했으나 자원 부족에 시달리기도 했다. 예를 들어, 소련에서는 제한효소의 이용에 제약이 있는 상태라 바이오프리파라트는 연구에 필요한 제한효소를 확보할 자체 공급망을 만들어야 했다. 이들의 목적이 성사되는 데 오랜 시간이 걸린 건 아마도 이런 문제들 때문이었을 것이다. 카자흐스탄 출신으로 나중에 켄 알리벡Ken Alibek이라는 서구식 이름으로 개명한 바이오프리파라트 소속 과학자 카나잔

고 설명했다. 이 회고록에서 바예프는 미르자베코프와 함께 일했다고는 언급했지만, 바이오프리파라트에 관해서는 한마디도 하지 않았다. Bayev, A. (1999), Comprehensive Biochemistry 38:439-79.

알리베코프Kanatzhan Alibekov는 1989년이 되자 "대다수가 결과가 나오리라는 희망을 접었다"고 전했다.[16] 그러나 그토록 바라던 혁신적인 결과가 마침내 나왔는데, 사람들은 이 성취에 자긍심과 함께 두려움을 느꼈다. 알리벡은 1989년에 '모닥불' 사업에서 일하던 한 연구자가 오랜 시도 끝에 페스트균과 밀접한 관련이 있는 세균의 유전자를 조작해서 인체 신경세포의 핵심 구성 요소인 미엘린에 작용하는 독소를 만드는 데 성공했을 때의 일을 회상했다. 인위적으로 다발성 경화증을 일으킬 수 있는 방법을 찾은 것이다. 이 세균에 감염된 희생자는 감각과 운동 기능이 급속히 망가질 것으로 예상됐다.

> 그 실험은 성공했다. 유전자가 조작된 한 가지 물질이 두 가지 질병 증상을 일으켰고, 그중 하나는 어떤 병의 증상인지 추적할 수 없다고 밝혀졌다. 방 안에는 침묵만 가득했다. 우리 모두 이 연구자가 한 일의 의미를 깨달았다. 그건 새로운 종류의 무기였다.[17]

소련이 유전공학에 관심을 기울인 진짜 이유를 아실로마 회의에 참석한 과학자들만 몰랐던 건 아니다.[18]* 서방의 정보기관들도 전혀 알지 못했다.

* 〈롤링스톤〉의 마이클 로저스 기자는 아실로마 회의에 소련 대표단으로 참석한, 과학자가 아닌 6번째 인물이 있었으며 영어를 유창하게 구사하는 "매력적이고 단정한 샌프란시스코 부영사"라고 전했다. 이런 인물이 회의에 참석한 일 자체도 경계할 만한 징후로 해석할 수 있었을 것이다.

1976년에 미국 국방 정보국은 소련의 유전학 연구에 관한 첫 번째 보고서를 작성했는데,[19] 이 보고서에 소련이 유전공학 기술을 군사 목적으로 활용할 가능성이 있음을 암시한 내용은 전혀 없다. 대신 정보국은 소련의 유전공학 기술이 갑자기 발전한 건 미국이 이 분야에서 선두를 달리고 있다는 사실에 수치심을 느꼈기 때문일 것이라는 순진한 생각을 밝혔다. 1979년 스베르들롭스크(현재는 예카테린부르크)에서 탄저균 감염으로 46명이 사망하는 일이 생기자 미국은 소련에 BWC 위반 행위라고 통지했고,[20] 소련은 생물무기와는 아무 관련이 없는 사고이며 희생자들이 탄저균에 감염된 고기를 먹고 벌어진 일이라고 주장했다.* 1980년대 말과 1990년대 초에 사회학자 잔 기유맹Jeanne Guillemin은 분자 유전학자인 남편 매슈 메셀슨과 함께 미국 과학자들이 여러 차례 개별적으로 소련을 방문할 기회를 마련했는데, 탄저균 감염이 발생한 지형과 국지적인 우세풍으로 미루어 볼 때 인근 바이오프리파라트 시설이 감염원인 것으로 강하게 의심됐다. 메셀슨은 유출된 탄저균의 양은 아마도 수 밀리그램 정도의 극소량일 것으로 추정했다. 그러나 폭발, 사고, 실험 등 정확한 유출 원인이 무엇인지는 밝혀지지 않았다.

스베르들롭스크 사고에도 불구하고 서방 정보기관들이 입수할 수 있는 정보는 부족했다. 1982년 2월까지도 미국 국방 정보국은 스베르

* 1985년 6월, 바예프는 모스크바를 방문한 미국의 미생물학자 조슈아 레더버그에게 스베르들롭스크에서 생물무기 사고가 있었다는 "반체제 인사들"의 주장은 무시하라고 하면서 그저 공중보건 문제라고 밝혔다. 오브치니코프는 레더버그에게 그 사고에 관해서는 아는 게 전혀 없다고 말했다.

들롭스크의 탄저균 감염 사고가 자연적으로 발생했을 가능성을 계속 열어두고 BWC 위반은 향후 발생할 수 있는 일로 여겼다.[21] 그러나 1983년 말부터 이런 입장은 바뀌었다. 정보국 보고서에는 소련이 추진 중일 것으로 추측되는 일들이 담기기 시작했는데, 상당히 정확한 내용이었다. 그러나 미국은 확실한 증거를 쥐지는 못했고 전해 들은 말과 의혹이 다였다. 거기다 확증 편향의 영향으로 사실이 아닌 이야기를 진짜라고 믿는 바람에 거울의 방에서 길을 잃은 듯한 상황이 계속됐다.

냉전으로 분위기가 한창 격렬할 때 미국이 내세운 주된 주장 중 하나는 과거에 소련이 진균 독소가 포함된 '황우Yellow Rain'라는 무기를 개발해서 아프가니스탄 침공에 사용하고, 베트남, 캄보디아, 라오스에도 공급했다는 것이었다.[22] 하지만 동남아시아 지역 숲에 떨어진 노란색 물방울이 생물무기라는 미국 정부의 주장을 뒷받침하는 증거는 없었다. 이를 끈질기게 조사한 매슈 메셀슨은 1983년, 문제의 노란색 물방울은 꿀벌의 잔해라고 설명했다.[23] 그러자 1984년에 〈월스트리트저널〉은 메셀슨의 이 같은 반박에 대한 반응으로 논설위원 중 한 사람인 윌리엄 쿠세비치William Kucewicz의 글 8편을 시리즈로 실었다. 토대가 되는 정보가 있긴 했지만 황당한 내용도 간간이 섞여 있던 이 시리즈에는 소련이 "황우를 넘어서서" 유전공학 기술로 "평범한 바이러스에 코브라 독과 관련된 유전자를 재조합하는" 시도를 벌이고 있다는 주장이 담겼다.[24]

쿠세비치에게 정보를 제공했을 것으로 추정되는 미국 정보국은 간혹 정확한 정보도 준 것으로 보인다. 가령 소련의 생물무기 개발 사업을 처음 생각해 낸 사람이 오브치니코프라는 내용이 그랬다. 그러나

'황우'의
이면

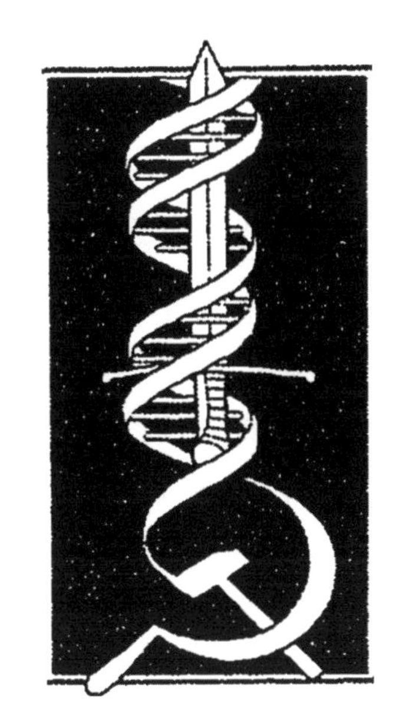

소련 유전공학의 위협

시리즈 제5편

그림 15-1. 1984년 〈월스트리트저널〉에 실린 소련의 유전공학 기술에 관한 시리즈 기사의 로고.

그런 사업이 정말로 존재한 근거는 없다고 여겨졌다. 서구 사회가 소련에서 벌어지는 일들을 접하는 경로는 망명자들이 전하는 이야기가 전부였는데, 그런 사람들은 무턱대고 믿을 수가 없다는 단순한 이유 때문이다.[25] 이와 동시에 호기심 때문인지, 뒤처질까 봐 두려워서인지, 악의적인 의도에서인지, 미국 국방부가 지원하는 재조합 DNA 기술 연구가 1980년 0건에서 1984년에는 40건 이상으로 늘어났다.[26] 소련이 이를 모를 리가 없었다. 그곳 정치인들과 군 장성들도 미국이 BWC를 몰래 위반하고 있다고 확신했다.[27]

1989년 여름, 바이오프리파라트의 주요 과학자였던 블라디미르 파세크니크Vladimir Pasechnik가 망명하면서 서구 사회 정보기관들도 소련에서 벌어지는 일의 전모를 알게 됐다. 화학 장비 구매를 위해 프랑스 툴루즈에 다녀와도 좋다는 허락을 받고 소련을 떠난 파세크니크는 툴루즈에 도착하자 파리 소재 영국 대사관에 전화를 걸어 망명 의사를 밝혔고 가짜 여권으로 민간 비행기에 올라 곧장 런던으로 이동했다.

영국에 도착한 파세크니크는 장시간에 걸쳐 영국 정보부와 CIA 모두를 놀라게 한 정보를 제공했다(미국 조사단에는 노벨상 수상자이자 아실로마 회의 참석자인 조슈아 레더버그가 포함됐다).[28] 조사를 맡은 전원이 파세크니크의 증언은 신뢰할 만하다고 판단했고, 그의 입을 통해 소련이 유전공학으로 새로운 무기를 개발 중이며 그동안 서구 사회가 그런 사실을 조금도 눈치채지 못했다는 사실이 여실히 드러났다. 영국 조사관 한 명은 이렇게 설명했다.

> 정말 기절할 만큼 놀라운 정보였다. 정부 기관 한 곳이 통째로, 수십억 루블을 들여서 전면에 세워진 위장 조직이 된 일이었다. (……) 그런 정보가 계속 나왔다.[29]

마거릿 대처와 조지 부시는 파세크니크의 정보에 힘입어 소련의 고르바초프 서기장에게 미국과 영국의 무기 사찰단 방문을 허용하라고 압박했다. 그러나 사찰단이 도착했을 때 방문은 거절당했고, 바이오프리파라트 연구소들은 텅 비어 있었다. 영국 사찰단 중 한 명은 이렇게 전했다. "분명 지구상에서 가장 큰 성공을 거둔 생물무기 사업이다. 그 사람들은 거기에 그렇게 떡하니 앉아서 우리에게 계속 거짓말을 해댔다."[30]

약 1년 후 소련이 무너지자 바이오프리파라트에서 일했던 다른 과학자들도 추가로 망명했다. 미국과 영국 안보 기관들의 강도 높은 조사가 이어진 끝에 전 세계가 경악한 충격적인 비밀 중 일부가 공개됐다. 카나잔 알리베코프(켄 알리벡)가 한때 바이오프리파라트의 제1 부국장이었다는 사실도 드러나 서방에서 가장 유명한 바이오프리파라트 출신 망명자가 되었다. 그가 제공한 정보를 처리해 온 기관들이 그에게서 빼낼 수 있는 유용한 정보는 다 빼냈다고 판단하고, 그가 허락된 범위에서만 말할 것이라는 신뢰를 얻은 후인 1998년 3월에 알리벡은 망명한 지 6년 만에 미국 텔레비전 방송 인터뷰에 응했다.[31] 충격적이고 강렬한 내용이 담긴 알리벡의 저서 《생물재해Beiohazard》는 대중이 바이오프리파라트에 관해 알게 된 핵심 정보원이 되었다.[32]

보리스 옐친Boris Yeltsin 러시아 대통령은 소련이 공격용 생물무기 사업을 개발한 것이 사실이며, 영국과 미국, 러시아가 문제의 시스템을 해체하고 개발된 무기를 파괴하기로 합의했다는 사실을 공개적으로 인정했다. 이 합의는 1996년에 만료됐다.[33] 바이오프리파라트는 소련 붕괴 후 새로 시작한 러시아에서 민영화되어 러시아 국방부와 계약한 기밀 업무를 수행하다가 민간 생물의학 연구 기관으로 전환됐고, 그로부터 얼마 지나지 않아 그 시기에 러시아에서 광범위하게 벌어진 자금 횡령 사건에 휘말렸다.[34] 한동안은 생물무기와 관련성 있는 연구가 공개적으로 이루어졌다. 1997년 말에 과거 바이오프리파라트 시설에서 일했던 러시아 과학자들은 유전자 조작으로 탄저균에 면역력이 생긴 햄스터가 탄저균에 감염되도록 만든 과정을 서방 학술지에 발표했다.[35] 그리고 다시 암흑 속으로 사라졌다. 과거 바이오프리파라트 시설 중에 지금도 생물전과 관련된 일을 하는 곳이 있는지, 푸틴이 정권을 잡은 후 러시아에 그러한 기능을 수행할 새로운 기관이 만들어졌는지는 불분명하다.[36] 2018년 영국 솔즈베리에서 일어난 신경 독소 사건을 고려할 때 (러시아 이중 스파이로 알려진 남성과 그의 딸이 식사 후 쓰러졌고, 신경 독소로 알려진 물질이 이들의 집 근처에서 발견돼 러시아의 소행이라는 보도가 나왔다. – 역주) 러시아가 생물무기 개발을 완전히 포기했다고 믿는 건 너무 순진한 생각일 수도 있다.

세계 주요 강대국 중 20세기에 새로운 생물무기를 개발하는 데 유전공학을 활용한 나라는 소련뿐인 것으로 보인다. 미국의 생물무기 개발은 재조합 DNA 기술이 등장하기 전에 중단됐고, 영국은 그 방면에 관심이 없었으며, 프랑스는 핵무기에 상당히 만족한 듯했다.[37] 2차 대전 시기에 일본의 생물무기 공격을 겪은 중국은 1984년 BWC에 가입했고, 중국 인민 해방군은 공격용 생물전을 벌일 능력이 없다고 재차 주장했다. 그러나 (미국처럼) 중국에도 생물전에 대비한 부대가 따로 마련되어 있다. 1980년 말, 소련 분석가들은 중국 로프노르 핵 실험장 인근에서

발생한 출혈열은 그곳에서 생물무기 연구가 진행 중임을 보여 준 증거라고 결론 내렸다.[38]

규제가 효과적으로 이루어지려면 개방성과 조사, 신뢰, 제재 가능성이 뒷받침되어야 한다. 어느 한 곳이라도 신뢰를 저버리고 정보를 숨기기 시작하면 규제는 무너진다. BWC처럼 규제기구가 모니터링을 진행하고 규제를 준수하는지 검증하는 일을 하지 못하거나, 위반 사항이 발견되면 제재할 수 있는 법적 근거가 없는 경우라면 더욱 그렇다.[39] BWC 체결국들도 이런 사실을 인지하고 1990년대에 법적 구속력이 있는 조사 체계를 마련하고자 했다. 그러나 미국은 자국 땅에 찾아와서 조사를 벌이는 건 생물 안보와 제약 산업에 위협이 된다는 이유로 거부했다. 그 결과 BWC는 계속해서 이빨 빠진 호랑이로 남게 되었다.

소련의 사례와 함께, 남아프리카공화국에서도 넬슨 만델라Nelson Mandela 대통령 취임 후 2년이 지난 1996년에야 정체가 드러난 '해안 프로젝트Project Coast'라는 사업으로 BWC의 상대적인 취약성이 드러났다.[40] 남아공은 아파르트헤이트 정부 시절인 1981년에 BWC에 서명했으나, '죽음의 의사'로 알려진 바우터 바송Wouter Basson의 지휘로 개인이나 군중에 사용할 무기 개발에 착수했던 것으로 밝혀졌다. 해안 프로젝트의 생산 시설이었던 루드플라트 연구소는 1991년 민영화된 후 온갖 소문과 횡령 혐의에 휩싸여 1994년에 결국 파산했다. 21세기 초에는 해안 프로젝트에서 개발된 여러 미생물을 미국 정부에 2800억 원을 받고 판매하려는 사람들이 나타났다. 이들이 넘기려던 미생물 중에는 '현재까지 알려진 미생물 독소 중 세 번째로 가장 강력한 독소'로 여겨지는 엡실론 독소를 만드는 유전자가 추가된 대장균도 포함되었다.[41] 판매자는 미생물의 표본을 유리 용기에 담고 이를 치약 안에 숨겨서 민간 비행기로 미국에 도착했다. 미국 안보 기관은 이 미생물이 판매자가 주장한 기능을 실제로 갖고 있음을 확인했으나 거래하지 않기로 하고 남아공 정부에 이 사실을 알렸다.

BWC에 동참하지 않고 생물무기 개발에 뚜렷한 관심을 드러내서 추측과 의심을 불러일으킨 국가들도 있다. 생물무기를 개발해 온 이스라엘도 그런 예다. 특히 이스라엘 생물 연구소IIBR가 그러한 활동을 해 왔다는 의혹이 널리 제기되고 있는데,[42] 1952년에 설립된 IIBR은 생물무기 방어 기술, 즉 탐지와 진단, 치료에 관한 연구에 관해서만 이를 인정했다. 그러나 방어를 위한 연구와 공격을 위한 연구를 확실하게 나누는 기준은 없으며 대체로 연구 동기로 나뉠 뿐이다. 가령 1998년에 미국 워싱턴 DC의 해군 연구소가 개발한 재조합 진균류도 그렇다. 이 진균류는 레이더를 흡수해서 탐지를 피하게 해 주는 코팅 물질을 분해하도록 개발됐는데, 이 진균류로 코팅 물질이 파괴되면 항공기를 탐지해서 파괴할 수 있다. 이와 함께 미국은 '마약과의 전쟁'을 벌일 때 코카 식물과 양귀비 같은 작물을 표적으로 공격하는 진균도 개발한 것으로 알려졌다.[43] 모두 방어라는 이름으로 실행된 연구다.

이라크는 1972년 BWC에 서명했으나 사담 후세인Saddam Hussein 정권에서는 BWC 체결국이 지켜야 하는 요건을 번번이 거부했고 비극적인 결과가 빚어졌다. 1991년 걸프전 당시에 이라크가 화학무기를 사용할 수 있다는 우려가 여러 차례 제기되어(1988년에 이라크 할라브자에서

쿠르드족 수천 명이 이라크의 화학무기 공격으로 사망한 사례가 있다), 이라크가 패배한 후 UN 무기 사찰단이 조사를 벌인 결과 사담 후세인 정권에서 생물무기를 개발해 왔다는 사실이 드러났다. 서방의 정보기관들은 몰랐던 일로, 계속 부인하던 이라크는 결국 탄저균과 보툴리눔 독소를 생산해서 무기화했다고 인정했다.[44] 이라크의 생물무기 사업은 1990년대 초에 종료되고 비축한 무기는 폐기된 것으로 알려졌다. 미국의 정보기관은 능력 부족인지 의지 부족인지 알 수 없지만 이런 사실을 알지 못했다. 정보원들은 생물무기 사업이 한창 진행 중일 때도 그 존재조차 몰랐으므로, 이 사업이 중단됐다고 알려진 이후에도 존속할 것으로 추측했다.

2001년부터 CIA와 부시 행정부, 영국의 블레어 정부는 망명자들의 이야기에 솔깃해서 이 문제를 (진상이 어떻든) 전쟁으로 몰고 간다는 결정을 내렸다. 2003년 미국과 영국이 이라크 침공을 준비할 때, 이라크가 핵 개발과 더불어 대량 살상을 목적으로 생물무기도 개발해 왔다는 의혹이 여러 차례 제기됐다. 이런 주장들을 뒷받침하는 근거는 전혀 없었다. 서방의 정보원들은 이라크가 항생제 내성 탄저균을 개발할 목적으로 설립한 유전공학 부대가 있다고 주장했으나 이에 관한 근거도 전혀 없었다. 2003년 시작된 이라크 전쟁 이후 혼란스러운 상황에서 강도 높은 조사가 이루어진 후에도 유전공학 기술로 만든 생물무기의 흔적은 발견되지 않았다.[45]

냉전이 종식된 후 서방 국가 정부들이 테러리스트들의 생물무기 사용 가능성을 점점 더 우려하기 시작하면서 생물무기에 관한 두려움이 새로운 방향으로 바뀌었다. 1989년에 미 해군의 스티븐 로스Stephen Rose 중령은 유전공학의 발전으로 생물전이 "대규모 사업에서 단순하고, 저렴하고, 신속하면서 정밀한 가내 수공업의 형태"로 바뀌었다고 경고했다.[46] 로스 중령은 앞으로 "힘은 총구뿐만 아니라 시험관에서도 나올 것"이라고 주장했다. 단순한 비유가 아니었다. 1984년에 미국 오리건주에서 한 사이비 신도가 지방 선거에 영향력을 행사하려고 했다는 이상한 이유로 지역 음식점들에 살모넬라균을 퍼뜨려 750명 이상이 감염되는 사태가 벌어졌고, 일본에서는 지도부에 분자생물학자 한 명이 포함되어 있던 옴진리교라는 사이비 종교 단체가 1990년부터 1995년까지 도쿄 지하철에 탄저균과 보툴리눔 독소를 여러 차례 퍼뜨리려고 시도했다(이 시도는 실패했으나 화학무기인 사린 가스를 이용한 살인 공격은 성공했다).[47]

이런 정신 나간 위험한 시도는 유전자 조작과 무관했지만, 그런 일이 벌어질 수 있다는 불안이 크게 확산했다. 이런 우려는 정치인들이 생물무기를 향한 정당한 공포를 자신의 외교 정책에 힘을 싣는 수단으로 이용함에 따라 조작되기 쉬운 상태가 되었다. 실제로 1999년에 미국 국방부 장관 윌리엄 코헨William Cohen은 여러 국가를 악당으로 묶어서 모호하게 언급하는, 이제는 다들 익숙해진 전략을 활용했다.

> 북아프리카와 중동 지역의 불량한 국가들, 리비아, 시리아, 이란, 이라크 같은 곳들은 그 지역 및 경계 밖에 있는 미국과 동맹국들의 이익을 위협하기 위해서라면 무슨 일이든 할 준비가 되어 있다. 이 국가들 상당수가 이러한 무기를 사용하려고 하는 테러리스트, 광신도, 조직적인 범죄 단체들과 엮여 있다. (……) 새천년이 시작되면 각 지역의 공격자들과 삼류 군인들, 테러리스트 집단, 심지어 사이비 종교 집단까지도 출정 중인 우리 군인들과 우리 땅에 살아가는 시민들을 상대로 생물무기를 사용하거나 사용할 것이라고 위협하며 불균형한 권력을 행사할 가능성이 높아질 것으로 전망된다.[48]

이런 과장된 발언은 미국 정부의 정책에도 반영되어 더욱 강화됐다. 클린턴 대통령의 임기가 끝나 가던 2000년에 미국의 국가 생물방어 예산은 연간 5600억 원 이상으로 4배가 늘었다.[49] 생물무기에 대한 클린턴 대통령의 인식에는 1998년에 출간돼 엄청난 성공을 거둔 《코브라 사건The Cobra Event》이라는 테크노 스릴러 소설이 부분적으로 영향을 주었다. 이 소설을 쓴 〈뉴요커〉의 리처드 프레스턴Richard Preston은 켄 알리벡을 집중적으로 인터뷰했던 기자로, 그의 보도는 대중이 바이오프리파라트의 실상에 처음 주목한 계기가 되었다. 《코브라 사건》에서는 불만을 품은 과학자가 유전공학 기술로 개발한 치명적인 바이러스 무기 '코브라'를 만들고 이를 미국 여러 도시에 퍼뜨려 끔찍한 결과가 발생하는 과정을 그린다. 문제의 바이러스는 사람의 뇌를 공격해서 감염자는 공격성이 커지고 심지어 자기 몸을 먹기도 한다. 클린턴이 이 소설을 읽은 직후 미국 국방부는 '제퍼슨 프로젝트'라는 사업을 마련했다(제퍼슨은 클린턴의 중간 이름이다). 러시아 연구진이 한 해 전에 발표한 유전자 변형 탄저균을 만드는 것이 제퍼슨 프로젝트의 목표였고, 당연히 '방어' 목적의 연구로 알려졌다.

과학 소설을 읽는 것만으로 테러리스트나 어떤 국가가 생물무기를 개발할지 모른다고 두려워할 만큼 민감했던 분위기는 2000년 12월, 호주 연구진이 천연두 바이러스와 유사한 마우스폭스mousepox(쥐 천연두) 바이러스의 병독성을 높이는 방법을 우연히 찾았다고 밝히면서 더욱 고조됐다.[50] 이 연구진은 원래 호주 야생 환경에 피해를 주는 침입종인 야생 쥐의 임신을 막는 백신을 개발 중이었고, 그 과정에서 면역 반응을 억제하는 기능과 관련된 인터류킨4 유전자를 마우스폭스 바이러스에 도입했다. 이 바이러스를 전달체로 삼아 인터류킨4 유전자를 마우스에 전달하는 것이 목적이었으므로 실험에는 마우스폭스에 유전학적으로 내성이 있는 마우스가 사용됐다. 그런데 놀랍게도 재조합 바이러스를 도입한 마우스가 전부 폐사했다. 최근에 마우스폭스 백신을 맞은 마우스에서도 같은 일이 벌어졌다. 마우스폭스 바이러스는 천연두 바이러스와 비슷하므로, 만약 천연두 바이러스에 인터류킨4 유전자가 도입된다면 천연두 백신을 맞은 사람도 이 재조합 바이러스에 감염될 수 있고 결국 지금껏 사용된 천연두 백신은 무용지물이 될 가능성이 제기됐다. 이러한 추측은 3년 후 천연두 바이러스와 훨씬 더 비슷한 우두바이러스를 이용한 실험으로 사실임이 입증됐다.[51]

예기치 못한 결과를 얻은 연구진은 호주 국방부와의 협의를 비롯해 이런 사실을 발표해야 할지 18개월 동안 고민한 끝에 연구 결과를 공개해야 한다는 결정을 내렸다. 연구진은 경계해야 할 일임을 최대한 강조했다. “사람들이 GMO를 생각할 때 떠올리는 최악의 공포가 실현된 것”이라는 의견도 나왔고, “어떤 어리석은 사람이 인체 천연두 바이러스에 인체 인터류킨4 유전자를 도입한다면 치사율이 크게 높아질 가능성을 충분히 떠올릴 수 있다”는 주장도 있었다. 바이오프리파라트 망명자들을 조사할 때 참여했던 영국의 한 생물전 전문가는 구소련에서 그런 식의 은밀한 유전자 조작이 이미 실행됐을 가능성이 있다고 경고했다.[52] 과거 바이오프리파라트 시설에서 일했던 유명한 러시아 바이러스학자가 호주 연구진의 실험 결과를 듣고 불길한 의견을 전했다. “물론, 놀라운 일이 아니다.”[53]

호주의 마우스폭스 연구를 기점으로, 안보를 이유로 정보 확산을 제한하려는 정부와 정보는 최대한 공개하고 서로 교환해야 한다고 보는 과학자들 간에 길고 긴 갈등이 시작됐다. 몇 년 뒤에 두 연구자는 문제의 핵심을 다음과 같이 요약했다. “바이러스의 병원성을 더 키우는 방법이 밝혀지면 기초적인 학문 연구와 생물무기 개발을 나누는 경계는 더 흐릿해진다.”[54] 이 논쟁은 21세기 초반에 벌어진 결정적인 사건으로 한층 더 가열됐다.

알카에다 테러리스트들은 2001년 9월 11일에 벌인 끔찍한 공격으로 자신들이 원한 결과 중 하나를 얻었다. 세계 정치는 변화했고 서방 국가들, 특히 미국의 불안과 의혹은 광적으로 증폭됐다. 몇 주 뒤에 미 의회 사무실 여러 곳과 언론사 등 미국 내 주소지로 탄저균 포자가 담긴 편지가 배달되는 일까지 벌어지자 이러한 분위기는 더욱 고조됐다. 이 사건으로 최소 22명이 병에 걸렸고 5명이 사망했다.* 탄저균 편지 사건은 뚜렷한 정치적 목적이 없고 유전공학 기술은 어떠한 종류도 관련이 없었지만, 과학자들이 생물무기를 만들 수 있다는 사람들의 우려가 증폭됐다. 과학계 학술지에 잠재적으로 위험한 실험 결과를 공개하면 악의적인 세력이 읽고 이용할 수 있다는 우려도 제기됐다. 몇 주 후, 질병예방통제센터CDC의 앤서니 파우치Anthony Fauci와 동료들은 생물 테러는 "명백히 존재하는 위험"임을 강조하면서 대중에게 엄청난 위협이 될 수 있다고 경고했다.[55] 이슬람 테러리스트 집단, 그리고 이들과 연계가 있을 것으로 추정된 이라크, 이란, 구소련 여러 국가의 악한들에게 엄청난 관심이 쏠렸다. 암담한 분위기가 이어지자, 1992년부터 소폭 상승했던 NIH의 '생물 테러 방지' 연구 예산이 2001년과 2002년 사이에는 1200억 원으로 거의 2배 가까이 늘어났다.

생물무기의 가능성을 파악하기 위한 미국의 투자는 곧 결실을 거두었다. 과거 바이오프리파라트 연구진들이 비밀리에 수행하던 연

* 문제의 봉투 속에는 이슬람교에서 사용하는 표현이 적힌 편지도 들어 있었으나, 미국 정부는 이 사실을 금세 무시했고 공격의 진짜 동기는 명확히 밝혀지지 않았다. 핵심 용의자였던 미 육군 감염질환 의학연구소 소속 미생물학자 브루스 아이빈스Bruce Ivins는 2008년 기소되기 직전에 자살했다. 조사 결과 미국이 대량 비축해 둔 탄저균 상당량이 보안 관리 및 문서화가 제대로 이루어지지 않았다는 사실이 드러났다.

구가 공개적으로 진행되고 연구 결과는 저명한 학술지에 실리게 된 것이다. 테러와의 전쟁에 과학자들도 은밀하게 동원됐다. 새로운 치료법이나 백신 개발을 목표로 한 전반적이고, 중추적인 과학 연구 계획 등은 없었고, 생물무기를 개발하기 위한 서구 지역의 합동 사업도 (적어도 알려진 범위에서는) 없었다. 대신 바이러스 질환과 세균 질환을 조사하는 다양한 방식의 연구가 무질서하게 늘어나고 큰돈이 투입됐는데, 그 중에는 유전공학 기술로 미생물의 병독성을 높이는 '기능 획득' 연구*도 포함됐다. 특정 유전자의 활성을 인위적으로 키우는 것은 모두 기능 추가라고 할 수 있다. 처음에는 유전학자들이 연구로는 아무런 영향이 발생하지 않는다는 사실을 알리려고 썼던 이 '기능 획득'이라는 표현은 이때부터 병원성 유기체의 병독성을 높이는 특정 연구를 지칭하는 말로 쓰이기 시작했다.[56]

미국 전체가 9·11 테러로 충격에 빠졌던 2001년과 2002년, 애국심이 편집증에 가까울 정도로 확고해진 이 시기에 감염성 물질의 연구를 규제하는 법이 통과됐다. 2003년에는 미국 국립 연구위원회 보고서 〈테러 시대의 생명공학 연구: 이중 용도의 딜레마〉를 통해 '우려되는 실험' 7가지가 제시됐다.[57] 영국, 프랑스에 이어 유럽연합에서도 비슷한 법률이 신속히 채택됐다.[58] 이중 용도란 합법적인 연구 중 공격 목적으로 손쉽게 전환될 수 있는 연구를 의미하지만, 간단히는 위험성이 매

* 특정 유전자의 영향을 높이도록 설계된 연구. 특히 병원체의 병독성이나 전염성과 관련된 유전자에 적용된다.

우 큰 연구를 뜻하기도 한다. 병원체를 조작하는 모든 종류의 연구, 특히 병독성과 숙주의 범위를 변경해서 검출을 피하거나 치료에 내성이 생기는 병원체로 만드는 '기능 획득' 연구는 연구비를 지원하기 전 특수한 승인 절차가 필요하다고 의심되는 분야에 포함됐다. 부시 행정부는 이 보고서에 대한 반응으로 국가 생물보안 과학 위원회NSABB를 설립했다. 거의 아무런 권한이 없는 감시 기구로, 나중에 한 보안 전문가는 "NSABB는 아무 일도 하지 말라고 세운 기구"라고 언급했다.[59] 부시 정부는 연구가 행정적인 요건에 발목이 묶이지 않고 계속 진행되도록 만드는 일에 더 관심을 기울였다.

안보 우려로 특정 연구의 법적, 행정적인 감시를 강화하자 그러한 연구에 제공되는 자금이 대폭 늘어나서 오히려 연구자가 점점 더 늘고 그만큼 안보 위험성은 더 커지는 모순된 상황이 빚어졌다. 2006년까지 미국에서 생물전과 관련된 물질을 취급한 기관은 300곳이 넘었고 그러한 물질을 취급해도 된다는 승인을 받은 인원은 1만 6000명 이상으로 추정됐다. 이 위험한 병원체를 취급한 연구자들의 전문성에는 큰 차이가 있었다. 예를 들어, 미국 국립 알레르기·감염병 연구소의 지원으로 생물무기 물질을 연구한 과학자 중에 과거 이 주제를 연구해 본 사람은 거의 없었다. 럿거스대학교의 세균학자 리처드 에브라이트Richard Ebright는 이 분야에 새로 뛰어든 사람들의 경력 확인 절차가 9·11 테러범인 모하메드 아타Mohammed Atta가 지원해도 "별 무리 없이 통과할 만한 수준"이라고 비웃었다. 에브라이트는 미국에서 이 분야의 연구가 갑자기 대거 늘어난 걸 보면 "NIH가 알카에다의 연구·개발 부서에 자금을 대

고 있는지도 모른다"고 주장했다.[60]

미국의 적이 바뀔 때마다 이러한 연구의 바탕이 되는 정치적인 배경도 함께 바뀌었다. 2001년부터 2003년까지는 이라크와 알카에다의 실재하지 않는 관계였다가, 나중에는 이라크의 잿더미 속에서 번성하는 이슬람 테러리스트 집단을 향한 두려움이었다가, 아프가니스탄, 시리아에 이어 이제는 자연적으로 발생하는, 사실상 피할 길이 없고 항상 존재했던 전 세계적인 대유행병에 대한 우려로 바뀌었다. 그동안 연구는 변함없이 이어졌고 고의로나 사고로 일이 단단히 잘못될 가능성은 점점 커지고 있다. 이러한 분위기 속에서 성장하고 번성한 연구자들이 한 세대 전체를 이루고 비상한 실력과 전문적인 유전공학 기술을 활용해 실험을 수행하고 있다. 과거 아실로마 회의 참석자들이 기겁했던 실험들이 이제는 과학의 한 부분으로 수용된다.

2002년에 펜실베이니아대학교 연구진은 천연두 바이러스의 SPICE라는 유전자를 재구성하면 면역 기능을 억제해서 바이러스의 병독성이 커진다는 연구 결과를 발표했다.[61] 2개월 뒤에는 롱아일랜드 스토니브룩대학교 연구진이 우편으로 배송된 DNA를 활용해 소아마비 바이러스를 재구성한 과정을 공개했다.[62] 이어 2003년 말에는 버클리 캘리포니아대학교 연구진이 결핵균에 돌연변이를 일으켜 병독성을 강화했고, 크레이그 벤터가 이끄는 연구진은 단 2주 만에 박테리오파지를 아예 처음부터 새로 합성했다.[63] 러시아와 미국 애틀랜타 CDC 단 두 곳에 남아 있는 천연두 바이러스를 전부 폐기해야 한다는 논쟁이 다시 일어나자, WHO는 연구 목적으로 보관해 둘 필요가 있다는 주장을 반복했다(아직도 남아 있다).*

상황은 갈수록 나빠졌다. 2005년에는 약 한 세기 전인 1918년에 전 세계적으로 최대 5000만 명의 목숨을 앗아간 치명적인 인플루엔자 바이러스의 염기서열을 분석해서 복원하는 연구가 진행됐다. 포르말린 용액에 보관되었던 감염자의 신체 일부, 그리고 1918년 알래스카 영구 동토에 묻힌 감염자로부터 바이러스 DNA를 추출한 후 염기서열을 분석하는 이 연구는 미군 병리학연구소가 맡았다. 2002년과 2003년, 중국 남부에 출몰한 사스SARS 코로나바이러스가 전 세계로 퍼질 뻔한 위험을 간신히 넘긴 후, 과학계와 대중 모두 자연적으로 발생한 대유행병이 세계 전체로 확산할 수 있다는 인식이 높아진 상황에서 진행된 연구였다. 당시 사스 코로나바이러스는 박쥐에서 시작된 종간 전파로 퍼지기 시작했고(감염원을 찾는 데만 15년이 걸렸다), 기본적인 공중보건 조치로 확산을 차단하기 전까지 감염자가 8000명 이상 발생했다. 치사율은 무려 10퍼센트에 이르렀다.[64]

1918년에 퍼진 인플루엔자 바이러스의 염기서열 분석은 위험해도 타당성이 있는 일이지만, 바이러스를 되살리는 건 위험하고 아무 의

* 공개적으로 알려진 사실은 이렇지만, 실상은 훨씬 불안하다. 내가 이 책을 쓰고 있을 때 펜실베이니아의 어느 연구소 냉동고에서 '천연두'라고 적힌 라벨이 붙은 유리병 수십 개가 발견됐다(〈가디언〉, 2021년 11월 18일 보도). 2014년에는 메릴랜드주 NIH 연구소에서 천연두 표본이 여러 개 발견됐고, 그보다 몇 개월 앞서 남아프리카공화국의 한 연구소에서도 천연두 DNA가 발견됐다. 1991년에 러시아에서는 시베리아 영구 동토에 묻힌 시신에서 천연두 바이러스를 회수하려는 시도가 있었다. 이 시도는 실패로 끝났지만, 지구 온난화로 땅이 녹으면 살아남은 바이러스 입자가 다시 나타날 가능성도 배제할 수 없다. Reardon, S. (2014), Nature 514:544; Enserink, M. and Stone, R. (2002), Science 295:2001–5.

미도 없는 일로 여겨졌다. 이 연구에 참여한 애틀랜타의 CDC 연구자들은 유전자 염기서열을 분석하면 어떻게 그런 이례적인 병독성을 갖게 됐는지 밝혀낼 수 있다고 주장했으나,[65] 이들이 밝혀낸 건 독특한 조합의 유전자들이 존재하며 모두 바이러스의 엄청난 파괴력에 필요하다는 사실 뿐이었다. 이런 바이러스를 되살린다는 소식이 전해지자, 안전성과 오용 가능성에 대한 우려가 커졌다. 한 연구자는 재난을 부르는 일이라고 말했고, 지금까지 알려진 생물무기 중 가장 강력한 것을 만드는 일이라고 언급하며 바이러스가 사고로 유출될 위험을 피할 수 없을 것이라고 주장했다.[66] 2003년과 2004년에 CDC가 이 연구를 진행한 격리 시설과 비슷한 장소에서, 싱가포르에서 한 번, 중국에서 두 번 사스 바이러스가 실제로 유출된 사례가 있었으므로 상당히 타당한 우려였다.

이와 같은 연구는 과학이 발전한 근간인 정보 교환이 치명적인 결과를 초래할 수 있고, 특히 악의적인 의도를 가진 사람과 연구비가 넉넉한 연구소가 그러한 정보를 활용한다면 더더욱 그럴 가능성이 있다는 경각심을 일깨웠다. 과학계는 잠재적으로 위험한 물질에 관한 정보를 제한해야 한다고 생각하는 쪽과 자연적으로 존재하는 것이든 악의적인 의도로 발생하는 것이든 향후 나타날 수 있는 위협에 대응하려면 데이터가 자유롭게 전달되어야 한다고 주장하는 쪽으로 나뉘었다.[67] 미국 미생물학회와 국립과학원은 자체 발행하는 학술지에 투고된 논문 중 우려되는 내용이 있으면 편집자가 따로 점검하는 절차를 마련하는 한편, 다른 30개 학술지와 공동으로 우려되는 내용은 싣지 않는 자발적인 지침을 마련했다.[68] 그러나 이런 조치의 한계는 2005년, 스탠퍼드대학교의 수학자 두 명이 〈국립과학원 회보〉에 보툴리눔 독소로 미국 우유 공급망을 오염시키는 방법을 밝힌 논문을 제출했을 때 여실히 드러났다. 미국 정부와 국립과학원의 내부 절차를 통해 요청이 전달됐음에도 불구하고 이 논문은 결국 게재됐다.[69]

원하는 결과물을 얻기 위해 여러 유전자와 생화학적인 과정을 조작하는, 일종의 고성능 유전공학 기술인 합성 생물학의 등장은 이러한 혼란스러운 상황에 마지막 불길을 보탰다.[70] 합성 생물학에서는 생물학적인 과정을 미생물에서 마음대로 만들어 낼 수 있는 회로로 보고, 설계-구축-시험-설계-구축-시험으로 반복되는 연속적인 순환 주기를 통해 이 과정을 다듬는다. 또한 분자의 구성 요소 설계와 분자 행동 예측에 향상된 컴퓨터 기능을 활용한다. 1981년에 MIT 연구자였던 에릭 드렉슬러Eric Drexler는 유전공학 기술로 새로운 단백질을 만들어 낼 수 있다는 생각에 매료되어 만약 '분자 기계'를 만들게 된다면 "연산 장치와 생물학적 물질을 조작하는 능력이 크게 발전할 것"이라고 전망했다.[71] 그가 떠올린 분자 공학은 실현되지 않았지만, 그의 비전은 20년 뒤에 적어도 실험실에서는 마침내 현실이 되었다.

2000년에는 스위치를 켜고 끄듯이 유전자의 기능을 바꿔서 세포의 생리학적 상태를 바꿀 수 있는 생화학적 '걸쇠'가 개발됐다. 또 다른 연구진은 그보다 훨씬 복잡한 생화학적 발진기를 개발했다.[72] 합성 생물학이 등장한 초기에는 특정 효소가 암호화된 유전자 같은 생물학적 구성 요소를 모듈 단위로 합성하고 배포할 수 있게 되면 과학적인 과정의 평등한 접근이 가능해지고, 그 결과 해커나 취미로 과학 연구를 하

시작하기

간이 실험실은 몇 백 달러에서 몇 천 달러를 들이면 마련할 수 있다. 보통 이베이eBay에서 실험 장비를 가장 저렴하게 구할 수 있지만, 판매하는 물품이 실제로 작동하는지 보장할 수 없다고 밝힌 판매자들도 있으므로 주의해야 한다. 그런 판매자가 파는 제품은 사 봤자 못 쓰는 경우가 많다. LabX.com이나 BestUse.com 같은 사이트에서 파는 제품이 더 믿을 만하지만, 그만큼 값도 더 비싼 편이다. 바이오 해커를 꿈꾼다면 사업 축소에 들어간 생명공학 업체나 제약업체를 찾아서 거래하는 방법도 있다.

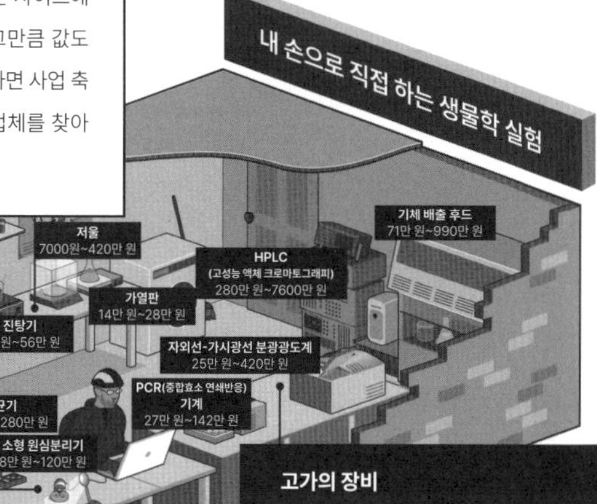

즉흥적인 아이디어가 열쇠

바이오 해커들은 분자생물학 실험을 저렴하게 할 수 있는 몇 가지 창의적인 대안을 개발했다.

- 1만 원으로 현미경 마련하기: 웹캠 카메라를 분리한 후 뒤집어서 사용한다.
- 11만 원으로 원심분리기 마련하기: 드레멜 원심분리기DremelFuge의 회전자만 주문한 후 드레멜 회전 공구에 부착해서 사용한다.
- 섭씨 37도가 유지되는 배양기 대신 대장균을 배양할 튜브를 겨드랑이에 끼워 둔다.

고가의 장비

기체 배출 후드 설비 등 실험실 기본 장비 중에는 상당히 고가인 장비들도 있다. 비용을 아낀다고 무작정 안전을 포기하면 안 된다. 실험실 필수 장비에 관해서는 지역 바이오 해커 단체와 상의하자. 거주 지역의 대학교, 의료기관 소속 생물안전위원회에 가입하는 것도 좋은 대안이다. 그러한 위원회는 비과학자를 위한 자리를 따로 비워 두는 경우가 많다.

그림 15-2. 2010년 〈네이처〉에 실린 한 바이오 해커의 연구실 모습. 생물 테러리스트의 은신처도 이와 비슷한 모습일지 모른다.

는 사람들도 그러한 회로의 개발과 개선에 참여할 수 있을 것이라는 전망이 나왔다. 이 전망은 한 MIT 학생이 새로운 유기체를 설계하는 국제 유전공학 기계 설계 대회iGEM에서 실제 그러한 방식으로 엄청난 성공을 거두면서 일부 실현됐다. iGEM 참가자들은 '표준 생물 부품 보관소'에서 제공하는 유전학적 '생물 기초단위BioBricks'를 이용해 새로운 유전공학 기계를 설계한다(현재 이 보관소에 등록된 유전학적 기초단위는 2만 개가 넘는다).[73]

합성 생물학을 지지하는 사람들은 이와 같은 모듈 방식을 통해 사실상 누구나 미생물을 유전학적으로 변형시킬 수 있으며 그 결과 오픈 소스 컴퓨터 기술처럼 '개방형 생물학'이 생겨나면 어떤 장점이 있는지 강조했고 안보 기관들은 이러한 주장에 주목했다. 생물을 유전학적으로 조작하는 기술을 누구나 이용할 수 있게 되면, 지하실에서 생물무기를 제작하는 테러리스트가 나타나리라는 우려가 나올 수밖에 없다. FBI의 대량살상무기국은 이 새로운 접근 방식과 더불어 다양한 곳에서 열린 미국과 영국 과학자들, 안보 전문가들의 모임에도 주목했다. 한 모임 참석자는 "어떤 회의는 〈예스, 미니스터Yes, Minister〉(1980년대 초 영국 BBC에서 방영된 시트콤 제목. - 역주) 세트장 같았고, 어떤 회의는 영화 〈닥터 스트레인지러브〉의 세트장 같은 분위기였다"고 전했다.[74]

DNA 염기서열을 원하는 대로 만들 수 있는 DNA 합성 장비의 가격이 내려가면 취미로 이런 실험을 하는 사람들도 쉽게 장비를 구해 의도치 않게 기술이 오용되거나, 테러리스트들이 그들의 유일한 목적인 테러에 악용할 수 있다는 우려도 제기됐다.[75] 조지 처치 등 합성 생물학을 지지해 온 사람들도 이 새로운 분야에 잠재된 위험성을 매우 심각하게 받아들였고, 전 세계에서 쓰이는 DNA 합성 장비를 모두 등록하고 장비 이용자는 연구 내용을 의무적으로 보고해야 한다는 의견도 나왔다.

1400만 원이면 중고 DNA 합성 장비를 들일 수 있지만 그럴 형편이 안 되거나 그만한 돈을 쓸 생각이 없는 테러리스트의 위협에 대비한 조치도 마련됐다. 합성 DNA는 대부분 상업 연구소가 제작해서 연구자들에게 판매한다. 미국에서 이러한 서비스를 제공하는 주요 업체인 블루 헤론 바이오테크놀로지Blue Heron Biotechnology는 2002년에 '블랙워치Blackwatch'라는 소프트웨어를 이용해 합성 DNA 주문 건 중 위험성이 있는 주문을 선별하고, 정당한 사유가 확인되지 않으면 FBI에 통지하는 절차를 마련했다. 업계 여러 단체와 미국 정부가 이 문제에 접근하는 방식은 제각기 다른데, 이를 종합해서 총 3가지 표준이 채택됐다. 모두 원칙은 동일하다. 제작 요청이 들어온 염기서열을 조사하고, 주문자에 관한 상세 기록을 남기고, 우려할 만한 점이 발견되면 안보 기관에 통지하는 것이다.[76] 그러나 이런 조치에도 불구하고 2006년에 과학 기자인 제임스 랜더슨James Randerson은 천연두 바이러스의 DNA 일부 염기서열을 주문했고, 배송비까지 7만 원에 런던 주소지로 받아볼 수 있었다. 그가 주문한 DNA를 제작한 업체는 그 염기서열이 정확히 무엇인지 인지하지 못했고 그냥 합성해서 발송했다고 말했다.[77]

그 사이 이 모든 우려의 핵심인 이중 용도 기술 연구를 정의하려는 시도가 반복적으로 이루어졌지만, 만족스러운 결론은 나오지 않았다. NSABB가 최종 채택한 기준에 따르면 호주의 마우스폭스 연구와

소아마비 바이러스 연구 같은 사례는 전부 규제를 피할 수 있다.[78]

합성 생물학은 2012년 세계경제포럼에서 정보학에 이어 21세기 두 번째 핵심 기술로 선포되었지만, 열띤 관심은 사그라졌다. 열광의 대상이 크리스퍼라는 새로운 유전공학 기술로 대체됐기 때문이기도 하고, 합성 생물학이 이를 열광적으로 지지했던 사람들이 주장해 온 것보다 훨씬 복잡하다는 사실이 밝혀졌기 때문이기도 했다. 합성 생물학 기술로 '치료 물질이 계산과 논리 연산을 수행하고 복잡한 의사결정도 하는' 기발한 치료법이 개발될 것이라는 공상과학 소설 속 전망은, 그저 공상과학에 불과한 것으로 드러났다.[79] 합성 생물학의 혁신적인 잠재성과 편리한 활용성에 관한 주장은 여전히 수시로 나오고 있지만, 이 분야의 대표적인 연구자들은 이러한 가능성을 더욱 신중하게 언급한다.[80]

합성 생물학을 유전공학 기술의 모듈화로 보는 수준을 넘어 새로운 학문으로 봐야 하는지조차 확신하지 못하는 과학자들이 많고, 나도 그중 한 사람이다. 그러나 2022년 초에 내가 이런 생각을 트위터에 밝히자, 표도르 우르노비치는 다음과 같은 의견을 전했다. "제가 속한 유전체 치료 분야에서는 합성 생물학이 매우 중요합니다. 처음부터 끝까지 전부 분자 회로로 설계해서 임상에 적용하는 일이고, 기존과 다른 사고방식과 기술이 필요합니다."[81] 2016년에는 "합성 유전체학은 독감이 대유행할 때 합성 백신 생산에 필요한 시간을 줄여서 의학계에 혁명을 가져올 것"이라고 했던 미생물학자 카를로스 아세베도 로차Carlos Acevedo-Rocha의 예측도 정확했다는 사실이 밝혀졌다.[82]

어쨌든 합성 생물학은 몇 가지 놀라운 기술적 성과를 이룩했다. 크레이그 벤터가 이끄는 연구진은 최소한의 유전체를 가진 유기체를 만든다는 목표로 마이코플라스마 마이코이데스Mycoplasma mycoides라는 미생물의 유전체를 20년 넘게 연구했다. 생명 유지에 필요한 최소한의 DNA를 가진 생물이 있다면 모든 유전자가 분자 수준에서 수행하는 기능과 생물학적인 기능을 밝혀낼 수 있다는 전제로 시작된 연구였다. 2010년에는 마이코플라스마 마이코이데스와 매우 가까운 다른 미생물의 염색체를 제거하고 합성된 마이코플라스마 마이코이데스 유전체를 도입한 결과 합성된 유전자가 정상적으로 기능한다는 사실이 확인됐다.[83] 새로운 종류의 생명체가 만들어진 것이다. 벤터는 이 미생물에 '마이코플라스마 마이코이데스 JCVI-syn1.0'이라는 소박한 이름을 붙였다(JCVI는 J. 크레이그 벤터 연구소의 줄임말이다).

연구진은 이후에도 이 반 인공 생물의 유전체를 계속 다듬어 크기를 50퍼센트까지 줄였다.[84] 그런데 이렇게 단순한 미생물에도 숨겨진 복잡한 특성이 있는 것으로 나타났다. 유전체를 줄이는 과정에서 이 미생물이 실험실 환경에서 생존하는 데 필수가 아니라고 판단한 7가지 유전자가 있었는데, 미생물의 형태가 제대로 유지되려면 그 7가지가 모두 필요하다는 사실이 확인된 것이다.[85] 모두 대부분의 세균에서 발견되는 유전자였다. 이러한 결과는 꼭 필요한 유전체의 '최소' 범위를 제대로 이해하려면 넘어야 할 산이 많다는 것을 보여 준다. 필수 유전자는 환경 조건에 좌우되므로, 어떤 조건에서는 생존과 번식에 꼭 필요하지 않은 유전자도 다른 조건에서는 기본적인 기능에 필요할 수 있다.

연구자들 손에서 DNA 분자의 구조 자체도 바뀌었다. 합성 생물학의 창시자 중 한 명으로 꼽히는 스티븐 베너Steven Benner는 오래전인 1990년, DNA 이중 나선 구조에 끼워 넣을 수 있는 상보적인 염기쌍 두 개를 개발해서 유전 암호로 나올 수 있는 조합의 수를 64개에서 216개로 늘렸다.[86](유전 암호의 기본 단위는 단백질을 만들 때 아미노산 하나를 지정하는 염기 3개고, 이를 코돈이라고 한다. DNA를 이루는 염기의 종류는 A, T, G, C로 4가지고 이것이 3개씩 묶여서 코돈을 이루므로 나올 수 있는 코돈, 즉 유전 암호의 가짓수는 64가지다. – 역주) 이후 다른 연구자들도 염기를 더 추가해서 DNA 분자의 골격이 되는 당인 리보오스의 일부를 다양하게 바꿀 수 있게 되었다. 생화학적으로 만들어지는 이 놀라운 결과물은 제노핵산XNA 또는 비정규 유전물질 등으로 다양하게 불린다. 적절한 조건이 갖추어지면 세균에서 발현되고 복제도 가능하다.[87] 최근에는 케임브리지대학교의 제이슨 친Jason Chin이 유전체 공학 분야에서 놀라운 쾌거를 올렸다. 한 세균의 유전 암호를 바꿔서 코돈 3개의 기능을 변경한 결과 박테리오파지 감염에 내성을 갖게 만든 동시에 이 새로운 코돈 3개로 만들어지는 비정규 아미노산으로 지금까지 존재한 적 없는 새로운 단백질이 만들어진 것이다.[88] 믿을 수 없을 만큼 영리한 이 기술은 핵산치료, 즉 정밀하게 설계된 분자를 활용하는 새로운 치료법 개발에 도움이 될 수 있다. 또한 의학과 재료 과학에서 모두 쓰이는 새로운 생체고분자 생산에도 쓰일 수 있다.[89] 인간의 상상력이 바닥나서 상상한 모든 일이 실현되는 날이 조만간 올지도 모른다.

합성 생물학 기술을 누구나 이용하게 되면 스타트업 혁명으로 이어지리라는 예측도 있었지만, 이런 비상한 발전이 이루어질수록 진짜 흥미로운 결과를 얻으려면 상당한 기술과 지식, 장비, 팀워크가 필요하다는 사실이 입증됐다. 초기의 열광적인 분위기가 지나가자 해커들의 활약은 사그라지고 그런 목적으로 합성 생물학에 관심을 쏟던 온라인 커뮤니티도 점차 줄었다.[90] 전 세계에서 벌어진 비극적인 테러 사건들의 실체가 드러날수록 테러리스트들이 생물무기를 확보할지 모른다는 안보 우려도 점차 사그라졌다. 그들의 살인적인 목적에는 차량이나 부엌칼, 수제 폭탄 같은 아주 단순한 도구가 활용된다는 사실이 드러났기 때문이다. 합성 생물학은 지금도 이중 용도로 쓰일 수 있는 연구를 통칭하는 우려 섞인 용어로 종종 쓰이지만, 전 세계 생물보안에 훨씬 실질적인 위협은 누구나 예상할 수 있는 곳에 존재하는 것으로 드러났다. 첨단 기술력을 갖추고 정부로부터 연구비를 받아 무서운 병원체를 취급하는 생물학 연구소들이 바로 그것이다.[91]

2011년 9월, 네덜란드 로테르담에서 활동해 온 바이러스학자 론 푸치에Ron Fouchier가 몰타에서 개최된 인플루엔자 관련 유럽 회의에서 연단에 올랐다. 그는 청중 앞에서, NIH의 지원으로 고병원성 조류인플루엔자 바이러스인 H5N1을 다루는 연구를 수행할 때 "너무나 멍청한 짓"을 저질렀다고 고백했다. 바이러스가 공기를 통해 실험동물인 페럿 사이에서 전파되도록 "H5N1에 돌연변이를 일으켰다"는 내용이었다. 몇 주 후에는 역시나 NIH 지원을 받은 위스콘신대학교의 요시히로 가와오카Yoshihiro Kawaoka도 비슷한 실험을 했다고 밝혔다.[92] H5N1은 사람에게도 병을 일으키고 사망에 이르게 할 수 있는 바이러스로, 원래 물리적인 접촉을 통해서만 전파된다. 세계 곳곳에서 H5N1 감염이 반복적으로 일어나더라도 확산을 차단할 수 있고 지역사회로 전파된 사례가 거의 없는 것도 이러한 특징 때문이다(21세기 첫 10년간 발생한 H5N1 유행 사례는 약 600건에 불과하지만, 치사율은 60퍼센트로 코로나19 치사율보다 약 100배 더 높다). 이 두 연구자가 한 건 H5N1이 공기를 통해, 또는 호흡기에서 나오는 비말을 통해 퍼질 수 있게 만드는 경악스럽고 충격적인 연구였다.

몇 달 후 두 연구진은 각각 〈사이언스〉와 〈네이처〉에 이 연구에 관한 논문을 발표했다.[93] 미국 국립 알레르기·감염병 연구소가 향후 발생할 수 있는 대유행병 예측을 위해 지원한 이 두 건의 기능 획득 연구는 당연히 엄청난 우려를 일으켰다. 문제의 바이러스가 사고로 유출되거나 무기로 이용될 가능성도 제기됐다. 1980년대에 구소련 연구소에서 이런 연구가 이루어졌다면 무조건 BWC 위반으로 간주되었을 것이다. 네덜란드 정부는 이 두 편의 논문 중 한 편이 발표되기 전에 개입해서(연구 중 일부가 네덜란드에서 수행됐다) 이중 용도 기술에 관한 EU 규정에 따라 논문이 발표되기 전에 허가 절차를 밟아야 한다고 주장했다. 미국에서는 NSABB가 나서서 두 논문 모두 실험 방법의 핵심적인 세부 내용은 삭제하고 발표할 것을 권고했다.[94]

2012년 초, 론 푸치에를 중심으로 한 바이러스학자 40명은 심각하게 우려해야 할 일이며 H5N1 바이러스의 기능 획득 연구를 60일간 자발적으로 즉각 중단하겠다는 뜻을 밝혔다(아실로마 회의에서 나온 '유예'라는 표현은 사용하지 않았다). 이들은 "전 세계 기관과 각국 정부가 해당 연구로 생긴 기회와 해결 과제에 어떻게 대처해야 할지 최상의 방안을 찾으려면 시간이 필요하므로" 연구 중단은 꼭 필요한 조치라고 설명했다.[95] 그러나 아실로마 회의와 마찬가지로 과학자들의 우려는 기술과 안전에만 쏠렸을 뿐, 그러한 연구의 정당성은 문제 삼지 않았다. 이런 심각한 한계는 있었지만, 그래도 이들의 결정은 1974년 이후로는 처음으로 유전학자들이 잠재적으로 위험한 실험을 자진해서 중단한 사례였다.

두 달 뒤, WHO는 관련 연구자들과의 인터뷰를 포함한 긴 논의 끝에 두 편의 논문 모두 전체 내용을 공개하고 생물안전과 생물보안 체계에 관한 검토가 완료될 때까지 연구 중단 조치를 유지하라고 권고했다.[96] 바이러스학자들과 다른 학자들의 견해는 계속해서 엇갈렸다. 기능 획득 연구는 바이러스의 진화 가능성을 파악하는 데 도움이 된다고 주장하는 사람들도 있었고, 그런 연구로는 진화 가능성을 명확히 얻을 수 없다고 보거나 바이러스가 유출될 내재적 위험성이 그런 통찰을 얻는 것보다 훨씬 크다고 보는 사람들도 있었다.

"자연환경에서 포유동물로 전염되는 H5N1 바이러스가 발생할 가능성이 있으므로, 공중보건 차원에서 이 중요한 연구를 재개할 책임이 있다"는 연구자들의 주장에 따라, 2013년 초 H5N1의 기능 획득 연구가 재개될 때까지 논란은 가라앉지 않았다. WHO는 연구자들의 이런 주장에 동의하는 듯한 태도를 보였고, 의도는 좋지만 모호하고 아무런 영향력도 없는 지침을 발표했다.

> 실험적인 변형으로 개발된 새로운 H5N1은 대유행병을 일으킬 잠재성이 있으므로, 해당 바이러스를 다른 바이러스와 구분할 수 없거나 위험성을 적절히 통제할 수 없는 시설에서는 이 바이러스를 다루는 연구를 삼가는 것이 중요하다.[97]

2013년 3월 중국 정부는 H7N9이라는 새로운 형태의 조류인플루엔자 감염이 발생했다고 보고했다. 이듬해까지 감염자가 400명 이상 발생하고 100명 이상이 사망했다. 그러자 푸치에와 가와오카, 이들의 동료 학자들은 〈사이언스〉와 〈네이처〉를 통해 이 바이러스의 전염성을 한층 더 키우는 새로운 기능 획득 연구가 필요하다고 촉구했다.[98] 야생형 바이러스에는 아직 그런 기능이 진화하지 않았으므로 인위적으로 새로운 기능을 만들면 치료법 개발에 드는 시간을 단축할 수 있다는 것이 이들이 내세운 이유였다.

안전성 문제도 해결되지 않았다. 2014년, 치명적인 탄저균이 살아 있는 표본 상태로 CDC 연구소 세 곳에 전달되는 실수가 있었고 직원 84명이 노출됐을 가능성이 제기됐다. CDC의 또 다른 실험실에서는 일반 인플루엔자 바이러스에 H5N1이 오염된 표본이 정부 시설로 배송되는 사고가 일어났다.[99] 이런 일이 한 번으로 끝난 것도 아니다. 2012년에 가장 위험한 병원체를 다루는 미국 내 연구소에서 '매주' 2건 이상 병원체가 유출되거나 소실되는 일이 벌어진 것으로 추정됐다. 2004년부터 2010년까지 부주의로 인한 병원균 노출로 감염된 사례는 11건이었다.[100] 사망자는 한 명도 없었고 2차 감염이 확인된 사례도 없었으나, 그건 순전히 운이 따랐기 때문이다.

2014년 6월에는 미국과 일본의 과학자들이 1918년 인플루엔자 대유행을 일으킨 바이러스와 상동성이 높은 H5N1 조류인플루엔자 바이러스의 일부가 포함된 새로운 병원체를 만들었다고 보고했다.[101] 바이러스로 기능하고 병독성도 있는 이 새로운 병원체는 호흡기 비말을 통해 전염될 수 있었다. 즉각 격렬한 반발이 일어났다. 영국 왕립학회 전 대표였던 로버트 메이Robert May 경은 "완전히 정신 나간" 연구라고 평가했고, 파리 파스퇴르 연구소의 바이러스학자 사이먼 웨인 홉슨Simon Wain-Hobson은 다음과 같은 의견을 밝혔다.

> 이건 어리석고 미친 짓이다. 우리가 감염병과 맞설 때마다 이루어진 집단적인 의사 결정 과정을 심각하게 무시한 일이다. 사회가 지금 무슨 일이 일어났는지 알게 된다면, 비전문가라도 지성이 있는 사람이라면 '대체 뭐 하는 짓이냐?'고 할 것이다.[102]

CDC에서 탄저균의 생물보안이 제대로 지켜지지 않은 사실이 드러나고 4개월 뒤, 미국 정부는 인플루엔자, 사스, 메르스 바이러스의 병원성을 키우는 기능 획득 연구 18건에 대한 연구비 지원을 유예하기로 결정했다. (메르스 바이러스는 코로나바이러스의 한 종류로, 일찍부터 위험성의 조짐이 드러났지만 우리는 그 경고에 제대로 관심을 기울이지 않았다. 2012년 중동에서 유행이 시작됐고 이후 800명 이상이 사망했다.) 당시에 미국은 로스앤젤레스에서 에볼라 환자를 돌보던 간호사 한 명에게 병이 전염되는, 이 일과 전혀 무관한 다른 사고가 일어나 실질적인 위협에 비해 지나친 관심이 집중돼 온 나라 전체가 떠들썩한 상황이었다.

기능 획득 연구에 대한 연구비 지원 유예 조치는 2017년 1월에 해제됐다. 그러나 이후에도 그와 같은 연구에 지원금을 받으려면 구성원이 비공개로 유지되는 전문가단이 연구 계획서를 개별적으로 조사하기로 했다. 2019년에 이 전문가단이 H5N1의 새로운 기능 획득 연구 두 건을 승인하자, 이러한 연구와 전문가단의 익명성에 관한 논란이 불거졌다.[103] 그 시점에 이중 용도 기술 관련 연구를 규제하는 국가는 전 세계 5퍼센트에 불과했다. 미국을 비롯해 어디에도 효과적인 규정은 없는 실정이다.[104]

2016년, 캐나다 과학자들이 인터넷으로 주문한 DNA를 활용해 마두(말 천연두) 바이러스를 재구성했다고 밝히면서 천연두를 둘러싼 불안감이 다시 피어났다.[105] 이들이 사용한 합성 DNA를 제작한 업체에는 보안 절차가 마련되어 있었으나 주문받은 염기서열에서 어떠한 위험성도 감지하지 못했다. 해당 연구진은 새로운 천연두 백신에 활용할 만한 통찰을 얻기 위한 실험이었다고 밝혔고 마두 바이러스는 인체에 감염되지 않지만, 이런 사실이 알려지자 곧바로 천연두 바이러스를 비교적 손쉽게 만들어 낼 수 있다는 우려가 제기됐다. 전문적인 지식을 어느 정도 갖춘 과학자 몇 명과 1억 원만 있으면 가능하다는 추정도 나왔다.[106] 캐나다의 해당 연구진은 이런 비판에 대해 천연두가 사라진 질병이긴 하지만, 이와 같은 연구를 통해 공중보건 기관들이 인류를 보호할 수 있다고 주장했다. 이들의 논문에는 불길한 내용이 담겨 있다. "기술의 발전으로 이제 병을 일으키는 어떤 유기체도 영원히 없앨 수 없게 되었다."[107]

생물무기 연구가 아니라도 위협이 될 수 있다. 2014년 제니퍼 다우드나는 한 연구진이 크리스퍼 기술로 마우스에 인체 폐암의 한 종류를 일으키는 실험을 했다는 소식을 접하고 기겁했다. 해당 연구진은 공기 중으로 전파되는 바이러스에 크리스퍼 시스템을 도입해 마우스가 호흡을 통해 바이러스에 감염되도록 만들었다. 연구 내용을 발표한 자료에는(뒤이어 나온 논문에도) 이 바이러스가 인체에도 감염될 수 있는지 분명하게 나와 있지 않다.[108] 다우드나는 어느 쪽이든 불안한 건 마찬가지라고 보았다. 그리고 한 기자에게 이렇게 밝혔다.

> 학생들이 그런 연구를 한다고 생각하면 너무나 두렵다. 사람들이 이 기술로 무엇을 할 수 있는지 제대로 아는 게 중요하다.[109]

이 시기에 끝없이 떠오른 불안감은 대체로 연구소의 허술한 생물보안 수준이나 충격적일 정도로 대범한 기능 획득 연구에서 비롯됐고, 이러한 상황은 나중에 코로나19 대유행을 일으킨 제2형 중증급성호흡기증후군 코로나바이러스SARS-CoV-2의 기원에 관한 의혹으로 이어졌다. 21세기 초반에 사람들이 두려워하는 대상이 생물무기를 이용하는 테러리스트들에서 불량한 여러 국가로 옮겨진 것처럼, 코로나19도 처음에는 테러리스트의 소행이라는 두려움이 피어났다가 사그라지고 중국을 향한 전반적인 두려움으로 대체됐다. 중국의 경제력과 정치적인 영향력이 점차 커지는 상황과 연계된 이런 감정은 코로나19 대유행이 자연적으로 일어난 종간 전파에서 시작된 게 아니라는 의견에 불을 붙였다. 이 가설을 지지하는 사람들은 중국의 우한 바이러스연구소가 이 대유행 사태의 근원지이며, 그곳에서 적법한 절차대로 배양되던 바이러스 검체가 사고로 유출됐다는 의혹을 제기한다(가능한 일이다). 더 과열된 버전으로는 무모한 기능 획득 연구로 벌어진 사태라는 추측도 있다(이에 대한 근거는 없다).[110]

사방에서 불안과 의혹이 솟아나는 가운데, 미국 연구진의 실책과 우한을 포함한 다른 지역의 연구를 지원한 기관들의 실수, 비밀을 지키려는 중국 정부의 태도가 더해져서 명확하고 개방적인 논의는 차단되고 온갖 음모론자들과 이 사태를 기회로 이용하려는 정치인들만 더욱 목소리를 키웠다.[111] 그 결과, 코로나19 대유행의 진짜 원인은 앞으로도 밝혀지지 않을 가능성이 크다. 현재 이 글을 쓰는 시점까지 원인 바이러스가 자연에서 유래했다는 사실 외에는 어떠한 증거도 나온 게 없다. 연구 시설의 보안에 관한 우려는 결코 간과해서는 안 되는 일이지만, 지금까지 나온 데이터를 보면 자연에서 종간 전파가 일어났을 가능성이 나타난다. 그러한 전파는 과거에도 있었고, 다시 일어날 가능성 또한 거의 확실하다.[112] 사스 바이러스가 박쥐에서 유래했다는 사실이 밝혀지기까지 얼마나 긴 세월 고된 연구가 이어졌는지를 생각하면, 어떤 동물이 SARS-CoV-2의 최초 숙주인지에 곧바로 결론이 나오지 않는 이유를 알 수 있다. 이 결론을 얻는 건, 전 세계적인 대유행이 없는 상황

에서도 오랜 시간이 걸리는 일이다.[113]

인위적으로 만들어진 병원체의 판별을 둘러싼 우려를 해소하고 SARS-CoV-2의 기원에 관한 터무니없는 추측을 가라앉힐 한 가지 해결책은 유전공학과 법의학을 접목한(법유전공학) 복잡한 생물 정보학적 분석으로 유행병과 관련이 있는 생물이 유전학적으로 변형된 유기체인지 확인하고, 변형된 생물로 밝혀지면 가장 가능성이 큰 원천을 추론하는 것이다. 이 분야는 아직 걸음마 단계지만, 최근 UN의 지원으로 향후 발생할 수 있는 유행병의 염기서열 분석 데이터를 한데 모으는 레프바이오RefBio라는 연구소 네트워크도 구축됐다.[114]

유전공학의 역사가 반세기를 지나는 동안, 기술이 워낙 단순해서 테러리스트나 바이오 해커가 실험을 따라 하다가 끔찍한 결과가 발생할 수 있다는 우려가 꾸준히 제기되었다. 재닛 머츠는 내게 자신이 1972년에 재조합 DNA 분자를 조합하는 기술을 개발함으로써 유전공학 기술을 '똑똑한 고등학생' 정도면 이해할 수 있도록 만들었다고 이야기했다. 1989년에 스티븐 로스 중령은 유전공학이 "가내 수공업"으로 변모했다는 글을 썼고, 2011년에 당시 미국 국무장관이던 힐러리 클린턴Hillary Clinton은 "어디서나 구할 수 있는 소량의 병원체 표본과 저렴한 장비, 대학생 수준의 화학과 생물학 지식"이면 무기가 만들어질 수 있다고 경고했다.[115] 9·11 공격이 일어난 지 20주년이 된 2021년 9월에 토니 블레어는 예전부터 꾸준히 제기한 경고를 다시 꺼냈다. 이슬람 테러리스트들이 생물무기를 개발하고 있다는 내용이었다.

> 생물 테러의 가능성은 공상과학의 영역이라고 생각할 수도 있다. 그러나 이제는 비국가 단체 활동가들이 생물 테러를 활용할 가능성에 대비하는 것이 현명하다.[116]

지난 반세기 동안 유전공학 기술이 적용된 생물무기 연구가 상당 부분 진척을 이루었다는 사실은 경계할 만하지만, 그런 무기가 실제로 사용된 적은 없었고, 생물무기 제작에 바탕이 되는 지식을 테러리스트나 바이오 해커가 습득했다거나 활용했다는 증거도 전혀 없다. 캐서린 보걸Katherine Vogel, 소니아 벤 오그함 곰리Sonia Ben Ouagrham-Gormley, 클레어 모리스Claire Marris를 비롯한 여러 학자가 지적했듯이 이런 명백한 모순을 이해할 수 있는 주된 이유는 어떤 연구를 수행하는 것과 그 연구를 똑같이 따라 하거나 활용하는 건 전혀 다른 일이라는 것이다.[117] 분자생물학처럼 실험 자체가 까다롭고 실패할 확률이 큰 분야는 더욱 그렇다(간단한 실험으로 여겨지는 PCR도 이 실험을 해 본 사람이면 누구나 실제로는 그리 간단하지 않다는 사실을 알 것이다).

그와 같은 실험을 수행하려면 학문적인 지식과 더불어 보통 수년간 한 연구실에서 다른 사람들과 팀을 이뤄 연구하는 동안 축적되는 암묵적인 지식도 있어야 한다. 과학자들은 이런 과정을 거쳐 어떤 실험 기법이 가장 효과적인지, 그 기법은 어떻게 실행에 옮겨야 하는지를 익힌다. 캐서린 보걸은 이를 "'직접 해 보면서 학습'하거나 '예시를 통해 학습'하는 현실적이고 직접적인 과정에서 획득하는 불분명하고 개인적인 지식"이라고 설명했다.[118] 이와 같은 전문적인 기술을 습득한 후에도, 계절마다 사용하는 시약의 상태가 바뀌는 등 무수한 이유로 실험에서 예상했던 결과가 나오지 않는 경우가 허다하다.[119]

과학계의 학술 논문에는 정해진 구성에 따라 선별된 사실만 담긴다. 그 모든 결과가 나오기까지 꼭 필요했던 사회적인 관계나 알 수 없는 이유 또는 따분한 여러 이유로 실험이 무수히 실패했던 과정은 전혀 언급하지 않는다. 2005년에 나온 소아마비 바이러스의 합성 연구도 수십 년간 축적된 지식과 실험실의 전통이 합해져서 나온 결과물로, 어느 낡은 지하실에서 활동하는 바이오 해커가 간단히 따라 할 수 있는 일이 아니다. 테러리스트가 크리스퍼 기술을 이용할 수 있다는 우려도 마찬가지다. 분자생물학은 생각보다 훨씬 복잡하다. 어떤 아마추어가 병원체를 합성한다고 하더라도 무기화하는 건 어렵거나 불가능하다. 2008년 바이러스학자인 젠스 쿤Jens Kuhn은 다음과 같이 지적했다. "생물학적 물질을 안정화하고, 외피를 입히고, 저장하고, 확산하도록 만드는 건 극히 까다로운 일이며 극소수만 그 방법을 알 뿐 공개되는 경우는 드물다."[120]

걱정할 필요가 없다는 말은 아니지만, 상황을 고려해 가면서 생각해야 한다는 뜻이다. 게다가 지난 30년간 모두를 바짝 경계하게 만든 안보 관련 논란이 생길 때마다 기술의 단순함과 손쉽게 이용할 수 있다는 주장이 너무 빈번하게 제기된 것이 오히려 역효과를 낳았을 가능성이 있다. 2001년 아프가니스탄을 침공한 미군은 1999년 알카에다의 부지도자였던 아이만 알 자와히리Ayman Al Zawahiri가 남긴 메모를 발견했다. 이 테러리스트 지도자는 알카에다가 생물무기 개발(시도했으나 실패했다)에 흥미를 느끼게 된 이유에 관해 "손쉽게 구할 수 있는 재료로 그런 무기를 간단히 만들 수 있다는 우려를 적들이 반복적으로 드러내자 관심이 생겼다"고 밝혔다.[121]

테러리스트나 바이오 해커의 위협보다 더 실질적인 생물보안의 위험은 비밀리에 무기를 개발하려는 국가들이나 대유행병을 일으킬 수 있는 병원체를 대상으로 기능 획득 연구를 수행하는 여러 연구소에서 의도치 않은 유출이 발생할 수 있다는 것이다. 이러한 연구들은 향후 발생할지 모를 대유행병에 대비할 수 있다는 명분을 내세우지만, 2020년 코로나19로 극심한 피해가 발생했을 때 전 세계의 대응 수준은 비참할 정도로 미흡했다. 기능 획득 연구를 해 온 일부 연구자들은 코로나19 치료법 개발에 이런 연구가 중요한 역할을 한다고 주장했으나, 이번 사태의 근본적인 대응 방식은 기능 획득 연구와 아무 관련이 없었다.[122] 기능 획득 연구를 옹호해 온 연구자들은 21세기 초에 그랬듯이 코로나바이러스 연구를 시작하는 연구소가 갑자기 많아지는 건 위험하다고도 주장했다. 바이러스 기능 획득 연구를 선도해 온 랠프 배릭Ralph Baric은 새로 합류한 일부 연구자들은 "이와 같은 병원체의 내재적 위험성을 덜 존중할" 가능성이 있다고 경고했다.[123]

2004년, 애리조나대학교의 생물 테러 전문가 조지 포스테George Poste는 원자폭탄이 개발된 후 물리학에 어떤 일이 벌어졌는지를 언급하며 "생물학은 순수성을 잃을 것"이라고 예견했다.[124] 다행히 아직은 그렇게 되지 않았다. 아직은 막을 수 있다.

16

신들?

반세기 전 유전공학이 현실에 등장하자, 과학자들이 '신 놀음'을 한다는 비판이 나왔다. 그러한 의견에는 유전자를 의도적으로 정교하게 바꾸는 건 부자연스러운 일이며 인간이 이해할 수 없는 힘을 건드리는 행위라는 의미가 내포되어 있다.[1] 내가 이 책을 쓰게 된 계기이기도 한 유전공학의 세 가지 우려되는 분야에도 이 의견을 적용할 수 있다. 즉 유전 가능성이 있는 인간 유전자 편집, 유전자 드라이브, 그리고 병원체 조작이다. 현재 이 세 분야 모두 유전자에 변화를 일으키는 인간의 능력은 엄청난 수준에 이르렀고, 우리 자신이나 이 지구에 함께 사는 다른 생물들에게 심각한 위협이 되고 있다. 신화에서 배운 것처럼 신들이 늘 자애로운 건 아니다.

하지만 과학자들이 '신 놀음'을 한다는 견해에는 또 다른 측면이 있다. 1968년, 얼마 후부터 실리콘밸리라고 불리게 된 지역의 중심부에 자리한 스탠퍼드대학교에서 생물학을 공부한 스튜어트 브랜드Stewart Brand는 졸업 후 〈지구 백과Whole Earth Catalog〉 첫 호를 발행했다.* 히피들을 위한 우편 주문용 상품 안내서 내지는 물병자리의 시대(점성술에서는 황도 12궁 별자리의 역순으로 각 별자리의 시대가 찾아오고, 사회와 문화 전체에 변화가 일어난다고 본다. 1960년대에 물병자리 시대가 열렸다는 주장이 나왔다. – 역주)를 살아가는 법을 알려 주는 안내 책자 같기도 했던 이 카탈로그를 브랜드 본인은 "자원 가이드"라고 불렀다. 1969년 유전공학이 실현된 직후, 과학에 대한 사람들의 의구심이 점차 커지던 시기에 이 카탈로그에는 현대 사회를 바라보는 브랜드의 관점이 다음과 같은 충격적인 주장과 함께 실렸다. "우리는 신과 같은 존재이며, 아마도 이 역할을 잘 해낼 것이다."

히피의 사고방식과 모더니즘, 기술을 낙관적으로 바라보는 브랜드의 견해는 유전공학의 역사 전반 그리고 그가 활동한 캘리포니아에서 대부분 처음 등장한, 브랜드와 같은 세대 사람들이 같은 세계관으로 개발해 낸 유전공학 기술의 상업적인 활용 방식에 반짝이는 실처럼 계속 따라다녔다.[2] 수십 년간 이어진 이러한 낙관적인 시각은 수시로 북돋운 기업가 정신과 함께 유전공학의 순수한 연구와 미래의 활용 가능성에 관한 과열된 전망에 불을 붙였다. 환경 보존과 의학, 농업 세 분야

* 이 책자와 함께 1960년대 후반의 대표적인 책으로 여겨지는 톰 울프Tom Wolfe의 《쿨 에이드 전기 산성 시험The Electric Kool-Aid Acid Test》 첫 번째 문단에도 브랜드의 이야기가 나온다. 브랜드는 작가 켄 키지Ken Kesey가 리더를 맡았던 '즐거운 까불이들Merry Pranksters'이라는 공동체의 일원이기도 했다.

에서 유전학적 독창성이 더 나은 삶을 가져올 것이라는 오늘날의 확고한 중기 전망에도 이러한 관점이 나타난다.[3] 그러나 이 세 분야 모두 그러한 낙관적 전망이 흔들리지 않는 건 아니다. 꿈을 현실로 바꾸고, 반짝이는 아이디어를 실제 생산하여 덩치를 키우고, 오용을 막고, 정말 해도 되는 일인지 확인하는 건 힘들 때가 많다. 오늘날 유전학적으로 신이 되는 건 비교적 간단한 일일지 몰라도 잘 해내는 건 다른 문제다.

•———◦

유전공학이 제공하는 능력 중 신 놀음에 가장 가까운 것은 멸종된 동물을 되찾는 '멸종 생물 복원'일 것이다. 툰드라 지역에 얼어 있던 조직에서 매머드 유전체를 획득하고 이를 토대로 매머드를 다시 만들어 낸다는 아이디어는 10년이 넘도록 큰 관심을 얻고 있다.[4] 매머드를 비롯해 툰드라에 살았던 다른 대형 포유동물을 복원하면 환상적인 동물들을 다시 볼 수 있을 뿐만 아니라 기후 변화의 영향도 일부 줄이게 될 것이라는 주장도 있다. 이 거대한 동물들이 땅을 밟고 돌아다니면 서리가 땅속 더 깊은 곳까지 침투해서 탄소가 땅에 더 오랫동안 포집된다는 것이다.[5]

〈쥬라기 공원〉에도 나오는 명백한 교훈은 차치하더라도, 매머드 복원은 기술적으로 엄청나게 어려운 일이다. 살아 있는 매머드의 가장 가까운 생물인 아시아 코끼리의 유전체를 확보하고 매머드 복원에 필요한 모든 변화를 일으켜야 하기 때문이다(염색체를 통째로 새로 만들기

그림 16-1. 2021년 3월에 스튜어트 브랜드가 자신의 트위터에 올린 구인 공고.

위해서는 엄청나게 고된 과정을 거쳐야 하며, 아직 동물에 그런 시도가 이루어진 적은 없다. 매머드의 염색체는 총 29쌍이다). 매머드와 아시아 코끼리 사이에는 250만 년에서 500만 년의 시간차가 있으므로 두 동물의 염기쌍에는 수백만 가지 차이점이 존재한다.[6] 이 모든 차이가 다 중요한 건 아니고 어떤 게 중요한지도 알 수 없지만, 관련성이 있는 차이를 찾아낸 다음 아시아 코끼리의 유전체에 도입할 수 있을 것이다(아시아 코끼리는 매머드보다 염색체 쌍이 적으므로 전체 과정에 문제가 생길 가능성이 있다). 이런 어려움을 다 극복한다고 해도 변형된 유전체를 코끼리 세포에 안전하게, 세포 내 모든 소기관과 분자들이 제대로 기능할 수 있는 방식으로 도입해야 하는 과제가 기다린다. 아시아 코끼리 세포의 환경은 매머드가 살았던 시대에 매머드 유전체와 함께 진화했을 매머드 세포의 환경과는 수많은 차이가 있을 것이고 이를 다 파악할 수도 없으므로, 과연 이게 가능할지 장담할 수 없다. 크레이그 벤터 연구진이 염색체가 딱 하나고, 핵도 없고, 코끼리나 매머드 같은 진핵생물 세포에 존재하는 복잡한 구조도 없으며, 거대한 몸집에 털이 부숭부숭하고 지능이 있는 동물로 발달하지도 않는 세균 세포에 새로운 유전체를 도입하는 데 20년이 걸렸다는 사실만 봐도 이게 얼마나 어려운 일인지 짐작할 수 있다.

여기까지 전부 순조롭게 실현됐다고 가정한다면, 이제 배아를 대리모에 착상시켜야 한다. 역시나 아시아 코끼리가 가장 적합한 후보일 것이고, 배아와 모체 사이에서 일어나는 무수한 상호작용이 수개월 동안 정상적으로 유지돼 둘 중 어느 한쪽이, 또는 양쪽 모두가 죽지 않도록 만들어야 한다. 이건 생각보다 훨씬 까다로운 일이다. 몇 년 전 스페인 연구진이 피레네 아이벡스(산양의 한 종류. – 역주)의 멸종된 아종의 복제 동물을 만드는 연구를 진행했을 때 배아 수백 개가 만들어졌고, 같은 종 암컷에 연달아 이식했으나 태어난 동물은 단 한 마리였으며 그 한 마리도 태어나서 몇 분 만에 죽었다.[7] 종이 다른 동물을 대리모로 활용하면 일이 잘못될 가능성은 더욱 커진다. 《멋진 신세계》에도 등장하는 인공 자궁 개발을 떠올릴 수도 있지만(현재는 가설일 뿐이다), 매머드를 복원하려면 자궁 크기가 소형차 정도는 되어야 할 것이다. 마지막으로 생각해야 할 것은 매머드가 그저 세포와 DNA로만 구성된 존재가 아닌 복잡한 사회적 동물이며 이제는 사라진 자연환경에서, 그들만의 사회적인 조직과 문화 속에서 살았다는 사실이다. 이 어마어마하게 복잡한 단계들을 전부 극복한다고 해도 이 멋진 동물들을 이런 낯선 세상에서 살게 하는 것이 과연 윤리적으로 타당한가 하는 심오한 의문이 남는다.

이와 같은 아주 현실적인 이유로, 조지 처치의 아이디어에서 시작된 매머드 복원 계획은 매머드급으로 추진되다가 최근에 와서는 규모가 크게 줄었다. 스튜어트 브랜드가 공동 설립한 미국의 '리바이브 앤 리스토어Revive & Restore'(줄여서 R&R) 재단의 일부 지원으로 현재 진행 중인 매머드 복원 사업은 언젠가 매머드와 비슷한 특성을 가진 코끼리를 만들어 북반구의 추운 기후에서 살 수 있게 만들겠다는 목표로 먼 옛날 매머드가 추운 날씨에 적응했던 것과 관련된 유전자를 찾는 일에 중점을 두고 있다. 2022년에 조지 처치가 공동 창립한 생명공학 스타트업 콜로설 바이오사이언스Colossal Biosciences는 '추운 날씨를 견디는 코끼리'를 개발한다는 연구 계획을 공개하고 1000억 원의 투자금을 모았다.* 콜로설 바이오사이언스는 새로 개발될 동물이 매머드와 "기능적으로 동일할 것"이라고 주장했다. 매머드는 아니라는 소리다.

콜로설의 사업에 관한 언론의 떠들썩한 보도에서 이런 미묘한

* 투자자 명단에는 영화 〈쥬라기 월드〉의 책임 프로듀서이자 억만장자로 알려진 인물과 함께 패리스 힐튼Paris Hilton도 있다. 액수만 보면 어마어마한 돈이지만, 달성해야 하는 목표에 비하면 아무것도 아니다. 매머드는 단순히 추위를 잘 견디는 특성만 있는 동물이 아니다. 먹이를 찾는 다양한 행동, 눈 속 깊이 파묻힌 먹이의 냄새에 반응하는 능력 등도 갖추어야 한다. 이와 같은 매머드의 필수적인 특징이 어떤 유전자들과 관련이 있는지는 밝혀진 게 거의 없다.

문제는 다루어지지 않은 채 멸종된 매머드의 복원 사업이라는 문구만 또다시 헤드라인에 등장했다(몇 년 주기로 반복되는 일이다).[8] 런던 자연사박물관의 매머드 전문가 토리 헤리지Tori Herridge는 함께 일하자는 콜로설 바이오사이언스의 제안을 거절했다. 〈네이처〉에 실린 헤리지의 사려 깊은 글에 거절한 이유가 담겨 있다.

> 콜로설은 투명성과 포용성, 지역사회의 참여를 위해 '철저히' 노력하겠다고 약속하지만, 멸종 동물 복원 과정에서 대중에게 권한을 부여하는 일에 오히려 더 엄격한 기준을 내세울 가능성이 있다. (……) 멸종 동물 복원이 윤리적으로 이루어지려면 전문가들, 사회 운동가들과 함께 시민들도 충분한 정보를 바탕으로 목소리를 낼 수 있어야 한다. 모든 과정에는 5년 이상이 걸릴 텐데, 민간 기업이 공익과 관련된 일을 할 때는 자신들이 서비스를 제공하고자 하는 사람들의 견해를 외면해선 안 된다. 사람들이 자신이 바라는 방향으로 미래를 결정할 수 있게 해야 한다.[9]

진화 생물학자이자 R&R 이사인 베스 샤피로Beth Shapiro는 베스트셀러 《쥬라기 공원의 과학》에서 자칫 오해를 불러일으킬 수도 있는 제목과 달리 우리가 종류와 상관없이 멸종된 동물을 제대로 되살리게 될 가능성은 극히 희박하며, 그 이유는 기술적으로 매우어려워서이기도 하지만 그 생물들이 살았던 세상의 생태학적 관계가 모두 사라졌기 때문이라고 설명했다.[10] 그 점을 고려한다면 멸종은 영원할 수밖에 없다.

멸종 동물의 복원보다 훨씬 당혹스럽고 신 놀음에 더 가까운 시도도 나왔다. 유럽과 아시아, 중동 지역에 살았던 멸종 인류 네안데르탈인을 복원하겠다는 다소 심각하고 큰 문제가 될 수 있는 생각을,[11] 인터넷상에서 기괴한 상상을 떠들어대는 사람들이 아닌 과학자가, 정말로 해 보려고 시도한 사례는 없다. 네안데르탈인을 복제해서 대리모가 될 여성에게 배아를 이식하는 건 모든 면에서 역겨울 만큼 비윤리적인 행위다. 그러나 사람의 뇌 오가노이드organoid(줄기세포를 이용해 실험실에서 배양할 수 있도록 만든 렌틸콩 한 알 만한 크기의 조직)로 네안데르탈인의 유전자 기능을 조사하는 연구는 진행되고 있다. 이 연구에서, 신경의 발달과 기능에 관여하는 네안데르탈인의 유전자 하나가 인체 조직에 포함되면 조직의 구조와 활성이 바뀐다는 사실이 확인됐다.[12] 뇌 오가노이드 연구는 다소 섬뜩하기도 하고(이 조직에서 자연적으로 생겨난 눈과 비슷한 구조는 빛에 반응한다) 윤리적으로 문제가 될 소지도 지뢰밭처럼 가득하지만(이 구조물이 아주 희미하게라도 의식이 있다면? 의식이 있는지 없는지는 어떻게 알 수 있을까?[13]), 관련 연구자들은 이러한 연구를 통해 우리 유전자 중 일부가 인간과 가장 가까운 종과 어떤 기능 차이가 있는지를 알 수 있다고 주장한다.

멸종 생물 복원과 관련된 중대한 기술적, 윤리적인 문제에도 불구하고, 국제 자연 보전 연맹은 2014년 '멸종 생물 복원 실무단'을 구성했다. 이 실무단은 멸종 위기 동물이나 멸종된 동물에 유전공학 기술을 적용하기 전 반드시 수행해야 하는 생태학적, 경제적 위험 평가를 상세히 기술한 원칙을 마련했다.[14] 이어 2019년에는 실무단 산하 단체가 환경 보호의 측면에서 유전공학 기술의 긍정적인 영향을 조사한 결과를 발표했다. 비슷한 시기에 샌타바버라 캘리포니아대학교와 영국 임페리얼 칼리지 런던의 생태학자들은 훨씬 신중한 견해를 밝혔다.[15] 모든 멸종 생물 복원 사업은 최근에 멸종된 동물에 초점을 맞춰야 하며(생태학적인 특성이 온전히 남아 있을 가능성이 더 높으므로), 그 동물들의 생태학적 기능을 되살릴 수 있을 만큼 충분한 개체 수를 복원해야 한다는 주장이었다.[16] 매머드나 매머드처럼 만든 코끼리는 이 기준에서 벗어난다.

기술이 멋진 해결책으로 활용되는 이런 계획들이 대중과 재력을 가진 유명 인사들의 흥미와 지원을 끌어낼 수 있을지는 몰라도, 극소수를 제외하면 생물의 멸종에 실질적인 해결책이 될 가능성은 희박하다. 분자생물학이 이런 일에 활용된다면, 우선 멸종 위기종의 죽은 개체부터 복제해서 유전학적 다양성을 높여야 한다. 실제로 R&R 재단의 지원으로 미국 검은발족제비를 그와 같이 복원하려는 시도가 있었다.[17] 2022년에는 멸종된 크리스마스섬 쥐의 유전체를 복원하기 위해 그 쥐와는 다른 종인 현존하는 래트의 유전체를 모형으로 활용했으나 크리스마스섬 쥐의 유전체를 5퍼센트 정도 복원하는 일도 불가능한 것으로 나타났다. 그 정도 복구에도 20여 개의 유전자가 완전히 소실됐고, 특히 후각, 면역 체계와 관련된 핵심 유전자가 큰 영향을 받았다.

멸종 동물의 복원이 가능해진다고 해도 간단하지는 않을 것이다. 생태계를 보존하기 위해서는 멸종 생물의 복원이 아니라 현존하는 생물 종의 멸종을 막는 일에 중점을 두어야 한다. 이를 위해서는 무엇보다 서식지의 파괴를 막고 인간이 멸종 위기 동물에 가까이 가지 않도록 막는 기본적인 노력이 필요하다. 멋질 걸로 따지면 훨씬 덜 멋진 방법으로 보이겠지만 이것이 훨씬 현명한 방법이다.

•——○

체세포 유전자에 변화를 일으키는 크리스퍼 기술에 의사들과 환자들이 점점 더 흥미를 보이고, 특히 크리스퍼가 겸상 세포 질환의 유전학적인 치료법이 될 가능성에 관심이 쏠리고 있다. 전 세계 수백만 명이 겪는 겸상 세포 질환은 만성 통증, 빈혈, 심각한 수명 단축을 일으키고 뇌졸중과 장기 손상의 위험성을 높인다. 헤모글로빈 단백질이 암호화된 DNA 코돈이 GAG에서 GTG로 바뀌는 단일 뉴클레오티드 염기 돌연변이가 원인으로, 이 돌연변이로 아미노산 하나가 다른 것으로 바뀌고 헤모글로빈이 기형으로 만들어진다.[18] 2019년 7월에 겸상 세포 질환을 앓던 33세 흑인 여성 빅토리아 그레이Victoria Gray는 실험 단계였던 체세포 크리스퍼 치료를 받았다. 이 병의 원인이 되는 돌연변이가 없는 유전자에 치료의 초점을 맞춰서 적혈구가 만들어지는 골수세포에서 정상 헤모글로빈의 생산량이 증대되도록 만드는 치료였다.

이 실험의 결과는 2021년에 나왔다. 그레이는 생전 처음 통증에서 벗어났고, 편집된 유전자는 치료 후 12개월 동안 안정적인 수준으로 유지됐다.[19] 유전자 편집 기술의 선구자인 표도르 우르노프는 "숭고한" 결과이며 "유토피아의 경계"에 이르렀다는 생각이 들 만큼 뜻밖의 반가운 성과라는 견해를 밝혔다.[20] 이후 비슷한 치료 7가지가 개발됐고, 별다른 문제가 없다면 이들 모두 또는 일부가 5년 내로 승인될 것이다.* 겸상 세포 질환과는 유전학적인 원인과 발병 지역이 다르지만 발생하는 영향은 비슷한 베타 지중해 빈혈에도 같은 치료법을 적용할 수 있으므로, 이러한 치료는 전 세계적인 파급력을 갖게 될 것이다. 그 사이 미국에서는 겸상 세포 질환 관련 돌연변이를 크리스퍼로 직접 잡아서 병을 치료하는 기술의 임상시험이 승인됐다.[21] 앞으로 수십 년 내로 이러한 치료법을 적정한 가격에 널리 이용할 수 있게 된다면, 전 세계 수백만 명에 이르는 환자들의 삶에 중대한 변화가 생길 것이다. 이런 전망에는 겉으로 드러나지는 않지만, 전 세계적인 의료서비스의 불평등과 직결된 사회적, 경제적 문제들을 해결해야 한다는 전제가 깔려 있다.

크리스퍼 기술을 임상에서 활용할 때 우려되는 문제는 표적이 불규칙하다는 것인데, 이 문제를 해결할 새로운 형태의 유전자 편집 기술이 개발된다면 기초 학문과 응용 측면 모두에서 새로운 발견을 기대할 수 있을 것이다. 2016년 하버드대학교의 데이비드 리우 연구실에서 일하던 두 젊은 연구자 알렉시스 코모Alexis Komor와 니콜 가우델리Nicole Gaudelli는 염기 편집이라는 기술을 소개했다. 크리스퍼 시스템의 구성 요소를 활용해서 염기서열 중 DNA 염기 하나를 정밀하게 바꾸는 기술이다.[22] 이 염기 편집 기술은 DNA 가닥 중 하나만 절단하고(이 기술에는

* 이 책에서 지금까지 제시한 사례들을 통해 알 수 있듯이, 유전공학 기술이 새롭게 활용될 가능성을 이야기할 때는 보통 5년 이내에 실현될 것으로 전망한다. 5년이라는 시간은 흥미진진하고 매력적인 해결책으로 느끼기에 충분히 가까운 기간이지만 즉각적인 결과를 기대할 만큼 가깝지는 않은 기간이다. 동시에 너무 허황된 목표라고 느껴질 만큼 심하게 가깝지도 않다. 실제로 허황된 꿈에 그치는 경우도 많지만 말이다.

DNA 분자를 살짝 베도록nick 변형된 카스 효소가 사용된다. 효소의 이름도 니카아제nickase이다) 가이드 염기서열을 토대로 반대쪽 가닥의 원하는 염기 하나를 다른 것으로 교체하므로 기존 크리스퍼 기술보다 훨씬 안전하다. 세포는 잘린 부분을 인식해서 절단된 가닥에 새로 삽입된 염기의 상보적인 염기를 삽입한다. 데이비드 리우가 설립한 빔 테라퓨틱스Beam Therapeutics라는 스타트업은 2021년에 인체 세포주에서 겸상 세포 질환을 일으키는 돌연변이를 표적으로 삼아 염기 편집 기술을 적용, GTG 코돈을 정상적인 GAG 코돈으로 전환하는 데 성공했다. 안전성이 확인되고 최종 승인이 떨어지면(수년이 걸린다) 겸상 세포 질환은 물론 단일 뉴클레오티드 돌연변이로 발생하는 다른 질환의 새로운 치료법으로 활용될 수 있을 것이다.[23]

염기 편집 기술이 전 세계적으로 가장 큰 사망 원인 중 하나인 심장질환을 해결할 수도 있다는 낙관적인 전망도 나왔다. 2021년에 키란 무수누루 연구진은 체내 콜레스테롤 생성과 관련이 있는 PCSK9 유전자를 이러한 치료의 표적으로 정했다. 이 유전자에 자연적으로 생기는 돌연변이 중에는 '나쁜' 콜레스테롤이 적어서 심혈관 질환의 하나인 죽상동맥경화증이 생길 위험성이 낮은 종류가 있다.[24] 연구진은 지질 나노입자(mRNA 코로나19 백신에 쓰인 것과 같은 종류)와 결합된 크리스퍼 염기 편집 시스템을 원숭이에게 1회 투여해서 간의 PCSK9 유전자 발현량을 최소로 만든 결과 원숭이의 혈중 콜레스테롤 수치가 60퍼센트 감소했다고 밝혔다. 이 상태는 8개월간 안정적으로 유지됐다. 임상시험까지 가려면 아직 몇 년이 더 걸리겠지만, 이 놀라운 치료법은 전 세계적인 문제인 심혈관 질환과 그로 인한 심장 발작, 뇌졸중의 새로운 해결책이 될 수 있다.

데이비드 리우의 막강한 연구진은 최근 '프라임 편집'이라는 새로운 버전의 편집 기술을 개발하고 인체 세포에 이 기술을 곧바로 적용해 두 가지 유전 질환을 즉각 잡을 수 있음을 증명함으로써 이 기술로 어떤 염기든 다른 염기로 바꿀 수 있다는 사실을 보여 주었다.[25] 내가 이번 장을 다 써 갈 무렵에는 리우의 연구진이 DNA 이중 나선 구조를 파괴하지 않고 큰 DNA 조각을 잘라내거나 삽입할 수 있는 '쌍둥이 프라임 편집'이라는 기술을 개발했고, 복잡한 인체 유전 질환을 바로잡는 용도로 활용할 수 있다는 소식이 전해졌다.[26] 앞으로도 다른 새로운 편집 기술이 계속해서 개발될 것이다. 유전자 편집 기술이 다양해지면, 1980년대부터 나온 전망처럼 체세포 유전자 치료가 환자 수백 명에게 맞춤형 치료법을 제공하는 데 그치지 않고 수백만 명의 인생을 바꾸는 치료법이 될 수도 있을 것이다.

유전자 편집 기술이 인간의 삶을 바꿔 놓을 수 있는 또 한 가지 가능성은 이식이 필요한 장기를 동물에게서 얻는 이종 장기 이식에 있다. 인체 장기를 얻는 동물로는 돼지가 가장 적합하고, 특히 돼지의 신장은 수혜자가 이식 절차를 받아들인다면 가장 적합한 대체 장기가 될 수 있다. 그러나 돼지 유전체에 존재하는 62종의 레트로바이러스가 인체에 돼지의 장기를 이식할 때 문제를 일으킬 수 있다. 2017년에 조지 처치가 설립한 스타트업 이제네시스eGenesis의 중국 연구진은 다른 나라 과학자들과 합동으로 크리스퍼 기술을 활용해서 이 레트로바이러스의 활성을 없애고 그 세포를 복제해 레트로바이러스가 없는 귀여운 돼지를 만들었다. 이 성과는 〈사이언스〉 표지에도 실렸다.[27]

3년 뒤, 처치의 연구진은 중국 치한바이오Qihan Bio 연구진과 함께 돼지 유전체를 추가로 편집해서 인체에 강한 면역 반응을 일으키는 돼지 유전자 3개를 없애고, 장기 이식 시 인체와의 면역학적, 생리학적 적합성을 강화하는 인체 유전자 9종을 추가했다.[28] 나중에는 미국 업체 리바이브코어Revivcor 연구진도 합세해서 인체 이식이 가능한지 확인하는 첫 단계로 돼지의 장기를 영장류에 이식하는 시험을 진행했다. 2021년 가을에는 유전자가 위와 같이 편집된 돼지의 신장을 사망한 여성의 몸에 연결해서 거부 반응 없이 혈액이 여과되는지 확인하는 시험이 이어졌다.[29] 이 시험은 문제없이 완료됐고, 이후 비슷한 시험이 두 건 추가로 실행됐다. 그러나 돼지의 신장을 살아 있는 사람의 몸에 이식하는 절차가 승인되려면 아직 몇 년이 더 걸릴 것이다.

하지만 정말 그럴까? 내가 위의 내용을 쓰고 하루 뒤에, 심장질환으로 상태가 위독해 죽기 직전이던 데이비드 베넷David Bennett이라는 57세 남성이 형질전환 돼지의 심장을 이식받았다는 뉴스가 전해졌다. 탈렌으로 유전자를 편집해서 돼지 유전자에 네 가지 변화를 일으킨 뒤 인체에 이식하고, 수혜자의 몸에서 장기가 더 수월하게 자리 잡도록 인체 유전자 6가지를 추가하는 등 유전학적으로 총 10가지가 바뀐 돼지의 장기를 이용한 수술이었다.[30] 이 일에도 소설이 한발 앞섰다. 1997년에 아동 작가 맬로리 블랙맨Malorie Blackman은 《돼지 심장을 가진 소년Pig Heart Boy》이라는 소설에서 돼지의 심장을 이식받은 한 소년의 삶을 그렸다. 베넷은 이식 후 2개월 만에 세상을 떠났다.

이런 선구적인 연구가 나중에는 전 세계 수백만 명의 환자들에게 희망을 가져다주겠지만, 실현될 가능성이 있는 치료법 중에 병을 마법처럼 싹 없애 주는 건 없다. 모두 굉장히 복잡하고, 엄청나게 비싸다. 전 세계적으로, 그리고 한 국가 안에서도 의료서비스의 불평등은 비극적인 수준이므로 이러한 치료법도 제한적으로 이용될 것이다. 코로나19 백신이 세계 곳곳에 배포되는 과정에서도 지구 전체 시스템에 대대적인 변화가 일어나지 않는 한, 획기적인 치료가 나오더라도 돈을 낼 여유가 있는 국가들만, 그 국가들 내에서도 대부분 특권을 누리는 사람들만 이용할 수 있을 것이라는 사실이 드러났다. 의학도 과학과 마찬가지로 사회에 깊이 뿌리내리고 있다. 기술적으로 굉장한 방법을 찾는 일과 삶을 변화시키고 생명을 구하는 가장 어려운 과제를 해결하는 일은 아주 거리가 멀다.

•———○

마지막으로 살펴볼 유전공학 기술의 흥미로운 가능성은 더 튼튼하고 더 빨리 자라는 식물과 교묘한 기능을 갖도록 조작된 미생물에 관한 것이다.[31] 탈렌과 크리스퍼 기술로 흰가루병에 내성이 있는 밀이 개발됐고(우리 집에서 키우는 인동덩굴에도 유용할 것 같다), 가뭄 내성이 향상된 옥수수도 나왔다.[32] 규제 변화로 이러한 작물이 실제 재배되기까지 거쳐야 하는 과정은 GM 작물보다 더 수월해질 가능성이 있다. 미국의 경우 크리스퍼로 유전자가 편집된 식물에 대한 규제가 유연한 방향으로 기울고, 일본은 다른 생물의 DNA가 포함된 경우가 아니라면 유전자가 편집된 식물은 규제하지 말아야 한다는 권고가 나왔다. 영국은 브렉시트 이후 유전자 편집 식품에 관한 규정을 재검토하고 있다. 유전공학 기술의 활용에서 여전히 선두에 있는 중국은 유전자 편집 작물의 판매를 승인했다.[33] 유럽의 관련 법률도 바뀔 가능성이 엿보인다. 2018년에 유럽 사법재판소는 크리스퍼로 편집된 작물은 기존의 GM 식물과 차이가 없다는 결론을 내렸으나, 2021년 4월에 유럽 집행위원회는 크리스퍼 기술이 적용된 작물에는 덜 엄격한 새 규정이 필요하다고 주장했다.[34] 그 주장이 나온 시점에는 어떤 국가에서도 대중이 유전자 편집 작물의 이용과 판매 가능성을 불안해하는 분위기는 없었다. 2021년 9월 일본에서는 크리스퍼 작물로는 최초로, 크리스퍼 편집 기술로 아미노산 GABA의 농도가 높아지도록 만든 토마토가 판매됐다. 건강에 유익하다는 특징을 내걸고 '시칠리아 루즈'라는 이름으로 출시된 이 토마토는 1990년대에 '플레이버 세이버' 토마토가 겪은 험난한 운명과는 다른 길을 가게 될지도 모른다.

중국에서 식물 유전자 편집 분야를 이끌어 온 가오 카이시아Gao Caixia도 전 세계의 식물 수요를 단 한 가지 방법으로 해결할 수는 없다는 현명한 견해를 제시했다. 현재 자신이 주력하는 '2차 녹색 혁명'에는 기존의 식물 육종 방식과 유전자 편집 기술이 함께 활용될 것이라고도 전망했다.[35] 가오가 쌀과 밀에 성공적으로 적용한 염기 편집과 프라임 편집 기술은 전통적인 방식으로 재배된 작물과 현대 기술로 탄생한 작물의 유사성을 강조함으로써 유전자 편집 작물은 어딘가 부자연스럽다는 대중의 인식을 극복할 가능성이 있다.[36] 가오는 투명성을 토대로 대중의 신뢰를 얻는 것이 성공의 열쇠라고 주장했다. 중요한 이야기지만, 그것만으로는 충분하지 않다. 사업 자금을 지원하는 주체는 지역 공동체와 공동으로 해결 방안을 마련해야 하며, 이것이 기본적인 요건임을 기억해야 한다. 아이디어가 기발하고 실제로 훌륭한 성과를 거두더라도, 그렇게 개발된 새로운 작물이 지역마다 다양한 생태학적 특성과 농업 체계에 잘 맞지 않는다면 모든 것이 허사가 된다.[37]

일부 경우 실질적으로 유용한 이점이 있는 형질전환 미생물에 관해서는 다양한 견해가 도출된다. 식물 재료로 만든 '임파서블 버거'는 이미 전 세계 많은 소비자가 맛을 보고 즐긴다(아쉽게도 나는 아직 기회가 없었다). 이 버거에는 철 함량이 높은 레그헤모글로빈을 생산하도록 조작한 효모가 들어 있어서 채식 버거인데도 고기와 비슷한 맛이 난다.[38] 다진 쇠고기를 직화로 구워서 햄버거빵 사이에 끼워 먹는 이 음식을 정말 많은 사람이 즐긴다는 사실에서 이와 같은 독창적인 실험이 사람의 건강과 동물 복지를 개선하고 대기 중 이산화탄소를 줄이는 데 앞장서게 될지도 모른다는 생각이 든다.[39]

버려진 페트병의 폴리에틸렌 테레프탈레이트PET(병에 들어가는 플라스틱) 소재로 바닐라의 핵심 성분인 바닐린을 합성하도록 조작된 미생물, 또는 간접 온실가스로 분류되는 위험한 일산화탄소 기체로부터 에탄올을 만들도록 조작된 미생물도 흥미로운 가능성이 전망된다.[40] 마찬가지로 오피오이드를 만들도록 조작된 효모를 이용하면 이 의약품 필수 성분을 안전하게 확보할 수도 있다(현재는 모든 오피오이드를 양귀비를 통해 생산한다).[41] 광합성이 개선되도록 식물의 기본적인 생화학적 반응 경로를 바꿔서 이산화탄소 고정량과 바이오매스 양이 늘어나게 만드는, 좀 더 환상에 가까운 꿈도 이뤄질지 모른다(식물의 진화에서 이미 일어나고 있는 일이고, 모든 식물이 같은 과정으로 진화하지는 않는다).[42] 이와 비슷하게 미생물을 조작해서 탄소 중립, 또는 탄소를 발생시키지 않고 지속 가능성이 우수한 생물 연료를 생산하게 될 가능성도 생각해 볼 수 있다. 전망이 밝은 방법들은 많지만, 대규모 효과를 입증한 건 아직 없다.

실험실에서 나온 혁신을 산업 공정으로 만드는 건 엄청나게 어려운 과제다. 실험실을 벗어나 공장까지 오는 데 성공하더라도 다른 문제가 생길 수 있다. 식물에서 말라리아 치료 물질인 아르테미시닌 artemisinin이 반합성되는 과정을 재조합 효모를 이용해서 산업화하는 데 성공한 사례에서도 그런 문제가 드러났다. 재조합 효모를 이용하는 기술이 처음 등장했을 때는 바이오의약품 산업이 크게 발전할 것이라는 기대를 모았고, 이탈리아에 효모를 배양해 아르테미시닌을 생산할 공장도 설립됐지만 결국 공장 가동은 보류됐다. 자연적으로 생산되는 물질을 이용하는 것이 비용도 더 저렴하고 효과도 더 확실하다는 사실이 밝혀졌기 때문이다.[43] 현실에서 부딪히는 문제들은 대부분 기술로 간단히 해결할 수 없는 사회적인 일들이고, 유전공학자들의 꿈은 이 매서운 현실의 벽과 계속 부딪히고 있다.

이러한 독창적인 기술을 대하는 대중의 반응을 보면, 이런 기술들로 할 수 있는 일의 근본적인 문제가 무엇인지 알 수 있다. 코로나19로 전 세계 수십억 명이 재조합 세균 또는 재조합 플라스미드로 만들어진 코로나 백신을 맞았다. 재조합 미생물로 생산되는 인슐린은 많이 쓰이는 의약품일 뿐만 아니라 이제 인슐린은 이렇게 만들어진 종류밖에 없다. 이처럼 유전공학 기술이 적용된 의약품은 널리 수용되고 심지어 열광적인 호응을 얻기도 하지만 GM 작물은 여전히 의혹을 불러일으킨다. 이런 의혹 중 일부는 '그 사람들'이 뭔가 은밀한 일을 하고 있으니 피하는 게 상책이라는 막연한 생각에 뿌리를 둔다(코로나19 백신 접종을 주저한 사람들도 이와 같은 불안감을 느꼈을지 모른다). GM 의약품을 대하는 태도가 저마다 다른 것은 무지함(이 책을 읽기 전에도 재조합 백신이나 인슐린이 어떻게 만들어지는지 알고 있었나?)이나 다른 선택이 없어서(동물에서 직접 인슐린을 얻기는 힘들고, 그런 인슐린을 쓴다고 해도 이상 반응이 일어날 가능성이 더 크다), 또는 의사들이 제일 잘 알 것이라는 체념 섞인 추측의 영향일 수도 있다.

다른 감정도 영향을 주었을지 모른다. 분자유전학 분야의 선구자인 프랑수아 자코브는 1997년에 쓴 글에서, 당시 GM 식품을 바라보는 대중의 광범위한 불안감은 유전자 재조합 생물은 알 수 없는 존재, 괴물, 초자연적인 존재와 거의 비슷하다는 인상에서 나온다고 주장했다.[44] 거미줄을 만들어 내는 염소에는 그런 인상을 받을 수 있어도 Bt 목화에는 어울리지 않는 설명이다. 하지만 '자연스러움이란 무엇인가'라는 관점에서 생각해 보면, 자코브의 분석이 무슨 의미인지 조금 더 이해할 수 있다.

많은 사람이 '자연스러움'을 좋은 것으로 받아들인다. 반면 자연스럽지 않은 것은 기이하고 불안한 것으로 여긴다. '자연스러운' GMO는 없지만 사실 현대 사회에서 자연스러운 건 거의 없다. 우리가 '자연스럽다'고 여기는 '평범한' 작물은 물론이고 우리가 먹는 동물도 자연스러움과는 거리가 멀다. 전부 인간이 수천 년간 뭘 하는지도 모르고 했던 인위적인 선별을 거쳐서 나온 결과물이고, 그 과정에서 동식물의 유전자는 변형됐다. 질병은 이와 달리 자연적으로 발생하는 경우가 많은데, 이때 쓰는 '자연적'이라는 표현은 별로 좋은 뜻이 아니다. 항생제도 자연스럽지 않지만 수백만 명의 목숨을 구했고, 우리는 항생제가 더 이상 듣지 않는 날이 올까 봐 걱정한다. 의학적인 치료는 원래 자연스럽지 않다는 사실을 대부분 받아들이므로 유전공학 기술도 의학에 쓰이면 그 기본적인 태도가 크게 달라지지 않는 것인지도 모른다.

자연스러운 것과 부자연스러운 것의 개념적 범위에 내포된 복잡한 생각과 감정의 덩어리를 탐구해 온 철학자, 역사가, 사회학자, 그 밖에 다양한 학자들은 아주 단순해 보이는 것에도 개념의 모순과 모호함이 드러난다는 사실을 발견했다.[45] 무엇보다 중요한 건 '자연스러움'의 의미와 영향, 그 의미가 적용되는 특정 대상이 시간과 공간이 변하면 함께 변화한다는 것이다. 체외 수정은 수십 년 전까지만 해도 매우 부자연스러운 일로 여겨져서 적개심과 의혹을 불러일으켰는데, 지금은 보조 생식 기술의 하나로 수용된다. '자연스러움'과는 거리가 멀어도 일반적이고 평범한 일이 된 것이다.

'자연스러움'의 의미는 복잡하다. 현재 우리가 생각하는 이 개념의 정의는 지난 100년, 또는 200년에 걸쳐 일어난 산업화와 생물의 균질화에 큰 영향을 받았을 것이고, 지난 세기말에 터진 '광우병' 위기가 촉발한 것과 같은 식품 안전에 대한 두려움이 그러한 생각을 더 공고하게 만들었을 가능성이 있다. 대량 생산되는 식품과 농촌의 생물다양성 감소는 모두 마땅히 걱정할 만한 일이지만, 이런 우려는 식품 생산 체계 전체에 적용되는 것이지 GM 작물 하나가 원인은 아니다. GMO는 기존의 생산 시스템에 맞춰서 설계된 결과물일 뿐 GMO에 맞춰서 생산 시스템이 만들어진 게 아니다.

이 모든 오해를 극복하고 사람들이 유전공학 기술을 삶에 받아들이거나 충분한 정보를 토대로 선택할 수 있게 하는 일은 앞으로 수십 년간 중대한 과제가 될 것이다. 유전공학 기술을 옹호하는 사람들은 실망스럽겠지만 '자연스러움'의 의미가 제각기 얼마나 다른지, 의미가 모순된 경우가 얼마나 많은지를 설명하는 것으로 사람들이 설득될 가능성은 희박하다. 사람들의 이런 태도는 논쟁으로는 해결될 수 없는 깊은 곳에 뿌리가 있다.

•———○

21세기 첫 10년 동안 유전공학 기술이 더욱 보편적으로 활용되는 범위가 넓어지면서 GMO에 대한 대중의 적개심이 줄어들며 생긴 모순적인 현상, 즉 최신 유전학 기술이 개발되면 열띤 반응과 경계심이 동시에 생겨나면서도 그러한 기술을 진지하게 받아들이지는 않는 이유를 찾을 수 있을지도 모른다. 인간이 신 놀음을 하게 됐는지는 몰라도 그 새로운 능력에 그리 큰 관심을 기울이는 것 같지는 않다.

문화에서 표현되는 방식은 사람들이 무언가를 위협으로 느끼는지 아니면 흥미롭게 느끼는지 알 수 있는 주요 지표 중 하나다. 19세기 소설과 그림 등에서 철도가 중요하게 쓰이는 것이나 전후 문화에서 원자폭탄이 곳곳에 등장하는 것으로도 나타나듯이 기술은 특히 그렇다. 그러나 이런 점에서 21세기에 유전공학은 큰 특징을 갖는다. 예술가들, 분야를 불문하고 어떤 창작자들도 유전공학을 중요하게 여기지 않는 듯하다는 것이다. 이는 이 기술이 우리 모두에게 그렇게 여겨진다는 의미일 수도 있다.

GM 작물이 영화 주제로 진지하게 다루어진 시도는 〈리틀 조Little Joe〉가 유일하다. 한 과학자가 우울증을 없애는 '행복한 식물'을 개발하는데, 이 식물을 이용하면 위협을 정확히 인지하지 못하게 된다는 사실이 드러나면서 상황은 꼬이기 시작한다. 하지만 이 영화에서도 유전공학 기술은 중심이 아니다. 영화 속 식물은 낯선 전자기기나 자연에서 우연히 발견된 어떤 걸로도 대체할 수 있다. 문학에서는 가끔 복제를 소재로 쓰지만(이 주제를 가장 잘 다룬 작품은 영화로도 제작된 가즈오 이시구로의 2005년 작 《나를 보내지 마》다), 유전공학 기술은 대체로 작가들이 침묵하는 소재다. 음울한 세상의 종말을 그린 마거릿 애트우드Margaret

Atwood의 2003년 작 《오릭스와 크레이크Oryx and Crake》에도 거미줄을 만드는 염소와 고분고분해지도록 유전자를 조작한 휴머노이드가 등장하지만 이런 기술보다는 소비 지상주의에 대한 풍자가 이야기의 중심이다.

공상과학 소설가들은 먼 미래에 유전공학이 만들어 낼 가능성에 계속 관심을 기울인다. 예를 들어 애덤 로버츠Adam Roberts의 《오직 빛Light Alone》에서는 인간이 광합성을 할 수 있게 된다면 무슨 일이 벌어질지를 상상했고(불평등이 심화된다), 폴 매콜리Paul McAuley의 소설 《남쪽Austral》은 유전자가 재조합된 여성이 기후가 따뜻해진 남극에서 겪는 모험을 그린다. 최근에는 네안데르탈인을 되살리겠다는 꿈 또는 악몽을 소재로 한 작품이 두 편 나왔다. 팀 디즈니Tim Disney의 영화 〈윌리엄William〉과 제임스 브래들리James Bradley의 소설 《유령이 된 생물Ghost Species》이다. 둘 다 큰 성공은 거두지 못했다.

대중문화에서 유전공학은 이 기술의 가능성과 위험성보다는 마법 같은 변화를 일으키는 수단으로 활용돼 왔다. 〈쥬라기 공원〉의 뒤를 이어 줄줄이 나오는 영화마다 유전공학으로 점점 더 괴이한 인공 공룡들을 만들고 이 동물들이 전부 탈출해서 대혼란을 일으키는 이야기가 펼쳐진다. 이런 이야기에서 문제의 핵심으로 다루어지는 건 CG로 그려진 공룡들이지 그 기반이 된 유전공학 기술이나 과학의 오만함이 아니다. 〈에일리언Alien〉의 프리퀄인 영화 〈프로메테우스Prometheus〉에서는 '엔지니어Engineers'로 불리는 외계인들이(물론 이런 이름은 우연히 붙여진 게 아니다) 인류를 창조하고, 마블Marvel 만화 속 캐릭터를 주인공으로 한 할리우드 영화 중 〈스파이더맨Spider-Man〉과 〈헐크The Hulk〉에서는 유전자의 기능을 대체한 원자의 영향력이 두 영웅이 지닌 특별한 능력의 바탕이 된다. 영화 〈혹성탈출〉의 리부트 프리퀄로 만들어진 〈혹성탈출: 진화의 시작〉에 등장하는 유인원들은 알츠하이머병 치료를 목적으로 개발된 바이러스 치료법으로 인해 변화를 겪는다(1963년에 나온 피에르 불Pierre Boulle의 원작 소설에서는 인류가 퇴화한 후 유인원이 지배하는 세상을 그리지만 1968년에 나온 영화에서는 핵전쟁으로 문명이 파괴된 우주를 어쩌다 유인원들에게 내주는 것으로 나온다). '바이오쇼크Bioshock'라는 비디오게임에는 플라스미드 등 유전공학에 쓰이는 재료들이 등장하는데, 마법이 쓰이는 여러 게임의 신비한 물약처럼 사용될 뿐이다.

이 모든 예시 중에 유전학이 의미 있게 다루어진 건 하나도 없다. 개봉이 한참 지연된 제임스 본드 시리즈 〈노 타임 투 다이No Time to Die〉에서도 악당이 사람들의 행동을 통제하는 기이한 바이러스 무기를 개발하는데, 이 무기는(유전자에 영향을 주긴 하지만) 최면이나 정신 통제 기술을 활용한 광선총에 가깝다. 2017년 넷플릭스로 공개된 봉준호 감독의 영화 〈옥자〉에서는 동물의 유전자 변형이 중심 내용이고 한 소녀가 이 '슈퍼 돼지'와 친구가 되어 돼지가 혹사당하지 않도록 구출하는 과정이 나오는데, 꼭 유전자 변형 동물이 아니라 도축장으로 끌려가게 된 일반적인 돼지였다고 해도 똑같이 감동적인 이야기였을 것이다. 2009년에 나온 호러 영화 〈스플라이스Splice〉에서는 인간과 동물의 잡종이 인위적으로 만들어진다. 하지만 신체를 호러 소재로 쓰는 것이나 근친상간, 성폭행 장면 어디에서도 유전공학 기술을 깊이 있게 다루려는 시도는 찾기 힘들다.

크리스퍼 기술이 할리우드 영화에서 언급이라도 된 건 영화 〈램페이지Rampage〉가 유일하다. 《우주 바이러스》에서 다루어진 소재들에 유전자 편집 기술이 혼합된 듯한 이 영화에서는 우주 정거장이 지구와 충돌하면서 크리스퍼로 변형된 병원체가 외부로 방출돼 지구 동물들이 초지능을 가진 존재로 바뀐다. 동명의 비디오게임을 토대로 한 이 영화에서 랠프라는 늑대와 악어 리지, 알비노 고릴라 조지가 크리스퍼로 유전자가 편집된 세 종류의 동물로 등장한다.

가끔 실제 현실에서 화제가 된 일들이 작품에 살짝 반영되기도 한다. 2014년에 나온 가볍게 즐길 수 있는 미니시리즈 만화 〈스파이더맨과 엑스맨Spider-Man and the X-Men〉에서는 특수한 능력을 보유한 악당 칼 라이코스Karl Lykos가 유전자 편집 기술로 스스로 익룡이 된 후 유전공학을 이용해 인류를 공룡으로 바꿔 놓을 것이라는 사악한 계획을 드러낸다. 스파이더맨은 그 능력을 암 치료에 쓰면 어떻겠느냐고 제안하지만, 라이코스는 거절한다. 만화책의 말풍선 안에서 유전공학 기술의 존재론적 딜레마가 언급된다는 게 우스꽝스럽긴 하지만, 라이코스는 스파이더맨에게 다음과 같이 대답한다.*

* 나는 기왕이면 스테고사우루스로 바뀌었으면 좋겠다.

그림 16-2. 마블 만화 〈스파이더맨과 엑스맨〉 중 한 장면. #2, 2014. 엘리엇 케일런Elliot Kalan이 쓰고, 마르코 파일라Marco Failla가 그렸다.

유전공학 기술에서 영감을 얻은 예술 작품은 그보다 훨씬 드물다. 2000년, 몸에서 녹색 형광 단백질이 발현된 GM 토끼 '알바Alba'가 등장하자 세상은 이해하기 힘들 만큼 엄청난 관심을 보였다. 프랑스의 유전학자 루이 마리 우드빈Louis-Marie Houdebine이 만든 알바는 특별할 게 없는 재조합 동물이었는데, 시카고에서 활동하던 에두아르도 칵Eduardo Kac이라는 예술가의 손에서 일종의 형질전환 예술품으로 변모했고 곧 형광 녹색으로 빛나는 토끼의 인상적인 사진들이 매체마다 등장했다(칵이 판매한 사진들이다). 하지만 사진 속에 담긴 모습은 실제와 분명히 달랐다. 형광은 토끼의 피부와 눈에서만 발현됐고 털은 형광이 아니었다. 칵은 과장된 주장을 펼치며 자기 작품을 광고했다. "지금은 새로운 시대고, 우리에겐 새로운 종류의 예술이 필요하다. 인간이 동굴에서 그림을 그리던 시절처럼 그리는 건 이제 의미가 없다." 칵의 시도는 마르셀 뒤샹Marcel Duchamp이 〈샘Fountain〉에 적용한 표현 방식, 즉 흔한 것(뒤샹의 경우에는 소변기였다)을 가져와서 대중에게 이건 예술이라고 선언하는 방식을 좀 다르게 활용한 것일 뿐이다.[46]

알바에 전 세계적인 관심이 쏟아지자 괜찮은 돈벌이가 될 수 있음을 감지한 싱가포르의 한 연구진은 몇 년 뒤 형광 제브라피시를 개발해서 특허를 취득하고 '글로피시GloFish'라는 상품명으로 판매를 시작했다. 붉은색, 주황색, 녹색, 청색, 보라색까지 다양한 색깔로 만들어진 글로피시는[47] 야생 환경에 유출되어 현재 브라질에서 번식 중이다.[48] 2010년에는 자신을 예술가이자 '정신 나간 동식물 연구가'라고 소개하는 애덤 자레츠키Adam Zaretsky라는 사람이 "형질전환 생물도 이윤이 아닌 자신을 위해 자연에서 살아갈 기회를 누려야 한다"고 주장하며 글로피시 일부를 멕시코만에 방출했다.[49] 그의 이 예술적 행위가 어떤 영향을 발생시켰는지는 불분명하지만, 아마도 풀려난 물고기들은 염수에서 생리적 스트레스를 견디지 못하고 죽음에 이르렀을 것이다. 제브라피시는 민물에 사는 어류다.

솔직히 말해서 전부 별 의미도 없이 진부하기만 하다. 그에 비해

도쿄대학교에서 활동 중인 오스트리아 출신 예술가 게오르그 트렘멜Georg Tremmel이 유전자가 변형된 푸른색 카네이션(피튜니아의 유전자를 삽입한 GM 식물)에 크리스퍼 기술을 적용해서 카네이션의 원래 색깔인 흰색을 되찾도록 만든 시도는 조금 더 흥미롭다. 트렘멜은 예술가 시호 후쿠하라Shiho Fukuhara와 함께 "이처럼 유전자가 이중으로 변형된, 즉 변형되지 않은 카네이션과 기본적으로 유전체가 같은 카네이션을 다르게 봐야 할지 사람들이 한번 생각해 보게 하는 것"이 목적이었다고 밝혔다.[50]

예술가들이 유전공학에서 별로 영감을 얻지 못하는 이유가 무엇인지는 명확하지 않다. 마이클 크라이튼의 소설《우주 바이러스》와 영화 〈쥬라기 공원〉으로 핵심 문제들이 이미 지겹도록 많이 다루어졌다고 느끼기 때문인지도 모른다. 소설가들, 영화 창작자들은 더 이상 할 이야기가 없다고 생각할지도 모른다. 그러나 로봇과 인공지능도 똑같이 무수한 작품들이 나왔음에도 대중문화 속에서 계속 다루어지는 것을 보면 유전공학처럼 지겨운 소재로 여기지는 않는 듯하다(예를 들어 가즈오 이시구로의 소설《클라라와 태양》, 알렉스 가랜드Alex Garland 감독의 영화 〈엑스 마키나Ex Machina〉만 봐도 그렇다). 로봇과 인공지능에는 과학과 관련된 극적인 문제들과 그 기술로 생겨날 위협이 명확히 존재하는 반면에, 유전공학은 그렇지 않다고 보는 듯하다.

반세기 동안 유전공학 기술이 안전하게 활용되자 대중과 모든 장르의 예술가들은 이 기술을 실질적인 위협이 아니라고 여기고 이야기에 필요한 위태로운 요소가 별로 없다고 느끼게 됐는지도 모른다. 이런 반응은 유전공학 기술 자체나 연구소, 환경, 병원에 이 기술이 활용

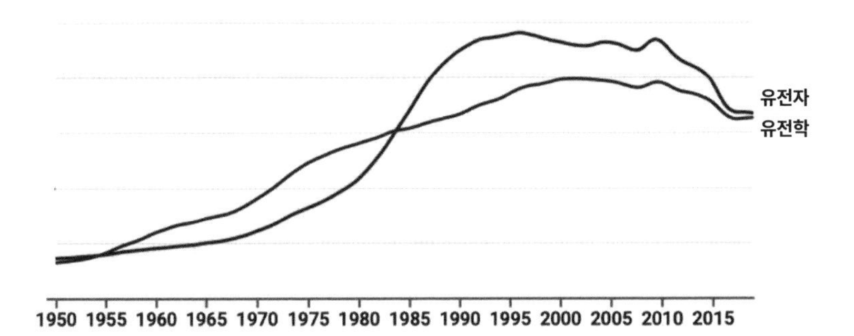

그림 16-3. 1950년부터 2017년까지 구글 북스에 '유전자'와 '유전학'이라는 단어가 등장한 빈도. 구글 엔그램 뷰어 자료.

되는 것을 시시하고 흔한 일로 느끼도록 만들 수 있다. 철도와 원자폭탄도 더 이상 문화계의 큰 관심을 얻지 못한다. 그러나 이 책에서 다룬 유전공학의 최신 발전은 예술가들에게 경각심과 영감을 일깨우기에 충분하고, 심지어 마이클 크라이튼 소설 못지않은 블록버스터로 돈을 긁어모을 만한 이야기가 될 수 있다. 어쩌면 비극적인 돌연변이가 생긴 인류나 유전자 드라이브의 통제 범위에서 빠져나온 생물, 기능 획득 연구로 일어난 사태를 그린 21세기 버전 《우주 바이러스》가 지금 한창 만들어지는 중이고, 미래에 소설로, 영화로 큰 인기를 얻게 될지도 모른다.

유전공학을 향한 관심이 줄어드는 현상은 영어권에서 더욱 도드라지게 나타난다. 구글 북스의 엔그램Ngram 뷰어로 지난 70년간 영어로 쓰인 책에서 '유전자'와 '유전학'이라는 단어가 쓰인 빈도 변화를 확인해 본 결과, 관심이 절정에 이른 시기는 1990년 이후 20년간이었다. 그리고 이 책에서 위협적인 유전공학 기술로 소개한 세 가지, 즉 유전 가능성이 있는 인체 유전공학과 유전자 드라이브, 위험한 병원체의 기능 획득 연구가 처음 등장한 시점부터 정확히 관심이 줄어들기 시작했다. 이때부터 방심하기 시작한 건 아닐까.

17

관점

유전자를 정밀하게 바꾸는 인간의 능력으로 지난 50년간 놀라운 동시에 경계심을 불러일으키는 발견이 나오고 활용 가능성이 생겼다. 생명을 바라보는 우리의 관점 변화에도 일조했다. 유전공학이 '공학'의 하나라는 점에서도 나타나듯이 이 기술은 수 세기 전부터 시작된 자연계를 보는 주요 해석 중 유기체를 기계로 볼 수 있다는 관점을 강화했다.

17세기에 프랑스 철학자 르네 데카르트René Descartes는 동물을 '짐승 기계'라고 주장했으나, 동물을 기계와 나란히 놓고 본 이 초창기 주장은 심장이 펌프와 같고 근골격계는 일련의 레버와 같다는 식으로 기계에 빗댄 기초적인 설명 외에는 큰 통찰을 낳지 못했다. 그런 비유는 전부 사실이지만 우리의 생각을 크게 바꾸지는 못한다.

기계가 정교해질수록 우리가 생명을 이해하는 개념도 정교해졌다. 19세기 사상가들은 생물의 기본적인 생리학적 특성을 증기 엔진이 기능하는 방식에서 발견했다. 프랑스 과학자 클로드 베르나르Claude Bernard는 유기체와 기계의 근본적인 차이는 구성 요소의 본질이나 기능이 아니라 성장과 설계에 있다고 주장했다.[1] 기계를 설계하고 제어하는 것처럼 생명을 설계하고 제어하게 될 가능성을 꿈꾸는 사람들도 나타나기 시작했다. 1891년 독일에서 태어난 미국인 생물학자 자크 러브Jacques Loeb는 미래를 이렇게 전망했다. "인간이 창조자가 되는 것, 심지어 살아 있는 자연에서도 그런 역할을 하고 결국에는 인간의 의지대로 자연을 창조할 수 있으리라는 생각이 머릿속을 맴돈다."[2]

수십 년이 걸리긴 했지만, 오늘날 인간은 정말로 그런 존재가 되었다. 1988년에 세상을 떠난 위대한 이론 물리학자 리처드 파인먼Richard Feynman은 수많은 유전공학자, 특히 합성 생물학자들이 좌우명으로 삼게 된 말을 자신의 사무실 칠판에 남겨 두었다. "내가 만들 수 없는 건 이해할 수 없다." 유전공학으로 우리는 새로운 형태의 생물을 만들 수 있게 되었고, 그 결과 인간의 지성과 지배력은 대폭 강화됐다.

'공학'이라는 말에 아무리 데카르트가 인지했을 법한 전망, 즉 레버와 기어로 이루어진 세상의 가능성이 담겨 있다 해도, 지난 수십 년간 다져진 생물을 기계처럼 바라보는 관점은 그 프랑스 철학자의 견해와는 확연히 달라서 그가 알게 된다면 아마 적잖이 당황할 것이란 생각이 든다. 1953년 〈네이처〉에 실린 왓슨과 크릭의 논문에(DNA 이중 나선 구조를 밝힌 논문 말고 그로부터 6주 뒤에 나온 다른 논문) 이 새로운 관점이 요약되어 있다. 두 사람은 DNA 분자에 관해, "염기의 정확한 서열이 유전 정보가 담긴 암호"라고 주장했다.[3] 나중에 크릭이 설명했듯이 생명은 물질과 에너지의 흐름에 더해 정보의 흐름과도 관련이 있다.[4] 클로드 섀넌Claude Shannon이 1940년대에 확립한 정보의 정밀한 수학적 정의는 왓슨과 크릭이 말한 정보의 정의와 차이가 있다. 두 사람이 말한 정보는 핵산의 염기들로 이루어진 서열과 단백질을 만들어 내는 아미노산 서열 간의 지속적이고 예측 가능한 관계로 나타나는 은유적인 개념이다. 1960년대에 유전자의 기능이 분자 수준까지 명확히 밝혀지자 프랑수아 자코브, 에른스트 마이어Ernst Mayr 같은 과학자들은 유전자가 기능하는 방식과 컴퓨터 프로그램이 기능하는 방식을 나란히 놓고 상세히 비교해서 유사점을 찾아냈다. 정보와 프로그램, 이 두 가지 개념은 유전공학의 성공을 이끌었다.

앞서 아서 리그스가 합성 DNA로 세균에서 소마토스타틴이 생성되게 만든 시도가 성공했을 때 느낀 기분을 다시 상기해 보자.

> 이게 정말로 가능하다는 사실을 확인했을 때, 나는 왓슨과 크릭이 옳았고, 이것이 유전 암호의 기능이 예상했던 대로임을 입증하는 가장 결정적인 증거임을 깨달았다. (……) 그래서 주저앉아 이렇게 외쳤다. '세상에, 진짜였어! 과학이 맞았어!'[5]

리그스의 말에는 생명을 정보로 보는 관점의 핵심이 담겨 있다. 리그스 연구진은 소마토스타틴을 만드는 유전자가 어떤 염기서열로 되어 있는지는 거의 아는 게 없었으므로 대신 알고 있는 아미노산 서열을 유전 암호로 삼아 그런 암호가 나올 수 있는 염기를 선택해서 배열했다.

그 결과 세포에서는 예상했던 반응이 일어났고 소마토스타틴이 만들어졌다. 염기서열에 담긴 정보대로 프로그램이 실행된 것이다.

이 혁신적인 성과는 1950년대 말에 이루어진 연구들과 폴 자메크닉Paul Zamecnik의 단백질 합성에 관한 시험관 연구, 유전 암호를 해독한 마셜 니런버그Marshall Nirenberg와 하인리히 마테이Heinrich Matthaei의 1961년 연구에 뿌리를 두었다. 그러나 이 소마토스타틴 실험은 정성적인 측면에서 분명 새로운 접근 방식이었다. 과학 역사가인 한스외르크 라인베르거Hans-Jorg Rheinberger는 이를 '연성 기술'이라고 칭했다.

> 유전자 기술에서는 정보가 담긴 분자가 세포 외부에서 이루어지는 과정으로 만들어진 후 세포 내 환경에서 다른 형태로 변환된다. 유기체는 그것을 이동시키고, 복제하고, 특성을 '시험'해 본다. (……) 유기체가 하나의 실험실이 되는 것이다.[6]

지난 반세기 동안 유전공학이 거둔 성공은 DNA 염기서열이 세포 기능을 만들어 내는 일종의 프로그램이라고 보는 이런 공학적인 관점을 강화했다. 어떤 세포의 유전체에 특정 염기서열을 추가하고, 적절한 프로모터 서열도 함께 추가하면 그 염기서열대로 단백질이 만들어진다고 보는 관점이다. 이런 기술은 놀랍도록 정교한(세포의 생물학적 특성을 철저히 이해하고 통제할 수 있어야 하므로) 동시에 비교적 조잡하다. 조작된 미생물은 주로 세포 공장에 비유되지만 실제로는 어떤 공장과도 비슷하지 않다. 현재의 세포 공장은 정보의 흐름이 극히 단순하고 실제 공장으로 본다면 그 정보로 수도꼭지를 트는 정도, 그보다 더 정밀하다고 해도 발효로 알코올을 만드는 정도의 수준이다. 컴퓨터가 생명을 바라보는 현대인의 관점에 영향을 준 건 사실이지만 유기체를 조작하는 능력이 정보를 처리하는 무생물 장치를 개발하는 능력에 버금갈 정도가 되려면 아직 갈 길이 멀다.

미세한 조작이 아직 불가능하다는 점이 유전공학 기술을 원하는 대로 활용하지 못하는 요인이 되기도 한다. 영국 로탐스테드 연구소에서 만든, 진딧물을 쫓아내는 페로몬이 펄스 방식이 아니라 꾸준히 생성되는 밀도 그러한 예다. 실험실에서는 조건을 통제할 수 있으므로, 각기 다른 형질전환 요소를 하나로 연결해서 특정 세포가 특정 환경에서 원하는 기능을 발휘하도록 만드는 방식으로 형질전환 밀의 조건부 통제가 가능하다. 내가 40년 넘게 연구해 온 초파리도 마찬가지다. 1990년대에 안드레아 브랜드Andrea Brand와 노버트 페리먼Norbert Perrimon은 효모의 전이 유전자인 Gal4와 UAS('상류 활성화 서열'의 줄임말)가 포함된 모듈식 유전자 발현 시스템을 개발했다. Gal4 유전자로 만들어지는 단백질은 전사인자로, 스위치를 켜듯 UAS 염기서열을 활성화한다.[7] 연구진은 이 Gal4 유전자를 초파리 유전체에 도입하는 실험을 반복하던 중 이 전이 유전자가 때때로 특정 세포에서만, 또는 한 성별에서만 특정 시점에 발현되는 어떤 유전자의 프로모터 부위에 무작위로 삽입된다는 사실을 알게 됐다. 이런 특징을 활용해서 UAS 유전자에 녹색 형광 단백질(해파리에서 얻은) 유전자 같은 리포터 유전자를 결합하고 초파리 유전체에 삽입하면, Gal4 유전자와 연결된 초파리 유전자의 발현 패턴을 파악할 수 있다. Gal4 단백질로 UAS 염기서열이 발현되면 리포터 유전자가 발현되고, 따라서 Gal4 유전자와 연결된 초파리 유전자가 발현된 세포만 녹색으로 빛나므로 놀랍도록 정밀한 해부학적 기능 지도를 얻을 수 있다. 같은 방식으로, 과학자들은 각기 다른 UAS 전이 유전자를 활용해 특정 상황에서 표적 세포의 활성을 바꿀 수도 있다. 예를 들어 온도에 따라 유전자의 활성을 켜거나 끌 수 있고, 특정 세포의 성별을 바꾸는 것도 가능하다. 이 엄청나게 생산적인 기술을 통해 초파리의 생물학적 특성을 모든 측면에서 깊이 이해할 수 있게 되었고, 이로써 '공학'을 기계가 아닌 정보로 보는 것이 대표적인 시각이 되었다.

생물의 기본 바탕을 정보로 보는 이러한 생각은 DNA를 텍스트로 보는(현대판 '생명의 책') 광범위한 시각, 그리고 그 텍스트로 인간이 할 수 있는 일들에 관한 모든 해석과 부분적으로 맞닿아 있다. 이 책의 기본 주제 중 일부이기도 하다. 폴 버그와 함께 재조합 DNA에 관한 첫 번째 논문을 작성한 데이비드 잭슨은 1993에 다음과 같이 주장했다.

> 어떤 언어를 유창하게 구사하려면 그 언어를 읽고, 쓰고, 복사하고, 편집할 수 있어야 한다.[8]

유전공학은 지난 반세기에 걸쳐 우리가 생명의 언어를 읽고, 쓰고, 복사하고, 편집할 수 있게 했고, 그 방식은 점점 더 정밀해지고 있다. 그러나 최근에 드러났듯이 크리스퍼를 이용한 '편집'은 의도하지 않은 중대한 유전학적 변화를 일으킬 수 있으므로 한편으로 이런 은유는 오해를 일으킬 수 있다. 유전공학의 실상은 컴퓨터 키보드에서 키 몇 개를 누르는 것보다 훨씬 복잡하고 까다롭다. DNA를 컴퓨터 프로그램으로 보건 텍스트로 보건, 우리는 아직 DNA라는 언어를 유창하게 구사하지 못한다.

•——o

이 사실은 유전공학이 세상을 바꿔 놓으리라는 미래지향적인 주장이 반복해서 나오는 상황에서도 실제 결과는 예상보다 극적이지 않은 이유를 이해하는 데 도움이 된다. 덴마크 올보르대학교의 앤드루 재미슨Andrew Jamison은 모든 형태의 정보기술에 관한 글에서 이 점을 도발적으로 언급했다.

> 증기 엔진, 전기, 원자력과 같은 과거의 원천 기술들이 이미 밝혀진 문제의 해결책을 찾기 위한 노력이었다면, 새로운 형태의 기술은 문제를 찾아내는 해결책이 될 것이다.[9]

이러한 혁신이 아무 쓸모가 없다거나 우리의 생산, 치료, 이해 방식에 중대한 변화를 가져올 수 없다는 의미는 아니지만, 유전공학의 목적이 무엇인지 의문을 제기하게 만드는 말이다. 유전공학이 과학적인 발견에 발휘하는 영향력은 강력하지만, 기술의 하나로 보면 유전공학의 기능은 그만큼 명확하지 않다. 이는 발명부터 응용에 이르는 과정이 얼마나 복잡한지를 보여 주므로, 유전자 조작이 만들어 낼 미래를 예상할 때 종종 등장하는 대담한 주장을 좀 더 세세한 부분까지 살피는 계기로 삼아야 한다.

사회적인 배경은 기술의 모든 응용 분야에 결정적인 영향을 줄 수 있다. 따라서 우리가 지금 해결책으로 생각하는 것도 장기적으로는 일시적인 방법에 불과할 것이다. 예를 들어 인체 성장호르몬도 원래는 시체에서 얻다가 크로이츠펠트 야코프병의 위험성이 알려진 후에야 유전공학 기술로 만든 호르몬이 유용하고 실용적이라고 여겨졌다. GM 작물의 특징은 거의 다 한두 가지로 제한되고(Bt 또는 제초제 저항성), 어느 쪽이든 해충이 이 특징에 내성을 갖게 되므로 결국에는 쓸모가 없어진다. 유토피아가 오리라는 들뜬 희망을 가라앉히는 노력과 디스토피아가 올지도 모른다는 두려움을 누그러뜨리는 노력이 모두 필요하다.

이런 상황을 생각하면, 유전자가 조작된 생물로 해결하려다 더 많은 문제가 생길 가능성이 있는데도 왜 유전공학 기술을 일차적인 해결책으로 여기는지 의문이 생긴다. 실제로 역사가 릴리 케이Lily Kay가 "분자로 유토피아를 이룩하려는 이상"이라고 묘사한 사고방식에 연구자와 연구비를 지원하는 주체들, 정부, 산업계가 모두 사로잡힌 것처럼 보일 때가 많다.[10] 개발도상국에서 GM 작물이 큰 지지를 받고, 유전 가능성이 있는 인간 유전자 편집에 몰두하며, 유전자 치료를 중시하는 등 이 책에서도 복잡한 문제 앞에서 인내심을 잃고 인간의 독창적인 능력으로 개발된 단순해 보이는 해결책부터 적용해 보려는 강한 열망을 드러낸 사례를 두루 살펴보았다. 그러다가 복잡한 상황에 다시 얻어맞거나, 그런 시도를 직접 겪어야 하는 당사자들, GMO가 환경에 방출되는 지역에 사는 사람들이 이의를 제기하면 좌절한다.

좀 겸손할 필요가 있다. 유전공학의 근본적인 관심사는 사람의 생명을 살리는 일이라는 주장이 자주 제기되는데, 그 마음이 정말로 진심이라면 유전공학은 가장 즉각적인 해결책도, 비용 효율의 측면에서 가장 우수한 해결책도 될 수 없다. 전 세계에 깨끗한 물을 제공하고 효과적인 하수 설비를 갖추는 노력에 돈을 투자하는 것이 분명 자원을 훨씬 더 유용하게 쓰는 방법이다. 유전공학 기술과 더 직접적으로 관련된 예를 들자면, 건강한 자손을 얻고자 하는 욕구는 유전 가능성이 있는 인간 유전자 편집 기술까지 수용할 만큼 매우 중요하게 여겨지지만, 착상 전 배아 검사만으로 전 세계 몇 십 명 정도를 제외한 모두의 이런 욕구에 부응할 수 있다. 우리는 유전공학이 어떤 문제를 해결하는 최상의 방법이 아님을, 그런 경우가 많을 수도 있음을 인지해야 한다. 더 간단하고, 더 지속 가능하고, 더 공정하고, 더 널리 활용할 수 있는 방법을 선택하는 게 더 현명할 것이다.

그럼에도, 과학자, 의사, 그리고 유전공학 기술의 활용에 관한 정책을 개발하는 사람들의 마음 깊은 곳에는 2016년 〈유전자 드라이브 전망〉 보고서에서 "혁신을 일으켰다는 흥분감"이라고 표현한 감정(오펜하이머가 "멋진 기술"이라고 표현한 해결책을 일단 먼저 도입한 다음 그 결과는 나중에 걱정하는 것)이 이 자리하고 있다. 단순하고 깔끔한 해결책에 마음이 끌리는 건 당연하다. 나 역시도 GAL4-UAS 시스템으로 초파리 유충의 후각을 연구할 때 존 벡위스와 그의 동료들이 1969년 lac 유전자 조작 실험을 했을 때 느꼈을, 명쾌한 기술이 주는 기쁨을 느꼈다. 하지만 유충에서 그것도 코에 있는 후각 세포 하나만 다루는 실험과 유전공학 기술을 실제 세상에 활용하는 건 분명 아주 다른 일이다. 나아가 유전공학 기술을 어떤 형태로든 써야만 하는 불가피한 일도 없다. 이 기술을 사용할 것인지, 또는 사용을 허락할 것인지 선택할 수 있다. '할 수 있다'는 것이 무조건 '해야만 한다'를 의미하지는 않는다.

이런 문제는 기초적인 기술의 문제가 아니라 그 기술을 더 크고, 중요하고, 복잡한 문제에 적용하려고 할 때 발생한다. 유전공학이 분자생물학에서 벗어나 개입하고 실행에 옮기는 과학이 되는 바로 그 순간에 이러한 문제가 발생한다.

•———◦

나는 이 책을 쓴 계기가 된 세 가지, 즉 유전 가능성이 있는 인간 유전자 편집과 유전자 드라이브, 기능 획득 연구를 향한 내 우려를 탐구해 보고자 기술과 기술의 영향을 가장 사려 깊게 고찰해 온 학자인 실라 재서너프와 이야기를 나누었다. 우리는 지난 50년간 유전학 연구에서 등장한 각종 꿈과 악몽에 관해서도 이야기했다. 재서너프는 우선 낙관적인 사고가 중요하다는 점, 그것이 과학의 힘으로 연결된다는 사실을 강조했다. 그리고 "판도라의 상자에 관한 신화가 지금까지도 전해지는 건 그럴 만한 이유가 있다"고 언급했다. "온갖 끔찍한 것들이 다 빠져나간 후 그 상자의 맨 밑바닥에는 희망이라는 것이 남아 있었기 때문"이라는 설명이 이어졌다. 그러면서도 재서너프는 그 반대편, 경계의 필요성에 관해서도 이야기했다.

> 두려움과 악몽은 나름의 목적이 있다고 생각합니다. 잘못될 수도 있는 일을 더 깊이 고민하게 만들죠. '희망을 품는 사람들'이 전사라면, '겁내는 사람들'은 걱정하는 사람들입니다. 저는 이들 모두가 사회에 필요하다고 생각해요. 한쪽이 다른 한쪽을 견제해서 일종의 균형을 이루는 것이죠.[11]

맞는 말이라고 생각한다. 꿈과 악몽은 반드시 함께 존재해야 한다. 어떤 기술도 간단히 좋거나 나쁘다고 할 수는 없기 때문이다. 특정한 사회적 상황에서 인간이 마구 휘두를 가능성이 있을 뿐만 아니라, 기술의 본질적인 기능도 우리 삶을 풍요롭게 만드는 동시에 위협하는 모순된 결과를 초래할 가능성이 있다. 탄소 경제가 이런 사실을 보여 주는 확실한 예다. 이런 현실은 기술이 어떻게, 어디에서, 언제 사용되어야 하고 정말 필요한 기술인지에 관해 모두가 나름의 견해를 가져야 함을 보여 준다.

유전공학의 역사를 통틀어 과학자들은 잠재적 위험성을 경고하는 역할을 모범적으로 수행해 왔다. 과학의 다른 어떤 분야에서도 찾아볼 수 없는 조치를 유전학자들은 네 번이나 해냈다. 벡위스와 동료들이 1969년 lac 유전자를 직접 조작한 후 자책한 건 결코 가식적인 행동이 아니었다. 이들은 전 세계 사람들에게 자신들의 연구 결과가 심각한 위험이 될 수 있음을 경고했다. 이는 엄청난 공로다. 아실로마 회의도 마찬가지다. 회의 과정에 한계점도 많았지만, 1974년부터 1975년까지 재조합 DNA 연구를 유예하기로 한 결정은 과학자들이 이 기술의 위험성을 진지하게 받아들인다는 사실을 보여 주었다. 또한 전 세계 언론 앞에서 논의를 진행함으로써 이 문제가 대중의 눈에도 띄게 했다.

새로운 세기가 열리고 유전자 드라이브 연구자들이 제기한 경고와 2012년 기능 획득 연구를 수행하던 바이러스 학자들이 연구 중단을 결정한 일은 다행스럽긴 해도 충분하지는 않은 조치였다. 예를 들어 유전자 드라이브 분야의 대표적인 연구자들은 이 연구에 관한 윤리 강령을 수립했고,[12] 이 자체는 한걸음 더 발전한 일이지만 자신들이 하는 연구의 영향을 깊이 숙고한 결과물은 아니었다. 무엇보다 그런 연구가 계속되어야 하는지 대중이 적극적으로 의견을 낼 방안이나 대중의 의견을 청취해야 하는 이유를 충분히 고민하지 않았다. 병원체가 없던 기능을 획득하도록 만드는 유전자 조작 연구에 매진해 온 연구자들은 더더욱 그렇다. 관련 과학자들 모두 의도는 훌륭하고 스트레인지러브 박사나 빅터 프랑켄슈타인 같은 사람들은 없지만, 자신이 하는 일이 사회적으로 어떤 영향을 줄 수 있는지 더 깊이 주의를 기울여야 한다.

아실로마 회의는 유전공학의 윤리성 또는 사회적 측면에 관한 논의는 하지 않기로 했고 이 회의에서 근거 없는 믿음이 생겨나기도 했지만, 이런 회의가 열렸다는 사실 자체가 자율 규제의 본보기가 되었고 유전공학과 이 학문에서 나온 기술이 사회적 책임을 진지하게 고민할 것이라는 기대를 낳았다. 어떤 면에서 이런 기대는 실현됐다. 1990년대 인간 유전체 프로젝트가 개발될 때 NIH와 미국 에너지부가 제공한 4조

2500억 원의 예산 중 최대 5퍼센트는 유전체 데이터가 인종, 민족, 사회경제적인 문제에 어떤 영향을 줄 수 있는지와 같은 '윤리, 법률, 사회적 쟁점ethical, legal, social issues'(줄여서 ELSI, 유럽에서는 쟁점issue이 아닌 '측면aspects'을 써서 ELSA) 관련 체계를 구성하는 데 쓰였다.[13]

21세기 첫 10년간 합성 생물학에 대한 기대감이 한껏 고조되자 과학의 영향을 탐구하는 새로운 체계가 마련됐다. '책임 있는 연구와 혁신RRI'으로 불리게 된 이 체계는 학술지와 회의, 그 밖에 모든 학문 분야의 일반적인 구성 요소를 모두 갖춘 독자적인 하위 분야가 되었다.[14] RRI를 무엇으로 정의할지는 합의가 이루어지지 않았고, 그저 한때 유행하고 사라질지 모른다는 의혹도 슬그머니 나오고 있지만, RRI는 어떻게 해야 연구를 책임 있게 수행할 수 있는지, 특히 최근에 이루어진 유전공학의 발전과 관련해 고민하면서, 과학자가 기술이 완성되기 전부터 자신의 연구에 내포된 윤리적 측면을 생각하도록 이끈다. 그러한 고민은 기술이 완성되기 전에 하는 게 마땅하다.[15]

그러므로 앞으로 수십 년 동안 핵심 쟁점은 새로운 형태의 유전학 기술을 우리가 어디까지 발전시킬 수 있는지가 아니라(그런 기술은 아마도 많이 나올 것이고 그중 일부는 분명 이 책의 내용을 케케묵은 소리로 느끼게 만들 것이다), 그러한 혁신을 어떻게 통제할 것인지, 어떻게 해야 소수가 아닌 다수의 이익을 위해 적절히 사용할지가 될 것이다. 유전공학은 다른 모든 기술과 마찬가지로 특정 개인과 사회적인 힘에 따라 특정한 사회적 배경 속에서 개발되고 활용된다. 그리고 다른 모든 기술과 마찬가지로 사회에 고유하고 특이한 영향을 발생시킨다. 1980년에 정치 이론가 랭던 위너Langdon Winner가 "인위적 산물에도 정치가 있다."고 했던 말처럼, 그러한 산물에는 특정한 형태의 권력과 권한이 포함되어 있고,[16] 유전공학의 경우 이런 멋진 기술로 해결하는 게 최선이라는 암묵적인 가정과 생명을 인간의 필요에 따라 얼마든지 조작해도 된다고 보는 시각이 모두 내포되어 있다. 이 점에서는 프랜시스 베이컨 경이 400년 전 떠올린 꿈이 실현됐다고 볼 수 있다.

유전공학의 과거와 현재를 살펴보면, 그러한 관점이 미세하게 바뀔 때가 됐음을 알 수 있다. 즉 인간의 독창성을 새로운 활용 가능성을 찾는 목적으로만 쓸 게 아니라 모두가 저렴하고 쉽게 이용할 방안을 찾는 목적으로도 써야 한다. 또한 안전이 보장되지 않는 한 실험을 진행해서도, 활용해서도 안 된다.

지금까지 유전공학과 관련한 의사결정에 대중의 참여는 제한적이었다. 이 분야의 과학자 중에는 그래야 한다고 생각하는 사람들도 있다. 아실로마 회의에서도 200명 정도가 정책을 만들었고, 그들 중 누군가는 끔찍한 생물무기를 개발 중이거나 연구 결과에 특허를 취득해서 이윤을 얻으려는 목적을 품고 있을지 모른다는 사실이 문제로 제기되지도 않았다. 위험한 병원체를 대상으로 한 기능 획득 실험을 유예하기로 한 결정과 유예 해제 결정 모두 겨우 수십 명에게서 나왔다. 그런 생물이 외부로 유출될 때 발생할 큰 위험성을 생각하면, 그런 결정이 그런 식으로 내려진 건 정신 나간 일이었다. 인간 유전자 편집 분야의 '공동체'는 아무 의미도 없는 이 위험한 기술을 금지는 고사하고 유예조차 합의하지 못했고, 유전자 드라이브 연구자들은 이 기술에 총체적인 대응이 필요하다는 사실을 반복해서 강조하지만 그런 조치는 아직도 마련되지 않았다.

각각의 분야에서 발생할 수 있는 영향을 생각할 때, 나는 1970년대에 채택됐던 자율 규제 모형으로는 21세기의 새로운 발견에 대응할 수 없다는 확신이 든다. 실험 데이터를 숨기고 의심하는 분위기에서 벗어나 공개해야 하며, 이를 토대로 의사결정 과정에 대중이 참여하고 그러한 방식이 널리 퍼져서 일상적인 절차가 되어야 한다. 또한 조사와 제재 권한이 부여된 국제 협의가 규칙이 되어야 한다. 생물무기 금지 협약에 이런 권한이 부여되지 않은 것이나 외부 기관이 아닌 협약 당사국이 협약의 준수 여부를 평가하는 건 생물무기 금지 협약의 중대한 약점이다.[17] 이런 약점은 없어져야 하며, 구소련과 남아프리카공화국, 그 외에 국가들이 불법으로 생물무기를 개발했던 일이 또다시 반복되어서는 안 된다. 생물무기를 개발할 능력이 있는 국가들, 방어 목적으로만 그러한 무기를 다룬다고 이야기하는 국가들(러시아, 미국, 중국, 이스라엘)의 관련 시설은 국제 사회의 조사와 통제를 받아야 한다. 유전자 드라이브, 유전자 변형 작물처럼 처음부터 자연에 방출하는 게 목적인 기술은 개발을 시작할 때부터 방출될 지역사회와 협력하고 지역민들과 그 지역 생태계가 필요로 하는 것을 충족해야 한다. 그리고 개발 사업의 전 단계에서 위험성을 평가해야 한다. 지금까지 이 기술이 안전하게 활용될 수 있었던 건 대중이 불안감을 드러내고 그 결과 유전공학 기술을 통제하는 규제가 도입되었기 때문이다. 이러한 통제는 앞으로 더 엄격해져야 하며, 우리가 지금 직면하거나 앞으로 맞닥뜨리게 될 전망과 과제에 잘 맞는 형태가 되어야 한다.

서두에서 나는 이 책이 유전공학에 관한 일종의 재판이고 독자들은 배심원이라고 이야기했다. 유전 가능성이 있는 인간 유전자 편집은 아무 의미도 없는 어리석은 일이라는 것이 내 개인적인 의견이고, 나는 이것을 제외한 유전공학 기술에 관심이 아주 많다. 베이컨이 예견한 대로 이러한 기술은 유기체가 어떻게 기능하는지에 관한 어마어마한 통찰을 줄 수 있고 활용 가능성도 무궁무진하므로 인간 제국의 경계를 크게 넓혀 주리라고 생각한다. 이런 기대와 동시에 고민도 깊은데, 후대에 유전될 수 있는 유전자 편집이 허용되면 불평등은 더 심해지고, 어떤 영향이 발생할지도 모르는 상태에서 유전자가 변형된 아기들이 태어날 가능성이 크다. 그 아이들에게는 재앙과 같은 일이 될 것이다. 또 한편으로는 새로운 형태의 체세포 유전자 치료가 삶을 바꿔 놓을 수도 있다는 실질적인 전망이 나오는데, 이 치료법의 잠재성이 제대로 발휘되려면 전 세계적으로 심각한 상황에 이른 건강 불평등 문제를 극복해야 한다. 우리에게는 병을 일으키는 매개체를 뿌리 뽑을 수 있는 능력이 생겼지만, 만약 일이 끔찍하게 잘못된다면 이 능력 때문에 생태계가 파괴될 수도 있다. 미래에 생길지 모를 대유행병을 더 정확히 예측하려고 개발한 어리석은 결과물이 의도치 않게 방출되어 끔찍한 병을 일으킬 수도 있다. 이 모든 가능성은 흥미진진한 동시에 불안감을 일으킨다.

유전공학을 대하는 방식에 따라 사람들을 전사나 걱정하는 사람으로 나눈 실라 재서너프의 말을 떠올려 보면, 나는 둘 다 해당된다는 생각이 든다.

여러분은 어느 쪽인가?

감사의 말

나는 코로나19가 기승일 때 이 책을 썼다. 봉쇄 조치로 재택근무를 하는 동안 상황이 나빠지고 있다는 소식을 수시로 확인하며 불안감에 온통 사로잡혀, 소설이나 영화, 텔레비전은 눈에 들어오지 않았다. 하지만 신기하게도 집필 작업은 할 수 있었고, 2020년 4월부터 2021년 8월까지 대부분을 썼다.

3부작으로 제작된 BBC 라디오 프로그램 〈유전학의 꿈, 유전학의 악몽Genetic Dreams, Genetic Nightmares〉 제작에도 참여했다. 이 프로그램은 영국에서 BBC 라디오4와 BBC 월드 서비스, 그리고 팟캐스트로 2021년에 방송됐다. 유능한 프로듀서 앤드루 럭 베이커Andrew Luck-Baker와 함께 한 세 번째 유전공학 관련 프로그램이었다. 우리가 함께 만든 첫 번째 프로그램은 2016년에 BBC 최초로 크리스퍼를 다룬 〈생명의 편집Editing Life〉이었고, 두 번째는 2017년에 시드니 브레너의 삶과 연구를 다룬 〈혁명을 일으킨 생물학자A Revolutionary Biologist〉였다. 앤드루는 매번 이 책에서도 소개한 여러 연구를 수행해 온 학자들을 인터뷰할 기회를 마련해 주었다. 그때 나눈 대화들은 이 책을 쓸 때 너무나 유용한 자료가 되었고, 통찰력을 더해 주었을 뿐만 아니라 오류를 범하지 않고 이야기를 더 구체적으로 전하는 데에도 도움이 되었다.

열정과 전문가 정신을 발휘해 준 앤드루, 그리고 데이비드 볼티모어, 폴 버그, 마이크 본솔Mike Bonsall, 허브 보이어, 고인이 된 시드니 브레너, 조지 처치, 존 코놀리, 안드레아 크리산티, 제니퍼 다우드나, 케빈 에스벨트, 롭 프랠리, 벤저민 헐버트, 실라 재서너프, 나탈리 코플러, 이안틴 룬쇼프Jeantine Lunshof, 재닛 머츠, 매슈 메셀슨, 토니 놀란, 밥 폴락, 리치 로버츠, 마이클 로저스, 매슈 슈누어, 리카르다 스타인브라허Ricarda Steinbrecher, 표도르 우르노프, 마크 반 몬터규, 제임스 왓슨을 비롯해 지난 몇 년간 시간을 쪼개서 나와 대화를 나눠 준 과학자들, 학자들께 감사드린다. 이들 각자의 인생에서 가장 중요한 순간이었을 일들에 관한 내 해석은 이들의 견해와 무관하다는 점을 분명히 해 두고 싶다.

트위터로, 이메일로 만난 분들, 대유행병이 만든 조심스러운 상황 때문에 직접 만난 경우는 아주 드물었던 많은 이들이 내 원고를 읽어 주고, 정보와 통찰을 제공하고, 전반적인 도움을 주었다. 특히 앤토니 애덤슨Antony Adamson, 필립 볼Philip Ball, 앤드루 베리Andrew Berry, 도미닉 베리Dominic Berry, 마이크 비번Mike Bevan, 루이스 캠포스Luis Campos, 너새니얼 콤포트Nathaniel Comfort, 제리 코인Jerry Coyne, 케빈 데이비스, 앤드루 두이그Andrew Doig, 토리 헤리지, 브라이언 힐부시Brian Hilbush, 사이먼 허버드Simon

Hubbard(집필하는 동안 내 상관이었다), 폴 매콜리, 캐서린 맥크로한Catherine McCrohan, 미셸 모랑쥬, 니티카 뭄미디바라푸Nitika Mummidivarapu, 브리짓 네를릭Brigitte Nerlich, 애덤 로버츠Adam Roberts, 애덤 러더퍼드Adam Rutherford, 핼럼 스티븐스Hallam Stevens, 카스텐 팀머맨Carsten Timmerman, 존 터니Jon Turney와 레슬리 보스홀께 깊이 감사드린다. 2016년부터 지금까지 맨체스터대학교에서 유전학계 최신 기술의 과학적인 측면과 윤리적 측면을 주제로 해 온 내 강의를 들으러 온 수천 명의 1, 2학년 학생들에게도 나는 큰 빚을 졌다. 이들 덕분에 생각을 더 분명하게 다듬고 발전시킬 수 있었다.

내 에이전트 피터 탈락Peter Tallack은 제안서를 전문가다운 솜씨로 다듬고 내 아이디어를 명료하게 만들어 주었다. 영국 출판사의 전 편집자였던 에드 레이크Ed Lake는 모든 과정에서 도움을 주었고, 예리하고 유용한 조언과 지침을 제시했다. 미국 편집자 T. J. 캘러허T. J. Kelleher는 최종 원고에 긴장감과 신랄함을 더할 수 있도록 도와주었다. 에드의 뒤를 이어받은 닉 험프리Nick Humphrey는 마무리 작업이 원만하게 진행되도록, 책이 결승선을 향해 계속 나아가도록 도와주었다. 페니 대니얼Penny Daniel은 원고가 출판되기까지 모든 과정에서 내가 잘 헤쳐 나가도록 한결같이 전문가다운 솜씨로 이끌어 주었다.

이 책에 오류가 있다면 전적으로 우리 집 고양이 올리와 페퍼, 해리의 책임이다. 마지막으로 가장 큰 감사 인사는 늘 참고 견뎌 주는 우리 가족, 티나, 로런, 이브에게 바친다.

미주

머리말

1 Verulam, F. (1626), *Sylva Sylvarum: Or a Naturall Historie*(London, Lee). 《새로운 아틀란티스》는 총 270여 쪽 분량인 이 책의 끝부분에 나오는데, 1626년 베이컨이 사망하고 몇 개월 뒤, 그의 글을 모아서 이 책을 낸 비서 롤리의 짤막한 메모도 함께 출간됐다. 믿기 힘들겠지만, 19세기까지 유전성은 개념조차 명확히 확립되지 않았다. Cobb, M. (2006), *Nature Reviews Genetics* 7:953–8.

1장 전조

1 Librado, P., et al. (2021), Nature 598:634–40. For an overview, see Shapiro, LB.(2021), *Life as We Made It: How 50,000 Years of Human Innovation Refined – and Redefined – Nature*(London, Oneworld).

2 Bud, R. (1993), *The Uses of Life: A History of Biotechnology*(Cambridge, Cambridge University Press); Gaudillière, J.-P. (2009), *Studies in History and Philosophy of Biological and Biomedical Sciences* 40:20–8; Crowe, N. (2021), in M. Dietrich,

et al. (eds), *Handbook of the Historiography of Biology*(Cham, Springer), pp. 217–41.

3 Cobb, M. (2006), *The Egg and Sperm Race: The Seventeenth–Century Scientists Who Unravelled the Secrets of Sex, Life and Growth*(London, Free Press).

4 Turney, J. (1998), *Frankenstein's Footsteps: Science, Genetics and Popular Culture*(Yale, Yale University Press). 이 자료에 《프랑켄슈타인》과 유전공학의 연관성을 탐구한 내용이 담겨 있다.

5 Rutherford, A. (2022), Control: *The Dark History and Troubling Present of Eugenics*(London, Weidenfeld & Nicolson).

6 Williamson, J. (1952), *Dragon's Island*(New York, Popular Library), pp. 8, 12.

7 Ibid., p. 13.

8 Dobzhansky, T. (1941), *Genetics and the Origin of Species*(New York, Columbia University Press), pp. 49–50.

9 Cobb, M. (2015), *Life's Greatest Secret: The Race to Crack the Genetic Code* (London, Profile).

10 Tatum, E. (1959), *Science* 129:1711–5, p. 1714.

11 〈타임스〉 1961년 1월 2일. 켈리 무어Kelly Moore의 멋진 책 《과학을 뒤흔들다》는 이 흥미진진한 기사로 첫 문장이 시작된다. 인용하지 않을 수 없을 만큼 훌륭한 책이다. Moore, K. (2008), *Disrupting Science: Social Movements, Americans Scientists, and the Politics of the Military, 1945–1975*(Princeton, Princeton University Press).

12 Ezrahi, Y., et al. (eds) (1994), *Technology, Pessimism and Postmodernism* (Dordrecht, Springer).

13 For details of Project Plowshare, see for example: O'Neill, D. (1994), *The Firecracker Boys: H–Bombs, Inupiat Eskimos and the Roots of the Environmental Movement*(New York, Basic Books) and Kaufmann, S. (2013), *Project Plowshare: The Peaceful Use of Nuclear Explosives in Cold War America* (London, Cornell University Press).

14 Frum, D. (2000), *How We Got Here. The 70s: The Decade That Brought You Modern Life (For Better or Worse)*(New York, Basic Books).

15 Meselson, M. (2017), in B. Friedrich, et al. (eds), *One Hundred Years of Chemical Warfare: Research, Deployment, Consequences*(Cham, Springer Open), pp. 335–48.

16 아이러니하게도, 윈덤의 작품 속 주인공은 트리피드가 유전학을 거부한 구소련의 가짜 과학자 라이센코가 개발한 기술로 만들어졌다고 생각한다. Link, M. (2015), *Irish Journal of Goth and Horror Studies 14: 63–80*.

17 Mendelsohn, E. (1994), in Y. Ezrahit, et al. (eds), *Technology, Pessimism, and Postmodernism*(Amsterdam, Kluwer), pp. 151–73.

18 Rattray Taylor, G. (1968), *The Biological Time Bomb*(London, Thames & Hudson), p. 175. For an astute analysis of *The Biological Time Bomb*, including its debt to the 1959 book *Can Man be Modified?* by the French biologist Jean Rostand, see Turney, *Frankenstein's Footsteps*, pp. 155–9.

19 Rattray Taylor, *The Biological Time Bomb*, p. 237.

20 *Birmingham Daily Post*, 24 April 1968.

21 웰컴 도서관에 이와 관련된 크릭의 기록이 남아 있다(PPCRI/E/1/16/13/1). 강연 전체 내용이 기록되거나 출간되지는 않았으나 다음 자료에 간략히 요약되어 있다. Anonymous. (1968), *Nature* 220:429–30.

22 Nirenberg, M. (1967), *Science* 157:633.

23 Nederberg, J. (1967), *Science* 158:313.

24 Bud. (1993), p. 171. 이 문서는 한번도 공개된 적이 없으므로 나도 직접 살펴보지는 못했다.

2장 도구

1 Feenberg, A. (1998), *Questioning Technology*(London, Routledge).

2 다음 자료에 당시 상황이 멋지게 요약되어 있다. Turney, J. (1998), *Frankenstein's*

Footsteps: Science, Genetics and Popular Culture(Yale, Yale University Press). 나도 이 자료에서 여러 사례를 발췌했다. 특히 이 책 1장과 2장의 서두는 이 자료와 Agar, J. (2008), *British Journal for the History of Science* 41:567–600의 내용을 많이 참고했다.

3 Maher, N. (2017), *Apollo in the Age of Aquarius*(London, Harvard University Press).

4 All details of Science for the People taken from Moore, K. (2008), *Disrupting Science: Social Movements, American Scientists, and the Politics of the Military, 1945–1975*(Princeton, Princeton University Press), pp. 158–89.

5 Salloch, R. (1969), *Bulletin of the Atomic Scientists*, May 1969, pp. 32–5.

6 DuBridge, L. (1969), *Bulletin of the Atomic Scientists*, May 1969, p. 26.

7 Roszak, T. (1970), *The Making of a Counter Culture: Reflections on the Techno-cratic Society and its Youthful Opposition*(London, Faber & Faber).

8 Goulian, M., et al. (1967), *Proceedings of the National Academy of Sciences USA* 58:2321–8.

9 Goulian, M. and Kornberg, A. (1967), *Proceedings of the National Academy of Sciences USA* 58:1723–30.

10 *Boston Globe*, 17 December 1967; *The Guardian*, 15 December 1967.

11 *Boston Globe*, 17 December 1967.

12 *Boston Globe*, 15 December 1967.

13 *Los Angeles Times*, 21 December 1967; Lederberg, J. (1969), in *Yearbook of Science and the Future*(Chicago, Encyclopaedia Britannica), p. 318. 레더버그의 이 열광적인 반응은 실제 역사나 과학계의 반응과 차이가 있다. 콘버그의 두 논문은 인용 횟수가 각각 82회, 112회에 그쳤다. 나중에는 이보다 2년 전에 나온, RNA 바이러스로 유전자를 합성한 다른 연구 결과만큼 혁신적이지 않다고 여겨졌다. Spiegelman, S., et al. (1965), *Proceedings of the National Academy of Sciences USA* 54:919–27.

14 Shapiro, J., et al. (1969), *Nature* 224:768–74.

15 Beckwith, J. (1970), *Bacteriological Reviews* 34:222–7, pp. 224–5.

16 *Chicago Tribune*, 23 November 1969.

17 *New York Times*, 8 December 1969.

18 *Boston Globe*, 4 January 1970.

19 Shapiro et al. (1969); Beckwith (1970), p. 225.

20 Cited in Wick, G. (1970), *Science* 167:157-9, p. 157; *Los Angeles Times*, 23 November 1969.

21 *The Times*, 25 November 1969.

22 Beckwith, J. (2002), *Making Genes, Making Waves: A Social Activist in Science*(Harvard, Harvard University Press), p. 58. 〈사우스 웨일즈 에코South Wales Echo〉와의 인터뷰 중에 나온 말로 전해진다.

23 Glassman, J. (1970), *Science* 167:963-4. 몇 주 후에 〈사이언스〉에는 이에 대한 반응으로 여러 명의 젊은 연구자들이 샤피로를 '변절자'라고 비난한 편지가 실렸다. Science 167:1668.

24 Beckwith (1970), p. 224-5; Beckwith, *Making Genes, Making Waves*, pp. 59-64; *New York Times*, 29 April 1970. 상금의 절반은 흑표당의 '무상 의료 운동'에 쓰였고, 나머지 절반은 억울하게 몰려 재판까지 간 뉴욕 흑표당원 21명의 변호사 비용으로 쓰였다. 벡위스는 이 21명 중 한 명이던 생화학자 커티스 파웰Curtiss Powell과 친분이 있었다. 6개월간 이어진 재판 끝에, 파웰은 동지들과 함께 무죄 선고를 받고 2년여의 감옥 생활을 끝냈다. 배심원단이 무죄 선고를 내리는 데는 두 시간도 채 걸리지 않았다. 이후 파웰은 아프리카에서 수면병을 연구했다. 파웰에 관한 자세한 내용은 다음 자료에 나와 있다. *New Scientist*, 15 February 1973, pp. 369-71.

25 Anonymous (1969), *Nature* 224:834-5.

26 Anonymous (1969), *Nature* 224:1241-2.

27 Anonymous (1969), *Nature* 223:985-8.

28 Maddox, J. (1972), *The Doomsday Syndrome*(London, Macmillan).

29 밥 딜런Bob Dylan은 1965년에 〈마른 남자의 발라드Ballad Of a Thin Man〉라는 곡에서 이와 같은 상황을 풍자했다. 존 에이거의 농담처럼 이 노래의 가사를 바꿔서 '지금 무슨 일이 벌어지고 있는지 당신은 몰라요, 그렇지 않나요, 매독스?'라고 할 수 있으리라.

30 앨리스 벨Alice Bell은 BSSRS의 창립 역사에 관한 글을 썼다. 이 문단의 세부 내용은 벨의

글을 참고했다. Bell, A. (2017), *Radical History Review* 127:149-72.

31 라이트가 크릭에게 보낸 1962년 10월 12일 자 편지. Cold Spring Harbor Laboratory Archive, SB/11/1/180. http://libgallery.cshl.edu/items/show/52128. 시드니 브레너는 이 편지에 적힌 '기밀 사안'이 무엇을 의미하는지 내게 알려 주었다.

32 Fuller, W. (ed.) (1971), *The Social Impact of Modern Biology*(London, Routledge & Kegan Paul). 벡위스는 1970년 7월 13일 윌킨스에게 보낸 서신에서 회의 기간에 샤피로는 쿠바에 머무를 예정이라 참석할 수 없다고 밝혔다(King's College London Archives, KPP178/11/1/15/1). 존 에이거가 이 런던 회의를 중점적으로 조사한 적이 있으나(Agar, J. (2008), *British Journal for the History of Science* 41:567-600) 전면적인 연구가 이루어진 적은 없다. 킹스칼리지 런던 자료보관소에 남아 있는 윌킨스의 논문들로 런던 회의와 관련해 발표된 논문과 서신들을 확인할 수 있다. 해당 자료들은 웰컴 도서관에 디지털 자료로도 보관되어 있다. 나는 회의 사진을 보려고 했지만 한 장도 찾을 수 없었다. 윌킨스의 서신을 보면 회의가 영상으로 기록됐다는 내용이 있는데, 테이프가 아직 남아 있는지는 불분명하다.

33 Fuller, *The Social Impact of Modern Biology*, p. 5.

34 Ibid., p. 203.

35 회의 이후 윌킨스는 모든 참석자 앞으로 "회의에서 나온 모욕적인 말들이 긍정적인 가치를 발휘해 의미 있는 깨달음을 주었기를 바란다"는 내용의 서신을 보내서 불편한 심기를 달래려 했다.

36 Beckwith, J. (1971), *Science for the People*, May 1971, p. 7.

37 Bronowski, J. (1971), in W. Fuller (ed.), *The Social Impact of Modern Biology* (London, Routledge & Kegan Paul), pp. 233-46, p. 234.

38 Galston, A. (1971), in W. Fuller (ed.), *The Social Impact of Modern Biology* (London, Routledge & Kegan Paul), pp. 154-66; Leshem, Y. and Galston, A. (1979), *Phytochemistry* 10:2869-78; Hess, D. (1969), *Zeitschift fur Pflanzenphysiologie* 60:348-53; Ledoux, L. and Huart, R. (1968), *Nature* 218:1256-9.

39 Galston, A. (1972), *Annals of the New York Academy of Sciences* 196:223-35.

40 Galston, in *The Social Impact of Modern Biology*, p. 163.

41 다음 자료에서 언급되지 않는다는 점도 그러한 예다. Morange, M. (2020), *The Black Box of Biology: A History of the Molecular Revolution* (Harvard, Harvard University Press).

42 Lurquin, P. (2001), *The Green Phoenix: A History of Genetically Modified Plants* (New York, Columbia University Press); see also Primrose, S. (1977), *Science Progress* 64:293–321. 르두의 연구가 무효라는 사실을 명확히 밝힌 논문 중 하나를 소개한다. Kleinhofs, A., et al. (1975), *Proceedings of the National Academy of Sciences USA* 72:2748–52.

43 르두의 논문(Ledoux, L. and Huart, R. (1968), *Nature* 218:1256–9)은 1991년 이후 루르퀸의 저서 《녹색 불사조The Green Phoenix》 외에는 한번도 인용되지 않았다. 다음 자료에 이 시기의 특징이 간략히 요약되어 있다. Heimann, J. (2018), *Using Nature's Shuttle: The Making of the First Genetically Modified Plants and the People Who Did It* (Wageningen, Wageningen Academic Publishers).

44 Stent, G. (1968), *Science* 160:390–5.

45 Gros, F. (1986), *Les Secrets du gene* (Paris, Odile Jacob), p. 167.

46 Lewin, B. (1970), *Nature* 227:1009–13.

47 Ibid., p. 1012.

48 Baltimore, D. (1970), *Nature* 226:1209–11; Temin, H. and Mizutani, S. (1970), *Nature* 226:1211–3. 다음 회고록에 이 연구에서 테민이 맡은 역할이 생생하게 담겨 있다. Coffin, J. (2021), *Molecular Biology of the Cell* 32:91–7. 역전사효소가 발견되자, 일부 사람들은 분자생물학의 '중심 원리'라고 불리는 기본 원칙과 어긋난다고 주장했다. 특히 〈네이처〉 논설위원 중 한 명이 유독 신이 나서 이런 주장을 펼쳤는데, 코핀coffin 등에 따르면 존 투즈John Tooze라는 논설위원이 그 주인공이다. 1957년 프랜시스 크릭이 밝힌 분자생물학의 중심 원리는 유전 정보가 DNA에서 RNA로, 다시 단백질로만 전달되며 반대 방향으로는 전달되지 않는다는 것이다. 실제로 역전사는 이 원칙에 전혀 모순되지 않는다. 크릭은 〈네이처〉가 초기에 보인 이 호들갑스러운 반응에 노련한 방식으로 노여움을 드러냈다. Cobb, M. (2017), *PLoS Biology* 15:e2003243.

49 Meselson, M. and Yuan, R. (1968), *Nature* 217:1110–4; Smith, H. and Wilcox, K. (1970), *Journal of Molecular Biology* 51:379–91.

50 Abelson, P. (1971), *Science* 173:285; Boffey, P. (1971), *Science* 171:874–6, p. 875.

3장 생물재해

1 Cold Spring Harbor Laboratory (1971), *Annual Report 1971* (Cold Spring Harbor, NY: Cold Spring Harbor Laboratory Press), p. 21.

2 Mertz's CV can be found at the Cold Spring Harbor Laboratory Archive, SB/1/1/414/4. http://libgallery.cshl.edu/items/show/63403

3 Friedberg, E. (2014), *A Biography of Paul Berg: The Recombinant DNA Controversy Revisited* (Singapore, World Scientific Publishing), p. 127; Berg, P. (2000), *A Stanford Professor's Career in Biochemistry, Science, Politics, and the Biotechnology Industry. An Oral History Conducted in 1997 by Sally Smith Hughes* (Berkeley, Regional Oral History Office, The Bancroft Library, University of California), p. 98.

4 SV40은 1961년에, 당시 널리 쓰이던 소아마비 백신을 햄스터에 주사하면 암이 발생한다는 사실이 밝혀지며 발견됐다. 문제가 된 백신은 SV40에 오염된 것으로 밝혀졌다. 이 일로 암이 유행병처럼 번질 수 있다는 우려가 제기됐지만, 다행히 그런 일은 생기지 않았다. SV40에 오염된 소아마비 백신은 미국에서 어린이 수백만 명에게 투여됐으나 암 발생률이 급증하지는 않았으므로 SV40이 암을 일으킬 가능성은 매우 희박한 것으로 보인다. 현대에 쓰이는 소아마비 백신은 SV40과 무관하다.

5 여러 해 동안 이 일에 관련된 사람마다 당시에 이뤄진 대화를 각기 다른 버전으로 전했다. 그중에 어떤 것이 세부적인 부분까지 정확한지는 알 수 없다. 나는 다음 자료에서 이 대화를 발췌했다. Friedberg, *A Biography of Paul Berg*, p. 206.

6 두 사람이 이 사건을 회상한 내용은 다음 라디오 방송에서 확인할 수 있다. *Genetic Dreams, Genetic Nightmares* (BBC Radio, 2021), episode 1: https://www.bbc.co.uk/programmes/m000xzdp. 다음 자료에 따르면, 당시에 폴락은 그저 "정말로

SV40을 대장균에 도입할 생각입니까?"라고 물었다고 한다(p. 26). Lear, J. (1978), *Recombinant DNA – the Untold Story*(New York, Crown). 내가 정리한 이 전화 통화 관련 내용은 다음 자료에서 발췌했다. Berg, *A Stanford Professor's Career*.

7 Friedberg, *A Biography of Paul Berg*, p. 210; Berg, *A Stanford Professor's Career*, p. 91.

8 Berg, *A Stanford Professor's Career*, p. 73.

9 Friedberg, *A Biography of Paul Berg*, p. 135.

10 샌디에이고 캘리포니아대학교의 로버트 앨런 와이스Robert Alan Weiss가 이 영상의 제작을 맡았다. 스탠퍼드대학교 교내 신문에서는 이 영상을 〈대중을 위한 분자 영화〉라는 제목으로 소개했다. *Stanford Daily*, 11 October 1971.

11 https://www.youtube.com/watch?v=u9dhO0iCLww

12 Lear, *Recombinant DNA*, p. 27.

13 Ibid., p. 28.

14 고맙게도 밥 폴락이 이 문서를 공유해 주었다. 콜드스프링 하버 연구소의 기록 보관소에서 PDF로 확인할 수 있다. 밥과 나는 이 문서에 관한 설명을 간략히 정리해서 학술지에 발표했고(Cobb, M. and Pollack, R. (2021), *Nature* 594:496), 더 긴 논문으로도 작성했다(Pollack, R. and Cobb, M. (2022), *PLoS Biology* 20:e3001539).

15 《폴 버그 전기A Biography of Paul Berg》, Friedbert, p.208. 이 인용문은 1977년 MIT에서 진행된 '재조합 DNA 연구 구술 역사 사업'으로 확보된 머츠의 인터뷰 내용이다. 내가 직접 인터뷰하고 싶었지만, 코로나19 대유행으로 그럴 기회가 없었다.

16 Lear, *Recombinant DNA*, pp. 37–8.

17 Ibid., p. 38.

18 Friedberg, *A Biography of Paul Berg*, p. 213.

19 Baldwin, C. and Runkle, R. (1967), *Science* 158:264–5.

20 이 고백의 장본인은 샌디에이고 캘리포니아대학교의 젊은 분자 바이러스학자였던 제임스 롭James Robb이다. 다음 자료도 함께 참고하라. Hellman, A., et al. (eds) (1973), 《Biohazards in Biological Research》(Cold Spring Harbor, NY, Cold Spring Harbor Laboratory), p. 137.

21 Lear, *Recombinant DNA*, p. 44.

22 Jensen, R., et al. (1971), *Biochemical and Biophysical Research Communi-cations* 43:384-92. 버그는 1997년 MIT 구술 역사 사업 인터뷰 중에 이들의 논문이 제시되자, 70년대에는 이 연구를 전혀 들어본 적이 없다고 단언했다(버그, 《한 스탠퍼드 교수의 커리어》, pp. 10-11). 이 논문은 겨우 9회 인용됐고, 그중 4회는 1970년대였다. 로번도 한 번 인용했다. 나중에 버그는 《한 스탠퍼드 교수의 커리어》에서 이 논문의 토의 부분과 해당 논문이 게재된 학술지(버그가 한때 편집자로 일했던 학술지다)를 소개했다(pp. 129-131). 스탠퍼드 생화학과에서 사용한 리가아제는 순도가 훨씬 월등했다. 당시 박사과정생이던 폴 모드리치Paul Modrich가 합성한 리가아제였다. 모드리치는 DNA 수선 기능에 관한 연구로 2015년 노벨 화학상을 공동 수상했다.

23 로번의 연구 결과 중 일부는 잭슨의 논문(Jackson, D., et al. (1972), *Proceedings of the National Academy of Sciences USA* 69:2904-9)에 여러 번 언급됐다. 잭슨은 자신의 논문에서 DNA 분자를 결합하는 다른 방법들을 설명하면서 〈네이처〉에 실릴 예정이라는 소개와 함께 로번과 스가라멜라의 논문을 인용했는데, 실제로는 없는 논문이며 어떠한 흔적도 찾을 수 없었다. 잭슨이 논문 초고를 수정하는 과정에서 생긴 오류로 추정된다.

24 Ibid.

25 Ibid., p. 2904.

26 Morange, M. (2020), *The Black Box of Biology: A History of the Molecular Revol-ution* (Cambridge, MA, Harvard University Press), p. 183.

27 Berg, *A Stanford Professor's Career*, p. 69.

28 Sgaramella, V. (1972), *Proceedings of the National Academy of Sciences USA* 69:3389-93.

29 Mertz, J. and Davis, R. (1972), *Proceedings of the National Academy of Sciences USA* 69:3370-4.

30 나와 머츠의 인터뷰와 이 부분에 관한 언급은 〈Genetic Dreams, Genetic Night-mares〉에서 확인할 수 있다(BBC Radio, 2021), episode 1: https://www.bbc.co.uk/programmes/m000xzdp

31 Hedgpeth, J., et al. (1972), *Proceedings of the National Academy of Sciences USA* 69:3448 – 52.

32 Mertz and Davis (1972), p. 3374.

33 작성자 익명. (1972), *Nature* 240:73 – 4, p. 74. 〈네이처〉가 우려한 일이 실현될 가능성은 극히 희박할 뿐만 아니라 아예 불가능한 것으로 밝혀졌다. 버그가《한 스탠퍼드 교수의 커리어》에서 밝힌 내용에 따르면 박테리오파지가 대장균에 감염되려면 반드시 필요한 DNA 염기서열이 있는데, 재조합 DNA 실험 과정에서 해당 부분이 의도치 않게 파괴됐기 때문이다. 그러나 재닛 머츠가 개발한 DNA 재조합체는 대장균에서 복제될 수 있는 것으로 드러났다. 사실 머츠는 처음부터 그런 기능이 유지되도록 만들 계획이었다. 하지만 2022년에 머츠는 내게 1972년에는 그런 실험을 하지 않았으며, 버그의 실험실이 재조합 DNA 연구를 유예한다는 결정을 내렸기 때문이라고 설명했다.

34 Cohen, S. (2013), *Proceedings of the National Academy of Sciences USA* 110:15521 – 9. 〈호놀룰루애드버타이저Honolulu Advertiser〉의 딕 어데어Dick Adair가 이 그림을 그렸다. 스탠리 팔코는 그날을 조금 다르게 기억한다. 팔코는 보이어가 당시 머츠와 데이비스, 그리고 피터 로번이 발표한 연구의 중요성을 강조했고, 그 이야기를 하던 중에 갑자기 새로운 아이디어를 떠올렸다고 밝혔다. Falkow, S. (2001), *ASM News* 67:555 – 9.

35 Cohen, S., et al. (1973), *Proceedings of the National Academy of Sciences USA* 70:3240 – 4. 브롬화에티듐을 이용하는 기법은 콜드스프링 하버의 필 샤프Phil Sharp와 조 샘브룩이 개발했다. Sharp, P., et al. (1973), *Biochemistry* 12:3055 – 63.

36 Hogan, A. (2016), *Life Histories of Genetic Disease: Patterns and Prevention of Postwar Medical Genetics*(Baltimore, Johns Hopkins University Press), pp. 120 – 46.

37 Cohen et al. (1973), p. 3244.

38 Berg, *A Stanford Professor's Career*, p. 78.

39 Krimsky, S. (1982), *Genetic Alchemy: The Social History of the Recombinant DNA Controversy*(London, MIT Press), pp. 70 – 80. 이 자료에는 당시 작성된 서신의 여러 초안을 법의학적으로 분석한 결과가 나와 있다. 인트론을 발견한 업적으로 1993

년 노벨 생리학·의학상을 공동 수상한 리치 로버츠Rich Roberts도 그해 고든 학회에 참석했고, 2022년에 내게 자신이 기억하는 당시 상황을 알려 주었다.

40 Singer, M. and Soll, D. (1973), *Science* 181:1114.

41 Ziff, E. (1973), *New Scientist*, 25 October 1973, pp. 274-5.

42 Dixon, B. (1973), *New Scientist*, 25 October 1973, p. 236.

43 Wade, N. (1973), *Science* 182:566-7, p. 567.

44 Morrow, J., et al. (1974), *Proceedings of the National Academy of Sciences USA* 71:1743-7, p. 1747.

45 Hughes, S. (2011), *Genentech: The Beginnings of Biotech*(Chicago, Chicago University Press), p. 20.

46 Berg, *A Stanford Professor's Career*, p. 115.

47 Brenner, S. (1974), *Nature* 248:785-7. 같은 호에서 브레너의 글 바로 다음에 이어진 기사는 로절린드 프랭클린Rosalind Franklin이 이중 나선 구조 발견에 기여한 부분을 상세히 밝힌 내용이었다. Klug, A. (1974), *Nature* 248:785-8.

48 Morange, *The Black Box of Biology*, p. 197. 브레너의 친구이자 친한 동료인 프랜시스 크릭도 비슷했다. 크릭은 1969년에 창간 100주년을 맞이한 〈네이처〉의 요청으로 2000년이 되면 분자생물학이 어떻게 될지 전망한 글을 썼다. Crick, F. (1970), *Nature* 228:613-5. 현재 우리가 잘 아는 발전을 정확히 예측한 부분도 많았지만, 그 글을 쓰기 1년 전에 한 강연에서 새로운 기술이 나올 가능성을 강조하고서도(2장 참고) 정작 새로운 기술을 직접 활용하는 것에는 별로 관심을 기울이지 않았다는 건 놀라운 일이다. 일부 학자들은 분자생물학의 본질에 큰 변화가 일어난 적이 없으며 유전공학의 주요 특징인 개입과 기업화 경향은 늘 존재했다고 주장한다. 예를 들어 Thackray, A. (ed.) *Private Science: Biotechnology and the Rise of the Molecular Sciences*(Philadelphia, University of Pennsylvania Press), pp. 20-38 중 Kay, L. (1998)의 글. 나는 그런 주장에 동의하지 않는다. 꾸준히 지속된 일들도 분명히 있었지만, 1970년대 중반은 질적으로 새로운 발전이 일어난 시기였다.

49 *New York Times*, 27 August 1973. 1973년 8월 버클리에서 개최된 국제유전학회에 관한 기사에서 나온 말이다. 이 기사의 제목은 '과학자들에게 잊힌 유전학의 과제'였다.

4장 아실로마

1 Berg, P., et al. (1974), *Science* 185:303.

2 Bosley, K., et al. (2015), *Nature Biotechnology* 33:478–86, p. 483.

3 Watson, J. (1979), in J. Morgan and W. Whelan (eds), *Recombinant DNA and Genetic Experimentation* (Oxford, Pergamon Press), pp. 187–92, p. 189.

4 이번 단락의 내용은 상기 왓슨의 저서를 참고했다. ibid., p. 190.

5 Lear, J. (1978), *Recombinant DNA – The Untold Story* (New York, Crown), p. 82.에 인용된 내용이며, 버그의 기억이다.

6 상기 Lear의 저서에 본 서신이 작성된 과정이 상세히 나와 있다.

7 Berg et al. (1974), p. 303.

8 여러 대학의 홍보 부서가 마음에 드는 기자들에게만 이 기사를 단독 보도하도록 손을 쓴 모순적인 계략도 있었다. 덕분에 〈뉴욕타임스〉와 〈워싱턴포스트〉는 이 소식을 일찍 전할 수 있었다. 이에 관한 내용은 다음 책에 아주 상세히 나와 있다. *Lear, Recombinant DNA*, pp. 89–94

9 Quoted in Lear, ibid., p. 91.

10 *New York Times*, 18 July 1974.

11 *Washington Post*, 18 July 1974.

12 *New York Times*, 30 May 1974; *Newsweek*, 17 June 1974.

13 Krimsky, S. (1982), *Genetic Alchemy: The Social History of the Recombinant DNA Controversy* (London, MIT Press), pp. 90–5.

14 Moore, K. (2008), *Disrupting Science: Social Movements, American Scientists, and the Politics of the Military, 1945–1975* (Princeton, Princeton University Press), pp. 170–5.

15 본 실무단의 활동은 다음 책에 요약되어 있다. Krimsky, *Genetic Alchemy*, pp. 126–34.

16 도널드 콤Donald Comb이 1974년 7월 29일에 폴 버그에게 보낸 서신을 통해 알려진 사실로, 다음 책에 언급된 내용이다. J. Watson and J. Tooze (eds) (1981), *The DNA Story: A Documentary History of Gene Cloning* (San Francisco: W. H. Freeman), p. 14.

17 Rogers, M. (1977), *Biohazard*(*New York, Alfred Knopf*), p. 48.

18 1974년 8월 2일에 버그가 '버그의 서신' 공동 서명자들과 맥신 싱어에게 보낸 편지. 다음 책에 실린 내용이다. Watson and Tooze, *The DNA Story*, p. 13.

19 Kirby, D. (2007), *Literature and Medicine* 26:83–108.

20 *New York Times*, 26 September 1974.

21 의회 조사국 과학정책연구분과가 과학·우주항공위원회에 제출하기 위해 작성한 보고서 〈Genetic Engineering: Evolution of a Technological Issue, Supplemental Report 1〉의 내용이다. Library of Congress, December 1974(Washington, DC, US Government Printing Office), p. v.

22 Ibid., p. 23.

23 Wright, S. (1994), *Molecular Politics: Developing American and British Regulatory Policy for Genetic Engineering, 1972–1982*(London, University of Chicago Press), p. 140.

24 Ibid., p. 142. 애슈비는 1970년부터 1973년까지 영국 왕립 환경오염위원회의 위원장을 맡았다. 애슈비가 대표를 맡아 이 실무단을 꾸릴 때 영국 왕립학회 회장 앨런 호지킨Alan Hodgkin과 상의하지 않고 구성원을 정해서 몇 차례 갈등을 빚었는데, 이 사실은 1974년 11월 5일 에릭 애슈비가 폴 버그에게 보낸 편지로 알려졌다. Cold Spring Harbor Laboratory Archive, SB/1/2/43/73. http://libgallery.cshl.edu/items/show/71394

25 Ashby, E. (1972), *Sociological Review* 18, Supplement 1: 209–26.

26 *Le Monde*, 18 September 1974.

27 All quotes from *The Times*, 3 September 1974.

28 *Daily Mail*, 3 September 1974.

29 *Radio Times*, 12 September 1974. 방송일은 1974년 9월 16일 월요일이었다.

30 Bud, R. (1994), in A. Thackray (ed.), *Private Science: Biotechnology and the Rise of the Molecular Sciences*(Philadelphia, University of Pennsylvania Press), pp. 3–19, p. 13.

31 *New Scientist*, 19 September 1974, p. 755.

32 위의 두 편지 모두 다음 책에 인용된 내용이다. Wright, *Molecular Politics*, p. 143.

33 Brenner evidence to Ashby Working Party, 26 September 1974. Cold Spring Harbor Laboratory Archive, SB/1/2/40/15. http://libgallery.cshl.edu/show/71340

34 Ibid., p. 7.

35 Ibid.

36 *Report of the Working Party on the Experimental Manipulation of the Com-position of Micro-Organisms*(Command Paper 5880)(London, HMSO, 1975).

37 Lear, *Recombinant DNA*, p. 112.

38 Dixon, B. (1975), *New Scientist*, 23 January 1975, p. 86.

39 Anonymous (1975), *Nature* 253:295.

40 *The Times*, 22 January 1975.

41 Lewin, R. (1974), *New Scientist*, 17 October 1974, p. 163.

42 Ibid.

43 Gottweis, H. (1998), *Governing Molecules: The Discursive Politics of Genetic Engineering in Europe and the United States*(London, MIT Press), p. 86.

44 *Le Monde*, 24 July 1975.

45 Gottweis, *Governing Molecules*, p. 86.

46 Brenner, S. (1974), *Nature* 248:785-7, p. 786.

47 Letter from Berg to Ashby, 1 November 1974. Cold Spring Harbor Laboratory Archive, SB/1/2/43/74. http://libgallery.cshl.edu/items/show/71395-a full list of attendees and their affiliations can be found in Fredrickson, D. (2000), *The Recombinant DNA Controversy: A Memoir*(Washington, DC, ASM), Appendix 1.1.

48 언론사들이 아실로마 회의에 참석하기 위해 소송을 걸겠다고 협박하는 등 큰 혼란이 빚어졌다. 자세한 내용은 다음 책에 나와 있다. Lear, *Recombinant DNA*, pp. 116-21.

49 Rogers, M. (1975), *Rolling Stone*, 19 June 1975, pp. 37-82. 왓슨과 투즈Watson and

Tooze의 책 《The DNA Story》 pp. 28–40에 실려 있다. 하지만 구글에서 잘 검색해 보면 이 기사를 PDF 버전으로 읽어 볼 수 있다.

50 폴락이 자신에게 제공된 자리를 다른 사람에게 주라고 제안한 내용은 리어Lear의 책 《Recombinant DNA》에 나와 있다. '민중의 과학'을 아실로마 회의에 참석하도록 설득했다는 내용은 크림스키Krimsky의 책 《Genetic Alchemy》 pp. 110–1에 나온다. 놀랍게도 벡위스가 직접 쓴 회고록 Beckwith, J. (2002), *Making Genes, Making Waves: A Social Activist in Science*(London, Harvard University Press)에는 아실로마 회의에 관한 언급이 전혀 없다. '민중을 위한 과학'이 보낸 성명은 왓슨과 투즈의 책 《The DNA Story》 pp. 49에 나와 있다.

51 Rogers, M. (1977), *Biohazard*(New York, Alfred Knopf), p. 68.

52 Rogers (1975), p. 40.

53 Rogers, *Biohazard*, p. 56.

54 Wright, *Molecular Politics*, pp. 148–9. 인용구는 개막 세션의 녹음테이프에서 따왔다.

55 Hughes, S. (2001), *Isis* 92:541–75.

56 *Washington Post*, 9 March 1975. 로저스의 책 《Biohazard》 p. 52에는 이것이 볼티모어가 한 말로 나와 있다. 2025년에 회의 기록이 공개되면 누가 한 말인지 이 소소한 수수께끼도 풀릴 것이다.

57 Interview with Brenner as part of the MIT Oral History Project, cited in Friedberg, E. (2014), *A Biography of Paul Berg: The Recombinant DNA Controversy Revisited*(Singapore, World Scientific Publishing), p. 280.

58 *Washington Post*, 9 March 1975.

59 Berg, P. (2007), *Reflections on California's Stem Cell Research Initiative. An Oral History Conducted in 1997 by Sally Smith Hughes*(Berkeley, Regional Oral History Office, The Bancroft Library, University of California), p. 10.

60 Lear, *Recombinant DNA*, p. 131.

61 Wade, N. (1977), *The Ultimate Experiment: Man-Made Evolution*(New York, Walker and Company), p. 46.

62 *Washington Post*, 9 March 1975.

63 Rogers, *Biohazard*, p. 49.

64 *Washington Post*, 9 March 1975, Rogers, *Biohazard*, p. 101에 이 사례가 각기 다른 버전으로 소개되어 있다.

65 Goodfield, J. (1977), *Playing God: Genetic Engineering and the Manipulation of Life*(London, Hutchinson), pp. 110–11.

66 Letter from Berg to Brenner, 15 March 1975, Cold Spring Harbor Laboratory Archive, SB/4/1/25. http://libgallery.cshl.edu/items/show/74250

67 Rogers, *Biohazard*, pp. 70–1; Wade, *The Ultimate Experiment*, pp. 31–2.

68 Rogers (1975); Lear, *Recombinant DNA*, pp. 140–1. 10년 뒤에 로버트 신샤이머Robert Sinsheimer는 "변호사들이 간간이 훈계성 발언을 했으나 크게 주목받지는 못했다"며 당시의 상황을 전혀 다르게 회상했다(Sinsheimer, R. (1984), BioEssays 1:83–4). 신샤이머의 이 같은 설명은 다른 사람들의 기억과 크게 어긋난다. 2021년에 내가 인터뷰한 폴 버그와 데이비드 볼티모어, 마이클 로저스를 포함해서 그 시대 사람들 누구도 그와 같이 이야기하지 않았다.

69 *Washington Post*, 9 March 1975.

70 나는 2021년에 폴 버그에게 성명서 인쇄를 누가 맡았는지 기억하느냐고 물었다. 그는 잘 기억나지 않는다고 하더니, 아흔다섯 살의 나이가 무색할 만큼 빈틈없이 예리한 사람답게, 아마도 아실로마 콘퍼런스 센터에 설치되어 있었던 인쇄기로 사본을 열심히 찍어 낸 것 같다고 전했다.

71 Letter from Berg to Brenner, 15 March 1975, Cold Spring Harbor Laboratory Archive, SB/4/1/25. http://libgallery.cshl.edu/items/show/74250

72 레더버그와 왓슨의 반대표는 예상된 일이었다. 코헨은 자신이 반대한 이유는 최종 성명을 읽을 시간이 없었기 때문이라고 밝혔다. 쿠릴스키가 반대한 이유는 분명하지 않다. 그는 프랑스 학술지 〈Biochimie〉를 통해 아실로마 회의에 철학자들이 참석했다면, 과학과 과학이 사회에서 하는 역할을 더 깊이 이해할 수 있었을 것이라고 비판했다. 또한 쿠릴스키는 사람들이 잠재적 위험성에 "깜짝 놀랄 만큼 히스테리"를 보였다는 점(회의 주최자들이 '공포 소설'을 너무 많이 읽은 것 같다는 의혹도 제기했다)에도 불

만을 나타내면서 회의 주최자들이 사전에 제대로 된 지식을 갖춘 적절한 동료들과 상의했다면 도움이 됐을 것이라는 오만한 견해도 펼쳤다(French. Kourilsky, F. (1975), *Biochimie* 57(3):vii–xii). 나중에 쿠릴스키는 당시에 자신이 아실로마 회의를 이렇게 비판한 건 큰 실수였으며, 그 회의의 핵심은 철학적인 논의가 아닌 과학적인 논의였다고 이야기했다. 쿠릴스키는 미생물 생태학 분야의 전문가들이 참석했다면 재조합 미생물이 위협 요소가 아님을 참석자들도 깨달았을 것이고 상황은 달라졌을지 모른다고 주장했다. Kourilsky, P. (1987), *Les Artisans de l'hérédité*(Paris, Odile Jacob), p. 152.

73 Berg, P., et al. (1975), *Nature* 255:442–4; *Science* 188:991–4; *Proceedings of the National Academy of Sciences USA* 71:1981–4. 다음 콜드스프링 하버 연구소의 기록보관소에서 이 최종 보고서와 다양한 서신을 확인할 수 있다. http://libgallery.cshl.edu/items/show/74249

74 Weiner, C. (2001), *Perspectives in Biology and Medicine* 44:208–20.

75 *Genetic Roulette*(BBC TV, 1977); *Genetic Dreams, Genetic Nightmares*(BBC Radio, 2021), episode 1: https://www.bbc.co.uk/programmes/m000xzdp

5장 정치

1 Wright, S. (1986), *Social Studies of Science* 16:593–620, p. 593. 확실한 내용은 다음 책을 함께 참고하길 바란다. Wright, S. (1994), *Molecular Politics: Developing America and British Regulatory Policy for Genetic Engineering, 1972–1982*(London, University of Chicago. Press). 정치·법률적으로 의심스러운 일들이 많았지만 뚜렷한 결과가 발생한 경우는 거의 없었고, 비전문가들의 관심은 별로 얻지 못했다. Watson, J. and Tooze, J. (1981), *The DNA Story: A Documentary History of Gene Cloning*(San Francisco, W. H. Freeman)에도 당시의 상황을 짐작할 만한 문서가 다수 나와 있다. MIT 연구자들은 재조합 DNA 연구에 관한 논란이 불거진 직후부터 구두 진술을 모으기 시작했고, 이 시도로 120명 이상의 인터뷰와 핵심 사건의 녹음 기록이 남았다. '재조합 DNA 역사 모음집'으로 불리는 이 자료는 온라인으

로는 구할 수 없었고, 코로나19 대유행으로 사람들과 직접 만나서 자료 이야기를 할 수도 없었다.

2 Rogers, M. (1977), *Biohazard*(New York, Alfred Knopf), p. 42.

3 Krimsky, S. (1982), *Genetic Alchemy: The Social History of the Recombinant DNA Controversy*(London, MIT Press), p. 157.

4 Ibid., p. 183.

5 Zilinskas, R. and Zimmerman, B. (eds) (1986), *The Gene-Splicing Wars: Reflections on the Recombinant DNA Controversy*(London, Collier Macmillan).

6 Wright (1986), p. 235.

7 Culliton, B. (1975), *Science* 188:1187-9.

8 Chargaff, E. (1976), *Science* 192:938-9.

9 Krimsky, *Genetic Alchemy*, p. 266.

10 Cohen, C. (1978), *Southern California Law Review* 51:1081-114.

11 Campos, L. (2021), in L. Campos, et al. (eds), *Nature Remade: Engineering Life, Envisioning Worlds*(Chicago, Chicago University Press), pp. 151-72.

12 Norman, C. (1976), *Nature* 262:2-4.

13 See, for example, Mendelsohn, E. (1984), in E. Mendelsohn (ed.), *Transformation and Tradition in the Sciences: Essays in Honor of I. Bernard Cohen*(Cambridge, Cambridge University Press), pp. 317-36.

14 Hall, S. (1988), *Invisible Frontiers: The Race to Synthesize a Human Gene* (London, Sidgwick & Jackson), p. 26.

15 Kaiser, D. (2010), in D. Kaiser (ed.), *Becoming MIT*(Cambridge, MA, MIT Press), pp. 145-63, p. 151. 카이저는 이 문제를 놓고 벌어진 토론 중 일부가 얼마나 소란스럽고 번잡했는지를 보여 주기 위해 이 책에 벨루치와 과학자들 사이에 오간 대화를 일부 실었다.

16 Hall, *Invisible Frontiers*, p. 44.

17 Krimsky, *Genetic Alchemy*, p. 301.

18 Lear, J., *Recombinant DNA: The Untold Story*(New York, Crown, 1978), p. 156.

19 See, for example: Waddell, C. (1989), *Science, Technology, & Human Values* 14:7–25; Feldman, M. and Lowe, N. (2008), *European Planning Studies* 16:395–410; Kaiser, in *Becoming MIT*.

20 Mendelsohn, E. (1984), in E. Mendelsohn (ed.), *Transformation and Tradition in the Sciences: Essays in Honor of I. Bernard Cohen*(Cambridge, Cambridge University Press), pp. 317–36.

21 Wilson, E. (1994), *Naturalist*(Washington, DC, Island), p. 283.

22 Cavalieri, L. (1976), *New York Times Magazine*, 22 August 1976.

23 Malzberg, B. (1973), *Phase IV*(New York, Pocket).

24 Waddell, C. (1989), *Science, Technology, & Human Values* 14:7–25, p. 12.

25 *Time*, 18 April 1977.

26 Wald, G. (1976), *The Sciences*, September 1976; Hubbard, R., *Science* 193:834; Krimsky, *Genetic Alchemy*, p. 280.

27 See photo in Watson and Tooze, *The DNA Story*, p. 134.

28 Hall, S. (1988), *Invisible Frontiers: The Race to Synthesize a Human Gene* (London, Sidgwick & Jackson), p. 127.

29 *New Scientist*, 1 July 1976, p. 15.

30 *The Real Paper*, 15 January 1977. Reproduced in Watson and Tooze, *The DNA Story*, p. 103.

31 Park, B. and Thacher, S. (1977), *Science for the People*, September–October 1977, pp. 28–35. 1979년에는 케임브리지시에서 벌어진 논쟁을 비판한 레이 구델Rae Goodell의 글이 발표됐다. 구델은 하버드대학교 로비스트들이 한 일들을 집중 조명하면서 케임브리지 실험 검토위원회 구성원들의 영향력이 균등하지 않았다고 밝혔다. 그러면서도 검토위원회의 최종 보고서는 "놀라울 정도로 논리 정연하고 설득력 있다"고 인정했다. Goodell, R. (1979), *Science, Technology, & Human Values* 4:36–43, p. 40.

32 *The Times*, 9 February 1977.

33 Botelho, A. (2021), *Science as Culture* 30:74–104, p. 97, n. 7; Hall, *Invisible*

Frontiers, p. 317.

34 Owen-Smith, J. and Powell, W. (2005), *Organization Science* 15:5-21.

35 Letter from Vellucci to Handler, 16 May 1977. Reproduced in Watson and Tooze, *The DNA Story*, p. 206.

36 For an excellent brief summary, see Gibson, K. (1986), in R. Zilinskas and B. Zimmerman (eds), *The GeneSplicing Wars: Reflections on the Recombinant DNA Controversy*(London, Collier Macmillan), pp. 55-71. For more extensive accounts, see Wright, *Molecular Politics;* Gottweis, H. (1998), *Governing Molecules: The Discursive Politics of Genetic Engineering in Europe and the United States*(London, MIT Press); McKechnie, S. (1978), *Nature* 276:7; Denselow, J.(1982), *New Scientist*, 26 August 1982, pp. 558-61, p. 561.

37 이 콘퍼런스의 개최 소식이 실린 자료: *New Scientist*, 28 September 1978, p. 990.

38 Anonymous (1978), *Nature* 276:2.

39 Brenner, S. (1978), *Nature* 276:2-4; King, J. (1978), *Nature* 276:4-7.

40 Fredrickson, D. (2001), *The Recombinant DNA Controversy: A Memoir. Science, Politics, and the Public Interest 1974-1981*(Washington, DC, ASM Press).

41 Ibid., pp. 246-9.

42 Wright, *Molecular Politics*. See also Powledge, T. (1977), *Hastings Center Report*, December 1977, pp. 8-10.

43 US Senate, Committee on Commerce, Science and Transportation, Subcommittee on Science, Technology and Space (1978), *Regulation of Recombinant DNA Research(2, 8 & 10 November 1977)*(Washington, DC, US Government Printing Office).

44 *Le Monde*, 12 June 1975; Anonymous (1975), *Nature* 256:5; Robert, B. (2014), *A History of the Molecular Biology Department*, https://hal-pasteur.archivesouvertes.fr/pasteur-01719506/document; see also Konninger, S. (2016), *Genealogie der Ethikpolitik: Nationale Ethikkomitees als neue Regierungstechnologie. Das Beispiel Frankreichs*(Bielefeld, Transcript).

45 *Le Monde*, 17 June 1975; Gottweiss, Governing Molecules.

46 *Le Monde*, 24 July 1975.

47 라이트Wright의 저서 〈분자 정치학Molecular Politics〉에 이 시기의 정교한 정치적 관계가 아주 자세히 나와 있다.

48 Abelson, P. (1977), *Science* 197:721; Halvorson, H. (1984), in R. Zilinskas and B. Zimmerman (eds), *The Gene-Splicing Wars: Reflections on the Recombinant DNA Controversy*(London, Collier Macmillan, 1984), pp. 73-91.

49 Wright, *Molecular Politics*, p. 334; Statement from EMBO, 30 November 1977, reproduced in Watson and Tooze, *The DNA Story*, p. 300.

50 Royal Society (1979), *Nature* 277:509-10. COGENE와 왕립학회 공동 후원으로 영국 와이 칼리지에서 열린 회의에서 이러한 시각이 명확히 드러났다. 다음 자료를 참고하라. Morgan, J. and Whelan, W. (eds) (1979), *Recombinant DNA and Genetic Experimentation*(Oxford, Pergamon Press). 와이 칼리지 회의에 관한 분석은 Wright, *Molecular Politics*, pp. 341-51에 나와 있다.

51 Stoker, M. (1979), in Morgan and Whelan, *Recombinant DNA and Genetic Experimentation*, pp. xix-xx, p. xx.

52 US House of Representatives, Committee on Science and Technology, Subcommittee on Science, Research and Technology (1978), *Report on Science Policy Implications of DNA Recombinant Molecule Research (March 1978)* (Washington, DC, US Government Printing Office), p. ix.

53 Chang, S. and Cohen, S. (1977), *Proceedings of the National Academy of Sciences USA* 74:4811-5.

54 이 결론을 뒷받침하는 증거와 정말로 '의견 일치'가 이루어진 결론인지에 관해서는 큰 논란이 있었다. 당시에 널리 인용된 주장은 다음과 같다. "대장균 K12는 본질적으로 약하며 DNA 삽입으로 병원성을 옮기지 못한다." Krimsky, *Genetic Alchemy*, p. 216.

55 Wade, N. (1977), *Science* 197:348-9.

56 Israel, M., et al. (1979), *Science* 203:883-7; Chan, H., et al. (1979), *Science*

203:887-92. 바이러스 염기서열이 포함된 박테리오파지 DNA나 대장균 DNA를 마우스에 주사했을 때 조직의 암성 증식이 일부 나타났으나, 바이러스를 그대로 주입하거나 네이키드 DNAnaked DNA를 주사했을 때보다는 증식 규모가 몇 배 약했다.

57 이 결론에 대한 반박은 Rosenberg, B. and Simon, L. (1979), *Nature* 282:773-4.에서 확인할 수 있다. 브레너의 실험 결과는 "재조합 DNA의 위험성에 관한 우려를 가라앉히는 기반이 될 수 없다"는 반박 의견이다.

58 Wright, S. (1986), *Osiris* 2:303-60, p. 320.

59 Fisher, E. (1985), *Journal of Hazardous Materials* 10:241-61; Lewin, M. (1982), *Recombinant DNA Technical Journal* 5:177-80.

60 Singer, M. (1979), in Morgan and Whelan, *Recombinant DNA and Genetic Experimentation*, pp. 185-6, p. 185.

61 Brenner (1978), p. 2.

62 Morgan and Whelan, *Recombinant DNA and Genetic Experimentation*, p. 236.

63 Grobstein, C. (1986), in R. Zilinskas and B. Zimmerman (eds), *The Gene-Splicing Wars: Reflections on the Recombinant DNA Controversy*(London, Collier Macmillan), pp. 3-10, p. 7.

64 Berg, P. (2000), *A Stanford Professor's Career in Biochemistry, Science Politics, and the Biotechnology Industry. An Oral History Conducted in 1997 by Sally Smith Hughes*(Berkeley, Regional Oral History Office, The Bancroft Library, University of California), p. 80.

6장 사업

1 I have particularly relied upon Hall, S. (1988), Invisible Frontiers: *The Race to Synthesise a Human Gene*(London, Sidgwick & Jackson); Hughes, S. (2011), Genentech: *The Beginnings of Biotech*(Chicago, Chicago University Press); Rasmussen, N. (2016), *Gene Jockeys: Life Science and the Rise of Biotech Enterprise*(Baltimore, Johns Hopkins University Press); Yi, D. (2015), *The*

Recombinant University: Genetic Engineering and the Emergence of Stanford Biotechnology (London, University of Chicago Press).

2 클라이너 앤 퍼킨스는 세투스가 의욕을 보이지 않는 것에 실망해서 나중에 세투스 주식을 매각했다. Hughes, *Genentech*, p. 32.

3 Ibid., p. 37. 샌프란시스코 제넨텍에는 열정적으로 이야기하는 스완슨과 깊은 생각에 잠긴 보이어의 모습을 묘사한 실물 크기 동상이 있다.

4 Hall, *Invisible Frontiers*, p. 66.

5 Hughes, *Genentech*, p. 20.

6 인슐린의 역사에 관한 전체적인 설명은 다음 책을 추천한다. 이번 장에서 다루는 인슐린 관련 내용 중 상당 부분을 참고한 자료다. Hall, K. (2022), *Insulin – The Crooked Timber: A History from Thick Brown Muck to Wall Street* Gold (Oxford, Oxford University Press).

7 Hall, *Invisible Frontiers*, p. 67.

8 Rasmussen, *Gene Jockeys*, p. 118.

9 Owen, G. and Hopkins, M. (2016), *Science, the State, and the City: Britain's Struggle to Succeed in Biotechnology* (Oxford, Oxford University Press), p. 28.

10 Isaacson, W. (2011), *Steve Jobs* (London, Little, Brown), p. 65. In fact, three signatories set up Apple – the third was Ronald Wayne, who quickly got cold feet and withdrew his signature a couple of weeks later. Had he kept with his initial decision he would eventually have been a billionaire.

11 Robertson, M. (1974), *Nature* 251:564 – 5.

12 Hughes, *Genentech*, p. 41. 스완슨이 〈워싱턴포스트〉의 유명한 만화가인 허브 블록Herb Block이 서명할 때 '허블록Herblock'이라고 쓰던 것을 본떠서 허밥이라는 볼품없는 이름을 떠올린 것 같다.

13 Ibid., p. 26.

14 코헨과 보이어만 특허권자가 되어 이후 엄청난 갈등의 시초가 된 상황을 코헨이 직접 설명한 자료가 있다. Cohen, S. (2009), *Science, Biotechnology, and Recombinant DNA: A Personal History. An Oral History Conducted by Sally Smith Hughes*

in 1995(Berkeley, Regional Oral History Office, The Bancroft Library, University of California), pp. 150–1. 이 자료에서 코헨은 그와 같은 결정은 자기 뜻이 아니었다고 주장했다.

15 Yi, *The Recombinant University*에 아주 상세한 설명이 나와 있다.

16 Reimers, N. (1998), *Stanford's Office of Technology Licensing and the Cohen/Boyer Cloning Patents. An Oral History Conducted in 1997 by Sally Smith Hughes*(Berkeley, Regional Oral History Office, The Bancroft Library, University of California), pp. 13–4. This fact was squirrelled out by the eagle-eyed Doogab Yi: Yi, *The Recombinant University*, p. 136.

17 Berg, P. (2000), *A Stanford Professor's Career in Biochemistry, Science Politics, and the Biotechnology Industry. An Oral History Conducted in 1997 by Sally Smith Hughes*(Berkeley, Regional Oral History Office, The Bancroft Library, University of California), p. 116.

18 Hall, *Invisible Frontiers*, p. 22.

19 Efstratiadis, A., et al. (1975), *Cell* 4:367–78. Efstratiadis, A., et al. (1976), *Cell* 7:279–88.

20 Hall, *Invisible Frontiers*, p. 19.

21 동시 게재된 시리즈 논문 중 첫 번째가 코라나 연구진의 논문이었다. Khorana, H., et al. (1976), *Journal of Biological Chemistry* 251:565–70. 같은 호에 다른 논문들도 이어서 실렸다.

22 Heyneker, H., et al. (1976), *Nature* 263:748–52.

23 Ibid., p. 752.

24 리그스와 이타쿠라는 이 획기적인 연구를 수행하기 위해 NIH 연구비를 신청했으나 떨어졌다. 검토단은 두 사람이 제안한 3년의 연구 기간은 계획된 연구를 실현하기에 부족하며, 실용성이 없는 연구라고 판단했다. Hughes, *Genentech*, p. 54. 인체 인슐린을 합성하기까지의 과정을 밝힌 리그스의 회고록도 있다. Riggs, A. (2021), *Endocrine Reviews* 42:374–80.

25 Itakura, K., et al. (1977), *Science* 198:1056–63.

26 Hughes, *Genentech*, p. 63.

27 Hall, *Invisible Frontiers*, p. 176.

28 이 부분과 이어지는 두 문단은 미 상원 상업·과학·교통위원회 산하 과학·기술·우주 소위원회 자료를 참고했다. (1978), *Regulation of Recombinant DNA Research* (2, 8 & 10 November 1977)(Washington, DC, US Government Printing Office), p. 36.

29 Guillemin, R. and Lemke, G. (2013), *Annual Review of Physiology* 75:1–22.

30 Hall, *Invisible Frontiers*, p. 233.

31 Hopson, J. (1977), *Smithsonian* 8 (March 1977), pp. 55–62, p. 58.

32 Hughes, *Genentech*, p. 53.

33 Hall, *Invisible Frontiers*, p. 200.

34 Ullrich, A., et al. (1977), *Science* 196:1313–9.

35 Hall, *Invisible Frontiers*, pp. 195–212.

36 Ibid., p. 195.

37 Villa-Komaroff, L., et al. (1978), *Proceedings of the National Academy of Sciences USA* 75:3727–31.

38 Hall, *Invisible Frontiers*, p. 245.

39 논문의 상업적 이익을 엄중히 보호하는 편인 〈뉴잉글랜드의학저널〉은 그로부터 몇 년이 지난 후에도 이건 "기자 회견으로 알려진 유전자 클로닝"이라며 불만을 표출하면서 과학계의 관례와 논문의 독점권을 명백히 위반한 일이라고 밝혔다. Andreopolous, S. (1980), *New England Journal of Medicine* 302:743–6.

40 지금은 전문가 검토 절차를 건너뛴다는 것 자체가 어처구니없는 일로 보일 수 있지만 당시에는 별일이 아니었다.

41 Goeddel, D., et al. (1979), *Proceedings of the National Academy of Sciences USA* 76:106–10.

42 Hughes, *Genentech*, p. 94.

43 Hall, *Invisible Frontiers*, pp. 249–65.에 이들의 실험 과정이 생생하게 담겨 있다. 이 사태에 대한 기유맹의 평가는 p. 265에 있다.

44 Keen, H., et al. (1980), *Lancet* 2(8191):398–401.

45 두 공장 모두 잘 가동되고 있다. 당뇨 환자가 급증하고 인슐린 수요가 늘어남에 따라 전 세계 여러 다른 지역에도 공장이 들어섰다.

46 Hall, *Invisible Frontiers*, p. 302.

47 Hopson (1977), pp. 57, 58. 미 상원 상업·과학·교통위원회 산하 과학·기술·우주 소위원회 자료(1978, pp. 176–243)에서 상원의 상세한 조사 내용을 확인할 수 있다.

48 Wade, N. (1977), *Science* 197:1342–5.

49 Ullrich et al. (1977).

50 Hughes, *Genentech*, p. 127.

51 Marshall, E. (1997), *Science* 277:1028–30; Cook-Deegan, R. (1997), *Science* 278:557–61.

52 *New York Times Magazine*, 17 February 1980.

53 Seeburg, P., et al. (1977), *Nature* 270:486–94.

54 1999년에 열린 특허 침해 재판에서 시버그가 증언한 내용이다. Marshal, E. (1999), *Science* 284:883–6.

55 *New York Times Magazine*, 17 February 1980.

56 Martial, J., et al. (1979), *Science* 205:602–7; Goeddel, D., et al. (1979), *Nature* 281:544–8.

57 Hughes, *Genentech*, p. 127.

58 Henner, D., et al. (1999), *Science* 284:1465; Barinaga, M. (1999a), *Science* 284:1752–3; Barinaga, M. (1999b), *Science* 286:1655.

59 Dalton, R. and Schiermeier, Q. (1999), *Nature* 402:335.

60 Wilsden, W. (2016), *Frontiers in Molecular Neuroscience* 9:133.

61 *Timmermann, C.* (2019), *Moonshots at Cancer: The Roche Story*(Basel, Editiones Roche).

62 Teitelman, R. (1989), *Gene Dreams: Wall Street, Academia, and the Rise of Biotechnology*(New York, Basic), pp. 25–6.

63 Hughes, *Genentech*, p. 158.

64 Ibid., p. 159.

65 *New York Times*, 1 January 1981.

66 Isaacson, *Steve Jobs*, p. 23.

67 Cohen, *Science, Biotechnology, and Recombinant DNA*, p. 133.

68 Gitschier, J. (2009), *PloS Genetics* 5:e1000653, p. 4. 보이어는 2021년에 나와 인터뷰하면서 "내 인생은 우연한 행운으로 채워진 것 같다"고 이야기했다.

7장 생명공학계의 재벌들

1 Kevles, D. (1998), in A. Thackray (ed.), *Private Science: Biotechnology and the Rise of the Molecular Sciences* (Philadelphia, University of Pennsylvania Press), pp. 65-79, p. 65.

2 Sherkow, J. and Greely, H. (2015), *Annual Review of Genetics* 49:161-82, p. 164.

3 Heidelberger, C. and Duschlasky, R. (1957), US Patent 2,802,005; Spiegelman S. and Haruna, I. (1972), US Patent 3,661,893.

4 Kevles, D. (1994), *History and Studies of the Physical and Biological Sciences* 25:111-35.

5 Ibid., p. 118.

6 Krimsky, S. (1999), *Chicago-Kent Law Review* 75:15-39.

7 Lyon & Lyon, Thomas D. Kiley (1980), Brief on Behalf of Genentech, Inc., Amicus Curiae.

8 https://ipmall.info/content/diamond-v-chakrabarty-peoples-business-commission

9 Krimsky, S. (1999).

10 US Supreme Court, *Diamond v. Chakrabarty* (1980), 447 US 303.

11 *Chicago Tribune*, 18 June 1982.

12 Cohen, S. and Boyer, H. (1980), US Patent 4,237,224.

13 Feldman, M., et al. (2007), in A. Krattiger, et al. (eds), *Intellectual Property*

Management in Health and Agricultural Innovation: A Handbook of Best Practices(Oxford, MIHR), pp. 1797–807.

14 Creager, A. (1998), in A. Thackray (ed.), *Private Science: Biotechnology and the Rise of the Molecular Sciences*(Philadelphia, University of Pennsylvania Press, 1998), pp. 39–63; Rasmussen, N. (2016), *Gene Jockeys: Life Science and the Rise of Biotech Enterprise*(Baltimore, Johns Hopkins University Press).

15 Creager, in *Private Science;* Pickstone, J. (2001), *Ways of Knowing: A New History of Science, Technology, and Medicine*(Chicago, University of Chicago Press).

16 Kevles, in *Private Science*.

17 존 에이거Jon Agar는 사람들이 대안적 세계를 꿈꾸던 1960년대에 기업가적인 요소가 깊이 파고들었으며, 이러한 분위기가 개인용 컴퓨터와 유전공학 기술의 엄청난 인기에 기여했다고 주장한다. Agar, J. (2008), *British Journal for the History of Science* 41:567–600.

18 Culliton, B. (1977), *Science* 195:759–63.

19 Yi, D. (2008), *Journal of the History of Biology* 41:589–636; Yi, D. (2015), *The Recombinant University: Genetic Engineering and the Emergence of Stanford Biotechnology*(London, University of Chicago Press).

20 Culliton, B. (1982a), *Science* 216:960–2.

21 Culliton, B. (1982b), *Science* 216:1295–6.

22 Hughes, S. (2011), *Genentech: The Beginnings of Biotech*(Chicago, Chicago University Press); Kornberg, A. (1995), *The Golden Helix: Inside Biotech Ventures*(Sausalito: Science Books).

23 Culliton (1982a), p. 961.

24 Ibid.

25 Kenney, M. (1986), *Biotechnology: The University–Industrial Complex*(London, Yale University Press), p. 104.

26 Wade, N. (1980), *Science* 208:688–92, p. 689.

27 Wright, S. (1986), *Osiris* 2:303–60, p. 320.

28 Kenney, M. (1998), in A. Thackray (ed.), *Private Science: Biotechnology and the Rise of the Molecular Sciences*(Philadelphia, University of Pennsylvania Press), pp. 131–43.

29 예를 들어, 진단 기술을 중점적으로 개발했던 스타트업 '제네틱 시스템스Genetic Systems'의 이야기는 테이텔만 RTeitelman, R.(1989)의 저서 《Gene Dreams: Wall Street, Academia, and the Rise of Biotechnology》(New York, Basic Books)에 나와 있다. 콘버그Konberg는 《The Golden Helix》에서 자신이 DNAX에 몸담았던 경험을 예로 들며 이 분야의 산업계 상황을 크게 미화해서 전했다.

30 Yoxen, E. (1983), *The Gene Business: Who Should Control Biotechnology?* (London, Pan), p. 69. 그로부터 4년이 채 지나지 않아 제넥스는 아스파탐 생산 계약이 끊겼고 직원 40퍼센트를 내보내야 했다(*Washington Post*, 14 June 1985; *New York Times*, 1 November 1985).

31 Owen, G. and Hopkins, M. (2016), *Science, the State, and the City: Britain's Struggle to Succeed in Biotechnology*(Oxford, Oxford University Press). 1981년부터 런던 증권거래소는 거래 수요가 너무 많아서 대체 거래소를 마련해야 했다.

32 Bud, R. (1998), in A. Thackray (ed.), *Private Science: Biotechnology and the Rise of the Molecular Sciences*(Philadelphia, University of Pennsylvania Press), pp. 3–19, pp. 4, 15, 8.

33 Dickson, D. (1980), *Nature* 283:128–9.

34 Anonymous (1982), *Nature* 298:599.

35 Anonymous (1984), *Nature* 307:201.

36 Kenney, *Biotechnology*, p. 157.

37 배우 마이클 더글러스Michael Douglas가 연기한 게코가 극 중에서 실제로 한 말은 이렇다. "탐욕은, 이보다 더 나은 말이 없군요, 좋은 것입니다." 나는 이 영화를 본 적이 없다.

38 *The Economist*, 13 May 1989.

39 Kenney, in *Private Science*.

40 Brock, M. (1989), *Biotechnology in Japan*(London, Routledge).

41 *Biotechnology: Report of a Joint Working Party(London, HMSO, 1980), p. 3. See Owen and Hopkins, Science, the State, and the City.*

42 Gottweis, H. (1998), in A. Thackray (ed.), *Private Science: Biotechnology and the Rise of the Molecular Sciences*(Philadelphia, University of Pennsylvania Press), pp. 105–30, p. 111. 영국 생명공학 산업의 발전 과정, 특히 케임브리지 분자생물학 연구소의 역할을 조사한 내용은 다음 자료에 나와 있다. de Chadarevian, S. (2011), Isis 102:601–33.

43 Wright, S. (1998), in A. Thackray (ed.), *Private Science: Biotechnology and the Rise of the Molecular Sciences*(Philadelphia, University of Pennsylvania Press), pp. 80–104, p. 99; Gottweis, in *Private Science*, p. 124.

44 Gottweiss, in *Private Science*, p. 117.

45 Ibid., p. 107.

46 Wade, N. (1977), *Science* 197:1342–5, p. 1342.

47 Kenney, *Biotechnology*, pp. 122–3.

48 Ibid., p. 124.

49 Krimsky, S., et al. (1996), *Science and Engineering Ethics* 2:395–410.

50 Anonymous (1997), *Nature* 385:469.

51 Yoxen, E. (1981), in L. Levidow and B. Young (eds), *Science Technology and the Labour Process: Marxist Studies*, Volume 1(London, CSE Books), pp. 66–122, p. 112.

52 Wigler, M., et al. (1979), *Cell* 16:777–85, p. 77.

53 Colaianni, A. and Cook-Deegan, R. (2009), *Millbank Quarterly* 87:683–715.

54 Doetschman, T., et al. (1987), *Nature* 330:576–8, p. 578.

55 Smithies, O. (2001), *Nature Medicine* 7:1083–6.

56 Palmiter, R. and Brinster, R. (1986), *Annual Review of Genetics* 20:465–99; Hanahan, D., et al. (2007), *Genes & Development* 21:2258–70. For a historian's perspective, see Myelnikov, D. (2019), *History and Technology* 35:425–52.

57 Gordon, J. and Ruddle, F. (1981), *Science* 214:1244–6.

58 Brinster, R., et al. (1984), *Cell* 37:367–79.

59 Leder, P. and Stewart, T. (1988), US Patent 4,736,866.

60 Kevles, in *Private Science*, p. 175.

61 Abbot, A. (1992), *Nature* 360:286.

62 Parthasarathy, S. (2017), *Patent Politics: Life Forms, Markets & the Public Interest in the United States and Europe*(London, University of Chicago Press); Sherkow and Greely (2015); Jasanoff, S. (2016), *The Ethics of Invention: Technology and the Human Future*(London, Norton), pp. 194–6.

63 Sherkow and Greeley (2015), p. 166.

64 Anonymous (1986), *Biotechnology Law Report*, May 1986, pp. 136–76.

65 Adams, M., et al. (1991), *Science* 252:1651–6.

66 Venter, C.(2007), *A Life Decoded. My Genome: My Life*(London, Allen Lane).

67 Roberts, L. (1992a), *Science* 254:184–6.

68 Roberts, L. (1992b), *Science* 256:301–2; Sherkow and Greely (2015).

69 Marshall, E. (1997), *Science* 278:2046–8.

70 Krimsky (1999), p. 26.

71 Marshall, E. (2013), *Science* 340:1387–8.

72 https://twitter.com/NIHDirector/status/345194268840849411

73 Calvert, J. and Joly, P.-B. (2011), *Social Science Information* 50:157–77.

74 Heller, M. and Eisenberg, R. (1998), *Science* 280:698–701, p. 698.

75 Ibid.

76 S aiki, R., et al. (1985), *Science* 230:1350–4. 이 기술의 발전과 시터스Cetus의 역사에 관한 내용은 다음 자료를 참고하라. Rabinow, P. (1996), *Making PCR: A Story of Biotechnology*(Chicago, University of Chicago Press).

77 Anonymous (1988), *Biotechnology Newswatch*, 5 September 1988, p. 7.

78 Heller and Eisenberg (1998).

79 Hanahan et al. (2007), p. 2268.

80 Williams, H. (2013), *Journal of Political Economy* 121:1–27.

81 Nelsen, L. (2004), *Nature Reviews: Molecular Cell Biology* 5:1 – 5; Sampat, B. (2010), *Nature* 468:755 – 6.

82 Contreras, J. (2018), *Science* 361:335 – 7.

8장 유전자 변형 식품

1 Charles, D. (2001), *Lords of the Harvest: Biotech, Big Money, and the Future of Food*(Cambridge, MA, Perseus); Heimann, J. (2018), *Using Nature's Shuttle: The Making of the First Genetically Modified Plants and the People Who Did It*(Wageningen, Wageningen Academic Publishers); Lurquin, P. (2001), *The Green Phoenix: A History of Genetically Modified Plants*(New York, Columbia University Press); Somssich, M. (2019a), *PeerJ Preprints*, https://doi.org/10.7287/peerj.preprints.27096v3; Somssich, M. (2019b), *PeerJ Preprints*, https://doi.org/10.7287/peerj.preprints.27556v2.

2 Chilton, M.-D., et al. (1977), *Cell* 11:263 – 71.

3 Van Montagu, M. (2011), *Annual Review of Plant Biology* 62:1 – 23; Chilton, M.-D. (2018), *Annual Review of Plant Biology* 69:1 – 20, p. 18.

4 Kranakis, E. (2019), *Isis* 110:701 – 25, p. 705; Chilton (2018), p. 18.

5 *Genetic Dreams, Genetic Nightmares* (BBC Radio, 2021), episode 2: https://www.bbc.co.uk/sounds/play/m000y6jb

6 Barton, K., et al. (1983), *Cell* 32:1033 – 43; Fraley, R., et al. (1983), *Proceedings of the National Academy of Sciences USA* 80:4803 – 7; Herrera-Estrella, L., et al. (1983), *Nature* 303:209 – 13.

7 〈타임스〉 1983년 1월 27일 자, 〈월스트리트저널〉 1983년 1월 20일 자. 〈타임스〉는 세 연구진이 모두 함께 연구했다고 암시하는 듯한 엉뚱한 내용의 기사를 쓴 반면 〈월스트리트저널〉은 칠턴의 연구소와 겐트Ghent 연구진이 "거의 동시에" 이 놀라운 결과를 얻었다고 보도했다. 학계에서는 칠턴 연구진의 성과가 가장 먼저 알려졌고 가장 큰 환호를 받았다. 학술지 〈셀〉 표지에는 이들이 개발한 형질전환 담배 식물의 사진이 실렸다.

8 Somssich, M. (2019b).

9 Horsch, R., et al. (1985), *Science* 227:1229–31.

10 Paszkowski, J., et al. (1984), *EMBO Journal* 3:2717–22.

11 *The Guardian*, 20 March 1987.

12 러퀸의 저서《The Green Phoenix》에 나온 설명이다(p.98).

13 Klein, T., et al. (1987), *Nature* 327:70–3.

14 전부 샌퍼드의 글에서 발췌한 표현이다. Sanford, J. (2000), *In Vitro Cellular & Developmental BiologyPlant* 36:303–8, p. 305.

15 Charles, *Lords of the Harvest*, p. 84.

16 Klein, T., et al. (1988), *Proceedings of the National Academy of Sciences USA* 85:4305–9. 이 세포소기관의 형질전환 실험은 기술적인 이유로 식물이 아닌 단세포 생물을 대상으로 진행됐다. Boynton, J., et al. (1988), *Science* 240:1534–8; Johnston, S., et al. (1988), *Science* 240:1538–41.

17 몬산토는 영국인 과학자 마이클 베번Michael Bevan을 통해 프로모터와 종결 부위 염기서열이 중요하다는 사실을 깨닫고 이 염기서열에 관한 특허를 출원했다(각각 미국 특허번호 5,034,322와 5,352,605). 베번은 1980년대 초 매리 델 칠턴의 연구소에서 일하면서 몬산토의 컨설턴트로도 활동하며 스티브 로저스Steve Rogers 등 몬산토 연구소의 연구자들과 협업했다. 연구 결과를 서로 의논하긴 했지만 그렇게 많은 대화를 나누지는 않았다. 2020년 베번은 내게 당시 자신이 소속된 기관에서는 "특허 출원에 관심을 기울이거나 그런 걸 지원하는 분위기가 전혀 아니었으므로" 자신은 특허를 내지 않았다고 설명했다. 나중에 댄 찰스Dan Charles는 저서《Lords of the Harvest》(pp. 18–9)에서 "그 시절에는 정말 끔찍할 정도로 순진했다"고 회상했다. 베번에 관한 언급은 없지만 Somssich (2019a)에도 관련 내용이 나온다.

18 Bevan, M., et al. (1983), *Nature* 304:184–7.

19 Charles, *Lords of the Harvest*, p. 25.

20 *Wall Street Journal*, 13 May 1998.

21 Charles, *Lords of the Harvest*, p. 192.

22 Vaeck, M., et al. (1987), *Nature* 328:33–7.

23 Pechlaner, G. (2012), *Corporate Crops: Biotechnology, Agriculture, and the Struggle for Control*(Austin, University of Texas Press), pp. 178–9.

24 Charles, *Lords of the Harvest*, pp. 181–5.

25 Zangerl, A., et al. (2001), *Proceedings of the National Academy of Sciences USA* 98:11908–12.

26 Charles, *Lords of the Harvest*, p. 179.

27 Cao, C. (2018), *GMO China: How Global Debates Transformed China's Agricultural Biotechnology Policies*(New York, Columbia University Press), p. 71

28 이 문단의 내용은 다음 자료에서 참고했다. Charles, *Lords of the Harvest*, pp. 60–1.

29 Kranakis (2019); Shah, D., et al. (1986), *Science* 233:478–81.

30 Charles, *Lords of the Harvest*, pp. 109–25.

31 Ibid., p. 110.

32 Ibid., p. 187.

33 Kranakis (2019), p. 722. 크라나키스Kranakis는 이 책에서 당시 몬산토 사건을 분석한 결과 법원과 슈마이저의 미숙한 변호인단이 찾아내지 못했던 근본적인 결함을 발견했다고 밝혔다. 무엇보다 몬산토는 1986년에 취득한 EPSPS 효소 과잉 생산에 대한 특허를 고소의 주된 근거로 들었지만, 이는 라운드업 레디 식물의 기능과 무관하다는 점을 지적했다.

34 당시 상황은 대체로 신랄한 어조로 전해진다. Miller, H. (1997), *Policy Controversy in Biotechnology: An Insider's View*(Austin, Landes Bioscience); Jukes, T. (1988), *Journal of Chemical Technology and Biotechnology* 43:245–55.

35 Love, J. and Lesser, W. (1989), *Northeastern Journal of Agricultural and Resource Economics* 18:1–9.

36 Skirvin, R., et al. (2000), *Scientia Horticulturae* 84:179–89.

37 Ibid., p. 183.

38 Martineau, B. (2001), *First Fruit: The Creation of the Flavr SavrTM Tomato and the Birth of Genetically Engineered Food*(New York, McGraw-Hill), p. 194.

39 Smith, C., et al. (1988), *Nature* 334:724–6; Sheehy, R., et al. (1988), *Proceedings of the National Academy of Sciences USA* 85:8805–9.

40 Martineau, *First Fruit*.

41 Ibid., pp. 104–12.

42 Ibid., p. 170.

43 Charles, *Lords of the Harvest*, p. 95.

44 *Sunday Times*, 3 December 1989.

45 *New York Times*, 16 June 1992.

46 *New York Times*, 28 June 1981. 찰스Charles의 저서 《Lords of the Harvest》 p. 12에는 이 말이 애플의 말로 인용되기 시작하자 그가 "분통을 터뜨렸다"는 내용이 나온다. 애플이 하고자 했던 말은 돼지갈비에서 발견되는 영양소를 이제 식물에서도 찾을 수 있게 될 것이라는 의미였다는 설명도 나온다.

47 이 곡을 쓴 앤디 맥클러스키Andy McCluskey는 다음과 같이 설명했다. "저는 굉장히 긍정적으로 봅니다! 몬산토 같은 곳이 나타나서 '다 꺼져, 우린 교차 수분으로 돈을 만들 수 있어' 같은 말을 하는 날이 올 거라곤 생각지도 못했거든요." 〈가디언〉, 2008년 3월 7일.

48 Penney, D., et al. (2013), *PLoS ONE 8:e73150*.

49 원작 소설에서는 이 말의 호소력이 훨씬 약하다. "과학자들은 실제로 성취에 몰두합니다. 그래서 할 수 있는 일인지에만 초점을 맞추죠. 하던 걸 중단하고 이게 정말 해도 되는 일인지를 자문하는 법은 절대 없습니다. 그런 생각은 아무 의미가 없다고 편리하게 결론을 내려 버리죠." 《쥬라기 공원》이 출간되기 6년 전에 해리 애덤 나이트Harry Adam Knight(존 브로스넌John Brosnan의 필명)는 줄거리가 매우 흡사한 《카르노사우루스Carnosaur》라는 걸작을 썼다. 《쥬라기 공원》이 전 세계적인 인기를 누린 데 반해 《카르노사우루스》가 컬트 소설의 고전으로 남은 건 출판계의 알 수 없는 마법을 보여 준다.

50 Itakura, K. and Riggs, A. (1980), *Science* 209:1401–5.

51 Hall, S. (1988), *Invisible Frontiers: The Race to Synthesize a Human Gene* (London, Sidgwick and Jackson), p. 55–6.

52 Kritikos, M. (2018), *EU Policy-making on GMOs: The False Promise of Proceduralism* (London, Palgrave Macmillan).

9장 의혹

1 다음 책에서 이 시기의 상황을 가장 자세히 접할 수 있다. Schurman, R. and Munro, W. (2010), *Fighting for the Future of Food: Activists versus Agribusiness in the Struggle over Biotechnology*(London, University of Minnesota Press).

2 Jasanoff, S. (2005), *Designs on Nature: Science and Democracy in Europe and the United States*(Oxford, Princeton University Press).

3 Will, R., et al. (1996), *Lancet* 347:921–5.

4 Colling, J., et al. (1996), *Nature* 383:685–90.

5 Wilmut, I., et al. (1997), *Nature* 385:810–3.

6 Willadsen, S. (1986), *Nature* 320:63–5.

7 McLaren, A. (2000), *Science* 288:1775–80.

8 Pennisi, E. (1997), *Science* 278:2038–9; Shapiro, H. (1997), *Science* 277:195–6. 소설과 영화에 묘사된 복제 인간의 다양한 가능성은 다음 자료들에 나와 있다. Nerlich, B., et al. (2001), *Journal of Literary Semantics* 30:37–52; Cormick, C. (2006), *História, Ciências, Saúde–Manguinhos* 13 (Supplement):181–212.

9 Hurlbut, J. (2017), *Experiments in Democracy: Human Embryo Research and the Politics of Bioethics*(New York, Columbia University Press).

10 Lynas, M. (2018), *Seeds of Science: Why We Got It So Wrong on GMOs*(London, Bloomsbury Sigma), p. 26.

11 Sinclair, K., et al. (2016), *Nature Communications* 7:12359. 이 논문에는 각각 2260, 2261, 2262, 2263 또는 더 개성 넘치는 이름인 데이지, 다이애나, 데비, 데니즈로 불린 네 마리 양의 모습이 담겨 있다. 전부 똑같이 생겼는데, 사실 양은 원래 굉장히 비슷하다.

12 Pennisi (1997).

13 DEFRA Farm Animal Genetic Resources Committee (2016), Statement on Cloning of Farm Animals.

14 Tachibana, M., et al. (2013), *Cell* 153:1228–38; Ma, H., et al. (2014), *Nature* 511:177–83. For the Korean affair, see Kennedy, D. (2006), *Science* 311:335.

15 National Research Council (2002), *Scientific and Medical Aspects of Human Reproductive Cloning* (Washington, DC, The National Academies Press), p. 1.

16 Oliver, M., et al. (1998), US Patent 5,723,765.

17 미국에서는 1930년대에 잡종 옥수수가 도입되어 수확량이 엄청나게 늘고 농업 전체에 변화가 일어났다. 곧 잡종 옥수수는 미국에서 생산되는 옥수수 대부분을 차지하게 되었다. 농민들이 매년 이 잡종 옥수수 종자를 사기 시작하면서 종자 산업도 미국의 자본주의가 파고든 새로운 산업 분야가 되었다. Kloppenburg, J. (1988), *First the Seed: The Political Economy of Plant Biotechnology 1492 – 2000* (Cambridge, Cambridge University Press), p. 11.

18 *Daily Telegraph*, 8 June 1998.

19 Enserink, M. (1998), *Science* 281:1124 – 5.

20 Ewen, S. and Pusztai, A. (1999), *Lancet* 354:1353 – 4; Horton, R. (1999), *Lancet* 354:1729.

21 Schurman and Monro, *Fighting for the Future of Food*, p. 108.

22 https://www.pewresearch.org/global/2003/06/20/broad-opposition-togenetically- modified-foods - 이 링크는 웨이백 머신Wayback Machine에 저장되어 있다(archive.org).

23 Schurman and Monro, *Fighting for the Future of Food;* 초월 명상 단체의 역할에 관한 자세한 내용은 다음 자료에 나와 있다. Grohman, G. (2021), *Annals of Iowa* 80:1 – 34.

24 *Le Monde*, 18 January 1998.

25 *Le Monde*, 14 August 1999.

26 *Le Monde*, 1 September 1999.

27 *Le Monde*, 9 September 1999.

28 Lynas, *Seeds of Science*, pp. 29 – 31. 다음 자료에서 당시 시위 현장의 사진을 볼 수 있다. Charles, D. (2001), *Lords of the Harvest: Biotech, Big Money, and the Future of Food* (Cambridge, MA, Perseus).

29 1999년 상반기에 영국 언론이 GM 식품을 어떻게 다루었는지를 알 수 있는 암담한 조

사 결과는 다음 자료에서 확인할 수 있다. 의회 과학기술국, 〈The 'Great GM Food Debate'〉, Report 138, May 2000.

30 *Daily Mirror*, 16 February 1999.

31 Charles, *Lords of the Harvest*, p. 272.

32 Ibid., p. 259.

33 *Horizon: Is GM Safe?* (BBC2, 9 March 2000). http://www.bbc.co.uk/science/horizon/1999/gmfood_script.shtml

34 Schurman and Munro, *Fighting for the Future of Food*, pp. 140–6.

35 Jasanoff, S. (2016), *The Ethics of Invention: Technology and the Human Future* (London, Norton), pp. 100–3.

36 Clancy, K. (2017), *The Politics of Genetically Modified Organisms in the United States and Europe*(London, Palgrave Macmillan).

37 Siefert. F. (2009), *Sociologia Ruralis* 49:20–40.

38 클랜시Clancy의 책《The Politics of Genetically Modified Organisms》에는 다양한 유럽 국가들과 미국에서 GM 반대 운동에 활용된 그림들이 나와 있다. 주로 주사기와 괴상한 잡종, 해골이 등장한다.

39 Regis, E.의 책《Golden Rice: The Imperiled Birth of a GMO Superfood》(2019), (Baltimore, Johns Hopkins University), pp. 52–72에 본 의정서와 문제점에 관한 폭넓은 논의가 담겨 있다. 유럽연합과 미국의 GMO 규정을 비교한 내용은 다음 자료에서 확인할 수 있다. Gronvall, G. (2015), *Health Security* 13:378–89.

40 *Los Angeles Times*, 23 September 2000.

41 *The Guardian*, 13 February 2001.

42 Cao, C. (2018), *GMO China: How Global Debates Transformed China's Agricultural Biotechnology Policies*(New York, Columbia University Press), p. 10.

43 Quist, D. and Chapela, I. (2001), *Nature* 414:541–3. For an analysis of the history of maize, see Curry, H. (2022), *Endangered Maize: Industrial Agriculture and the Crisis of Extinction*(Oakland, University of California Press).

44 Metz, M. and Futterer, J. (2002), *Nature* 416:600–1; Kaplinsky, N., et al. (2002),

Nature 416:601–2; Quist, D. and Chapela, I. (2002), *Nature* 416:602.

45 Bonneuil, C., et al. (2014), *Social Studies of Science* 44:901–29, p. 911; Ortiz-Garcia, S., et al. (2005), *Proceedings of the National Academy of Sciences USA* 102:12338–43; Cleveland, D., et al. (2005), *Environmental and Biosafety Research* 4:197–208; Ortiz-Garcia, S., et al. (2005), *Environmental and Biosafety Research* 4:209–15.

46 Bonneuil et al. (2014), p. 924.

47 Agapito-Tenfen, S., et al. (2017), *Ecology and Evolution* 7:9461–72; Garcia Ruiz, M., et al. (2018), *GM Crops & Food* 9:152–68.

48 Losey, J., et al. (1999), *Nature* 399:214.

49 The six articles were published in pp. 11908–42 of volume 98 of the *Proceedings of the National Academy of Sciences USA*, along with a summary article: Scriber, J. (2001), *Proceedings of the National Academy of Sciences USA* 98:12328–30.

50 Romeis, J., et al. (2008), *Nature Biotechnology* 26:203–8; Malcolm, S. (2018), *Annual Review of Entomology* 63:277–302.

51 Brower, L., et al. (2012), *Insect Conservation and Diversity* 5:95–100.

52 Schnurr, M. (2019), *Africa's Gene Revolution: Genetically Modified Crops and the Future of African Agriculture*(London, McGill-Queen's University Press), p. 21.

53 Ibid., p. 90.

54 Ibid., pp. 71–8, gives a close reading of the situation.

55 Ibid., pp. 109–33.

56 Ibid., pp. 54–6.

57 Ibid., p. 203.

58 Schurman and Munro, *Fighting for the Future of Food*, p. 177.

59 Schnurr, *Africa's Gene Revolution*, p. 194.

60 예를 들어 2세대 GM 작물을 개발한 곳들은 식물의 영양소 함량을 높이는 생물 영양

강화를 중시하지만, 농민들은 이 특성을 크게 중요하다고 생각하지 않는다. Schnurr, M., et al. (2020), *The Journal of Peasant Studies* 47:326–45.

61 Ba, M., et al. (2018), *Journal of Pest Science* 91:1165–79; Addae, P., et al. (2020), *Journal of Economic Entomology* 113:974–9.

62 Schurman, R. (2017), *Journal of Agrarian Change* 17:441–58.

63 Juma, C. (2014), https://geneticliteracyproject.org/2014/12/09/global-risksof-rejecting-agricultural-biotechnology/. 이 기사는 몬산토가 벌인 GM 홍보 캠페인의 일환으로 주마의 의견을 물었을 때 나온 답변임이 알려지면서 작은 논란을 일으켰다(〈보스턴 글로브〉, 2015년 10월 1일). 주마는 혁신과 잘 통제된 규제 완화를 중심에 둔 국제 개발이 필요하다는 의견을 열정적으로 제기했다. 예를 들어 다음 자료에서 그러한 내용을 확인할 수 있다. Juma, C. (2016), *Innovation and Its Enemies: Why People Resist New Technologies* (Oxford, Oxford University Press).

64 Schnurr, *Africa's Gene Revolution*, p. 209.

65 Aga, A. (2021), *Genetically Modified Democracy: Transgenic Crops in Contemporary India* (London, Yale University Press).

66 Ibid., p. 252.

67 Cao, *GMO China*, p. 66.

68 Ibid., p. 59.

69 Shen, X. (2010), *Journal of Development Studies* 46:1026–46.

70 Cao, *GMO China*, p. 81.

71 Ibid., p. 99.

72 Huang, J., et al. (2002), *Australian Journal of Agricultural and Resource Economics* 46:367–87.

73 *China Daily*, 23 January 2009.

74 Chen, N. (2015), in S. Jasanoff and S.-H. Kim (eds), *Dreamscapes of Modernity: Sociotechnical Imaginaries and the Fabrication of Power* (London, University of Chicago Press), pp. 219–32.

75 Cao, *GMO China*, pp. 110–12.

76 Ibid., p. 185, p. 123.

77 다음 자료들에 이와 반대되는 일방적인 견해와 예시가 나와 있다. Miller, H. and Conko, G. (2004), *The Frankenfood Myth: How Protest and Politics Threaten the Biotech Revolution*(London, Praeger) and Druker, S. (2015), *Altered Genes, Twisted Truth: How the Venture to Genetically Engineer Our Food Has Subverted Science, Corrupted Government, and Systematically Deceived the Public*(Salt Lake City, Clear River Press). 보다 균형 잡힌 관점이 담긴 자료들도 있다. Krimsky, S. (2019), *GMOs Decoded: A Skeptic's View of Genetically Modified Foods*(London, MIT Press)에 담겨 있다. Ronald, P. and Adamchak, R. (2018), 《Tomorrow's Table: Organic Farming, Genetics, and the Future of Food》(Oxford, Oxford University Press)에서는 유전학과 유기농법을 조합한 흥미로운 설명이 나온다. 메이와 몬테네그로 드 위트Maywa Montenegro de Wit는 유기농법과 생명공학은 상호 보완이 가능한 부분이 있고 이것이 분명 매력적인 요소이긴 하지만, 그 기저에는 "기술에 얽힌 정치와 세계 식민지화"라는 문제가 깔려 있다고 강력히 주장한다. Montenegro de Wit, M. (2021), *Agriculture and Human Values*, https://link.springer.com/article/10.1007/s10460-021-10284-0

78 All quotes from Grove-White, R., et al. (1997), *Uncertain World: Genetically Modified Organisms, Food and Public Attitudes*(Lancaster, Centre for the Study of Environmental Change, Lancaster University).

79 Blancke, S., et al. (2015), *Trends in Plant Science* 20:414-8.

80 Regis, *Golden Rice*, p. 20.

81 Datta, S., et al. (1990), *Bio/Technology* 8:736-40.

82 Ye, X., et al. (2000), *Science* 287:303-5.

83 Bollinedi, H., et al. (2017), *PLoS ONE* 12:e0169600.

84 Cotter, J. (2013), *Golden Illusion: The Broken Promises of 'Golden' Rice*(Amsterdam, Greenpeace International).

85 Regis, Golden Rice, pp. 172-8; *New York Times*, 30 June 2016. 이 서한의 내용은 다음 사이트에서 확인할 수 있다. https://www.supportprecisionagriculture.

org/nobel-laureategmo- letter_rjr.html 서한에 서명한 사람의 숫자는 현재 156명으로 늘어났다. 그러나 이 서한이 별다른 영향력을 발휘하지는 못했다.

86 레지스의 책《Golden Rice》pp. 187-96에 이런 조치가 마련된 과정과 함께, 미국 소비자들이 받게 될 영향이 미미하다고 할 수 있는 황금 쌀의 이점을 FDA가 얼마나 무성의하게 설명했는지에 관한 내용이 나온다.

87 Stone, G. and Glover, D. (2017), *Agriculture and Human Values* 34:87-102.

88 Aga, A. and Montenegro de Wit, M. (2021), *Scientific American*, https://www.scientificamerican.com/article/how-biotech-crops-can-crash-and-still-never-fail/

89 Dong, O., et al. (2020), *Nature Communications* 11:1178.

90 Fagerstrom, T., et al. (2012), *EMBO Reports* 13:493-7.

91 Beale, M., et al. (2006), *Proceedings of the National Academy of Sciences USA* 103:10509-13.

92 Panagiotou, A. (2017), *Structure, Agency and Biotechnology: The Case of the Rothamsted GM Wheat Trials*(London, Anthem Press).

93 Bruce, T., et al. (2015), *Scientific Reports* 5:11183.

94 Kunert, G., et al. (2010), *BMC Ecology* 10:23. This paper was not cited by the Rothamsted researchers (Bruce et al., 2015). Steinbrecher, R., Submission to DEFRA, August 2011, https://www.econexus.info/publication/ge-wheat-trial-rothamsted-research.

95 Fernandez-Cornejo, J., et al. (2014), *Genetically Engineered Crops in the United States, ERR-162*(Washington, DC, USDA Economic Research Service), p. 12. 개발 초창기에는 수확량이 가장 큰 품종에 새로운 유전자가 도입된 게 아니라면 오히려 GM 작물이 일반 작물보다 수확량이 적을 때도 있었다.

96 Pixley, K., et al. (2019), *Annual Review of Phytopathology* 57:165-88.

97 Aga, *Genetically Modified Democracy*, p. 7.

98 Anonymous (2020), *Science* 370:747.

99 Ledford, H. (2013), *Nature* 497:17-8.

100 Lazaris, A., et al. (2002), *Science* 295:472–6.

101 다음 자료에 이 '거미 염소'에 관한 이야기가 생생하게 담겨 있다. Rutherford, A. (2013), *Creation: The Future of Life*(London, Viking), pp. 13–17.

102 Martyn-Hemphill, R. (2019), https://agfundernews.com/what-happened-tothose-gm-spider-goats-with-the-silky-milk.html

103 Zhang, X., et al. (2019), *Biomacromolecules* 20:2252–64.

104 Brookes, G. and Barfoot, P. (2020), *GM Crops & Food* 11:215–41.

105 Fernandez-Cornejo et al., *Genetically Engineered Crops in the United States*, p. 24.

106 Tabashnik, B., et al. (2021), *Proceedings of the National Academy of Sciences USA* 118:e2019115118.

107 Perry, E., et al. (2016), *Science Advances* 2:e1600850.

108 Bhardwaj, A. (2010), in D. Taylor (ed.), *Environment and Social Justice: An International Perspective*(Bingley, Emerald), pp. 241–59; Plewis, I. (2014), *Significance* February 2014:14–8.

109 Kennedy, J. and King, L. (2014), *Globalization and Health* 10:16.

110 See for example: Kranthi, K. and Stone, G. (2020), *Nature Plants* 6:188–96; Plewis, I. (2020), Nature Plants 6:1320.

111 United States Environmental Protection Agency (2020), *Glyphosate: Interim Registration Review Decision Case Number 0178, Docket Number EPA-HQOPP-2009-0361*. For ecological effects, see for example: Relyea, R. (2012), *Ecological Applications* 22:634–47; Annett, R., et al. (2014), *Journal of Applied Toxicology* 34:458–79.

112 Gilbert, N. (2013), *Nature* 497:24–6.

113 Séralini, G.-E., et al. (2014), *Environmental Sciences Europe* 26:14; Coumoul, X., et al. (2019), *Toxicological Sciences* 168:315–38.

114 *Financial Times*, 27 May 2021.

115 Anonymous (2013), *Nature* 497:5–6.

10장 치료

1 *New York Times*, 28 November 1999.

2 *New York Times*, 29 September 1999.

3 *New York Times*, 9 December 1999.

4 Cousin, J. and Kaiser, J. (2005), *Science* 307:1028.

5 Davies, K. (2020), *Human Gene Therapy* 31:135-9.

6 Szybalska, E. and Szybalski, W. (1962), *Proceedings of the National Academy of Sciences USA* 48:2026-34.

7 Szybalski, W. (2013), *Gene* 525:151-4; Friedmann, T. (1992), *Nature Genetics* 2:93-6.

8 Davis, B. (1970), *Science* 170:1279-83.

9 Rogers, S. and Pfuderer, P. (1968), *Nature* 219:749-51; Friedmann, T. (2001), *Molecular Therapy* 4:285-8.

10 *New York Times*, 21 September 1970; Friedmann, T. and Roblin, R. (1972), *Science* 175:949-55; *New York Times*, 1 March 1975.

11 Terheggen, H., et al. (1975), *Zeitschrift fur Kinderheilkunde* 119:1-3.

12 Friedmann (1992), p. 94.

13 Giri, I., et al. (1985), *Proceedings of the National Academy of Sciences USA* 82:1580-4.

14 Rogers, S. (1972), *Science* 178:648-9.

15 Fox, M. and Littlefield, J. (1971), *Science* 173:195; Aposhian, H. (1970), *Perspectives in Biology and Medicine* 14:98-108; Friedmann and Roblin (1972).

16 Cline, M. (1985), *Pharmacology & Therapeutics* 29:69-82. 클라인이 시도한 치료의 전체 내용은 다음 자료에 나와 있다. Thompson, L. (1994), *Correcting the Code: Inventing the Genetic Cure for the Human Body*(London, Simon & Schuster).

17 Wade, N. (1980), *Science* 210:509-11; Le Monde, 15 October 1980.

18 Beutler, E. (2001), *Molecular Therapy* 4:396-7.

19 Thompson, *Correcting the Code*, p. 202.

20 Sun, M. (1981), *Science* 214:1220; Dickson, D. (1981), *Nature* 291:369.

21 President's Commission for the Study of Ethical Problems in Medicine and Biomedical and Behavioral Research (1982), *Splicing Life: A Report on the Social and Ethical Issues of Genetic Engineering with Human Beings*(Washington, DC, US Government), the quotes are from pp. 2, 4.

22 Ibid., p. 85.

23 Wivel, N. (2014), *Human Gene Therapy* 25:19–24.

24 Walters, L., et al. (2021), *CRISPR Journal* 4:469–76.

25 Anderson, W. and Fletcher, J. (1984), *New England Journal of Medicine* 303:1293–7, p. 1296.

26 Miller, A., et al. (1983), *Proceedings of the National Academy of Sciences USA* 80:4709–13.

27 Hammer, R., et al. (1984), *Nature* 311:65–7.

28 Anderson, W. (1992), *Human Gene Therapy* 3:251–2.

29 *Le Monde*, 3 February 1988.

30 Anderson, W. (1993), *Human Gene Therapy* 4:401–2.

31 Rosenberg, S. (1992), *The Transformed Cell: Unlocking the Mysteries of Cancer*(London, Chapmans), p. 279.

32 Anderson, W. (1993), *Human Gene Therapy* 4:555–6.

33 쿤츠에게 실시된 실험 치료에 관한 모든 정보는 다음 자료에 나와 있다. P. (1995), *Altered Fates: Gene Therapy and the Retooling of Human Life*(London, Norton), p. 162–73. Rosenberg, in The Transformed Cell, gave his patients pseudonyms out of respect for their privacy; Kuntz was 'Lester Franks'. 로젠버그는 저서 《변화한 세포The Transformed Cell》에서 연구에 참가한 환자의 이름은 개인정보 보호를 위해 가명을 썼으며 쿤츠의 진짜 이름은 레스터 프랭크Lester Franks라고 밝혔다.

34 Rosenberg, S., et al. (1990), *New England Journal of Medicine* 323:570–8.

35 Lyon and Gorner, *Altered Fates*, p. 187.

36 Rosenberg, *The Transformed Cell*.

37 Hershfield, M., et al. (1987), *New England Journal of Medicine* 316:589–96.

38 Marshall, R. (1995), *Science* 269:1050–5, p. 1051. 이 글에서 이 충격적인 상황은 '불운'한 일로 묘사된다.

39 Lyon and Gorner, *Altered Fates*, p. 273.

40 Marshall (1995), p. 1050.

41 Philippidis, A. (2016), *Genetic Engineering & Biotechnology News*, 1 April 2016.

42 Blaese, R., et al. (1995), *Science* 270:475–80.

43 Anderson, W. (2000), *Science* 288:627–8; *New York Times*, 3 July 2005; Wilson, J.(2016), *Human Gene Therapy Clinical Development* 27:53–6.

44 Rosenberg, S., et al. (1993), *Annals of Surgery* 218:455–64. 로젠버그의 저서 《변화한 세포》에는 이 환자들과 로젠버그의 감동적인 이야기가 담겨 있다.

45 Anderson, C. (1992), *Nature* 360:399–400; Gershon, D. (1994), *Nature* 369:598.

46 Miller, A. (1992), *Nature* 357:455–60.

47 *Le Monde*, 3 February 1988; Anderson, W. (1993), *Human Gene Therapy* 4:125–6.

48 Lyon and Gorner, *Altered Fates*, quotes in this paragraph are from pp. 49, 24, 62.

49 Ibid., p. 281.

50 Ibid., p. 292.

51 Bauer, G. and Anderson, J. (2014), *Gene Therapy for HIV: From Inception to a Possible Cure*(Berlin, Springer).

52 Wivel, N. and Walters, L. (1993), *Science* 262:533–8.

53 *The Economist*, 25 April 1992.

54 *New Scientist*, 25 January 1992.

55 Lyon and Gorner, *Altered Fates*, pp. 284–5.

56 *New York Times*, 28 November 1999.

57 Orkin, S. and Motulsky, A. (1995), *Report and Recommendations of the Panel to Assess the NIH Investment in Research on Gene Therapy*(Bethesda, MD, National Institutes of Health).

58 Marshall (1995), p. 1050.

59 Jenks, S. (1996), *Journal of the National Cancer Institute* 88:9 – 10.

60 Touchette, N. (1996), *Nature Medicine* 2:7 – 8, p. 7.

61 Fox, J. (1996), *Bio/Technology* 14:14 – 5. RAC와 FDA의 역할도 이 시기에 분명하게 정해졌다. 두 기관 사이에는 오랫동안 세력 다툼이 벌어졌을 뿐만 아니라, 에이즈 관련 시민운동가들과 생명공학 업계는 RAC로 인해 새로운 치료법 개발이 지연되고 있다며 RAC에 적대적인 태도를 보여 왔다. RAC는 그대로 남았지만 유전자 치료 연구 계획을 승인할 권한은 FDA가 독자적으로 갖게 됐다.

62 Anonymous (1997), *Nature Biotechnology* 15:815.

63 *New York Times*, 28 November 1999.

64 *New York Times*, 28 November 1999.

65 Thompson, L. (2000), *FDA Consumer*, September – October 2000, pp. 19 – 24.

66 Friedmann, T. and Steele, F. (2001), *Molecular Therapy* 4:284.

67 *New York Times*, 28 November 1999.

68 Wilson, J. (2009), *Science* 324:727 – 8, p. 728.

69 Cavazzana-Calvo, M., et al. (2000), *Science* 288:669 – 72.

70 Morange, M. (2020), *The Black Box of Biology: A History of the Molecular Revolution*(Cambridge, MA, Harvard University Press), p. 303.

71 *Le Monde*, 9 April 2002.

72 *Le Monde*, 13 September 2002.

73 *Le Monde*, 16 January 2003.

74 Nathan, D. and Orkin, S. (2009), *Genome Medicine* 1:38, p. 3.

75 Sheridan, C. (2011), *Nature Biotechnology* 29:121 – 8.

76 Wirth, T., et al. (2013), *Gene* 525:162 – 9; Zhang, W.-W., et al. (2018), *Human*

Gene Therapy 29:160–79.

77 Regalado, A. (2016), *MIT Technology Review*, 4 May 2016.

78 Wang, D., et al. (2019), *Nature Reviews Drug Discovery* 18:358–78.

79 Collins, F. and Gottlieb, S. (2018), *New England Journal of Medicine* 379:1393–5.

80 Orkin, S. and Reilly, P. (2016), *Science* 352:1059–61.

81 *Le Monde*, 24 November 1994.

82 Johnson, M. and Gallagher, K. (2016), *One in a Billion: The Story of Nic Volker and the Dawn of Genomic Medicine*(New York, Simon & Schuster).

83 Owen, M., et al. (2021), *New England Journal of Medicine* 384:2159–61.

84 Wirth et al. (2013), p. 167.

85 Maldonado, R., et al. (2021), *Journal of Community Genetics* 12:267–76.

86 Nogrady, B. (2019), *Nature Index 2019: Biomedical Sciences* S23–5.

87 Kohn, D., et al. (2021), *New England Journal of Medicine* 384:2002–13.

88 Melenhorst, J., et al. (2022), *Nature* 602:503–9.

89 Anonymous (2006), *Nature* 442:341; Begley, S. (2018), *STAT*, 23 July 2018; Lyon and Gorner, *Altered Fates*, p. 277.

90 Sheridan (2011).

91 Dunbar, C. (2018), *Science* 359:eaan4672.

92 Kirby, D. (2000), *Science Fiction Studies* 27: 193–215; Kirby, D. (2004), Literature and Medicine 23:184–200; Kirby, D. (2007), *Literature and Medicine* 26:83–108.

93 Simcoe, M., et al. (2021), *Science Advances* 7:eabd1239.

94 Hsu, S. (2014), *Nautilus* 18.

95 Karavani, E., et al. (2019), *Cell* 179:1424–35.

96 Kaiser, J. (2021), *Science* 372:776.

97 Khamel, R. (2020), *Nature* 583:S12–4.

98 Sheridan (2011), p. 128.

11장 편집

1 Capecchi, M. (1989), *Science* 244:1288–92.

2 Adli, M. (2018), *Nature Communications* 9:1911.

3 Rouet, P., et al. (1994), *Proceedings of the National Academy of Sciences USA* 91:6064–8. 이 실험에 쓰인 중요한 시약 중 하나는 파리에서 비슷한 연구를 계획해 온 베르나르 뒤종Bernard Dujon이 제공했다. 이 프랑스 연구진이 한발 늦었다는 사실을 깨달았을 때 느낀 기분을 생생하게 전한 자료가 있다. Choulika, A. (2016), *Réécrire la vie: la fin du destin génétique*(Paris, Hugo Doc).

4 Morange, M. (2017), *Journal of Biosciences* 42:527–30.

5 Kim, Y.-G., et al. (1996), *Proceedings of the National Academy of Sciences* USA 93:1156–60.

6 Chandrasegaran, S. and Smith, J. (1999), *Biological Chemistry* 380:841–8, p. 847.

7 Chandrasegaran, S. and Carroll, D. (2016), *Journal of Molecular Biology* 428:963–89, p. 972.

8 Bibikova, M., et al. (2003), *Science* 300:764; Porteus, M. and Baltimore, D. (2003),*Science* 300:763.

9 Mani, M., et al. (2005), *Biochemical and Biophysical Research Communications* 335:447–57; Urnov, F., et al. (2005), *Nature* 435:646–51.

10 Carroll, D. (2008), *Gene Therapy* 15:1463–8.

11 Tebas, P., et al. (2014), *New England Journal of Medicine* 370:901–10.

12 Moscou, M. and Bogdanove, A. (2009), *Science* 326:1501; Boch, J., et al. (2009), *Science* 326:1509–12.

13 Boch et al. (2009), p. 1512.

14 Balbas, P. and Gosset, G. (2001), *Molecular Biotechnology* 19:1–12; Stark, W. and Akoplan, A. (2003), *Discovery Medicine* 3:34–5; Gruenert, D., et al., *Journal of Clinical Investigation* 112:637–41. '편집'이라는 표현의 변천사를 전체적으로 정리한 자료도 있다. Morange, M. (2016), *Journal of Biosciences* 41:9–11.

15 Urnov et al. (2005); Urnov, F., et al. (2010), *Nature Reviews Genetics* 11:636–46. 케빈 데이비스Kevin Davies는 '유전자 편집'이라는 표현이 2005년 〈네이처〉 표지에 쓰였다는 사실을 찾아냈다. Davies, K. (2020), *Editing Humanity: The CRISPR Revolution and the New Era of Genome Editing*(New York, Pegasus), p. 116.

16 Ding, Q., et al. (2013), *Cell Stem Cell* 13:238–51. 이 논문은 2012년 8월 23일에 제출됐다.

17 Jinek, M., et al. (2012), *Science* 337:816–21, p. 820. 이 논문이 발표된 날짜는 2012년 8월 17일이다.

18 Ishino, Y., et al. (1987), *Journal of Bacteriology* 169:5429–33. For all information on Mojica, see Davies, K. and Mojica, F. (2018), *CRISPR Journal* 1:1–5.

19 Mojica, F. and Rodriguez-Valera, F. (2016), *FEBS* Journal 283:3162–9.

20 Jansen, R., et al. (2002), *Molecular Microbiology* 43:1565–75; Makarova, K., et al. (2002), *Nucleic Acids Research* 30:482–96.

21 Mojica, F., et al. (2005), *Journal of Molecular Evolution* 60:174–82.

22 Bolotin, A., et al. (2005), *Microbiology* 151:2551–61; Pourcel, C., et al. (2005), *Microbiology* 151:653–63.

23 Barrangou, R., et al. (2007), *Science* 315:1709–12.

24 Ibid., p. 1712.

25 Brouns, S., et al. (2008), *Science* 321:960–4.

26 Davies and Mojica (2018), p. 4.

27 Marraffini, L. and Sontheimer, E. (2008), *Science* 322:1843–5.

28 Ibid., p. 1845. DNA가 표적이라는 이 결과에 계속 의구심을 가진 사람들이 있었던 이유와 그에 대한 설명은 다음 자료에서 확인할 수 있다. Horvath, P. and Barrangou, R. (2010), *Science* 327:167–70.

29 US Provisional Patent Application 61/009,317, filed 23 September 2008; published on 25 March 2010 as US2010/0076057.

30 Makarova, K., et al. (2011), *Nature Reviews Microbiology* 9:467–77;

Deltcheva, E., et al. (2011), *Nature* 471:602–7; Sapranauskas, R., et al. (2011), *Nucleic Acids Research* 39:9275–82; Wiedenheft, B., et al. (2011), *Nature* 477:486–9. 이 시기를 총정리한 훌륭한 자료가 있다. Morange, M. (2015), *Journal of Biosciences* 40:829–32. 다체바Deltcheva 연구진과 비덴헤프트Wiedenheft 연구진의 논문도 〈네이처〉에 게재된 최초의 크리스퍼 논문에 포함된다. 우연한 일인지 계획이 었는지 몰라도, 〈네이처〉는 2003년에 모히카의 논문을 거절한 후부터 7년간 크리스퍼와는 담을 쌓았다.

31 Doudna, J. and Sternberg, S. (2017), *A Crack in Creation: The New Power to Control Evolution* (London, Bodley Head), p. 72.

32 Ibid., pp. 75–6.

33 *Le Monde*, 1 August 2016.

34 Jinek, M., et al. (2012), *Science* 337:816–21.

35 Gasiunas, G., et al. (2012), *Proceedings of the National Academy of Sciences USA* 109:E2579–86.

36 Ibid., p. E2585; Jinek et al. (2012), p. 820.

37 Jinek et al. (2012), p. 820.

38 Cong, L., et al. (2013), *Science* 339:819–23; Mali, P., et al. (2013), *Science* 339:823–6.

39 *Le Monde*, 8 August 2016.

40 복잡하게 얽힌 일련의 사건을 가장 명료하게 정리한 자료를 소개한다. W. (2021), *The Code Breaker: Jennifer Doudna, Gene Editing, and the Future of the Human Race* (London, Simon & Schuster).

41 Jinek, M., et al. (2013), eLife 2:e00471; Cho, S., et al. (2013), *Nature Biotechnology* 31:230–2.

42 Doudna and Sternberg, *A Crack in Creation*, p. 95.

43 Jao, L.-E., et al. (2013), *Proceedings of the National Academy of Sciences USA* 110:13904–9; Ren, X., et al. (2013), *Proceedings of the National Academy of Sciences USA* 110:19012–7; Tan, W., et al. (2013), *Proceedings of the National

Academy of Sciences USA 110:16526–31; Hou, Z., et al. (2013), *Proceedings of the National Academy of Sciences USA* 110:15644–9; Schwank, G., et al. (2013), *Cell Stem Cell* 13:653–8.

44 Choulika, *Reecrire la vie*, p. 66.

45 Shalem, O., et al. (2014), *Science* 343:84–7.

46 Ding, Q., et al. (2013), *Cell Stem Cell* 12:393–4.

47 Musunuru, K. (2019), *The CRISPR Generation: The Story of the World's First GeneEdited Babies* (n.p.), pp. 82–3.

48 Pennisi, E. (2013), *Science* 341:833–6.

49 https://twitter.com/UoM_GEU/status/1263057453320671235?s=20

50 레슬리는 이후 이 트윗과 다른 게시물 중 상당수를 삭제했고 아이디도 변경했다. 그러나 그 게시물을 책에 실어도 좋다고 허락했다.

51 Trible, W., et al. (2017), *Cell* 170:727–35; Yan, H., et al. (2017), *Cell* 170:736–47.

52 Isaacson, *The Code Breaker*, pp. 113–18.

53 Cohen, J. (2017), *Science* 355:681–4.

54 Hopkins, M., et al. (2013), *Industrial and Corporate Change* 22:903–52.

55 아이작슨의 책 《코드 브레이커》(pp. 231–41.)에 브로드 연구소, MIT, 하버드대학교와 캘리포니아대학교가 미국 특허권을 놓고 벌인 줄다리기의 상황이 명쾌하게 나와 있다.

56 Martin–Laffon, J., et al. (2019), *Nature Biotechnology* 37:613–20.

57 Egelie, K., et al. (2016), *Nature Biotechnology* 14:1025–31.

58 Egelie et al. (2016) explore the possibilities of a more restrictive patent licensing scheme.

59 에겔리에 연구진(Egelie et al., 2016)은 특허 라이선스 사용 방식이 더 엄격하게 제한될 가능성을 고찰했다.

60 *Le Monde*, 8 August 2016.

61 Charlesworth, C., et al. (2019), *Nature Medicine* 25:249–54.

62 Moreno, A., et al. (2019), *Nature Biomedical Engineering* 3:806–16.

63 *The Independent*, 6 November 2013; *Boston Globe*, 25 November 2013.

64 *Le Monde*, 16 December 2013.

65 Anonymous (2013), *Science* 342:1434–5.

66 *New York Times*, 4 March 2014.

67 *Washington Post*, 11 November 2014.

68 *San Francisco Chronicle*, 7 September 2014.

69 *Editing Life* (BBC Radio, 2016), https://www.bbc.co.uk/programmes/b06zr3zj

70 *Le Monde*, 1 August 2016.

71 Ibid.

72 Doudna and Sternberg, *A Crack in Creation; Isaacson, The Code Breaker; Davies, Editing Humanity*.

73 Lander, E. (2016), *Cell* 164:18–28.

74 https://www.michaeleisen.org/blog/?p=1825 and https://genotopia.scienceblog.com/573/a-whig-history-of-crispr-these pages have been saved to the Wayback Machine at archive.org.

75 Vence. T. (2016), *The Scientist*, 19 January 2016.

12장 #크리스퍼 베이비

1 Doudna, J. and Sternberg, S. (2017), *A Crack in Creation: The New Power to Control Evolution* (London, Bodley Head), p. 199.

2 Niu, Y., et al. (2014), *Cell* 156:836–43.

3 *Le Monde*, 15 August 2016.

4 Manheimer, K., et al. (2018), *Human Genetics* 137:183–93.

5 Doudna, J. (2015a), *Nature* 528:469–71, p. 470.

6 Ibid., p. 471.

7 Regalado, A. (2015), *MIT Technology Review*, 5 March 2015.

8 Greely, H. (2021), *CRISPR People: The Science and Ethics of Editing Humans*(London, MIT Press), pp. 60 – 5.

9 Lanphier, E., et al. (2015), *Nature* 519:410 – 11.

10 Baltimore, D., et al. (2015), *Science* 348:36 – 8.

11 Zhang, X. (2015), *Protein & Cell* 6:313.

12 Liang, P., et al. (2015), *Protein & Cell* 6:363 – 72.

13 Regalado, A. (2015), *MIT Technology Review*, 22 April 2015.

14 Bosley, K., et al. (2015), *Nature Biotechnology* 33:478 – 86.

15 Ibid., p. 479.

16 Regalado, A. (2018), *MIT Technology Review*, 11 December 2018.

17 *Boston Globe*, 1 August 2015.

18 Miller, H. (2015), *Science* 348:1325.

19 Pollack, R. (2015), *Science* 348:871.

20 *Le Monde*, 22 August 2016.

21 Society for Developmental Biology (2015), Position statement from the Society for Developmental Biology on Genomic Editing in Human Embryos, 24 April 2015. https://www.sdbonline.org/uploads/files/SDBgenomeeditposstmt.pdf

22 Membres Comité d'Éhique de l'INSERM (2016), Saisine concernant les questions liées au développement de la technologie CRISPR (clustered regularly interspaced short palindromic repeat)–Cas9. https://www.hal.inserm.fr/inserm-02110670/document

23 Quotes from Bosley et al. (2015), p. 481.

24 *Editing Life* (BBC Radio, 2016), https://www.bbc.co.uk/sounds/play/b06zr3zj

25 그릴리Greely의 저서 《크리스퍼와 사람들Crispr People》에 이 문제를 둘러싼 전 세계의 법적, 윤리적인 관리 체계가 훌륭하게 요약되어 있다.

26 Ledford, H. (2015), *Nature* 526:310 – 11.

27 National Academies of Sciences, Engineering, and Medicine (2015), *International Summit on Human Gene Editing: A Global Discussion*(Washington,DC,

The National Academies Press).

28 Ibid.

29 Reardon, S. (2015), *Nature* 528:173.

30 https://www.statnews.com/2015/12/02/gene-editing-summit-embryos/

31 Doudna, J. (2015b), *Nature* 528:S6.

32 For example, Hogan, A. (2016), *Endeavour* 40:218 – 22.

33 Parthasarathy, S. (2015), *Ethics in Biology, Engineering & Medicine* 6:305 – 12, pp. 306 – 7, 308, 309, 310 – 11.

34 Hurlbut, J., et al. (2015), *Issues in Science and Technology* 32(1).

35 Ceccarelli, L. (2018), *Life Sciences, Society and Policy* 14:24.

36 Ibid., p. 9.

37 Kang, X., et al. (2016), *Journal of Assisted Reproduction and Genetics* 33:581 – 8.

38 Callaway, E. (2016), *Nature* 532:289 – 90.

39 Doudna (2015b).

40 Ma, H., et al. (2017), *Nature* 548:413 – 9.

41 Baylis, F. (2019), *Altered Inheritance: CRISPR and the Ethics of Human Genome Editing*(London, Harvard University Press), p. 109. 베일리스는 이 연구에 자원자가 유상 제공한 난자와 불임 치료 중이던 여성들로부터(이들의 경우 무상으로) 확보된 난자가 쓰였다고 밝혔다. 동의서에서 문제가 된 부분은 다음과 같다. "연구진은 귀하의 난자 공여 시점을 다른 연구 참가자와 맞출 예정이다." 베일리스는 이것이 난자 공여자와 호르몬 주기가 비슷한 다른 여성에게 난자가 이식될 수 있음을 암시한다고 보았다. 이런 문장이 포함된 것은 실수라고 하더라도, 연구 참가자들이 이 연구의 의미를 전부 이해하고 동의서에 서명했는지 의문이 생긴다.

42 National Academies of Sciences, Engineering, and Medicine (2017), *Human Genome Editing: Science, Ethics, and Governance*(Washington, DC, The National Academies Press.

43 Ibid., p. 188.

44 Ibid., p. 189.

45 Kaiser, J. (2017), *Science* 355:675.

46 Ibid.

47 Nuffield Council on Bioethics (2018), *Genome Editing and Human Reproduction: Social and Ethical Issues* (London, Nuffield Council on Bioethics).

48 Anonymous (2018), *Nature Medicine* 24:1081.

49 This and subsequent quotes from Gregorowius, D., et al. (2017), *EMBO* Reports 18:355-8.

50 Baylis, *Altered Inheritance*, pp. 135-6.

51 *New York Times*, 23 January 2019.

52 Cohen, J. (2019), *Science* 365:430-7, p. 433.

53 Regalado, A. (2018), *MIT Technology Review*, 25 November 2018; *Washington Post*, 26 November 2018; *The He Lab* (2018), https://www.youtube.com/watch?v=th0vnOmFltc

54 Davies, K. (2020), *Editing Humanity: The CRISPR Revolution and the New Era of Genome Editing* (New York, Pegasus), p. 237.

55 Greely, *CRISPR People*, p. 100.

56 Yong, E. (2018), *The Atlantic*, 15 December 2018. https://www.theatlantic.com/science/archive/2018/12/15-worrying-things-about-crispr-babiesscandal/577234/; Ryder, S. (2018), *CRISPR Journal* 1:355-7.

57 Davies, *Editing Humanity;* Greely, H. (2019), *Journal of Law and the Biosciences* 13:111-183; Greely, *CRISPR People*.

58 Greely (2019), p. 113.

59 *Genetic Dreams, Genetic Nightmares* (BBC Radio, 2021), episode 3: https://www.bbc.co.uk/sounds/play/m000ycvv

60 Wang, C., et al. (2019), *Lancet* 393:25-6.

61 Yi, L. (2018), https://www.yicai.com/news/100067069.html (in Chinese).

62 Wang et al. (2019); Zhang, B., et al. (2019), *Lancet* 393:25; Zhang, L., et al. (2019), *Lancet* 393:26-7.

63 Cohen, J. (2019), *Science* 8 May 2019, http://doi.org/10.1126/science.aax9733

64 Cyranoski, D. (2020), *Nature* 577:154–5.

13장 후폭풍

1 Nie, J.-B. (2018), *The Hastings Center Forum*, https://www.thehastingscenter.org/jiankuis-genetic-misadventure-china; Lei, R., et al. (2019), *Nature* 569:184–6.

2 Ben Ouagrham-Gormley, S. and Vogel, K. (2020), *Bulletin of the Atomic Scientists* 76:192–9.

3 Wang, D., (2020), *Gene Therapy* 27:338–48; Ben Ouagrham-Gormley and Vogel (2020).

4 Gao, F., et al. (2016), *Nature Biotechnology* 34:768–72; Cyranoski, D. (2018), *Nature*, https://doi.org/10.1038/d41586-018-06163-0

5 Davies, K. (2020), *Editing Humanity: The CRISPR Revolution and the New Era of Genome Editing* (London, Pegasus), p. 268.

6 Hurlbut, J. (2020), *Perspectives in Biology and Medicine* 63:177–94, pp. 182–3.

7 *New York Times*, 29 June 2015.

8 Lei et al. (2019), p. 186.

9 Cohen, J. (2019a), *Science* 365:430–7, p. 432.

10 Ibid., pp. 432–3.

11 Ibid., pp. 434–5.

12 Ibid., p. 434.

13 Hurlbut (2020), p. 191.

14 Baylis, F. (2019), *Altered Inheritance: CRISPR and the Ethics of Human Genome Editing* (London, Harvard University Press), p. 140.

15 O'Keefe, M., et al. (2015), *American Journal of Bioethics* 15:3–10.

16 Cohen (2019a), p. 436.

17 Yong, E. (2018), *The Atlantic*, 15 December 2018. https://www.theatlantic.com/science/archive/2018/12/15-worrying-things-about-crispr-babies-scandal/577234/

18 Davies, *Editing Humanity*, p. 257.

19 Friedmann, T. (1983), *Gene Therapy: Fact and Fiction in Biology's New Approaches to Disease*(Plainview, NY, Cold Spring Harbor Laboratory Press). Quotes from Baltimore can be found on pp. 58 – 60.

20 Hurlbut (2020), p. 185.

21 Lander, E., et al. (2019), *Nature* 567:165 – 8.

22 *Washington Post*, 13 March 2019. 다음 자료에 이와 같은 견해가 더 자세히 나와 있다. Knoppers, B. and Kleiderman, E. (2019), *CRISPR Journal* 2:285 – 92.

23 Cohen, J. (2019b), *Science* 363:1130 – 1, p. 1131.

24 Davies, *Editing Humanity*, p. 274.

25 Ibid., p. 271.

26 Hough, S. and Ajetunmobi, A. (2019), *CRISPR Journal* 2:343 – 5.

27 Normile, D. (2018), *Science*, 29 November 2018. http://doi.org/10.1126/science.aaw2223

28 Dzau, V., et al. (2018), *Science* 362:1215.

29 Hess, M. (2020), *Notre Dame Law Review* 95:1369 – 97, p. 1395; Dryzek, J., et al. (2020), *Science* 369:1435 – 7.

30 Dryzek et al. (2020), p. 1437.

31 Cyranoski, D. (2019a), *Nature* 570:145 – 6, p. 146.

32 Cyranoski, D. (2019b), *Nature* 574:465 – 6, p. 466.

33 내가 이들의 정체를 정확히 밝힐수록 그들은 아주 흡족해할 것이므로 더 이상 자세히 밝히지는 않겠다.

34 Regalado, A. (2019), *MIT Technology Review*, 1 February 2019.

35 Egli, D., et al. (2018), *Nature* 560:E5 – 7 (2018); Adikusama, F., et al. (2018), *Nature* 560:E8 – 9 (2018); Callaway, E., *Nature* 8 August 2018, https://doi.

org/10.1038/d41586-018-05915-2.

36 Ma, H., et al. (2018), *Nature* 560:E10-16; Kosicki, M., et al. (2018), *Nature Biotechnology* 36:765-71; Cullot, G., et al. (2019), *Nature Communications* 10:1136; Owens, D., et al. (2019), *Nucleic Acids Research* 47:7402-17; Przewrocka, J., et al. (2020), *Annals of Oncology* 31:1270-1273; Alanis-Lobatoa, G., et al. (2020), *Proceedings of the National Academy of Sciences USA* 118:e2004832117; Zuccaro, M., et al. (2020), *Cell* 183:1650-64; Papathansiou, S., et al. (2021), *Nature Communications* 12:5855.

37 Boutin, J., et al. (2022), *CRISPR Journal* 5:19-30.

38 Turocy, J., et al. (2021), *Cell* 184:1561-74.

39 Zhang, M., et al. (2019), *Genome Biology* 20:101.

40 *South China Morning Post*, 1 June 2019.

41 Costas, J. (2018), *American Journal of Medical Genetics B: Neuropsychiatric Genetics* 177:274-83.

42 National Academy of Sciences (2020), *Heritable Human Genome Editing* (Washington, DC, The National Academies Press), pp. ix-x.

43 *Le Monde*, 21 March 2016.

44 Isaacson, W. (2019), *Air Mail*, 27 July 2019.

45 Angrist, M., et al. (2020), *CRISPR Journal* 3:333-49, p. 342.

46 National Academy of Sciences, *Heritable Human Genome Editing*, p. x.

47 Angrist et al. (2020), p. 336.

48 Greely, H. (2021), *CRISPR People: The Science and Ethics of Editing Humans* (London, MIT Press), p. 227.

49 Cohen, J. (2020), *Science*, 3 September 2020. http://doi.org/10.1126/science.abe6341; Baylis, Altered Inheritance, p. 31. 2018년에 너필드 위원회가 조사한 유전자 치료 상담가들은 지난 수백 년간 환자와 상담한 역사를 통틀어서 양친이 같은 병의 원인 유전자를 동형 접합성으로 보유한 사례는 단 한 건도 없었다고 밝혔다.-Hurlbut (2020), p. 190.

50 WHO (2021), *Human Genome Editing: A Framework for Governance* (Geneva, WHO), p. 22.

51 WHO (2021), *Human Genome Editing: Position Paper* (Geneva, WHO), p. 3.

52 Baylis, *Altered Inheritance*, p. 165.

53 Hess (2020).

54 Andorno, R., et al. (2020), *Trends in Biotechnology* 38:351 – 4.

55 Wang, D., et al. (2020), *Gene Therapy* 27:338 – 48, p. 345.

56 Saha, K., et al. (2018), *Trends in Biotechnology* 36:741 – 3.

57 Suzuki, D. and Knudtson, P. (1989), *Genethics: The Ethics of Engineering Life* (London, Harvard University Press), p. 355.

58 Baylis, *Altered Inheritance*, p. 33.

59 Cohen (2020).

60 그래도 그런 책을 읽어 보고 싶다면, 메츨Metzl, J.의 《다윈을 해킹하다: 유전공학과 인류의 미래Hacking Darwin: Genetic Engineering and the Future of Humanity》(2019), (Naperville, IL, Sourcebooks)나 메이슨Mason, C.의 책 《500년 후의 미래: 새로운 세상에 닿기 위한 생명의 조작The Next 500 Years: Engineering Life to Reach New Worlds》(2021), (London, MIT Press)이나 공상 과학 소설을 추천한다.

14장 생태 학살

1 Serebrovskii, A. (1940), *Zoologicheskiĭ zhurnal* 19:618 – 30 (in Russian). English translation (1969) in: Serebrovskii, A. (1940), *Panel Proceedings Series No. STI/PUB/224* (Vienna, IAEA), pp. 123 – 37; Vanderplank, F. (1944), *Nature* 154:607 – 8; Adkisson, P. and Tumlinson, J. (2003), *National Academy of Sciences Biographical Memoirs* 83:1 – 15.

2 예를 들어 멕시코에서는 해충인 지중해 과실파리 개체군이 정착하지 못하도록 1980년대부터 정부가 공장을 세우고 생식 기능을 없앤 파리를 매주 5억 마리씩 생산했다. Curtis, C. (1985), *Biological Journal of the Linnean Society* 26:359 – 74;

Hamilton, W. (1967), *Science* 156:477 – 88.

3 Craig, G., et al. (1960), *Science* 132:1887 – 9; Foster, G., et al. (1972), *Science* 176:875 – 80.

4 Curtis (1985), p. 372.

5 WHO Special Programme for Research and Training in Tropical Diseases (1991), Report of the meeting 'Prospects for malaria control by genetic manipulation of its vectors' – TDR/BCV/MAL–ENT/91.3; Morel, C., et al. (2002), *Science* 298:79.

6 Alphey, L., et al. (2002), *Science* 298:119 – 21; Scott, T., et al. (2002), *Science* 298:117 – 9. 당시에 활용했던 가장 좋은 방법은 '도약 유전자'로도 불리는 트랜스포존이었다. 이러한 트랜스포존 중 한 종류(P요소)가 야생 초파리 개체군에 침투해서 생존 가능한 자손을 낳지 못하게 만든다는 사실이 밝혀진 지 얼마 안 됐을 때였다. 분자유전학자들은 특정 유전자의 기능을 파악하기 위해 특정 DNA 염기서열을 없애거나 추가하는 용도로 트랜스포존을 활용해 왔는데, 그 과정에서 말라리아모기를 포함한 수많은 곤충에 트랜스포존이 존재한다는 사실을 알게 됐다. 이러한 결과를 토대로, 말라리아 원충에 내성을 갖게 만드는 유전자가 포함되도록 하는 등 트랜스포존을 조작하면 해충 개체군에 특정 형질을 도입할 수 있다는 가능성이 제기됐다. 그러나 실행 결과 효과가 미미하다는 사실이 확인되어 결국 폐기됐다.

7 Laven, H. (1967), *Nature* 216:383 – 4, p. 384.

8 Anonymous (1975), *Nature* 256:355 – 7, p. 357.

9 Powell, K. and Jayaraman, K. (2002), *Nature* 419:867.

10 Beeman, R., et al. (1992), *Science* 256:89 – 92. 놀라운 사실은 이 발견의 활용 가능성이 뚜렷한데도 연구진은 "이기적인 DNA에서 나타나는 이례적인 자기 증식 전략"이라고만 설명했다는 것이다.

11 Chen, C., et al. (2007), *Science* 316:597 – 600.

12 Gould, F. (2007), *Evolution* 62:500 – 10, p. 504.

13 Burt, A. (2003), *Proceedings of the Royal Society B* 270:921 – 8.

14 Deredec, A., et al. (2008), *Genetics* 179:2013 – 26.

15 Hammond, A. and Galizi, R. (2018), *Pathogens and Global Health* 111:412–23.

16 Burt (2003), p. 927.

17 Hurlbut, J., (2018) in I. Braverman (ed.), *Gene Editing, Law and the Environment: Life Beyond the Human* (Abingdon, Routledge), pp. 77–94.

18 Windbichler, N., et al. (2011), *Nature* 473:212–5, p. 212.

19 Galizi, R., et al. (2014), *Nature Communications* 5:3977.

20 Fang, J. (2010), *Nature* 466:432–4.

21 Esvelt, K., et al. (2014), *eLife* 3:e03401.

22 Valderrama, J., et al. (2019), *Nature Communications* 10:5726.

23 Webber, B., et al. (2015), *Proceedings of the National Academy of Sciences USA* 112:10565–7.

24 Esvelt, K. (2018), in I. Braverman (ed.), *Gene Editing, Law and the Environment: Life Beyond the Human* (Abingdon, Routledge), pp. 21–38, p. 27.

25 *New York Times Magazine*, 8 January 2020.

26 Gantz, V. and Bier, E. (2015), *Science* 348:442–4, pp. 443–4.

27 Gantz, V., et al. (2015), *Proceedings of the National Academy of Sciences USA* 112:E6736–43.

28 Hammond, A., et al. (2016), *Nature Biotechnology* 34:78–83.

29 Hammond, A., et al. (2017), *PLoS Genetics* 13:e1007039.

30 Champer, J., et al. (2017), *PLoS Genetics* 13:e1006796.

31 Unckless, R., et al. (2017), *Genetics* 205:827–41.

32 Drury, D., et al. (2017), *Science Advances* 3:e1601910, p. 5; The Anopheles gambiae 1000 Genomes Consortium (2017), *Nature* 552:96–100; Buchman, A., et al. (2018), *Proceedings of the National Academy of Sciences USA* 115:4725–30.

33 Kyrou, K., et al. (2018), *Nature Biotechnology* 36:1062–6.

34 Hammond, A., et al. (2021), *Nature Communications* 12:4589.

35 Bassett, L., et al. (2019), *Proceedings of the Royal Society B* 286:20191515.

36 Grunwald, H., et al. (2019), *Nature* 566:105–9; Conklin, B. (2019), *Nature*

566:43–5.

37 Pfitzner, C., et al. (2020), *CRISPR Journal* 3:388–97.

38 Scudellari, M. (2019), *Nature* 571:160–2, p. 161.

39 Kolbert, E. (2021), *New Yorker*, 18 January 2021.

40 National Academies of Science, Engineering and Medicine (2016), *Gene Drives on the Horizon: Advancing Science, Navigating Uncertainty, and Aligning Research with Public Values* (Washington, DC, National Academies Press), p. 15.

41 Evans, S. and Palmer, M. (2018), *Journal of Responsible Innovation* 5:S223–42, p. S224.

42 National Academies of Science, Engineering and Medicine, *Gene Drives on the Horizon*, p. 9.

43 Kaebnick, G., et al. (2016), *Science* 354:710–1, p. 711.

44 Akbari, O., et al. (2015), *Science* 349:927–9.

45 DiCarlo, J., et al. (2015), *Nature Biotechnology* 33:1250–5.

46 Esvelt, K. and Gemmell, N. (2017), *PLoS Biology* 15:e2003850; Noble, C., et al. (2019), *Proceedings of the National Academy of Sciences USA* 116:8275–82.

47 Taxiarchi, C., et al. (2021), *Nature Communications* 12:3977.

48 Garthwaite, J. (2016), *Scientific American*, 18 November 2016.

49 Noble, C., et al. (2018), *eLife* 7:e33423, p. 7.

50 Esvelt and Gemmell (2017), p. 4.

51 *New York Times*, 16 November 2017.

52 Palme, M., et al. (2015), *Science* 350:1471–3.

53 Kofler, N., et al. (2018), *Science* 362:527–9.

54 Kofler, N., et al. (2018), *Science* 362:527–9.

55 Kofler, N., et al. (2018), *Science* 362:527–9.

56 Guerrini C., et al. (2017), *Nature Biotechnology* 35:22–4.

57 Callaway, E. (2016), *Nature*, 21 December 2016. https://doi.org/10.1038/nature.2016.21216.

58 ETC Group (2017), *The Gene Drive Files*, 4 December 2017; Cohen, J. (2017), *Science*, 11 December 2017. https://www.science.org/content/article/there-really-covert-manipulation-un-discussions-about-regulating-gene-drives

59 *The Guardian*, 4 December 2017. DARPA의 실제 예산 분배 내역은 불투명하다. 한 해 전에는 DARPA의 합성 분자생물학 관련 예산 전액이 1억 달러라는 사실이 인용으로 알려졌다. Garthwaite (2016)

60 *Common Call for a Global Moratorium on Genetically-Engineered Gene Drives*. https://www.synbiowatch.org/gene-drives/gene-drives-moratorium/

61 ETC Group and Heinrich Boll Stiftung (2018), *Forcing the Farm: How Gene Drive Organisms Could Entrench Industrial Agriculture and Threaten Food Sovereignty*. https://www.etcgroup.org/content/forcing-farm

62 *New York Times Magazine*, 8 January 2020.

63 World Health Organization (2021), *Guidance Framework for Testing Genetically Modified Mosquitoes*(Geneva, WHO).

64 Meghani, Z. and Kuzma, J. (2017), *Journal of Responsible Innovation* 5:S203-22; Waltz, E. (2022), *Nature* 604:608-9.

65 Connolly, J., et al. (2021), *Malaria Journal* 20:170.

66 *Le Monde*, 4 July 2019.

67 *Le Monde*, 29 June 2018.

68 *Liberation*, 18 November 2018.

69 *Daily Telegraph*, 8 October 2019.

70 *New York Times Magazine*, 8 January 2020.

71 *The Guardian*, 18 November 2019.

72 Barry, N., et al. (2020), *Malaria Journal 19*:199, p. 5.

73 *Daily Telegraph*, 8 October 2019; *Le Monde*, 29 June 2018.

74 *Le Monde*, 4 July 2019.

75 Moloo, Z. (2018), *Project Syndicate*, December 2018. https://www.project-syndicate.org/commentary/target-malaria-gene-drive-experimentslack-

of-consent-by-zahra-moloo-2018-12. See also the video by Moloo, A Question of Consent: Exterminator Mosquitoes in Burkina Faso. https://www.youtube.com/watch?v=nD_1noCf2x8

76 *Le Monde*, 4 July 2019.

77 Beisel U. and Ganle J. (2019), *African Studies Review* 62:164-73.

78 George, D., et al. (2019), *Proceedings of the Royal Society B* 286:20191484, p. 5.

79 Meghani, Z. and Boëte, C. (2018), *PLos Neglected Tropical Diseases* 12:e0006501.

80 *Le Monde*, 29 June 2018.

81 Thizy, D., et al. (2021), *Gates Open Research* 5:19.

82 Collins, C., et al. (2019), *Medical and Veterinary Entomology* 33:1-15.

83 Courtier-Orgogozo, V., et al. (2020), *Evolutionary Applications* 13:1888-905.

84 Datoo, M., et al. (2021), *The Lancet* 397:1809-18; Mwakingwe-Omari, A., et al. (2021), *Nature* 595:289-94; Moreira, L., et al. (2009), *Cell* 139:1268-78.

85 Utarini, A., et al. (2021), *New England Journal of Medicine* 384:2177-86.

86 Montenegro de Wit, M. (2019), *Agroecology and Sustainable Food Systems* 43:1054-74.

87 *New Scientist*, 16 June 2016.

88 Montenegro de Wit (2019), p. 1071.

15장 무기

1 마이클 로저스는 이 사건을 조금 다른 두 가지 버전으로 전했다. Rogers, M. (1975), *Rolling Stone*, 19 June 1975, p. 40; Rogers, M. (1977), *Biohazard*(New York, Alfred Knopf), pp. 71-2. 골드파브는 1975년 말에 소련을 떠날 수 있었고, 과학자로 계속 일하다가 나중에는 미국으로 갔다.

2 이 내용은 다음 자료를 참고했다. van Courtland Moon, J. (2002), in M. Wheelis, et al. (eds), *Deadly Cultures: Biological Weapons Since 1945*(London, Harvard University Press), pp. 9-46; Meselson, M. (2001), *New York Review of Books*, 20

December 2001. 닉슨이 왜 그런 결정을 내렸는지는 여전히 의견이 엇갈린다. 닉슨의 국가 안보 자문이었던 헨리 키신저Henry Kissinger, 생물전에 오랫동안 반대했던 분자생물학자 매슈 메셀슨Matthew Meselson과의 우정도 작용했을 가능성이 있다. Dyson, F. (2003), *New York Review of Books*, 13 February 2003. 놀랍게도 닉슨의 회고록에는 생물무기를 포기하기로 한 결정이 전혀 언급되지 않는다. (van Courtland Moon, ibid., p. 36).

3 Wright, S. (1994), *Molecular Politics: Developing America and British Regulatory Policy for Genetic Engineering*, 1972 – 1982 (London, University of Chicago Press), p. 149.

4 아실로마 회의 참석자 전체 명단과 소속 기관명은 다음 자료에 나와 있다. Fredrickson, D. S. (2000), *The Recombinant DNA Controversy: A Memoir* (Washington, DC, ASM), Appendix 1.1.

5 Zilinskas, R. (2018), *The Soviet Biological Weapons Programme and its Legacy in Today's Russia* (Washington, DC, National Defense University Press); Rimmington, A. (2021a), *The Soviet Union's Biowarfare Programme: Ploughshares to Swords* (Cham, Palgrave Macmillan).

6 Rimmington, A. (2021b), *The Soviet Union's Invisible Weapons of Mass Destruction: Biopreparat's Covert Biological Warfare Programme* (Cham, Palgrave Macmillan).

7 Leitenberg, M. and Zilinskas, R. (2012), *The Soviet Biological Weapons Program: A History* (London, Harvard University Press), pp. xi, 71. Remaining information in this paragraph from pp. 154 and 164.

8 Rogers (1975), p. 40.

9 오브치니코프는 1978년에 중요한 세포 수용체의 아미노산 서열을 연구한 성과로 잘 알려진 인물이다. 러시아에서도 그의 비군사적인 활동을 칭송한다. 오브치니코프의 회고록에도 생물무기에 관한 언급은 없다. Ivanov, V., et al. (1989), *Journal of Membrane Biology* 110:97 – 101.

10 Leitenberg and Zilinskas, The Soviet Biological Weapons Program, p. 61.

11 Ibid., p. 65.

12 *Los Angeles Times*, 20 February 1977.

13 Leitenberg and Zilinskas, *The Soviet Biological Weapons Program*, p. 73.

14 이 문단의 내용은 상기(미주 13번) 참고 문헌의 pp. 156, 157, 703을 참고했다. 해당 문헌 pp. 77-78에 목록으로 제시된 섬뜩한 연구 목적은 1985년에 작성된 '1급 비밀' 도장이 찍힌 문서에 담긴 내용이다.

15 다음 자료에 소련 생물무기 사업의 조직적인 한계가 상세히 나와 있다. Ben Ouagrham-Gormley, S. (2014), *Barriers to Bioweapons: The Challenges of Expertise and Organization for Weapons Development*(London, Cornell University Press), pp. 91-121.

16 For a summary, see Leitenberg and Zilinskas, *The Soviet Biological Weapons Program*, pp. 157-9.

17 Alibek, K. and Handelman, S. (1999), *BioHazard: The Chilling True Story of the Largest Covert Biological Weapons Programme in the World–Told from the Inside By the Man Who Ran It*(London, Hutchinson), p. 164; Leitenberg and Zilinskas, *The Soviet Biological Weapons Program*, pp. 194-6. 이 연구를 수행한 과학자는 1992년에 망명한 세르게이 포포프Serguei Popov다. Pontin, M. (2006), *MIT Technology Review*, March 2006. 이 연구의 실체는 1992년에 확인됐다. Adams, J. (1994), *The New Spies: Exploring the Frontiers of Espionage*(London, Hutchinson), pp. 278-9.

18 Rogers, Biohazard, p. 40.

19 이 문서는 삭제된 부분이 아주 많다. Leitenberg and Zilinskas, *The Soviet Biological Weapons Program*, p. 361.

20 Ibid., p. 365; Guillemin, J. (2002), *Proceedings of the American Philosophical Society* 146:18-36.

21 Leitenberg and Zilinskas, *The Soviet Biological Weapons Program*, p. 365.

22 예를 들어 다음 자료에 이 내용이 나와 있다. S. Solarz in the *Wall Street Journal*, 22 June 1983. 해당 글을 작성한 솔라즈Solarz는 미 하원 아시아·태평양 외교 소위원회 위원장이었다.

23 Maddox, J. (1984), *Nature* 309:207; Nowicke, J. and Meselson, M. (1984), *Nature* 309:205–6.

24 이 시리즈는 1984년 4월 23일 자 〈월스트리트저널〉에 '황우를 넘어'라는 제목으로 처음 게재됐고, 마지막 기사는 1984년 5월 8일에 실렸다. Cole, L. (1984), *Bulletin of the Atomic Scientists* 40:36–38.

25 *Wall Street Journal*, 1 May 1984.

26 Tucker, J. (1984–5), *Foreign Policy* 57:58–79.

27 *Los Angeles Times*, 20 February 1977.

28 Miller, J., et al. (2001), *Germs: The Ultimate Weapon* (London, Simon & Schuster), p. 96.

29 파세크니크에 관한 내용은 모두 다음 자료를 참고했다. Adams, *The New Spies*, pp. 274–6. 전부 사실인지 확인할 방법은 없다. 해당 저서를 쓴 애덤스Adams는 파세크니크가 생물무기 금지 협약이라는 게 있다는 사실조차 몰랐다고 주장했다(p. 273).

30 *New Yorker*, 9 March 1998, pp. 52–65, p. 59.

31 Ibid.

32 Ibid., pp. 63–4.

33 Hart, J. (2006), in M. Wheelis, et al. (eds), *Deadly Cultures: Biological Weapons Since 1945* (London, Harvard University Press), pp. 132–56.

34 Leitenberg and Zilinskas, *The Soviet Biological Weapons Program*, pp. 165–9.

35 Pomerantsev, A., et al. (1997), *Vaccine* 15:1846–50.

36 Leitenberg and Zilinskas, *The Soviet Biological Weapons Program*, p. 699; Ackerman, G. (2018), *Nature* 555:162–3.

37 Balmer, B. (2006), in M. Wheelis, et al. (eds), *Deadly Cultures: Biological Weapons Since 1945* (London, Harvard University Press), pp. 47–83; Agar, J and Balmer, B. (2016), in D. Leggett and C. Sleigh (eds), *Scientific Governance in Britain*, 1914–79 (Manchester, Manchester University Press), pp. 122–43; Lepick, O. (2006), in M. Wheelis, et al. (eds), *Deadly Cultures: Biological Weapons Since 1945* (London, Harvard University Press), pp. 108–31.

38 Croddy, E. (2002), *Nonproliferation Review* 9:16–47; Alibek and Handelman (2000), p. 273.

39 Pearson, G. and Chevrier, M. (1999), in J. Lederberg (ed.), *Biological Weapons: Limiting the Threat* (London, MIT Press), pp. 113–32.

40 All information from Gould, C. and Hay, A. (2003), *Project Coast: Apartheid's Chemical and Biological Warfare Programme* (Geneva, United Nations Institute for Disarmament Research) and Gould, C. and Hay, A. (2006), in M. Wheelis, et al. (eds), *Deadly Cultures: Biological Weapons Since 1945* (London, Harvard University Press), pp. 191–212.

41 Alves, G., et al. (2014), *Anaerobe* 30:102–7.

42 Cohen, A. (2001), *Nonproliferation Review* 8:27–53.

43 van Aken, J. and Hammond, E. (2003), *EMBO Reports* 4:S57–60.

44 Pearson, G. and Chevrier, M. (1999), in J. Lederberg (ed.), *Biological Weapons: Limiting the Threat* (London, MIT Press), pp. 113–32. Material in the rest of this section on Iraq from Vogel, K. (2013), *Phantom Menace or Looming Danger? A New Framework for Assessing Bioweapons Threats* (Baltimore, Johns Hopkins University Press), pp. 131–47; Ben Ouagrham-Gormley, *Barriers to Bioweapons*, pp. 123–31.

45 United Nations Monitoring, Verification and Inspection Commission (2006), *Summary of the Compendium of Iraq's Proscribed Weapons Programmes in the Chemical, Biological and Missile Areas*. United Nations Security Council S/2006/420.

46 Rose, S. (1989), *Naval War College Review* 42:6–29, quotes from pp. 15, 23.

47 Wheelis, M. and Sugishima, M. (2006), in M. Wheelis, et al. (eds), *Deadly Cultures: Biological Weapons Since 1945* (London, Harvard University Press), pp. 284–303; Torok, T., et al. (1997), *Journal of the American Medical Association* 278:389–95.

48 Cohen, W. (1999), in J. Lederberg (ed.), *Biological Weapons: Limiting the*

Threat(London, MIT Press), pp. xi–xvi, p. xi.

49 Vogel, *Phantom Menace or Looming Danger?*, p. 3.

50 Jackson, R., et al. (2001), *Journal of Virology* 75:1205–10.

51 MacKenzie, D. (2003), *New Scientist*, 29 October 2003. 이 연구의 책임자는 마크 불러Mark Buller다. 논문은 찾을 수 없었다.

52 Finkel, E. (2001), *Science* 291:585; Ball, P. (2001), *Nature* 411:232–5.

53 Pontin (2006).

54 Stanford, M. and McFadden, G. (2005), *Trends in Immunology* 26:339–45, p. 339.

55 Lane, H., et al. (2001), *Nature Medicine* 7:1271–3.

56 Dance, A. (2021), *Nature* 598:554–7.

57 Enserink, M. (2003), *Science*, 8 October 2003; Tucker, J. (2006), *International Security* 31:116–50.

58 Beck, V. (2003), *EMBO Reports* 4:S53–6.

59 Ledford, H. (2012), *Nature* 481:9–10.

60 Pontin (2006).

61 Rosengard, A., et al. (2002), *Proceedings of the National Academy of Sciences USA* 99:8808–13.

62 Cello, J., et al. (2002), *Science* 297:1016–8.

63 Shimono, N., et al. (2003), *Proceedings of the National Academy of Sciences USA* 100:15918–23; Smith, H., et al. (2003), *Proceedings of the National Academy of Sciences USA* 100:15440–5.

64 Wang, N., et al. (2018), *Virologica Sinica* 33:104–7.

65 Tumpey, T., et al. (2005), *Science* 310:77–80.

66 van Aken, J. (2007), *Heredity* 98:1–2; von Bubnoff, A. (2005), *Nature* 437:794–5.

67 Atlas, R. (2002), *Science* 298:753–4.

68 Rappert, B. (2015), *Frontiers in Public Health* 2:74.

69 Wein, L. and Liu, Y. (2005), *Proceedings of the National Academy of Sciences*

USA 102:9984–9.

70 Davies, J. (2018), *Synthetic Biology: A Very Short Introduction*(Oxford, Oxford University Press).

71 Drexler, K. (1981), *Proceedings of the National Academy of Sciences USA* 78:5275–8.

72 Gardner, T., et al. (2000), *Nature* 403:339–42; Elowitz, M. and Leibler, S. (2000), *Nature* 403:335–8.

73 Carlson, R. (2010), *Biology is Technology: The Promise, Peril, and New Business of Engineering Life*(London, Harvard University Press).

74 Davies, *Synthetic Biology*, p. 118.

75 Carlson, R. (2003), *Biosecurity and Bioterrorism: Biodefence Strategy, Practice, and Science* 1:203–14.

76 Tucker, J. (2010), *Issues in Science and Technology* 26(3).

77 *The Guardian*, 14 June 2006.

78 Wolinetz, C. (2012), *Science* 336:1525–7.

79 Andrianantoandrou, E., et al. (2006), *Molecular Systems Biology* 2006:0028.

80 Marris, C., et al. (2014), BioSocieties 9:393–420. 최근 다시 뜨거워진 합성 생물학의 인기에 관한 내용은 다음 자료를 참고하라. *New York Times*, 23 November 2021; *New Yorker*, 7 March 2022; Webb, A. and Hessel, A. (2022), *The Genesis Machine: Our Quest to Rewrite Life in the Age of Synthetic Biology*(New York, Public Affairs).

81 합성 생물학의 전망과 중요성에 관한 탐구(또는 그런 전망이나 의의가 없다고 보는 이유)는 다음 두 자료에 훌륭하게 정리되어 있다. Boldt, J. (ed.) (2016), *Synthetic Biology: Metaphors, Worldviews, Ethics, and Law*(Wiesbaden, Springer); Schmidt, M., et al. (eds) (2010), *Synthetic Biology: The Technoscience and its Societal Consequences*(London, Springer).

82 Acevedo-Rocha, C. (2016), in K. Hagen, et al. (eds) *Ambivalences of Creating Life: Societal and Philosophical Dimensions of Synthetic Biology*(Cham,

Springer), pp. 9 – 44, p. 24.

83 Gibson, D., et al. (2010), *Science* 329:52 – 6.

84 Hutchison, C., et al. (2016), *Science* 351:aad6253.

85 Pelletier, J., et al. (2021), *Cell* 184:2430 – 40.

86 Piccirilli, J., et al. (1990), *Nature* 343:33 – 7.

87 Eremeeva, E. and Herdewijn, P. (2019), *Current Opinion in Biotechnology* 57:25 – 33; Krueger, A., et al. (2011), *Journal of the American Chemical Society* 133:18447 – 51; Lajoie, M., et al. (2013), *Science* 342:357 – 60; Malyshev, D., et al. (2014), *Nature* 509:385 – 8.

88 Robertson, W., et al. (2021), *Science* 372:1057 – 62.

89 Duffy, K., et al. (2020), *BMC Biology* 18:112.

90 Jefferson, C., et al. (2014), *Frontiers in Public Health* 2:115. 가장 활성화된 DNA 해커 커뮤니티였던 diybio.org도 2018년 이후로는 업데이트가 없다.

91 See, for example, National Academies of Sciences, Engineering, and Medicine (2018), *Biodefense in the Age of Synthetic Biology*(Washington, DC, The National Academies Press).

92 Garrett, L. (2013), *Foreign Affairs* 92:28 – 46.

93 Imai, M., et al. (2012), *Nature* 486:420 – 8; Herfst, S., et al. (2012), *Science* 336:1534 – 41.

94 Enemark, C. (2017), *Medical Law Review* 25:293 – 313. For a detailed account of this period see Rappert (2015) and Murdock, K. and Koepsell, D. (2014), *Frontiers in Public Health* 2:109.

95 Fouchier, R., et al. (2012a), *Nature* 481:443.

96 Butler, D. (2012), *Nature* 482:447 – 8.

97 Anonymous (2013), *Nature* 493:451 – 2; Fouchier, R., et al. (2012b), *Nature* 493:609. 연구 중단 조치의 종료는 처음 이 조치를 제안했던 학자들의 서명으로 결정됐다. 연구 재개를 밝힐 때는 '유예'라는 표현이 사용됐다.

98 Fouchier, R., et al. (2013a), *Nature* 500:150 – 1; Fouchier, R., et al. (2013b),

Science 341:612–3.

99 Reardon, S. (2014), *Nature* 11 July 2014, doi.org/10.1038/nature.2014.15544

100 Henkel, R., et al. (2012), *Applied Biosafety* 17:171–80; Duprex, W., et al. (2015), *Nature Reviews Microbiology* 13:58–64.

101 Watanabe, T. (2014), *Cell Host Microbe* 15:692–705.

102 *The Guardian*, 11 June 2014.

103 Kaiser, J. (2020), *Science*, 24 January 2020. https://www.sciencemag.org/news/2020/01/after-criticism-federal-officials-revisit-policy-reviewing-riskyvirus-experiments

104 Koblentz, G. (2020), *Washington Quarterly* 43:177–96; Palmer, M. (2020), *Science* 367:1057.

105 Noyce, R., et al. (2018), *PLoS ONE* 13:e0188453.

106 Kupferschmidt, K. (2017), *Science*, 6 July 2017. https://www.sciencemag.org/news/2017/07/how-canadian-researchers-reconstituted-extinct-poxvirus-100000-using-mail-order-dna; Koblentz (2020).

107 Noyce, R. and Evans, D. (2018), *PLoS Pathogens* 14:e1007025, p. 2.

108 Maddalo, D., et al. (2014), *Nature* 516:423–7.

109 Ledford, H. (2015), *Nature* 522:20–4, p. 21.

110 Yang, D. (2021), *Asian Perspective* 45:7–31.

111 Thorp, H. (2021), *Science* 374:793.

112 Holmes, E., et al. (2021), *Cell* 184:4847–56; Lytras, S., et al. (2021), *Science* 373:968–70.

113 For example: Andersen, K., et al. (2020), *NatureMedicine* 26:450–2.

114 Lewis, G., et al. (2020), *Nature Communications* 11:6294; Appelt, S., et al. (2021), *Nature Communications* 12:3078.

115 Ben Ouagrham-Gormley, *Barriers to Bioweapons*, p. 17.

116 *The Guardian*, 6 September 2021.

117 Ben Ouagrham-Gormley, *Barriers to Bioweapons;* Jefferson et al. (2014);

Vogel, *Phantom Menace or Looming Danger?*

118 Vogel, *Phantom Menace or Looming Danger?*, p. 115.

119 Ibid., p. 57.

120 Kuhn, J. (2008), *Bulletin of the Atomic Scientists* website, 28 February 2008. https://thebulletin.org/roundtable_entry/defining-the-terrorist-risk/

121 Ben Ouagrham-Gormley, *Barriers to Bioweapons*, p. 145.

122 Dance (2021). See also Warmbrod, K., et al. (2021), *EMBO Reports* 22:e53739.

123 Jacobsen, R. (2021), *MIT Technology Review*, 26 July 2021. https://www.technologyreview.com/2021/07/26/1030043/gain-of-function-research-coronavirus-ralph-baric-vaccines/

124 Ball, P. (2004), *Nature* 431:624-6, p. 626.

16장 신들?

1 오래전에 나온 두 책에서 다루어진 생각으로, 제목에서도 드러난다. Goodfield, J. (1977), *Playing God: Genetic Engineering and the Manipulation of Life*(London, Hutchinson); Howard. T. and Rifkin, J. (1977), *Who Should Play God? The Artificial Creation of Life and What it Means for the Future of the Human Race*(New York, Dell). 이후 같은 의견이 다수 제기됐다.

2 당시 물리학과 심리학 분야의 일부 연구자들이 반문화에서도 영감을 얻은 것처럼 이러한 견해는 1970년대에 컴퓨터 기술과 여러 갈래로 발전하던 과학에 대중의 관심이 점차 커지는 데 일부 영향을 주었다. 이러한 연관성을 명쾌하게 밝힌 책 두 권을 꼽자면 프레드 터너Fred Turner의 《반문화에서 사이버 문화까지From Counterculture to Cyberculture》, 데이비드 카이저David Kaiser와 패트릭 맥크래이Patrick McCray의 《근사한 과학Groovy Science》이다. 유전공학은 이 두 책의 기조에 딱 들어맞지 않아서인지 언급되지 않는다. 다음 자료에서도 추가 정보를 얻을 수 있다. Turner, F. (2006), *From Counterculture to Cyberculture: Stewart Brand,, the Whole Earth Network and the Rise of Digital Utopianism*(Chicago, Chicago University Press); Agar, J. (2008), *British Journal for*

the History of Science 41:567–600; Kaiser, D. and McCray, W. (2016), *Groovy Science; Knowledge, Innovation, and American Counterculture*(Chicago, Chicago University Press); Dear, B. (2017), The Friendly Orange Glow: The Untold Story of the Rise of Cyberculture(New York, Pantheon); McCray, W. and Kaiser, D. (2019), *Science* 365:550–1.

3 유전공학의 낙관적 미래를 열정적으로 서술한 글이 궁금하다면 (내 취향은 아니지만) 다음 책을 추천한다. Mason, C. (2021), *The Next 500 Years: Engineering Life to Reach New Worlds*(London, MIT Press).

4 Church, G. and Regis, E. (2012), *Regenesis: How Synthetic Biology Will Reinvent Nature and Ourselves*(New York, Basic Books). 이 아이디어를 맨 처음 제기하고 설명한 유명한 자료다.

5 Zimov, S. (2005), *Science* 308:796–8.

6 Lynch, V., et al. (2015), *Cell Reports* 12:217–28; Palkopoulou, E. et al. (2018), *Proceedings of the National Academy of Sciences USA* 115:E2566–74. 뉴클레오티드 단위로 정확히 몇 가지 차이가 있는지는 밝혀지지 않았다. 내가 트위터에서 사람들에게 물어보자 이 분야에서 일하는 사람들이 제각기 다양한 답변을 남겼다. https://tinyurl.com/mammothdifferences

7 Folcha, J., et al. (2009), *Theriogenology* 71:1026–34.

8 See, for example: *The Guardian*, 13 September 2021; *New York Times*, 13 September 2021.

9 Herridge, V. (2021), *Nature* 598:387.

10 Shapiro, B. (2015), *How to Clone a Mammoth: The Science of De-extinction*(Princeton, Princeton University Press); Shapiro, B. (2017), Functional Ecology 31:996–1002.

11 Church and Regis, *Regenesis*, pp. 10–11.

12 Trujillo, C., et al. (2021), *Science* 371:eaax2537. 오가노이드의 나머지 유전체는 사람의 것이라서 이러한 영향이 나타났을 가능성도 있다. 또한 네안데르탈인의 신경 관련 유전자가 정상적으로 기능하려면 꼭 필요하고 그 유전자와 동시 적응이 일어난 미

지의 유전자가 오가노이드에는 없어서 생긴 결과일 수도 있다. 네안데르탈인은 생식 기능이 있는 잡종 후손(여러분도 나도 분명 그 후손 중 하나일 것이다)이 생겼다는 점에서 인류와 유전학적으로 유사성이 크다고 할 수 있지만 현대의 인간과 같지는 않다.

13 Farahany, N., et al. (2018), *Nature* 556:429–32.

14 IUCN SSC (2016), *IUCN SSC Guiding Principles on Creating Proxies of Extinct Species for Conservation Benefit*. Version 1.0.(Gland, Switzerland, IUCN Species Survival Commission). 다음 자료에는 리스토어 앤 리바이브 재단의 한 구성원이 IUCN의 초기 입장을 비판한 내용과 함께 기존에 진행 중이던 관련 사업들을 조사한 유용한 정보가 담겨 있다. Novak, B. (2018), *Genes* 9:548.

15 Redford, K., et al. (eds) (2019), *Genetic Frontiers for Conservation: An Assessment of Synthetic Biology and Biodiversity Conservation* (Gland, Switzerland, IUCN); Redford, K. and Adams, W. (2021), *Strange Natures: Conservation in the Era of Synthetic Biology* (Yale, Yale University Press), pp. 172–4.

16 McCauley, D., et al. (2017), *Functional Ecology* 31:1003–11; Robert, A., et al. (2017), *Functional Ecology* 31:1021–31.

17 Wray, B. (2017), *Rise of the Necrofauna: The Science, Ethics, and Risks of De-extinction* (Vancouver, David Suzuki Institute/Greystone Books); Seddon, P. (2017), *Functional Ecology* 31:992–5; Lin, J., et al. (2022), *Current Biology* 32:1650–6.

18 Pauling, L., et al. (1949), *Science* 110:543–8.

19 Frangoul, H., et al. (2021), *New England Journal of Medicine* 384:252–260.

20 Urnov, F. (2021), *CRISPR Journal* 4:6–13.

21 Cereseto, A., et al. (2021), *CRISPR Journal* 4:166–8.

22 Komor, A., et al. (2016), *Nature* 533:420–4. 코모는 2013년에 캘리포니아 공과대학에서 박사과정을 밟는 동안 리우와 이메일을 교환하면서 처음 아이디어를 떠올리고 이후 하버드에서 가우델리와 함께 이 기술을 완성했다. Davies, K., et al. (2019), *CRISPR Journal* 2:81–90. 염기 편집 기술을 개발한 과정과 함께 과학적인 발견부터 결과를 논문으로 발표하는 과정이 모두 담긴 멋진 인터뷰다.

23 Chu, S., et al. (2021), *CRISPR Journal* 4:169–77.

24 Musunuru, K., et al. (2021), *Nature* 593:429 – 34.

25 Anzalone, A., et al. (2019), *Nature* 576:149 – 57.

26 Anzalone, A., et al. (2021), *Nature Biotechnology* https://doi.org/10.1038/s41587–021–01133–w

27 Niu, D., et al. (2017), *Science* 357:1303 – 7.

28 Yue, Y., et al. (2021), *Nature Biomedical Engineering* 5:134 – 43. 중국이 이 기술에 큰 관심을 기울인다는 사실로도 알 수 있듯이, 이 일은 그저 과학적인 연구가 목적이 아니다. 중국은 이식할 장기가 극도로 부족해서 원하면 자기 장기를 팔 수 있도록 허용했고, 최근까지도 양심수를 포함해 사형이 집행된 죄수의 장기를 구득해 이식에 사용했다. Robertson, M., et al. (2019), *BMC Medical Ethics* 20:79.

29 https://www.npr.org/2021/10/20/1047560631/in–a–major–scientific–advancea–pig–kidney–is–successfully–transplanted–into–a–h

30 *Financial Times*, 2 February 2022; Reardon, S. (2022), Nature 601:305 – 6.

31 Gao, C. (2018), *Nature Reviews Molecular Cell Biology* 19:275 – 6.

32 Li, S., et al. (2022), *Nature* 602:455 – 60.

33 Mallaparta, S. (2022), *Nature* 602:559 – 600.

34 Pixley, K., et al. (2019), *Annual Review of Phytopathology* 57:165 – 88; *Le Monde*, 30 April 2021.

35 Gao, C. (2021), *Cell* 184:1621 – 35.

36 Lin, W., et al. (2020), *Nature Biotechnology* 38:582 – 5.

37 Kolbert, E. (2021), *New Yorker*, 6 December 2021.

38 Shankar, S. and Hoyt, M. (2017), US Patent 2017/034906A1.

39 Voigt, C. (2020), *Nature Communications* 11:6379; Liew, F., et al. (2022), *Nature Biotechnology* https://doi.org/10.1038/s41587–021–01195–w

40 Sadler, J. and Wallace, S. (2021), *Green Chemistry* 23:4665.

41 Galanie, S., et al. (2015), *Science* 349:1095 – 100.

42 Kromdijk, J., et al. (2016), *Science* 354:857 – 61; Liu, Y., et al. (2021), *Cell* 184:1636 – 47.

43 Peplow, M. (2016), *Nature* 530:389-90.

44 Jacob, F. (1998), *Of Flies, Mice, and Men*(Cambridge, MA, Harvard University Press), p. 69. The French edition appeared the year before.

45 Nuffield Council on Bioethics (2015), *Ideas About Naturalness in Public and Political Debates about Science, Technology and Medicine*(London, Nuffield Council on Bioethics); Ducarme, F. and Couvet, D. (2020), *Palgrave Communications* 6:14; Levinovitz, A. (2021), *Natural: The Seductive Myth of Nature's Goodness*(London, Profile).

46 *Boston Globe*, 17 September 2000; Yetisen, A., et al. (2015), *Trends in Biotechnology* 33:724-34. For Kac's view, see Kac. E. (2016), *Les Actes de colloques du quai Branly Jacques Chirac* 6:1-11.

47 www.glofish.com

48 Magalhaes, A., et al. (2022), *Studies on Neotropical Fauna and Environment* doi: 10.1080/01650521.2021.2024054

49 www.multispecies-salon.org/zaretsky/

50 Ledford, H. (2015), *Nature* 524:398-9, p. 398.

17장 관점

1 Fox Keller, E. (2008), *Historical Studies in the Natural Sciences* 38:45-75.

2 Pauly, P. (1987), *Controlling Life: Jacques Loeb and the Engineering Ideal in Biology*(Oxford, Oxford University Press), p. 51.

3 Watson, J. and Crick, F. (1953), *Nature* 171:964-7.

4 Crick, F. (1958), *Symposia of the Society for Experimental Biology* 12:138-63.

5 Hall, S. (1988), *Invisible Frontiers: The Race to Synthesise a Human Gene*(London, Sidgwick & Jackson), p. 176.

6 Rheinberger, H.-J. (2009), in M. Lock, et al. (eds), *Living and Working with the New Medical Technologies: Intersections of Inquiry*(Cambridge, Cambridge

University Press), pp. 19 – 30, p. 25.

7 Brand, A. and Perrimon, N. (1993), *Development* 118:401 – 15.

8 Jackson, D. (1995), *Annals of the New York Academy of Sciences* 758:356 – 65, p. 358.

9 Jamison, A. (2011), in A. Nordman, et al. (eds), *Science Transformed? Debating Claims of an Epochal Break*(Pittsburgh, University of Pittsburgh Press), pp. 93 – 105, p. 100.

10 Kay, L. (1998), in A. Thackray (ed.) *Private Science: Biotechnology and the Rise of the Molecular Sciences*(Philadelphia, University of Pennsylvania Press), pp. 20 – 39, p. 32.

11 *Genetic Dreams, Genetic Nightmares* (BBC Radio, 2021), episode 3: www.bbc.co.uk/sounds/play/m000ycvv

12 Annas, G., et al. (2021), *CRISPR Journal* 4:19 – 24.

13 Jasanoff, S. (2005), *Designs on Nature: Science and Democracy in Europe and the United States*(Oxford, Princeton University Press), pp. 177 – 9; Drell, D. and Adamson, A. (2001), 'DOE ELSI program emphasises education, privacy: a retrospective (1990 – 2000)', web.ornl.gov/sci/techresources/Human_Genome/resource/elsiprog.pdf

14 Owen, R., et al. (2021), *Journal of Responsible Innovation* doi: 10.1080/23299460.2021.1948789.

15 McLeod, C. and Nerlich, B. (2017), *Life Sciences, Society and Policy* 13:13; Gold, A., et al. (2021), *Trends in Genetics* 37:685 – 7.

16 Winner, L. (1980), *Daedalus* 109:121 – 36.

17 Lentzos, F. (2020), *Nonproliferation Review* 27:517 – 23.

찾아보기

ㄹ

ㅂ

ㅅ

ㅇ

ㅈ

ㅊ

ㅋ

ㅌ

ㅍ

ㅎ

기타

생명의 설계도를 다시 쓰는 유전자 편집 혁명

유전자 해킹 시대

초판 1쇄 인쇄 2025년 5월 14일
초판 1쇄 발행 2025년 5월 28일

지은이 매튜 콥
옮긴이 제효영
펴낸이 고영성

책임편집 이지은 | **디자인** 피포엘 | **저작권** 주민숙
펴낸곳 주식회사 상상스퀘어
출판등록 2021년 4월 29일 제2021-000079호
주소 경기도 성남시 분당구 성남대로 52, 그랜드프라자 604호
팩스 02-6499-3031
이메일 publication@sangsangsquare.com
홈페이지 www.sangsangsquare-books.com

ISBN 979-11-94368-26-7 03470